城市与气候变化

城市与气候变化

全球人类住区报告 2011

联合国人类住区规划署　编　著

中华人民共和国住房和城乡建设部计划财务与外事司　　组织编译

中国建筑工业出版社　　　　　　　　　　UN⊕HABITAT

图书在版编目（CIP）数据

城市与气候变化　全球人类住区报告2011／联合国人类住区规
划署编著．—北京：中国建筑工业出版社，2014.9
ISBN 978-7-112-17164-4

Ⅰ．①城… Ⅱ．①联… Ⅲ．①城市化－影响－气候变化－研究
报告－世界－2011 Ⅳ．①P467

中国版本图书馆CIP数据核字（2014）第189188号

Cities and Climate Change　Global Report on Human Settlements 2011
First published in 2011 by Earthscan
Copyright © United Nations Human Settlements Programme (UN-
Habitat), 2011

本书经联合国人类住区规划署正式授权翻译、出版

责任编辑：郑淮兵　王晓迪
责任设计：陈　旭
责任校对：张　颖　党　蕾

城市与气候变化　全球人类住区报告2011
联合国人类住区规划署　编著
中华人民共和国住房和城乡建设部计划财务与外事司　组织编译
*
中国建筑工业出版社出版（北京西郊百万庄）
北京锋尚制版有限公司制版
北京云浩印刷有限责任公司印刷
*
开本：880×1230毫米　1/16　印张：18½　字数：606千字
2014年9月第一版　2014年9月第一次印刷
ISBN 978 - 7 - 112 - 17164 - 4
　　　　（25948）

版权所有　翻印必究
如有印装质量问题，可寄本社退换
（邮政编码 100037）

免责声明

本书使用的名称和出版物的材料并不代表联合国秘书处的关于任何国家的法律地位，领土，城市或区域，或其当局的，或关于其边界或界限的划分，或就其经济体制的发展程度的任何意见。报告中的分析、结论和建议并不一定反映联合国人类住区规划署，联合国人类住区规划署及其成员国的理事会的意见。

丛书编译工作委员会名单

何兴华　住房城乡建设部计划财务外事司
李礼平　住房城乡建设部计划财务外事司
吴志强　同济大学
赵　辰　南京大学建筑与城市规划学院
董　卫　东南大学建筑学院
刘　健　清华大学建筑学院
王莉慧　中国建筑工业出版社

本书翻译人员名单

全书校核：郐　志
译　者：郐　志　华晓宁　吴　蔚
前期参与人员：张　伟　陈　圆　刘奕彪　陈　鹏　杨　骏　龙俊荣
　　　　　　　黄凯熙　孙　燕　陶敏悦　王　凯　严骁程　张方籍
　　　　　　　杨钗芳　赵潇欣　武苗苗　倪绍敏　石延安

序言
FOREWORD

在今后几十年中，气候变化可能使数以亿计的城镇居民，特别是最贫困和最边缘化的居民，越来越容易受到洪水、山体滑坡、极端天气事件和其他自然灾害的影响。由于干旱或咸水渗入饮用水供应系统，城市居民也可能面临淡水减少的危机。我们所面临的这些状况都是基于目前最先进的科技所预测的。然而，只要我们现在团结一致，下决心采取行动，就能避免这些状况的发生。

联合国人类住区规划署本年度的《全球人类住区报告》阐明了城市住区与气候变化之间的关系，并给尚未采取气候变化应对政策的城镇予以行动建议。该报告详细介绍了气候变化对城镇可能造成的影响，回顾了国家和地方当局为减缓和适应气候变化所采取的策略，并评估了它们的潜力，制定了未来应对气候变化的政策。

该报告表明，城市发展不仅仅是传统意义上的国家关注的问题，它更是国际性的问题。从化石燃料用于发电、交通运输、工业生产，到废物处理和土地利用的变化，城镇对气候变化均有重要的影响。

我向所有关心提高城镇能力、以减缓气候变化并适应其带来的影响的有识之士推荐这份报告。如何对城镇进行规划不仅影响居民的健康和福祉，还将影响全球环境以及我们可持续发展的未来。

潘基文
联合国秘书长

引言
INTRODUCTION

　　城市化与气候变化的影响以危险方式融合汇聚在一起，严重威胁着世界环境、经济和社会的稳定。《城市与气候变化　全球人类住区报告2011》旨在提高各国政府和所有关心城市发展和气候变化的人们的认识，如城市对气候变化的作用，气候变化对城市的影响，以及城市如何缓解、适应气候变化等。更重要的是，报告明确了有效减缓和应对气候变化的措施，这些结论可使城市发展更具可持续性并更有活力。

　　报告指出，为实现在国际谈判上达成的国家气候变化承诺，地方行动是必不可少的。然而，大多数国际气候变化框架下的机制主要是面对各国政府的，对于地方政府、利益相关者和行动参与者并没有给出明确的参与途径。尽管存在上述挑战，目前多层面的气候变化框架确实在城市层面上给地方行动提供了机会。最严峻的挑战是，每个层面的行动者都需要在短期时间框架内行动起来以确保长久的和广泛的全球利益，而这些利益无非看上去缥缈且无法预测。

　　报告中的一个重要发现是，以基于生产计算得出（这些数据由城市内各实体单位的温室气体排放量累加而来），由人类活动引起（或人为）的温室气体（GHG）排放量中城市所占比例在40%至70%之间。而如果以基于消费计算得出（即无论生产地在哪里，由城市居民消费所有产品导致的温室气体排放量累加而得到的数据），则温室气体的排放量中城市所占比例高达60%至70%。市区的温室气体排放主要来自相关化石燃料的消耗，包括用于发电的能源供给（主要来自煤炭、石油和天然气）、交通运输、商业与居住建筑的照明、烹饪、采暖和制冷的能源使用、工业生产和废物。

　　报告的结论认为，由于没有全球公认的确定方法，事实上不可能对城市温室气体排放规模作出准确的表述。此外，世界上绝大多数的城市并没有尝试编制温室气体排放清单。

　　报告同时认为，随着城市化的日益增长，了解气候变化对城市环境的影响将变得更加重要。越来越多的证据表明，气候变化给城市地区及其不断增长的人口带来了独特的挑战。以下是气候变化所带来的影响后果：

- 大部分大陆地区温度上升，炎热天气增多；
- 世界上有许多地区寒冷天数下降；
- 大多数陆地暖期/热浪的频率增加；
- 大部分地区的强降水事件发生频率增加；
- 受干旱影响的地区扩大；
- 世界上有一些地区的强热带气旋活动增多。

　　除了上述气候变化所带来的实际风险，一些城市将会在给居民提供基本服务上面临困难。这些变化将影响到供水、基础设施、交通运输、生态系统产品和服务、能源供给与工业生产。这都将搅乱地方经济，剥夺居民的财产与生计。

　　许多国际化大都市都处在低海拔沿海地区，气候变化对这些地区的影响将尤为严重。虽然这些地区仅占世界陆地总面积的2%，但在这些地区生活着约为13%的世界城市人口——亚洲地区的人口密度还将更高。

虽然不同城市气候变化的当地风险、脆弱性以及对气候变化的适应能力不同，但证据表明它们之间存在一些共同的重要议题。首先，气候变化的影响可能会在城市生活的多个方面产生涟漪效应。第二，气候变化并不以相同的方式影响城市中的每一个人，如个人的性别、年龄、种族、财富，而且个体与群体间的脆弱性也不尽相同。第三，在城市规划方面，区划及建筑标准和规范如不能着眼于未来而进行调整，将会限制基础设施的适应前景，增加人身与财产的风险。第四，气候变化的影响将是持久的，并且席卷全球。

对全世界各地城市所采取的气候变化减缓与适应措施进行全球回顾之后，在提出前进方向的同时，报告强调了面向城市层面采取气候变化行动的综合及多方合作的一些基本原则：

* 没有一个单一的减缓与适应政策适用于所有的城市；
* 从可持续发展的角度来看，不仅考虑到排放问题，而且考虑到目前一定范围内可能存在的气候与社会经济前景风险的情况下，采取机会/风险管理方法是有利的；
* 政策应当强调，鼓励和奖励"协同效应"和"共同利益"（即可以用什么样的政策来实现发展和应对气候变化的目标）；
* 气候变化的政策应当解决短期和长期的问题和需求；
* 政策应包括植根于不同期望的、广泛合作的新途径，以支持多层级和多部门的行动。

报告提出了三个主要领域的建议，在这些领域内国际组织可以支持和促成更为有效的城市减缓适应举措：

* 地方人员应该可以更为直接地得到财力支持——例如，脆弱的城市适应气候变化行动中，对可替代能源进行一系列组合投资，以及为地方政府和私营部门之间缓解气候变化的合作伙伴关系投入资源；
* 通过国际社会的帮助，在地方行动者和国际资助者之间建立直接的沟通和问责渠道，以减少地方获取国际援助的行政障碍；
* 政府间气候变化专门委员会（IPCC）、联合国以及其他国际组织，需要更为广泛地拓展传播气候变化的科学信息及应对气候变化的缓解与适应措施，其中包括已观察到的及未来的气候变化对城市中心的影响，城市减缓适应气候变化的举措及其成本、效益、潜力和限制等此类知识。

对于国家层面，报告建议各国政府应采取以下机制，以促成地方层面上缓解和适应的举措：

* 参与国家气候变化缓解战略以及适应规划的制定与执行；
* 除了其他应对气候变化的减缓与适应措施之外，为针对可替代能源、节能设备、应对气候变化的基础设施、房屋及家电等其他应对减缓适应的投资提供退税、免税等其他激励措施；
* 提倡采用适当的气候反应措施（例如，重新制定用于解决其他问题或是在气候变化之前颁布的政策，如防洪政策可能会导致不良适应）；
* 加强部门和行政管理机构之间的协调与简化（例如，务必使某个城市设置围护以保护沿海地区的决策或不影响淡水供应流域，或不影响对该城市或其他内陆城市经济基础较为重要的湿地生态环境）；
* 与非政府行为者建立伙伴关系并分担风险（例如，各国政府与私人保险机构共同提供保护，则不需要每个城市大举投资来降低特定的、低概率威胁的风险）；
* 同目前仅对未来几十年内的预测相比，对更大的气候变化影响与适应需求的可能性作出更为长久的预测和规划。

对于地方层面，大体来说，本报告建议城市决策者应当从对地方发展的愿望与偏好、地方知识的需求与选择、影响抉择的实际情况以及地方创新潜力等认识着手而制定政策。在这种情况下，城市的地方当局应：

- 为未来的发展意向制定远景，并寻找气候变化应对与城市发展愿望的关联途径；
- 扩大私营部门，邻里（特别是穷人）和基层团体，以及各意见领袖的代表们对社区参与及行动的范围，以确保所持观点与视角有广泛的基础；
- 采取具有包容性及参与性的步骤，城市应对脆弱性进行评估，以识别对城市发展规划和不同人口阶层共同的及有区别的风险，并确定目标和途径以减少这些风险。

为了实现更为有效的政策，地方政府需要扩大非政府组织（NGO），如社区和基层团体、学术机构、私营部门和意见领袖，参与投入的范围、责任以及有效性。非政府组织的有效参与将一举多得：

- 将成为创新选择，以及科学与地方相关的知识来源；
- 能够使得参与者理解和调和各种不同的观点和利益；
- 将为决策提供广泛的支持，且将促进对排放和脆弱性的起因以及达成的减缓适应策略的了解。

在此前提下，与私营部门和非政府组织的合作伙伴关系具有特殊的意义。例如：

- 从国际、国家和地方私营机构调动的资源可用于鼓励投资开发新技术、新住房项目和耐气候基础设施建设，并协助发展气候变化风险评估；
- 非政府组织在诸如气候认识、教育和救灾等气候变化领域的广泛参与值得肯定——这些组织在气候变化的介入和视角，可以用来帮助建立更加完整的城市发展规划。

最后，本报告建议应建立基础广泛的监督机构，如可以代表所有行动者利益的咨询委员会，这有助于避免私人或派系的利益纠纷可能会扭曲当地行动的危险（例如，通过投资于仅有利于少数人的技术、基础设施和住房，或通过基层资金的红利）。这尤其与地方精英和国家机构对各国城市地区进行强有力的集中控制有关，然而基础广泛的监督准则可以且应当在各地实施。

许多城镇，尤其是在发展中国家的城镇，仍然面临着巨大的挑战：如何把应对气候变化的战略落实到位，如何获取国际气候变化资金的资助，以及如何向先进的城市学习。我相信这份全球报告会给这些城镇提供一个起点。总体而言，我相信这份报告将有助于提高全球的共识，那就是，城市可以而且应当发挥其在减缓温室气体排放和适应气候变化上的重要作用。

琼·克罗斯博士

联合国副秘书长

联合国人类住区规划署执行主任

致谢
ACKNOWLEDGEMENTS

管理团队

主任: Oyebanji O. Oyeyinka.
总编辑: Naison D. Mutizwa-Mangiza.

作者：联合国人类住区规划署核心团队

Naison D. Mutizwa-Mangiza; Ben C. Arimah; Inge Jensen; Edlam Abera Yemeru; Michael K. Kinyanjui.

作者：外部顾问

Patricia Romero Lankao and Daniel M. Gnatz，美国科罗拉多州国家大气研究中心，社会与环境研究院，（Institute for the Study of Society and Environment, National Center for Atmospheric Research, Colorado, US）（第一，二和七章）；Sebastian Carney，英国曼彻斯特尔气候变化研究中心（Tyndall Centre for Climate Change Research, Manchester, UK）（第二章）；Tom Wilbanks，美国田纳西州橡树岭国家实验室（Oak Ridge National Laboratory, Tennessee, US）（第七章）；David Dodman, David Satterthwaite and Saleem Huq，英国国际环境与发展研究院（International Institute for Environment and Development, UK）（Chapters 3 and 6）；Matthias Ruth, Rebecca Gasper and Andrew Blohm，美国马里兰大学（University of Maryland, US）（第四章）；Harriet Bulkeley and Vanesa Castán Broto，英国杜伦大学（Durham University, UK,）和Andrea Armstrong, Anne Maassen及Tori Milledge的协助（第五章）。

统计附件准备（联合国人类住区规划署）

Gora Mboup; Inge Jensen; Ann Kibet; Michael K. Kinyanjui; Julius Majale; Philip Mukungu; Pius Muriithi; Wandia Riunga.

技术支持团队（联合国人类住区规划署）

Nelly Kan'gethe; Naomi Mutiso-Kyalo.

国际顾问（人类住区网络HS-Net咨询委员会成员）[1]

Samuel Babatunde Agbola，尼日利亚的伊巴丹大学，城市与区域规划系（Department of Urban and Regional Planning, University of Ibadan, Nigeria;）比利时鲁汶天主教大学城市与区域规划学院（Louis Albrechts, Institute for Urban and Regional Planning, Catholic University of Leuven, Belgium）；Suocheng

Dong，中国科学院地理科学与资源研究所（Institute of Geographic Sciences and Natural Resources Research, Chinese Academy of Sciences, China）；Ingemar Elander，瑞典厄勒布鲁大学城市与区域研究中心（Centre for Urban and Regional Research, Orebro University, Sweden）；József Hegedüs，匈牙利布达佩斯大都市研究院（Metropolitan Research Institute (Városkutatás Kft), Hungary）；Alfonso Iracheta，墨西哥城市与环境研究所（Programme of Urban and Environmental Studies, El Colegio Mexiquense, Mexico）；A. K. Jain，印度德里开发局（Delhi Development Authority, India）；Paula Jiron，智利大学住房协会（Housing Institute, University of Chile, Chile）；Winnie Mitullah，肯尼亚内罗毕大学发展研究院（Institute of Development Studies (IDS), University of Nairobi, Kenya）；Aloysius Mosha，博茨瓦纳大学建筑与规划系（Department of Architecture and Planning, University of Botswana, Botswana）；Mee Kam Ng，香港大学城市规划及环境管理研究中心（Centre for Urban Planning and Environmental Management, University of Hong Kong）；Deike Peters，德国柏林技术大学大都市研究中心（Centre for Metropolitan Studies, Berlin University of Technology, Germany）；Debra Roberts，南非德班eThekwini自治市（eThekwini Municipality, Durban, South Africa）；Pamela Robinson，加拿大多伦多瑞尔森大学城市与区域规划学院（School of Urban and Regional Planning, Ryerson University, Toronto, Canada）；Elliott Sclar，美国哥伦比亚大学可持续城市发展中心（Centre for Sustainable Urban Development, Columbia University, US）；Dina K. Shehayeb，埃及住房与建筑国家研究中心（Housing and Building National Research Centre, Egypt）；Graham Tipple，英国纽卡斯尔大学建筑、规划与景观设计学院School of Architecture, Planning and Landscape, Newcastle University, UK）；Iván Tosics，匈牙利布达佩斯大都市研究院（Metropolitan Research Institute (Városkutatás Kft), Budapest, Hungary）；Belinda Yuen，新加坡国立大学设计与环境学院（School of Design and Environment, National University of Singapore, Singapore）。

其他国际顾问

Titilope Ngozi Akosa，尼日利亚拉各斯21世纪研究中心（Centre for 21st Century Issues, Lagos, Nigeria）；Gotelind Alber，德国柏林可持续能源与气候政策顾问（Sustainable Energy and Climate Policy Consultant, Berlin, Germany）；Margaret Alston，澳大利亚莫纳什大学社会工作系（Department of Social Work, Monash University），Australia；Jenny Crawford，英国皇家城市规划学院（Royal Town Planning Institute, UK）；Simin Davoudi，英国纽卡斯尔大学环境与可持续发展研究院（Institute for Research on Environment and Sustainability, Newcastle University, UK）；Harry Dimitriou，伦敦大学学院巴特利特规划学院（Bartlett School of Planning, University College London, UK）；Will French，英国皇家城市规划学院（Royal Town Planning Institute, UK）；Rose Gilroy，英国纽卡斯尔大学政策与规划学院（Institute for Policy and Planning, Newcastle University, UK）；Zan Gunn，英国纽卡斯尔大学建筑、规划与景观学院（School of Architecture, Planning and Landscape, Newcastle University, UK）；Cliff Hague，英国规划师协会（Commonwealth Association of Planners, UK）；Collin Haylock，英国莱德设计公司（Ryder HKS, UK）；Patsy Healey，英国纽卡斯尔大学建筑、规划与景观学院（School of Architecture, Planning and Landscape, Newcastle University, UK）；Jean Hillier，英国纽卡斯尔大学全球城市研究中心（Global Urban Research Centre, Newcastle University, UK）；Aira Marjatta Kalela，芬兰外交部（Ministry for Foreign Affairs, Finland）；Prabha Kholsa，加拿大本拿比可视化数据（VisAble Data, Burnaby, Canada）；Nina Laurie，英国纽卡斯尔大学地理、政治与社会学学院（School of Geography, Politics and Sociology, Newcastle University, UK）；Ali Madanjpour，英国纽卡斯尔大学全球城市研究中心（Global Urban Research Centre, Newcastle University, UK）；Michael Majale，英国纽卡斯尔大学建筑、规划与景观学院（School of Architecture, Planning and Landscape, Newcastle University, UK）；Peter Newman，澳大利亚科廷大学可持续发展政策研究院（Sustainability Policy Institute, Curtin University, Australia）；Ambe Njoh，美国南佛罗里达大学艺术与科学学院（College of Arts and Sciences, University of South Florida, US）；John Pendlebury，英国纽卡斯尔大学全球城市研究中心（Global Urban Research Centre, Newcastle University, UK）；Christine Platt，南非规划师协会（Commonwealth Association of Planners,

South Africa）；Carole Rakodi，英国伯明翰大学宗教与发展研究所（Religions and Development Research Programme, University of Birmingham, UK）；Diana Reckien，德国波茨坦气候影响研究所（Potsdam Institute for Climate Impact Research, Germany）；Maggie Roe，英国纽卡斯尔大学政策实践研究院（Institute for Policy Practice, Newcastle University, UK）；Christopher Rodgers，英国纽卡斯尔大学法学院（Newcastle Law School, Newcastle University, UK）；Mark Seasons，加拿大安大略省滑铁卢大学规划学院（School of Planning, University of Waterloo, Ontario, Canada）；Bruce Stiftel，美国佐治亚理工学院（Georgia Institute of Technology, US）；Pablo Suarez，美国波士顿大学红十字/红新月气候中心（Red Cross/Red Crescent Climate Centre, Boston University, US）；Alison Todes，南非金山大学建筑与规划学院（School of Architecture and Planning, University of the Witwatersrand, WITS University, South Africa）；Robert Upton，英国皇家城市规划学院（Royal Town Planning Institute, UK）；Geoff Vigar，英国纽卡斯尔大学建筑、规划与景观学院（School of Architecture, Planning and Landscape, Newcastle University, UK;）Vanessa Watson，南非开普敦大学建筑、规划与测绘学院（School of Architecture, Planning and Geomatics, University of Cape Town, South Africa）。

顾问（联合国人类住区规划署）

Sharif Ahmed; Karin Buhren, Maharufa Hossain; Robert Kehew, Cecilia Kinuthia-Njenga; Lucia Kiwala, Rachael M'Rabu; Raf Tuts; Xing Quan Zhang.

背景文件作者

Stephen A. Hammer and Lily Parshall，美国哥伦比亚大学能源、海洋运输及公共政策中心（Center for Energy, Marine Transportation and Public Policy (CEMTPP), Columbia University, US）；Cynthia Rosenzweig and Masahiko Haraguchi，美国航空航天局戈达德太空研究院气候影响研究所（Climate Impacts Group, NASA Goddard Institute for Space Studies, US）（'城市地区对气候变化的贡献：纽约市案例研究'）. Carolina Burle Schmidt Dubeux and Emilio Lèbre La Rovere，巴西Centro Clima气候变化与环境综合研究中心（Center for Integrated Studies on Climate Change and the Environment, Centro Clima, Brazil）（'城市地区对气候变化的贡献：巴西圣保罗案例研究'）. David Dodman，英国环境与发展国际研究院（International Institute for Environment and Development, UK）；Euster Kibona and Linda Kiluma，坦桑尼亚达累斯萨拉姆环境保护与管理服务（Environmental Protection and Management Services, Dar es Salaam, Tanzania）（'明天为时已晚：坦桑尼亚达累斯萨拉姆对社会与气候脆弱性的应对'）. Jimin Zhao，英国牛津大学环境变化研究院（Environmental Change Institute, University of Oxford, UK）（'中国北京气候变化的减缓'）. Heike Schroeder，英国牛津大学环境变化研究院，廷德尔气候变化研究中心与詹姆斯·马丁21世纪学院Tyndall Centre for Climate Change Research and the James Martin 21st Century School, Environmental Change Institute, University of Oxford, UK（"美国洛杉矶气候变化的减缓"）.David Rain，美国乔治·华盛顿大学环境研究所（Environmental Studies, George Washington University, US）；Ryan Engstrom，美国乔治·华盛顿大学空间分析实验室与城市环境研究中心（Spatial Analysis Lab and Center for Urban Environmental Research, George Washington University, US）；Christianna Ludlow，美国独立研究者（independent researcher, US）；和Sarah Antos，世界卫生组织（World Health Organization）（"加纳首都阿克拉：遭受洪水和干旱移民的城市"）. María Eugenia Ibarrarán，墨西哥Iberoamericana Puebla大学经济与商业系（Department of Economics and Business, Universidad Iberoamericana Puebla, Mexico）（"气候对墨西哥城基础建设的长期影响"）. Rebecca Gasper and Andrew Blohm，美国马里兰大学综合环境研究中心（Center for Integrative Environmental Research, University of Maryland, US）（"新西兰汉密尔顿市的气候变化：部门经济的影响与政府响应"）. Alex Aylett，加拿大城市可持续发展国际中心（International Center for Sustainable Cities, Canada）（"气候减缓竞争优先项的观念改变：南非德班案例研究"）. Alex Nickson，英国大伦敦政府（Greater London Authority, UK）（"城市与气候变化：英

国伦敦的适应性"）. Gotelind Alber，德国独立顾问（independent consultant, Germany）（"性别、城市与气候变化"）.

出版团队（EARTHSCAN公司）

Jonathan Sinclair Wilson; Hamish Ironside; Alison Kuznets; Andrea Service.

注

1　The HS-Net Advisory Board Consists of experienced researchers in the human settlements field, selected to represent the various geographical regions of the world. The primary role of the advisory board is to advise UN-Habitat on the substantive content and organization of the Global Report on Human Settlements.

目录
Contents

统计附录
STATISTICAL ANNEX

首字母缩写和简称列表
LIST OF ACRONYMS AND ABBREVIATIONS

℃	摄氏度
BRT	快速公交系统
C40	城市气候变化领导小组
CCCI	城市与气候变化倡议（联合国人类住区规划署）
CCP	城市气候保护运动（国际地方政府环境行动理事会）
CDM	清洁发展机制
mm	厘米
CO$_2$	二氧化碳
CO$_2$eq	二氧化碳当量
Convention, the	联合国气候变化框架公约
COP	缔约方会议（《联合国气候变化框架公约》）
EU	欧洲联盟
GDP	国内生产总值
GEF	全球环境基金
GHG	温室气体
ha	公顷
ICLEI	国际地方政府环境行动理事会
IPCC	政府间气候变化专门委员会
kW	千瓦
kWh	千瓦小时
km	公里
m	米
mm	毫米
MW	兆瓦（1MW=1000kW）
MWh	兆瓦小时（1MWh=1000kWh）
NAPA	国家适应行动计划
NGO	非政府组织
OECD	经济合作与发展组织
RMB	人民币
TWh	太瓦小时（1TWh=100万MWh）
UCLG	世界城市和地方政府联合组织
UK	英国大不列颠及北爱尔兰联合王国
UN	联合国
UNDP	联合国开发计划署
UNEP	联合国环境规划署

UNFCCC	《联合国气候变化框架公约》
UN-Habitat	联合国人类住区规划署
US	美国
WMO	世界气象组织

1

城市化与气候变化的挑战

URBANIZATION AND THE CHALLENGE OF CLIMATE CHANGE

随着世界进入新千年的第二个十年，人类面临着一个严重的威胁。人类在工业时代开发和改造环境而释放出的两个强大力量的推动下，城市化与气候变化的影响在以一种危险的方式融合汇聚在一起，对生活质量和社会经济稳定产生了前所未有的负面影响。

城市化与气候变化的影响融合汇聚在一起除了带来威胁，也带来一个引人注目的机会。城市地区，其高密度的人口、产业和基础设施，有可能面临最严重的气候变化影响。然而高密度的人口、工业和文化活动也是创新的摇篮，他们将通过减少温室气体（GHG）排放（减缓），提高应对机制、灾害预警系统和社会经济，来减少气候变化的影响伤害（适应）。

尽管一些城市正在萎缩，但是我们在许多城市中心所看到的迅速的、很大程度上不受控制的人口增长是城市化快速发展创造的模式。现在大部分的增长发生在发展中国家[1]，并集中在非正式住区和贫民窟地区。因此，增长最快的是那些最不具备应对气候变化威胁、环境和社会经济方面挑战的城市。这些地区往往有严重的赤字、落后的基础设施、经济和社会公平问题。

人们不断进入城市中心生活，使得城市中心压力过大，人们被迫生活在不适用于房地产或工业发展的危险地区，许多人违规在洪泛区、沼泽地区、不稳定的山坡上建设自己的家园，这些地方往往缺少或完全缺乏人类赖以安全生存发展的基本服务和基础设施。许多贫民窟居民往往归咎于这些国家的政府造成了自己的恶劣生活条件。这些地方即使没有额外天气灾害发生，如高强度或频繁的风暴，也依然是危险的生活环境。

气候变化——人类工业发展所释放出的第二个主要的力量有着快速构建的势头。气候变化增加了许多威胁的幅度，这些威胁是城市地区正在快速城市化的结果。然而，气候变化也可以是机会的来源，重新定位城市和个人的生产和消费模式，同时提高他们的能力，以应对危险。

气候变化是如化石燃料的燃烧和土地利用变化等人类活动的结果，是地球上所有人类共同作用的结果。这个结果包括海水变暖和随之而来扩大的影响，它提供了一些警示，如南极冰架拉森A（Larsen A）（1995）和拉森B（Larsen B）（2002）的崩塌。这种融化的极地冰层给已经膨胀的温暖海洋增加了更多的水，加快了海平面上升，威胁着许多沿海城市中心。同时，越来越温暖的（和酸性的[2]）海洋威胁、海洋污染，其他人为的或与人相关造成的威胁，及世界各地的珊瑚礁生态系统的生存威胁，增加了从珊瑚礁生态系统服务和其他水生生态系统获得保护的沿海城市地区新的风险。这些变化严重威胁了自然世界的健康和许多城市居民的生活质量。

随着海平面上升，市区沿海岸，特别是在低海拔沿海地区，[3]将面临水灾、咸水入侵影响饮用水的供应、海岸侵蚀造成适宜居住用地减少的威胁。然而，所有这些影响，加之其他气候变化的影响，如飓风和龙卷风持续时间和强度的增加，对低海拔沿海地区的富裕和贫困区都是极端危险的。

即使在非沿海地区，快速城市化与气候变化的汇集也是非常危险的。生活在山体不稳定面的贫困人民的生活可能会面临持续的威胁，如被冲走或被下雨造成的泥浆和岩石滑坡掩埋。城市中心不受控制地扩张、延伸进自然森林或丛林，这会使干旱的强度和持续时间增加，会使威胁生命和财产的森林火灾频率增加。在沿海和非沿海城市的干旱可能

城市化与气候变化的影响……对生活质量和经济社会稳定产生了前所未有的负面影响

气候变化也可以是机会的来源，重新定位城市和个人的生产和消费模式

会破坏城市水、森林和农业产品的供应。这些影响会不成比例地发生在发展中国家和发达国家的贫困区。

在发达国家，政治和经济权力的分配不均是贫困、种族与其他少数民族（包括土著群体）及妇女首当其冲受气候变化影响的原因。这些易受伤人群分布不均使国家不稳定。从中可以看出，例如，2005年"卡特里娜"飓风来到种族和社会局势紧张的美国时，很明显，非裔美国人、穷人和老人受到的伤害不成比例。

沿海地区和其他地方的财产损失和破坏肯定不会仅限于穷人，但富裕阶层、政治和经济良好的地区人群受到的伤害确实更少。但是，很可能即使是发达国家也无法避免遭受频繁发生的灾害带来的经济压力，同时它也给全球经济制造高得多的压力。

城市化的快速步伐面临着应对复杂气候变化的挑战。然而，从另一方面来看，城市化进程也将提供很多共同应对气候变化的减缓和适应战略的机会。城市中心的人群、企业和主管部门是制定这些战略的基础人员。这样一来，气候变化本身提供的机会或将迫使城市和人类改善全球国家和城市的治理，以促进实现人类的尊严、经济和社会正义，以及可持续发展。

本章的目的是要找出主要关注的问题，因为这涉及市区和气候变化。在下面的章节中，主要谈到城市化趋势，因为这涉及气候变化以及被提出的理由：为什么它是塑造城市的发展和变化、地球的气候系统重要的因素。之后的部分，则以摘要的形式呈现导致近期气候变化的原因的重要证据，并简要地着眼于气候变化对城市中心的影响。其次是在本次报告中演示探索城市地区与气候变化之间的关系，这涉及两个主要问题：城市对气候变化的驱动因素；城市的脆弱性和恢复力。最后一节包含了一些结论性意见和其余报告主要内容的简短描述。

城市化与气候变化
URBANIZATION AND CLIMATE CHANGE

发展和其对环境的影响是密不可分的。因此，城市化与气候变化以这样一种方式共同演化：往往在密集城市地区的人群，将面临来自气候变化以及其他深刻的社会和环境变化的高风险。这些变化的步伐速度惊人，因此，最近几十年来城市许多方面的变化是此次全球报告内容的关键点。为了能够缓解气候变化，应对其不可避免的后果，有六种

主要理由表明全球不断增长的城市地区的推动力对气候变化影响的重要性。首先是快速增长的城市人口。在过去十年中，世界达到了一个新的里程碑：第一次在人类历史上，有一半的世界人口居住在城市地区。这在当今世界，城市化的步伐是前所未有的，2011年的城市人口将近是1950年的五倍。[4]

第二个城市化与气候变化的关系中的重要因素是：不像在20世纪初，城市化主要限于发达国家，目前最快速的城市化进程发生在最不发达国家，其次是剩下的发展中国家（见表1.1），这些国家的城市人口占世界城市人口的近四分之三。事实上，目前世界城市人口增长的90%以上是发生在发展中国家。[5]快速城市化，再加上恶劣天气事件的强度和频率增加，对这些发展中国家造成破坏性影响，但这些国家处理气候变化不良影响的能力却较低。[6]

第三，虽然一些城市的人口在收缩，但大城市的数量和世界上最大的城市的规模也在不断增加。全球人口超过100万的大城市的数量不断上升，从1950年的75个增加到2011年的447个。而在同一时期，世界上100个最大的城市的平均人口规模从200万上升至760万。到2020年，预计将有527个城市的人口超过100万，世界上100个最大的城市的平均人口规模将达到850万[7]。然而，重要的是，新的城市增长的大部分发生在小城市地区。例如，少于50万人的城市中心目前共拥有超过50%城市总人口。[8]这种发展模式的主要缺点是这些小城市的地区往往管理薄弱，无法促进有效的缓解和适应行动。然而，这也可能存在一个优点，作为这些迅速发展的中心，它们可以重新制定策略，将其排放量减小至最低水平（例如，通过使用单核心的城市结构促进公共交通），提高它们的恢复力和应付气候灾害和其他应力增强的能力（例如，通过发展耐气候城市基础设施和有效的响应系统）。

第四，因为城镇企业、车辆和人群是温室气体的主要来源，所以我们需要改善动力系统，了解城市产生的温室气体的力量，在根本上帮助城市决策者、企业和消费者，在实现减少温室气体排放的同时提高城市受气候变化影响的恢复力。例如，许多城市人均的二氧化碳排放量超过建议的年度平均数字2.2吨。[9]

第五，城市中心的不同种类的创新可能有助于减少或减轻排放，适应气候变化，增强可持续发展和恢复能力。为了这一目的的策略包括交通的变化、土地利用模式的变化、城镇居民的生产和消费

区域	城市人口（百万）			在城市中生活人口占总人口的比例（%）			城市人口变化速度（% 每年变化）	
	2010	2020	2030	2010	2020	2030	2010–2020	2020–2030
世界总城市人口	3486	4176	4900	50.5	54.4	59.0	1.81	1.60
发达国家	930	988	1037	75.2	77.9	80.9	0.61	0.48
北美洲	289	324	355	82.1	84.6	86.7	1.16	0.92
欧洲	533	552	567	72.8	75.4	78.4	0.35	0.27
其他发达国家	108	111	114	70.5	73.3	76.8	0.33	0.20
发展中国家	2556	3188	3863	45.1	49.8	55.0	2.21	1.92
非洲	413	569	761	40.0	44.6	49.9	3.21	2.91
撒哈拉以南的非洲	321	457	627	37.2	42.2	47.9	3.51	3.17
非洲其余地区	92	113	135	54.0	57.6	62.2	2.06	1.79
亚洲/太平洋	1675	2086	2517	41.4	46.5	52.3	2.20	1.88
中国	636	787	905	47.0	55.0	61.9	2.13	1.41
印度	364	463	590	30.0	33.9	39.7	2.40	2.42
其余国家	674	836	1021	45.5	49.6	54.7	2.14	2.00
拉丁美洲和加勒比地区	469	533	585	79.6	82.6	84.9	1.29	0.94
低度开发国家	249	366	520	29.2	34.5	40.8	3.84	3.50
其他发展中国家	2307	2822	3344	47.9	52.8	58.1	2.01	1.70

资料来源：un, 2010; see also Statistical Annex, Tables A.1, A.2, A.3, B.1, B.2, B.3

表1.1
按区域划分的城市人口预测（2010-2030年）Table 1.1 Urban population projections,by region (2010-2030)

模式的变化。城市中邻近和集中的企业这类经济模式，更便宜，更容易采取行动，并可提供减少排放和气候灾害的必要服务。[10]

最后，但并非最不重要的是城市中心地理上的动态紧密相连。纬度决定一个城市需要运用多少能源来维持建筑的空调和供热系统。然而，城市同样依赖生物多样性、干净水源和其他生态系统的服务（他们已经开发的现有的生态系统或"生态区"，如沿海地区、湿地和旱地）。[11]事实上，沿着大型水体，如海洋、湖泊和河流发展，是历史上城市经济和人口发展的趋势，这一趋势一直延续到今天。例如，靠近水体（内河和沿海）的生态区比其他生态区拥有更大的人口量（见表1.2）。特别是在发展中国家，这些中心城市已经面临着许多因素（如建筑环境中的不透水表面，稀缺绿色空间来吸收水的流动和排水系统不足）造成的洪水威胁。靠近水体的生态区的健康风险也受影响。这还包括与洪水有关的腹泻、伤寒和霍乱的增加。

从图1.1中可以看出，许多与天气有关的风险，已经成为城市的表象——这将会加剧气候变化的进程和危害，如海平面上升、咸水入侵、更猛烈的风暴等，已成为居住在城市中心最危险区域的贫困脆弱人群每天面对的现实。有相当大份额的城市人口居住在旱地，我们稍后将说明，这些地区也将遭受与日益增加的气候变化相关的影响，特别是在美国西部地区、巴西东北部和地中海周围（见表1.2）。

如图1.1所示，许多城市居民的生计、财产、生活质量和未来的发展都受到飓风、洪水、山体滑坡和干旱等气候变化加剧导致的风险的威胁。但是，城市化不仅只是个威胁源。城市发展的必然模式会增加城市的恢复力。例如，当大城市中心拥有大量的人口密度，就会增加其脆弱性，但它们同样也具备了因为城市尺度改变，而提高的人类面对减缓气候变化能做的贡献，并鼓励提高面对不可避免气候变化所带来结果的适应性。此外，基础设施的发展，可以提供物理保护。古巴的经验说明，当热带风暴来袭时，精心设计的通信和预警系统可以帮助人们迅速地撤离。[12]适当的城市规划可以帮助限制风险易发区的人口增长和活动。

鉴于上述情况，我们必须注意气候变化这个日益恶化的全球性问题，气候变化关系到城市中心——地球上人类最密切相关的居住地——这里集中了世界一半以上的人口，并有显著的潜力来扮演在气候变化领域的关键角色。

许多与气候相关的风险将加剧气候变化的进展和危害，如海平面上升、咸水入侵、更猛烈的风暴等，已成为每天面对的现实

适当的城市规划可以帮助限制风险易发地区的人口活动和增长

生态区	年份	占城市人口的比重（%）						
		非洲	亚洲	欧洲	北美洲	大洋洲	南美洲	全球
沿海区	2000	62	59	83	85	87	86	65
	2025	**73**	**70**	**87**	**89**	**90**	**92**	**74**
低海拔沿海区	2000	60	56	80	82	79	82	61
	2025	**71**	**68**	**85**	**86**	**83**	**90**	**71**
农耕区	2000	38	42	70	75	67	67	48
	2025	**48**	**55**	**75**	**81**	**72**	**80**	**59**
旱区	2000	40	40	66	78	49	61	45
	2025	**51**	**51**	**70**	**84**	**60**	**75**	**55**
林区	2000	21	28	53	64	36	53	37
	2025	**31**	**41**	**59**	**72**	**40**	**68**	**47**
内河区	2000	51	47	78	84	77	71	55
	2025	**62**	**58**	**82**	**88**	**80**	**83**	**64**
山区	2000	21	27	46	50	11	54	32
	2025	**30**	**40**	**53**	**60**	**13**	**67**	**43**
大陆平均	2000	36	42	69	74	66	66	49
	2025	**47**	**55**	**75**	**80**	**70**	**78**	**59**

资料来源：Balk et al, 2009

气候变化的证据：对城市中心的影响
EVIDENCE OF CLIMATE CHANGE: IMPLICATIONS FOR URBAN CENTRES

本节简要概括了气候系统如何运转以及气候变化导致了什么正在改变。同时还简要介绍了气候变化的主要根源（即温室气体）的特点。本节的最后部分仔细阐述了导致温室气体排放量增加的主要人类活动。

气候系统运作及其变化
How the dimate system functions and what is changing

有几个因素影响地球的气候：来自太阳的能量；流出或辐射离开地球的能量；海洋、陆地、大气、冰和生物体之间的能源交换（见图1.2）。碳循环（见专栏1.1）和大气层的结构和运动同样影响气候变化。在大气层内，入射的太阳辐射和传出的红外辐射受一些气体和气溶胶的影响（见专栏1.1）。虽然大多数气溶胶有一定的冷却作用，然而，在人类开始大规模地排放这些温室气体前，地球大气层中的温室气体量使地球保持比它原本的温度高约33℃。[13]这是自然的温室效应，它通过减少热损失使得大部分地球上的生命得以存在。碳循环的运作提供了良好的这种保护，但人类活动，如燃烧化石燃料，大规模的工业污染，森林砍伐和土地利用的变化，及大气、海洋和植被吸收温室气体的能力下降，共同增加了大气中温室气体的含量。这种攻击在两个方面上降低了地球的自然恢复碳循环平衡的

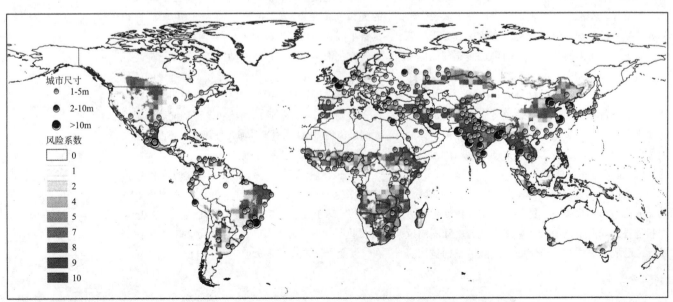

专栏1.1　气候变化相关专业术语
Box 1.1　Climate change-related terminology

适应性：减少自然和人类系统应对实际的或预期的气候变化影响的脆弱性的计划和措施。

适应能力：整个国家或地区的能力、资源和机构实施有效的适应措施的能力，与脆弱性相反（见下文）。

适应缺陷：缺乏应对气候变化影响的适应能力。许多城市中至少有一些人群，已经显示出对当前范围内气候变化的适应性缺陷，他们不考虑任何未来的气候变化的影响。在许多城市和小城市中心，主要的问题是缺乏基础设施（适应各种天气的道路、自来水供应、污水道、排水、电力等）以及解决这一问题的措施。这是在适应方面的核心问题之一，因为在这个问题上大多数的讨论集中在调整基础设施，但现有的基础设施不能应对气候。如果当地没有设计、实施和维护所需要的能力，"适应"就没什么价值。

气溶胶：空气中的固体或液体颗粒，典型大小介于0.01和10微米之间（1米的百万分之一），滞留在大气中至少几个小时。气溶胶有自然或人为的起源。气溶胶对气候产生影响有以下几个方面：直接通过散射和吸收辐射，间接通过作为云凝结核或改变云的光学性质和存在时间。

人为的：人类生产或导致的。

碳浓度：单位国内生产总值（GDP）的二氧化碳排放量。

气候变化：气候状态的改变，它可通过（例如，通过使用统计测试）平均值改变和/或属性的改变，以及在气候持续长时间（通常是几十年或更长的时间）确定。气候变化可能是由于自然过程，或持久性的人为改变大气成分，或土地使用引起的。

碳循环：碳（各种形式的，例如二氧化碳）通过大气、海洋、陆地生物圈和岩石圈的流动。

碳足迹：一个产品，一个事件和一个组织所涉及的温室气体的排放总量。碳足迹的概念是生态足迹的一个子集。

碳封存：除了大气以外的系统，如森林、土壤和其他生态系统对含碳物质，特别是二氧化碳吸收增加的过程。

气候变异：个别天气事件以外，所有的空间和时间尺度的气候变化的平均状态和其他统计数据（如标准差、极端事件的发生等）。变异可能是由于自然气候系统的内部流程，或自然或人为的外部强迫引起的。

生态足迹：衡量人类对地球生态系统的需求，比较人类与地球的生态再生能力的需求。维持一个人、地区、国家或者全球的生存所需要的或者能够只容纳人类所排放的废物的、具有生物生产力的地域或海域面积。

能源强度：能源强度是能源利用与经济或物力产出之比。在国家层面，能源强度是国内一次能源使用总量或最终能源使用与国内生产总值之比。在活动层面，还可在分母中运用物理量（如公升燃料/车辆每公里行驶里程）。

全球变暖：有记录的地球的近地表空气和海洋表面温度增加，根据记录，自19世纪80年代以来，这些温度上升的预期继续增加。

温室气体：人为或自然的存在大气中的，能吸收和放射由地面、大气自身和云反射的红外光谱中一些特定辐射。这个特性导致了温室效应。

温室效应：在地面一对流层系统中温室气体吸收热量的过程。

缓解措施：技术的变革和技术的替换以减少每单位产出的资源投入和排放。缓解措施意味着落实政策，以减少温室气体排放，增强碳汇。

恢复力：社会或生态系统吸收干扰的能力，同时保持相同的基本结构和运作方式的自我组织的能力，适应和改变恶劣环境的能力。

脆弱性：系统易受气候变化（包括气候多变性和极端性）的不利影响的程度和无法应对其影响的程度。脆弱性是气候变化的特征、幅度和变化率，以及暴露系统的变异、敏感性和适应能力的函数。

资料来源：based on IPCC, 2007b; Europeon Commission, 2007; Nodvin and Vranes, 2010

能力，并直接导致了现在全球平均气温变化。

回望地球的历史，这并不奇怪，其气候系统一直都在改变。[14]然而，改变的稳定性也是显而易见的，工业时代前的几千年，温度变化在一个狭窄的范围内。[15]特别明显的是目前气候变化的速度和激烈程度都在增加，这是因为在工业时代，浓度呈指数级增长的二氧化碳和其他温室气体使得温室效应越来越显著而造成的：自从工业化曙光来临之后，温室气体浓度增长了百万分之一百，这导致了碳循环和气候系统激烈的改变。[16]分析显示，这一时期人的活动，使地球的气温变化超出临界点，在这个临界点之后，人的行为和系统的变化将不再能够缓解气候变化的影响。

地球的气候正在变暖是不可否认的。从全球和大陆来看（见图1.3），这是显而易见的，并从之前的工作，包括政府间气候变化专门委员会（IPCC）第四次评估报告的模型和观测，得出从1906年至2005年气温增加了0.74℃。这个结论已经得到了进一步的验证并在发表后加强研究力度，根据1990年以来观测到的全球平均地表温度增加0.33℃。[17]由于工业时代的影响，CO_2和甲烷（CH_4）的浓度增加，同比增长70%，在1970年到2004年期间，城市中心在这个过程中发挥了关键的作用——虽然我们还没完全明白这个关键作用（见第三章）。本次讨论最

地球的气候正在变暖是不可否认的

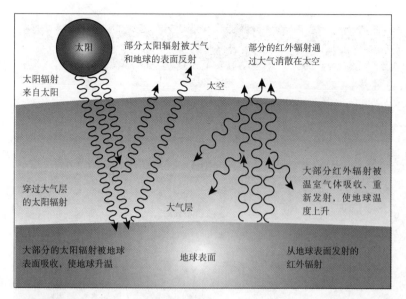

太阳

部分太阳辐射被大气和地球的表面反射

部分的红外辐射通过大气消散在太空

太阳辐射来自太阳

太空

穿过大气层的太阳辐射

大气层

大部分红外辐射被温室气体吸收、重新发射，使地球温度上升

大部分的太阳辐射被地球表面吸收，使地球升温

地球表面

从地球表面发射的红外辐射

图1.2

温室效应示意图
Figure 1.2
Schematic diagram of the greenhouse effect

资料来源：adapted from http://web.chjhs.tp.edu.tw/~jbio/warmhouse/images/v1.gif

温室气体的种类[18]
The types of greenhouse gases

各种人类活动导致温室气体排放的产生。在大气中最丰富的温室气体是水蒸气，但它的丰富程度意味着人类活动对其浓度影响较小。然而，人类的活动可能会产生反馈机制，不经意间对该气体的浓度有很大的影响。有四个最重要的温室气体类型是由人类活动产生的，它们是二氧化碳、甲烷、一氧化二氮（N_2O）以及卤烃（氢氟碳化物和全氟化碳）和其他含氟气体。[19]这些温室气体的产生来源各种各样，但它们可以被大气中的各种活动过程移除，这简称为"汇"。

这些气体对气候变化的影响都不相同，所以经常用它们的二氧化碳等效值（二氧化碳当量）来描述。这是一个非常有用的用于比较排放量的工具，但它并不意味着直接等效，因为这些影响发生在不同的时间尺度内。正因为如此，可用全球变暖潜能

重要的是：目前的研究证实，已经有严重风暴、降水、干旱和其他相关极端天气发生的频率都对中心城市有影响（见专栏1.2）。

专栏1.2   近期与城市地区相关的气候变化
Box 1.2 Recent changes in climate of relevance to urban areas

气温上升

- 在过去的12年中，有11年跻身于自1850年全球范围内的温度测量开始以来记录的12个最热的年份。其中8个最热的年份都出现在1998年之后。[a]
- 在过去的50年里，"冷昼、冷夜和霜冻已变得不那么频繁，而热昼、热夜和热浪变得更加频繁。"[c]

天气越来越恶劣

- 在过去的30年，北大西洋的热带气旋（飓风）的强度增加了，这与热带海洋表面温度的上升有关。[a]根据最近的几项研究发现，近几十年来，世界各地区强热带气旋的频率增加。其他的研究表明，强气旋的强度在未来将进一步加大。[b]
- 大部分陆地区域强降水风暴发生频率增加。长期趋势表明，在1900年至2005年间，在北美和南美、北欧、亚洲北部和中部地区降水量显著增加。[a]
- 1900年至2005年间，非洲萨赫勒地区、地中海、非洲南部和亚洲南部的部分地区变得更加干燥，增加了这些地区的水资源压力。[a]
- 20世纪70年代以来，干旱已变得更长，更激烈，特别是在热带和亚热带地区，受影响较大。[a]
- 最近的气候模型指出，预计在不断变化的气候之下，湿润和干旱地区的极端事件之间的差异

将变得更大。[a]

海平面上升

- 自1961年以来，全球海洋已经吸收超过80%增加的热量，导致海水扩张，海平面上升。在1993年至2003年间，海洋扩张是导致海平面上升的最大贡献者。[a]更多的最新数据显示，海平面上升远高于政府间气候变化专门委员会（IPCC）的第四次评估报告，报告中不包括冰架变动所产生的结果。[b]
- 冰川、格陵兰岛和南极冰架的融化同样也导致了近期海平面上升（见下文）。[a]

融化和解冻

- 自1900年以来，在北半球冬季期间，季节性冻土的平均覆盖面积有7%的损失。根据联合国环境规划署（UNEP）和世界冰川监测系统，[a]与二十年之前已经加速融化观察比较，平均每年的高山冰川的融化速度自2000年以来增加了一倍。山地冰川和积雪量，在世界各地都有所下降。
- 虽然从当前和未来看来，南极融冰对海平面上升的贡献是否很大还不确定，最近广泛使用的卫星观测发现，在1996年至2006年的十年间，南极海冰的损失增加了75%。[b]

资料来源：a IPCC, 2007d; b Füssel, 2009; c IPCC, 2007d, p8

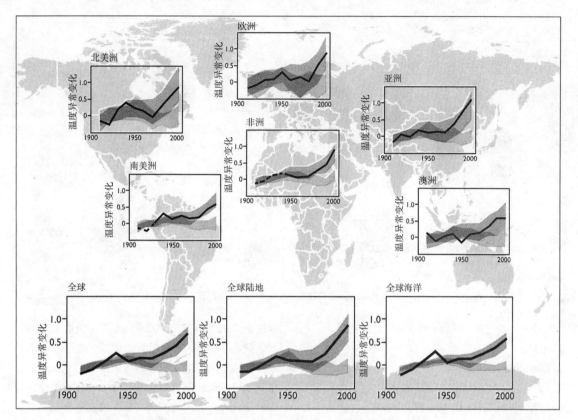

图1.3

全球与大陆温度变化
Figure 1.3 Global and continental temperature change

注：图中的黑线表示观察到表面温度的变化。浅灰色的条带代表在中世纪自然因素下气候如何发展。暗灰色的条带代表在人类和自然因素作用下气候的改变。暗灰色带黑线的重叠表明，人类活动很可能是导致在20世纪中叶以来气温明显上升的原因。虚线表示空间覆盖率小于50%。

资料来源：IPCC，2007d，p11

值指代气体的排放量，该值既考虑到它们停留在大气的时间，也考虑到它们造成温室效应的相对有效性。全球变暖潜能值是衡量不同的温室气体对全球变暖的贡献。它考虑到这些气体在何种程度上吸收变暖辐射和它们留在大气中的时间长度。以下使用二氧化碳的变暖潜能作为衡量的基线（表1.3）。

■ 二氧化碳
Carbon dioxide

二氧化碳（CO_2）是最重要的人为排放温室气体。事实上，CO_2的排放量经常被当作气候变化的同义词。大气中二氧化碳的主要来源是化石燃料的燃烧，这就是前工业时代以来大气中二氧化碳增加超过75%的责任者。这种来自化石燃料的能源用于交通运输、建筑的供热制冷、水泥及其他产品的制造，所有这一切都是在城市地区的重大活动。土地利用的变化、砍伐森林和农业生产方式的改变，占其余25%的二氧化碳排放量。森林，作为一个重要的汇，也因砍伐而减少植物在光合作用的过程中吸收二氧化碳的量。化石燃料、水泥生产和天然气燃烧的平均每年碳排放，在2000年至2005年期间，比1990年至2000年上升了12.5%。2005年，全球大气中二氧化碳浓度从工业革命前的约百万分之280上升至大约百万分之379。

二氧化碳是最重要的人为排放温室气体

大气中二氧化碳主要来自于化石燃料的燃烧……用于运输、建筑供热和制冷、水泥制造及其他产品的制造

	二氧化碳	甲烷	一氧化二氮	卤烃[a]		
	（CO_2）	（CH_4）	（N_2O）	CFC–11	CFC–12	HFC–23
在大气中的浓度：百万分之（ppm）/十亿分之（ppb）/万亿分之（ppt）：						
前工业时代	280 ppm	715 ppb	270 ppb	–	–	–
1998	366 ppm	1763 ppb	314 ppb	264 ppt	534 ppt	14 ppt
2005	379 ppm	1774 ppb	319 ppb	251 ppt	538 ppt	18 ppt
在大气中浓度的变化（%）：						
前工业时代–2005	+31	+147	+16	∞	∞	∞
1998–2005	+4	+1	+2	–5	+1	+29
在大气中的大约寿命（年）	50–200	12	114	45	100	270
100年内，与CO_2相比对全球变暖的潜在影响	1	25	298	4750	10,900	14,800
辐射强迫（瓦特每平方米）	1.66	0.48	0.160	0.063	0.170	0.0033
辐射强迫的变化1998–2005(%)	+13	-	+11	-5	+1	

注：a其他卤烃的细节，详见IPCC（2007d）。∞＝无限

资料来源：Forscer et al, 2007; IPCC, 2007d

表1.3

最重要温室气体的主要性质
Table 1.3 Major characteristics of the most important GHSs

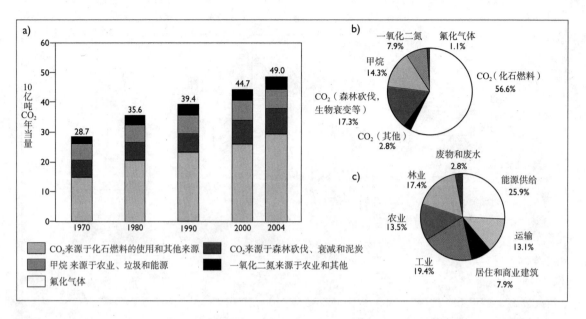

图1.4

全球人为温室气体排放

Figure 1.4 Global anthropogenic GHG emissions

注：（a）全球1970年至2004年的人为温室气体的年排放量；（b）不同的人为温室气体排放量占总量的比例，依据2004年的CO_2当量（CO_2eq）；（c）不同行业的总温室气体排放量占总量的比例，依据2004年的二氧化碳当量（林业包括砍伐森林）。

大气中的二氧化碳的寿命大约是50年到200年。

甲烷
Methane

甲烷通过各种人类活动，包括从煤炭和天然气的能源生产、废物填埋分解、饲养反刍动物（如牛、羊等）、水稻种植和生物质燃烧，被排放到大气中。虽然海洋和白蚁的活动也散发甲烷，但湿地是

甲烷主要的天然源。2005年，大气中甲烷浓度约为十亿分之1774，为工业时代前的两倍之多，目前的浓度是由于人类活动引起的气体持续排放的结果。尽管浓度较低，但甲烷是一种强大的温室气体，对气候变化有显著的影响。这是在大气中寿命相对较短的温室气体，其寿命约为12年。它超过100年二氧化碳全球变暖潜能值的25倍；但在短期内，它更强

表1.4

温室气体总量与人均排放量（"排名前20位的国家"）

Table 1.4 Total and per capita GHG emissions ('top 20 countries')

国家	温室气体排放量(2005)[a]			CO_2 排放量(2007)[b]			
	千公吨CO_2当量	总CO_2当量所占的百分比	人均排放CO_2当量的吨数	千公吨CO_2	CO_2总量所占的百分比	人均排放CO_2的吨数	CO_2变化的百分比
中国	7,303,630	18.89	5.60	6,538,367	22.30	4.96	16.5
美国	7,211,977	18.66	24.40	5,838,381	19.91	19.38	−0.1
印度	2,445,328	6.33	2.23	1,612,362	5.50	1.43	14.3
俄罗斯联邦	2,115,042	5.47	14.78	1,537,357	5.24	10.82	1.4
日本	1,446,883	3.74	11.32	1,254,543	4.28	9.82	1.0
巴西	1,079,576	2.79	5.80	368,317	1.26	1.94	5.2
德国	972,615	2.52	11.79	787,936	2.69	9.58	−2.7
加拿大	725,606	1.88	22.46	557,340	1.90	16.90	−0.5
英国	672,148	1.74	11.16	539,617	1.84	8.85	−0.8
墨西哥	627,825	1.62	6.09	471,459	1.61	4.48	6.9
印度尼西亚	625,677	1.62	2.85	397,143	1.35	1.77	16.4
澳大利亚	601,444	1.56	29.49	374,045	1.28	17.75	2.7
伊朗	598,479	1.55	8.66	495,987	1.69	6.98	16.2
意大利	571,378	1.48	9.75	456,428	1.56	7.69	−2.5
法国	542,980	1.40	8.92	371,757	1.27	6.00	−5.2
韩国	535,836	1.39	11.13	503,321	1.72	10.39	8.7
南非	499,842	1.29	10.66	433,527	1.48	9.06	6.2
西班牙	457,776	1.18	10.55	359,260	1.23	8.01	1.6
沙特阿拉伯	439,516	1.14	19.01	402,450	1.37	16.66	9.6
乌克兰	427,297	1.11	9.07	317,537	1.08	6.83	−2.8
其他发达国家	2,237,764	5.79	9.46	1,791,983	6.11	7.55	1.1
其他亚太地区的国家	3,527,583	9.13	3.51	2,460,617	8.39	2.37	7.3
其他拉丁美洲和加勒比地区的国家		3.44	5.04	749,694	2.56	2.77	10.0
其他非洲国家	1,659,120	4.29	1.90	699,867	2.39	0.77	4.1
全球总量	38,655,189	100.00	6.00	29,319,295	100.00	4.45	6.0

注：全球总排放量只包括国家记录量。

资料来源：a http://data.worldbank.org/indicator，最后访问日期2010年10月21日；b http://mdgs.un.org/unsd/mdg，最后访问日期2010年10月21日；见统计附录，表B.7和B.8

大——它的全球变暖潜能值是二氧化碳20年的全球变暖潜能值的72倍。

■ 一氧化二氮
Nitrous oxide

一氧化二氮来源于化肥的挥发和化石燃料的燃烧，也来源于土壤和海洋的自然变化过程中的释放。大约占总量40%的一氧化二氮的排放量来自于人类活动。2005年，大气中一氧化二氮浓度高于工业时代前的18%，为百亿分之319。在大气中，该气体具有114年的寿命，超过二氧化碳100年全球变暖潜能值的298倍。

■ 卤烃
Halocarbons

卤烃包括氯氟烃（CFC）和氢氯氟烃（HCFC），是完全由人类活动所产生的温室气体。在氟氯化碳被发现会引起大气中臭氧层空洞之前，它被广泛用作制冷剂。为保护臭氧层，国际法规尤其是1987年的《蒙特利尔议定书》，已经成功地减少它们的数量和其对全球变暖的贡献。然而，其他工业氟化气体的浓度（氢氟碳化合物，全氟碳和六氟化硫）虽然相对较小，但它们的浓度也正在迅速增加。虽然这些气体的浓度比二氧化碳、甲烷和一氧化二氮更少，但其中一些具有很长的寿命和较高的全球变暖潜能值，这意味着它们是全球气候变暖的重要贡献者。例如，HFC-23（CHF3）的寿命为270年，全球变温潜能值超过二氧化碳100年的14800倍。

气候变化的原因
The cause of climate change

导致全球变暖的温室气体主要来源是人类急剧上升的能源利用、土地利用变化和工业活动的排放量（见图1.4）。此外，在1970年至2004年之间，人均收入的增加（增长77%）和人口的增长（增长69%）等因素的加入导致了温室气体排放量的增加。虽然增加效率和/或减少生产和消费中的碳强度已经在有限的程度上减少了温室气体的排放量，但整体趋势仍然是全球人为温室气体排放量的大幅增加。

并非所有国家都对全球气候变暖起同级别的作用。2007年，占世界人口的18%的发达国家占全球二氧化碳排放量的47%，而占82%的人口的发展中国家占全球二氧化碳排放量的53%。[20]因此，发展中国家的人均排放量只占发达国家人居排放量的25%。这些被选中的发达国家和主要新兴经济体国家（见表1.4）是二氧化碳总排放量的主要贡献者。事实上，三个发达国家（澳大利亚，美国和加拿

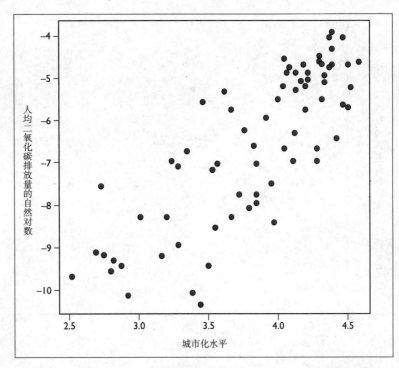

图1.5
城市化水平与人均二氧化碳排放量之间的关系
Figure 1.5
Relationships
between
urbanization level
and CO_2 emissions
per capita

资料来源：Romero
Lankao et al，2008

大），拥有最高的人均二氧化碳排放量，而一些发展中国家则导致了二氧化碳排放量的增长速度上升（如中国和巴西）。这些对气候变化问题的核心不均匀的贡献是国际环境正义的问题也是挑战，国际社会正在寻找有效公正的解决办法（见第二章）。

在这种情况下，人类正面临的两个主要挑战，城市中心则可以帮助解决：

1　需要适应。至少在一定量的持续升温，因为即使在2000年，温室气体和气溶胶的浓度保持不变，"每十年将有望进一步变暖约0.1℃"。[21]

2　也需要减排。这是实现发展路径，到2015年的排放量达到一个峰值，在21世纪末温室气体在大气中的浓度稳定在二氧化碳当量体积的百万分之445至490（CO_2当量）。[22]这个方式将会使全球平均气温比工业化之前升高2℃至2.4℃，保持在联合国气候变化框架公约第2条所列的目标（请参阅第二章）。

至于城市温室气体的排放量，它已经声称（正确或不正确），虽然城市只占用了2%的地球土地，但它们确是75%排放到大气中的温室气体的来源。[23]事实上城市是温室气体的排放源。无数的城市化过程中，这些排放是化石燃料的燃烧、商业与居住建筑或发电厂供暖和空调、商业和个人的能源运输使用、机动车辆的运行和在工业生产过程中的能耗。城镇居民家庭也在热水器和灶具使用中更直接地消耗燃料，或间接地在空调用电加热。土地利用变化

目前城市温室气体排放量的现有数据的精确性还不清楚

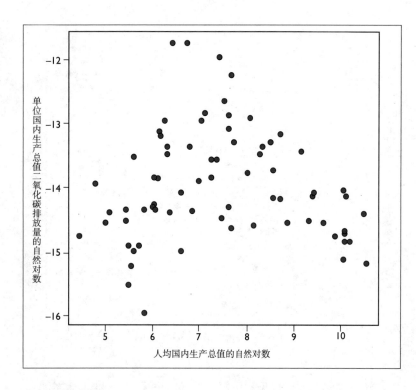

图1.6
碳强度与经济发展（2003年）
Figure 1.6
Carbon intensity and economic development (2003)

资料来源：Romero Lankao et al，2008

自从工业革命后，工厂、建筑、交通运输、住房和其他释放大量温室气体的活动都聚集在城市中心

要弄清城市中心如何影响气候变化，首先需要理解……城市活动以及基础设施是如何同时充当排放源和气候变化的直接诱因的

引起的城市增长可能会导致森林砍伐和植被吸收的二氧化碳减少。城市生活垃圾填埋场产生的甲烷。水泥作为城市基础设施发展中最重要的建筑材料，以及商业与居住建筑，由于它们需要能源密集型的制造工艺以及运输这一密度大的物质所用的高能源成本，所以它们也有一个很大的碳足迹。最后，许多活动，如农业、畜牧业生产、采矿、木材收集和木材生产，在增加温室气体直接排放量的同时减少植物对这些气体的吸收量。虽然这些往往在城市中心区的边界以外的地方进行，但它们的目的是在满足城市需要的食品、原材料、森林产品和建筑材料。

在第三章中，我们将会看到，目前城市温室气体排放量的现有数据的精确性还不清楚。许多不同的标准用于衡量这些排放量，并且，若研究人员选择使用不同的标准来计算，那城市排放量的最终计算结果也会大不相同。[24]例如，如果温室气体排放活动分配在城市中心（基于生产的方法），那么这些中心的排放量占所有人为活动造成的温室气体排放量的30%和40%之间。如果排放量被分配到消费者（即家庭或企业或组织的货物、服务或废物的处置和旅游业创造的商品或服务而产生的温室气体排放），那么应归因于城市的温室气体的比例是较高的。在基于消费的计算方法下，城市占全球温室气体排放量将上升到近一半。

经济发展，城市化和二氧化碳排放量之间存在一个动态的、复杂的、强大的链接（参见图1.5和

图1.6）。城市的二氧化碳排放量似乎至少一部分与城市中心所在的国家经济的规模（以恒定美元衡量的国内生产总值）和结构（即是以工业为主导还是服务业为主导）有关。自20世纪60年代以来，虽然总排放量的大小与一个国家的经济关系已经减弱，但总排放量的上升仍然与经济规模有很强的相关性（参见图1.6）。虽然2004年的单位国内生产总值的能源使用量比1970年下降了33%，但这个下降率仍不足以达到全球范围内减少温室气体排放量，这个上升状态超越了最坏的情况，它已经使现在的评价温度高出工业时代之前0.8℃。根据市区在本国经济中发挥的显著作用可以看出它们与气候变化的关系。[25]

然而，以国内生产总值衡量城市发展水平与温室气体排放量之间的关系也不是那么简单的。显然，来自不同行业排放的温室气体有其特点和比重，这在下一节中阐述。

探索城市地区与气候变化之间的联系框架
FRAMEWORK FOR EXPLORING THE LINKAGES BETWEEN URBAN AREAS AND CLIMATE CHANGE

为减少城市温室气体的排放，缓解城市对气候变化的影响，我们需要充分了解城市温室气体排放的动因，同时，必须十分了解是什么使城市和它们的社会经济团体应对气候变化的影响或脆弱或具有弹性。因此，本节关注于城市中温室气体排放的动因及脆弱性与恢复力的概念，作为分析和制定减缓和适应政策的框架。

城市温室气体排放的动因
Drivers of urban contributions to GHG emissions

自从工业革命以来，城市中心因为有集中的工业、工程设施、交通、家庭生活和其他活动而排放大量的温室气体。其他同时发生在城市内和城市外的却又是城市发展服务的来源，包括毁林和其他土地覆被变化、农业、废物处理、发电、制冷和空调等。第三章介绍了一个大规模的城市排放清单，其结果显示城市排放数据在不同地方的区别，此外还有基于所使用的方法基础上的排放量数字的区别（例如以消费还是生产为基础的方法）。因此，有一个基本框架以便根据不同人口和经济部门以及城市内或者服务于城市的建筑与配套基础设施来了解排放水平和诱因是很重要的。

要弄清城市中心如何影响气候变化，首先需要理解，交通运输系统、加热和冷却系统、工业和其

他城市活动以及基础设施是如何同时充当排放源和气候变化的直接诱因的。它们创造了两个主要的影响城市碳循环和气候系统的类别。

1 与气溶胶、温室气体和固体废物的排放量有关的变化。温室气体是气候系统变化的主要来源。它们不仅改变了碳循环动力学，并且伴随着气溶胶它们也产生着促使气候变化的地球辐射的变化。[26]废弃物影响植被和大部分生态系统的生长、功能和健康。[27]

2 与土地使用有关的变化。城市化是一个改变土地用途的过程，并通过创建不透水表面，填充湿地和生态系统碎片对碳循环产生了不相称的影响。城市地区建成环境是天气—气候系统的一个强制功能，因为它是热能和匮乏的水贮藏系统的一个来源。

无论城市内部还是跨城市，不同的人群、经济活动和基础设施都在不同级别导致全球变暖。一些研究指出，性别的不平等现象在能源消耗和温室气体排放量上都存在，而这些差异不仅与财富有关，还与行为和态度有关。例如，女性倾向于购买高效率的电器，而男性更倾向于做出各种尝试以提高房屋本身的隔热性能。男性倾向于吃更多的肉类，而女性倾向于吃更多的蔬菜、水果和奶制品。男人相比女人，倾向于更多使用私人机动交通工具和使用体积更大的、消耗燃料更多的车。[28]

发展中国家相比发达国家人均排放量水平较低。[29]例如，休斯敦和华盛顿（美国）的碳排放量大约是圣保罗（巴西）、德里和加尔各答（印度）的9到18倍（见第三章）。然而，其他富裕的城市，比如斯德哥尔摩（瑞典）和巴塞罗那（西班牙）的人均排放量反而比一些非洲南部的城市低。这是因为几个相互关联的因素根据不同的人口和部门，影响或确定了能源消耗的模式以及排放量。

城市地区的气候和自然禀赋，是塑造其能源使用模式的重要因素。例如，位于高纬度的城市可能会比位于热带的城市消耗更多的能源来加热其建筑与房屋；反过来说，一个位于热带的城市中心可能会消耗更多的空调能源。因此，气候变化将会影响全球许多个城市地区的能源消耗行为。

天气在城市的碳排放量上无疑起到了重要的作用，但它不是单独作用的。例如，许多美国东北部地区的相对较冷的城市有着较大的住宅碳排放量，因为它们依赖于碳密集型家庭供暖，如燃油。在南方温暖地区，同样的有较大的住宅碳排放量，因为

它们依赖于碳密集型空调制冷。[30]因此，燃料的碳强度是另一个关键因素。例如，煤的碳强度比天然气高出近两倍。

一个城市的经济基础是另一个重要的因素。在北京和上海（中国），工业分别贡献了总排放量的43％和64％。[31]工业的温室气体排放量在其他城市中要低得多：墨西哥城28.6％，伦敦（英国）7％，圣保罗（巴西）9.7％，东京（日本）和纽约（美国）10％。这表明许多城市已经转型为以服务业为基础的经济模式，从而减少它们的碳排放量。这些差异反映了在工业活动地位上不断变化的国际格局——一个由盈利能力、成本和环境法规的不同而决定的格局。[32]目前的格局反映了一个事实，中国已经成为世界大宗商品的主要制造商，这就允许发达国家为排放温室气体推卸责任，尽管由于他们的消费导向对于市场的影响给中国提供了很高的产品出口需求。在测定排放量方面，这种工业产品的国际转移需要有消费为主导的路径，而不仅仅是以产品为主导，以便得到对于国家内部和城市地区之间的工业排放的责任划分的一个比较真实的图景。[33]

富裕已经被多次认为是温室气体排放和其他环境影响的一个显著的诱因。但是它仍然不是单独作用的——更确切地说，是与技术、天然条件和股权等因素联系在一起的。根据生态现代化理论，环境问题，如气候变化问题，是通过发展和现代化来解决的。市场机制促使新的和低碳密集型技术的发展，而通过这些发展，低碳密集型的社会的结构在宏观经济层面发生着转变和转移。[34]

随着经济的发展（现代化），农业和渔业部门被制造业所取代，并且随着进一步的发展会被服务业所取代。生态现代化理论认为，发展中的经济体的增长将遵循自然路径，由经济力量和市场动态带动，顺应从高到低的环境应力的态势。因此，环境对于经济增长的影响在发展的早期不断增加，但是随着经济的成熟而趋于稳定然后下降。这个过程被描述为一个倒U形曲线，即环境库兹涅茨曲线。事实上，国家碳强度和经济发展水平的关系从1965年的基本上是线性，变化为1990年的基本上是曲线。[35]在2003年，这个曲线关系的倾向仍然是比较有根据的。一种线性关系意味着一个单位的国内生产总值的增加转化为相似的排放量的增加，而一个曲线关系意味着一个单位的国内生产总值的增加转化为低于一个单位的排放量的增加。然而，这种倾向至少一部分可能被理解为由于经济、政治和环境因素而发生的制造业活动的转移，如上面给出的中国的例子所示。发达国家的经济已经转变为以服务业为基

发达国家的性别不平等现象在能源使用和温室气体排放量上同时存在

发达国家的城市的人均排放量要低于发展中国家的城市

在测定排放量方面，在国家内部和城市地区之间，这种工业产品的国际转移需要有消费为主导的路径，而不仅仅是以产品为主导

础，它们的工业产品制造业已经迁往一些发展中国家，所以它们的城市地区发出的温室气体已经减少了。然而，它们对于为它们提供货品的工业制造业国家的温室气体排放量份额的责任，应当作为消费者需求的货品而算进它们自身的份额，而不是施加给制造国。[36]一些研究人员认为，这一温室气体归属的变化将会改变曲线的特点。[37]

富裕理论对于此次全球报告的经验和政治意义主要有两个原因。第一，贫困带来的环境负担首先直接影响当地穷人的生活，但是富裕带来的环境负担，如天气问题，还是会影响世界各地的不管富人还是穷人。然而这些负担往往不相称地落在贫民身上。[38]第二个原因是，根据围绕城市天气变化的相关辩论，得到的结论是，穷人，也就是在当地环境恶化中担负最大风险的城市定居者，似乎也同样担负着遭受洪水、热浪、暴风雨和其他天气相关威胁的风险。[39]

把注意力集中在城市人均排放量上可能是有误导性的，因为城市之间有非常大的差异。因此根据城市的人口和活动情况，性别和社会经济的公平都是影响温室气体排放量的关键方面。没有充足的信息来为城市地区的人口的排放量等级划分的公平性提供一个准确的图景。然而，有些例子中是可以得出初步的结论的。根据一项在德国、挪威、希腊和瑞典所作的关于单身家庭人均排放量的研究，平均每个男人比每个女人多消耗6%（挪威）到39%（希腊）的能源，而这个性别差异是以收入和年龄作为依照的。[40]达拉维，一个孟买（印度）附近的主要是低收入、高密度的内城，这里的人均排放量只是孟买这个高收入地区人均排放量的极小一部分，原因是孟买地区人口中有很大比重都是上下班开车的。[41]

根据人类生态学家的观点，城市的温室气体和其他环境影响的决定因素是人口的规模、增长、结构和密度。[42]人口密度和大气中的温室气体排放量之间存在着负相关。例如，其他因素保持不变的情况下，市区密度增加1%，将导致大概0.7%在城市级别上的一氧化碳量的下降。[43]空间紧凑，用途混合的城市发展对于温室气体的排放有着明显的好处。[44]然而，也需要注意其他的一些可以解释的因素，例如土地的利用模式和交通运输系统的布局。[45]此外，城市密度还提出一个两难的境地：城市扩张导致尾气排放量和化石燃料消耗急剧增加，如果不采取行动来减少大气中的排放量，那么人类暴露于其他排放的污染物（如二氧化氮）的水平将会随着密度的增加而增加。[46]在第五章和第六章讨论了城市形态对于天气变化减缓的适应。

城市的脆弱性与"恢复力"
Urban vulnerability and 'resilience'

如上所述，城市住区已经面临海平面上升、干旱、热浪、洪水和其他气候变化所加剧的风险。然而，单独着眼于这些灾害的发生是不足以了解天气变化对于城市及其人口和经济方面的影响的。关注城市的恢复力、发展、社会经济和性别平等，还有治理结构，并且把这些作为适应能力和实际的适应行动的关键决定因素，也是非常必要的。许多学者和实际工作者在灾害应对和灾害恢复的背景下提出恢复力这个观点。[47]在此观点里：

- 第三章城市可以增加或者减少由于城市的社会环境历史而遭受的自然灾害如洪水和热浪的冲击。城市活动总是改变自己的环境；但是两个结果是可能的：环境退化和恢复力的降低（见专栏1.3），或者城市人口日益增长的修复损伤、维护环境以及提高城市恢复力的能力。[48]
- 第四章如果城市能够建立学习和适应的能力，甚至利用由灾害带来的学习的机会的话，那么城市人口和为他们谋福利的各级政府是有很强的适应能力的。孟加拉国的达卡和其他人类住区提供了这样的一个例子（见专栏1.4）。

城市对于气候影响的脆弱性和适应能力，至少

专栏1.3　墨西哥城：环境退化与脆弱性
Box 1.3 Mexico City: Environmental degradation and vulnerability

墨西哥城的水资源管理系统已经改进了阻碍它应对洪水和干旱的特点。它的过度被开发不仅在于水资源每秒流量19.1到22.2立方米，还在于跨越了两个流域（Lerma和Cutzamala）。根据预测，如果不考虑全球变暖，2005年到2030年间，墨西哥城的人口将增加17.5%，而从2007年到2030年，可利用的水会减少11.2%。如果如市场预期，气候变化带来降雨量的降低，那么这一情况可能变得更糟。那些在干燥季节或者墨西哥城面临干旱时候已经面临经常性短缺的用户，将会受到更严重的影响。例如，1980年到2006年间，较为贫困的城市之一——查瓦尔科约特城内有81.2%的人口遭受到干旱。水资源的过度开发造成两个脆弱性的来源：第一，水的供应（短缺）问题，使得水用户（尤其是已经面临缺水问题的贫困阶层）面对气候变化造成的水供应问题时更为脆弱。第二，地下水位不断下降，这一问题在历史上曾经造成过土地下沉（并且在某些地区继续发生），从而破坏建筑的基础、城市基础设施，以及增加这些地区人口在大地震和降雨等危害下的脆弱性。

资料来源：Romero Lankao, 2010

（侧注）富裕带来的环境负担，如天气问题，还是会影响世界各地的不管富人还是穷人，但是往往不相称地落在贫民身上

（侧注）人口的规模、增长、结构和密度是城市温室气体排放量的主要决定因素

可以分为两个不同的层次来分析：从城市整体和它的发展道路的视角，以及从一个城市被分解来揭示它的不同社会人口群体的适应能力决定因素这样的视角。

■ 城市发展将会增加面对气候灾害的脆弱性
Urban development can bring increased vulnerability to climate hazards

在城市中心，人口、房屋、基础设施、工业和相对小区域内的废弃物的集中，在城市天气变化和其他压力的影响方面有两个含义。一方面，在市区里生活和工作可能是危险的；人们极易受到极端天气或其他危害的影响，这些都有可能成为灾害。例如，当住宅和工业区缺乏疏散空间和紧急车辆通道时（如贫民窟），当高收入人群被沿海的低洼区域或绿色区域吸引时（如美国加利福尼亚州和佛罗里达州或者澳大利亚墨尔本），又或者当低收入群体在洪水和山体滑坡灾害下缺乏获得安全土地、定居场所的手段时（如巴西的里约热内卢、印度的孟买以及其他发展中国家的城市），这些城市内因素的集中就可能增加城市居住的风险。

城市定居可能会提高串联性灾害的风险。[49]这意味着，一个主要的危害（大暴雨）会导致二次灾害（例如洪水导致供水污染，山体滑坡摧毁房屋和基础设施）。产业化、不充分的规划和不良设计是附带风险或技术风险的主要决定因素。如波哥大（哥伦比亚）、布宜诺斯艾利斯（阿根廷）和圣地亚哥（智利）所示，许多城市的人口已经面临暴露在高浓度污染物中的风险，这远远超过了世界卫生组织（WHO）规定的空气中的颗粒物和二氧化氮浓度的标准。[50]如热浪这样的气候灾害的影响还有可能与污染问题及城市热岛效应叠加，这种复合的状况使城市灾害的风险管理变得更加复杂。

另一方面，市区里居民、基础设施和经济活动的集中也意味着降低极端天气事件的风险所用的措施的规模经济。这些规模经济可能会降低更好的流域管理、预警系统和其他措施的人均成本，以便在灾害或威胁发生时预防或减少风险。此外，一旦政策致力于加强可持续发展，以及从灾害反应提升到灾害准备，城市住所应对天气灾害就会更有效果。

对于许多城市来说，发生当前的气候灾害，是历史区位因素和长期发展过程的结果。许多城市在发展过程中没有考虑到天气变化所引起的风险。大多数大城市最初是根据贸易或军事的优势而被选址和建立的（例如中国的上海、美国的纽约、哥伦比亚的卡塔赫纳和南非的开普敦）。在多数例子中，这意味着它们位于海岸上或者靠近主要河流的河口，

专栏1.4　孟加拉国的学习与适应能力
Box 1.4 Capacity to learn and adapt in Bangladesh

孟加拉国坐落在一个有热带风暴风险的地区，而热带风暴的强度和频率在过去几年中不断增加。在1991年，一个飓风袭击了孟加拉国，至少有138,000人死亡，多达1000万人无家可归。地方和国家政府以及国际组织已经认真地采取措施来减少该地区热带旋风的风险。这些措施包括：开发一个前期预警系统和公共避难所来容纳疏散人员。这些改进措施在2007年进行了测试，那时孟加拉国遭受了也许是自1991年以来最强的旋风"锡德"的袭击，有800万到1000万人受灾。死亡人数减少了32倍（即4234人对比138,000人），而孟加拉国的学习和适应能力也得到了证明（同见专栏4.4和专栏6.2）

资料来源：Paul, 2009

能更好地完成与其他海滨城市的海上贸易或者与其他内部腹地的河上贸易。于是这些城市成了它们国家的贸易枢纽，财富也大大地增加了。

这些财富持续地积累，推动着进一步的发展，也促使这些城市成为国民经济增长的动力，吸引更多的私人投资、农村地区劳动力以及其他国家的移民。如今这种向城市中心迁移的运动仍在继续，这些地区已经成为工业和劳动产业的聚集区，而完全没有考虑到这些地区所特有的环境风险，以及由天气变化而导致的灾害增长。

■ 为什么部分人口更为脆弱？
Why are some sectors of the population more vulnerable?

并非所有的目标人群都同等地受到天气变化所加剧的灾害的影响。不同城市人口的应对和适应能力不仅仅受到年龄和性别的影响，还受到一个或一组因素的影响。[51]（见第四章）这些因素包括：

* 劳动、教育、健康和个人营养（个人资本）。作为一个重要的资产，劳动与人力资本投资密不可分。健康状况决定人的工作承受力，教育和技能决定劳动的回报。
* 人的财产资源（储蓄、信贷例如金融资本）。
* 基础设施、设备和服务（物质资本）的范围和质量，其中有些是个人拥有的（如住房）。
* 这些储备从环境角度保护了资产，如土壤、土地和大气环境（自然资产）。在城市地区，住宅用地是一个重要的生产性资产。
* 提供或管理安全网络和其他短期或长期应对措施的治理结构和社区机构的质量和包容性，或者社会资本——定义为嵌入在社会关系和制度

一旦政策致力于加强可持续发展，以及从灾害反应提升到灾害准备，城市住所应对天气灾害就会更有效果

安排里的规则、规范、义务和互惠的无形资产。

富裕的个人和家庭对更高的适应能力有更高的要求。他们有更多的资源来减少风险——那就是，更安全的住房、更稳定的工作、更安全的居住地以及保护自己财富更好的方法（如财产保险）。富裕的群体往往在公共支出上有更多的影响。在许多市区，中高收入人群一直是基础设施和服务这些关键的适应能力决定因素上的政府投资的受益者。如果政府不提供这些，高收入人群有他们自己的供水、卫生和供电保障，或者他们可以搬到私人的发展项目中去。越富裕的人群，适应能力越强。

虽然仍然缺乏系统的证据证明在城市层面上，富裕与贫穷的行业与国家之中天气变化蕴含的性别暗示，[52]一些证据仍可以指向一个事实，那就是，在信贷、服务、教育、信息、决策能力和技术这些资产和选择上，性别的差距确实存在。例如，在撒哈拉以南的非洲地区，84%的妇女非农业就业是非正规的（相比于63%的男子）。[53]非正规行业在首都和大城市同样很重要，一半以上的妇女被雇佣于非正规行业（南非和纳米比亚除外），尽管非正规就业率实际上在小城镇和农村地区更高。[54]由于这种情况，妇女没有足够的生计选择，所以她们更容易受自然灾害的影响。洪都拉斯的米奇飓风，以及孟加拉国达卡的洪水都说明了，妇女们通常无法接收到或了解灾害预警。此外，在许多情况下，没有丈夫的授权，妇女不能撤离。[55]

零星的证据证实，儿童遭受天气变化不利影响的风险更大。有几个方面的原因：他们处在快速生长的更容易因为严酷的天气和气候灾害的压力而被严重地中断的时期。他们相对地更容易遭受到暖流和热浪、[56]强降水、干旱和其他气候灾害的影响，因为他们不成熟的器官和神经系统以及有限的经验和行为特征。这就加剧了贫困家庭应对有挑战性的状况时的选择的艰难。然而，如果给予充分的支持和保护，儿童在面对灾害和压力时也可以有突出的适应能力，这也是毋庸置疑的。[57]

非常老迈的人也有很大的风险。1995年的美国芝加哥和2003年的欧洲的热浪袭击灾害中的高死亡率证明了这一点。事实上，对于英国伦敦和诺里奇的城市研究表明，老年人可能会不真实地觉得热浪对于他们个人构不成明显的风险。[58]老人的另一个制约是缺乏从上升的洪水中快速逃离的能力，而这主要取决于他们的孤僻、健康状况以及观念。

城市贫困人口往往是非常脆弱的，特别是在发展中国家，妇女，儿童或老年人也可能因为更脆弱

而跌入其他弱势群体的类别中。许多贫困人口面临更多的风险：他们生活在非正规的住区，他们生活在泛洪区、不稳定的斜坡、江河流域以及其他高风险地区；或者在非正规经济模式下工作。他们还不断面临被政府强行赶出住区的可能性，原因是政府认为他们所住的地方有天气灾害的高风险；他们还可能被轻易地赶走仅仅因为其他利益集团需要抢占这块地而有利可图。结果是，他们同时也没有了赖以存活的生计。[59]

此外，较贫困的群体受到的最严重的影响就是更多地接触到一系列其他可能的城市灾害（例如，卫生条件差和缺乏消除危害的基础设施如排水系统）。他们从国家那得到的用以应对灾害的援助、法律支持和保险较少。低收入群体居住在低风险地区的机会也更少。但不应该因此而得出结论，说穷人只是气候变化和其他灾害风险的被动接受者。菲律宾的空穴城市和泰国的Baan Mankong（"安居"）项目显示，[60]许多贫困群体已经开发出了适应机制。这仅仅意味着这里所指的结构性问题对于他们的应对机制造成了严重的限制，并且在适应措施选择上制造了约束条件。

结语与全球报告的结构
CONCLUDING REMARKS AND STRUCTURE OF THE GLOBAL REPORT

城市化与气候变化同时是发展和环境的机遇与挑战的来源。工业化和城市化的发展已经成为经济快速发展和科技变革的重要组成部分，对世界许多城市人口的经济提高和生活质量的提升做出了巨大贡献。它们也同时有助降低碳排放强度，提高生产和消费的效率。然而，尽管已经取得了这些社会经济和科技的成果，贫困——越来越多城市的表象，仍然是一个艰巨的挑战。饥饿人口已经突破了十亿大关，需求仍然巨大。[61]因此，特别是在发展中国家，扶贫仍然是最重要的优先事项。

气候变化作为一个既是发展又是环境的问题，从几个方面复杂化了整个图景。目前全球温室气体排放的影响体现在更强大和频繁的洪水、干旱和热浪对城市的工业、人口和政府造成的不利后果。因此，城市人口和经济部门都面临两个挑战：对一部分变暖状况的起码的应对需求，以及减缓全球气候变化原因的紧迫性。

发达国家的市区和发展中国家城市中的富裕部门必须在减少碳排放方面起到关键的作用。他们用以提高能源效率和降低汽车、纺织品、公用设施和

高收入人群有着更强的适应能力

妇女特别容易遭受自然灾害

儿童受不同天气变化的冲击的风险更高

贫困的群体受到的最严重的影响就是更多地接触到一系列其他可能的城市灾害（例如，卫生条件差和缺乏消除危害的基础设施如排水系统）

其他设备的技术修复的行动不能减少。因为商品、服务、废物处理和运输的目的，是满足城市市场，因此城市消费者也需要对制造业、工业和能源支出过程中的排放负责，哪怕这些商品和服务是在城市边界以外产生的。创造真正的减灾战略是具有深刻的影响和困难的。远离更多和更大的关注而呼吁消费模式和生活方式的改变，无疑是更为重要的。

针对形成人口密度、城市形态、生活方式、资产和其他城市发展组件的变化的诱因所采取的行动，对于减缓、适应和可持续发展也有同等重要的作用。例如，运输策略需要与城市的空间结构一致。

城市的发展，也可以是一种恢复能力。人口密度可以创造城市规模变化的潜能，从而减轻人类受到的来自气候的影响，还能创造适应洪水、热浪和其他气候灾害的机会。合理设计的基础设施的发展可以提供物理保护；精心设计的通信和预警系统可以帮助人们应对灾害；恰当的城市规划可以帮助限制风险高发地区的人口增长和活动。

那些人口低于50万人的城市，由于其相对较低的管理能力而将在应对气候变化的影响方面面临很大的困难。然而，它们也可以利用它们相对较小的规模这个优势，来重新定位它们未来的成长，向更加可持续和有适应能力的方向发展，从而把排放量水平减少到所需的最小值，并且增强它们的恢复力和应对气候灾害和其他压力的能力。

这份全球报告分为七个章节。第二章侧重于国际气候变化的框架和它提供给城市活动的影响、机遇与挑战。它描述了气候变化成为国际制度的过程：“气候公约”；“气候公约”的主要机制、手段和融资策略；以及《京都议定书》缔约方的主要作用。为了给政策制定者提供一个导航工具来更好地驾驭气候政策和行动的复杂领域，本章节介绍了在报告中详细阐述的多层次的气候变化治理措施的多种构成，并且描述了国际、超国家（地区）、国家和次国家层面中的主要参与者、组成部分和气候治理行动。

第三章探讨了市区对于气候变化的影响。它讨论了用于测量温室气体的主要协议和方法，并且更详细地探讨了运输、工业、建筑物和其他温室气体的来源。它提供了一个概要，阐述城市排放的规模，以及它们在不同的国家和经济发展阶段下的差异。这一章阐述了诸如一个城市的地理环境、人口状况、城市形态和密度、经济活动等因素是如何强烈地塑造出该地区的总排放量的。它包括了一个同时关于排放量主要因素和相关的动因的讨论。

气候的影响和脆弱性是第四章的重点。这一章介绍了气候的变化如何加剧城市正在经历的物理、社会和经济的挑战。首先描述了物理气候变化对城市产生的危害，然后探讨了直接或间接的物理、经济和社会对于城市内存在的缺陷的不一致性的影响是如何分类的。它还确定了具体的易受气候变化影响的城市人群、地区和城市及其原因。这一章结尾总结了气候变化的影响以及政策经验。

第五章重点是缓解，这是应对气候变化的两个方面之一。它描述了在城市规划、基础设施建设、交通、建成环境和碳封存领域的城市中目前正在进行的减排政策的反应和举措。它研究这些策略和措施如何在不同的模式和政府机制下发挥作用（例如供给、调节、自我管理和促进），并探讨了城市在体制、经济、技术和政治方面的缓解因素（如个人和机构的领导能力、知识和体制能力）。最后，这一章提供了一个对于新出现的减缓应对措施趋势的比较分析。

第六章着眼于从根本的立场来适应气候变化，因为国际社会已经无法有效地应对减少温室气体排放水平的挑战，避免对气候系统的危险干扰，在未来的十年内，这种适应对策是关键性的。这一章从定义城市应对措施和适应能力开始，随后回顾了一些存在着的个人、家庭、社区和城市政府的应对和适应经验。然后探讨利益相关者之间的相关作用和潜在的伙伴关系，并着眼于一些融资适应措施的机制。

第七章总结了本报告的关键研究结果和信息，并且提出了一套城市面临气候变化挑战的综合性的主题。这一章首先看的是一些减缓和适应措施和动因、脆弱性之间的联系所带来的制约因素和面临的挑战。然后它继续关注减缓、适应措施和城市发展之间的一系列协同效应和权衡。在简要地描述了对于差距、不确定性和挑战性的现有认知水平之后，这一章提供了一系列的建议和未来的政策方向，从当地、国家和国际的原则和政策方面支持和提升城市对于气候变化的应对能力。

城市发展……可能是恢复力的一个来源

正确设计的基础设施的发展可以提供物理保护，恰当的城市规划可以帮助制约风险易发地区的人口和活动的增长

人口低于50万人的市区可以利用它们相对较小的规模这个优势，来重新定位它们未来的成长向更加可持续和有适应能力的方向发展

注释 NOTES

1 UN, 2010.
2 Due to increasing CO_2 concentrations.
3 The low-elevation coastal zone is the contiguous area along the coast that is less than 10m above sea level (IPCC, 2001b).
4 UN, 2010.
5 UN, 2010.
6 IPCC, 2007b; Satterthwaite et al, 2007b, 2009c.
7 UN, 2010.
8 UN, 2010. See also Statistical Annex, Table A.4.
9 See Chapter 3 and Tables 3.5, 3.11 and 3.12.
10 Dodman, 2009; Romero Lankao et al, 2008, 2009a.
11 McGranahan et al, 2005; Balk et al, 2009.
12 See UN-Habitat, 2007, p319.
13 Le Treut et al, 2007.
14 Ammann et al, 2007.
15 Sabine et al, 2004.
16 Sabine et al, 2004; Raupach et al, 2007.
17 Füssel, 2009.
18 The data in this section are derived from IPCC (2007d).

19 For a full list of gases to be assessed in national GHG inventories under the Kyoto Protocol, see the note in Table 3.1.
20 See Table 1.4; UN, 2010.
21 IPCC, 2007d, p12.
22 IPCC, 2007d.
23 Examples include the Clinton Foundation, Nicolas Stern, and Munich Insurance. See Satterthwaite, 2008a; Dodman, 2009; and Chapter 4.
24 Satterthwaite, 2008a; Dodman, 2009.
25 Zhang, 2010.
26 IPCC, 2007b.
27 Alberti and Hutyra, 2009.
28 Alber, 2010, p21.
29 Romero Lankao, 2007a; Satterthwaite, 2008a. See also Chapter 3.
30 Brown et al, 2008.
31 Ru et al, 2009.
32 Satterthwaite, 2007; Romero Lankao et al, 2005.
33 See Chapter 3.
34 Murphy, 2000; Gibbs, 2000.
35 Roberts and Grimes, 1997.
36 See Chapter 3.

37 Bin and Harris, 2006.
38 Satterthwaite, 1997a; McGranahan et al, 2001, p15;.
39 Parry et al, 2007a; Wilbanks et al, 2007; Satterthwaite et al, 2007b; Romero Lankao et al, 2008.
40 Räty and Carlsson-Kanyama, 2010.
41 Satterthwaite, 2008a.
42 Walker and Salt, 2006.
43 Romero Lankao et al, 2009a.
44 See Chapter 3.
45 Other determinants of transportation emissions are transit accessibility, pedestrian friendliness and local attitudes and preferences, which also influence driving behaviour. Handy et al, 2005.
46 Marshall et al, 2005, p284.
47 Vale and Campanella, 2005.
48 This can be done through two mechanisms: patterns of use that do not overexploit local resources and go beyond the carrying or absorbing capacity of

local ecosystems; and the ability and power to import resources from, or export emissions to, surrounding and remote areas and to make up for the impact (i.e. avoid local overexploitation and pollution). See Turner et al, 2003.
49 Allan Lavell, cited in Satterthwaite et al, 2007b.
50 Romero Lankao et al, 2009b.
51 Moser, 2008; Moser and Satterthwaite, 2010; Harlan et al, 2006; Romero Lankao and Tribbia, 2009.
52 Alber, 2010.
53 UN-Habitat, 2008c; Alber, 2010 (citing WIEGO and Realizing Rights: The Ethical Globalization Initiative, 2009).
54 UN-Habitat, 2008c.
55 Alber, 2010.
56 Bartlett, 2008.
57 Bartlett, 2008, p1.
58 Wolf et al, 2010.
59 Satterthwaite et al, 2007b.
60 Satterthwaite et al, 2007b.
61 World Bank, 2009c, p1.

CHAPTER 2

第二章

城市与国际气候变化框架

CITIES AND THE INTERNATIONAL CLIMATE CHANGE FRAMEWORK

对于气候变化挑战的应对已经在国际框架范围内发生，这个框架在各级都制定了相关行动和决议。[1]这个框架在这里被定义为协议、机制、工具，管理和驱动全球气候变化行动的参与者的领域。这个框架的整体结构是复杂和多方面的，它包含了许多不同的功能、方法、范围和关注点上的元素。[2]虽然国家政府决议的内容，例如《联合国气候变化框架公约》（UNFCCC）以及《京都议定书》，仍旧是框架至关重要的方面，但它们不是唯一的气候变化行动机制。其他层面的干预，在实施创新的气候变化应对措施和政策方面，在地区、国家和地方各级都变得同样的重要。

城市在国际气候变化框架的承诺的履行和实施上发挥了至关重要的作用。它们也从应对当地气候变化的框架的机遇中获得利益。然而，地方一级的行动者和当局往往缺乏对于国际气候变化框架的各个组成部分的性质和运作，以及他们如何利用这些来提高减缓和适应战略的了解。例如，许多城市一级的决策者缺乏应对国际融资方案的机遇与制约因素的工作经验，包括《联合国气候变化框架公约》的一部分。[3]鉴于此，本章的目的是为了突出国际气候变化框架及其在地方一级的干预措施的关键要素。这也是旨在发起对报告中剩余的气候变化条件、趋势和政策的讨论。

本章首先简要地描述了气候变化成为一个国际社会关注的问题的过程，这也是《联合国气候变化框架公约》建立的有关气候变化的问题的国际制度的关键要素。然后对于核心机制、手段和本公约的融资策略也有一个概述。《京都议定书》也被看作是具有法律约束力的承诺减排的国际条约。随后，也考虑到了在国际、地区、国家和次国家层面的气候治理的关键角色、组成部分和行动。本章最后概述

了国际气候变化框架所带来的城市一级的本地行动。

联合国气候变化框架公约
THE UNITED NATIONS FRAMEWORK CONVENTION ON CLIMATE CHANGE

从19世纪早期就出现了对气候变化问题的讨论（见表2.1），但是它作为一个国际政策而被关注要追溯到20世纪70年代和80年代，此时由于科技的进步，科学家们更明确温室气体（温室气体在大气中的浓度）呈上升趋势对于地球的气候产生的深远后果。1988年到1990年之间，各国政府开始在确定气候变化议程方面发挥更大的作用，政府间气候变化专门委员会（IPCC）成立于1988年，为各国政府提供通过科学评估得到的全球变暖趋势的信息（见专栏2.1）。

1990年12月，当联合国大会为"气候变化框架公约"建立政府间谈判委员会的时候，国际气候公约的谈判过程启动了。在1992年，在纽约的联合国总部，委员会通过了《联合国气候变化框架公约》。联合国气候变化框架公约，又称气候公约，在1994年正式生效，到2010年10月已经被193个国家批准。[4]"公约"的最终目标，是将全球的温室气体浓度稳定在一定水平上，防止人类对气候系统的干扰。[5]该"公约"的目的还在于协助各国，特别是发展中国家，因地制宜地适应气候变化的影响。"公约"对于遏制温室气体的作用是建立在一些显性和隐性的规范的前提之下的，而这成为国际气候制度的基本规范。这些原则中最重要的是"相同却又差异化的责任和各自的承受能力"以及"预防原则"。[6]"公约"首先认识到发达国家和发展中国家对气候变化贡献的历史差异，以及各自处理这些问题的经济和技术

地方一级的参与者和当局往往对于国际气候变化框架下性质和运作的各个不同组成部分缺乏了解

表2.1
国际气候变化治理的主要里程碑
Table 2.1 Major milestones in international climate change governance

1827年，法国科学家让·巴蒂斯特·傅立叶是第一个考虑到"温室效应"这样一个大气积蓄太阳能并增加地表温度的现象的人。
1896年，瑞典化学家思万特·阿累尼乌斯将导致气候变化的温室气体归咎为化石燃料燃烧产生的二氧化碳。
20世纪50年代，随着越来越多的温室气体对于世界气候冲击的信号，再加上环保运动的发展和壮大，全球变暖科学也在不断发展。
1979年，在瑞士日内瓦，第一次世界气候会议呼吁各国政府预测并防止潜在的人为气候变化。
1988年，政府间气候变化专门委员会（IPCC）成立，以确定气候变化的常规科学和技术评估。
1992年5月9日，在美国纽约，《联合国气候变化框架公约（UNFCCC）》被采纳，并且在1994年3月21日生效。
1997年，在日本东京的COP-3会议上，《京都议定书》被通过，并且在2005年2月16日生效。
2001年，在摩洛哥马拉喀什的COP-7会议上，《京都议定书》的一组实施细则，被称为"马拉喀什协定"。
2007年，在印度尼西亚巴厘岛的COP-13会议上，针对一个新的国际条约接替《京都议定书》的谈判开始。在2009年的COP-15会议上，一个为期两年的具有约束力的协议被通过的过程，称为"巴厘路线图"。
2009年，COP-15会议的主要成果，《哥本哈根协议》，是一项不具有约束力的协议，旨在控制全球温度的上升，提高发展中国家应对气候变化行动的财政预算。
2010年，在墨西哥坎昆的COP-16会议期间通过了《坎昆协议》，这个协议包含了对于减缓和适应目标的实施和融资方面的一系列决议。
2011年11月28日至12月9日，在南非的德班，举行了COP-17会议。

资料来源: Baumert et al, 2005; ICLEI et al, 2009; New Scientist, 2009

能力的差异。[7]在这点上，"公约"鉴于发达国家过去在温室气体排放方面的地位，让他们承担了最大的应对气候变化的责任。第二，它意味着就算缺乏充分科学确定性，国家也有责任参与、阻止或最小化气候变化的诱因以及缓解其不利影响。[8]

批准该条约的国家被称为缔约方，它们同意制定减缓气候变化的国家方案。"附件一"的国家，包括发达国家，1912年成立的经济合作与发展组织

专栏2.1 政府间气候变化专门委员会
Box 2.1 The Intergovernmental Panel on Climate Change

政府间气候变化专门委员会（以下简称IPCC）是1988年由世界气象组织（WMO）和联合国环境规划署（UNEP）创建的保持世界各国政府获得气候变化问题信息的组织。IPCC的194个成员国以及许多其他机构和观察员每年组织一次例会。

1988年12月6日的联合国大会43/53号决议指出，IPCC的作用是"提供气候变化的幅度、时序、潜在环境和社会影响的国际协调和科学评估，以及现实的应对战略"。同一决议要求世界气象组织和联合国环境规划署启动一个针对紧随其后的IPCC的全面回顾和后续发展的建议：

- 气候与气候变化的科学知识现状；
- 气候变化包括全球变暖的社会和经济影响的方案和研究；
- 拖延、限制或减轻不利气候变化的影响的可能的应对战略；
- 对于相关的现有的影响到气候的国际法律文书的识别和可能的加强；
- 未来可能的国际气候公约的列入内容。

IPCC分析了气候变化及受其影响的科学和社会经济信息，并评估了减缓和适应的方案。它提供了联合国气候变化框架公约下缔约方会议（COP）的科学、技术和社会经济结果。IPCC的评估过程是一个介于科学和政策的重要接口，也是一个由科学生成决策的重要机制。因此，IPCC在建立天气变化问题的重要性方面发挥了关键作用；并提供了政策相关科学问题的权威决断；同时还演示了不同的政策选择的收益和成本；确定了新的研究方向；最后还提供了技术解决方案。

到目前为止，IPCC已经准备了定期基础上的全面的气候变化科学报告。IPCC的第一次评估报告（1990年出版）指出，各级人为产生的温室气体正在大气中不断增加，并且预测这将加剧全球变暖。这也说明了，国家需要政治平台来解决气候变化的问题，这个报告在联合国气候变化框架公约的创建上发挥了关键作用。第二次（1995年）和第三次（2001年）评估报告都暗示了人类活动和气候变化之间的联系，从而大大推动了《京都议定书》的谈判。第四次（最近的）评估报告（2007年）指出，全球气候变暖的证据是"明确的"，并预测气候变暖的幅度在2100年达到1.8℃至4.0℃。IPCC目前正在着手第五次评估报告，预计2014年推出。

IPCC还准备了许多其他报告以及支持各国履行承诺的方法和准则，来作为评估报告的补充。

资料来源：IPCC, undated a, undated b; UN, 1988; Brasseur et al, 2007

政府间气候变化专门委员会的评估过程是科学和政策之间一个重要的接口，同时还是通过科学决策预测、防止或尽量减少气候变化，缓解其不利影响的通知机制

（OECD）成员以及过渡经济国家。这些国家的排放量以1990年为基准年，需要提供定期的详细目录。[9]"附件二"的国家由附件一国家中的经济转型期的国家之外的国家组成。这些人士希望通过财政和技术转让支持发展中国家的缓解和适应活动。"非附件一"国家都是发展中国家，它们由于其有限的应对气候变化的能力而被给予特别的考虑。[10]

"公约"的主要机关是"缔约方会议"（COP），这是由各方组成的，每年举行一次的，以评估各缔约方在履行自己实现"公约"最终目标的承诺的进展的会议。[11]会议的公约缔约方，自1994年公约生效以来，已经有16位（2010年底）以论坛形式参与了缔约方之间的谈判和关键决定以及决议的采纳。这是特别重要的，因为公约主要包含了故意含糊其辞来适应各缔约方不同立场的构想。有许多包括政府间、非政府组织和其他民间社会观察员也参与了COP会议。[12]

第一次缔约方会议（COP-1）于1995年12月在德国柏林召开。这次大会表达了对于国家满足其排放目标和承诺的担忧。本次会议通过了"柏林授权"，建立了一个针对1997年气候变化而谈判达成协议的委员会，这项协议包括2000年以后发达国家削减额外的温室气体排放量的承诺。[13]COP-2会议于1997年7月在瑞士日内瓦召开。这次会议所谈判达成的共识不是当前发生的，而初步的国家信息指出，那些国家不可能达到它们的排放量减少的目标（即到2000年返回到其1990年的排放水平）。[14]然而，会议通过了IPCC第二次评估报告，并且重申了对具有法律约束力的量化的限排减排目标的需要。[15]1997年在日本东京，COP-3会议最终通过了《京都议定书》，《联合国气候变化框架公约》最终被转化为了具有法律约束力的承诺。[16]

除了减排这一重点，联合国气候变化框架公约还旨在支持发展中国家的应对活动。因此，在2001年，在摩洛哥马拉喀什的COP-7会议上，设立了联合国气候变化框架公约下的三个主要的筹资机制，即气候变化特别基金，最不发达国家基金和适应基金（见专栏2.2）。这些基金由182个国家、国际机构、非政府组织（NGO）、私营部门，以及应对全球环境挑战的国际合作伙伴关系组成的全球环境基金（GEF）来管理。全球环境基金成立于1991年，是世界银行和联合国环境规划署（UNEP）、联合国开发计划署（UNDP）合作的一个试点项目。这一基金在1992年的联合国环境与发展会议（UNCED）上进行了重组，成为一个独立的机构，并且成了联合国气候变化框架公约的资金机制的管理主体。[17]

专栏2.2　《联合国气候变化框架公约》的筹资机制
Box 2.2 Funding mechanisms of the UNFCCC

气候变化特别基金旨在资助与下列有关的活动：适应、技术转让和能力建设、能源、交通、工业、农业、林业、废弃物管理和经济多样化。到2009年9月，该基金已经认捐了价值约1.2亿美元的自愿捐款，也已经启动了24个项目。

"最不发达国家基金"旨在协助48个最不发达国家制定和实施国家适应行动计划（NAPAs），通过这个基金，它们可以确定资助的优先适应活动。该基金的理由在于，这些国家应对气候变化后果的识别能力有限。到2010年3月，联合国气候变化框架公约（以下简称UNFCCC）已经收到44个国家的国家适应行动计划。截至2009年9月30日，这个基金认捐了1.8亿美元的自愿捐款，到2010年，已经启动了84个项目。

"适应基金"是为了资助特别容易受到气候变化影响的发展中国家的适应项目和方案而建立的。它将从所有的清洁发展机制（CDM）的项目活动（见专栏2.3）中征收2%的资助。该基金仅在2010年开始运作，到2010年10月，项目已经被四个国家即所罗门群岛、尼加拉瓜、塞内加尔和巴基斯坦批准。尽管该基金预计到2010年将会发展到5亿美元，但这只是每年发展中国家的适应活动需要的50亿美元预算的一小部分。

资料来源：
a气候基金更新，不注明日期a；联合国气候变化框架公约，不注明日期f；全球环境基金，不注明日期；世界银行，2009年b；b联合国气候变化框架公约，不注明日期；c联合国气候变化框架公约，不注明日期h；d联合国气候变化框架公约，不注明日期i；e气候基金更新，不注明日期b；全球环境基金，不注明日期；世界银行，2009年b；f气候基金更新，不注明日期c；联合国气候变化框架公约，不注明日期j；g警报网，2010年a，2010年b；h IIED，2009年。

联合国气候变化框架公约的一个关键的挑战是，它的主要目标有点不确定。换句话说，虽然它转达了减少排放量的长期目标，但它谨慎地避免任何定量的表述。[18]这有一部分原因是气候领域的不确定性因素、影响和关系。虽然在2007年出版的IPCC第四次评估报告暗示，科学界已经更为清晰地认识到气候系统前所未有变化的主要原因是人类活动，但是气候学仍然面临着挑战。例如，目前尚未能帮助政策制定者有绝对把握了解到，多少才是太多（比如，什么是排放量过高的节点）。科学也还不能确定气候对人的干扰在什么水平上会变得危险。某些形式的价值判断是不可避免的。价值判断在范围上也是具体的，不仅是因为气候变化从一个地方到另一个地方的影响不同，还因为不同的人感知风险的方式也不同。[19]

此外，由于许多地方的因果关系是长期的、潜在的、不可逆转的，它们需要超越目前大多数的决策者和利益相关者的任期甚至寿命的规划。不同的气候政策领域内存在着复杂的相互依存关系，而国际社会可能无法一一顾及所需的一系列前所未有的应对机制。[20]与国际气候变化谈判有关的困难（即

联合国气候变化框架公约的一个关键挑战是它的主要目标有点不确定

大多数COP会议谈判陷入僵局，导致许多《京都议定书》缔约方最后一分钟才作出关键决议）进一步复杂化了《联合国气候变化框架公约》的实施和执行。

京都议定书……是有约束力的协议，发达国家承诺稳定其温室气体的排放量

京都议定书
THE KYOTO PROTOCOL

1997年12月11日在日本东京的COP-3会议上通过了《京都议定书》，并于2005年2月16日生效。在2010年底，该协议已被191个国家批准。[21]该协议和《联合国气候变化框架公约》持有共同的目标，而两者的不同之处在于该协议是有约束力的协议，发达国家承诺稳定其温室气体的排放量，而公约仅仅是鼓励。[22]《京都议定书》的主要决定和决议的执行都是在缔约方会议（MOP）上进行的，而这个缔约方会议是和联合国气候变化框架公约的COP会议一起召开的。[23]2001年在摩洛哥马拉喀什召开的COP-7会议通过的《马拉喀什协定》阐述了该议定书的执行

规则。[24]

根据协议，发达国家将在2008年至2012年间，把温室气体总体排放量减少5%，使其低于1990年的水平。[25]它们会提交每年的气体排放的明细和定期提交全国性的报告，还会有一些相应的系统来协助其完成目标。[26]发展中国家同样批准了该协议，但是它们不需要限制或减少排放。除了减少温室气体排放以外，《京都议定书》力图通过适应基金（注：气候变化适应基金）来帮助弱小的发展中国家适应环境变化带来的不利影响。在联合国第16届气候会议上（墨西哥坎昆市），第二承诺期的限排目标决议将会由未来的数据所决定。

在决议通过以前，两个重要问题使《京都议定书》的谈判入了僵局。第一，发达国家对于减排目标没有达成一致。欧盟希望减少15%的排放使其低于1990年时的水平，而美国和澳大利亚希望降低这个标准，日本又在这两者之间。为了应对这些差异设置了不同的排放目标：从冰岛增加10%到德国、加拿大和其他一些国家减少8%。[27]与其说科学界在考虑保持当前排放标准的必要性或者考虑降低标准让那些国家可以达成目标，不如说排放目标是美国、欧盟和日本的代表在第三次会议最后关头私底下讨价还价的筹码。[28]

第二，实现机制的灵活性也是一个争论的议题。发展中国家和欧盟都支持将国内行动作为达到减排目标的主要方式，而美国和一些产业（主要是能源行业）认为，发达国家可以通过在其他国家的项目或者排放交易来达成他们的目标。因此，虽然每个国家都预想通过国家计划来满足他们的减排目标，《京都议定书》还是能够让他们以三个灵活的机制来减排，即清洁发展机制（CDM）、联合履行和排放交易（见专栏2.3）。

尽管全球范围内已经开始减排，灵活的机制仍然受到了批评。例如，清洁发展机制被批评将减排活动和社会经济与环境影响放到最廉价的产出地区，而这通常意味着从发达国家到发展中国家的转移。[29]此外，清洁发展机制也未必能够为东道国提供所承诺的发展红利。[30]排放交易被批评，因为它使得发达国家主要通过贸易而不是削减国内排放量来获得减排的积分。这项机制为发达国家推卸其为发展中国家发展增产限排的减排革新责任制造了便利。[31]

2012年，在《京都议定书》的当前承诺期的尾声，为了努力创建一个框架，在2007年的COP-13会议通过了"巴厘路线图"，而在2009年丹麦哥本哈根的COP-15会议上完成了这一个具有约束力的协议。

专栏2.3　《京都议定书》下的灵活机制
Box 2.3 Flexible mechanisms under the Kyoto Protocol

《京都议定书》下的三个灵活机制如下：

1. 排放交易。允许超过目标排放量的发达国家通过向排放量低于其目标的国家购买"额度"来抵消其排放量。到2012年底，发达国家意图达到比1990年总排放量水平低5%的排放配额被同意了。从2008年到2012年的5年合约期内，排放量低于其配额的国家将能出售其排放额度给排放超额的国家。2010年，全球碳市场的估计价值达到了惊人的144亿美元。

2. 自2006年以来一直运作的清洁发展机制（CDM）使发展中国家的减排项目能获得被认证的减排额度，而这可以被交易或出售。这些额度可以被发达国家购买来实现双重目的：为了满足它们《京都议定书》下的减排目标，以及通过减缓气候变化来帮助其他国家实现可持续发展。清洁发展机制截至2010年8月，得到了一个增幅惊人的注册数，有超过5000个项目在进行中。

3. 联合实施。允许发达国家在其他发达国家投资减排活动。因此一个发达国家可以在另一个发达国家的减排或排放搬迁项目中赚取减排配额，以计入其《京都议定书》的要求目标中。截至2009年11月1日，已经有总共243个联合实施项目在进行中。

《京都议定书》缔约方根据上述三个灵活机制，通过国际交易日志来跟踪和记录交易。该日志通过《京都议定书》的规则来监控交易行为，也可以拒绝不合理的条目。从2008年11月1日到2009年10月31日，总共有225,119个交易提案被提交给国际交易日志。

资料来源：a 联合国气候变化框架公约，未注明日期 q；b 世界银行，2010年b；c 联合国气候变化框架公约，未注明日期 m；d CD4CDM，未注明日期；e 联合国气候变化框架公约，未注明日期 n；f 吉尔伯特和雷耶斯，2009年；g 联合国气候变化框架公约，未注明日期 i。

但是，（以《联合国气候变化框架公约》和《京都议定书》范围内的谈判为例子，更别说两年里"巴厘路线图"发起的工作了）在哥本哈根为期两个星期的谈判并没有取得什么进展。随着时间的流逝，美国伪造了"哥本哈根协议"，一个不具有约束力的协议，但大多缔约方接受了。虽然"哥本哈根协议"成功地锻造出了解决气候变化需要的协议，它还是被视为对《京都议定书》期间的各国无法就管理减排而达成一个有约束力的协议的重大的妥协。

与此相反，最近的一次会议，2010年在墨西哥坎昆的COP-16会议一直被冠以"希望的灯塔"之名，在国际气候变化谈判中已经恢复了信心。虽然后《京都议定书》时期的协议没有达成，但是"坎昆协议"，一个关于适应和减缓目标的实施和资金一揽子计划，已经试图减退COP-15会议后的一些悲观预期。除了鼓励各国推动其在《京都议定书》之下的减排目标和以上的承诺，"坎昆协议"还建立了机制，例如绿色气候基金、坎昆协议适应框架、气候技术中心和网络，以此加强应对气候变化的行动。[32]

接下来的缔约方会议将在2011年（11月28日至12月9日在南非德班）召开，并试图在后2012时期再次提出达成一个有约束力的协议。但是，国际社会是否能达成具有法律约束力的协议以取代《京都议定书》这一前景仍然不明朗。继续拖延这一项协议的达成，预计对于全球减排的努力将有严重的负面后果。[33]

尽管《京都议定书》作为主要的结合各方之间的协议很有意义，但是它因为各种理由遭到了批评。一些人认为，它规定了发达国家的高负担；而另一些人提出，它提供了无效的参与和依从的激励机制。还有一些人指出，它创造了缓慢的短期的气候收益，而没有提供一个长期的解决方案。事实上，许多协议的替代品已经被提出来解决这些不足之处。[34]平行于《京都议定书》的一系列举措的存在是国际气候变化框架分散性的一个迹象，它们导致了对于如何继续未来的条约谈判的讨论。大部分的政策建议仍然支持使用一个通用的气候治理框架，而最近的建议提出了一个隐式的促使这个框架的进一步体制分化的可能性（例如，启动一个自上而下的过程，其中国家将可以接受的符合国情的措施摆在台面上）。[35]

其他气候变化安排
OTHER CLIMATE CHANGE ARRANGEMENTS

尽管各国政府之间的国际气候变化谈判仍然是至关重要的，在过去的二十年里，其他地区、国家和地方（例如城市）的机制和应对气候变化挑战的参与者是多样化的。这些参与者包括多边和双边实体、次国家级各级政府、基层组织、民营企业、非政府组织和个人。本节介绍这些参与者在遏制温室气体排放（减缓）和适应气候变化方面的作用。此外，本节探讨了这些参与者的水平，并概述了一些它们已经开发和按时实施的行动、倡议和工具。

国际层面
International level

许多参与者都在积极发展战略来在国际层面上适应和减缓气候变化，包括联合国、多边和双边机构。这些策略大多旨在作为气候变化的国家条约支持《京都议定书》的实施承诺。虽然众多国际参与者目前还在应对气候变化方面很活跃，但是他们中大多的策略、方案和行动都彼此隔离。众多的过激行为者的责任关系缺乏明确的分工，导致某些情况下职能重复、任务相互冲突和目标模糊，而在其他情况下导致建设性的合作。[36]相反地，这在一定程度上也影响城市当局，使其好好利用国际基金和方案来实现本地的适应和减缓行动。

■ 联合国
The United Nations

联合国是国际层面上气候变化的关键行动者之一。除了它在之前描述的"联合国气候变化框架公约"和联合国政府间气候变化专门委员会的工作之外，它的大量项目和其他实体在应对全球气候变化方面也做出了贡献。2007年以来，联合国已经开展了一项行动，以确保更好地协调其应对气候变化的行动。为此，联合国定义了五个重点领域，并为每个领域确立了负责的机构（见表2.2）。一些额外的交叉领域也被确定，包括气候科学知识和公共意识。[37]这个方法的目的是在各个实体间最小化重复的活动，从而使联合国的气候变化工作更加有效和快速。

联合国环境规划署（UNEP）是气候变化行动中发挥关键作用的组织之一，与世界气象组织（WMO）于1988年共同建立了政府间气候变化专门委员会（IPCC），此后积极从事适应及缓解气候变化的工作。[38]除了一系列针对城市环境的活动之外，联合国环境规划署还在城市范畴内，根据不同城市的活动和天气变化，实施了与气候变化有关的部署。此举旨在使城市能够针对全球气候问题进行卓有成效的思考并减少温室气体（GHG）排放量。[39]

但是，国际社会是否能达成具有法律约束力的协议以取代"京都议定书"这一前景仍然不明朗

联合国已经展开一项行动，以确保更好地协调其应对气候变化

表2.2

协调联合国应对
气候变化的重点
领域
Table 2.2 Focus
areas for a
coordinated United
Nations response
to climate change

专注的领域	负责的联合国机构
适应	联合国行政首长理事会的项目高级别委员会
技术转让	联合国工业开发组织（UNIDO）以及联合国经济和社会事务部（UNDESA）
毁林和森林退化所致的排放量的减少	联合国开发计划署（UNDP），粮食及农业组织（FAO）和联合国环境规划署（UNEP）
融资缓解和适应行动	联合国环境规划署和世界银行集团
能力建设	联合国开发计划署和联合国环境规划署

资料来源：UN，2008

世界气象组织（WMO）（联合国针对天气、气候、水文和相关的环境问题设立的机构）已就气候变化趋势建立科学依据并已成为政府间气候变化专门委员会（IPCC）评估报告信息的主要提供者。世界气象组织还发行了"全球气候状况年度报表"来记录极端天气事件，并提供气候变化的历史回顾。[40]

由于机构的任务是促进可持续的城市化，联合国人类住区规划署（联合国人居署）已经准备就绪，以解决气候变化的问题，特别是在城市范围内。2008年，联合国人居署退出了城市与气候变化倡

联合国人类住
区规划署已经准备
就绪以应对气候变
化的问题，特别是
在城市范围内

议，以提高对气候变化的适应能力以及发展中国家地方政府的应对，以及支持它们对于减少温室气体排放的努力（见专栏2.4）。

不同的联合国机构也已经在气候变化领域开始合作。一个典型的例子是2008年联合国环境规划署、开发计划署和联合国粮食及农业组织（FAO）合作项目的建立，以减少发展中国家森林砍伐和森林退化之中的排放（UN-REDD）。[41]此外，联合国机构经常在联合国系统以外同一些合作伙伴一起实施气候变化行动。其中一个例子是联合国人居署、环境署和世界银行之间的合作，以建立确定城市温室气体排放的国际标准，这是一个测定城市排放的共同标准（见专栏2.5）。[42]

联合国也已经在灾害风险管理领域发挥重要作用，应对气候变化的适应措施很关键。2000年设立的联合国国际减灾战略署（UNISDR），是一个介于本地、国家、区域和国际组织之间的伙伴关系系统，总体目标是支持减少全球的灾害风险。UNISDR功能在于作为联合国协调减灾的重点。它也负责动员政治和财政承诺，以落实"兵库行动框架"（2005年到2015年），这个主要的国际协议主要规定了全球减灾行动的原则和优先事项，但是它是不具有法律约束力的。[43]"城市议程"在联合国灾害问题上得到了更大的关注，和UNISDR于2010年一起推出了"建设具有抗灾能力的城市：让我们做好准备"这一运动，敦促市长和当地政府承诺使他们的城市更能抵御灾害，包括那些与气候变化有关的。[44]

整体而言，联合国已经在指导和协调国际气候变化的行动中发挥了至关重要的作用。它也一直走在催生气候变化科学知识来支持国际谈判和以证据为基础的决策的前列。2007年以来的对联合国各机构的气候变化工作的主动协调，有望在指导全球应对气候变化时，进一步巩固本组织的主导作用。

■ 其他多边组织
Other multilateral organizations

其他多边机构在各层面对适应和减缓气候变化都发挥着越来越重要的作用。举例来说，虽然有人

专栏2.4　联合国人类住区规划署的城市与气候变化倡议
Box 2.4 UN-Habitat's Cities and Climate Change Initiative

2008年推出的城市与气候变化倡议（以下简称CCCI），目的是促进地方政府及其协会和合作伙伴在气候相关主题上的合作，并加强地方和国家政府在解决气候变化问题上的政策对话，同时支持地方政府通过减少温室气体排放，培养意识、教育和能力建设来加强气候变化政策和策略的实施，以解决气候变化的问题。

CCCI最初帮助亚洲、非洲和拉丁美洲的四个试点城市开展气候变化评估。这些城市已经是自然灾害的风险地区。例如，在埃斯梅拉达斯（厄瓜多尔），超过一半的人口居住在洪水和山体滑坡的高风险地区，而在2006年，两个台风袭击了索索贡（菲律宾），摧毁了10,000个家园。在21世纪，气候变化将加剧影响这些薄弱环节。CCCI目前计划帮助这些城市在优先地区深化它们的评估，发展气候变化策略和行动方案，将主流结果纳入正在进行的规划进程，并进行能力建设。同时，2009年CCCI已经扩展到包括非洲5个新的城市（布基纳法索的博博迪乌拉索，肯尼亚的蒙巴萨，纳米比亚的沃尔维斯湾，卢旺达的基加利和塞内加尔的圣路易斯），2010年包括了亚太地区9个新的城市（斯里兰卡的拜蒂克洛和尼甘布，尼泊尔的加德满都，蒙古的乌兰巴托，印度尼西亚的北加浪岸，巴布亚新几内亚的莫尔斯比港，斐济的拉米城，西萨摩亚的阿皮亚和瓦努阿图的维拉港）。

CCCI也正在开发能力建设工具来帮助城市获得碳融资或借鉴当地经验制定气候变化计划。最后，CCCI正在学习的是：抓牢地方一级的工作，并在全球范围内传播和应用。例如，尼甘布（斯里兰卡）最近的核算温室气体排放基准线的经验正帮助制定下一次迭代的城市温室气体排放核算的国际标准。

资料来源：UN-Habitat, 2009b

认为，过去的气候因素在多边开发银行方面是边际化的，但是这也只是最近几年的变化。[45]世界银行集团就是加强参与气候变化问题力度的其中一个行动者（见专栏2.6）。这包括在城市范围内气候变化问题上的直接工作。世界银行研究所正在实施城市为重点的气候变化活动，特别是在以下四个方面：城市之间的南南学习，城市级网络和知识平台，知识交换和结构的学习，以及城市选择的自定义支持。[46]此外，根据其碳融资协助计划，世界银行进一步开展城市和针对特大新兴城市的碳融资能力建设方案之间的结对的主动的气候变化知识共享。[47]该计划旨在促进碳融资在可持续的城市化和减少贫困方面的作用。[48]此外，在2009年丹麦哥本哈根的COP-15会议上，世界银行建立了一个针对城市贫困问题和气候变化的"市长特别工作组"，并且打算准备一份"市长适应手册"。

各区域的开发银行也是应对气候变化的关键的多边行动者。[49]在2007年，亚洲开发银行建立了清洁能源融资伙伴设施，以加强能源安全和减缓发展成员国的气候变化。在这个设施下的潜在投资包括那些相关的为低收入群体开发和推广清洁能源技术的资金。到2010年，这个设施的资金已经达到了4470万美元。[50]2009年，泛美开发银行发起了每年总共可分配2000万美元的可持续能源和气候变化基金。该基金的目的是支持可持续能源的倡议和创新，以及在拉丁美洲和加勒比地区对气候变化的响应。[51]在其他地区，欧洲投资银行的贷款活动主要集中在欧盟成员国，它在支持气候变化应对方面发挥着重要作用，而这些方面包括减缓、适应、研究、开发和创新、技术转让和技术合作，并支持碳交易市场。[52]

经济合作与发展组织（OECD）是近三十年来针对气候变化问题，特别是经济和政策分析方面开展工作的一个另外的多边组织。关于城市中的气候变化问题，经济合作与发展组织旨在支持气候敏感地方和区域发展的政策。因此，在这个分析气候变化和城市发展之间关系的主题之上，出版了一些报告。[53]该组织打算继续其在城市范围内关于气候变化的工作，它的重点是植被增长和城市空间形态对温室气体排放的影响。[54]

总之，多边行动在支持应对气候变化方面发挥着越来越重要的作用。它们尤其成了发展中国家里气候变化行动的财政和技术支持的重要来源。

■ **双边机构**
Bilateral or ganizations

这些年许多双边应对气候变化的举措已经出现，尽管缺少对于这些措施所产生的资金流动的关

专栏2.5　城市温室气体排放核算的国际标准
Box 2.5 International Standard for Determining Greenhouse Gas Emissions for Cities

2010年3月推出的城市温室气体排放核算的国际标准，目的是建立一个测量城市排放量的共同标准。除了市区产生的排放量，这个标准还测量在城市边界以外的基于城市的活动产生的排放量。这包括以下几个方面：

- 城市中消耗的发电和集中供热在边界以外产生的排放量（包括输电和配电损失）；
- 运载乘客或货物离开城市的航空和航海排放量；
- 城市中产生的废弃物在边界外的排放量。

该标准旨在说明城市经济对碳的依赖程度，而不是将排放量的责任归咎于地方政府。因此，在城市中能源消耗产生的、城市边界的航空和海洋运输产生的、废弃物产生的排放量，都被包括在内。此外，标准化的报告将帮助城市为自己建立基准。

资料来源：UNEP et al, 2010

注。[55]例如，日本冷却地球伙伴关系是此类型最大的基金之一，它是基于减缓和适应气候变化以及在2009年到2013年期间从发展中国家获得清洁能源而建立的。这个基金价值10亿美元，而它的大部

专栏2.6　世界银行的气候变化倡议
Box 2.6 Climate change initiatives at the World Bank

世界银行近年来关于气候变化的主要活动包括以下内容：

- 在2005年，清洁能源投资框架的建立旨在加快发展中国家的清洁能源投资。该框架作为一个多边开发银行和国家间的合作努力，旨在确定加快过渡到低碳经济和支持适应计划所需要的投资者。
- 在2008年，准备了一个战略框架，来指导世界银行在气候变化问题上的工作，重点在于以下六个行动领域：支持国家主导发展进程中的气候行动；筹集更多资金；促进以市场为基础的融资机制的发展；利用私营部门的资源；支持新技术的开发和部署以及加强政策研究、知识和能力建设。
- 在2008年，启动了气候投资基金，从10个捐赠国获得10亿美元来资助发展中国家的低碳项目的示范、应用和转让。这个倡议下有两个主要的资金——与电力部门、交通、能源效率相关的清洁技术基金；以及支持通过试点方式扩大潜力的战略气候基金。后者侧重于城市中减缓气候变化相关影响的关键领域，包括建筑和工业中的能源效率。

资料来源：World Bank, undated b; UNCTAD, 2009; Climate Investment Funds, undated

分（百分之八十）分配给了温室气体排放的减缓而不是适应活动。另一个这样的基金是英国的环境转型基金——国际之窗，它在2008年推出用来支持发展中国家的环境保护和气候变化适应的发展。1.6亿美元可用于本基金。德国的国际气候保护倡议，于2008年推出，是一种为气候变化项目提供资金的机制，而它的经费由销售排放证书所得。重点在于发展中国家、新兴工业化国家和经济型国家。自2008年以来，181个总价值为354万美元的项目已经启动。

许多双边应对气候变化的倡议都出现了，尽管缺少对于这些措施所产生的资金流动的关注

欧盟，另一个重要的双边行动者，主要是通过2007年主动开始的全球气候变化联盟来开展气候变化问题上的工作。这个联盟主要在最不发达国家和小岛屿发展中国家里通过直接的财政和技术援助来支持适应和减缓活动。该联盟还要求这些国家与欧盟在气候变化问题的国际谈判背景下加强对话。[56]欧盟最初为2008年到2010年间联盟的工作预备了9000万欧元。[57]该联盟的工作围绕五个优先领域，即适应，减少森林砍伐和森林退化所致的排放量，提高发展中国家清洁发展机制的参与度，促进减少灾害风险，以及将气候变化纳入减少贫困的战略。[58]

即使是像英国、德国这样的气候问题方面的佼佼者，也在符合它们碳减排目标上面临挑战

虽然上述的双边基金积极支持发展中国家应对气候变化，大多数还是被认为是捐助者的官方发展援助的一部分。问题在于，这是不是双边援助的最佳方法，以及传统发展援助机构是不是分配这些基金的最佳放置地。此外，一些资金是受援国需要偿还的贷款，而不是赠款。[59]

■ 区域（超国家）倡议
Regional (supra-national) initiatives

应对气候变化行动的安排也出现在了区域一级。其中一个例子是亚太清洁发展和气候伙伴关系。这个伙伴关系于2006年，由七个跻身世界顶级温室气体排放国家的主要亚太国家（澳大利亚、加拿大、中国、印度、日本、韩国和美国）组成。这些国家合作来应对所面临的挑战，如对能源的更高需求以及相关的空气污染、能源安全和气候变化问题。[60]这个伙伴关系不同于《联合国气候变化框架公约》和《京都议定书》，因为它的重点在于自愿方式和技术合作，而不在于禁止排放的目标。

另一个例子，欧盟排放交易体系，开始运作于2005年，是全球最大的跨国温室气体排放交易计划，涉及25个国家和地区。它的目的是协助各国满足他们的《京都议定书》下的减排承诺。该计划限制了大量可能从大型工业设施，如发电厂和碳密型工厂产生的二氧化碳。它涵盖了几乎一半（46%）的欧盟的二氧化碳排放量。国家允许彼此之间以及在发展中国家中交易在《京都议定书》和清洁发展机制之下的有效积分。[61]该计划的第一阶段从2005年至2007年，而第二阶段从2008年至2012年。因为所有欧盟成员国已经批准了《京都议定书》，该计划的目的是要支持《京都议定书》的机制和履约期。该计划预计到2020年将占到欧盟总排放削减量的三分之二。[62]然而，还存在的一些忧虑是，第二阶段所需的总减排量通过欧盟自身以外的各种活动而不是国内减排来满足。[63]

国家层面
National level

对国际层面的气候变化政策决策者、学者和媒体的持续关注，导致他们缺少对其他介入层面，如国家层面的关注。[64]各国政府都有首要责任签署国际协定，遏制温室气体排放和应对气候灾害。到目前为止，他们的行动主要集中在几个能源密集型行业（如能源、交通和建筑环境）的减灾活动上；但适应活动最近才得到越来越多的关注。

一些国家，如美国和中国，已经相对地减少了对国际气候政策的支持，但它们已经建立了相当强劲的应对气候变化的国家措施。其他国家如英国和德国，是气候政策的主要发起人，并推出了一系列政策以达到长期减排的目的。例如，德国有一套综合的"生态税"来促进替代能源的开发，并且阻止化石燃料的消耗。英国设计了一套混合的监管和税收机制（如以碳为基础的发电的税款），它支持了能源高效和可再生能源的项目。

然而，即使气候问题方面的佼佼者，如英国和德国，也面临符合它们减少碳排放目标的挑战。例如，2000年推出的为了满足国家在《京都议定书》下的目标的英国气候变化方案，直到2004年都显然难以达到它的减排目标，[65]因为从2002年起，温室气体的排放量每年增长2%。因此，一个审查方案和经过修订的计划在2006年推出。此外，国家减灾战略以及适应和灾害管理计划往往忽略城市地区，[66]并且缺乏对相关的社会科学的深入了解；这种社会科学对于气候变化与发展之间联系的综合评估，[67]以及通过利益相关者有效和有意义地参与这样的方式进行评估，这两点是必要的。

在气候变化的行动方面，发展中国家仍然落后发达国家，尽管越来越多的气候变化国家方案被引入。例如，在2008年，印度推出了它的第一个气候变化国家行动计划，概述了直至2017年的一系列核心任务。[68]按照计划，该国旨在大大提高太阳能的利用率和提高能源效率，包括市区范围。在这方面，

该计划的目的是通过改善建筑物的能源效率、固体废弃物的管理和公共交通的模式转变来实现栖息地的可持续发展。[69]墨西哥的气候变化计划，立志于到2050年实现减少50%温室气体排放量的目标，并且寻求在此期间减少人类和自然系统在气候变化下的脆弱性。[70]中国国家气候变化计划指出"中国到2010年将实现单位GDP的能源消耗减少约20%的目标，从而最终减少二氧化碳的排放"。[71]报告还概述了一些提高气候变化适应力的行动和目标，包括保护生态资源，如草原、森林和水储备。[72]

一般情况下，发展中国家更加注重缓解对策而不是适应对策，尽管后者在国家适应行动计划上被相对地加强了（见专栏2.2）。此外，发展中的行动方案清晰地表明对于部分发展中国家采取行动的"意图"，在本次全球报告的第五章和第六章详细阐述了发展中国家的许多限制可能会阻碍减缓和适应目标的实现。

州/省级层面
State/provincial level

没有本地化的行动，一个国家的政府是不能够满足它们解决减缓和适应问题的国际承诺的。这不仅是因为温室气体的排放源自于发生在次国家水平（例如州/省、市、城市中心）的活动和进程，还因为很多的气候变化影响是发生在人们身边的。目前，次国家的政府在国家/省级层面的气候变化的减缓和适应上正发挥着越来越重要的作用。例如，墨西哥城联邦区地方当局已经作出了遏制温室气体排放的重要努力。其中之一是墨西哥城政府，2008年至2012年期间准备了墨西哥城气候行动计划。该计划旨在减少温室气体的排放以及气候变化影响下的脆弱性，同时加强适应性。[73]在开展气候议程时，政策网络、政治领袖和研究小组至关重要。然而，这还不足以推动有效的政策。两套制度因素制约了政策的制定：地方治理分散性的问题和机构能力的不足。[74]

美国提供了一个多个州和国家各级政府之间的互动的范例。[75]没有联邦的领导，州（和地方）政府的措施已经成为一种自下而上的解决美国气候变化问题的形式。随着2006年全球变暖解决方案法的出台，加利福尼亚州是美国第一个引入强制执行的法案来遏制温室气体排放的州（见专栏5.18）。根据这个法案，全球范围内的排放量到2020年将减少到1990年的水平。[76]华盛顿州在2008年推出了一项类似的法案，甚至进一步确定了到2050年的排放量限制。[77]

其他倡议也在美国不同的州出现了。例如，区域温室气体倡议是一个以市场为基础的倡议，涉及十个东北部和大西洋中部各州，到2018年从电力行业减少10%的温室气体排放量上限。[78]另一个类似的倡议是美国市长气候保护协议，它是由全国各地数百名市长签署的。该协议鼓励通过当地行动努力实现《京都议定书》的目标，并敦促他们的国家和联邦政府出台政策削减温室气体排放量。[79]"城市领导者适应倡议"，其合作伙伴代表了美国九个县、市（和在加拿大的多伦多市），旨在评估和预测气候变化影响，以及支持它的合作伙伴的缓解和适应活动。[80]该倡议的目的是作为地方政府的资源，并作为帮助地方社区开发和实施适应气候变化的战略手段。

地方/城市层面
Local/city level

虽然《京都议定书》并没有明确地确定城市和地方政府在应对气候变化中的作用，城市一级的行动者还是积极地参与气候战略、项目和方案。这些行动者包括地方当局、以社区为基础的组织、私营部门、学术界和个人。例如，地方政府已经担任平行于1993年、1995年、1997年和2005年四个COP会议的市级首脑会议的领导。"地方政府和市政当局选区"以观察员的身份操作联合国气候变化框架公约的谈判。[81]事实上，"相对于国家的政治家，市领导似乎愿意并能够采取行动来保护他们的城市对付这些威胁，并帮助建立一个全球性的差异"。[82]

本次全球报告的第五章和第六章详细阐述了根据本国的国情和历史，城市当局在温室气体排放和适应气候变化上可以有相当程度的影响。此外，他们正日益成为国际性城市网络，它代表的是跨越国界的由多个政府、私营部门、非营利和其他民间社会利益相关者参与的多层次环境治理形式。国际城市网络——在城市和国际层面之间的关联——在城市能力上是很重要的，因为"它们便于交流信息和经验，提供专业知识和外部资金，还能提供试图从内部促进气候变化行动的个人和主管部门的政治荣誉"。[83]例如，在巴西的圣保罗，参与国际城市网络被视为重要的是因为两个原因。首先，它们提供了机会，"加入应对气候变化的国际专案组……撇开了民族国家，由于其对国际义务的约束力的不足和对温室气体排放国限制的不足"。[84]其次，这种网络是提供参与更广泛讨论和保持"对话题的热衷"的机会的个人动机。[85]

如专栏2.7所示，近年来这些网络的数量一直

专栏2.7　主要国际城市网络与气候变化倡议
Box 2.7 Major international city networks and initiatives on climate change

ICLEI（可持续发展地方政府）以前被称为地方环境行动国际理事会，在1991年创建。它由70个国家超过1200个致力于可持续发展的地方政府组成。国际地方政府环境行动理事会（以下简称ICLEI）通过它的城市二氧化碳减少运动、绿色出行运动和城市气候保护运动（CCP运动）来实现全球城市在气候变化问题上的工作。参与城市气候保护运动的地方政府承诺承接并完成专栏5.1中详细说明的5个里程碑。

城市气候变化领导小组，也被称为C40（最初是C20），创建于2005年，主要目标是促进减少温室气体排放的行动和合作，并建立策略和联盟来加快气候友好型技术的吸收。C40由世界各地区的城市组成。

克林顿气候倡议是在2005年由威廉·J·克林顿基金会启动的，旨在创建和升级气候变化核心问题的解决办法。在与世界各地政府和企业的合作中，这个倡议专注于三个战略方案领域：在城市中提高能源效率；促成清洁能源的大规模供应；努力停止森林砍伐。在2006年，该倡议成了C40的授权合作伙伴，以协助提供城市的减排项目。在2009年，该倡议启动了气候积极发展计划，以支持横跨6个大洲的17个城市地区的"气候积极"发展。当这个计划完成时，预计有接近100万人居住和工作在这些发展区域。

在2005年12月成立的世界气候变化市长会议有超过50个世界各地的成员，旨在：促进解决气候变化问题和当地的影响的政策；培养市政领导人实现相关气候、生物多样性和千年发展目标（MDGs）的国际合作；以及在有效的全球气候保护多边机制的设计中有发言权。

世界城市和地方政府联合组织（UCLG）代表和维护当地政府的利益。在2009年，95个国家的超过1000个城市是UCLG的直接成员。这包含在城市风险减少伙伴关系中，并成为以下目标下特设的国际组织：

- 促进受自然灾害地区与减少风险有关的定期的全球宣传；
- 在地方一级，通过技术诀窍向地方行动者和决策者的转让来预见和管理风险的能力建设；
- 为当局减少风险建立一个全球性的平台。

气候联盟是17个欧洲国家里的城市和直辖市的协会，它发展了土著雨林社区的伙伴关系。自从1990年它建立以来，超过50个省的大约1500个城市、直辖市和地区已经加入了联盟。非政府组织和其他组织也以准成员的形式加入该联盟。该联盟的宗旨是通过双重机制保护全球气候：发达国家的减排和发展中国家的保护森林活动。该联盟希望前者

通过最佳实践信息的交流和地方气候政策提供的建议、援助和工具来实现；而后者通过组织运动和政策倡议保护热带雨林、保护土著人民权利、提高对政治局势的认识和亚马逊河土著人民生活条件这些方面来实现。

亚洲城市气候变化恢复力网络是由洛克菲勒基金会倡议的同其他实体如学术团体、非政府组织、政府、国际、区域和国家组织之间实现合作的组织。该网络旨在对亚洲城市中贫困和易受灾人民对于气候变化恢复力的重视、援助和行动。为了实现这些，该网络正在印度、越南、泰国和印度尼西亚进行一定范围的气候变化恢复力行动，而这个进程正在被测试和展示。这些干预措施的经验将被用于支持其他城市地区的气候变化恢复力建设。

"市长公约"是一种旨在鼓励欧盟城市市长们显著减少其温室气体排放的机制。因此，该公约的签署国在进入公约时必须承诺到2020年至少减少20%的二氧化碳排放量这个目标，这是由欧盟气候行动和能源组织设置的目标。到2010年底为止，大约42个国家的2000个城市成了该公约的签署国。在签署公约的一年内，城市预计准备一个可持续发展能源行动计划，表示它们打算如何实现它们的承诺。在1990年创立的能源城市组织是由超过1000个城镇组成的欧洲协会，它在市长公约的执行上起了主导作用。

资料来源：a ICLEI，未注明日期；b C40城市，未注明日期；c 罗森茨威格等人，2010年a；克林顿基金会，未注明日期；d 世界气候变化市长会议，未注明日期；e 普拉萨德等人，2009年；f 世界城市和地方政府联合组织，未注明日期；g 气候联盟，未注明日期；h 洛克菲勒基金会，2010年；i 欧盟，未注明日期；j 能源城市组织，未注明日期。

在增加。许多气候变化城市网络有全球成员，而其他诸如气候联盟和亚洲城市气候变化恢复力网络仅限于世界某一地区的成员。尽管一些网络从20世纪90年代已经发挥功能，其他的网络最近才出现。尽管近年来，适应这方面得到了更多的重视，总体而言，大多数城市网络的重点还在气候变化的缓解上。

在国家政府无法采取行动解决气候变化问题的国家里，全国城市网络在发展市政能力上很重要。

例如，加拿大的气候保护计划、国际地方政府环境行动理事会的城市气候保护运动澳大利亚计划和美国市长气候保护协议。这样的网络提供了政治上的支持、额外的资金（出现矛盾地往往来自国家政府）和共享信息的一项手段。在美国市长气候保护协议的情况下，"城市的代表经常提到一种道义上的责任来帮助其他城市就如何最好地应对气候变化共享信息——城市团结"，而"成为最环保城市的良性竞争也进一步扩大了参与（对解决气候变化的参与）。被

宣传为城市提升自己（以及政策制定者的推动），相互竞争，激励其他城市变得环保"。[86]

但是，网络有一个不平衡的影响，证据表明，它们对于那些已经有气候变化应对的城市的发展能力更重要；并且，当政治支持和知识转移证明这些网络平台是有价值的时候，"在没有资金和技术资源的情况下执行项目，知识的力量是有限的"。[87]实际上，网络似乎对于那些存在一定行动能力的城市是最重要的，从而导致一个额外资源和支持能访问到的良性循环。然而，对于那些没有能力优先访问这些网络的城市来说，这样的举措对应对气候变化的能力收效甚微，并且，在效果上，可能有助于在已经有减缓气候变化的应对行动的城市上集中资源和注意力。

除了市政当局，以个人、家庭和社区为基础的组织和其他当地参与者，在国际气候变化谈判和市级的减缓和适应活动中扮演了重要的角色。这些参与者被认为是"联合国气候变化框架公约"的谈判和进程中的非政府团体（见专栏2.8）。作为重要的发起者，这些行动者的行为可能直接导致缓解气候变化的努力的成功或失败。他们的行动也有助于促进应对反应和气候风险减缓的整合，促进紧急应对气候灾害和规划的发展。然而当地参与者的努力，支持减缓，适应应急准备，首先需要基础设施的支持和调控奖励的存在。例如，从孟加拉国的达卡和尼日利亚的拉各斯这几个国家表明（见专栏6.1和专栏6.2），如果没有更广泛的（政府）政策和投资支持，地方行动者的响应，仅仅只能减少而不是遏止影响。哥伦比亚的马尼萨莱斯、秘鲁的伊洛，提供社区一级行动者如何实施有效的响应。[88]在这些城市，以社区为基础的组织已经与地方当局和学术界一起工作，从而成为更具包容性的城市治理的传播媒介，并已实施行动，以防止在危险地区的低收入人群中传播。虽然这些行动不是直接针对应对气候变化的风险，但这些有利于贫困的政策和有利于发展的政策，可以提高适应能力和对气候灾害的恢复力。

虽然他们是成功应对气候变化行动的必要组成部分，基层行为者不应该理想化。在某些情况下，他们的广泛参与会使事情变得更加困难。[89]有时，例如，地方组织和国家关系太近，或者举办谋求私利或宗教意图的活动，都会因此曲解地方活动的本意。通过基层的努力带来的变化或许在已经经历强劲的集中控制的国家最容易出问题。根据旨在加强圭亚那和越南当地应对洪水和其他灾害的能力的项目的记录，[90]国际社会意图通过为社区发展项目提供

资金赞助来改善城市治理，会造成地方精英或国家代理人劫持基层经费利益的危害。

非政府组织也积极应对气候变化问题，如气候变化网络，一个约由500个非政府组织组成的促进气候变化缓解的网络。[91]然而，非政府组织集中于大城市，他们往往是不常见的甚至不在规模较小的城市住区。目前，当地非政府组织能够很好地产生、积累和传递气候变化的知识。因为发展项目中的合作伙伴旨在蓄碳和降低风险，这些项目需要效益，对受益人增加透明度和责任感，加强包容性的治理。然而，通过增加他们对高层政府的责任感，非政府组织可能会失去其对政府和强大的利益集团提出异议的灵活性和力量。这使他们和来自基层的合作伙伴产生距离，降低包容性和横向问责，从而影响气候变化的减缓和适应。另一方面，因为能够保持独

专栏2.8　《联合国气候变化框架公约》下的非政府团体
Box 2.8 Non-governmental constituencies of the UNFCCC

非政府组织被看作《联合国气候变化框架公约》的观察员，而它被分组如下：

- 商业和工业非政府组织（BINGOs）；
- 环境非政府组织（ENGOs）；
- 农民和农业非政府组织；*
- 土著人民组织（IPOs）；
- 地方政府和市政当局（LGMA）；
- 研究和独立非政府组织（RINGOs）；
- 工会非政府组织（TUNGOs）；
- 妇女和性别问题的非政府组织；*
- 青年非政府组织（YOUNGOs）。*

每个类别的焦点在于：

- 提供他们的构成部分和联合国气候变化框架公约秘书处之间的官方信息交流渠道；
- 协助联合国气候变化框架公约秘书处确保有效地参与到一个适当的政府间会议；
- 协调观察员在会议上的互动，包括召开选区会议，组织会议官员，提供发言者的名单并公布在公告中；
- 提供联合国气候变化框架公约会议期间的后勤支持；
- 协助联合国气候变化框架公约秘书处实现观察员在研讨会和其他限制访问的会议上的参与。

注：*在临时的基础上，等待确认自己在COP-17会议（11月28日至12月9日）上的关于他们状态的最终决议。

资料来源：UNFCCC, undated o, undated p

在这些已经有应对气候变化能力的自治市，网络在发展应对能力方面正变得越来越重要

立性，非政府组织可以通过提供反馈基层和城市政府或国际民间社会行动者之间的渠道，来加强气候变化政策方面的努力。[92]

政府间气候变化专门委员会在巩固科学知识以发布政策制定信息中占有主导地位,此外世界各地的研究人员已经在创造并传播气候变化信息，包括与城市的关系。一个典型的例子是城市气候变化研究网络（UCCRN），一个拥有来自60个城市的200名成员的国际研究小组。[93]UCCRN的目的是专门为城市决策者提供气候变化的信息和数据，并在2011年公布了第一份评估报告[94]。2005年确立的全球环境变化的人类因素研究计划中的气候变化和城市的城市化与全球环境变化项目，是另一项研究环境变化与城市化进程之间的相互作用的举措。[95]

私营部门在控制温室气体排放的努力上也具有重要的作用。例如，生产更有效率的车辆和公用设施，创造可替代能源新技术，建造可控制的污水处理设施。[96]越来越多的私营公司也开始考虑如何通过改变自己的工作实践来降低排放量。例如，成立于2000年的碳信息披露项目，已经报告了一些世界上最大的公司的温室气体排放量。2010年，该项目从4700个世界上最大的公司收集到其温室气体排放量的数据、风险和他们面临的与改变气候有关的机遇，以及管理它们的策略。这个过程得到了来自534个投资者价值64万亿美元的资产。[97]

在适应气候变化方面，私营部门受到比较小的关注，虽然它在定义为不受气候影响的基础设施、能源公用事业及其他城市部门上投资这方面发挥了重要作用。对于投资再保险公司，易受飓风影响的资源价格如石油和天然气等，以及参加可替代的风险转嫁产品的制造所带来的与气候相关的风险，一些专门的投资机构已经采取了行动（如保险相关债券例如"巨灾债券"和"天气衍生产品"）。[98]一个关键的问题是在适应领域的私有化行动将与公共利益产生潜在的冲突。例如，紧急时期的私人保安公司和私有化的医疗保健的作用，需要在城市治理和灾害应对上具有深远影响的深入研究。然而，《联合国气候变化框架公约》执行董事最近强调：

> 我们以传统的思维方式认为适应是公共部门的优势，有两点是错误的：（1）企业需要适应自身；（2）适应给私营部门带来投资机遇。[99]

事实上，城市应对气候变化的能力越来越多地因为更正式的公共和私营部门之间的合作的存在而被锻造。为建立应对气候变化的城市建设能力，公

共、私人、民间社会和其他行动者之间的伙伴关系变得越来越重要。例如，在2010年11月，R20——应对气候变化行动的地区，一个创新的联盟被推出，来支持清洁技术，适应气候变化的项目，绿色投资，还可以影响国家和国际政策。该联盟包括来自发达国家和发展中国家的次国家的政府成员以及来自私营部门、学术界、各国政府、国际组织和民间社会的个人和组织。[100]

国际气候变化框架在地方行动上的潜力
THE POTENTIAL OF THE INTERNATIONAL CLIMATE CHANGE FRAMEWORK FOR LOCAL ACTION

本节简要回顾了现有当地行动的国际治理框架所带来的机遇和挑战。此外，还讨论了现有的市区可能利用的机制，以及城市行动者在利用这些机制时会存在哪些限制，并简要地解释了能解决这些限制的可能方式。

制约城市行动者利用国际气候变化框架机制的一个重要因素是，这些机制主要针对各国政府，而且并不清晰地表明城市地区和行动者可能参加的过程。相关的气候变化融资的国际结构，已经被特别地描述为"多样化和复杂化"，而并不是首先为当地政府设计。[101]在本章前面讨论的《联合国气候变化框架公约》的资金机制（见专栏2.2）可以被使用在城市地区的项目融资上，而他们仅能由城市行动者通过国家政府的渠道达成。虽然各国政府在关于缓解气候变化的责任分配的国际讨论和发展国际融资机制和支持适应的机构中代表的是他们城市人群的利益，获得城市优先权一旦被提到国家议事日程上是可能出现问题的。例如，尽管国家适应行动计划已准备了发展中国家最不发达国家基金，但是在次国家层面的适应举措上已没有什么主动权。[102]

同样地，目前的排放交易发生在国家或者国家集团之间或者往往针对特定的产业，从而为城市一级的行动提供有限的可能性。例如，欧洲碳排放交易计划针对碳密集型工厂和发电厂，封顶了他们二氧化碳的排放量。然而这些设施位于城市市区范围内，它可能安全地假设其输出的很大一部分服务于城市需要，所以地方当局通常不是直接控制这些活动。当然，存在一些例外，例如，一个城市中心拥有的公用事业，如发电厂。

与此相反，清洁发展机制（CDM）提供了发展中国家的城市在交通运输、废物和建筑行业等领域

的重大潜力。事实上，最近的一项研究表明，它是一个国际融资机制，城市当局是最清楚的。然而，城市清洁发展机制项目只占到了2009年《联合国气候变化框架公约》下注册的CDM项目总数的8.4%。大多数是关于固体废物，只有两个项目是关于运输。此外，大多数城市的清洁发展机制项目都集中在少数几个国家，即巴西（36%）、中国（14%）、墨西哥（5%）和印度（2%）。[103]

以城市为基础的清洁发展机制所占比例较小的一部分原因已经被确定。首先，认为气候变化行动的责任在于国家，而不是地方政府。第二，城市当局已经因为直接的当地挑战而不堪重负，并且，在气候变化相关项目和支出的证明上出现了困难。第三，气候变化行动所需的财政资源（如引进节能技术和设备），在发展中国家很匮乏。第四，高交易成本与项目开发和当局批准已被确定为一个额外的约束。[104]第五章中更详细地考虑了在城市地区扩大清洁发展机制的使用造成的额外障碍（见"财政资源"部分）。

联合执行机制与清洁发展机制是非常相似的，但它仅适用于发达国家。[105]由于大多数联合执行项目和排放减少活动相结合相比在发展中国家的单一行动要费用高，联合执行机制被用的概率已经比CDM少。[106]所以，城市参与者的联合实施用得非常有限。

地方当局利用国际气候变化框架，以实现本地气候应对措施的另一项重大挑战是，他们往往因为竞争优势而不知所措。除了使政策和国家、州/省各级组织和行动者相协调，来解决一系列非气候发展和环境的问题，他们现在需要处理众多的围绕与气候相关的减缓、适应、开发和灾难准备及应对的问题。同时在其分内处理各种各样的竞争优先权的问题，他们还需要探讨使他们能够更好地连接到多层次的行动和气候变化的信息的方式，并知道他们的问题是如何融入国家和国际气候变化问题的大局中。此外，气候和当地的政策制定的时间表不匹配。鉴于许多的因果关系是长期的、潜在的、不可逆转的，他们需要超越任期、行政权力，甚至目前大多数决策者和其他利益相关者的寿命的规划。

尽管有上述挑战，地方当局努力和国家、州/省当局合作，以利用气候公约下提供的金融资金，来投资可以提供很高的减缓潜能的当地机构。这包括了交通、能源、废弃物管理之类的领域的投资。地方市政当局和参与者还要利用现有的网络和组织，这个网络和组织的集中使当地气候变化行动加强到

城市水准。市政当局可以得到气候公约的支持来给适应项目提供财政资金，不只是通过国家政府，还通过他们在各种城市网络的参与度。例如，加拿大城市联合会正与国际地方政府环境行动理事会通过他们的城市气候保护运动共同工作（见专栏2.7）。总共有180个加拿大城市通过该运动从事评估和减少温室气体排放量的工作。[107]若干举措也为市政当局提供了机会来学习和分享气候变化的最佳做法和经验教训（见专栏2.7）。

城市当局也可以尝试从多边和双边组织中受益，以提高发展中国家的参与和利用国际气候变化讨论中产生的工具和机制（见专栏2.7）的行动。例如，世界银行的碳融资援助计划，旨在加强发展中国家的能力，参与到《京都议定书》的灵活机制中去。[108]同样地，气候联盟的宗旨是加强发展中国家参与清洁发展机制的力度。环境署的城市与气候变化运动明确地要支持城市在国际气候变化谈判和论坛中的参与。

地方政府也可以根据现有的发展干预和关注来寻求协调气候变化的干预。例如，可以集中缓解当地发展的问题，如能源安全和基础设施的提供。适应措施不仅仅可以服务和集中于减少灾害的风险，也可以服务和集中于发展过程中的组成部分，如土地利用规划和水资源的获取，卫生设施和住房。例如，现有的应对措施，如社区储蓄网络可能会与非政府组织赞助的保险机制相结合。

结语
CONCLUDING REMARKS

在过去的十几年中，气候变化已经成为21世纪的一个重要的挑战，部分原因是人类活动对全球变暖的贡献的科学证据的巩固。知识——无论是科学界产生，或是媒体经纪人，还是科学企业家或是非政府组织（从国际到本地）——一直是一个在各级都影响气候活动的重要因素。然而，这个从知识到行动的举动并不简单。个人、团体、组织和政府将气候变化的知识转化为具体的行动，在这个方面，政治体制发挥了关键的作用。

《联合国气候变化框架公约》和《京都议定书》是各国政府为了引导气候变化的应对措施而通过的总体框架的关键要素。尽管《京都议定书》的通过被人们誉为一个显著的里程碑，并且促成了大量的减排，但是，在2012年协议的承诺期结束后未能达成一个具有法律约束力的协议被看作是国际气候变化谈判的一个重大失败。

地方当局在充分利用国际气候变化框架方面的另一项重大挑战是他们往往被优先事项弄得不知所措

城市当局可以从联合国气候变化框架公约得到援助，来资助适应项目……通过他们在不同城市网络中的参与

为了实现通过国际谈判达成一致的国家气候变化承诺，当地的行动是必不可少的

《联合国气候变化框架公约》及《京都议定书》与众多的平行倡议和框架共存，却在不同的部门和空间层面运作。即使在国际层面，国家政府主导气候变化协议的谈判，减缓和适应活动正在被众多的其他参与者在区域、次国家（例如州/省）和地方各级层面执行。在国际层面上、决策者、科学界和媒体对于气候政策的持续关注主要导致了他们忽视其他同样重要的气候干预层面。

为了履行通过国际谈判达成的国家气候变化承诺，地方的实际行动是必不可少的。然而，本章中描述的国际框架给地方城市层面的改善气候行动既带来机遇也带来了挑战。国际气候变化框架中的大多数机制是给国家政府提出的，并没有给地方政府、利益相关者和可能的参与者指出明确的做法。此外，地方当局会很快被相互矛盾的优先级压垮，从而不能积极地抓住国际管理框架提供的机遇。因而，事实上，缓解和适应的行为已经成为政策的副产品。这些政策是用来处理更加棘手的当地问题或者是有关各方更为关切的问题。全球气候变化框架的整体复杂性以及相关参与者和机构的冗杂，将会进一步使得城市当政者无法抓住改善的机会。另外，管理结构、党派政治、政治时间表、个人欲望、惰性以及很多其他的机构和政治约束需要克服。正因为此，我们需要一个基础更广的制度能力来改善气候。这种能力的缺失已经使得缓解和适应的关键努力效果不佳。不过，在某些情况下，它反而成为国家和地方参与者填补领导阶层缺口的另一个机会之源。

尽管有很多挑战，本章节中简要描述的多级气候变化框架还是给地方行动在城市层面上提供了机会。虽然比例仍然很低，但是城市减排项目还是通过《联合国气候变化框架公约》（UNFCCC）的一些机制而被实施着，例如清洁发展机制（CDM）。由于城市还在大量排放温室气体，因而扩大这些项目规模的潜力还很大。[109]另外，在当下，从未有过的大量城市当局正在加入国际城市网络以求更好地适应和减缓气候变化。这些城市参与者业已发展出更富雄心的方法，以确保自身的经济竞争力和在国际谈判及组织中的话语权。

挑战的关键在于，各层级的气候变化的参与者们，包括政府、非政府组织和民间社团往往只考虑到眼前的局部利益和优先级，他们需要在短期时间框架内行动起来以确保长久的和广泛的全球利益，而这些利益无非看上去缥缈且无法预测。各个地方参与者把重心放在地方层面，而也正是这个层面最终感受到气候变化带来的冲击。我们希望的是各个地方政府参与者的行动能够汇成一股浪潮，从而创造出强大的动力来给最为气候变化所累的地区和人民提供有广大基础的支持，让他们能够更好地缓解和适应气候变化。

注释 NOTES

1 Biermann et al, 2009, p31.
2 Betsill and Bulkeley, 2007; Alber and Kern, 2008; Biermann et al, 2008.
3 ICLEI, 2010.
4 UNFCCC, undated a.
5 UNFCCC, undated b.
6 UN, 1992, Article 3. See also CISDL, 2002.
7 De Lucia and Reibstein, 2007.
8 UN, 1992.
9 UNFCCC, undated c.
10 UNFCCC, undated d.
11 UNFCCC, undated d.
12 UNFCCC, undated e.
13 UNFCCC, 1995.
14 UNFCCC, 1996.
15 Bodansky, 2001.
16 See section entitled 'The Kyoto Protocol' below.
17 GEF, undated.
18 Bodansky, 1993, cited in Gupta and van Asselt, 2006.
19 Gupta and van Asselt, 2006, p84.
20 Biermann et al, 2008.
21 UNFCCC, undated r.
22 UNFCCC, undated k.
23 See previous section on 'The United Nations Framework Convention on Climate Change'; UNFCCC, undated e.
24 UNFCCC, undated l.
25 UN, 1998.
26 After Australia's ratification of the protocol in 2007, the US is the only developed country not to have ratified the Kyoto Protocol.
27 UN, 1998.
28 Bulkeley and Betsill, 2003.

29 Gilbertson and Reyes, 2009.
30 Disch, 2010, p55.
31 Richman, 2003.
32 UNFCCC, 2010.
33 Beccherle and Tirole, 2010.
34 Bodansky, 2001; Aldy et al, 2003.
35 Biermann et al, 2008.
36 Held and Hervey, 2009.
37 UN, 2008.
38 UNEP, undated a.
39 UNEP, undated b.
40 WMO, 2007.
41 UN-REDD, undated.
42 UNEP et al, 2010.
43 UNISDR, undated a.
44 UNISDR, undated b.
45 Sohn et al, 2005.
46 World Bank, undated a.
47 World Bank, 2009a.
48 CFCB, undated.
49 World Bank, 2010d.
50 ADB, undated.
51 Inter-American Development Bank, 2007.
52 European Investment Bank, 2010.
53 For example, see OECD, 2010.
54 OECD, 2009.
55 Atteridge et al, 2009.
56 GCCA, undated a.
57 European Commission, 2009; GCCA, undated b.
58 GCCA, undated c.
59 Bird and Peskett, 2008.
60 Asia-Pacific Partnership on Clean Development and Climate, undated.
61 Parker, 2006. See also Box 2.2.
62 European Commission, 2009.

63 Gilbertson and Reyes, 2009, p42.
64 Rabe, 2007.
65 Department of Energy and Climate Change, undated.
66 Bulkeley and Betsill, 2003; Pelling, 2005; Satterthwaite et al, 2007a.
67 Satterthwaite et al, 2007a; Romero Lankao, 2007b; Moser, 2010.
68 Pew Center on Global Climate Change, 2008.
69 Pew Center on Global Climate Change, 2008.
70 Sandoval, 2009.
71 People's Republic of China, 2007.
72 People's Republic of China, 2007.
73 Secretaría del Medio Ambiente del Distrito Federal, 2008.
74 Romero Lankao, 2007b.
75 Rabe, 2007; Wheeler, 2008; see also Pew Center on Global Climate Change, undated.
76 California Solutions for Global Warming, undated.
77 Department of Ecology, State of Washington, undated.
78 Regional Greenhouse Gas Initiative, undated.
79 The United States Conference of Mayors, 2008.
80 Centre for Clean Air Policy, undated.
81 ICLEI, 2010, p15. See Box 2.8.
82 Rosenzweig et al, 2010.

83 Bulkeley et al, 2009, p26; see also Collier, 1997; Bulkeley and Betsill, 2003; Bulkeley and Kern, 2006; Granberg and Elander, 2007; Holgate, 2007; Kern and Bulkeley, 2009.
84 Setzer, 2009, p10.
85 Setzer, 2009, p10.
86 Warden, 2009, p8.
87 Gore et al, 2009, p22.
88 See the section on 'Adaptation planning and local governance' in Chapter 6.
89 Pelling, 2005.
90 Pelling, 1998.
91 CAN, undated.
92 Pelling, 2005.
93 Rosenweig et al, 2010.
94 Rosenweig et al, 2011.
95 Rosenweig et al, 2010; IHDP, undated.
96 IPCC, 2007a.
97 PricewaterhouseCoopers, 2010.
98 Wilbanks et al, 2007.
99 Figueres, 2010.
100 Office of the Governor, California, US, undated.
101 ICLEI, 2010, p79.
102 ICLEI, 2010.
103 ICLEI, 2010.
104 World Bank, 2010a; Clapp et al, 2010.
105 See Box 2.3.
106 Gilbertson and Reyes, 2009.
107 Federation of Canadian Municipalities, 2009.
108 See the section on 'Other multilateral organizations' above.
109 See Chapter 3.

第三章

城市地区对于气候变化的贡献

THE CONTRIBUTION OF URBAN AREAS
TO CLIMATE CHANGE

关于温室气体排放和随之而来的气候变化的责任分配问题是一个重要的全球性政策辩论。事实上,在《联合国气候变化框架公约》中,分配减排这一共同但有所区别的责任的重要性已经明确地体现出来了。[1]正如第一章中所说,目前拥有超过全世界一半人口的城市地区显然要在推进减排的过程中扮演关键角色。然而,城市地区对温室气体的排放所占份额往往不被人所清楚。

有多个原因可以说明考虑城市地区对气候变化所起的作用是很重要的。第一,有一系列导致温室气体排放的活动与城市和它们的运作相关联。城镇边界内的交通运输、能源发电和工业生产直接产生温室气体。市中心依靠向内运输的食物、水和消费品,这将导致城市之外的区域产生温室气体。另外,个人也会消费一系列可能生产于当地或者城市地区外的食物和服务。一项对这些行为产生的相关影响的分析是迈向理解城市地区对气候变化作用范围的重要一步。

第二,测量不同城市的排放量不仅为我们要作的对比提供了基础,也为城市间的竞争和合作提供了潜力。气候友好型的发展具有吸引外部投资的潜力,愈发重要的国际城市网络也为相互学习和知识共享提供了空间。[2]排放量的测量近期已经被加入到全球政策辩论中来。例如,2010年3月,在里约热内卢世界城市论坛上,联合国环境规划署(UNEP)、联合国人类住区规划署和世界银行正式推出了一项城市温室气体排放核算的国际标准。[3]这项标准为城市提供了计算城市境内温室气体排放量的通用方法。

第三,对城市在气候变化中所起作用的评估是确定潜在解决方法的至关重要的第一步。地球上居住在城镇当中的人口比例已经很大,并且还在不断增长,而且这些区域的经济和工业活动相当集中,

这就意味着城镇需要成为缓解气候变差的最前线。如果想要找到和应用缓解气候变差的有效方法,建立排放基准线就显得尤为必要。

最后,强调基于生产和基于消费的温室气体排放这两者之间的差异非常重要。绝大多数对城市和国家排放量的评估关注于境内生产活动所造成的排放。然而,认识到很多为满足城市居民需求的农业和制造业的活动往往发生在城市边界外或者是其他国家,那么考虑与个人消费模式相联系的排放就成了另一个可供选择的方法。这种基于消费的方法提供了一个可供选择的框架,即通过关注作为缓解气候变化潜在动力的消费者选择方式,来找到减少温室气体排放的合适途径。

本章的前两部分解释了测量城市地区温室气体排放的科技基础。第三部分展示了一些从很大范围城市地区温室气体排放的详细清单中所获得的发现,从而来说明排放是如何因地而异的。第四部分描述了城市层面上影响排放的因素。在最后部分,本章检验了不同的测量温室气体排放的方法,显示出我们沿用至今的简单分析已经不足以再处理这个紧急的全球性挑战了。

温室气体排放量的测量
MEASURING GREENHOUSE GAS EMISSIONS

为了说明城市地区对气候变化所起的作用,我们有必要测量出他们各自的温室气体排放量。[4]这就要求特定的方法来说明各种各样的活动并计算由此产生的温室气体的体积。为了作出有意义的不同时间或者不同地区间的比较,需要商定作为标准的协议。根据《联合国气候变化框架公约》,详细清单必须满足以下五个质量标准:[5]

1 透明度：假设和方法应该清楚地被解释；

2 稳定性：相同的方法应该被连续地使用；

3 可比性：详细目录应该可以在不同的地方之间进行比较；

4 完整性：详细目录应该覆盖排放的所有相关源头；

5 准确性：详细目录应该既不超过也不低于真实的排放。

《联合国气候变化框架公约》是确保各国测量本国温室气体排放以及设定减排目标的全球性组织

测量温室气体排放的国际协议
International protocols for measuring greenhouse gas emissions

正如我们在第二章中所注意到的，《联合国气候变化框架公约》是确保各国测量本国温室气体排放以及设定减排目标的全球性组织。在公约下，各国政府收集并分享关于排放的信息，提出减排的国家策略，并且合作起来为适应气候变化带来的冲击做准备。在《京都议定书》下，总共36个发达国家已经接受了在指定时间内限制他们的总排放量的排放上限，并且被要求提供每年的本国排放详细清单。《京都议定书》的其他签署国则在他们的定期交流中提供自己的排放清单。

各国的清单需要根据政府间气候变化专门委员会（IPCC）制定的一套详细标准来准备，这个标准叫做IPCC国家温室气体清单指南。[6]这个委员会提供的标准是《联合国气候变化框架公约》要求的，它分为详细的五大卷，旨在确保各国能够履行他们在《京都议定书》以及接下来的国际协议中的承诺。这些准则意识到所得数据只是估计数，但是设法确保数据中不包含任何本可以被发现和消除的偏差。考虑到国家间不同的数据可用性，有不同层级的评估办法。这些清单提供了测量的策略，以及在温室气体排放全部范围内的全球变暖潜在风险，并且包括了在四个关键部分估计排放量的方法。这四个部分是：能源；工业生产过程和产品使用；农业、林业和其他土地使用以及垃圾（见表3.1）。

在城市地区，化石燃料的使用、工业生产过程及产品消费、垃圾产生的温室气体排放占了相当大的份额。固定燃烧主要涉及能源工业、制造业和建筑工业，而移动燃烧涉及包括民用航空、公路运输、火车和海运（仅仅在本国边界内，不包括与国际海洋运输有关的燃料使用）的交通排放。这些区别是很重要的，总的来说，能源、交通和建筑占据全球排放总量的将近一半（见图1.4和图3.1）。

国家温室气体排放清单是根据这样一个假定，即一个国家应该对自己管辖范围内的温室气体排放负责。作为一个帮助国家完成减排目标的实际方法，这很可能是唯一可实施的策略，因为每个国家只对本国境内有法律权力。然而，这意味着导致排放的消费模式（尤其在能源和工业部分）常常被隐藏了。比如说，很多有污染以及高碳的制造过程不位于发达国家，而是在世界的任何其他角落，以便利用低廉的人力和宽松的环境政策，这就导致了发达国家的排放量减少。[7]当评估影响排放的潜在因素时，这就成了一个重要的问题，这在本章接下来的部分将会继续探讨。[8]

测量企业温室气体排放的协议
Protocols for measuring corporate greenhouse gas emissions

随着工业企业越来越意识到自身行为对环境造成的巨大影响，他们也越来越积极参与执行温室气体排放清单。这使得企业能够发展有效的策略来管理和减少温室气体排放，并且为他们的自愿和强制减排项目提供便利。这其中最经常被用到的是由世界资源研究院（WRI）和世界可持续发展工商理事会（WBCSD）制定的温室气体协议。这个议定书提

表3.1
国家温室气体清单的部门评估
Table 3.1 Sectors assessed for national GHG inventories

领域	次级领域
能源	固定燃烧
	移动燃烧
	短时排放
	CO_2运输，注入和地质存储
工业生产和产品使用	矿产行业排放
	化工排放
	金属工业排放
	燃料和溶剂使用产生的非能源产品
	电子工业排放
	取代消耗臭氧的氟产生的排放
	其他产品制造和使用
农业、林业和其他土地使用	林地
	农田
	草地
	湿地
	居住用地
	其他土地
	畜牧和肥料管理产生的排放
	土壤管理产生的N_2O和石灰、尿素使用产生的CO_2
	木头砍伐后制成的产品
废物	固体废物处理
	对固体废物的生物处理
	垃圾的焚烧和露天焚烧
	污水处理和排放

注：被评估的温室气体有CO_2、甲烷、一氧化二氮、氢氟碳化物、全氟碳化物、六氟化硫、三氟化氮、三氟甲基五氟化硫、卤代醚和其他卤烃。（参见表1.3）

资料来源：政府间气候变化专门委员会，2006

领域	定义	例子
领域1:	公司所拥有或者控制的资源产生的直接温室气体排放。	被拥有或操控的锅炉、火炉以及交通工具内部燃烧产生的排放；处理设备中的化工生产导致的排放。
领域2:	公司消耗其所购买的电,发这些电所产生的温室气体排放。	实际产生于发电设备中的排放。
领域3（可选择的）:	温室气体排放是公司活动的结果,但却不是公司拥有或者控制的资源导致的。	所购买材料的提取和生产；所购买燃料的运输；所销售产品和服务的使用。

资料来源：世界资源研究院/世界可持续发展工商理事会，未标日期

表3.2
公司的排放范围
Table 3.2
Emissions scopes
for companies

出了一个基于相关性、完整性、透明度以及精确度的计量系统，并且提供了一个私营部门参与者可以为全球减排目标做贡献的机制。[9]

这个协议解决了企业方面特有的排放问题，这些排放来自集团公司、子公司、附属公司、非合并合资或合作伙伴关系,固定资产投资和特许经营。"领域"的概念就是产生于这个过程，[10]它用一种更加有效的方式考虑温室气体的直接和间接排放（见表3.2）。它还描述了温室气体的排放如何被认定和计算，如何被验证以用于正式的汇报过程，以及减排目标如何设定的过程。

测量地方政府温室气体排放的协议
Protocols for measuring local government greenhouse gas emissions

城市当局通常在两个不同的层面运作。第一，他们以企业的形式运作——拥有或租赁建筑，运营车辆，购买商品以及执行各种其他事务。在这方面，城市当局可以作为企业实体来评估他们的排放量，这其中包括他们的工作对环境直接和间接的影响。第二，城市当局以政府的形式运作——对他们有管辖权的范围内发生的事情有着不同层面的监督和影响。

测量地方政府边界内的温室气体排放量的最广泛的方法是由国际地方政府环境行动理事会（ICLEI）提出的，ICLEI是一个包括超过1000个承诺可持续发展的地方政府的国际协会。这其中有超过700个是城市气候保护行动的成员（见专栏2.7），这个行动旨在帮助城市采取政策减少当地温室气体排放、提高空气品质以及提高城市的宜居性和可持续性。这个行动给参加的各政府当局提出了五个步骤：

1. 做出一个基线排放量清单和预测；
2. 为预测年份采用一个减排目标；
3. 提出一个当地的行动计划；
4. 贯彻政策和方法；
5. 监测和证实结果。[11]

这个过程的第一个步骤需要一份排放量清单，然而当这个行动策划出来的时候，还没有找到合适的方法。IPCC为各国提供的方法并不包括地方当局层面有关能源消耗、交通运输和垃圾处理的详细说明；现如今共同在用的协议并不包括市政业务的细节，比如说街道照明、垃圾填埋、废水处理和其他工业活动。

ICLEI推出的国际地方政府温室气体排放分析协议[12]就是为了满足这个需要。这个协议同时考虑政府和社区部分，它使用的主要类别来源于IPCC国家温室气体清单指南，这些温室气体来自固定燃烧、移动燃烧、短时排放[13]、产品使用、其他土地使用和垃圾。这个协议根据以下几点组织政府排放：

- 建筑和设备；
- 用电或区域供热/制冷；
- 车流；
- 街道照明和交通信号灯；
- 水和废水的处理、收集和分配；
- 垃圾；
- 员工通勤；
- 其他。

这也将IPCC的方法（见表3.1）中使用的"宏观

测量地方政府边界内的温室气体排放量的最广泛的方法是由国际地方政府环境行动理事会（ICLEI）提出的

表3.3
ICLEI的社区部门分类
Table 3.3 ICLEI categorization of community sectors

宏观领域（政府间气候变化专门委员会）		社区领域（地方环境理事会）
能源	固定燃烧	居住的
		商业的
		工业的
	移动燃烧	交通
	短时排放	其他
工业过程和产品使用		其他
农业、林业和其他土地利用		农业排放
		其他
废物	固体废物处理	垃圾
	对固体废物的生物处理	
	废物的燃烧和露天焚烧	
	污水处理和排放	

资料来源：地方环境理事会，2008

表3.4

地方当局的排放范围

Table 3.4
Emissions scopes for local authorities

	定义	例子
政府运作产生的排放		
范围1:	地方政府拥有或者操作的直接排放源。	一辆汽油驱动或者柴油驱动的市政车辆。
范围2:	仅限于电、区域供暖、蒸汽和制冷消耗的非直接排放源。	地方政府购买的电力,这与发电站发电产生的温室气体排放相联系。
范围3:	所有地方政府可以施加重要控制或影响的其他间接或内含式排放。	压缩垃圾的运输导致的排放。
社区尺度的排放:		
范围1:	位于地方政府地缘政治边界内的所有直接排放源。	燃料的使用,比如说重燃油、天然气或者用于燃烧的丙烷。
范围2:	管辖权的地缘政治边界内活动导致的间接排放,仅限于电、区域供暖、蒸汽和制冷消耗。	在管辖权的地缘政治边界内使用的所购电,这与发电站的温室气体排放有关。
范围3:	所有地缘政治边界内的活动导致的其他间接或呈现出的排放。	社区内产生的固体废物填埋后分解导致的甲烷排放,无论其是否填埋于一个社区地缘政治边界内。

资料来源:编译自地方环境理事会,2008

领域"分解为社区层面以用来分析,如表3.3所示。ICLEI的框架为现在绝大多数城市的温室气体清单的计算提供了基础。[14]它还同时在环境和社区两部分识别范围的概念(见表3.4)。[15]然而,这些基于消费的方法并没有得到很好推广,[16]因为它们中的很多在考虑到当局制定此种类型的清单时可用的经济和技术来源并不实际。一个更详细的基于消费的分析要求更多的信息,这些信息与个人所购买的消费品的含碳量紧密相连。

一个基于消费的分析要求更多的信息,这些信息与个人所购买的消费品的含碳量紧密相连

城市排放的新基线清单
New baseline inventories for urban emissions

人们对城市地区在温室气体排放中所起的作用越来越有兴趣,而且越来越认识到城市地区在改善气候变化方面的重要性,这意味着人们已经越来越努力提出用来说明城市层面排放的合理清单。他们中的许多人正在努力解决与排放量分配方法有关的问题,这个方法是基于生产和消费的。[17]这些清单中的一个重要成分是基线的设定,这个基线可以在接下来的几年中为减排设定目标。有可能一个广为接受的基线方法可能形成排放交易计划的基础,或者是城市地区作为一个整体在正式或者自发市场上交易碳排放的基础。[18]表3.5显示了世界银行编制的关于所选城市和国家的温室气体排放基线。

在地方或城市层面提出全球可比的评估温室气体排放的标准的努力被弄得更加复杂,因为不同地区使用的边界定义方式很广泛

另外,最新发布的城市温室气体排放核算的国际标准[19]也为城市计算自己边界内产生的温室气体排放量提供了通用计算方法。这个标准建立在IPCC为各国政府制定的协议基础之上,并与之相一致,它为地方当局提供了一个方便编制的通用格式。我们希望这将提供一个可被世界上各城市使用的标准。

城镇自身并不会排放温室气体,而城市地区内发生的特定活动才是温室气体的来源

边界问题
Boundary issues

在地方或城市层面提出全球可比的评估温室气体排放的标准的努力被弄得更加复杂,因为不同地区使用的边界定义方式很广泛。通常来说,地区的尺度越小,边界问题就会越有挑战性,这更增加了决定排放量是否应该分配在某一地方的难度。[20]

通过研究城市人口,我们发现界定城市边界的重要性是很明显的,在研究中,政府定义城市边界的区别会对城市空间结构有直接的影响。比如说,我们已经看到8个列表中的世界20大城市有多不同,只有9个城市出现在了所有8个列表里,有4个地区竞争前两名。[21]有些大城市的人口数据是统计早已形成的仅仅20到200平方公里的城市边界封闭区域内的人,而另外的城市(尤其是中国的城市),则包括数千平方公里内的人口并且相当一部分是农村人口。[22]区域定义和空间延伸概念不同所造成的复杂性完全和确定一个特定城市地区温室气体排放量相关。类似的,根据区域定义和空间范围限定的不同,美国的城市地区能源消耗比例可以从37%到81%不等。[23]因而,即使在一个国家内,根据对空间范围定义的不同,城市地区在气候变化中的潜在作用可以相差两倍。[24]

温室气体排放的来源
THE SOURCES OF GREENHOUSE GAS EMISSIONS

城镇自身并不会排放温室气体。而在城市地区内发生的特定活动,不同年龄不同性别和不同收入阶层的人从事着不同的活动,这些活动才是温室气体的来源。不同的活动或者部门排放的气体数量不等,这些

国家	温室气体年排放量（人均排放CO$_2$当量的吨数）	年份	城市	温室气体年排放量（人均排放CO$_2$当量的吨数）	年份
阿根廷	7.64	2000	布宜诺斯艾利斯	3.83	
澳大利亚	25.75	2007	悉尼	0.88	2006
孟加拉国	0.37	1994	达卡	0.63	
比利时	12.36	2007	布鲁塞尔	7.5	2005
巴西	4.16	1994	里约热内卢	2.1	1998
			圣保罗	1.4	2000
加拿大	22.65	2007	卡尔加里	17.7	2003
			多伦多（多伦多市）	9.5	2004
			多伦多（大都市区）	11.6	2005
			温哥华	4.9	2006
中国	3.40	1994	北京	10.1	2006
			上海	11.7	2006
			天津	11.1	2006
			重庆	3.7	2006
捷克共和国	14.59	2007	布拉格	9.4	2005
芬兰	14.81	2007	赫尔辛基	7.0	2005
法国	8.68	2007	巴黎	5.2	2005
德国	11.62	2007	法兰克福	13.7	2005
			汉堡	9.7	2005
			斯图加特	16.0	2005
希腊	11.78	2007	雅典	10.4	2005
印度	1.33	1994	艾哈迈达巴德	1.20	
			德里	1.50	2000
			加尔各答	1.10	2000
意大利	9.31	2007	博洛尼亚（省）	11.1	2005
			那不勒斯（省）	4.0	2005
			都灵	9.7	2005
			威尼托（省）	10.0	2005
日本	10.76	2007	东京	4.89	2006
约旦	4.04	2000	安曼	3.25	2008
墨西哥	5.53	2002	墨西哥城（市）	4.25	2007
			墨西哥城（大都市区）	2.84	2007
尼泊尔	1.48	1994	加德满都	0.12	
荷兰	12.67	2007	鹿特丹港市	29.8	2005
挪威	11.69	2007	奥斯陆	3.5	2005
葡萄牙	7.71	2007	波尔图	7.3	2005
韩国	11.46	2001	首尔	4.1	2006
新加坡	7.86	1994			
斯洛文尼亚	10.27	2007	卢布尔雅那	9.5	2005
南非	9.92	1994	开普敦	11.6	2005
西班牙	9.86	2007	巴塞罗那	4.2	2006
			马德里	6.9	2005
斯里兰卡	1.61	1995	科伦坡	1.54	
			库鲁内格勒	9.63	
瑞典	7.15	2007	斯德哥尔摩	3.6	2005
瑞士	6.79	2007	日内瓦	7.8	2005
泰国	3.76	1994	曼谷	10.7	2005
英国	10.50	2007	伦敦（伦敦市）	6.2	2006
			伦敦（大伦敦地区）	9.6	2003
			格拉斯哥	8.8	2004
美国	23.59	2007	奥斯汀	15.57	2005
			巴尔的摩	14.4	2007
			波士顿	13.3	
			芝加哥	12.0	2000
			达拉斯	15.2	
			丹佛	21.5	2005
			休斯敦	14.1	
			费城	11.1	
			朱诺	14.37	2007
			洛杉矶	13.0	2000
			门洛帕克	16.37	2005
			迈阿密	11.9	
			明尼阿波里斯	18.34	2005
			纽约市	10.5	2005
			波特兰	12.41	2005
			圣迭戈	11.4	
			旧金山	10.1	
			西雅图	13.68	2005
			华盛顿特区	19.70	2005

注：以上数据的来源和包括在基线中的排放量细节在原始来源中都有详细说明。

资料来源：based on World Bank, undated c

表3.5
部分城市和国家的代表性温室气体基线
Table 3.5
Representative GHG baselines for selected cities and countries

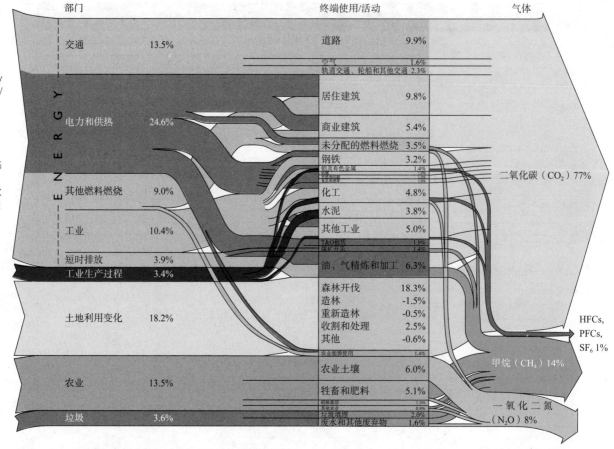

气体对环境变化有着严重的影响（见图3.1）。这些活动中的部分成了过去300年城市化进程的一部分，有的则有明显的潜力来减少排放从而缓解气候变化。

城市地区温室气体的主要来源与化石燃料的消耗有关，无论是用来发电、交通运输还是工业生产。这一部分将探讨城市地区温室气体的主要来源。主要集中讨论能源供给（用来发电、交通运输、商业与居住建筑）、工业、垃圾、农业、土地利用变化和林业。本章考察了这些领域导致温室气体排放的活动，产生气体的类型以及对于气候变化的重要性。还强调了每个领域缓解气候变化的可能性，为第五章节详细讨论提供了平台。

用于发电的能源供给
Energy supply for electricity generation

能源可能是评估温室气体排放时最广的可能性分类。化石燃料的燃烧是这其中的主要来源，在全世界被用来发电、取暖、制冷、烹饪、交通和工业生产。能源的获取有化石燃料、生物能、核能、水力发电以及其他可持续来源等途径。城市地区严重依赖于能源系统（由能源使用的数量形成）、能源结构（能量使用的类型）和能源质量（它的能源和环境特征）。这一部分因而关注于城市地区用于发电的能源的使用、能源的不同来源以及温室气体排放的影响。总的来说（2008年），交通大约占了全球电力使用的1.6%，工业占了41.7%，其他部分（农业、商业和公共服务、住宅和没有详细说明的其他领域）占了56.7%。[25]特别的，本节的后面部分将要就电力消耗中的工业、商业与居住建筑部分进行剖析。

电力以能量载体的形式发挥作用，它是能量源头和最终使用者之间的中间步骤。在高度集中和人

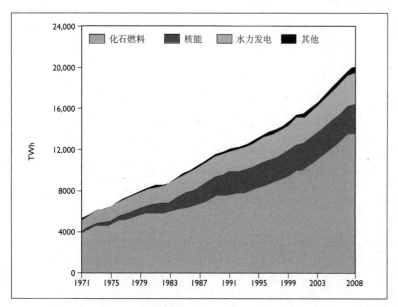

口高度密集的城市地区，电力比直接使用燃料要实际得多，特别是因为大型发电站可以位于数百公里之外，而且可以供给覆盖大片区域内的电网。在2008年，全世界一共发了20181太瓦时（TWh）的电力，绝大多数是通过热能（石油、煤和天然气等化石燃料）发的（见图3.2和表3.6）。全世界依然依赖于这些产生温室气体的燃料。虽然对使用化石燃料来发电的相对依赖性已经从1973年的75.1%下降到2008年的67.7%，但是同时间内用它们产生的能量总量已经从4593TWh 增加到13675TWh，增幅达到197.7%。[26]IPCC第四次评估报告得出接下来数十年中全球能源供应还将以化石燃料为主的结论[27]，并预测如果没有有效的新政策和行动的推出，与能源相关的温室气体排放将会在2004年到2030年间增加超过50%（从261亿吨CO_2eq到370亿或400亿吨之间）。[28]

世界上各城市的电力消耗有很大的区别，虽然由电力供应的城市平均能耗有部分集中在人均每年4.5到7兆瓦时，曼谷（泰国）、巴塞罗那（西班牙）、日内瓦（瑞士）、伦敦（英国）、洛杉矶（美国）、纽约（美国）和布拉格（捷克共和国）都属于这个范围。与此相反，开普敦（南非）的人均消耗相当之低（人均每年3.49兆瓦时，大概是因为人口当中的相当一部分还没有用上电），而多伦多（加拿大）和丹佛（美国）有着相当高的人均消耗，分别是每年10.04兆瓦时和11.49兆瓦时。[29]

用来发电的燃料类型对温室气体排放的多少有着重要影响。确实，这是影响不同地区排放的最显著特点之一。靠核能或者水力发电的城市比主要靠燃烧煤发电的城市少产生相当多的温室气体。[30]

在十分依赖于用煤发电的国家，电力可以成为导致温室气体排放的唯一最大因素。对南非15个城市的研究显示，发电每年会导致超过1亿吨的CO_2排放，尽管只占能耗的32%，但是占总CO_2排放的66%。[31]然而，由于工业用电，电力消耗的平均数和与此相关的温室气体排放是不确定的。为了确定社会中哪些成员使用了大量的电，从而为随之而来的温室气体排放负责，这需要一个更详细的调查。在中国，虽然直接使用煤来供能在这20年间已经大幅度减少，但是它依然是发电的主要来源。[32]

发同样多的电力，不同的化石燃料排放量不同。虽然煤是世界上最丰富的化石燃料，而且在很多国家还将继续是至关重要的能源，但是它转换为电的典型效率只有35%，在2005年煤的燃烧大约向大气中排放了92亿吨CO_2。用来发电的天然气量增长迅猛（20世纪90年代每年增长率为2.3%），每年向大气排放大约55亿吨CO_2。相比之下，近年来用来发

燃料类型	占总能源发电的份额（%）	
	1973年（总发电量：6116TWh）	2008年（总发电量：20181TWh）
热能	75.1	67.8
煤/泥煤	38.3	41.0
石油	24.7	5.5
燃气	12.1	21.3
核能	3.3	13.5
水力	21.0	15.9
其他（地热能、太阳能、风能、可燃的可再生能源和垃圾，以及热能）	0.6	2.8

资料来源：国际能源署，2010，第24页

电的石油用量不断下降。[33]核电站运行排放的温室气体量很少，不过有大量的间接排放伴随着铀的开采（和提炼）和核电站的建造。[34]然而这种能源形式，在运行、废料的存储和产生用于制造核武器材料的方面存在风险。正是因为这些原因，在很多国家核能的公共接受度还很有限。[35]

一些可再生能源系统可以对能源供应的安全和温室气体的减排作出很大的贡献（见表3.7）。[36]然而，在这些技术的发展和确保发电容量的可持续性方面还有很多的挑战需要克服。比如说，太阳能、风能和潮汐能随着时间的变化而变化。

许多发展中国家在电网入户在特别是低收入和女性当家的家庭方面依然面临着相当多的挑战。比如说在南非，总人口中的64%还没用上电。虽然在农村区域这个比例还要大，但是城市中16%的家庭

表3.6
按能源资源划分的发电量
Table 3.6
Electricity generation by energy source

用来发电的燃料类型对温室气体排放的多少有着重要影响

表3.7
可再生能源技术的分类
Table 3.7
Categories of renewable energy technologies

技术的例子	成熟期
大型和小型水力发电 木质生物质燃烧 地热能 填埋区沼气回收 晶体硅光伏太阳能水加热 向岸风 糖和淀粉中提取的生物乙醇	技术成熟，在多国已形成市场。
城市固体废物能源 厌氧消化 生物柴油 生物质的共燃 集中式太阳能碟和槽 太阳能辅助空调 小型及微型水力发电 离岸风	技术成熟，但是仅在少数国家有相对较新和不成熟的市场。
薄膜光伏 聚光光伏 潮汐发电 波浪发电 生物质气化和热解 从木质纤维素中得到的生物乙醇 太阳能热塔	处在技术研发阶段，有示范性或者小规模的商业应用，但是在接近更广范围的市场推广。
有机和无机纳米太阳能电池 人工光合作用 使用生物质、藻类和细菌的生物制氢 生物能精炼 海洋热能和盐梯度 海流	仍然在技术研究阶段。

资料来源：编译来自Sims等，2007

也还没有用电来照明。[37]根据从一些来源获得的城市人口数据，我们可以预测出，在有数据可用的117个发展中国家中，超过一半的城市家庭还没用上电的有21个。而且，用上电的城市人口比例与国内生产总值之间似乎有着很强的联系。[38]增加低收入城市居民的用电途径可以通过减少取暖、照明和烹饪使用的可能有害或者危险的替代燃料的方式，这对生活品质有重要提升。因而，提供能源包括电，是消除贫困的重要组成部分。

交通运输[39]
Transport

在全世界范围内，交通运输占据了与能源相关的温室气体排放的23%[40]，总温室气体排放的13%（见图1.4）。另外，交通活动随着经济发展而增加，应该会在接下来的几十年中持续增长，尤其是会伴随着城市化水平的提高而继续增长。城市地区十分依赖各种形式的交通网络来运输向内和向外的人和物。私人出行与公共交通的比值是影响城市地区温室气体排放量的一个重要因素，在大城市中尤其如此。城市，尤其是发达国家的城市地区由于密度的优势，通常比农村区域人均排放量低。比如说，美国城镇的人均汽油消耗比全国平均水平低12%。[41]公共交通的增加可以减少温室气体的排放。一份最新的调查显示，公共交通每增加1%，温室气体的排放将会减少0.48%。[42]

城市密度是影响私人出行耗能量的最重要因素之一，也因此对温室气体排放量有着重要的影响。表3.8显示了以私人出行耗能、城市密度与温室气体排放为基础的十个城市排名。除中国的城市以外，城市密度越大的城市私人交通使用的能源越少，通常人均温室气体排放量也越少。

公共交通的便利并不意味着高密度，正如美国加利福尼亚州所倡导的"公交导向式发展"和"公共交通社区"概念所显示的那样。这种形式的发展使用中等到高密度的住宅，到主要公交转换站只有很近的步行距离。然而，这也就需要对公交系统、社区关系的形成、当地房地产市场的了解，以及当地、国家和整个地区的协调有仔细的规划。如果成功，这种发展可以提供移动性的选择、增加公共安全、减少出行的交通距离（对公交站附近生活、工作或者购物的人来说，家庭的开车率可以降低20%到40%）、减少大气污染、减少能源消耗、保护资源用地和公共空间、减少基础设施的开销和提供更多的实惠住房。

在发展中国家，快速公交的发展也为这种相似的过程提供了便利，这将在第五章中进行更详细的讨论。这种方式在人口稠密的线性发展中是效率最高的，为住在距主干线步行距离之内的城市居民提供了极大的便利，由此形成了被描述为像手掌形状的城市形式（掌心是城市中心，手指就是从核心发散出去的密集线性居住区域）。

和交通基础设施规划相关的创新性考虑可以同时满足环境和社会两方面的需求。密度相对较高的局部地区在公共交通的使用方面需要更高的效率，而且应该和满足城市居民的其他种种需求相一致。当然，这些交通网应该采取的精确形式需要详细的本地研究。总的来说，密度是影响能源使用进而影响温室气体排放的多种因素之一。然而，解决这些问题需要对城市运行全过程进行持续的分析，而不是仅仅在一个时刻对城市形态进行分析。

车辆行驶的里程数是交通影响温室气体排放的关键部分。车辆行驶里程数被城市设计的几个关键方面所影响，包括：

- 密度（单位面积里更多的人数、工作数或者居住单元数）；
- 多样性（土地使用的更高混合程度）；
- 设计（更小的地块尺寸、更高的步行道路覆盖率、更小的街道宽度）；
- 目的地可及性；
- 到公共交通的距离。[43]

这五点会被规划者和决策者的选择所影响，反过来，又会影响住在这些区域里的居民的出行选择。城市设计的这些方面和个人选择以及经济必然性的问题相互关联，比如说，来自瑞典的证据表明，女性比男性更倾向于使用公共交通。[44]第五章显示了高效的城

私人出行与公共交通的比值是影响城市地区温室气体排放量的一个重要因素

和交通基础设施规划相关的创新性考虑可以同时满足环境和社会两方面的需求

表3.8
部分城市的私人客运的能源使用、城市密度与温室气体排放
Table 3.8 Private passenger transport energy use, urban density and GHG emissions, selected cities

私人客运人均耗能（升序）	城市密度（降序）	人均温室气体排放（升序）
上海（中国）	首尔	圣保罗
北京（中国）	巴塞罗那	巴塞罗那
巴塞罗那（西班牙）	上海	首尔
首尔（韩国）	北京	东京
圣保罗（巴西）	东京	伦敦
东京（日本）	圣保罗	北京
伦敦（英国）	伦敦	纽约
多伦多（加拿大）	多伦多	上海
纽约（美国）	纽约	多伦多
华盛顿（美国）	华盛顿	华盛顿

资料来源：编译来自Newman，2006

市设计，包括棕地的开发，是如何帮助减少城市居民出行的距离继而减少温室气体排放的。

　　然而，其他的一些因素也影响着地面运输导致的排放，包括私家车的使用范围、公共交通的质量、土地利用的规划和政府政策。正如表3.9所示，美国城市正因为这些因素而产生了很大的差别。比如说，丹佛因地面运输而产生的人均温室气体排放量比纽约高四倍。类似的，曼谷对私家车的高度依赖导致它的人均温室气体排放量是更加富裕、有着更全面的公共交通运输系统的伦敦的两倍。

　　这些不同也可以从一个城市的交通部分排放在总排放中的比例看出来。上海和北京的交通部分排放了大约11%的温室气体，这个数据和制造业相比显得很小。[45]然而，最新的调查显示，中国的城市中交通产生的排放正在快速增长。17个抽样城市从1993到2006年的CO_2排放不断增加。平均下来，这些抽样城市的CO_2排放量从2002年到2006年增加了6%，分布在2%到22%之间。2006年，所有城市交通导致的人均CO_2排放量都增加了，分布在0.5吨每人到1.4吨每人，其中北京是最高的。[46]

　　在伦敦、纽约和华盛顿，交通对城市温室气体排放有很大的影响（分别是22%、23%和18%），然而在巴塞罗那（35%）、多伦多（36%）、里约热内卢（30%）和圣保罗（60%），这些数据更加高。[47]不过，里约热内卢和圣保罗的高数据部分是因为它们对私家车的依赖度很高。同时，我们应该注意到，伦敦因交通导致的排放比绝大多数同样大小的发达国家城市都低，因为它的高公共交通利用率、对基础设施的大投入和推广替代私家车使用的政策，而纽约市的公共交通运输系统的广泛使用意味着它的汽车拥有和使用量比美国整体要低很多。曼谷的交通对温室气体排放的影响将会描述在专栏3.1中。

　　即使是汽车被用来当作交通的主要方式，不同的尺寸和类型的车辆在温室气体排放方面有很大的不同。即使是常规的私家车，每公里的温室气体排放量可以相差四倍。更高效的引擎和柴油机的有效利用对减少排放很有效果。然而，在美国发动机效率的提升带来的益处被汽车重量和马力的增加抵消了，这就意味着过去十五年的总燃油经济性几乎没有改变。[48]其他影响城市交通对温室气体排放作用的因素包括车辆使用率（车冷的时候发动比暖车之后发动要使用更多的能源和排放出更多的CO_2）和车辆行驶速度（带内燃机的机动车在平均时速72km/h时最高效）。除去这些因素，使得汽车使用频率降低的城市设计得到的益处将会大大超过引擎发动等小小

的损失。高速公路的设计可能增加汽车行驶距离，这导致的变化将会远远超过由于提高效率而带来的益处。[49]

　　在发展中国家，收入的提高和汽车的使用之间有很强的联系，这意味着发展中国家经济的增长很有可能导致汽车使用的增长和交通拥堵。[50]另外，在很多发展中国家，库存的机动车辆是陈旧的，包含了大量从发达国家进口的二手和低效的车辆。同时，在发展中国家的很多城市，对车辆进行改造使其可以使用其他燃料对减少温室气体排放很有潜力。比如说，在印度孟买，可以预测对超过3000辆柴油机公交车进行改造，使其可以使用压缩天然气将会导致与交通有关的排放下降14%。[51]

城市	汽油消耗量 （百万升）	柴油消耗量 （百万升）	温室气体排放 （人均CO_2eq吨数）
丹佛（美国）	1234	197	6.07
洛杉矶（美国）	14751	3212	4.74
多伦多（加拿大）	6691	2011	3.91
曼谷（泰国）	2741	2094	2.20
日内瓦（瑞士）	260	51	1.78
纽约（美国）	4179	657	1.47
开普敦（南非）	1249	724	1.39
布拉格（捷克共和国）	357	281	1.39
伦敦（英国）	1797	1238	1.18
巴塞罗那（西班牙）	209	266	0.75

资料来源：Kennedy et al, 2009 b

表3.9
部分城市的地面交通、燃料消耗与温室气体排放
Table 3.9 Ground transportation, fuel consumption and GHG emissions, selected cities

在发展中国家，收入的提高和汽车的使用之间有很强的联系，这意味着经济的增长很有可能导致汽车使用的增长

专栏3.1 泰国曼谷的交通运输对温室气体排放的贡献
Box 3.1 The contribution of transportation to GHG emissions in Bangkok, Thailand

　　曼谷有着大约700万人口，超过泰国总人口的10%，它不仅是泰国的首都，而且也是其交通和行政中心，并且是东南亚的一个主要贸易中心。然而虽然这个城市的人口在过去的50年里飞速增长，但是市中心的人口却因为人们流向近郊区而有所下降。在1978年到2000年间，市中心的人口从325万下降到286万，人口密度相应地从15270人/平方公里下降到11090人/平方公里。曼谷的人均温室气体排放为7.1吨每年，这个数据和很多欧洲和北美城市处于同一水平。

　　交通是曼谷温室气体排放的最大来源，其年均2300万吨CO_2eq的数据占到了全城总排放的38%。电力是第二大来源（33%），接下来是固体废物和废水（20%）。交通部分所占的比值在迅速增大：城市的登记车辆数已经从1980年的60万辆猛增到2007年的560万辆，几乎增长了十倍。实际上，从2003年开始，曼谷每年有超过50万辆新车登记。

资料来源：曼谷大都会管理局，2009；联合国，2010

发展中国家交通导致温室气体排放的问题在机动车拥有量激增的国家尤其重要。目前（2011年）全世界已有大约12亿辆载客汽车。到2050年，这个数据预计将会达到26亿辆，其中主要部分是在发展中国家。[52]由载客汽车增加带来的排放会随着燃料技术的进步或者交通方式的改变而减少。在城市地区这个减排的潜能相当之大，因为这里有相对高密度的人口、经济活动和文化引力的优势。在波哥大（哥伦比亚），一个快速公交系统（称为Trans Milenio）结合小汽车限制措施（包括一个独创性的无车星期天，那一天限速120km的道路干线不对私家车开放）和新自行车道的开发，已经显示了公共交通方式的相对重要性的瓦解是不可知的。[53]类似的系统已经在非洲和亚洲的多个城市被提出，比如说在达累斯萨拉姆（坦桑尼亚首都）。[54]

目前城市交通还有很多其他的有害影响。根据世界卫生组织的报告，在2002年，有超过120万人死于交通事故。预测显示这个数字到2020年将会增加65%。[55]减少对私家车的依赖有助于减少这个数字。另外，对私人交通的严重依赖还导致体能活动不足、城市空气污染、与能源有关的冲突以及环境恶化。[56]交通的替代方式，尤其是步行和骑自行车可以带来效益，包括通过减少肥胖来提高人们的健康状况以及随之而来的温室气体排放的减少。[57]

可能以上讨论中最大的遗漏是来自航空工业的排放，它占到所有人为温室气体排放的2%。[58]这些并不包括在一个国家的温室气体清单中，因为没能在这些气体应该确切分配在哪个国家上达成一致。这些排放应该分配到飞机起飞的国家呢，还是着陆的国家，抑或是飞机登记的国家呢，还是乘客的国家？这些问题在城市排放的情况中更为复杂，因为许多使用位于主要城市或者这些城市附近的国际机场的乘客有可能来自这个国家的其他地方或者仅仅是在这里换乘的。IPCC预测航空造成了3.5%的人为气候变化，高空飞行的飞机排放的同样多气体会比地面的气体产生更多的热，而且这些气体还在以每年2.1%的速度增加。[59]在全球范围内，海运占据交通运输耗能的10%[60]，但是由于类似的原因，国际海运产生的排放也不包括在国家温室气体清单中。虽然国家间的海运对满足城市的需要来说是必不可少的，但是城市中心扮演的港口和转运点的作用意味着分配与此相关的排放的责任要么不可能，要么相当困难。

伦敦和纽约的温室气体清单提供了另一组数据，它将航空产生的排放考虑了进去。作为一个主要的航空枢纽，伦敦机场接待了出入英国的30%的旅客。如果包含进入城市的排放清单，它将会占到城市总排放的34%，仅2006年就能将总排放从4430万吨增加到6700万吨。[61]在纽约，航空则会将城市的排放量每年增加1040万吨。[62]然而，正如工业排放的问题一样，将所有的航空排放都分配到一个国家的清单中是有问题的，因为大城市的机场不仅服务于这个国家其他地方的人，还服务于外国旅客。

商业与居住建筑
Commercial and residential buildings

商业与居住建筑的温室气体排放与电的使用、房间供热和制冷紧密相连。把这些都综合起来，IPCC估计商业与居住建筑导致的全球排放每年达到106亿吨CO_2eq[63]，占全球总量的8%（见图1.4）。商业与居住建筑既有直接排放（燃料现场燃烧），也有非直接排放（由用于街道照明和其他活动以及地区加热消耗的电产生的排放），以及与内含能有关的排放（比如说建造时使用的材料）。排放受供热和制冷的需要以及建筑内人的行为所影响。

用于加热和制冷的燃料的类型也决定了排放的温室气体的数量。虽然捷克共和国的布拉格比纽约用于采暖的人均能耗要低，但是它的采暖排放由于原料是煤而比纽约更高。在较小程度上，开普敦（南非）和日内瓦（瑞士）比其他比较城市的排放稍高，是因为它们取暖主要是靠燃油而不是天然气。[64]

对美国来说，建筑和工业中化石燃料直接消耗的数据是可以得到的。[65]但是要将住宅、商业和工业使用的燃料消耗区分开是不可能的。天然气和燃油是建筑采暖的主要能源，而电是用来制冷的主要能源。因此，温带气候区（需要制冷而不是采暖）的城市地区有着更低的化石燃料直接消耗，而在寒冷气候区，这种情况恰恰相反。然而，在燃料组成方面还有着地域差异。美国的东北部更多使用燃油，而燃油要比美国中西部更多使用的天然气每单位能源释放更多的CO_2。

近年来美国独栋住宅的平均尺寸不断扩大。更大的住宅占地更多，需要更多的建材并且消耗更多的能源用来供热和制冷。大住宅往往和高收入和高能耗联系在一起（见表3.10），并且多出现在广大的县乡中。[66]居住密度的整体模式也影响着温室气体的排放：美国居住密度最高的区域（东北部达到每平方公里873人）有着全美最低的人均每年能耗（28300万KJ）、CO_2排放（15吨）和车辆行驶距离（13298km）。[67]

在英国，居住建筑导致了总CO_2排放中的26%，

商业与居住建筑的温室气体排放与电的使用、房间供热和制冷紧密相连

用于加热和制冷的燃料的类型也决定了排放的温室气体的数量

更大的住宅消耗更多的能源用来加热和制冷

商业和公共建筑占了13%，工业建筑则占了5%。[68]居住建筑中的绝大多数能耗（84%）来自房间采暖以及水的加热。正因为使用的主要燃料是天然气（比电的碳含量低），因此只占了居住建筑总CO_2排放的74%。在非居住建筑中，采暖（37%）和照明（26%）则是CO_2排放的主要来源。

英国和美国的居住建筑单位面积能耗预测分别是每年228kWh和138kWh。[69]由于美国的平均住宅面积（200㎡）相比于英国的平均住宅面积（87㎡）要大很多，美国每户要使用更多的能源。对于非居住建筑来说，英国、美国和印度的年能耗分别是每平方米262 kWh、287 kWh和189kWh。

在中国,建筑能耗占到了全国总能耗的27.6%，温室气体排放则占了全国总排放的25%。全国共有400亿平方米的建筑面积，其中只有3.2亿可被认为是节能建筑。建筑节能施工方案旨在确保到2010年城市新建建筑达到节能50%的新设计标准。[70]在更小的规模上，各种创新措施在其他中等收入国家被实施，比如说南非，这些措施包括为城市里的穷人开发廉价低能耗的住宅。这些住宅采用了简单的节能技术例如面向北和屋顶悬挑来维持室内宜人的温度，从而能不使用采暖或制冷的设备。[71]

印度的人口增长伴随着中产阶级快速增长的消费期望，意味着该国建筑存量产生的排放将会变得越来越多。在2005/2006年，印度的城市家庭只有大约1%使用电做饭，59%使用天然气或者液化气，8%使用煤油，4%使用煤或者褐炭，其余的大约27%使用木柴、炭、生物能或者其他能源。[72]印度大约1/3的能源是由排放温室气体很有限的水电站产生的。在印度居住区，电扇占用电总量的34%，照明占28%，冰箱占13%。[73]在印度，与建筑有相当关联的是采暖通风和空调系统使用的大量电能。在没有这些设施的建筑中，照明是能耗的主要部分，而如果有采暖通风和空调系统的话，这些系统将会占据消耗的40%到50%。然而不同的收入阶层差别相当大：城区的低收入群体主要依靠煤油和液化气来获取能源和电，而且相当比例的人还在使用柴火或者其他生物燃料。印度的商业部分用电主要是为照明（占消耗的60%）、取暖、通风和空调系统（32%）。[74]

工业[75]
Industry

从全球范围来说，19%的温室气体排放与工业活动相关（见图1.4）。虽然美国和欧洲的绝大多数城市的出现和发展是工业活动的产物，而且依然需

家庭收入水平（美元$）	家庭住房面积（m²）	家庭能源消耗（百万千焦）
$15,000–$19,999	139.4	85
$30,000–$39,999	157.9	92
$75,000–$99,999	250.8	119
$100,000 or more	315.9	143

资料来源：根据Markham，2009，第12页

表3.10
美国按收入水平和居住规模的能耗
Table 3.10 Energy consumption by income level and dwelling size in the US (2008)

要工业来提供就业和税收，但是这些活动同时造成了污染。然而，近几十年来全球工业发展的模式已经转移，部分是由于跨国企业寻求更廉价的劳动力和更高的利润，部分是因为来自中国、印度、巴西和其他国家的公司和企业在国际市场越来越成功。环境法规的差异也导致了工业选址在地理上的转移。人们已经注意到只要城市有能力，他们就会消除污染企业，将他们从市中心推到郊区或者其他城市。[76]

很多工业活动是能源密集型的。这些活动包括钢铁的冶炼、有色金属的生产、肥料和化学药品的制备、石油的提炼、水泥生产和造纸。根据位置和企业规模的不同，企业的温室气体排放也不同。在发展中国家，有些设施是新的而且引进了最新的技术，而小型和中型企业可能没有经济和技术能力来安装最新的节能型设备。上述的工业过程会导致直接的温室气体排放。在洛杉矶（美国）、布拉格（捷克共和国）和多伦多（加拿大），这些活动人均每年分别增加了0.22、0.43和0.57吨CO_2eq。[77]

一个关于15个南非城市的研究显示，制造业产生了总温室气体的一半。而在一些以重工业为特色的城镇，制造业的份额上升到了89%，而居住建筑的份额下降到4%。这就解释了为什么在这些工业城镇中，有些人均排放异常之高。萨尔达尼亚湾（西开普省的大型港口和工业中心）和uMhlatuze（夸祖鲁-纳塔尔省的一个包括两个铝冶炼厂和一个化肥厂的港口）人均CO_2年排放量分别为50和47吨（见表3.13）。然而，萨尔达尼亚湾93%的排放和uMhlatuze95%的排放是由工业和商业导致的，而住宅分别只占总排放的1.9%和1.5%。[78]

类似的情况在中国也存在，城市对农村人均商业能耗的比值是6.8。[79]这反映出一种状况，即工业部分可能在城市CO_2排放上占主要地位，虽然有时候它已经有所降低。从1985年到2006年，北京的工业部分CO_2排放在总CO_2排放中的份额从65%下降到43%，上海从75%下降到64%。然而，这并不表示绝对数量的下降，而是反映了交通部分份额的上升。北京由于交通导致的CO_2排放同时期增加了7倍，而

环境法规的差异也导致了工业选址在地理上的转移

虽然垃圾的产生和人口、富裕程度以及城市化相联系，但是在较发达的城市，垃圾导致的排放往往更少，因为城市地区有大幅度减少甚至消除垃圾产生的排放的潜力

上海则增加了8倍。另一组估计显示从1990年到2005年，上海的能源90%被工业部分所消耗，而日常生活只消耗了10%，虽然这些数据好像不包括被交通所消耗的部分。[80]

垃圾
Waste

垃圾导致的排放占了总排放的3%（见图1.4）。尽管只导致了很少量的全球排放，但近年来垃圾产生的速率却在不断增加，尤其是在变得越来越发达的发展中国家。虽然垃圾的产生和人口、富裕程度以及城市化相联系，[81]但是在较发达的城市，垃圾导致的排放往往更少，因为城市地区有大幅度减少甚至消除垃圾产生的排放的潜力。人口和活动的集中意味着垃圾可以被高效地收集，垃圾填埋导致的甲烷排放也可以被回收用来燃烧或者发电。虽然很多发展中国家缺乏再生甲烷的技术，填埋气体的回收项目可以通过清洁发展机制（CDM）[82]获得资金帮助，这使得即使在最不发达的国家这些项目也越来越多地被实施（例如在达累斯萨拉姆的Mtoni垃圾场，坦桑尼亚），这些项目提供了无尽的潜能。

由于以上提到的一些举措，在许多发达国家的城市地区，垃圾导致的温室气体排放相对较低。巴塞罗那（西班牙）、日内瓦（瑞士）、伦敦（英国）、洛杉矶（美国）、纽约（美国）、布拉格（捷克共和国）和多伦多（加拿大）由于垃圾导致的人均每年CO_2eq排放少于0.5吨。而曼谷（泰国）和开普敦（南非）则分别为1.2和1.8吨。[83]的确，由于从有管理的垃圾填埋场回收甲烷，纽约有着负净排放，而在圣保罗（巴西）、巴塞罗那（西班牙）和里约热内卢（巴西）固体垃圾分别占到了城市总排放的23.6%、24%和36.5%。[84]这些不同可能不只是因为消费和产生垃圾的模式不同，还是因为垃圾管理和统计机制的不同。这些不同如果没有一个为实施排放清单而制定的标准城市框架，简直是无法评估的。

农业、土地利用变化和林业
Agriculture, land-use change and forestry

从全球水平来看，14%的温室气体排放可以被分配到与农业相关的活动，而17%属于林业（见图1.4）。尽管这些经常被认为是农村地区的活动，但城市农业是当地经济和食物供给系统的一个重要组成部分，而且很多城市地区确实包括公园和森林。城市的更广阔的生态影响在最近数年中越来越被研究到，[85]正是因为意识到建成区的扩张会改变农村

景观；城市的企业、住宅和地方机构对城市边界外的森林、农田和水域有很大的需求以及固体液体和气体废物会被转移到城市外相邻的区域或者更远的地方。[86]

特别是在关系到气候变化的时候，城市地区可以以两种主要方式在农业、土地利用和林业方面影响排放。首先，城市化的进程可以包含土地利用的直接变化，正如之前的农业用地会变成建筑区。世界的城市人口在20世纪里增长了十倍，意味着更多的土地被城市发展所覆盖。同样的，世界城市的郊区化趋势意味着城市正在逐渐蔓布延伸到之前被植被所覆盖的土地，因而减少它的吸收CO_2的能力。其次，越发富足的城市居民的消费模式可以决定正在进行的农业活动的类型。比如说，肉类品消费的增长与饲养产生的甲烷排放是联系在一起的。

城市排放的规模
THE SCALE OF URBAN EMISSIONS

对城市排放的规模作一个明确的陈述是不可能的。还没有全球都接受的评估城市温室气体排放范围的标准，而且即便有，全球绝大多数城市中心还没有执行这种类型的清单。目前的行政在清单的范围、频率和透彻性方面的差异导致了它们在范围、精确度和可比性方面的大量不同。清单间的两个最本质区别或许是和边界问题以及范围问题有关。这两个问题将会在接下来的两部分进行更详细的讨论。[87]这一部分将展示一系列之前进行的温室气体清单的结果，评估它们的发现以及确定发展中国家和发达国家间的共同主题。

全球排放的模式
Global patterns of emissions

城市地区的经济活动、行为模式以及温室气体排放被它们所在国家的总的经济、政治和社会状况所决定。从全球范围来说，地区和国家间的温室气体排放有相当大的差别。占世界人口18%的发达国家占了全球CO_2排放的47%，而占总人口82%的发展中国家占了排放的53%。单美国和加拿大就占了全球总排放的19.4%，而南亚占了13.1%，非洲只占了7.8%。[88]如果单比较一个国家，我们会看到更大的差别：人均每年的CO_2eq排放从孟加拉国和布基纳法索的不足1吨到加拿大、美国和澳大利亚的超过20吨。[89]国家间的差异将会在图3.3中更详细地看到。

另外，全球温室气体的增长并没有平等地分配到不同的国家。从1980年到2005年，朝鲜、中国和

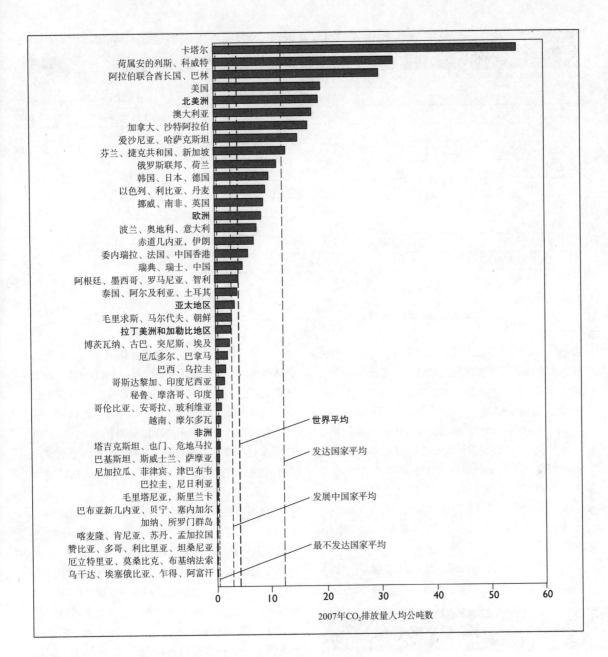

图3.3

部分国家和地区的人均二氧化碳排放量（2007年）
Figure 3.3 CO₂ emissions per capita in selected countries and world regions (2007)

资料来源：based on http://mdgs.un.org/unsd/mdg（last accessed 21 October 2010）；and UN, 2010

图中文字：

卡塔尔
荷属安的列斯、科威特
阿拉伯联合酋长国、巴林
美国
北美洲
澳大利亚
加拿大、沙特阿拉伯
爱沙尼亚、哈萨克斯坦
芬兰、捷克共和国、新加坡
俄罗斯联邦、荷兰
韩国、日本、德国
以色列、利比亚、丹麦
挪威、南非、英国
欧洲
波兰、奥地利、意大利
赤道几内亚、伊朗
委内瑞拉、法国、中国香港
瑞典、瑞士、中国
阿根廷、墨西哥、罗马尼亚、智利
泰国、阿尔及利亚、土耳其
亚太地区
毛里求斯、马尔代夫、朝鲜
拉丁美洲和加勒比地区
博茨瓦纳、古巴、突尼斯、埃及
厄瓜多尔、巴拿马
巴西、乌拉圭
哥斯达黎加、印度尼西亚
秘鲁、摩洛哥、印度
哥伦比亚、安哥拉、玻利维亚
越南、摩尔多瓦
非洲
塔吉克斯坦、也门、危地马拉
巴基斯坦、斯威士兰、萨摩亚
尼加拉瓜、菲律宾、津巴布韦
巴拉圭、尼日利亚
毛里塔尼亚、斯里兰卡
巴布亚新几内亚、贝宁、塞内加尔
加纳、所罗门群岛
喀麦隆、肯尼亚、苏丹、孟加拉国
赞比亚、多哥、利比里亚、坦桑尼亚
厄立特里亚、莫桑比克、布基纳法索
乌干达、埃塞俄比亚、乍得、阿富汗

世界平均
发达国家平均
发展中国家平均
最不发达国家平均

0　10　20　30　40　50　60
2007年CO₂排放量人均公吨数

泰国的CO₂的排放每年增加超过5%，而相同的时间内乍得、刚果民主共和国、利比里亚和赞比亚平均每年下降超过1%。[90]正如这些数据所示，这些排放相当低的国家中相当多的并没有排放方面的快速增长。然而如果经济快速增长了，这种情况将会改变。人们已经进行了很多尝试来汇编世界各城市的温室气体清单数据。两份近期研究中的数据呈现在表3.11和表3.12中，当中的信息都是为了说明一些国家的显而易见的情况。这些排放清单的最显著特点之一是很多大城市的人均排放比它们所在国家要低很多（见表3.11和表3.5）。比如说，纽约的人均年排放是7.1吨，而美国是23.9吨；伦敦是6.2吨，而英国是11.2吨，圣保罗的1.5吨对应于巴西的8.2吨。虽然这不是完整的全球分析，但它暗示出同样实现一定

程度的经济发展，城市地区就可能提供机会来支持产生更少温室气体的城市生活方式。

发达国家的城市排放
Urban emissions in developed countries

发达国家的很多城市都是起源（或者尺度发生变化）于第一次工业革命，在18和19世纪工业飞速发展。北英格兰的工业中心、德国的莱茵鲁尔山谷和美国的东北海岸线一带的发展都是与重型原材料紧密联系，比如说煤和铁矿石。然而，自从20世纪中期，这些地方的经济发展从第二产业转移到第三和第四产业。正如将要在下面讨论的例子一样，这意味着它们因为制造产品而产生的排放将会相对较低。与此同时，这些地方已经成为符合消费的中

表3.11
部分城市与其所在国家的温室气体排放比较
Table 3.11
Comparisons of city and national GHG emissions, selected cities

城市	人均温室气体排放（CO_2eq吨数）（括号中为调查年份）	国家人均排放量（CO_2eq吨数）（括号中为调查年份）
华盛顿特区（美国）	19.7（2005）	23.9（2004）
格拉斯哥（英国）	8.4（2004）	11.2（2004）
多伦多（加拿大）	8.2（2001）	23.7（2004）
上海（中国）	8.1（1998）	3.4（1994）
纽约市（美国）	7.1（2005）	23.9（2004）
北京（中国）	6.9（1998）	3.4（1994）
伦敦（英国）	6.2（2006）	11.2（2004）
东京（日本）	4.8（1998）	10.6（2004）
首尔（韩国）	3.8（1998）	6.7（1990）
巴塞罗那（西班牙）	3.4（1996）	10.0（2004）
里约热内卢（巴西）	2.3（1998）	8.2（1994）
圣保罗（巴西）	1.5（2003）	8.2（1994）

资料来源：Dodman，2009

美国很大范围的城市已经做出了温室气体清单

心。他们居民的生活方式，特别是与消费和旅游相关的，产生了一个很大的碳足迹，而这很少被排放清单说明。

■ 北美城市的排放
Urban emissions in North America

加拿大多伦多是最早意识到减少CO_2排放必要性的城市之一。在1990年1月，市议会声明了一个减排的官方目标，要在2005年把该市的CO_2排放相比于1988年减少20%。[91]一份更新的调查估计多伦多2001年人均排放为8.2吨，而加拿大平均为23.7吨（2004年）。[92]

美国很大范围的城市已经做出了温室气体清单，虽然在这里只讨论一小部分来强调特定的问

表3.12
部分城市的温室气体排放清单
Table 3.12
GHG emissions inventories, selected cities

城市	人均温室气体排放（CO_2eq吨数）		
	城市排放	直接排放	生命周期内的排放
丹佛（美国）	n/d	21.5	24.3
洛杉矶（美国）	n/d	13.0	15.5
开普敦（南非）	n/d	11.6	n/d
多伦多（加拿大）	8.2	11.6	14.4
曼谷（泰国）	4.8	10.7	n/d
纽约市（美国）		10.5	12.2
伦敦（英国）	n/d	9.6	10.5
布拉格（捷克共和国）	4.3	9.4	10.1
日内瓦（瑞士）	7.4	7.8	8.7
巴塞罗那（西班牙）	2.4	4.2	4.6

注：Pn/d=尚未确定.
生命周期排放与把物品与人群输送到城市边界相关，并与食品、饮水及建材等重要城市原材料的生产相关，然而有可能不是直接在城市地理边界内排放。

资料来源：Kennedy et al，2009b

题。华盛顿的总体人均温室气体排放相比于其他北美城市相对较高，人均每年CO_2eq值为19.7吨，而美国平均值为23.9吨。虽然华盛顿是一个人口密集的中心城市，但工业活动相当之少，它的人口相比于大量的政府办公室和相关职能显得较少（2000年为572059人），而且大部分都很富裕。就这一点而言，出于比较目的比较整个华盛顿大都会区的排放显得更为合适（如果有数据可用的话）。[93]

2007年纽约的总温室气体排放预计达到6150万吨CO_2eq，相当于人均7.1吨（见图3.4）。关于纽约对温室气体排放作用的详细描述在专栏3.2中。作为一个发达国家中富裕城市而言，它的排放量相对较低，因为它的小尺寸住宅、高人口密度、广泛的公交系统和大量的重视自然采光和通风的老建筑。电力占了总CO_2eq排放的38%。纽约的电力燃料混合主体是天然气，但是也包括煤、油、核能和水力。天然气还是主要的采暖燃料，天然气的直接使用导致了总排放的24%。[94]

就整个美国而言，交通是最大的终端使用部分，占据了全美总排放的33.1%。[95]在纽约市，2007财政年交通导致的排放是1300万吨CO_2eq，是全市总排放的22%，这低于美国的平均值。[96]虽然城市的官方清单并不包括由航空和海运导致的排放，但是预计航空导致的排放为1040万吨，而水运预计为620万吨。[97]居住和商业建筑比交通占了更大的排放份额，总体来说，建筑占了温室气体排放的77%（虽然已经包括了工业）（见表3.4）。纽约的建筑排放比整个美国要高既是因为高效的公交系统导致了交通部分排放的减少，也是因为它的巨大以及能源密集型的商业部分。既然建筑占了温室气体排

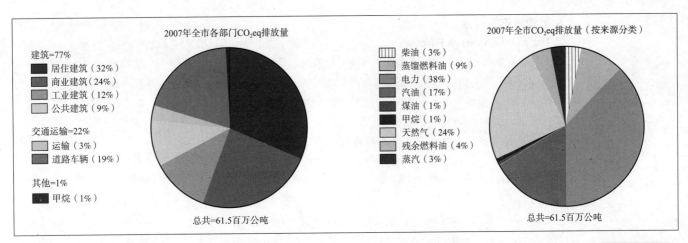

2007年全市各部门CO₂eq排放量

建筑=77%
■ 居住建筑（32%）
■ 商业建筑（24%）
■ 工业建筑（12%）
□ 公共建筑（9%）

交通运输=22%
□ 运输（3%）
■ 道路车辆（19%）

其他=1%
■ 甲烷（1%）

总共=61.5百万公吨

2007年全市CO₂eq排放量（按来源分类）

▥ 柴油（3%）
▨ 蒸馏燃料油（9%）
▤ 电力（38%）
▤ 汽油（17%）
▦ 煤油（1%）
■ 甲烷（1%）
▨ 天然气（24%）
□ 残余燃料油（4%）
■ 蒸汽（3%）

总共=61.5百万公吨

图3.4

美国纽约市温室气体排放清单
Figure 3.4 GHG emissions inventory, New York City, US

资料来源：City of New York, 2009

纽约2007年全市清单显示出从2005年到2007年，CO₂的排放量下降了2.5%

放的大部分，这个部分就可能是纽约市减排政策的关键点。

正如在专栏3.2中所注意到的，纽约市已经设定了到2030年政府运作减排30%的目标。[98]2007年，政府运作导致的温室气体排放为430万吨CO₂，占全市总排放的7%。和全市的结果相类似，政府排放的最主要来源也是建筑。全市的市政车辆占了总排放的8%。[99]

纽约2007年全市清单显示出从2005年到2007年，CO₂的排放下降了2.5%。虽然这两年能源消耗增加了，但是供电的排放强度因为2006年两个新的高效发电站的引入而下降了，它们取代了高CO₂eq率的低效发电站。单单这个变化就使得排放减少了大约320万吨（减排5%）。和2005年相比，2007年更温和的冬季和夏季气候条件也为减排作出了贡献。采暖度日数和制冷度日数反映了用来为房间或者商业采暖或制冷的能源需求，它们从2005年到2007年分别下降了0.6%和17.7%。[100]

美国科罗拉多州的阿斯彭的排放清单中出现了一个非常不同的情况。[101]这个清单给出了人均每年50吨CO₂eq的总体数据，但是也展示了不同的计算方法如何得到不同的结果。阿斯彭是主要的旅游地，这个数据包括了一种将排放分配给这群临时居民的计算。如果把这个去掉，那么常住居民的人均排放将会上升到102.5吨CO₂eq。这个总体数字包括了航空运输，如果把其和游客进出阿斯彭产生的排放不考虑，那么平均数据将会下降到40.3吨CO₂eq。不管使用哪个数据，都高于美国全国的平均值，这也表明典型农村区域的小镇有着高排放量。阿斯彭是一个主要依靠旅游业的富裕小镇（自身可被看作是能源密集型），并且由于处于多山位置，需要大量供热。

布鲁金斯学会做了一个关于从2000年至2005年

在美国100个最大都市地区的人均碳足迹（而非综合温室气体排放量）的调查报告。[102]该报告发现尽管美国三分之二的人口和四分之三的经济活动都在这些都市地区里，但是这里的公路运输和居住建筑所排出的温室气体只占了全国排放量的56%。然而，经统计的碳足迹只是一部分，只包含公路交通和居住建筑的能源消耗，不包括商业建筑、工业和非公路运输部分。即使只考虑这些因素，城市之间就有很大的差距：从檀香山（夏威夷）人均1.36吨到莱克星顿（肯塔基州）3.46吨。

专栏3.2　纽约市对温室气体减排的贡献
Box 3.2 Contribution to GHG emissions, New York City, US

纽约是美国最大的城市，也是金融和文化的全球中心。纽约人口达1880万，城市核心区人口达825万。城市产值接近美国国内生产总值（GDP）的8%，是主要的金融中心。总体上，纽约城市温室气体总排放量较高，但其人均排放量相对于美国的其他城市要低。

城市温室气体（GHG）排放受到能源相关活动的支配：超过2/3的城市排放与居住、商业和办公建筑的电力和燃料消耗有关。22%的排放与运输有关——考虑到纽约有着美国最高的公交系统通勤率，根据美国标准，这一项的排放是较低的。由于只收集到了垃圾填埋和污水处理厂产生的甲烷中的四分之三，因而仅能反映很小一部分排放。

纽约市从2007年就开始实现温室气体的存储，并通过一项规定每年的温室气体增加量的法律。这与PlaNYC——纽约市长的城市未来综合可持续发展计划密切相关，这项计划制订了一系列目标，其中包括了到2030年减少30%的温室气体排放。伴随着升级本地电力供给（通过用更加先进的技术替代低效的能源工厂），减少能源消耗（通过对新建筑实施更加严格的能源规范和提高现有建筑的能源利用率）和减少交通相关的排放（通过公共交通的更广泛的使用）开发了一系列措施以实现这一计划。

资料来源：Parshall et al, 2009, 2010

■ 欧洲城市的排放
Urban emissions in Europe

与北美城市比较，欧洲城市对于气候变化的影响相对较小。这是由于一系列原因造成的，欧洲城市地区间更加紧凑。有车的人较少且人们较少开车，开的车型多为小型并比较省油，从而减少了私人交通的排放量。他们有高效率且被社会广泛接受的公共交通工具网络。此外，与北美城市相比，欧洲的城市密集化程度更高，向外蔓延的程度较低。

2006年伦敦的二氧化碳排放量为4430万吨，相当于全英国总排放量的8%，这比起1990年时的4510万吨有轻微的减少，尽管人口同期增长了70万。[103]排放量减少的原因可归结于工业生产的衰退、迁到英国的其他地方或者海外，使工业排放量减少了一半。伦敦是英国人均排放量最低的区域，2006年伦敦人均排放量6.2吨，稍高于全国平均人均排放量11.2吨的一半（见表3.11）。2004年格拉斯哥8.4吨的人均排放量要高于伦敦，但这也可能反映出对格拉斯哥的调查中包括了格拉斯哥的整个地区和克莱德山谷，一个由八个地方政府组成的地区，占地3405平方公里。由于该区有着更大规模的乳品业生产区，其农业二氧化碳排放量要高于平均水平。

西班牙第二大城市巴塞罗那1996年行政区内有160万人口。1987年到1996年期间，该城市总排放量从440万吨增长到510万吨。然而在1992年到1995年期间，排放量从530万吨降至490万吨。而事实上，在1987年到1995年巴塞罗那的人口从170万萎缩至150万。巴塞罗那相对较低的人均排放量可以归结为几个因素。包括：该市的经济以服务业为主而非制造业；这座城市90%的电力是由核能和水力发电提供；城市气候温和，少有家用空调系统；紧凑的城市结构，许多居民居住在公寓而不是私人住宅中。[104]

随着一些城市制造业的重要性逐渐降低，与发电、交通运输、垃圾制造排放有关的制造业产生了一部分存货。奥埃拉什市（葡萄牙里斯本的一部分，人口数达16万）2003年电力排放占了该市总排放量的75%。其他碳排放量的来源分别为气体燃料的使用（11%）、卫生填埋场的消耗（8%）、液体燃料的使用（5%）和污水处理方面（1%）。在2003年该市的总排放量为52.555万吨碳排放当量——即人均3.3吨碳排放当量。[105]液体燃料部分代表了交通运输部分，然而这只是由燃料购买量所得出的数据，并不是由车辆在该市驾驶的公里数得出的。另外，这并没有解决与汽车排放归属地相关的重要问题，

这些排放量到底是应该分配到驾驶者居住地、行程的出发地或目的地，还是以上几种的组合。

瑞士日内瓦市全年人均二氧化碳排放当量为7.4吨，捷克共和国布拉格市为4.3吨。如果把"生命周期"的排放量计算在内，人均二氧化碳排放当量将分别升至8.7吨和10.1吨。（见表3.12）。

发展中国家的城市排放
Urban emissions in developing countries

发展中国家城市鲜有详细的排放数据发表。这些国家的城市往往是对国民生产总值（GNP）有关键作用的经济中心，同时也充当着经济、政治、社会和文化中心的角色，很可能有着比周边地区更高的人均温室气体排放量。

随着发达国家制造业重要性的降低，其在发展中国家迅速地扩张起来。受到经济和地缘政治转变的驱使，巴西、中国、印度和南非等国家已成为全球制造业的中心。相对廉价而充足的劳动力供应，日渐方便的原材料和成品运输，使这些国家得以在世界市场上有力地竞争。然而，这场竞争并不是没有代价的，一些是由于当地环境退化带来的，而另一些则由于温室气体排放带来的。当前测定排放量和设定减排目标的全球性协议仅仅针对温室气体的排放地，这就意味着一部分制造业繁荣的发展中国家看起来是主要排放者。

一些发展中国家在全球温室气体排放中饰演着愈来愈重要的角色。中国在近期已经超过美国成为世界温室气体排放量领先的国家，尽管它的人均排放量要低得多。[106]金砖四国——巴西、中国、印度和南非，尽管并不受减排框架协议法律约束，但意识到他们的大量基础排放量驱使其在国际气候协商中扮演更加前卫的角色。特别是，这些国家处在"全国适应性缓解行动"[107]发展的前沿，其工业碳强度的减少而不是排放量的绝对减少也有着决定性的意义。

专栏3.3对巴西圣保罗的温室气体排放提供了一个概况。报告指出，圣保罗的每年总排放量为1570万吨，人均为1.5吨。然而，在城中的运输和固体废物方面仍存有减排的潜力，例如，通过CDM项目在班代兰蒂斯把垃圾填埋产生的气体转为能源。

墨西哥城的温室气体排放也进行了计算，尽管这些数字产生了较大程度的差异，由1996年的3490万吨二氧化碳当量到2000年的6000万吨和2004年的6260万吨。这些差异来自于官方数据的缺失和不一致，以及固体废物和航空业的排放有没有包括在内的方法论问题。然而，即使是考虑到较高的水平，

　　圣保罗大都市地区作为巴西最大的城市地区，有着1800万人口，这个城市是国家经济的主要驱动力，2003年的国内生产总值（GDP）为830亿美元。服务业是其主要的产业，占GDP的62.5%，工业部门次之，占GDP的20.6%。

　　在2005年进行了一个全面的温室气体排放调查。该调查显示能源消耗的排放量占了城市排放总量的3/4以上（见下图）。当中大约2/3是由柴油和汽油产生的，11%是发电产生的。然而，由于大部分私人船队强制使用酒精（23%）和汽油（77%）的混合油作为燃料，城市的交通运输所排放的温室气体仍是相对较低的。相似的，由于大量依赖水力发电，发电方面的排放也不多。固体废物处理的排放量几乎占了城市总排放量的1/4，达到370万吨二氧化碳当量。然而，到2012年，班代兰蒂斯（Bandeirantes）的清洁发展机制（CDM）和圣保罗的垃圾掩埋消除了1100万吨的二氧化碳排放当量——这几乎抵消了城市排放中的固体废物部分。

　　该城市的人均排放量相较于巴西全国平均水平8.2吨（1994年数据）要低，每年约为1.5吨的二氧化碳当量（2003年）。尽管这样，全球温室气体减排的重要性的增加，意味着中等收入国家的城市将会愈来愈需要确定其减排潜力和措施。

　　值得注意的是，尽管圣保罗居住着巴西6.8%的人口，它的温室气体排放量相对较小。这是因为巴西在农业、林业和土地利用变化上是一个庞大的温室气体排放者。就砍伐森林来说，由于高速砍伐，二氧化碳和甲烷的排放量占了全国的63.1%，而主要由于国家牧群的规模，同样的气体排放量农业占了16.5%。在圣保罗的极度都市化的情况下，这样的排放量是无关紧要的。

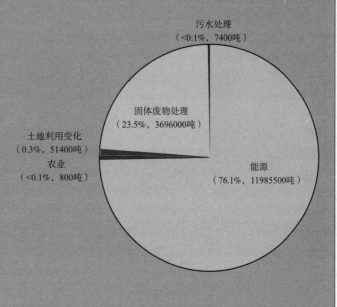

污水处理
（<0.1%，7400吨）

固体废物处理
（23.5%，3696000吨）

土地利用变化
（0.3%，51400吨）
农业
（<0.1%，800吨）

能源
（76.1%，11985500吨）

资料来源：Dubeux and La Rovere, 2010; La Rovere et al, 2005; Ministério da Ciência e Tecnologia, 2004

　　也只有每年人均3.6吨的排放量，低于全国的4.6吨。[108]专栏3.4提供了更深入的墨西哥城温室气体排放情况。

　　在南非，二氧化碳排放量的计算来自于6个大都市区、4个工业城市和5个非工业城市（见表3.13）。这些城市地区的年人均排放为8.1吨二氧化碳。这比起全国平均值8.9吨稍低，但要显著高于非洲人均1.1吨的排放量。根据以上的城市分类分别计算，非工业类城市为人均3.4吨，大都市区为6.5吨，工业类城市为26.3吨。各个城市的平均排放量从King sabata的1.7吨到萨尔达尼亚湾的49.5吨不等。这些排放的主要来源也各不相同，在工业城市中，制造业占了多达89%的排放量，在非工业城市中，这一数值仅为36%。这反映在单位经济商品附加值的二氧化碳排放，工业中心该值比服务业城市的高很多。因此：

　　通过使用"二氧化碳/单位创造的经济价值"来进行评价和比较需要小心。由于城市之间的经济联系，一个城市相对低排放创造的经济价值也许是依赖于另一个城市高排放所创造的经济价值的。例如，在约翰内斯堡测量出了9.6吨CO_2/R100000（南非共和国货币单位：兰特）与在Sedibeng的133.6吨CO_2/R100000比较，约翰内斯堡通过提供低能耗强度服务给Sedibeng的高能耗强度工业来创造经济价值，因此城市不能孤立地被看待。[109]

　　在对开普敦温室气体排放的进一步评估表明

　　巴西、中国、印度和南非等国家处在"全国适应性缓解行动"发展的前沿，其工业碳强度的减少而不是排放量的绝对减少也有着决定性的意义

墨西哥城已经达到了全球空气污染的最高水平。墨西哥城约有2000万人口、375万辆汽车和35000家工厂，其都市区是温室气体（GHGs）的主要排放地。2007年其二氧化碳排放当量达到了6000万吨，占了全国排放量的9.1%。当中的3700万吨二氧化碳当量产生于墨西哥城内的交通运输、工业、家庭和固体废物处理（分别占了43%、22%、13%和11%）。在墨西哥城约有88%的温室气体排放来源于交通、工业、贸易、家庭和服务业中的化石燃料和电力消耗。

墨西哥城政府认识到气候变化是当今城市生态系统最严重的威胁并无疑对人口带来了社会经济影响。因此，该市已建立了墨西哥城的气候行动计划2008–2012，提出总共26项减缓温室气体排放的行动。一旦实施，这些措施一年将减少440万吨的二氧化碳排放当量，相当于墨西哥城每年12%的排放量。

资料来源：Sources: Delgado, 2008; Casaubon et al, 2008

拥有320万人口的开普敦市消耗着相当于全南非所消耗的5%能源和全国5.2%电力。来自城市所用燃料的温室气体排放是很显著的，发电占了当中的69%，汽油占了17%，柴油9%，剩余的是其他燃料如煤油、液化石油气、煤、重燃油和木材。

城市的能源与气候策略将工业、交通、居住定位成开普敦城内和整个西开普地区的主要温室气体排放来源。其结果是，开普敦市年人均二氧化碳排放量为6.4吨（相比西欧的4.5吨和非洲剩余部分的0.6吨），这一排放量导致了明显的污染"棕色轻雾"。在2003年，空气质量监察中心记录到恶劣空气质量天数达到162天。一项于1997年进行的早期开普敦棕色轻雾研究发现，65%的棕色轻雾来源于车辆的排放，49%来源于柴油车，16%来源于汽油车。

资料来源：开普敦市，2006，2007

69%的排放量来自电力使用（见专栏3.5）。这高水平的排放是由于南非95%的电力来自于燃煤这种高排放量的产能方式。按不同用途来分，交通用了54%，工商业使用了29%，居住用了15%和当地政府用了2%。[110]

值得强调的是，排放责任并未在城市人口之中得到公平的分配。当更多富足的城市居民在消耗着发达国家城市居民相同数量的能源：包括用燃料

城镇/城市	人口	总二氧化碳排放（吨）	人均二氧化碳排放（吨）	每10万南非兰特附加值的二氧化碳排放
开普敦市	3069404	19736885	6.4	13.7
约翰内斯堡市	3585545	19944863	5.6	9.6
茨瓦内市	1678806	13537109	8.1	12.7
艾古莱尼市	2761253	22917257	8.3	24.9
祖鲁市	3269641	18405182	5.6	15.6
Nelson Mandela	1013883	4754204	4.7	13.8
大城市的总数	15378532	99295500	6.5	14.1
uMsunduzi	562373	3543806	6.3	无
萨尔达尼亚湾	79315	3923771	49.5	30.2
Sedibeng	883772	25257942	28.6	133.6
uMhlatuze	360002	16816074	46.7	140.1
工业城镇的总数	1885462	49541593	26.3	123.1
布法罗市	702671	2449144	3.5	106.9
King Sabata	421233	713526	1.7	无
Mangaung	662063	2495297	3.8	16.7
Potchefstroom	129075	634580	4.9	15.4
Sol Plaatje	196846	882234	4.5	13.9
非工业城镇的总数	2111888	7174781	3.4	15.7
回顾的城镇的总数	19375882	156011874	8.1	13.0
南非的总数	46586607	391327499	8.4	无

注：在2004年，1美元平均相当于6.5南非兰特。

资料来源：Sustainable Energy Africa, 2006

表3.13
南非城市地区的二氧化碳排放（2004年）
Table 3.13 CO$_2$ emissions from South African urban areas (2004)

制冷或采暖、用汽油或柴油进行交通、食用高"碳含量"的食品，较穷的居民只是使用着非常少的资源。尽管这是一个所有商业区的问题，但它在高度不公平社会中特别明显。

最近一项在印度的研究表明1%最富裕的印度人口的年均温室气体排放量达到4.52吨二氧化碳当量，比最贫困的38%居民每年排放的1.11吨二氧化碳当量的4倍还多。[111]相当大一部分低收入国家的城市居民由于化石燃料、电力以及生产和运输过程中伴随温室气体排放的产品和服务的限制使用和消费，温室气体的排放水平很低。事实上，许多低收入城市的居民的生活是基于回收机制上的，重复使用和废物循环利用等措施实际上可能会带来负排放量。[112]

低收入国家做出了一系列努力来减少城市地区的温室气体排放，并常常与改善空气质量和实行更有效的固体废物处理等更广泛的目标相结合。在达卡（孟加拉国），从2002年9月开始，所有使用二冲程引擎的机动车辆将被禁止，并更换成压缩天然气引擎。[113]尽管引进更多措施来改善当地的空气质量，压缩天然气引擎的使用能减少21%至26%的生命期温室气体排放。[114]类似地，一系列关于达卡大都市区发展规划支援系统的介入发展，也在努力减缓气候变化。这个系统包括了环境与物理质量、城市和基础设施的发展、社会和经济方面的发展、政府和科学教育发展。[115]

全球范围城市排放的估算
Estimating the global-level urban emissions

任何关于城市地区或城市对温室气体排放总影响的整体报告都应谨慎对待。城市地区或城市还没有全球认可的定义，记录次国家地区排放也没有全球认可的标准。除此之外，责任的相对分配是基于生产法还是消费法很不明晰。这问题在上面提到的南非的案例中有了特别清楚的说明，在对日本和中国城市的比较也很明晰。两国生产的消费产品销往世界各地，而制造业所占据的排放比率有着巨大的差别。

一种极端的看法是，城市地区对于温室气体排放的影响尚值得探讨，与工商业和制造业相关的社会经济利益和环境成本应该分布到全球国家和区域的每个个体，这种看法认为，个人或部门可认为应

在低收入国家中，很大部分城市居民只排放了非常低程度的温室气体

我们需要对关于城市地区温室气体排放的总体影响的所有总结性陈述作出小心的处理

部门	全球温室气体排放的百分比（%）	从产生温室气体活动地点的角度，评估城市温室气体的比例的依据	被分配到城市上的温室气体的百分比（%）
能源供应[a]	25.9	大部分的化石燃料能源中心都不在城市里，特别是大型的城市。 三分之一到一半的排放来自于城市基本的能源中心。	8.6-13.0
工业	19.4	大部分的重工业（工业中大部分的温室气体来源）不坐落于城市，包括很多水泥厂、炼油厂、纸浆与造纸厂和金属熔炼厂。 占城市排放的五分之二到五分之三。	7.8-11.6
林业[b]	17.4	没有排放被分配到城市	0
农业	13.5	一些大城市有相当大的农业出口，更多是由于广大的领土包括农村地区。 没有排放被分配到城市。	0
交通	13.1	私人使用的汽车占很大的一部分，那些利用汽车通行的城郊居民是否应该分配给城市？城市居民在城市边界外驾驶的排放是否应分配给所属城市？ 60%-70%的排放被分配到城市中。	7.9-9.2
居住和商业建筑	7.9	大部分发达国家的中高收入群体住在城市外，明显且不断增加的商业建筑位于城市之外。 60%-70%的排放被分配到城市中。	4.7-5.5
废物和污水	2.8	当中一半以上的是垃圾填埋产生的沼气，但一定比例的排放会由城市中产生的废物在城市外产生。 54%的排放被分配到城市中。	1.5
总计[c]	100		30.5-40.8

注：a.这大部分是来源于化石燃料能源中心。包括精炼厂、焦炭炉等，被包括在工业中。
b.土地利用和土地利用改变。
c.温室气体的总排放被《京都议定书》减少了相当于490亿吨二氧化碳当量。

资料来源：based on Barker et al, 2007; Satterthwaite, 2008a, p544

表3.14
按部门分类的城市对全球人为温室气体排放的贡献
Table 3.14 Cities' contribution to global anthropogenic GHG emissions, by sector

城市的参与	2006（%）	2030（%）
全球的能源消耗	67	73
全球与能源相关的二氧化碳排放	71	76
全球人为的温室气体的排放	40-70	43-70

资料来源：Walraven, 2009

表3.15

城市地区对气候变化各方面的贡献
Table 3.15 The contribution of urban areas to various aspects of climate change

任何城市地区的气候都影响着制冷和采暖的能源需求

地理位置相关的自然资源影响着用以生产能量的燃料和温室气体排放的水平

对相应的排放水平负责。另一种极端的看法认为，除了那些与农村用地改变和农业直接相关的人类活动以外，所有人类活动都是城市的活动，这种看法认为，所有非林业和农业活动所排放的温室气体均归责于城市地区，经过联合国政府间气候变化专门委员会（IPCC）统计，这些排放占了全球总排放的69%。虽然这两种看法都不是正确的，但凸显出"划清界限"对于城市地区到底是如何影响气候变化这一问题是一非常主观的过程。

从产品的生产地方面来看，城市可能排放了所有人为的30%至40%的温室气体（见表3.14），这里的城市包括了小一点的城镇和其他小型城市住区。这个数据是根据对不同部门对全球的排放所作的影响的分析及其各自与城市的关联性比例评估提出的。[116]根据表3.15，城市对于全球温室气体排放的影响估计会更大，[117]尽管这里的城市代表了所有城市地区，包括城镇和其他小的城市住区。有人提出，城市对气候变化影响的不同程度的高估都与经济合作与发展组织（OECD）所作的一份报告有关，报告提到全球80%的能源使用都与城市有关。[118]因此，生产型城市40%到70%的能源消耗和消费型城市60%到70%的能源消耗的论述被提出来了。[119]生产型和消费型模式的不同点将在下面作更具体的讨论。[120]

影响排放的因素
FACTORS INFLUENCING EMISSIONS

就像前一节所显示的，不同国家，甚至是同一国家内不同城市地区对温室气体排放的影响都是非常不同的，这是由很多因素造成的，包括不同的排放来源。[121]本节将验证影响各部门排放温室气体的主要因素，包括了地理位置、人口变动、城市形态和经济活动类型。这些因素都是独立作用的，由于任何城市地区都与农村地区和统一国家的其他城市地区复杂地联系着，同时存在着国际之间联系，因此，可能将城市系统概念化为一个整体更为恰当。这个讨论也会通过一些二选一的讨论来关注如何测定温室气体的排放，这些二选一的讨论有生态足迹

与碳足迹、生产论与消费论、个体论与城市驱动排放论。

地理情况
Geographic situation

不同的地貌是会影响城市对气候变化的影响的。这可以更广泛地细分为气候状况、海拔高度和自然资源的位置。任何城市地区的气候都影响着制冷和采暖的能源需求。高纬度地区在冬天有着较长的夜晚，需要为照明提供附加的能量消耗。同时，由于冬天会更冷，加热需求也会提高。空间和水都需要加热，在很多国家（例如英国），烧水在居住中是一个主要的能耗部分。加热往往需要通过一种能源的燃烧来实现，如煤、油或天然气。相反，制冷是通过电力驱动的空调来实现。因此较温热的地区的排放很大程度上受到能源的影响。

在西班牙，电力需求的增长趋势与人口状况和社会经济因素有关。在这个趋势中，消耗的变化可以被看作是特定天气条件的结果。在冬季月份里，用以加热的电力消耗的增加与气温比平常月份低有关，反之在夏季，制冷消耗与气温比平常月份高有关。[122]

在美国，家庭的燃油和天然气的消耗主要由气候来决定。家庭采暖的排放与一月份低温之间有明显的负相关关系，而事实上，这一关系本身是由其地理位置决定的。[123]相反，美国夏季极热（七月份高温）的地区会有更高的电力消耗用来室内制冷。仅仅将这些问题考虑在内，就可以注意到温度适中地区的排放量会更低，相关能源的开支也更少。尽管其他地方还没有开展类似的研究，但考虑到居住和商业建筑由于极端炎热和寒冷的天气条件需要使用大量能源以制冷或制热，这种模式是有可能在全球范围重复出现的。

涉及自然资源的地理位置影响着产能的燃料，并进而影响温室气体排放的水平。当靠近城市或城镇的地方有更高效的燃料时，这种燃料就能得到更经济的使用，这是运输成本的一个因素。例如，产能一样的条件下，能够依赖周边天然气资源的城市地区比依赖煤炭产能的城市地区的温室气体排放量要小。煤为中国提供了70%的能源，中国持续依赖煤炭资源的原因主要是其碳储量大——中国是世界第三大煤炭存储地，同时也是全球最大的煤炭生产商。相反，拥有大量天然气储备的国家和地区会更加趋向使用这种更为清洁的能源。例如，在1980年到2003年之间，中国香港地区天然气占能源的比重从20%上升为34%。[124]

可再生能源使用的潜力和与之相关的温室气体

减排也受到地理位置的影响。一些可再生能源是完全依赖于自然资源的，例如：巴西的里约热内卢和圣保罗因为有着可用作水力发电的大河，所以在发电方面有低水平的排放。在其他地方，特别是在更加小型或干旱的地区，大规模的水力发电并非可行的能源来源。虽然太阳能光电池和太阳热能较少限制于特殊地形，但风、地热和潮汐能完全都依赖于特定地区的自然现象。[125]

地理位置影响着城市地区所发生的经济活动类型。类似地，这些经济活动也可以是当地的环境和社会因素。在历史上，重工业都会靠近庞大的原料产地，特别是煤矿和铁矿。由于新的全球劳动分工，加上跨境关税日趋减少，意味着在决定制造业的选址时，空间上的不同在劳动成本中的重要性将会增大。

在哪一地理层级所做的能源决定也会影响城市地区的排放。关于核电站的建造和营运是在国家而非城市层级上做决定的。仅仅从温室气体排放的角度来看，核电产能能够在获得大量能源的同时减少对气候的影响，然而，城市地区本身并不能作这样的决定。法国和西班牙的城市排放比英国的城市低的其中一个原因就在于国家性的政策。

人口状况
Demographic situation

人口增长与温室气体排放之间的关系是复杂的，并且这一关系会随着分析等级而变化。由于能看到世界各国的温室气体排放有着较大变化，人口规模本身并不是一个主要的驱动因素。在全球尺度上，有着最高的人口增长率的地区人均排放量最低。正如表3.16显示，有着最高人口增长率的发展中国家与人口增长率低得多的发达国家相比，前者的二氧化碳排放增长率要远低于后者。尽管较大的城市人口确实会导致二氧化硫的排放和交通能源使用的增多，[126]但是没有证据表明在高人均排放的城市会有这个结果。表3.16也表明了高收入国家的二氧化碳排放的增加明显大于中上收入国家，尽管两者有着相近的人口增长率。

一个社会的人口结构对消费行为和温室气体排放有着广泛的影响。在一些城市地区，改变年龄结构会影响与能源使用有关的温室气体的排放。美国的人口老化使得劳动收入减少和消费模式改变，两者都同样使温室气体的排放减少。根据考虑到的一些因素，较期望值能减少15%至40%的排放。相反地，在中国，与老龄化有关的温室气体排放预计表明人口老龄化将导致更高的温室气体排放（由于劳

2005年的收入分类情况	1950–1980		1980–2005	
	人口增长率（%）	二氧化碳排放增长率（%）	人口增长率（%）	二氧化碳排放增长率（%）
低收入国家	36	5.6	52.1	12.8
中低收入水平国家	47.1	39.7	25.7	53.2
中高收入水平国家	5.7	9.6	5.0	5.0
高收入国家	11.2	45.1	7.2	29.1

资料来源：Satterthwaite, 2009, p558

表3.16
二氧化碳排放、人口增长与国民收入
Table 3.16
CO$_2$ emissions, population growth and national income

动力人口比例增加，因此其消费能力也增加），并导致排放量也会减少（随着这一比例下降）。[127]

另一个可能改变城市地区温室气体排放形态的人口变化是小型家庭的增长趋势。在很多发达国家和中国等发展中国家，家庭平均人口数减少了，意味着家庭单位的数目要比总人口数目的增长快得多。经济的规模也因此减小，其结果就是小家庭所造成的人均能源消耗明显高于大家庭的。[128]

反常地，由于较低的人口增长率和较小的家庭规模可能与独立家庭数目上升和用于消费的一次性收入的增长有关，人口增长率的减慢可能导致排放的增加。在巴西，出生率的减少和家庭数目的快速上升有关。20世纪60年代中期，巴西的总和生育率为每个妇女生育6个孩子，到了21世纪10年代中期，降至生育更替水平。在1996年到2006年间，人口以每年1.4%的增长，但实际家庭的数目则以每年3.2%增长。在该段时期里，丁克家庭的数目几乎翻了一番（从110万增至210万）。这些家庭有相对较高的收入和能力去消耗大量的商品和服务，这最终将增大他们的温室气体排放总量。[129]

人口规模和人口结构与城市对气候改变的影响之间的关系因此十分复杂。随着城市的发展，水和其他自然资源的需求集中了，污染和温室气体的产生也集中了。对当地生态影响显著的城市，例如印度的索拉布尔有110万人，平均消费水平低，对全球的影响要比同等尺度的城市（如澳大利亚的佩斯或美国的波特兰）要小得多。后一类城市通过进口大部分的消费商品以减缓其本地生态影响，而这有可能会导致大得多的全球影响。[130]考虑到这一点，人口的绝对数值不是这些地区气候变化的影响因素，而有着最大影响的是这些地区的管理方法和这些居民在日常生活中所作的选择。

城市形态和密度[131]
Urban form and density

城市形态和密度与一系列的社会和环境的结果相关。一方面发展中国家的很多城市有着极高的密

小家庭所造成的人均能源消耗明显高于大家庭的

反常地，由于较低的人口增长率和家庭规模变小可能使得家庭数目上升和可自由使用的收入增加然后用于消费，使得人口增长率的减慢可能导致排放的增加

这里有充分的证据表明城市密度在过去的两个世纪里一直在减少

度，特别是非正式的居住区和其他贫民窟，导致健康危机的增加和应对气候变化和极端事件较高的脆弱性。在另一方面，由于建筑的无计划兴建和车辆的大量使用，北美许多郊外地区极低的密度与高水平的家庭能耗有着密切联系。

城市蔓延指的是城市地区在未建地区日益增长的地理扩张。[132]在很多发展中国家，半城市化的相关过程频频地发生。[133]这些进程都受到一些最严重的城市化问题的影响，其中包括对资源的高强度开采，贫民窟的形成，缺乏水和卫生设施等充足的服务，规划不周全以及耕地退化。这些问题在发展中国家特别明显，这些地方的规划规范比较薄弱或者执行能力较差，导致复合型土地保有权和土地使用的地区产生。

最简单的，城市密度是用给定的人口数量除以所在地区的面积得出的。关于这些区域的空间范围的定义各不相同，这就导致在为不同的城镇和城市生成可比较的统计数据时困难重重。用官方边界围合的行政区域除以城市地区的人口这一测算方法很不可靠，特别是用于比较的情况下，这是因为城市密度会随着这些边界定义的变化而变化。[134]除此之外，密度的标准测量方法是考虑整个地区的，而不对其连通性进行考虑。在这点上，巴西的库里蒂巴通过从显著的圆形形态逐渐变化成较为线型的形态，降低了城市的整体密度，同时，促进了快速和有效率的公共交通运输系统的发展和获得其他多方面的社会和环境的利益。[135]

总体上在全球水平下，有充分的证据表明城市密度在过去的两个世纪里一直在减少。[136]世界银行

提供的报告可能是对这一现象最为详细和可信的一份评估，报告记载在1990年到2000年间，发达国家的城市平均密度由每平方公里3545人减为2835人。在同一时期内，在发展中国家中的城市平均城市人口密度由每平方公里9560人减为8050人。[137]城市密度的减少有可能会持续到未来。预计在2000年到2030年，发达国家的城市人口将会翻一番，而建成区面积会翻两番，从近20万平方公里增至近60万平方公里，而在同时期内，发展中国家的城市人口预计会提升20%，而建成区面积将增加1.5倍，由近20万平方公里增至近50万平方公里。发达国家和发展中国家的混合数据掩盖了大量的地域差别（见表3.17），东亚的城市的人口密度几乎是欧洲城市的4倍，北美洲和大洋洲城市的8倍。当以国民收入水平来分级，表3.17显示低收入国家城市的人口密度是高收入国家城市的4倍。

总的来说，空间上的整合和混合使用的城市发展在温室气体排放方面有以下一些好处：

- 能够通过缩小住宅的面积和多单元的寓所共享墙壁来减少采暖和制冷的成本。
- 地区性的采暖、制冷或者发电的能源系统的使用和减少了电力在输送和分配时造成的损失。利用微网技术去满足当地的电力需要能够在储备和分配当中提高效率。[138]
- 减少平日利用汽车进行货运的公里数和人均私家车占有量。人口密度的增加使人们去商场、就业中心和戏院变得更容易。[139]假如我们保持其他变量不变，只改变人口密度，我们会发现在每平方公里少于1000单元的住居家庭，比起在更高密度的住区家庭每年需要多驾驶1200公里和多消耗65加仑的燃料。[140]

城市密度与温室气体排放
Urban density and greenhouse gas emissions

城市形态和空间组织在城市的温室气体排放中有着很广泛的影响。城市地区高度集中的人类和经济活动会引起经济规模、邻近性和凝聚性的集中，这些因素都会对能源使用相关排放有着积极的影响。当家庭和商业临近，能鼓励人们步行、骑自行车和乘搭大型交通工具而不是私家车。[141]一些调查指出，把居住区的平均密度每翻一番就能减少20%至40%的家庭汽车的使用，这符合人们减排的需要。[142]在1989年发表的一篇具有影响力的文章指出，人均汽油用量随着城市密度的增加而减少，尽管这关系弱化了对人均GDP的考虑。[143]报告同时指

空间上的整合和混合使用的城市发展在温室气体排放方面有一些好处

表3.17

城市建成区的平均人口密度
Table 3.17 Average population density of cities' built-up areas

地区	每平方公里人数	
	1990年	2000年
发达国家	3545	2835
欧洲	5270	4345
其他发达国家	2790	2300
发展中国家	9560	8050
东亚和太平洋	15380	9350
拉丁美洲和加勒比地区	6955	6785
北非	10010	9250
南亚和中亚	17980	13720
东南亚	25360	16495
撒哈拉沙漠以南的非洲	9470	6630
西亚	6410	5820
高收入国家	3565	2855
中上收入国家	6370	5930
中下收入国家	12245	8820
低收入国家	15340	11850

资料来源：摘自 Angel et al, 2005

出"到21世纪中叶，绿色建筑和精明增长的结合能实现深层次的减排，很多人相信这在减缓气候变化中是很有必要的"。[144]

最近在加拿大的多伦多有一个温室气体排放的研究明确处理了密度问题。研究描述了温室气体排放的整体模式和在多伦多城市地区普查中这些模式是如何在空间上发生变化的。随着距离城市中心的距离增加，私人交通工具在总排放量中开始占据统治地位。[145]这样的模式在一个早前的研究中得到证实，研究发现多伦多低密度的城郊发展比高密度的城市核心区域发展的人均能源消耗和温室气体排放多出1至1.5倍。[146]

密度可能也影响着家庭能源的消耗。居住越密集，采暖能源消耗就越少。例如在美国，住在独立住宅的家庭与具有可比性的其他形式的房子比较，在采暖和制冷方面分别要多消耗35%和21%的能源。除此之外，密集的城市会产生更大的热岛效应[147]，这将会使一个典型的美国城市比周边农村地区高出1-3℃。这将会延长"制冷日"而缩短"采暖日"，而后者在能源的消耗上有着更大的影响。因此，在密集的城市地区的居住建筑往往使用较少的能源。[148]

任何关于密度和排放量的改变的评价都需要考虑多样的因素。人们有必要对不同城市之间和同一城市内不同的城市发展类型下的温室气体排放进行评估。尽管城市密度的减小会涉及温室气体排放的增长，这些数据可能会受到其他变量的影响，包括总体收入水平。例如，南亚的城市不只北美的城市有着更大的居住密度，同时也有着较低的温室气体排放量。这些不同更多是由于收入和消费模式的不同，而非收入水平的不同。例如，在1990年到2006年间，伦敦的年排放量从4510公吨降至4430公吨，尽管增加了70万人口，城市建成区从1573平方公里增至1855平方公里，城市密度从6314人每平方公里降至5405人每平方公里。[149]在这个特殊的情况下，城市密度下降的同时，人均温室气体排放量也减少了。尽管可能从这一结果看来，城市密度的增加并没有对温室气体排放造成了影响，事实上排放量的减少是由于工业活动被搬迁至海外或英国其他地方，导致工业排放减少了一半。

因而密集的城市住区为减少人均温室气体排放的生活方式的产生提供了可能，这样的减排是通过把服务业集中起来减少长距离的交通、提供更好的公共交通网络和由于土地的不足和高昂的地价而造成的住房面积减少来实现的。然而，有意识地增加城市密度的策略对温室气体排放和其他环境因素可能有积极的影响，也可能没有。在南亚、中亚和东南亚有着很多世界上人口密度最高的城市正在忍受着强烈的过度拥挤，而降低这些城市的密度将满足更多更广泛的社会、环境和发展的需要。然而，人们往往希望待在同一地方，通过把楼房加高以改善现状。高的城市密度会影响当地的气候，例如使当地的温度升高。[150]除此之外，气候变化的许多脆弱性也会因为高密度而恶化。在沿岸的发展中国家的城市其位置和恶劣的公共卫生环境与高人口密度有关，这些地方暴露于城市热岛效应、高水平的室内和室外的空气污染之中。[151]然而，这些问题也为通过与交通运输系统、城市规划、建筑规范和家庭能源供给相关的政策削减温室气体排放并同时改善人体健康提供了明晰的机遇。[152]

然而，我们应该发现密度只是影响城市形态的可持续发展的众多因素之一。单纯的高密度不是可持续发展的必要条件也非充分条件，[153]并且对于一个可持续的城市形态，至少有七个设计概念得到了证实，即紧凑性、可持续的交通方式、密度、混合的土地利用、多样性、被动式太阳能设计和绿化。[154]根据这些标准，"紧凑型城市"的模型被认为是最可持续发展的，之后是"生态城市"、"新传统开发"和"容纳式城市发展"，虽然这样的分类排名是基于文献的回顾而非实验研究。一个在土地使用和温室气体排放之间有着更加复杂的关系的模型也在考虑的范围内，这个模型的因素包括了地貌的影响（如砍伐森林、泥土和植物的固碳、城市热岛效应）、基础设施的影响，与交通相关的排放、与废物处理相关的排放、电力传输和分配的损失和建筑物（包括居住和商业建筑）。这些因素之间有着复杂的关系，例如较紧凑的居住区可能有较低的汽车使用水平，但同时代表了更少的碳封存途径。[155]

尽管城市密度与温室气体排放的关系如此复杂，我们还是能找到与城市政策有关的确定方向的。这并不相当于草率地建议支持城市的密集化，但倒不如策略性地评估一下人口分配是否能有助于使减缓气候变化达到更广泛的目标。在总体水平上鼓励城市密集化就好像在行政区的边界内冒着失去花园和开放空间这些重要的环境和社会角色的风险。我们应该考虑人生的不同阶段的不同住房需求和重新考虑"生活住房"这一流行于很多国家的房屋政策。在这点上，紧凑的居住区模式可能能够满足社会中的大部分群众的需求，但不是全部。

通常情况下，在城市空间设计满足使用者需求的情况下，紧凑型城市为公共交通系统和步行骑行

在城市中高度集中的人们和经济活动能够导致经济有规模、近距离和凝聚性的特点，这些都在与排放相关的能源方面有着积极的作用

高密度城市住区，使减少人均排放的生活方式能够实现

有意识地增加城市密度的策略对温室气体排放和其他环境因素可能有积极的影响，也可能没有

的大量使用创造了条件。一个关于伦敦的研究发现，较高的密度和人们乘坐公共交通工具穿梭于伦敦之间的水平有着积极的联系，这反映出人们在考虑如何上班时的决定。[156]并进一步得出结论，"总的来说，在公共交通可用的情况下，特别是在位于市中心的高密度地区，人们会选择这种出行方式"。人们表示愿意用家里的空间来交换居住场所的其他特质，包括个人和财产的安全、居住区的保养维修、便捷的商店和文化设施。

相对高密度的局部地区需要在公共交通的使用上提供更多的便利性；但这个要求与满足城市居民的广泛的其他需求是一致的。当然这些精确的交通网络和电网水网等的建立则需要更详细地研究。总的来说，城市密度是影响城镇和城市能源使用（以及伴随的温室气体排放）的多种因素之一。要搞清这些问题需要对城市的发展进行持续的分析，而不是简单的对历史上的一个特定时间点的城市形态做一个快照。

土地的使用和人口密度在空间上的分配决定了一个城市地区的结构或形态。城市空间结构不仅仅在决定人口密度上扮演着一个主要角色，在交通模式（如公共交通模式和私人交通模式的相对重要性）以及与之相关的城市能源消耗和温室气体排放等级上也有决定性作用。受到经济活动、房地产开发和人口的本土化改变的驱动，尽管城市结构确实会随着时间发展，其进化过程是很慢的并很难通过设计来形成，城市越大便越难以去改变它的城市结构。

有四种可分辨的城市结构或形态。[157]第一种是单核心的城市形态，代表城市有美国的纽约、英国的伦敦、印度的孟买和新加坡。大部分的经济活动、工作和文化设施都被集中在其中心商务区（CBD）。当局应该把精力投放于提升公共交通的服务，使它成为最便捷的交通方式，因为大多数的通勤者从郊区抵达商务中心区。第二种是多核心的城市形态，例子有美国的休斯敦、亚特兰大，巴西的里约热内卢，很少的工作和文娱设施坐落于市中心，大部分的交通是从郊区到郊区的。交通的路线存在非常多的可能，但每条路线的乘客不多。因此，公共交通的营运十分困难和昂贵，个人方式的交通或拼车坐出租车是使用者最为方便的交通选择，也应该得到提倡。第三种是复合式（或多核心）的城市形态，这是最常见的城市空间结构，这种形态有着一个明显的中心，而大量的工作位于郊区。大部分的交通是来往于中心商务区和郊区的，由公共交通实现并应该得到提倡。而郊区到郊区的交通

则应该以私家车、摩托车、出租车和小巴来完成。第四种是城市村庄的模型，它不存在于现实世界，只存在于城市的总体规划中。在这个模式中，城市地区包含多个商业中心，通勤者只会去最靠近自己住所的中心，这有更大的机会以步行或骑自行车的形式上班。这是个理想化的情况，因为它只要很少的交通和道路，因此，在理论上能大大地减少交通的距离、能源的使用和温室气体的排放和其他污染。但是这是不可行的，因为"这意味着劳动力市场的系统分裂，而现实世界中这在经济上是不可持续发展的"。[158]

城市经济
The urban economy

在城市中发生的经济活动类型也影响着温室气体的排放。进行开采的行业（如采矿和伐木业）和能源密集型的制造业与高水平的排放有着明显的关系，特别是当能源是由化石燃料提供的时候。然而，由于别处较低的交通和劳动力成本，鼓励工业迁往其他地区，发达国家的许多地区的这些活动都很少。例如在1990年到2006年之间，由于伦敦的工业活动迁至海外或英国的其他地方，使得当地的工业排放减半。[159]

然而，所有的城市地区都依赖于范围广大的制成品（在城市地区或别处生产的），而制造业地区则类似地依赖于由主要城市中心提供的服务，这样的关系可能存在于国家内部。在南非的工业城市Sedibeng（总人口88万，人均排放量为28.6吨二氧化碳排放当量）接受由约翰内斯堡（总人口360万，人均二氧化碳排放量为5.6吨）提供的服务（见表3.13）。就像以上所描述的，这个过程存在于跨国界的，世界上很多国家都扮演着商品交易和制成品消耗中心，而其在自身境内产生的排放量很少。考虑到这一事实，下一节将对如何测量城市地区排放的不同方法进行验证。

城市经济对于排放结构的影响可以从城市温室气体排放中工业部分所占比例的巨大变化中看出来。[160]很多快速工业化的发展中国家中（如中国）的工业活动是一大部分城市温室气体排放的来源。事实上，尽管在1987年，12%的中国排放量是由于出口商品的生产，这个数字在2002年和2005年分别增加至21%和33%（相当于全球二氧化碳排放量的6%）。[161]最近的一篇文章对于这个问题作了以下的描述：

> ……许多西方世界国家通过将其制造业

转移到中国以避免其自身的二氧化碳排放。下一次当你购买带有"中国制造"标签的商品时，问一问你自己谁该为生产这一件商品所排放的二氧化碳负责。[162]

相反地，在其他城市工业部分的温室气体排放十分低，通常反映出向服务型城市经济的转变。在美国的华盛顿特区，工业排放只占总排放的0.04%（很大程度上是由于哥伦比亚特区在空间上的狭小），在英国的伦敦为7%，巴西的圣保罗9.7%，在日本东京和美国的纽约为10%（相当于全美的29%）。在一些城市中，工业在制造排放方面的重要性的下降十分明显。在里约热内卢，工业部门的温室气体排放从1990年的12%降至1998年的6.2%，东京在最近这三个十年内从30%降至10%。[163]

测量排放的政策
The politics of measuring emissions

不同城市地区对气候变化的影响有明显的不同。单纯对一个城市地区每个人的直接排放进行测量，这可能有1%的误差或更多。在本章前文指出，不同"领域"的排放也可能会被考虑[164]（见表3.2和表3.4）。在实践中，包含第三类排放的城市地区温室气体排放的清单是十分罕见的。而这第三类（如间接或内含式排放）排放的范围是很随意的，在城市之间没有一个统一的框架来比较这一类排放。如果包括了第三类或内含式的排放，特别地，如果这个城市很大、发展良好和在服务和商业活动上有优势，这很可能使一个城市的人均温室气体排放量明显地增加。[165]此外，将生活在一个城市地区的所有个体的消耗考虑在内，对第三类排放的清单进行汇编几乎是不可能的。换句话说，排放可以归责在实际进行排放的地方或者产生这一排放的活动所在的地方。[166]一个详细的第三类排放清单会减去商品在城市或随后出口时所消耗的内含能。

本章所发表的内容显示高度集中的工业和制造业活动有着高水平的温室气体排放。同时显示了较富裕的城市地区有高排放，尽管这些排放可能低于郊区的排放。个人的人均温室气体排放（包括由他们消费的产品所产生的和制造的垃圾所带来的）的变化幅度超过千分之一，这取决于这些个体的成长环境、生活机遇以及个人选择。明显地，他们的终生排放量也受到其寿命的影响。年人均排放量较低的贫困人群的寿命比高收入人群要少20至40年。因此，推动制造进程的非可持续消费水平对于理解城市地区对气候变化的作用至关重要。本节讨论了预测城市对气候变化影响的方法，从而有助于提供一个构架去理解和定位温室气体排放的根源。

正如上文所述，不同国家的城市地区，或者同一国家的不同地区，由于环境、经济、社会、空间和国家边界的政治和法律区别有不同的排放。由于很多最高排放量的活动转移到高速工业化的发展中国家，这影响着温室气体的产生和消耗之间的平衡。《京都议定书》和与之相似的后续条约也为发达国家[167]在自己国家内的减排创造了动机，这可能会为不受条约限制的发展中国家提高排放量制造不正当动机。然而，谈判中采用的"普遍有区分责任制"[168]的原则应杜绝这种情况的发生。类似地，随着"适当的国家减排行动"[169]的概念在地方层级得到认可，鼓励城市地区以适应环境的方式减少排放的积极动机得以产生。

特别地，在全球性的、国家性的和地方性的政治力量和政策环境能够成为影响温室气体减排的强力潜在因素。在全球层面上，给发展中国家[170]的发布的国家性目标是减排的重要推动因素。清洁发展机制的履行也能改变排放格局，在这一机制中，发展中国家的减排受到发达国家的支持。对于清洁发展机制活动得到当地政府和国家政府支持的发展中国家地区来说，[171]这一机制对于当地排放有着重要的影响。与此同时，当地政府能通过不同途径去改变城市的排放，如通过用自身的行动去保证减排（如逐渐减少当地政府的建筑和车辆），通过改变环境的相关法案（如立法机关对高污染工业征收环境税或者以降低税率为手段鼓励使用低碳技术），通过鼓励市民改善其行为方法（如培养公民意识和教育计划）。[172]

■ 生态足迹与碳足迹
Ecological footprints versus carbon footprints

计算城市地区温室气体排放的一个有效途径是考虑生态足迹。生态足迹是一个用来计算为了满足一个个体、城市地区，或是国家的消耗需求所需要的地球表面面积的概念。生态足迹的概念认为城市地区内部生存所需土地范围要比包含在建成地区市政边界内的大，对于富足的城市来说，这一面积要大得多。[173]大部分的城市和区域依靠自身以外的地区的资源和生态的服务，包括食物、水和污染的吸收，很多依靠着远方的生态系统和远方或全球的城市活动的生态结果，生态足迹分析在近年被用来发展一个相关的概念：碳足迹（见专栏1.1）。一个完整的碳足迹考虑所有的排放，包括第一、第二和第三类，但是更加注重强调所消费的产品和服务的间接排放，而不是直接控制。

在很多快速工业化的发展中国家中（如中国）的工业活动是一大部分城市温室气体排放的来源

相反地，在其他城市工业部分的温室气体排放十分低，通常反映出向服务型城市经济的转变

个人的人均温室气体排放的变化幅度超过千分之一，这取决于这些个体的成长环境、生活机遇以及个人选择

政治力量和政策环境能够成为影响温室气体减排的强力潜在因素

消耗型基础评估的使用能帮助我们弄清哪些国家、城市地区，和个体要对超标的全球气候变化影响负责

在全球气候变化方面，一家工厂坐落发达国家或者发展中国家的城市或者农村里，结果都是一样的

尽管经常交换地使用，但排放清单和碳足迹的含意可能完全不同。排放清单起源于国家在地理定义边界内产生的温室气体排放清单的联合国气候变化框架公约模型。相反地，碳足迹来源于生态足迹的概念，它关注温室气体的排放与商品和服务的消费之间的关系，消耗型基础评估的使用有助于更好地理解温室气体排放的根源。关于生态足迹，它被总结为"富裕国家占用超出了他们应得的那部分地球的承载能力"。[174]类似地，起源于碳足迹的消耗型基础评估的使用能帮助我们弄清哪些国家、城市地区，和个体要对超标的全球气候变化影响负责。

■ 生产论与消费论
Production-based versus consumptionbased approaches

使用生产型方法去评估城市地区对温室气体排放的影响会导致错误和负面的影响。城市地区将会通过对产生高水平的温室气体的肮脏经济活动（如重工业）增加抑制因素和对产生较少排放的清洁的经济活动（如高科技工业）增加鼓励来达到减少排放。这样的情况已经发生了：很多污染和碳密集型制造业不再坐落于欧洲和北美，但转移到世界各地以利用较低的劳动成本和宽松的环境限制。因为发展中国家不需要按照《联合国气候变化框架公约》进行减排，碳泄漏了，排放发生了转移而不是减少了。[175]然而，气候变化是一个全球性的现象：在世界任何地方排放相同数量的二氧化碳对全球气候的影响是一样的。在全球气候变化方面，一家工厂坐落发达国家或者发展中国家的城市或者农村里，结果都是一样的。这些排放的潜在的驱动因素是需求特定产品的消费者的需求。因此，一个城市对气候变化影响的评价需要反映出这些需求的制造者的位置。

生产型方法歪曲了不同城市对温室气体产生的责任

在国家的层面上，输入输出理论被用来显示国家的平均人均碳足迹。建筑物、遮盖物、食物衣服、车辆、工厂制品、服务和贸易都将被考虑在内。国家的平均人均碳足迹的变化从很多非洲国家的大约1吨二氧化碳当量到卢森堡和美国的大约30吨二氧化碳当量。这些排放的比例受到内在消费的影响有着很大变化：例如有着低排放比例的小城市、低进口的国家和地区（如在中国香港的17%和在新加坡的36%）、有着高排放比例的工业和制造业国家（中国的94%和印度的95%）和由于贫困造成的低进口水平的国家（如90%的马达加斯加和坦桑尼亚）。[176]这个衡量责任的方法清楚地表明了高消费和高进口水平较生产型方法显示的结果需为更多的

消费基础型机制……以应对可持续有关的更为广泛的问题，环境成本向其他人群、远距离地区或未来的转移会伴随着排放量的减少

温室气体排放负责。

用以评估城市地区对气候变化影响的生产型机制使得关注的焦点和责难从导致非可持续温室气体排放的高消耗型生活方式上转移开来。这项机制不能确定哪个地区需要进行干预，通过只集中关注多元复杂商品链的一部分来减少排放。除此之外，在城市水平上分析排放产生了多种多样的逻辑性问题。例如，存在着很大的信息差距（特别是在发展中国家）；不同的地理层级有不同的信息；城市的政治边界可能会多次改变和常常包括农村和城市的人口（例如中国的北京和上海）。[177]

生产型方法因此歪曲了不同城市对温室气体产生的责任。使用这个方法，不同类型的城市会受到不同的原因的影响：在以提供服务为主的城市，与消费相关的排放比生产商品时产生的排放重要。[178]必然地，对成功的以生产为主的城市如北京和上海的指责是言过其实的，同时，对富裕而以服务为主的城市不够重视，包括很多在北美和欧洲的城市。事实上，北京和上海的人均排放量是中国人均排放量的两倍还多的这一事实不仅显示出这些城市的相对富裕性（和中国不同地区在进入全球经济网络时在空间上的不均匀掺入），也反映出这些城市在中国其他地区和全球使用的消费产品的制造业中所扮演的角色。

相反地，消费基础型方法企图通过一个更易于理解的方式去定位排放的起源。这类的测量系统会导致发展中国家的温室气体排放处在一个较低的水平（分配给中国和中国城市的温室气体排放量会大量减少），在理论上，应该会影响在发达国家的消费者选择最好的减排策略和政策以承担责任。[179]消费基础型方法固有的机制有着很大程度的不稳定性（由于在最后的计算中有更多系统被考虑进来），但它们提供了在气候的舒缓和政策中重要的洞察力，大概至少会在帮助分析和通告气候政策时被作为补充的指标。[180]消费基础型机制通过确保和提高城市边界内的环境条件，以应对与可持续有关的更为广泛的问题，环境成本向其他人群、远距离地区或未来的转移会伴随着排放量的减少。[181]

消费基础型方法也能成为应对为防止危险的气候变化而限制温室气体排放的全球性需求的基准点。现有最佳的预测表明到2050年，每年全球的温室气体排放从大约500亿吨降至200亿吨二氧化碳当量。到2050年预计全球人口总数达到90亿，这意味着全球每个人的碳足迹需要少于平均2.2吨每年。特别地，我们必须意识到不同的地方有不同的能源可以使用；同样地，公平地分配排放不应该意味着靠

近于大量地热和水力发电的资源的个人或城市能够把这些空间上的优点兑现成在其他活动中产生更多的排放。事实上，气候变化是一个全球性的挑战，需要寻找出一个全球性的解决办法。

最近的调查强调了城市食物的消费在温室气体排放中的角色。城市消费食品的制造业分配过程中消耗了大量的能源，同时造成了大量的温室气体排放。发达国家的水果和蔬菜类商品从农场送到商店常常需要运输2500公里至4000公里。[182]例如，在北美的超级市场里的产品在上架之前平均都经过2100公里的旅程，食物体系占了美国的能源消耗的15%至20%。[183]调查也表明了，同等分量由进口的食物组成的日常饮食会比本地生产的消耗多3倍的能源和产生多3倍的温室气体。在本地生产食物并在本地食用对于提升能源使用的效率和减少温室气体的排放的潜力是十分明显的。

然而，这也需要同样地考虑到出口农产品对发展中国家能带来发展的利益。空运的产品常常被视为是温室气体排放的主要问题，但问题本身是更加复杂的。在英国，从非洲空运到这里的新鲜食品只为少于全国排放量0.1%的排放负责，在撒哈拉沙漠以南的非洲国家这些食品产地所排放的温室气体也是很小的。同时，多于100万的非洲人的生活依赖于这些产品的种植。[184]除此之外，一些能减少食品运输的农业措施比起远距离运输对排放有着更大的影响，如在温带地区利用温室来种植热带作物。

用来测量个体和城市提取对气候变化影响的消费基础型方法伴随着显著的挑战，这些挑战能为我们提供更可观的洞察力。[185]在实际操作中，生产基础型方法和消费基础型方法还会继续使用。表3.18显示了来自两个方面的温室气体排放的主要驱动力。在许多方面，特别是在能源、交通、住宅和商业建筑，应对生产相关排放的干预措施和应对消费相关排放的干预措施是相似的。然而，在工业方面，消费基础型方法着重强调排放的全球性维度，把在实际感觉到的个人活动的影响方面的网撒得更广。因此，从消费基础型方法处理排放问题更多关注于减少排放而不是仅仅将这些排放量迁移到别处。

消费基础型方法有助在确认温室气体排放责任分配的同时处理气候、环境和性别公正等问题。当然，全球性的行动需要降低气候变化的风险，然而为了达到这个目标的重责不应该落在人们和城市这些几乎不需要为此负责的人身上。[186]相反，消费基础型方法强调处理这个问题的责任放在那些应该为排放负上最大责任的人、城市和国家身上。类似

地，生产基础型的清单掩盖了个体能源使用模式的性别本质。[187]事实上，一个研究指出在瑞典拥有车辆的男人要比女人多，还总结出，如果以女人的消耗水平为基准，今天的排放和气候变化问题便不会这么严重。[188]

个体论与城市驱动排放论
Individual versus urban drivers of emissions

前面的讨论明确地指出消费可能是驱动温室气体排放的最主要因素。在这点上，个人可以被看作是影响排放的最基本单位。人们的消费选择和行为最终导致了能源的消耗和温室气体的排放。然而，需要强调的是个人的决定受到他们居住的地区结构性力量的影响。例如，人们生活在有高效率一体化的交通运输系统或者有安全、维护良好的自行车道的城市地区会更加能够减少汽车的行驶里程。由于世界上的城市人口的比例不断增加，城市基础设施建设相关的选择在决定未来温室气体排放方面会有着愈来愈重要的影响。

在发达国家，高水平的财富和可任意使用的收入一般会导致高水平的消费和温室气体排放，在本章之前提到的一些国家性排放清单得到了证明。[189]好像之前讨论的，经济的规模和密度上的优势意味着在这些国家的城市居民趋向于产生比全国水平低的温室气体排放，最少是在生产方面。在发达国家的城市中，个人排放的驱动因素始终是与个人的消费习惯有关的。但是同时，在发展中国家中富裕的居民也驱动着国家的温室气体排放。同时也应该注意到在发展中国家，城市地区的平均收入往往要比农村地区高得多。有着高收入和排放量较大的个人和家庭也因此可能集中于这些城市地区。

城市居民的行为是通过文化和社会背景形成的。这些因素能够驱动影响着排放的个人的选择，包括对车的选择，关于交通模式和家里的能源使用方式（灯的开关、采暖和制冷的控制），所有能够影响城市排放的行为。[190]更广泛地说，引导更加自足的生活的价值观影响着一系列的消费决策，并进而影响排放。

这些背景包括了性别角色和期望。一般来说，女性由于在消费模式、社会角色和亲环境行为上的表现对气候变化的影响较少。[191]通常，贫困的人们对气候变化的影响较少，并且几乎在所有的社会中生活贫困的女性要比男性多。规定性别的角色意味着女性相对于男性倾向于从事不同的活动并且商业目的旅行也往往比男性少。除此之外，有证据表明在发达国家的女人更有可能去考虑消费决定对环境的影响。然而，这项分析还需各种活动的事实的纠

気候变化是一个全球性的挑战，需要一个全球性的解决方法

消费基础型方法有助于确认温室气体排放责任分配的同时处理气候、环境和性别公正等问题

表3.18
城市的温室气体
排放：生产与消
费的角度
Table 3.18 Urban
GHG emissions:
Production versus
consumption
perspectives

部门	城市温室气体排放增长的驱动因素	
	生产方面	消费方面
能源供应	大比例的排放来自于化石燃料能源中心，因此，电力供应的增长是温室气体高排放的原因。很多大型的化石燃料能源中心坐落在城市地区以外，但城市地区用电产生的温室气体排放通常分配给这些城市地区。	现时，由能源供应所产生的温室气体分配给能源或电力使用者。所以温室气体的增长由能源使用的增加所驱动，同时，被用于生产和运输商品和服务所产生的温室气体也分配给使用者。
工业	生产的增长水平，制成商品的能源强度，生产制造过程中需要大量温室气体排放的工业的重要性（例如汽车）。	从工业和投入使用的物料的生产中产生的温室气体不再被分配到生产它们的企业上，反而分配到最终的消费者身上，所以消费量的增加再次成为温室气体增加的原因。
林业和农业	在生产方面，很多城市中心有相当的农业输出和/或森林区域，但更多的因为广大的领土包括农村地区。伐木业和农业所产生的温室气体被分配到农村地区。	从这些产生的温室气体不再被分配到产生它们的农村地区，反而被分配到它们的产品的用户上（可能或大部分在城市地区）；注意大部分的商业性农业已变得如何能源密集和包含在高收入群体之间的更好的饮食中的大量温室气体。
交通	私家车的增长；私家车的平均耗油量的增加，航空量的增加（尽管这不被分配到城市地区中）。	就像在生产方面一样，人们在其所居住的城市以外驾驶所使用的燃料产生的温室气体排放被分配到他们身上（因此，包括航空旅行），也关注在交通基础设施投资中所形成的温室气体排放。
居住与商业建筑	化石燃料使用的增长，或由化石燃料产生的电力利用的增加，用于采暖、制冷、照明和家用电器。	就像在生产方面一样，但要加上从结构和房屋维护上所形成的温室气体排放（包括当中所使用的材料）。
废物和污水	固体废物和液体废物的增加，更多能源密集型的废物。	大量和经常增加且伴随着温室气体的固体和液体废物，这些被分配到产生这些废物的使用者上，而不是废物和废料堆上。
公共部门和管理	无	城市政府的传统关注点在于吸引新的投资，允许城市的疯长和道路的大量投资，但几乎不关注提升能源效率和降低温室气体排放。

注：对于减缓行动的讨论基于这两方面，见表5.11。

资料来源：基于萨特思韦特（Satterthwaite），2009，pp548-549

大部分的美国城市的人均汽油使用量是欧洲城市的3至5倍，但是，很难发现底特律的生活质量是哥本哈根或阿姆斯特丹的5倍

正，特别是家庭中的采暖和炊事，要分解同一家庭中的不同成员的相对贡献是不可能的。然而，尽管她们对气候变化影响较小，但女人更容易受到气候变化的影响。[192]

然而，这些个人选择需要在一些会造成不同的城市排放的背景下被观察。根据国家和城市的电路安排，一样的人均电力消耗可以有着很大差异的排放。与上海和北京比较，东京的排放较低是由于它有着更高效率的基础设施，更大程度地依赖低排放的能源生产方式和更节能的终端使用技术和这里有着不同类型的工业活动。[193]无关乎富裕程度，与一个没有良好的管理的城市相比，好的城市有着良好公共交通运输系统，市民有足够的食水和公共卫生设备来满足健康要求，有好的生活质量，在处理广泛的环境挑战时，包括气候变化，有着较少的问题。

在直接和间接产生温室气体中城市的重要性暗示了，全球的市民和城市政府在响应气候变化中的位置应该更重要

大部分的美国城市的人均汽油使用量是欧洲城市的3至5倍，但是，很难发现底特律的生活质量是哥本哈根或阿姆斯特丹的5倍。事实上，富裕、繁荣和令人向往的城市可能有着相对较低水平的人均燃料消耗。[194]大部分欧洲城市有着高密度的中心，在那里步行和骑自行车是愉快而又有效率的交通模式，公共交通常常是规划良好和有效率的。在这点上，有好的规划和管理的城市对于把高生活标准和高生活质量从高消费和高温室气体排放中脱离出来是很重要的。[195]

然而，应该要记得城市和市镇也包含着脆弱性和贫民高度集中的地区，这些地区的很多居民有着极低的排放。最近的人口和健康调查表明，在发展中国家的低收入家庭仍主要以木炭、柴火或者有机废物作为燃料。在很多市中心燃料成为商品，由于高昂的价格，低收入家庭的燃料使用总量很不高。如果城市家庭受限于收入水平只能支付每日一餐，他们的消费所制造的温室气体排放是少之又少。此外，低收入城市家庭使用零能耗或低能耗的交通方式（步行，汽车或公共交通），其中大多数方式是全负荷运行的。[196]

结语和政策经验
CONCLUDING REMARKS AND LESSONS FOR POLICY

发生在城市地区的活动产生一系列的温室气体导致气候变化，包括城市居民个人的行为。在发展当地适当的减缓行动时，评估城市对气候变化的影响是重要的一步。最近一个标准方法的推出，这个方法我们能够测量全世界的城市地区并得出可比较的数据。但是，就如在本章中显示的，评价城市对气候变化的影响不是一个直接的过程，关于城市地区在全球排放中可以和应该分配的比例问题尚有大量的争论。这分析产生了几条关键的讯息：更好地理解城市排放性质的需求；城市与造成排放的广泛的因素在温室气体排放中的重要区别；城市不同人群对于温室气体排放的责任的巨大差别；对驱动排放的潜在因素的检验的重要性。

愈来愈多的争论在围绕着全球性的排放中有多少比例可以或者应该归责于城市地区这一问题。一部分原因是缺少了一个全球承认的标准方法来表明哪个城市应该为哪些排放负责。其他的争论还有不同国家对于城市地区有不同的定义，包括怎样去定义其边界，和可用数据的质量。可以评估排放的主要部门有：用作电力、交通、商业与居住建筑、工业、废物、农业、土地利用改变和林业的能源都与城市地区有关，它们依赖于商品、服务和发生在境内外的过程。

世界上国家和城市之间的温室气体排放有很大的不同，人均排放量最低的国家与最高的国家之间有百分之一或者更大的差距。影响一个城市的总排放和人均排放的因素有很多，包括地理位置（这影响着大量的采暖和制冷用能源）、人口状况（与总人口和家庭规模有关）、城市形态和密度（蔓延的城市比起紧凑型城市有着更高的人均排放）、城市的经济（发生的活动的类型和是否产生大量温室气体）。

然而，影响排放的重要潜在因素有更多，主要与城市居民的财富和消费有关。如果考虑消费，富有城市的排放量会显著增加，而发展中国家的制造业城市的排放量会减少。当考虑全球性的减排时，消费基础型方法有着重要的价值，因为它消去了人们通过把制造业移到那些没有特别的碳排放减少目标的地方的动机。这些潜在的驱动不可避免地具有复杂性和环境特殊性，同时伴随着结构、社会经济和政治变量的大范围偶然性。减少城市排放需要意识到这一复杂性并有目的的应对。[197]

反过来，这些关键发现为全球、国家和本土尺度的政策生成了一系列信息。在直接和间接产生温室气体中城市的重要性暗示了，全球的市民和城市政府在响应气候变化中的位置应该更重要。用以减少温室气体排放，共享知识和参与提倡《联合国气候变化框架公约》的多个全球城市网络已经形成。然而，这只有有限的途径使城市直接参与到全球性的气候变化政策或去接受为减缓行动提供资金。由于国家政府将有必要意识到城市登上这一舞台和提供适当的立法构架的需要，处理这个问题需要全球和国家政策两方面的改变。

在本章提供的对于城市为气候变化的影响的评价也点明了由城市当局响应的最重要的一些领域。首先，这表明了由城市直接进行的活动产生了大量的温室气体。城市当局要为大批车辆、数量庞大的建筑和设施如废物处理所的管理负责。这些全都会产生大量的温室气体，但是也能通过改善减少它们的排放。

其次，城市形式和城市的经济已经表明是影响城市排放水平的关键因素。通过这两者对土地利用规划和吸引投资的责任，城市当局可以帮助形成包括一系列其他的利益相关者的政策环境。鼓励相对紧凑的城市住区应减少市民的交通距离并为公共交通创造一个更动人的前景。管理的结合（如工商业有关的能源标准）和激励政策（如支持建筑物使用绿色屋顶或被动式太阳能加热）能有助于鼓励城市中的商业以一种减少其对气候变化影响的方式运作。

最后，政府的地方层级应定位恰当以直接参与到改善市民的行为中去。本章表明了个人消费格局在城市的边界内外对温室气体排放的影响中的重要性。城市当局和民间团体能有助于产生消费决策影响的意识和鼓励城市居民个人养成一种低碳行为方式。应对城市气候变化挑战将需要市民、民间团体、私营部门、当地及国家政府和国际性的组织的并肩合作。地方当局是连接这些不同团体的重要纽带并在减少城市对气候变化影响中扮演领导角色。

管理的结合和激励政策能有助于鼓励城市中的商业以一种减少他们的对气候变化影响的方式运作

应对城市气候变化挑战将需要市民、民间团体、私营部门、当地及国家政府和国际性的组织的并肩合作

注释 NOTES

1   UNFCCC, Article 3. See also Chapter 2.
2   A brief overview of such networks is provided in Chapter 2.
3   UNEP et al, 2010.
4   For a discussion of the characteristics of the main GHGs, see Chapter 1.
5   UNFCCC, 2004.
6   IPCC, 2006.
7   Dodman, 2009.
8   See the section on 'Factors influencing emissions'.
9   WRI/WBCSD, undated. The procedures of this protocol have been adopted by a wide range of private-sector companies (for more details, see www.ghgprotocol.org).
10 Scope 1 emissions represent direct emissions from within a given geographical area; Scope 2 emissions are those associated with electricity, heating and cooling; and Scope 3 emissions include those that are indirect or embodied.
11 See also http://webapps01.un.org/dsd/partnerships/public/partnerships/1670.html.
12 ICLEI, 2008.
13 Fugitive emissions are 'intentional or unintentional release of ⋯ [GHGs, which] may occur during the extraction, processing and delivery of fossil fuels to the point of final use' (IPCC, 2006, p4.6).
14 As discussed below in the section on 'The scale of urban emissions'.
15 See note 10.
16 As discussed below in the section on 'The politics of measuring emissions'.
17 These are discussed in more detail below in the section on 'The politics of measuring emissions'.
18 Any new baseline inventory is likely to include aspects of both WRI/WBCSD's Corporate Accounting and Reporting Standard and ICLEI's International Local Government GHG Emissions Analysis Protocol. This will thus take into account the direct emissions from a city, as well as a selected component of cross-boundary emissions included within the WRI/WBCSD concepts of Scope 2 and Scope 3 (Kennedy et al, 2009a).
19 UNEP et al, 2010.
20 Kates et al, 1998.

21 Forstall et al, 2009.
22 Satterthwaite, 2007.
23 Parshall et al, 2009, 2010.
24 These issues are discussed further in the sections below on 'The scale of urban emissions' and 'Factors influencing emissions'.
25 IEA, 2010, p35.
26 IEA, 2010, pp24–25.
27 IPCC, 2007e.
28 Sims et al, 2007.
29 Kennedy et al, 2009b.
30 World Nuclear Association, 2010.
31 Sustainable Energy Africa, 2006.
32 Dhakal, 2009.
33 Sims et al, 2007.
34 Nuclear power plants have very large levels of embedded energy in the building materials and plant construction and decommissioning, as well as in the processing and storing of radioactive waste – much of which comes from fossil fuels.
35 Although this may, in part, be changing now – at least in some countries – in response to the need to reduce the dependence of electricity generation on fossil fuels in light of the increasing concern over climate change.
36 These issues are discussed in more detail in Chapter 5.
37 Sustainable Energy Africa, 2006.
38 Satterthwaite and Sverdlik (2009), citing data from Legros et al (2009).
39 This section draws extensively on Dodman (2009).
40 Barker et al, 2007.
41 Parshall et al, 2009.
42 Romero Lankao et al, 2009a.
43 Ewing et al, 2008.
44 Johnsson-Latham, 2007.
45 Compiled from data presented in Newman (2006) and Dodman (2009).
46 Darido et al, 2009.
47 Compiled from data presented in Newman (2006) and Dodman (2009).
48 Ewing et al, 2008.
49 Ewing et al, 2008.
50 Kutzbach, 2009.
51 Takeuchi et al, 2007.
52 Wright and Fulton, 2005, Figure 1.
53 Wright and Fulton, 2005.
54 Unpublished document, Dar es Salaam City Corporation.
55 WHO, 2004. See also UNHabitat 2007, Chapter 9.
56 Woodcock et al, 2007.
57 Bloomberg and Aggarwala,

2008.
58 Kahn Ribeiro et al, 2007.
59 Kahn Ribeiro et al, 2007.
60 Kahn Ribeiro et al, 2007.
61 Mayor of London, 2007.
62 City of New York, 2009.
63 Barker et al, 2007.
64 Kennedy et al, 2009b.
65 Parshall et al, 2009.
66 Ewing et al, 2008.
67 Markham, 2009.
68 Gupta and Chandiwala, 2009, p4. The rest of the emissions were from transport (33 per cent), industrial processes (22 per cent) and agriculture (1 per cent).
69 Gupta and Chandiwala, 2009.
70 Yuping, 2009.
71 Sykes, 2009.
72 See www.statcompiler.com, last accessed 12 October 2010.
73 Gupta and Chandiwala, 2009, p11.
74 Gupta and Chandiwala, 2009, p11.
75 This section draws extensively on Dodman, 2009.
76 Bai, 2007.
77 Kennedy et al, 2009b.
78 Sustainable Energy Africa, 2006.
79 Dhakal, 2009.
80 Ru et al, 2009.
81 Barker et al, 2007.
82 See Chapter 2.
83 Kennedy et al, 2009b.
84 Dodman, 2009.
85 See below in the section on 'The urban economy'.
86 Hardoy et al, 2001.
87 See section below on 'Factors influencing emissions'.
88 Rogner et al, 2007.
89 UN, undated.
90 Satterthwaite, 2009.
91 Harvey, 1993.
92 VandeWeghe and Kennedy, 2007.
93 That is, including counties such as Arlington and Alexandria which are located in the neighbouring state of Virginia.
94 City of New York, 2009.
95 United States Department of Energy, 2008.
96 City of New York, 2009.
97 City of New York, 2007.
98 City of New York, 2007.
99 City of New York, 2009.
100 City of New York, 2009.
101 Heede, 2006.
102 Brown et al, 2008.
103 Mayor of London, 2007.
104 Baldasano et al, 1999.
105 Gomes et al, 2008.

106 See Table 1.4.
107 The term 'nationally appropriate mitigation actions' was first used in the Bali Action Plan, the main outcome of COP-13, and recognizes that different countries may take different nationally appropriate action on the basis of equity and in accordance with the principle of 'common but differentiated responsibilities and respective capabilities' (see Chapter 2).
108 Patricia Romero Lankao, pers comm., 2009.
109 Sustainable Energy Africa, 2006, p83.
110 PADECO, 2009a.
111 Ananthapadmanabhan et al, 2007. The two categories refer to the 10 million people (1 per cent of the population) in India who earn more than 30,000 rupees (approximately US$700) per month, and the 432 million people (38 per cent of the population) who earn less than 3000 rupees (approximately US$23) per month.
112 Satterthwaite, 2009.
113 PADECO, 2009b.
114 Wang and Huang, 1999.
115 Roy, 2009.
116 Satterthwaite, 2008a.
117 Walraven, 2009.
118 OECD, 1995.
119 Walraven, 2009.
120 See the section on 'The politics of measuring emissions'.
121 See the section on 'The sources of greenhouse gas emissions'.
122 Valor et al, 2001.
123 Glaeser and Kahn, 2008.
124 Energy Information Administration, undated.
125 REN21, 2009.
126 Romero Lankao et al, 2009a.
127 Dalton et al, 2008.
128 Jiang and Hardee, 2009.
129 Martine, 2009.
130 Newman, 2006.
131 This section draws significantly on Dodman, 2009.
132 Gottdiener and Budd, 2005.
133 McGregor et al, 2006.
134 Angel et al, 2005.
135 Rabinovitch, 1992.
136 UNFPA, 2007.
137 Angel et al, 2005.
138 Brown et al, 2008, pp11–12.
139 Newman and Kenworthy, 1999.
140 Brown et al, 2008, p12.
141 Satterthwaite, 1999.
142 Gottdiener and Budd, 2005.

143 Newman and Kenworthy, 1989.
144 Brown and Southworth, 2008.
145 VandeWeghe and Kennedy, 2007.
146 Norman et al, 2006.
147 'The "urban heat island" effect is caused by day time heat being retained by the fabric of the buildings and by a reduction in cooling vegetation... In tropical cities, the mean monthly urban heat island intensities can reach 10℃ by the end of the night, especially during the dry season' (Kovats and Akhtar, 2008, p165).
148 Ewing et al, 2008.
149 Mayor of London, 2007.
150 Coutts et al, 2008.
151 Campbell-Lendrum and Corvalan, 2007.
152 The impacts of climate change on cities are discussed further in Chapter 4.
153 Neuman, 2005.
154 Jabareen, 2006.
155 Andrews, 2008.
156 Burdett et al, 2005, p4.
157 Bertaud et al, 2009.
158 Bertaud et al, 2009, p29. At least two reasons help to explain this: companies do not hire based upon who lives within their business areas, and economic realities prevent people from restricting their job searches to only those businesses that are within alking or biking distances rom their homes.
159 Mayor of London, 2007.
160 See the section on 'Industry' above.
161 Weber et al, 2008.
162 Walker and King, 2008.
163 Compiled from data presented in Newman (2006) and Dodman (2009).
164 See note 10.
165 Dhakal, 2008.
166 VandeWeghe and Kennedy, 2007.
167 Referred to as 'Annex I countries' in the Kyoto Protocol.
168 See Chapter 2.
169 See note 110.
170 Referred to as 'non-Annex I countries' in the Kyoto Protocol.
171 As seen in the case of São Paulo, Brazil (see Box 3.3; and Dubeux and La Rovere, 2010).
172 This is discussed in more detail in Chapter 5.
173 Rees, 1992; Rees and Wackernagel, 1998; Wackernagel et al, 2006; Girardet, 1998.
174 Rees, 1992, p121.
175 Hertwich and Peters, 2009.
176 Hertwich and Peters, 2009.
177 Dhakal, 2004.
178 Bai, 2007, p2.
179 Bastianoni et al, 2004.
180 Peters, 2008.
181 Satterthwaite, 1997b.
182 Halweil, 2002; Murray, 2005.
183 Hendrickson, undated.
184 Garside et al, 2007.
185 Peters, 2008.
186 Adger, 2001.
187 Terry, 2009.
188 Johnsson-Latham, 2007.
189 See the section on 'The scale of urban emissions'.
190 Dhakal, 2008.
191 Women's Environment Network, 2010.
192 Patt et al, 2009. See also Chapters 4 and 6.
193 Dhakal, 2008.
194 Newman, 2006.
195 Satterthwaite, 2008a.
196 Satterthwaite, 2009.
197 See Chapter 5.

第四章

气候变化对城市地区的影响

THE IMPACTS OF CLIMATE CHANGE UPON URBAN AREAS

人们现在已经很好地记录了气候变化造成的影响，技术进步也使得人们对未来的气候风险和影响有了更明确的了解。随着城市化程度的加深，人们对于了解气候变化对城市环境的影响有前所未有的重要性。越来越多的证据表明，气候变化已经给城市和人口的不断增长带来独特的挑战。在有些快速发展的城市，人们忽视了现在和将来对于资源的需求和气候的变化，他们发现当出现灾害时，他们和他们的财产就会显得很脆弱。

气候变化造成的这些影响已经远远超过了由其本身引起的自然危害，比如海平面上升、极端天气。由于气候变化的影响，城市在为居民提供最基本的服务时会有困难。气候变化可能影响到全球范围内的城市供水、生态系统产品和生态系统服务、能源供应、工业和服务业。气候变化会破坏地方经济，破坏居民资产和生计，在某些地区还会引起大规模移民。这些不会在每个地区和城市、经济的各部门或者社会经济群体中有相同大的影响。相反，这些影响会加剧现有的不平等，最终气候变化会破坏城市社会结构，加剧贫困。

虽然有越来越多的文献在研究气候变化对于不同城市的影响，但是很少有评估气候变化对全球城市影响的全面研究。本章的目的在于定义和讨论气候变化对城市的影响，这里"影响"（impact）被定义为气候变化造成的对自然界或人类社会的正面或负面的特殊影响。[1]第一部分描述了城市及其延伸部分面对的由气候变化引起的自然危害。"风险"（risk）被定义为影响程度与其发生可能性的组合。[2]现有脆弱性部分会回顾气候变化给城市带来的直接和间接的自然、经济、社会和健康影响。下文将讨论气候变化对于城市基础设施建设、城市经济、公共卫生和公共安全的影响，同时考虑到气候变化对

特殊的弱势群体的不同影响。本章还定义了城市居民和城市本身对于气候变化的脆弱性的主要指标。最后一部分列出了一些结论和政策建议。

城市地区面临的气候变化风险
CLIMATE CHANGE RISKS FACING URBAN AREAS

在过去的几十年，人们已经观察到了人类活动引起的大气和海洋灾难警告。[3]有研究已经发现气候变化与全球变暖、地球水循环变化等现象之间的关系，这些现象已经导致了降水频率、降水强度、气旋活动、冰川融化和海平面上升等变化。这些物理变化及其相应的生态系统和经济反应在全球城市有明显的影响，但是这些影响有广泛的地理性特征。其中很多变化被假定会逐步构成对气候的影响，并且有很多已经成为现实。然而，还没有被完整研究的现象被认为可能与突然的气候变化有关（见表4.1）。

这一部分阐述了已经观察到的和可以预测到的城市住区在将面临的物理气候变化风险方面的趋势与地理变化，这些危害包括海平面上升、热带气旋、强降水事件、极端高温和干旱事件。这一部分还讨论了由城市热岛效应引起的局部特性，尤其强调了城市环境面临的危害和独特挑战。本章的这些讨论仅限于对城市住区有直接或间接影响的危害，并且可通过地方规划和治理得到处理。

海平面上升
Sea-level rise

海平面上升是指海洋平均高度的上升。[4]在最近的几十年，全球平均海平面高度一直在上升，但是上升速度有显著的区域差别。全球海平面高度

气候变化对城市地区和增长的人口带来独特的挑战

表4.1
极端天气和极端
气候事件对城市
地区变化的预期
影响
Table 4.1
Projected impacts
upon urban areas
of changes in
extreme weather
and climate events

天气现象	可能性	主要的预期影响
寒冷天气减少	基本确定	供热能源需求下降
多数地方温暖而炎热天气频繁	基本确定	供冷需求上升
较为温暖的天气	基本确定	冰雪对于冬季旅游交通的破坏减少
		永久冻土发生改变，建筑和基础设施遭到毁坏
温暖时期/热浪：在多数地方会频繁发生	很可能	在无空调温暖区域，生活质量降低；对老年人、儿童、贫困人群有影响，包括大量伤亡
		空调能耗上升
强降水事件；在多数地方会频繁发生	很可能	洪水会毁坏居住区，还会影响贸易、交通和社会
		出现大量伤亡；财产和基础设施遭到损毁
		在很多地方有利用雨水进行水力发电的潜力
受干旱影响的区域会增多	可能	家庭、工业和服务业供水困难
		水力发电的潜力减少
		可能会有人口迁移
强烈的热带气旋活动会增多	可能	洪水和狂风会毁坏居住区
		毁坏公共供水
		在易受损害的地区，私人保险公司会减少风险担保（尤其是在发达国家）
		出现大量伤亡；财产和基础设施遭到损毁
		可能会有人口迁移
发生极端高海平面事件的增加（不包括海啸）	可能	海岸保护和土地重置费用上升
		盐水入侵导致淡水供应减少
		出现大量伤亡；财产和基础设施遭到损毁
		可能会有人口迁移

海平面上升给我们带来的影响是：到2080年代，对沿海居民的影响将是1990年的5倍

的平均上升率从1.8毫米/年（1961~2003年）增加至3.1毫米/年（1993年~2003年）。[5]在远离赤道的中太平洋、北印度洋和北大西洋的美国海岸线区域内，海平面上升最快。在赤道附近的西太平洋、中印度洋和澳大利亚的西北海岸线区域内，海平面上升最慢。[6]政府间气候变化专门委员会预测，全球任何地方的海平面在将来都会继续上升，到21世纪末海平面高度将比1980~1990年的海平面高度上升0.18~0.59米。[7]

热膨胀，即海水受热体积膨胀。这被认为是海平面上升的主要原因，但是在将来，冰川融化将会是导致海平面上升的最为重要原因。[8]海平面上升的另一个原因是如格陵兰岛和南极洲这样的冰川和大陆块融化。从1978年起，北冰洋的总面积就开始以每十年2.7%的平均速度减少。[9]南极洲西部的卫星扫描显示，冰川融化使得海平面上升速率保持在0.2毫米/年，而且相比于20世纪90年代，21世纪初的冰川融化速度增加了。[10]1993~2003年这十年间，由于南极洲和格陵兰岛的冰融化损失导致的海平面上升速率估计为各自0.21毫米/年，但是将来哪怕是这些冰川部分融化都会很大地改变目前对于海平面上升的预测。[11]

对于以前的气候变暖事件的研究认为，南极洲和格陵兰岛的冰川会由于气候变暖而迅速融化，并会每世纪使海平面上升超过1米。[12]鉴于环境科学家还没有完全理解冰川融化的一些物理过程，目前他

们还很难给出海平面上升的最大预期值。[13]然而，综合考虑目前的冰川动力学知识和过去的冰川融化记录，未来的冰川融化速率和相应的海平面上升速率会比多数人预期的速率更快。那时可能会出现使冰川融化加速到有史以来最高速率的温度临界点。

海平面上升会直接导致暴风雨洪水损坏增多、洪水、海岸侵蚀、河口和滨海含水层的盐度增加、沿海地下水位上升、阻塞排水系统等危害。海平面上升还会有很多非直接的影响（例如：海岸生态系统的功能改变，海底沉积物的分布改变）。由于很多生态系统为海岸区域形成自然保护，例如湿地、红树林湿地、珊瑚礁等，这些生态系统的损毁会危害城市海岸区域。

海平面上升对于海岸城市来说是一个很大的担忧，因为海平面上升和风暴潮会导致财产损失、居民迁移、交通破坏、湿地损失等。这些影响在低海拔沿海地区尤为明显，如第一章中所述，这些低海拔沿海地区指海岸边海拔低于10米的连续区域。据预测，到21世纪80年代，海平面上升及其相应影响程度会是1990年的五倍。[14]在北非的海滨城市，由于1~2℃的温升引起的海平面上升会使600万到2500万人面临洪水。2030年到2050年的海平面上升预测显示，包括塞得港、亚历山大港、罗塞塔和杜姆亚特在内的埃及尼罗河三角洲城市会受严重影响。[15]海拔仅有45米的低海拔城市，例如哥本哈根（丹麦），将极易受到海平面上升的危害。同样，南太平洋的诸

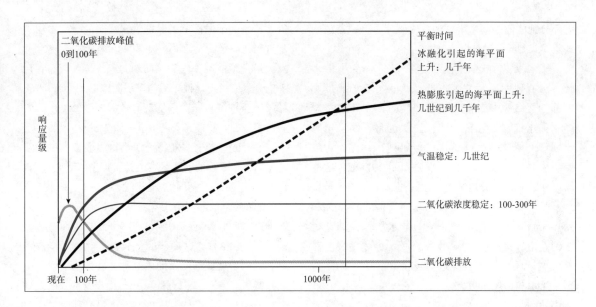

二氧化碳排放峰值
0到100年

响应量级

平衡时间

冰融化引起的海平面
上升：几千年

热膨胀引起的海平面上升：
几世纪到几千年

气温稳定：几世纪

二氧化碳浓度稳定：100-300年

二氧化碳排放

现在　100年　　　　　　　　1000年

图4.1
二氧化碳减排、温度稳定和海平面上升之间的关系
Figure 4.1 Relationship between CO$_2$ emissions reduction, temperature stabilization and sea-level rise

注意：当二氧化碳排放量减少、大气浓度稳定后，地表气温会继续在一个世纪或更多时间内缓慢上升。二氧化碳减排后的很长一段时间内，海水会继续热膨胀，冰川会在几世纪内持续融化并进而抬高海平面。这张图定性说明了百万分之450-1000之间的稳定性，因此响应轴没有单位。在此范围内的稳定响应曲线在时间上有明显的一致性，但是高二氧化碳浓度时这些影响逐渐增大。

资料来源：IPCC, 2001a, p$_{17}$

多小群岛也极易受海平面上升的危害。事实上，有人认为海平面上升和洪水会发展到整体淹没一些太平洋岛屿甚至整个群岛的程度。[16]

即使温室气体排放量被大幅度地减少，由于大气温度和海洋温度的上升与相应的海平面上升之间存在时间差，海平面上升及其影响仍会在全球继续。不论将来温室气体排放量是多少，过去排放的温室气体已经使得海平面上升进入一千年都不可能稳定的轨道。图4.1显示了这一现象的理论图片：即使二氧化碳排放量减少，其大气浓度达到稳定值，全球气温会在几世纪内持续上升，海平面则会持续上升一千年。虽然温室气体减排可以避免更糟的后果，但是地球已经受制于一定程度的气候变化。[17]

热带气旋
Tropical cyclones

热带气旋是与暴风雨和强风相关的天气系统，其特点为旋风和界限清楚的中心区域。[18]热带气旋之所以如此命名，是因为它们起源于赤道附近。起源于中纬度地区的类似天气系统被称为温带气旋。[19]这两种天气系统都会产生波浪和风暴潮（例如海水水位短暂的离岸上升），会在受影响的区域破坏财产、危害人身安全。热带气旋可分为持续风速在63~118公里/小时之间的暴风和持续风速超过118公里/小时的飓风。[20]

20世纪90年代以来，暴风风速及其他破坏性参数的测量结果显示，全球范围内的热带气旋和温带暴风强度一直在增加。除了南太平洋以外，所有热带气旋的风速、风力和持续时间都增加了，其中增加最多的在北大西洋和北印度洋。[21]虽然热带暴风的发生频率没有增加，但是自1950年以来北半球极端

温带暴风的发生次数增加了。[22]

长久以来积累的证据同样显示世界各地发生的最强暴风正在变得更强。卫星观测显示，1981~2006年间，风速超过中等强度的旋风发生次数增加了。低强度飓风（一级）的发生次数基本不变，但它们的发生次数占飓风总发生次数的比例减少。另一方面，最高强度的飓风（四级、五级）的发生次数及其发生比例几乎翻倍（同期从大约20%上升为35%）。这些变化在全球海洋盆地均有发现。[23]

虽然人们还没有完全掌握温度和暴风系统之间的关系，但是可以肯定温度上升与热带气旋及温带风暴的发生有对应关系。[24]海表面温度上升改变了地球的水循环，破坏了大气环流，改变了降水模式，这些可能在某种程度上是过去几十年中观察到的风暴强度增加的原因。[25]随着全球逐渐变暖，潜在强度（例如气旋强度峰值）预计会在大多数热带气旋活动中增加。[26]

增加的热带气旋活动和强度对于城市的影响是深远的。暴风导致的停电中断交通、经济活动和饮用水供给。由暴风引起的实体损坏维修费用高昂，并且会造成人员和动植物伤亡。更严重的情况下，暴风导致的洪水泛滥会将海水、化工产品、水传播疾病等污染物带入到供水中。

强降水事件
Heavy precipitation events

强降水事件被定义为那些超过（一些固定或区域临界值相比于"从1961~1990年降水基准期"）平均值的时期。[27]平均而言，观察结果表明整个20世纪的一天严重降水和多天严重降水事件在全球范围内有所上升，这趋势很可能延续到21世纪。[28]随着世界

热带气旋和温带风暴的强度自20世纪70年代以来一直在增加

大部分地区的强降水事件的发生频率上升，普通的气象模式差异已经被全球关注。[29]

降水变化在区域层面是多变的。在热带地区，已有证明显示北美东部、北欧、亚洲北部和中部的夏冬季节的降水增加，同时，中纬度夏季降水的增加也已经被人们关注。也有证明显示降水强度和降水量在一些国家严重减少，比如肯尼亚、埃塞俄比亚和泰国。[30]同样，在20世纪，这些国家和欧洲的部分地区中降水超过10毫米的天数已经显著增加。[31]随着高纬度可能平均降水的增加和副热带可能平均减少，一般的降水趋势预期会延续到整个20世纪。[32]强降水事件更为频繁地发生对整个城市环境将会有深远的经济和社会影响，特别是洪水和山体滑坡。

■ 洪水
Flooding

洪水是强降水带来的代价最高和破坏性最大的自然灾害，对城市规划者来说这是一个很关键的问题。因为在过去的十年里，相比于1950年—1980年的数据，洪水的发生频率和严重程度已经普遍增加，伴随超过水平的洪水频率只有每100年发生一次。尽管区域预测有变化，但还是公认这两种趋势会延续，特别是在亚洲、非洲和拉丁美洲。洪水风险在整个欧洲预计也将增加，特别是在东部和北部地区及大西洋沿岸。德国的脆弱性评估显示，港口城市——不来梅港市和汉堡，可能经历因气候变化

未来对海平面上升的集中曝光……会是亚洲、非洲以及较小程度上拉丁美洲中发展中国家快速发展的城市

进展产生的暴风雨所引起的洪水风险的概率增加，暴露出数十亿美元的潜在损害的经济资本。[33]荷兰是欧洲最危险的国家之一，在2008年，荷兰全国有几乎三分之一的土地处于平均海平面以下。[34]人口密集的阿姆斯特丹和鹿特丹是目前暴露于沿海洪水十大城市之外的具有最高资产价值的两座城市。[35]

最近的一项有关城市面对洪水脆弱性的排名发现，以人口著称的前十名城市为孟买（印度）、广州（中国）、上海（中国）、迈阿密（美国）、胡志明市（越南）、加尔各答（印度）、纽约（美国）、大阪神户（日本）、亚历山大（埃及）和新奥尔良（美国）（见表4.2）。[36]这项研究也预测，到2070年几乎所有的前十位城市暴露的风险种类会处于发展中国家（特别是中国、印度和泰国），由于这些地区人口的快速增长。在全国范围内，这项研究预言未来的曝光焦点会是海平面上升和风暴潮将出现在亚洲、非洲以及较小程度上的拉丁美洲等发展中国家中快速增长的城市。研究预计大多数受影响较大的沿海区域（90%）将只位于以下八个国家：中国、美国、印度、日本、荷兰、泰国、越南和孟加拉国。

洪水除了会造成明显的结构性破坏和人员伤亡外，还会使变压器短路、电流传输中断；交通瘫痪；污染清洁水供应和净化结构；使垃圾、碎片、污染物集中；和加速水源性疾病的传播。[37]计划不周的非正式定居点尤其容易受到洪水的影响，以墨西哥城为案例，在过去十年里，它遭受的突如其来的洪水数量已大大增加（见专栏4.1）。

■ 滑坡
Landslides

滑坡是指大量的物料（如岩石、泥土或碎片）由于重力而滑落。滑坡发生很迅速而且当滑落的物料是饱和的时候常伴有水。[38]植被、降水类型、坡度、坡面的稳定性和坡面的形成物质均影响着一个地区遭遇的滑坡的严重程度大小。[39]此外，滑坡的空间分布表明滑坡与频繁的土地转换使用和曾遭受滑坡、泥石流的地区这两者有关联。[40]城区扩展、去除植被为建筑物和马路建设会引起土壤侵蚀和风化，此外会失去土地的稳定性，增加山体滑坡的可能性。清除植被会影响降雨后土地的吸收雨水的能力，这将导致径流和侵蚀。并且，随着住区的发展，植被被硬包区代替，雨水是先经过优先流渠道而非自然途径，这将增加水的侵蚀作用。

城市对边缘和危险地区的开发也将有可能增加滑坡的威胁。城市化发展迅速，人口，尤其是城市贫困人口，不断增长的地区住区很容易导致滑坡，也不适合住宅的发展。[41]城市发展，长期贫困，城市

专栏4.1　增长的墨西哥城洪水发生率
Box 4.1 Increased incidence of flash flooding in Mexico City

墨西哥城的大都市区是世界上最大、人口最稠密的城市住区之一，2010年时该地区有大约1950万居民，人口密度达每平方公里3584人。在过去一个世纪，该城市及其居民变得越来越易受洪水和气候变化的侵害。20世纪初期到20世纪末期，墨西哥城的年降雨量从600毫米增长至超过900毫米。同时期，洪水发生率已经从一年发生1到2次增长至一年发生6到7次。例如在2006年8月2日，一场在36分钟内达到50.4毫米降水量的大雨在墨西哥南部和西部引起了一场严重的洪水。由于气候变化引起强降雨的频繁发生，洪水发生率预期会继续上升。更高的降水量与洪水发生频率增加相关，洪水发生频率增加包含很大范围的威胁生命和财产的情况，包括被淹没的道路、泛滥的河流和泥石流。洪水造成的人员伤亡、财产损失等灾害和水污染由于墨西哥城的基础设施和发展模式变得更加严重。非正式居住区由于通常位于靠近洪水和滑坡的地区，从而特别易受侵害。这些地区的引流不畅使垃圾和残骸堆积，当洪水发生时，对人类健康造成巨大危害。贯穿城市而未经维护，已经老化的排水和卫生系统加剧大雨和洪水的影响，从而使社区更加难以恢复重建。

资料来源：Ibarrarán, 2011

土地炒作，房屋/土地保有权无保障，不健全的城市基础设施，贫困的城市规划政策有助于脆弱地区的持续发展。[42]

错误的施工方法、缺失或不足的基础设施设计普遍存在于非正式住区，这会进一步导致边坡降解，增加山体滑坡的风险。施工管理，例如随挖随填，移动某区域的一部分土壤到另一区域，增加了滑坡的风险，反之，这已经被证明会削弱边坡稳定，还会增加进一步滑坡的可能性。[43]最近的估计表明，32.7%的世界人口生活在贫民窟，[44]而贫民窟通常位于边缘和危险区域（即陡峭的斜坡，漫滩和工业区）。[45]在达卡（孟加拉国）这样的城市，居民居住的非正式定居点位于城市核心的周围山坡，他们把自己置于洪水和山体滑坡的风险中。[46]同样，在墨西哥城，山体滑坡常常影响贫民窟居民。[47]然而，富裕的城市居民为了美观也占领那些容易受到山体滑坡的地区，如美国洛杉矶。[48]

对城市地区来说，愈发频繁的山体滑坡会产生各种各样直接和间接的影响。大量基础设施的损坏，将导致较高的维护和修理费用。这种损害的间接影响，如限制商品和服务的流动，促使成本变得更高。

极端高温事件
Extreme heat events

热浪一般被定义为温度持续高于平均温度的时期，但是其精确的时间段和温差各地有别。[49]缺乏极端高温事件或极端热浪的特性定义是因为各地对于气候的适应性有差异。有调查表明，不同地域的人对于极端温度有不同的适应能力。例如：菲尼克斯（美国）的研究发现死亡率与超过43℃的高温没有明显的统计关系，然而在波士顿（美国）有研究发现超过32℃的高温会导致死亡率上升。[50]在波士顿，对于这个现象的解释有很多，包括行为因素。极端高温事件不常发生，因而居民们对于热浪没有足够的准备。同样，波士顿有极端寒冷的冬季，很多房屋都使用蓄热红砖建造，很少房屋使用集中空调。[51]因此，极端高温事件发生时，波士顿的房屋的内部环境温度会很高以至于产生危险。

作为气候变化的结果之一，多数地方发生的极端高温事件预计会更频繁、更强烈、持续时间更长（见专栏4.2）。[52]一些地区在未来会由于大气中的温室气体积聚而有更多的严重热浪侵袭，这些地区包括北美洲（尤其是美国南部和西北部）和欧洲。[53]

依靠冰川融水的社区同样也会受到极端高温分布变化的消极影响。气温、海水温度的上升和热浪

专栏4.2 美国和欧洲的极端高温事件趋势
Box 4.2 Extreme heat event trends in the US and Europe

据预测在全球范围内，极端高温事件会变得更加强烈、更加频繁、更加持久。一般，极端高温事件发生频率的上升可能会影响较冷地区的城市，因为这些地区的冷却技术和现有建筑蓄热设计的上升空间不足，当地居民对于极端高温事件准备也不充分；[a]

- 在芝加哥，平均每年发生1.09到2.14次热浪，然而在2080年到2099年，该区域可能面临每年1.65到2.44的热浪发生频率。同样，热浪的持续时间会从现在的5.39到8.85天增至未来8.47到9.24天。[b]
- 现在，巴黎每年平均发生1.18到2.17次热浪，预计到21世纪末，热浪发生频率会增至每年1.70到2.38次。在该时间段内，每次热浪的平均持续时间预计会从如今的8.33到12.69天增长至11.39到17.04天。[b]
- 在美国东北地区的城市每年通常要经历10到15天32℃以上的温度，以及1到2天38℃以上的温度。但是，根据排放情形预测，到21世纪末，像费城、波士顿和纽约这样的城市预期每年会有30到60天温度高于32℃，以及3到9天温度高于38℃。[c]
- 在瑞士的一些地区，月平均气温是6℃，高于2003年6月和8月的月平均气温，当时欧洲正经历一波主要热浪。未来气候状况极有可能和2003年夏季相似而不是当前情形。在巴塞尔（瑞士），和如今的8天30℃以上的温度相比，未来可能要经历40天30℃以上的高温。[d]

资料来源：a Basu and Samet, 2002; b Meehl and Tebaldi, 2004; c UCS, 2006; d Beniston and Diaz, 2004

发生次数的增多会改变河川径流，全球的冰川都会继续收缩，这会威胁到占全球1/6人口的依靠冰川融水的人。[54] 在很多有依靠冰川融水的社区的南美洲国家，随着温度上升导致小冰川消失和降雪减少，供水压力会上升。[55]在一个地区，降水变化和冰原迅速减少会明显地影响到整个地区城市的饮用及发电用水——例如基多（厄瓜多尔）、利马（秘鲁）和波哥大（哥伦比亚）。中国和巴基斯坦依靠冰川融水的社区同样会受到冰川收缩的消极影响。[56]

虽然物理的气候变化对农村和城市地区都有影响，城市住区会因极端高温事件有独特的地方情况。相比于农村地区，城市因为热岛效应而趋向于较高的气温和地表温度，热岛效应是指城市有比其周围的农村地区储存更多热量的趋势。[57]对于拥有一百万人口的平均发达国家城市，这一现象会导致城市气温比周围气温高1℃到3℃。在夜晚，当城市热岛效应最强的时候，温差可以达到12℃。[58]温度提高后，城市热岛效应会恶化气候变化带来的热相关的消极影响，城市系统因试图适应升高的温度而增加昂贵的能源需求。[59]这些影响对于各城市的影响并不相同。城市的物理布局、人口数量、人口密度、

城市住区会因极端高温事件有独特的地方情况

建筑环境的结构特点都会影响城市热岛效应的强度。例如：法国、意大利和西班牙的城市相比于其他欧洲城市有更严重的热岛效应趋势是因为这些城市布局紧密，绿地空间有限。[60]

极端高温事件对于人身健康和社会稳定有消极影响，还会增加能源需求，影响供水。水处理成本可能会因为高温增加了水的需求量而提高。同时，水质可能因为水污染逐渐严重而下降。[61]高温有可能对易受伤害的人有消极影响，这些人包括老人、很年幼的人、已有健康状况的人和城市中的贫困者。发达国家城市中的贫困者特别会受极端高温事件的危害，因为他们的适应能力较弱。[62]

干旱
Drought

干旱定义为降水量明显低于正常值的现象，这会导致水文失衡，会对土地资源和运行系统有消极影响。这指土壤顶端的水汽不足（例如农业干旱）、持续性的降水缺乏（例如气象干旱）、低于正常水位的水体（例如水文干旱）或者这些中任意的组合情况。[63]干旱来源于很多不同的因素。在美国西部，干旱情况会因为雪场减少而大量出现，然而在澳大利亚和欧洲，干旱情况由于与热浪相关的极端高温而出现。[64]在亚洲，升温可能导致干旱发生增多。[65]

政府间气候变化专门委员会总称称，干旱在1970年以来在热带和亚热带更常见，而且更有可能是人类造成了这样的趋势。[66]20世纪50年代以来，人们已经在北半球的欧亚大陆、非洲北部、加拿大和阿拉斯加观察到明显的干燥趋势。同时期，南半球也有轻微的干旱趋势。在20世纪，全球多个干旱和半干旱的地区的四季主要降水趋于减少，这些地区包括智利北部、巴西东北部和墨西哥北部、非洲西部和埃塞俄比亚、更为干燥的非洲南部和中国西部。[67]在也门，预计到2020年首都萨那的用水将耗尽，这将会刺激出现大规模移民和潜在的冲突。[68]

在未来由于降水量变化，处于极端干旱情况下的土地面积[69]预计会增加。[70]现在，在所有土地中有多达1%的土地处于极端干旱情况。[71]到2100年，这个比例可能会上升到高达30%。[72]干旱比较可能发生在内陆地区，尤其是在亚热带和中低纬度地区。[73]在半干旱地区，有更多高强度和持续多年的干旱已经发生，其中包括澳大利亚、美国西部和加拿大南部。[74]在非洲，有1/3的人口生活在干旱地区，到2050年，多达3.5-6亿人会受干旱影响。

干旱对于城市的影响有很多方式。它会降低水质，增加水体处理成本，但会降低稳定性。[75]因为降

水量变化、供水量减少、供水质量降低、需水量上升，供水压力可能会增加。

基础设施的影响
IMPACTS UPON PHYSICAL INFRASTRUCTURE

这一部分讲述气候变化造成的物理性损坏和它们对于城市地区的启示。气候变化对于城市的基础设施——建筑网、交通网、排水系统和能源系统——有直接的影响，进而影响居民的财产和生计。以上概括的严重天气事件和相关危害会严重毁坏交通、房屋和营业场所。这些影响在低海拔沿海地区会特别严重，而全世界最大的一些城市中有很多都在这些地区。尽管这些地区只占全世界陆地总面积的2%，但是全世界大约有13%的城市人口生活在这些地区。[76]

住宅和商业建筑
Residential and commercial structures

随着气候变化相关的危害和灾难发生次数增加，住宅和商业建筑的有害损伤会相应发生。就这一点而言，洪水是损失最大、破坏性最大的自然灾害之一，而且如前文所述，随着降水强度的增加，洪水在全世界很多地区发生的次数可能增加。若城市的建筑物缺少相应的变化，城市的洪水危害带来的损失会有大幅度增长。[77]例如在波士顿（美国），如果城市没有采取相应的措施，到2100年河流泛滥会带来高达570亿美元的损失，相比于气候没有变化时的损失会多出大约260亿美元。很多受灾的房屋价值低，这些房屋可能都没有灾害保险。在世界其他地方，这些影响的自然分配仍然是一个挑战。[78]

有时人们用"一百年一遇的洪水"和"五百年一遇的洪水"这样的术语来形容洪水对于居住于特定区域的居民的危害。这些术语指洪水发生的可能性。例如，如果一个城市遇到流量为425立方米/秒的洪水有1%的可能性，那么这一等级的洪水平均每100年会发生一次。同样，发生概率在1/500的洪水流量称为五百年一遇。[79]一百年泛滥平原和五百年泛滥平原指分别受一百年一遇和五百年一遇的洪水影响的地理区域。

现在，大约有4千万人居住在一百年泛滥平原。到2070年，居住在此危险区域的人口将上升到1.5亿人。一百年泛滥平原对于财政的预期影响会从3万亿美元（1999年）上升到38万亿美元。迈阿密（美国）是目前最危险的城市，且将一直持续到2070年，整个城市暴露在危害下的财产将从目前的大约4千亿美

根据面临危险的人口排序	根据面临危险的财产和设施价值排序
加尔各答（印度）	迈阿密（美国）
孟买（印度）	广州（中国）
达卡（孟加拉国）	纽约（美国）
广州（中国）	加尔各答（印度）
胡志明市（越南）	上海（中国）
上海（中国）	孟买（印度）
曼谷（泰国）	天津（中国）
仰光（缅甸）	东京（日本）
迈阿密（美国）	香港（中国）
海防港（越南）	曼谷（泰国）

资料来源：尼克尔斯等，2008

表4.2
面临洪水的城市
Table 4.2 Exposure
to floods in cities

元上升到3.5万亿美元。在未来的几十年中，亚洲大城市的空前增长和发展会成为全球海岸地区洪水灾害增多的主要驱动力。到2070年，将有八个最危险的城市位于亚洲（见表4.2）。

并非只有大规模的灾难才会造成住宅和商业建筑的损毁。例如海平面上升这样缓慢发生的气候变化也会在很多方式上影响建筑环境。海岸侵蚀可能会影响全球的城市，尤其是在南亚、东亚和东南亚大三角，欧洲和北美大西洋沿岸。[80]在美国，海平面上升0.3米[81]就会侵蚀新泽西州和马里兰州大约15米到30米的海岸线，侵蚀南卡罗来纳州30米到60米的海岸线，侵蚀加利福尼亚州60米到120米的海岸线。[82]美国路易斯安纳州和密西西比州的墨西哥湾沿岸地区易受海岸侵蚀和海平面上升而导致土地损失，然而佛罗里达州和德克萨斯州的类似区域易受社会和经济因素的影响。[83]海岸侵蚀和咸水入侵会毁坏建筑，增加不宜居住的土地，这对于经济一大部分是依靠旅游业的海岸城市来说是个大问题。例如蒙巴萨岛（肯尼亚）会因为海平面上升0.3米而损失大约17%的土地，这会导致吸引旅客的宾馆、文化纪念物和海滩的土地减少。[84]

土地下沉，或称地表下移，是另一个会缓慢危害城市中住宅和商业建筑的因素。干热时期过度开采地下水会导致或加剧土地下沉，土地下沉会随着气候变化而更多地发生。土地下沉可能会快至每十年1米，这对管道、建筑基础和其他结构会产生显著破坏。[85]20世纪90年代在英格兰，干旱和炎热的夏季导致的严重的土地下沉导致了很多房主保险索赔。[86]在世界上很多大城市人们已经发现土地下沉，包括东京（日本）、达卡（孟加拉国）、雅加达（印度尼西亚）、加尔各答（印度）、马尼拉（菲律宾）、上海（中国）、洛杉矶（美国）、大阪（日本）和曼谷（泰国）。[87]在20世纪80年代后期，天津（中国）的土

地下沉多达每年11厘米。[88]如果没有海岸防御工事和广泛的防洪体系，大阪-东京大城市地区的部分地区已经由于土地下沉而沉到水下。[89]

太阳照射和低强度风及降水给住宅和商业建筑带来的累积危害会在全球一些地区形成区域气候模式变化。在伦敦（英国），更为频繁的大雨和更强的风（相比于21世纪50年代和80年代的预测值）会损坏建筑物，尤其是那些正在老化的建筑。风和降水会对受影响建筑附近的人产生危害，由于商业建筑需要关闭维修，这些灾害还可能会导致额外的经济损失。[90]对新西兰的研究显示，风、海岸洪水和极端温度会更多地毁坏全国各地的商业建筑。[91]在北极地区，由于对建筑和设施稳定性很重要的永久冻土会融化，人类住区将会面临很大挑战。[92]

交通运输系统
Transportation systems

因为天气状况会对交通有直接的破坏，气候变化频繁破坏交通运输系统，导致交通服务持续中断。特别是在沿海城市，海平面上升会淹没高速公路，腐蚀道路基层和桥梁支架。例如，美国墨西哥湾沿岸有大约3862公里的道路和大约402公里的铁轨可能会在未来的50到100年中由于土地下沉和海平面上升的综合影响而永久性地陷入水中。如果综合考虑这个海湾地区的众多海港、高速公路和铁轨相关的商业和工业活动，由这些灾害引起的总经济损失可能高达几千亿美元。[93]例如，与天气相关的高速公路事故在加拿大每年带来至少10亿美元的损失，同时在美国有超过1/4的航班因为天气而延误。[94]在印度，2000年7月发生的滑坡导致了火车服务中断14天，带来大约2200万美元的损失。[95]

强降水及其带来的洪水和滑坡影响可能会长久性地毁坏高速公路、海港和桥梁等交通基础设施。

亚洲大城市的空前增长和发展会成为全球海岸地区洪水灾害增多的主要驱动力

气候变化频繁破坏交通运输系统

在1993年，美国中西部地区的洪水损坏了交通运输系统，导致从密苏里州到芝加哥的主要交通中断了大约6星期。[96]在大雨和风暴期间，包括铁路和航空服务在内的公共交通经常会延迟。西印度康坎铁路系统促进了孟买和芒格洛尔之间贸易和能源服务，对于这一铁路系统的研究表明，20%的重大维修都是因为气候。为了减少受强降雨破坏的地点数目，每年大约要花费1100万美元。[97]强降水同时还影响机场跑道的长期功能性容量，这会导致这些可能发生降水的地方的维护费用增加。

气温持续增长，尤其是长期干旱和越来越高的温度，会危害道路的完整性并需要更为频繁的维修。例如，到2080年，由于平均温度上升使得柏油融化、土地下沉更为严重，伦敦（英国）将会有更多的道路弯曲、道路车辙和车速限制。[98]极端高温还会导致桥梁连接处膨胀和桥梁变形，这会带来高昂的维修费用，甚至会导致重大事故。更为干旱的情形会进一步导致河水水平面降低，会中断内河航线的贸易和交通。

除了对生命的潜在危害，交通运输系统的破坏和损坏及其长久性的服务破坏会极大地影响城市生活的几乎各个方面。公共交通的破坏会制约居民工作的能力，导致经济产量下降。到2100年，由于气候变化造成的相关延误，波士顿（美国）的汽车司机会在路上多花费80%的时间，还有82%的旅行被取消。[99]用于能源生产的交通燃料会中断，进而会导致电力部门的服务中断。

能源系统
Energy systems

城市的自然特性使得城市成为对于能源及相关资源有高需求的中心。气候变化可能会同时影响能源需求和供应。城市人口增长、当地天气条件变化、城市热岛效应和经济增长的综合影响实质上会增加能源需求（见专栏4.3）。虽然早有研究确认能源需求和当地天气变化之间的关系，但相对来说鲜有研究认证气候变化长久以来是如何影响能源部门的。

能源需求增长将由区域气候变化决定。冬天温度升高使得热量使用量减少，然而夏天温度升高使得制冷需求量增加。温度上升又会进一步导致空调被更多地使用，这恶化了城市热岛效应，更增加了城市制冷需求量。[100]研究表明，即使在同一气候区，对于气候变化的能源需求敏感度有很大的区域差异。例如，在美国，佛罗里达州和路易安纳州这两个相邻的州有不同的工业和民用能源模式。[101]类似的，对于美国一些地区的评估显示，西雅图、明尼阿波利斯、菲尼克斯和什里夫波特这四个城市的能源需求敏感度截然不同，当地平均天气情况不同的州对于能源需求变化有不同的指导方针。[102]然而，综合数据的运用可能会造成误解，因为即使区域需求没有净增长，当地的制冷需求很大的增长可能仍旧需要设备投资、能源项目再审查和节能机制。

气候变化还会影响能源生产和分配。在整个非洲，水力发电可能受愈发频繁发生的干旱的限制。例如，气候变化的模拟显示，计划将建造的连接赞比亚和津巴布韦的赞比西河巴托卡峡谷水电项目会受河水月平均流量显著降低的消极影响。[103]然而，气候变化对于水力发电的全球性影响是有差异的。例如，斯堪的纳维亚和俄罗斯北部的水电项目的输出电量预计会随未来降水模式和温度变化的趋势而上升。[104]

气候变化带来的河道流量减少可能进一步减少热电站和核电站所需使用的冷却水。[105]在欧洲，2003年的热浪导致年降水量减少了300毫米。[106]干旱对发电有影响，很多电站由于河道流量极端低而无法物理地或者合法地取水，结果导致电站发电量的减少。例如，法国部分的核电站由于河道水位过低或者河水水温超过环境标准而被迫关闭。六个核反应堆与一些常规电站一样被授予豁免权，这样它们可以不顾法律限制而继续发电。[107]至于能源分配，电力输送设施会因为风暴和洪水愈发频繁地发生，变得更强烈而更易受损坏和干扰。[108]

水和卫生系统
Water and sanitation systems

水的可用性、处理和配送会受气候变化带来的

交通运输系统的毁坏和损坏及长久性的服务破坏会极大地影响城市生活的几乎各个方面

气候变化可能会同时影响能源需求和供应

温度上升和降水模式变化的影响。[109]另一方面，气候变化预计会影响水供应，尤其是在供水压力会增加的区域。在像非洲这样的发展中地区，供水压力会随着人口增长而增加，而且会因气候变化而变得更大。然而，这些影响不会在整个非洲大陆都一致，非洲北部和南部的人口预计会因供水压力而上升，而东部和西部的人口可能会因供水压力而下降。[110]

供水会随着以下情况减少或增多，这些情况是降水模式变化、河道流量减少、地下水位降低、在沿海地区这些情况为咸水入侵河道和入侵地下水。[111]例如，人们已发现亚洲和拉丁美洲的冰川体积减小在一年的关键时候减少了河道水流量。对于在安第斯山谷和喜马拉雅-印度-库什区域的城市，这些冰川体积的减少对于水流量有很大影响，还影响人们在这些区域对于水的多种利用，包括水力发电减少。[112]预料中的河水径流量和水可用性变化到2050年会有区域性差异，表现为在高海拔和一些湿热带地区（例如热带东亚和东南亚的人口聚集区）流量会上升10%~20%，在中海拔和干热带已经有供水压力的一些地区流量会下降10%~30%。

另一方面，随着温度上升、极端高温事件更为频繁的发生和未来人口的增长，城市供水需求量会增加。[113]在全球很多地方四季都已变得更为干燥；如果这个趋势继续下去，水资源的限制将会更严重。[114]到2030年，因为气候变化华盛顿（美国）的夏季用水量预计将比1990年的用水量增加13%-19%。[115]在开普敦（南非），需水量一直随着温度升高而增加。[116]在名古屋（日本），温度上升会使得用水量增加10%。[117]在拉丁美洲，到21世纪20年代，将有1200~8100万居民面临供水压力。到21世纪50年代，这个数字会增长到7900万~1.78亿。[118]给墨尔本（澳大利亚）供水的河道流量到2020年可能会相比1961~1990年的平均值减少3%~11%，到2050年可能会减少7%~20%，进而会影响水供应。在奥克兰、阿德莱德、堪培拉、佩斯、布里斯班和悉尼这样的城市，有关干旱和需水量增加的担忧一直在增加。[119]

与气候变化相关的降水和海平面变化还会影响城市水质量和水处理。有些地方的海平面在上升，在这些地方咸水入侵会更频繁地发生。咸水入侵会污染地表水和地下水系统，进而会减少饮用水供应、在城市水系统中传播有害污染物。在不同环境下的很多沿海城市已经发生由于海平面上升而引起的咸水入侵，这些城市包括美国东部（如新奥尔良）、拉丁美洲（如阿根廷的布宜诺斯艾利斯）、中国的长三角地区和越南三角地区。[120]降水减少和供水同样会造成咸水入侵。科钦（印度）海拔高度2米，现在被河道和运河系统所牵累。这些河道的咸水入侵会在干热的时期恶化，因为蒸发作用提高了水中盐浓度，进而导致经济损失和饮用水短缺。[121]

此外，建筑和道路由于城市热岛效应散发的余热可以被转移到风暴雨中，进而提高了汇入溪流、河道、池塘和湖泊的水的温度。水温升高，伴随着降水强度增加、水流量低预计会恶化水污染，包括会导致易产生水花、增加细菌真菌的热污染。[122]这些水一旦被污染，多数情况下处理干净饮用水代价昂贵。

由于水系统设计时已为未来发展留出备用容量，因此供水设施可以根据平均温度和降水量的细微变化而调节。[123]然而，很多系统仍需要改进，例如建造新水库或者延长进水管道来处理等级逐渐变化的降水。另外，供水设施，特别是与河道毗邻的设施，易受如洪水和风暴潮这样的极端天气事件的损坏。[124]在纽约（美国），抽水站和水处理设施，包括进水口和出水口，易受风暴潮损坏。[125]供水设施的损坏，尤其是电子器件的损坏，需要数周的时间才能维修好，还会耗费相当于初始建造投资的费用，2000年莫桑比克发生洪水时既是如此。[126]

气候变化相关的灾难还会影响城市地区已经面临严重挑战的卫生系统，尤其是在发展中国家。尽管水供应逐渐改良，从1990年开始世界很多地方也一直在增加卫生系统，但是世界总人口中仍然有很大一部分人居住在不卫生的条件下。[127]在2006年，全世界人口的38%和发展中国家接近一半的人口仍然缺乏卫生设施，包括抽水马桶、坑厕或者堆肥厕所。[128]由于气候变化的危害，卫生设施和卫生服务有可能会进一步减少，例如1998年有20000个公共厕所在米奇飓风中遭到了毁坏。[129]

经济影响
ECONOMIC IMPACTS

城市经济资产因为极端气候事件愈发频繁的发生、强烈或缓慢发生的变化而变得更为脆弱，进而导致贸易成本的增加。[130]研究表明，由于气候变化相关危害造成的结果，发展中国家遭受了典型的低经济损失和高人力损失，而发达国家则遭受高经济成本和低人力损失。然而，最近的事件表明发达国家同样可能遭受高人力成本，特别在城市贫民中。此外，当经济影响被表述为总资产价值或者说国内生产总值（GDP）的一部分时，发展中国家同样会承受很高的经济成本，用于恢复经济的借入和花费

水的可用性、水处理和分配会受气候变化影响

气候变化相关的灾难还会影响城市地区已经面临严重挑战的卫生系统，尤其是在发展中国家

城市经济资产因为极端气候事件愈发频繁的发生、强烈或缓慢发生的变化而变得更为脆弱

增加会导致财政不平衡和收支往来账目赤字加剧。[131] 这一部分讨论了气候变化对于城市地区的经济影响，包括对相关的经济部门、生态系统服务和生计的影响。

部门经济影响
Sectoral economic impacts

气候变化会广泛影响经济活动，包括贸易、生产、运输、能源供需、采矿、建造和相关的非正式生产活动、通讯、房地产和商务活动。[132]专栏4.4描述了发生在达卡（孟加拉国）的热带气旋的跨行业经济影响。

这一部分描述了气候变化对于经济部门的影响，即零售业、商业、工业、旅游业和保险业，这些通常都在城市或城市周边。沿海城市的工业设施尤其易受海平面上升和海岸风暴的损坏。这一部分还考虑了气候变化对于旅游业的影响，因为旅游业是城市经济的一部分，它直接需要或依靠城市服务，包括旅行（例如机场、海港等）和物资。另外，气候变化对于旅游业的影响会促使人口从乡村迁往

城市，进而会增加城市对于商品和服务的需求。[133]

■ 工商业
Industry and commerce

气候变化和极端气候事件会潜在地给工业活动带来很高的直接或间接成本。不论公司坐落于城市中心区、城市郊区还是农村地区，它们都给城市功能提供极其重要的服务和资源。因而，公司若受气候事件损害会对城市及其居民有直接或间接的影响。

气候变化和极端气候事件对于工业的直接影响包括损坏建筑、设施和其他资产。当工业设施在易受损害的区域，例如沿海区域和泛滥平原时，气候变化和极端气候事件对于工业设施的影响就会特别严重。例如，海平面上升会使得像新奥尔良（美国）这样的沿海城市不得不将精炼厂、天然气工厂设施、支撑产业搬到低危险区或者内陆，而搬迁将耗费巨大的代价（见专栏4.5）。[134]气候变化对于工业的间接影响包括由于气候对于交通、通讯和电力设施的影响而带来的工业活动延误或取消。[135]

同样，面对气候变化时零售业和商业服务也很脆弱，因为这些服务易受气候变化影响而导致供应链、网络、运输中断或消费结构改变。[136]发生洪水、海岸侵蚀和其他极端事件的可能性增加会给交通基础设施增加压力并造成破坏，如本章前文所述，这会中断零售业和商业服务并最终增加交易成本。[137]例如，在2001年，加拿大的五大湖-圣劳伦斯河区域经历了干旱，而干旱降低了河道水位以致河道运输减缓，这部分地解释了那一年通过船运经过五大湖区域的商品量减少。[138]同样，2003年席卷欧洲的热浪和干旱导致河道达到了创纪录的低水位，这对于内陆河道商品运输有消极影响。[139]

监管环境的变化，包括减缓气候变化政策（例如碳排放税和碳排放目标），会潜在地提高公司交易成本，特别是能源密集型企业的交易成本。[140]例如，对于钢铁行业这样高度依赖化石燃料的行业，能源消耗占其生产成本的15%-20%。在美国，造纸业是第二耗能的产业。[141]

有的产业使用易受气候影响的原料，这些产业会因气候变化和减缓气候变化政策而经历主要原料可靠性、可用性和成本变化的过程。例如，依靠木材和农业为原料的产业所依赖的资源由于害虫和疾病的发生率变化而愈发脆弱。气候变化有潜在可能会迁移对于经济很重要的树木和农作物物种产地，还有可能会改变害虫的行为和分布。[142]由于气候影响，工厂和其原材料产地在地理上将被分开，这些易受气候影响的原料分布改变会导致产业成本增加。

专栏4.4　热带气旋跨行业影响：孟加拉国达卡的案例
Box 4.4 Cross-sectoral impacts of tropical cyclones: The case of Dhaka, Bangladesh

假设达卡大部分陆地海拔高度不足6米，孟加拉国的所有居民和财产就非常易受热带气旋的危害。在过去的十年里，海平面上升和气旋日渐频繁发生，突发的严重洪水发生的频率和强度不断增加。在1991年到2000年间，孟加拉国共经历了93次严重灾难，造成近20万人死亡，还导致农业和基础设施有59亿美元损失。

风暴潮对达卡造成了巨大损害，在过去20年间，达卡经历了4次大洪水，其中一次淹没了该城市85%的面积。除了危及生命，这些灾难还对社会多个部门产生影响，从而对这个城市的经济和社会结构产生持久危害。这些灾难对于纺织品、木材、食品和以农业为基础的产业活动产生的破坏也带来了巨大的经济损失。1998年，所有的产业损失累计超过6600万美元。在洪水发生期间所有公共服务设施都停止，公共服务设施遭到了持久性的结构损坏，比如供水设施、卫生设施、垃圾和污水管理设施、通信设施、电力设施和燃气供应设施。为应对这些损失，该城市主要努力通过扩大综合防洪工程以减少极端洪水灾难造成的影响。该工程由亚洲开发银行投资，目的在于改善防洪设施结构、排水系统和卫生系统，将贫困居民重新安置到安全地区。因为该城市水资源已经受污染，严峻的饮用水危机已经成为洪灾之后重建的主要问题，所以该工程优先考虑改善排水系统和强化供水系统。该工程将非政府组织（NGOs）、商界团体和社区组织加入到这个救灾、重建和恢复的项目中来也是一个创举。

资料来源：Vaidya, 2010

专栏4.5 美国卡特里娜飓风的经济影响
Box 4.5 Economic impacts of Hurricane Katrina, US

新奥尔良位于墨西哥湾密西西比河口的易受灾地区。由于该城市接近密西西比河和墨西哥湾，它在石油化学工业和国际贸易上具有重要的经济战略地位。存在已久的新奥尔良基础设施和住区已经非常易受气候变化的危害；由于地下水开采，海岸防御工事和其他陆地区域已经下沉，对于密西西比河流量的人为改变阻止了泥沙淤积和新陆地的产生，该城市许多低于海平面高度的地区需要持续泵水。2005年，卡特里娜飓风对墨西哥湾沿岸地区的基础设施和经济造成了大范围的损害，经济损失达数千亿美元。单个申请大约175万财产索赔，总共索赔超过400亿美元。由于洪水损害，有超过250,000起索赔申请，若不是因为允许国家洪水保险计划另外借款208亿美元，该计划应该已经破产。

在墨西哥湾，有超过2100个石油和天然气钻井平台，及15,000英里（24,140公里）的输油管受洪水影响。115个钻井平台毁坏，52个损害严重；墨西哥湾90%的石油开采和80%的天然气开采停止，损失超过年产量的28%。为美国生产一半汽油供应的石化产业受损，造成其在全球经济市场上的损失，导致油气价格自1973年石油输出国家组织（OPEC）发布禁令以来达到最大的价格高峰。在卡特里娜飓风来临后的头两个月，有超过390,000的人失业，而其中一半人是低收入者。自2006年起，新奥尔良只有10%的企业恢复。

在2005年的卡特里娜飓风和丽塔飓风之前，新奥尔良港口是世界上运输总量排名第四的港口。但是，由于飓风造成的损害，港口业务中断了一段时间，这迫使船舶重新安排运输目的地和运输功能，由于船舶重排的成本很高，这种重排可能会是永久性的。

资料来源：Petterson et al, 2006; Wilbanks et al, 2007

旅游观光业
Tourism and recreation

旅游业高度依赖可靠的交通基础设施，包括机场、港口和公路。气候变化不仅有潜力改变地区的温度分布，还有可能增加严重天气事件发生的概率，这会增加交通延误和行程取消的次数。旅游观光业是城市地区的主要收入来源，若气候变化影响到这些活动，当地城市经济就会蒙受财政和就业损失（见专栏4.6）。

高海拔国家城市则受益于气候变暖的极点迁移[143]，因为气候变暖增加了这些城市可用的旅游面积。[144]然而，冬季活动（例如滑雪和机动雪橇）有可能变得更易受影响，因为气候变化减少了自然降雪，导致降雪覆盖天数减少。[145]在美国东北部的大部分地区，气候变化导致自然降雪覆盖天数减少，即使有造雪技术，滑雪季的时间仍将缩短。若滑雪场为了继续运行则必将导致成本上升，因为造雪既是水密集型又是能源密集型的。气候变化会进一步导致滑雪季缩短，因为可靠降雪会被推至更高海拔和更高的地方。由此导致的结果是前往滑雪山这样的冬季旅游资源的平均距离将会急剧增加。[146]滑雪产业的衰弱将会影响相关支撑产业，例如宾馆、餐饮和滑雪商店。冬季观光机会的减少也进而会导致那些经济上高度依赖滑雪和滑板滑雪的地区遭受巨大的经济损失。

温带的夏季旅游业对于平均温度上升是有弹性的，因为有对于温暖的期待和空调的使用。[147]然而，极端气候事件的发生频率和发生强度的变化会对这些地方的安全感知、环境质量和旅游设施可靠性有消极影响。例如，在南欧的地中海沿岸，气候变化导致的供水短缺程度加深会对旅游业有消极

有的产业使用易受气候影响的原料，这些产业会因气候变化和减缓气候变化政策而经历主要原料可靠性、可用性和成本变化的过程

专栏4.6 气候变化对旅游业的影响
Box 4.6 Climate change impacts upon the tourism industry

- 温度升高1℃预计会使每年游览加拿大和俄罗斯的游客人数增加30%。[a]
- 到2050年，气候变化给瑞士带来的损失预计会在14亿到19亿美元之间——这中间，有11亿美元的损失都来自旅游业。目前在瑞士，85%的滑雪区需要依靠降雪；但是在气候变化的背景下，未来只有44%的滑雪区能够继续依靠降雪。瑞士许多社区严重依赖冬季旅游，冬季旅游是他们收入的重要组成部分。[b]
- 挪威滑雪产业会受气候变化的消极影响，因为在夏季，夏日滑雪地点预计会面临更多的降雨天气。[c]
- 对于澳大利亚来说，温度上升3℃到4℃会造成灾难性的珊瑚物种死亡，而这些珊瑚物种形成了很大部分的大堡礁。即使是温度上升1℃到2℃，每年都会有58%到81%的珊瑚脱色。由于大堡礁对于澳大利亚旅游业非常重要，它可以提供320亿美元的产值，珊瑚健康状况的降低会给澳大利亚的旅游业带来负面影响。

资料来源：a Hamilton et al, 2005; b Elsasser and Bürki, 2002; c O'Brien et al, 2004; d Preston and Jones, 2006

影响。[148]

沿海区域，包括城市的沿海区，已经被广泛地开发为旅游资源，很多会受极端气候事件影响的建筑和设施也已经投资建设完成，而气候变化会显著地影响小岛屿发展中国家。[149]海岸风暴引起的侵蚀会使海滩后退多达5米，但这会快速地从自然泥沙淤积中恢复。如果海平面上升的同时海岸风暴更强烈且更频繁地发生，那么维持旅游活动的海滨空间的成本会上升，城市的海滩旅游量还会减少。[150]例如，除了一些其他原因，里约热内卢（巴西）有名的海滩易受海平面上升和侵蚀加剧的影响。在爱沙尼亚的首都塔林，海滨度假村特别易受海平面上升和风暴潮的影响，这些灾害使得更多海滩被侵蚀，还给旅游业带来消极影响。[151]另外，极端气候事件会破坏很多礁石和沿海生态系统，导致旅游量下降。[152]温度上升1℃会导致本就恢复缓慢的珊瑚更多地白化，而温度上升2℃会导致很多地区已经白化的珊瑚永远无法恢复。[153]

旅游业是加勒比海和很多其他岛国的地方经济主要部分。在东加勒比海，旅游业占区域经济的25%-35%、外汇收入的25%和就业岗位的20%。这些地区每年接待大约2000万游客。由于当地经济依靠旅游业，这促生了相关设施（例如宾馆、公路等）

气候变化会导致保险需求的增加，却降低可保险性

的选址定位和发展，这些设施趋向于集中于沿海线周围。由于海平面高度变化和波浪的作用，东加勒比海的这些岛屿将因为属于低洼地区而下沉，包括居民点、软海岸侵蚀、河口和含水层盐度增加和更为严重的沿海泛滥和风暴危害。[154]

■ **保险业**
Insurance

保险业易受气候变化的影响，尤其是易受那些影响很大面积的极端气候事件的影响。[155]风暴和洪水会导致显著的损坏量和大部分的总损，见专栏4.7举例说明。[156]

气候变化会导致保险需求的增加，却降低可保险性。保险业激变模型预测显示，在下世纪因为极端风暴会变得更强烈更频繁，每年的保险索赔和损失可能会显著增加。索赔分布可能不和工程质量相等，所有权价值和保险责任范围在全球差异很大。作为回应，保险业会通过提高保险费、限制保险范围等措施来增加保险成本。[157]的确，如果在未来罕见的灾难性事件变得很普通，保险责任范围的成本预计会上升。

此外，未来高损失时间发生概率的不确定性有可能迫使保险费上涨。[158]如果发展中国家的低收入家庭（可能包括中等收入家庭）无法承担从气候变

专栏4.7　气候变化对保险业的影响
Box 4.7 Impacts of climate change upon the insurance industry

- 1992年，安德鲁飓风袭击了佛罗里达州南部（美国），带来超过450亿美元损失（2005年美元价值）。之后，12家保险公司因此而破产。[a]

- 假设二氧化碳量是现在的两倍，经计算，美国每年由于飓风加剧而造成的平均损失会增长80亿美元（2005年美元价值）。[b]

- 到21世纪80年代，美国一个强烈的飓风季会使年度已投保财产损失增加75%，在日本，已投保财产损失会增加65%。[c]

- 到21世纪80年代，伴随一场造成250亿美元翻倍到500亿美元损失的百年一遇的风暴，欧洲由于极端暴风，已投保财产损失会上升5%。[c]

- 迈阿密（美国）有超过9000亿美元的股本处于严重的沿海风暴带来的危险之中，伦敦（英国）有至少2200亿美元资产位于泛滥平原上。[d]

- 纽约地区（美国）的年生产总值估算有接近1万亿，由于单独一件大事引起的损失可能在0.5%到25%的范围内，差不多是2500亿美元。[e]

- 据估计，2005年卡特里娜飓风造成的全部的宏观经济损失达1300亿美元，同年，路易斯安那州（美国）的生产总值为1680亿美元。[f]

- 在俄罗斯，近年来由于更加频繁和严重的洪水，对于勒拿河的保险花费已经增长。[g]

- 到2100年，如果不采取相应的措施，洪水在大波士顿可能造成超过940亿美元的财产损失，对于100年和500年的泛滥平原上的私房屋主，洪水将使每户居民平均损失7000到18000美元。[h]

资料来源：a Wilbanks et al, 2007, p369; b Nordhaus, 2006; c Hunt and Watkiss, 2007, p21; d Stern, 2006, p14; e Jacob et al, 2000; f Stern, 2006, p11; g Perelet et al, 2007; h Kirshen et al, 2006

表4.3
城市化对生态系统服务的影响
Table 4.3 Impacts of urbanization upon ecosystem services

城市化的影响	对生态系统的影响	对生态系统服务的影响
地表渗透率降低	生物多样性降低 地表水和地下水被污染 改变地表水和地下水流道	天然污染物过滤容量降低
土地利用模式不一致，会破坏景观一致性，还会延伸至例如森林的自然环境	生物多样性降低 树木和土地损失	周边土地保存二氧化碳的能力降低 当地供氧量减少
营养素（例如氮、磷）、沉积物、金属和其他废物过量排放入河道	水生生物大量死亡	食物来源和其他经济活动（例如观光、旅游）减少
湿地开发	湿地面积减少 生物多样性降低	天然污染物过滤容量降低 当地供氧量减少 自然风暴缓冲能力降低

化相关的事件中恢复所需的保险费，保险费的上涨会使得这些家庭很艰难。在保险业内目前已有个人投保额低于实际价值的趋势，特别是针对发生可能性较低的事件，这个趋势更为明显。有研究表明，除去最有利的保险费，个人通常不会为发生可能性低但是损失高的事件购买保险，部分因为这些花费与找到一个政策相关。[159]

在发达国家和发展中国家内以及在这些国家之间，保险责任范围的差异很大，因为经济增长和保险责任范围之间有联系。[160]在很多发展中国家，保险责任范围预计会随着经济发展增加，处于危险中的设施和建筑——包括政府财产——会由于不在保险范围内而变得很脆弱。[161]在发达国家，总资产损失中有多达29%进行了多种形式的承保。[162]然而在发展中国家，只有约1%的总资产损失承保了。[163]

发达国家的私人保险公司通常会不提供保险或将保险限制在过去遭受过洪水显著损失的地区，这也使得政府不得不参与提供洪水保险。[164]因为保险支出很少覆盖所有重建的费用，损失的风险就落到了政府项目和房主身上。[165]此外，由于极端气候事件发生的更为强烈更为频繁，政府项目就显得更易受气候变化影响。例如，卡特里娜飓风对新奥尔良（美国）及其周边区域的损害使得国家洪水保险计划几乎破产。[166]全球沿海地区人口在增长，而且增长的很快，这导致财产和包括政府项目在内的保险公司更为脆弱。[167]

在一些地方，保险在沿海和其他脆弱地区的可用性没有劝阻住在易受沿海风暴引起的洪水危害的地方开发。[168]例如，在加勒比海东部地区，典型的保险可用性或保险成本不将建筑质量和建筑地点列为考虑因素。由于针对减缓极端气候事件的影响缺乏保险鼓励措施，而且地方保险公司只承保危害中的一小部分，通常建筑物对于极端天气事件或气候变化会准备不足。相反，受制度鼓励的保险公司可以不顾安全性而尽可能多地签保险单。[169]

生态系统服务
Ecosystem services

自然环境过程提供对于城市功能和人类健康很重要的福利。这些生态系统服务包括制造氧气、储存碳、自然过滤毒物及污染物、保护沿海地区免受洪水和风暴事件的危害。而人类活动（例如发展、污染和湿地破坏）会破坏这样的生态系统服务。城市化的加深需要更多的自然资源，这也会显著改变给社会带来利益的生态系统服务。[170]表4.3举例说明了这些变化及其对生态系统服务的影响。

千年生态系统评估[171]表明，气候变化被认为是使生态系统服务加速损耗、加速退化的重要因素。这项评估发现，受评估的大约60%的生态系统正在退化且无法持续性地使用。[172]在未来的几十年，因为景观改造和海平面上升的综合影响会导致地球上的河流三角洲下沉至海平面以下，湿地健康可能会受到严重威胁。[173]

除去潜在的对于食品供应和人类健康的影响，生态系统服务的损耗会显著地减少城市税收。例如，2003年在德班（南非）进行的一个调查显示，在城市开放空间网络的生态系统服务（例如供水和防汛）的重置代价预计为每年4.18亿美元。[174]这大约占了那时整个城市总资本和运行预算费用的38%，这意味着失去这些服务带来的经济后果。更深一层的观点是，那些最直接依靠这些生态系统服务来实现他们基本需求的人或者社区是最贫困和最脆弱的。然而在即将发生的气候变化事件中，他们因生态系统商品和生态系统服务的损坏而遭受的损失最多，但他们对此却无能为力。

沿海地区的全球人口在增长……意味着财产和保险公司更为脆弱

气候变化被认为是使生态系统服务加速损耗、加速退化的重要因素

民生影响
Livelihood impacts

极端气候事件会破坏城市地区个人和家庭维持生计的能力。[175]气候变化相关的灾难会破坏生计资产或者个人、家庭或团体的有效生产方式。这些包括自然资源（自然资本）的库存，社会关系（社会-政治资本）、技术和健康（人力资本）、设施（有形资本）和经济资源（金融资本），而以上这些对于维持生计都是必需的。气候变化相关的事件会通过影响这些资产而给城市生计带来巨大威胁。

气候变化对生计的影响还取决于它们的地理位置和因此而受到的与气候变化相关的危害。例如，在低海拔沿海地区，人们的生计活动易受海平面上升和气旋的影响。取决于现存资产和机会的脆弱性，民生影响还在不同环境中有差异。例如，城市贫困人口的生计可能最易受气候变化影响的危害，因为他们的财产和生计本就很少还很不可靠。特别的，居住在非正式住区的个人拥有的储蓄可能很少，任何对他们生计的破坏都会直接影响他们购买食物和买单的能力，其中包括为他们孩子的教育和卫生健康买单。由于城市贫困人口住在危险区域，他们的生计活动也会比其他社会群体更易受到愈发严重的气候变化事件的影响。例如，洪水会使得非正式住区的居民很难做小生意或做工匠，进而使得在区域和地区经济恢复的时候他们营养不良。在马普托（莫桑比克），一天的降雨可能会导致洪水泛滥三天，如果雨继续下，洪水可能会上升至1米高，而这要一个月才能退去。[176]

有些地方的生计依靠的是受天气影响大的资源，在这些地方极端气候事件和缓慢的气候变化的影响将会更加严重。经济中的农业和旅游部分也是这样的情况。海平面上升导致的洪水已经减少了前往威尼斯（意大利）旅游的游客数量，这使得城市就业减少且有经济损失。到2030年，洪水和海平面上升预计会使得该城市的旅游业减少3500万到4200万欧元，农业减产1000万到1700万欧元。[177]研究表明，如果因为海水变暖而导致珊瑚漂白、鱼类和珊瑚物种减少，那么将不再有游客前往博内尔岛和巴巴多斯这样有旅游景点的岛屿。[178]

农业部门同样易受气候变化的影响，因而依靠于农业的个人生计都会有危险。东南亚的低洼地区特别易受沿海侵蚀和洪水的影响，这有可能会导致耕地和渔业资源减少。在非洲的部分地区，生计和国家GDP高度依靠于农业部门，有些国家的农业部门GDP占国家GDP的比重高达70%。[179]对旅游业

和农业的遥远影响可能使得农村地区的人口迁移去城市中心，这会使得城市中心需要更多的设施和服务，但是这一现象并没有被很好地理解。[180]

公共健康影响
PUBLIC HEALTH IMPACTS

气候变化会导致当地天气情况——包括极端高温天气和严重天气事件——影响城市地区的公共健康。这一部分讲述了这些重要的健康因素，关注了与极端温度、灾害、流行病、健康服务和心理疾病相关的影响。还考虑了贫困如何成为一个加剧气候变化对健康影响的复合因素。

气候变化会导致高温（例如热浪）延长，还会导致干旱。热浪发生变多有可能会提高热压的发生率和热相关的死亡率。[181]高于平均夜晚温度的温度和替代传统人类身体从热压自我恢复的时期的热压一起整天发生。[182]特别的，连续很多个夜晚高于正常温度会对健康带来消极影响，会导致热相关的疾病和死亡。[183]例如，据称2003年横跨欧洲大部分的热浪导致了超过20000人死亡。那年夏天是自1540年以来最热的夏天，甚至到21世纪末都可以成为标杆。[184]持续高温在法国增加了了死亡数，使法国的死亡数达到历史平均值的140%，而在英格兰和威尔士则有报道超过2000人死亡。[185]在美国，高温导致平均每年有400人死亡，还有更多的人住进了医院。[186]纽约（美国）的气候变化影响计划进一步显示，呼吸系统相关的病例和住院人数由于气候变化显著上升。[187]

随着更多的人搬入城市居住，城市的温度越来越高，社会快速老龄化，热相关的死亡威胁在未来将会更加严重。[188]由于城市热岛效应，城市居民因为高温而死亡的危险性特别高。[189]然而，上报的因为高温而死亡的案例明显少于实际数值，因为目前还没有被广泛接受的定义热相关死亡的标准。通常，原先存在的病因会被列为病人的死亡原因，而不会考虑环境因素。[190]

灾难性的事件对于公共健康同时有立即和长久的影响。例如，在1950年到2007年发生的238起自然灾害中，66%的灾害与气候有关，而其中大部分与风暴或洪水有关。[191]最近在马尼拉（菲律宾）及周边地区发生的洪水的受灾人数大约为1900万，有至少240人死亡。2010年横跨巴西东北部城镇的暴雨引发了洪水，导致了至少12万人无家可归，至少有41人死亡。[192]随着降水强度和降水频率增加，将会有更多的居民面临受伤和财产损失的危险。

风暴强度增加、严重风暴的发生频率增加使得城市地区及其居民健康面临更大的威胁，例如最近在巴基斯坦，一场洪水导致了1100人死亡。[193]洪水和风暴除了会立刻导致人员伤亡，还会给提供健康相关服务的设施带来长期性的损坏。停电则会中断医院服务，例如2002年在德累斯顿（德国），易北河泛滥影响了该地区六个主要医院中的四个医院。[194]同样，如果水处理设施被结构性地破坏或被断电，洁净供水将受牵连。

物理性的气候变化，包括温度、降水量、湿度和海平面上升，会改变某些传热病的传染范围、生命周期和传播速率。如前文所述，洪水会给供水带来污染物和疾病，在发展中国家和发达国家这与腹泻和呼吸疾病发生率上升有关。[195]心理疾病也会随着风暴和其他灾害的增多而增多。飓风或其他灾害过后，人群中通常会有创伤后紧张、焦虑、悲伤和抑郁等情绪。[196]地方空气质量下降是气候变化的更为久远的影响结果，这会威胁健康。导致烟雾的空气污染物的光化学反应会加剧气温上升。例如，在加利福尼亚州的洛杉矶（美国），当气温在22℃以上时，1℃的温升会导致烟雾发生率增加5%。[197]

疾病事件和环境及人口因素的复杂关系使得它们之间的因果关系很难被发现，而气候变化有可能会加剧全球疾病负担。世界卫生组织将每年至少150000个与20世纪70年代以来发生的死亡案例归于与气候变化相关，还估计由气候引发的疾病危险导致的死亡率到2030年将翻倍。[198]疟疾可能会给撒哈拉以南非洲国家的发展中国家的人们带来严重问题。相反，在中美洲的部分地区和亚马逊流域，降水量的减少可能减少疟疾传播的概率。[199]气候变化可能还会影响许多其他疾病的传播，包括登革热、鼠源性疾病和痢疾。[200]

如本章后文所述，疾病会减弱整个社区和含有某些人群（例如低收入人群）的小群体的抵抗能力。由于最贫困的城市居民通常缺乏可移动性、资源和保险，所以不论立刻的还是长期的健康影响都会影响他们。这些居民同时也占据着城市最典型的高危区域。以上这些影响和其他影响将在本章接下来的部分进行讨论。

社会影响
SOCIAL IMPACTS

人类住区受气候变化影响的程度不仅取决于物理性变化的特性和等级，还取决于每个城市的社会经济特征。例如，不同城市在经历相同的飓风后的死亡数等级可能会不同，基于相关财产和设施的不同经济损失。在城市内部，相同的天气事件和气候情况会对不同的人群有不同的影响。气候变化对于不同个人群体的影响不同，例如边缘化的少数民族、女人和男人、儿童和老人。相对于气候变化的其他影响，气候变化的这些影响至今都很少受到关注。

气候变化对于城市地区的已知弱势群体的影响如下所述。与此同时，应承认和面对城市地区的特定群体有混合的受害者。如果个人、家庭和社区一次性受超过一种的影响，他们在准备和对抗他们已经遇到和将遇到的影响时极其困难。气候变化的影响会放大性别和种族的区别，相比于其他群体，气候变化通常会更多地影响到贫困的少数民族和贫困的女性这些群体。由于个人会失去他们的生计和财产，所以气候变化的这些影响通常会加剧他们的贫困程度。疾病和损伤是导致贫困加剧的两个最为重要的因素，它们对于贫困者的影响超过它们对于其他群体的影响。[201]当边缘化的群体承受了气候变化带来的最大后果后，就会开始有恶性循环，这使得他们无法摆脱贫困，使得他们易受进一步气候变化的持续影响。城市规划者和政策制定者因而通常抱怨一次性面对众多社会问题。如果人们开始理解与这些特定群体相关的气候变化动态特性，那么就有可能会制定决策来尝试打破这一恶性循环——例如，可以促进将典型的边缘化群体纳入到规划中，从而在灾难发生时和相应的准备阶段可以提前满足这些群体的独特需要。

贫困
Poverty

气候变化被认为是分布式的现象，因为它对于基于财富和资源获取的个人和群体影响不同。通常，发达国家和发展中国家的低收入家庭最易受气候变化的影响，主要因为他们所拥有或者可利用的财产的规模和特性（见专栏4.8）。气候变化与收入之间的相互作用并不仅仅影响发展中国家。在同一灾难发生时，很多发达国家的贫困社区比富裕社区糟糕很多。当卡特里娜飓风席卷新奥尔良（美国）时，那些没有汽车和经济能力疏散的居民遗留了下来。一些受灾最重的低地势社区往往也是最贫困的，这使得那些拥有的资源最少的人承受最多资源遭到毁坏。[202]

有研究建议，最易受气候变化的脆弱性及其社会分布的方式可通过考虑以下六个重要问题来最好地理解：[203]

气候变化会加剧全球疾病负担

气候变化对于不同个人群体的影响不同，例如边缘化的少数民族、女人和男人、儿童和老人

专栏4.8　城市贫困与气候变化的影响
Box 4.8 Poverty and climate change impacts in cities

在任何城市中心，贫困群体面临更多的危险是很常见的，主要原因包括：

- 贫困群体更易暴露在危害下（例如居住在泛滥平原或不稳定山坡）；[a]
- 贫困群体的房屋和基础设施无法很好地起到减少危险的作用（例如房屋质量差，房屋中无排水系统）；
- 贫困群体适应能力弱（例如由于缺乏足够的收入或财产而无法搬到条件较好的住房或较安全的居住地点）；
- 贫困群体缺少正式灾难援助条款（例如需要对于重建或修缮房屋和居民生计的应急响应或紧急支持；事实上，国家限制在安全地区建屋居住的举措可能增加暴露于灾难的风险）；[b]
- 贫困群体缺少法律和财政保护（例如法律上没有给出房屋保有权的时间；缺少保险和防灾资产）。[c]

资料来源：a Ruth and Ibarrarán, 2009, p56; b Syukrizal et al, 2009; c Bartlett et al, 2009; Hardoy and Pandiella, 2009

1　谁居住或工作在最暴露在与气候变化有直接和间接联系的危害的地方（例如有洪水和滑坡危险的地方）？

2　谁居住或工作在缺少降低危险的设施（例如降低洪水危险的排水沟）的地方？

3　谁缺少采取紧急措施来减少影响（例如在灾难发生前转移家庭和财产）的信息、能力和机会？

4　谁的家庭和周边在灾难发生时面临最大的危险（因为差的建筑质量给居民及其实物资产提供较少的保护）？

5　谁最没有能力应付这些影响（包括疾病、损伤、财产损失和收入损失）？

6　谁最没有能力避免影响（例如通过建造更好的家园、建造更好的设施或者搬至更安全的地方）？

最易受气候变化影响的城市居民是贫民窟和违章居住点的居民

发展中国家的城市人口中有很大一部分居住在不适合建造房屋的地方——例如泛滥平原或者山坡或者易于发生洪水或受到季节性暴风、海浪或其他天气相关危害影响的区域。[204]这种地方大多由低收入家庭占据，因为"更安全"的地方已经超过了他们的财力。同时，全球城市人口中居住在低海拔沿海地区的人口数在增长[205]——有很多针对特定沿海城市的研究显示，大部分最为危险的群体中都是低收入者。[206]

相比于发展中国家，保险在发达国家城市内的覆盖面通常更广

对于气候变化的影响缺少信息、能力和机会来采取应急措施以减少影响的人，在很多低收入居住区会发生由气候变化引起的破坏，对于居民来说发生这种情况并不一定是因为缺乏知识或能力，但是对于刚来到这些低收入居住区的家庭来说可能是这样。[207]有时候这些非正式居住区的居民即使知道即将到来的风暴可能会威胁到他们的家园，通常他们即使得到了提醒也不愿意搬走。他们不愿意搬走的原因有：担心会被掠夺者抢走贵重物品，不确定他们的现金足够他们搬到他们想去的地方，担心如果他们的房屋和居住点遭到毁坏后政府不允许他们回来。例如，在圣达菲（阿根廷），大规模洪水影响大部分人口的情形已经很常见——但是很多居住在非正式定居点的居民宁愿冒着洪水的高危险也不愿意搬走，因为他们对警察阻止掠夺的能力没有信心，还担心由于他们没有合法的房屋/土地保有权，政府可能不会允许他们回来。[208]

对于在危害发生时冒着最高危险的家庭和社区来说，由城市极端天气引起的灾害的研究认为，大多数死亡者或严重受伤者和损失最多或全部资产的人来自低收入群体。[209]很多灾难仅仅影响特别的非正式居住区和其他贫民窟的居民，而且多数这样的灾害并没有国家或国际灾难记录。[210]这些非正式居住区的居民甘愿冒如此大危险的原因很明显：基础不足的低质量房屋、房屋内过度拥挤、缺少设施等。多数低收入群体居住在没有空调或适当保温的房屋内，当热浪发生时，很年幼的人、老年人和健康不良的人将会特别危险。[211]例如在印度的城市中心：

> 最易受气候变化危害的城市居民居住在贫民窟和违章拘留区…他们被很小的危害他们生计、收入、财产、资产和有时他们生命的事件多样挑战。由于系统地从城市的正式经济——基础服务和权利，进入合法土地和房屋市场的不可思议的高准入门槛——中脱离，很多贫困者居住在有危险的地方，由于受医疗环境差、供水质量差、缺少或没有排水系统、没有固体垃圾回收服务、空气和水污染和周期性被驱逐的威胁，这些贫困者面临多重环境健康危害。[212]

由灾难引起的经济震荡在灾难发生后仍会持续数月甚至数年之久。因此，一个城市受保险保护的人口数等级在很大程度上决定了灾难的影响程度。相比于发展中国家的贫困家庭典型地完全缺乏保险，保险在发达国家城市内的覆盖面通常更广。[213]然而，发达国家的低收入家庭也可能会在公共平均值不均衡或私人保险成本较高的地方被剔除。不像他们富裕的参照，低收入家庭通常缺少在灾难发生后可以用于减轻损害的资源——例如医疗保健、结

构修复、通讯、食物和水供给。[214]在缺少充足的恢复帮助的情况下，贫困者通常牺牲健康、孩子的教育和各种剩余资产来满足他们最基本的要求，这就进一步限制了他们恢复和摆脱贫困的可能性。[215]

显然，气候变化不成比例地影响了发达国家和发展中国家的低收入群体。尽管这些分布影响在国际或国内水平上远没有合适地处理，贫困和气候变化之间的关系已经稳定存在于气候变化的谈论中，它已经出现在很多国际组织（例如经济合作与发展组织、世界银行）的焦点小组、会议和报道中。[216]

性别
Gender

在很多城市中心，不同性别的人暴露在气候相关灾害中的机会不同，他们躲避、处理、适应灾害的能力方面有很大差别。[217]这是因为不同性别的人在生计、家庭角色、生产消费模式及其他行为方式、危害认知这些方面有差异，在一些案例中在灾难发生时和发生后不同性别的人对计划和救助处理的方式不同（见表4.4）。

通常在自然灾害发生时，女性，尤其是贫困的女性，比男性承受更多的痛苦，死亡人数也比男性多，更严重的灾害与更大的相关风险差异有关联。研究发现相比于其他社会经济群体，贫困的女性会面临洪水或飓风的更多的直接伤害。[218]1991年，发生在孟加拉国的一个气旋导致的女性死亡人数是男性的五倍。[219]印度尼西亚的四个村庄在2005年海啸中的女性死亡人数占总死亡人数的比例超过3/4，而在Cangkoy河口的村庄，也就是受海啸毁坏最为严重的地方，女性死亡人数占总死亡人数的比重超过80%。[220]在富裕国家，性别的影响也很明显，尤其是在贫困的社区这样的影响更为明显。例如，在

2003年席卷法国的热浪中，大约70%的意外死亡为女性，不过这个数字可能有较高的人为因素，因为在高龄群体中女性比男性多。[221]

某种意义上，可以将灾难中女性死亡数占总死亡数比例高的原因解释为女性在世界贫困人口中占的比例高，也就是前文说过的最为脆弱的因素。然而，这一统计数据会遮掩很多其他使得女性比男性更危险的重要因素。在发展中国家，女性通常无法与男性平等地使用资源、贷款、保险、服务和信息。女性的社会文化角色和典型的给予他人关怀的责任通常会妨碍她们在灾前和灾后迁移和寻找避难所。在很多案例中，女性可能不被允许独自旅行，她们还可能被妨碍学习在灾难发生时需要采取的自救技术。另外，女性经济收入低，这也增加了她们面对灾难时的脆弱性。家园被摧毁或破坏通常对于女性的收入影响超过男性，因为女性通常在家园的活动中获得收入，所以当家园被摧毁后她们会失去收入来源。[222]在女性获取资源的能力、女性的社会状态和男性相近的地方，性别间的死亡率差异会小很多，事实上可以说与有广泛的性别不平等的社会相比该差异可以忽略。[223]

灾后分布救助的方法进一步加剧了性别的脆弱性。在发展中国家和发达国家，不论是正式救助政策还是文化规范，女性能获取到的救助都可能受限。[224]例如在孟加拉国，传统上女性在灾后接受救助的困难较大，因为他们需要在家照顾孩子，这使得她们难以前往灾后恢复中心排长队。不过提供上门服务的扩充的恢复系统正在帮助解决这一问题。[225]

由女性当家的家庭通常无法接受她们所需的救助，因为灾难救助局限于使男性恢复，这样他们可以重返工作岗位，或者因为男性当家的家庭有接受救助的特权。[226]例如，在安德鲁飓风席卷迈阿密（美

女性，尤其是贫困的女性，比男性承受更多的痛苦，死亡人数也比男性多

女性经济收入低，这增加了她们面对灾难时的脆弱性

脆弱性的各方面	对城市脆弱性的促进	对气候脆弱性的促进
劳力和"贫困时间"的性别分布	女性有责任进行"生殖"劳动；缺少时间参与"生产"劳动	用于恢复能力和应对灾难事件的金融资产有限
各性别的社会责任	女性有责任进行"生殖"劳动；缺少时间参与"生产"劳动	获取食物、水和医疗环境被破坏使家庭责任增加；照顾儿童、病人和老人所需时间增加
各性别的文化期望	约束女性活动和参与某些活动	由于缺乏技术和知识灾难时死亡率更高
对土地和财产的不平等权利	获取生产资源受限	投资更有恢复力的土地或避难所的能力有限
女性在非正式居民区人数增加	工资降低，缺乏经济保障	房屋和社区的毁坏严重影响女性收入，因为女性收入活动通常在家进行
公共场所的安全和保障	使用公共空气自由受限	临时住宿/变更住宿有特殊问题；性虐待和性暴力比例高
规划过程中女性参与程度低	城市规划没有考虑女性和儿童的特殊需要	气候变化规划没有满足女性和儿童的需要；没有结合女性的观点可能导致更多危险

资料来源: IFRC, 2010

表4.4
性别与气候脆弱性
Table 4.4 Gender and climate vulnerability

国）之后，救助被分布于传统上由男性当家的家庭，而忽略了那时有很多家庭由女性当家的事实。[227]如果像灾后频繁会发生的情形那样，男性离开了家庭，女性又被认为不够资格接受公共救助，她们或许就可能被救助系统忽略。

同样的，创伤计划通常局限于男性和特定的女性，有时是唯一的需求。在风暴过后，女性通常不成比例地经历性暴力或家庭暴力。[228]灾害救援计划有时无法适当地满足女性的医疗需求，特别是那些与生殖和心理健康相关的人。在卡特里娜飓风过后，有创伤后应激障碍临床症状的女性数量是男性数量的2.7倍，很多人在事件过后很多年都无法痊愈，因为限制接受公共救援计划和缺少健康保险。[229]在很多案例中，男性在灾后可能面临更大的风险，因为他们可能由于性别角色和成规的原因而不接受创伤治疗。[230]在灾难救助计划中，男性的心理需求可能也被忽视了。例如，在2008年影响到比哈尔、印度和尼泊尔的克溪河泛滥过后，男性没有得到应有的心理开导。[231]

在发展中国家和发达国家，女性的生计限制也增加了她们面对气候变化时的脆弱性。有时女性接受的教育相比于男性较少，女性的工资还可能比男性低，尤其是在发展中国家（即使是同一工作）这一现象更为明显。相同的，在发达国家，就业机会和工资的性别差异是最大地加剧女性贫困率的因素之一。[232]很多发展中国家的婚姻习俗可能根本不允许女性在外工作，还可能不允许女性进入社交网络和大家族。[233]女性可创造她们自己的福利和获得资源及投资来帮助她们灾后恢复，然而她们的在这方面的能力有限。

女性通常被排除在有关气候变化的计划和讨论之外

此外，女性通常被排除在有关气候变化的计划和讨论之外，结果是在处理气候变化的过程和机制中没有足够地考虑到女性的观点和需要，如果她们完全被考虑到了。很少有证据显示在双边和多边项目资助的灾后适应活动中组织者付出了特别的努力来替女性考虑。而当把女性排除在这些计划过程之外后，相关组织就会错过了解女性对于缓解措施、自然资源使用、灾后改造和应对策略的独特见解的机会。例如，女性可以对灾后食物及贵重物品的储存保护、儿童生存策略教育、严重天气事件前后的结构强化提供重要信息，因为她们是以上这些的主要照顾者。[234]

年龄
Age

儿童特别易受气候变化影响，部分因为他们生理上未成熟

儿童特别易受气候变化危害，一部分原因是他们生理上还未成熟（见专栏4.9）。相比于成年人来说，儿童的认知能力和行为经验有限，所以儿童在处理灾难危险时会准备不足。他们易感染痢疾和疟疾——这在前文已经提到过，会在很多区域随着气候变化而增多。此外，儿童的身体健康损伤比成年人更严重、更持久，因为他们的身体和器官还在发育，[235]儿童较快的新陈代谢使得他们对于事物的持续需求比成年人更为紧迫。事物和供水短缺对于过着贫困生活的儿童的影响将特别快速而且很严重。[236]

儿童在处理他们的基本需求和采取措施来使他们的身体状况适应外部条件这方面的能力有限。成年人应对儿童的这些需求和其他的需求负责，包括提供信息。当成年人不在儿童身边时，这些和其他问题——包括有效沟通的能力下降和高度受限的移动性— 更为严重。

对于某些地方的儿童，气候变化带来的危险性增加（包括营养不良、肠寄生虫、痢疾或疟疾的风险增加）会侵害他们学习和成长的机会——例如通过低的认知能力和表现来学习和成长的机会。儿童的学习同样依赖社会和物理环境支持，还依赖于他们掌握新技术的机会。灾难通常导致学校正常运营一次性中断数月，而当家庭受到灾害冲击后儿童还有可能退学。

心理的脆弱性与恢复力的程度依赖于儿童的健康程度和内在力量，还有家庭变动和社会的支持程度。贫困和社会状态在这方面会有重要意义。应激性事件带来的损失、困难和不确定性会给让儿童付出很大的代价。在灾后，过敏、退学和家庭冲突程度加剧很寻常。成年人压力高会把儿童也卷进来，这会导致儿童更容易被忽视。长久以来，儿童受虐比例增长一直与父母忧郁、贫困加剧、财产损失或社会支持故障有联系。

在很多文章中，灾后或逃难时的搬迁、性命经济或房屋迁移破坏了通常情况下控制家庭和社区行为的社会控制。过渡拥挤、秩序混乱、缺乏隐私和日常惯例崩溃会加剧人们的愤怒、失望情绪和暴力行为。文章特别提到，这种情况下的青春期少女容易被性骚扰和虐待。这些物理性的和社会性的压力源在协同和累积作用下会在各方面影响儿童的成长。而随着这些难民长大，这些不正常的环境可能会成为越来越多的儿童的早期成长环境。

极端事件对家庭生命有很大破坏，并会加剧贫困程度。在艰难时期，儿童可能成为保持家庭稳定的有用的人。儿童可能会被迫辍学去工作或照顾兄弟姐妹。有些儿童可能被认为比其他人更可牺牲。在孟买（印度），很多年轻妓女都来自尼泊尔的贫困

专栏4.9 气候变化对儿童的风险
Box 4.9 Climate change risks for children

关于儿童及其脆弱性的研究认为需要强调以下与气候变化有关的风险，因为这些风险对于儿童的健康和生存已经证明有明确的影响。

- 极端事件中儿童的死亡率：在大多数发展中国家发生诸如洪水、飓风、山崩等极端事件时，儿童，特别是贫困人群中的儿童的死亡率极高。由于环境变化，包括极端温度、洪水和恶劣天气等原因，儿童死亡的可能性比全体人口高14%到44%。[a]例如，在坎帕拉（乌干达），儿童在洪水中溺死事件的发生数量特别高。[b]在尼泊尔所做的一项与洪水有关的死亡率的研究发现，2到9岁儿童的死亡率比成年人死亡率的两倍还高；学前女孩的死亡可能性是成年男子的5倍。[c]在尼泊尔，儿童的在洪水中的平均死亡率是成人的两倍，其中贫困儿童死亡率最高。[d]

- 饮水和卫生问题引起的疾病：5岁以下的儿童是卫生问题引起的疾病（主要是腹泻）的主要受害者（全球80%人因卫生问题获得疾病）[e]，因为他们的免疫系统还未发育完全，并且他们的行为使他们更易与病原体发生接触。这也导致这些儿童营养不良加剧，进而更易受其他疾病的侵害。干旱、暴雨或持续性降雨、洪水以及灾难后的状况——也包括气候变化引起的对许多城市淡水供应的限制——都加剧了那些低收入群体聚集的非正式定居点或其他区域的风险，而这些风险原本就已经很大。

- 疟疾、登革热和其他热带疾病：逐渐升高的平均气温正扩大热带疾病可能发生的区域，而其中儿童通常是受害者。在许多地方，最具威胁的热带疾病是疟疾。多达50%的世界人口是受害者。在非洲，疟疾引起的死亡人数中有65%是5岁以下的儿童。[f]疟疾也使得其他疾病更为严重，幼儿的整体死亡率增加超过两倍。气候变化也加剧了美洲许多国家登革热发生的速度。[g]

- 高温：幼儿和老人最易受高温危害。在圣保罗（巴西）所做的调查发现，气温从20℃开始每升高1℃，15岁以下儿童的整体死亡率就会提高2.6%（65岁以上老人也相同）[h]。幼儿的年龄越小，风险就越大。由于城市热岛效应、严重拥挤的环境、缺少露天场所和植被等原因，住在贫困市区的儿童死亡的风险最大。[i]

- 营养不良：营养不良通常由食物短缺引起（例如缺少降雨和其他影响农业的变化使庄稼歉收，或者在严重的突发事件中粮食供给被中断），同时也与不卫生的条件和儿童健康的一般状况有关。如果儿童已经营养不良，那么他们抵御极端事件的能力就很差。营养不良在各方面都会增大儿童的脆弱性，还会导致儿童长期的身体和精神发育不良。

- 伤害：在极端事件发生之后，受伤率上升。由于儿童体型小及成长未成熟，儿童特别容易受到极端事件的侵害，同时由于他们的体型和生理发育还不成熟，儿童更可能遭受严重的长期影响（如烧伤、骨折、颅脑损伤等）。[j]

- 护理质量：随着环境变得越来越不利于健康，护理人员面临更大的压力。这些问题在一次护理一个病人时很少出现——但风险因素往往很多。护理人员通常会被要求过高，而且他们会精疲力竭，这极有可能使得他们将儿童置之不顾，并在对于儿童健康生存必需的护理工作中偷工减料。

资料来源：a Bartlett, 2008; b Mabasi, 2009, p5; c Pradhan et al, 2007; d UN, 2007; e Murray and Lopez, 1996; f Breman et al, 2004; g World Bank, 2009c; h Gouveia et al, 2003; i Kovats and Akhtar, 2008; j Berger and Mohan, 1996

农村，因为在那里农作物产量不足，使得家庭不得不牺牲一个孩子来使其他人存活。

老人在身体和社会上与儿童一样脆弱。老人已有的疾病和身体疾病限制了他们的移动能力和应对能力，这会妨碍他们在紧急情况下疏散或寻找避难所的能力。由于他们的身体适应物理状态的调整能力比年纪小的人慢，他们可能无法察觉到过高的温度从而来避免中暑。经验证据表明，老人在自然灾害后的受伤率不成比例的高，而且热死亡率也较高。[237]一个在大洋洲做的有关气候变化的研究最近发现，在10个澳大利亚城市和2个新西兰城市中每年有1100个65岁以上的人由于热浪的原因而死亡。[238]

即使有相应措施可以帮助老人战胜他们身体的脆弱性，这些机制通常也只适用于富人。在从危险情况下转移时，老人比年轻人更需要帮助；但是贫困者可能无法负担私人转移费用。缺乏个人联系方

自然灾难后老年人显示不合比例的更高的受伤率和更高的热浪致死率

式、对陌生人不信任也降低了他们获得志愿者帮助的可能性，另外他们也不太可能从公共恢复和救助计划中获得经济援助。[239]

因此，老年群体的脆弱性和其他群体一样，在于对其经济状况的依赖。然而，在其他条件平等的情况下，由于大多数老年人失去了经济来源并往往缺乏资产基金，老年群体显示出不合比例的贫困率。[240]尽管发展中国家的贫困率和贫困等级更高，但发达国家的贫困老人更有可能独居并在社交上被孤立。

种族与其他少数民族（包括土著群体）
Ethnic and other minorities (including indigenous groups)

无论是在发达国家还是在发展中国家，种族和少数民族群体应对气候变化的脆弱性都呈现增长的趋势

发达国家和发展中国家的种族和少数民族群体应对气候变化的脆弱性也都呈现出增长的态势。差别性的待遇往往会把少数群体隔离到高危区域，而这些区域通常不能提供保险和贷款以抵御气候变化的影响。2007年比哈尔（印度）洪涝的大多数难民是居住在泛洪区和山体滑坡区的"低贱"的低种姓人群。[241]在新奥尔良（美国）地位最低、最脆弱的人群主要由非裔美国人组成，他们在卡特丽娜飓风期间遭受了最为严重的生命和财产损失。[242]

无论是在发达国家还是发展中国家，灾后的政府物资援助往往较少救济到种族和少数民族群体。救援人员可能并未在文化规范上受到合适的培训，或者重要的救援信息未能以有效的语言传达。[243]由于援助有时是以户作为一个家庭单元展开的，有些少数民族可能无法获得多数群体得到的援助。比如，美国佛罗里达海地居民在经历热带风暴损害之后，人们发现联邦应急管理署的援助不足，原因是出现了好几个家庭组成一户的情况。[244]南亚近年来的灾害中还出现某些群体在灾后救济时被彻底排除在外的情况，包括2008年发生在比哈尔邦、印度、尼泊尔的科西河洪涝，2005年的克什米尔地震及2004年的印度洋海啸。对这些灾后救援重建工作的评估揭露了针对妇女、贫困者、土著群体和残疾人士的歧视政策和人权虐待。[245]此外，政府对少数群体的看法和一些事件中的歧视先例也让这部分人对寻求救援失去信心。[246]

全球气候变化导致环境恶化，干旱和海平面的上升可能导致国内和国际移民量的增加

同样，许多地区的土著民族面临着增加其脆弱性的历史因素。土著民族普遍在与援助和救济方案有关的决策、教育、医疗保健和信息方面被疏远。此外，土著人民往往缺乏土地保有权保障的保证和财产权的法律认可，并有可能在他们搬离原住地的时候迫使其定居到危险区域。[247]合法财产的缺失也会限制土著人民适应气候变化的能力，例如特别是当他们的适应性策略包括干旱驱动的季节性迁移。[247]如果他们的传统适应性方法被限制而不得搬进新的区域，他们就可能无法应对变化的气候条件。[248]

强迫性迁徙和强制性移民
DISPLACEMENT AND FORCED MIGRATION

每年都有超过数以百万计的人口迁移，其中跨越国际边界进入发达国家的人口超过500万，而发展中国家的迁入和内部的迁徙数量更大。[249]人口迁移的原因复杂多样并且相互关联，有证据显示，恶劣的环境条件能促使群体或个人的迁移。随着全球气候改变引发的环境恶化、干旱、海平面上升将导致人口永久性的迁移，并因此带来国内和国际人口迁移的增长。移民一词本身没有受迫的含义，而是指一个人改变居住地，要么迁移跨越国际边界（国际移民），要么在原籍国内迁移（国内移民）。[250]本节描述了环境在迁移中的观测作用和对气候变化引起的未来人口迁移的预测，以及迁移的结果。

世界各地均有记载表明人口迁移是突发性自然灾害和缓慢变化的环境条件综合作用的结果。2008年仅突发性自然灾害便导致了大约两千万的人口转移。[251]洪涝和严重的风暴与菲律宾、中国和朝鲜的人口迁移密不可分。[252]20世纪60年代以来数十年的干旱和土地退化迫使巴西东南部八百万居民迁移到巴西中心和南方区域。[253]在Ghana（加纳），研究发现了干旱引发的从西北到中部和南方的国内迁移的证据。原住地贫困的农业生态条件和相对湿润的南方易得的沃土共同促使北方的加纳人移居到国内中部地区。因此，加纳西北部30.8%的出生人口现在居住在其他地方。[254]

由于很难把大多数的迁移事件归结到一个原因，环境相关的迁移数据尚有异议。对永久性和暂时性的历史迁移事件的评估表明环境质量下降是导致迁移的重要推动因素，但通常不是唯一因素。作为一项更加复杂的问题，环境退化本身可能不仅仅由于气候变化的影响，也可能是战争、政治动荡、人口过多、普遍贫困带来的副作用。变化的环境状况可能会激化诸如冲突或粮食短缺等长期存在的问题。迁移涉及的诸多因素互相纠缠，不可能归咎到一个单一的起因上。

任何特定群体应对环境变化的反应取决于各种社会经济和历史因素。在最不发达的国家，农村经济活动受到环境状态的影响（比如干旱），移民通常是暂时性的并且是区域内部的。[255]如果社会能适

应缓慢的环境变化，人们可能只进行季节性的迁移或者是个体临时迁移，并将资金寄给留下的家庭成员。而突发性的自然灾害通常迫使人们迅速地迁移到一个安全的地方，贫困人群通常没有财力迁移，再加上灾害中造成的财物损失，只会使低收入家庭重新定居的可能性更低。[256]

据预测，到2050年，受气候变化影响的移民量平均达到2亿。然而预测很大程度上取决于气候变化的幅度和突发程度。[257]尽管预测全球迁移模式困难重重，但是部分应对危机因素能力较弱的地区还是会受到严重影响。低海拔的居民易受到气候引导性迁移的影响，特别是在其他不利因素也存在的情况下（比如人口过剩）。包括巴哈马群岛、马绍尔群岛和基里巴斯共和国在内的小岛国家整体海拔在3米或4米以下，因而当地的人口不得不随着海平面上升和沿岸的下沉而整体迁移。[258]

确立迁移人口有可能重新定居的地方是困难的。在大多数历史案例中，迁移人口会转移到本国的其他区域。虽然我们不应该把农村到城市的迁移假定为全球环境退化导致的结果，但这已经成为全非洲和亚洲城市化的重要组成部分。在农业成分很重的地区，迁移人口更多的是在农村区域之间转移而不是从农村转移到城市。在快速城市化的国家（比如拉美和加勒比地区的国家），城市之间的移民已经是司空见惯。农村到城市的迁移常发生在经济发生增长或者出现扩张性制造业或服务型经济的时候。[259]然而，当国内迁移不能实现，或者国家间存在文化或历史关系时，国际迁移是有可能发生的。

迁移有可能导致社会分裂或者冲突，取决于迁移的规模和性质，特别是当迁移使得原来就存在社会或文化冲突的民族相互接触。城市的新增移民也可能被视作就业或资源的竞争对手，引起信任危机甚至产生冲突。社会分裂特别容易发生在城市较难容纳新居民的发展中国家。此外，许多发展中国家普遍存在的政治不稳定，在最佳情况下不能缓和冲突，最差情况下还会加剧冲突。[260]

强迫性的移民也难以抵御与气候或其他方面有关的一系列威胁。这些移民经常面临健康和人身安全的威胁，而在全球的某些地区，还有人口贩卖和性虐待的危险。[261]这些问题的性质和级别取决于移民发生的地点、涉及的人数，以及移民发生和准备的时间跨度。

越来越多的证据显示，生活、移民、资源短缺的威胁都有可能成为暴力冲突的源泉，同时也表明气候变化能直接或间接地影响这些趋势。[262]事实上，联合国安全理事会认为气候变化对人类安全的威胁等同于资源短缺和水资源紧张，并且人口迁移可能会导致竞争和冲突。[263]尽管如此，气候变化、人身危险、暴力冲突之间特定的因果关系还有很多不确定因素。关于冲突的更多研究，特别是在区域层面的研究，将更有助于我们判断当今和未来哪些地方需要政策干预。[264]

确定易受气候影响的城市
IDENTIFYING CITIES VULNERABLE TO CLIMATE CHANGE

与气候变化有关的脆弱性概念同样适用于较大的系统，比如城市、城区，或者是资源和生态系统服务。本章本节描述与暴露风险和适应能力有关的城市地区脆弱性的主要指标。城市不仅仅是气候变化的特定脆弱性的根源，同时也是资源和新思想聚集的中心、技术创新的容纳中心。从这个意义上来说，尽管城市面临着气候变化带来的相互作用的威胁因素，但在向其他城市提供工具和经验的同时也具备应对气候变化的能力。

城市化
Urbanization

正如在第一章指出，全球范围内的城市化程度都在增长。城市中心的人口增长有可能急剧加重气候变化带来的影响。人口增长意味着对自然资源的更大需求，包括能源、食物和水资源，并带来大量的废品。因此，对于那些还存在资源短缺问题的区域来说，城市化可能会成为显著的脆弱性因素。人口增长也有可能会导致更严重的城市热岛效应，这有可能会成为南欧那些典型的小而紧凑型城市的特殊挑战。

在人口急速增长的地区，对供给住宅、基础设施和服务业等需求的增长速度也会远高于供给速度。这有可能会导致危险区域的开发，或使用不适当的建筑材料和技术。在发展中国家的很多案例中，在某种程度上，由于人口增长的速度超过了经济适用房的建设速度，城市贫民区的范围扩大了。无计划的人口增长也有可能导致城市住区的蔓布，并会侵占自然洪涝和风暴的缓冲地带。

城市化在发展中国家的比例较高，而相对于发达国家，发展中国家应对城市化结果影响的准备是不足的。对于世界上的这些区域来说，人口增长可能成为急剧的危机增长因素，将移民聚集在没有基础设施和相关服务的高危区域，并且加速环境的恶化。随着城市加速带动周边区域的城市化，城市暴

据预测，到2050年，受气候变化影响的移民量平均达到2亿

城市中心的人口增长有可能会急剧加重气候变化的影响

露在气候事件下的概率就会增加，因为发展模式扩张到了应对气候变化和极端气候事件的能力更加脆弱的区域。[265]

城市地区面临着应对气候变化的脆弱性与恢复力的双重问题。一方面，大城市由于较大的城市面积和人口数目，相对于其他区域来说更容易受到气候事件的影响。[266]另一方面，由于大城市能集中来自全球的人力物力来帮助进行救援和恢复工作，对于人力和经济资本的重要积累允许它们更高效地计划和应对极端的气候事件。[267]此外，适应性的改变也会相当昂贵，因而，大城市通常能通过工程工作和早期的报警系统得到更好的保护。[268]然而，这个结论在发展中国家并不一定适用，由于贫民区普遍，不充足的管理和有限的自然资源会削弱其恢复力。[269]

尽管这些固有问题和增长的城市人口密不可分，但大多数问题可以通过城市规划来缓解，从高危地区转移增长人口，对建筑物执行能源和水利用效率标准，以及城市热效应最小化。因此，城市化作为城市脆弱性的一种附加来源的影响程度往往取决于未来人口预测与城市层面上的土地使用和基础设施规划的整合。

经济发展
Economic development

在发展中国家和发达国家，气候变化影响的方式并不相同。危机往往倾向于发展中国家，对于相似的灾害，发展中国家较发达国家会有更多的人口面临自然灾害的危险。[270]由于发展中国家经济力量普遍匮乏，气候相关危险的影响最小化能力和适应性能力受到限制，因而其脆弱性加重了。研究将城市沿海人口规模和经济（如国民生产总值和人均国民生产总值）与海平面上升的脆弱性联系起来。[271]以发达国家城市和发展中国家城市风险差别为基础的其他问题包括基础设施和城市规划整合与欠缺、资源和信息的有效性、危机意识的等级、疾病和营养不良的存在，以及对自然资源的依赖。

发展中国家城市经常缺少危机应对计划、早期警告系统以及当灾难不可避免的时候将移民安排到较安全的地区的能力和先见。这些城市当地的领导机构并没有应对自然灾害的能力，而即便有应对灾难的法律和计划，由于缺少人力和财力去实施也无法有效的执行。比如，发展中国家的当地领导机构最小化洪涝影响的能力相对于发达国家来说是颇受限制的，包括通过实物保护，比如复杂的现代水处理和收集系统、防洪系统和其他危机缓冲系统。此

外，由于资源的普遍匮乏和不平等分配，政治动荡和腐败，许多发展中国家城市缺少像富有国家中帮助救援恢复的政府机构和非政府机构网络。[272]其结果就是发展中国家在发生洪涝或者其他极端天气事件时会遭受巨大的人身损失，并且难以重建基础设施和经济。不仅如此，一项最近的研究结论表明用以指导在最不发达国家和小岛屿国家适应性反应的国家适应行动计划（NAPAs）保护公共健康免于气候变化影响是不足的。[273]

当地收入来源的多样性是气候变化对城市影响等级的一个更深入的重要方面。如果城市依靠少数的产业作为当地经济产值的主要来源，那么当这些经济活动受到气候变化影响，由于短期的金融损失和长期的经济下滑，这些城市就会严重受到影响。在那些经济成分多样化较少的地区，一种产业的缺失使得失业工人很难找到其他就业渠道。比如在威尼斯（意大利），洪涝对旅游业和水产业的影响会使城市的未来变得不确定。

高低收入群体的差别程度是增加城市脆弱性的一个附加因素。在发达国家和发展中国家城市，最穷的群体往往是受到自然灾害打击最严重的也是最没有能力处理一系列的气候变化影响的。那些收入差距大和贫民数量多的城市有着固有的高脆弱性。

有些发展中国家城市由于受到疾病暴发或者慢性营养不良的限制，可能不能准备好应对或者处理气候变化。不健康的人口降低了可移动性并可能对水和食物短缺特别敏感。举个例子，HIV（人体免疫缺陷型病毒）和AIDS（获得性免疫缺陷综合征）的流行被认为是导致马拉维人对区域干旱影响得越来越脆弱的首要原因之一。[274]疾病的影响并不仅限感染个人，而是削弱整个群体的免疫能力。随着大比例的人口得病，食物和经济产值下降并导致高贫困率和营养不良群体的高比率。[275]很显然，类似的影响不仅仅会发生在艾滋病流行区，那些经受瘟疫、流感和其他传染性疾病暴发影响的地区也会受到影响。

物理暴露
Physical exposure

一个城市地区应对气候变化危机的脆弱性程度一部分取决于城市有多少人口和经济资产位于高危地区（如暴露）。在许多情况下，暴露程度是城市地理位置的功能之一。许多世界上最大的城市建立在应对气候事件较脆弱的地区，比如低海拔沿海地区。尽管低海拔沿海地区仅占全球陆地的百分之二，其容纳的人口数却占了全球总城市人口的百分

在发展中国家和发达国家，气候变化影响的方式并不相同

一个城市地区应对气候变化危机的脆弱性程度取决于城市有多少人口和经济资产位于高危地区

之十三。[276]这一地区的沿海城市，仅仅由于靠近海域，无论是人口还是资产都高度暴露于海平面上升、风暴潮和洪涝的威胁之中。

物理暴露也与城市内的土地使用规划有关，包括已知高危地区的不间断发展和自然保护地区的破坏。[277]沿海群体侵占湿地、沙丘和森林地区，增加了洪涝的可能性，以及所有对房屋结构、交通网络和水体质量的相关影响。[278]

薄弱的结构防御机制和建筑规章的疏忽进一步增加了高危地区城市的脆弱性。海堤、防洪堤、排水沟和水泵能降低风暴潮和暴雨导致的洪涝发生的概率和强度，而房屋和交通运输系统的加固措施能在洪涝来临时限制损害。那些结构防御不充足、陈旧的以及基础设施亟待修复和更新的城市经常是气候变化危机的高脆弱性地区。比如，日本城市的结构防御体系使其在暴风灾难里的损失要比菲律宾城市少得多，尽管日本的暴露危机普遍较高。[279]

特别是贫民区的基础设施增加了居民应对气候变化影响的脆弱性。2010年，将近32.7%的发展中国家城市人口居住在贫民区中，[280]这些人群特别容易受到气候变化的伤害。贫民区的定义特征——即结构质量不合格、缺少基本服务、人口过剩和社会排斥——很明显表明居住人群特别容易受到气候变化的影响。[281]由于将房屋建在特别危险的地区，包括峭壁或者洪涝平原，贫民区的灾害风险往往很高。比如在奈洛比（肯尼亚）由于城市规划的不合理导致泛洪平原地区的居住和商业发展，限制了水流并提高了洪涝的可能性。[282]由于缺乏合理的排水系统，这些居住点面临着快速的洪水冲击，就如同在1999年加拉加斯（委内瑞拉）附近和2005年6月份孟买（印度）发生的那样。[283]在莫桑比克，政治土地分配系统和高地价迫使城市居民居住在排水系统不完善的无监管贫民区和非正式居住区。结果在2000年的特大洪涝灾害中，一部分城市地区城市贫困人群受到了不同程度的影响。[284]专栏4.10进一步说明了洪涝对坎帕拉（乌干达）贫民区的挑战。

城市管治与规划
Urban governance and planning

城市中心预防和应对气候变化的能力很大一部分和当地管理质量及公共机构网络能力提供居民帮助的能力（在第五章和第六章会详细讲述）有关。城市管治与规划可以通过定向的适应性融资、拓宽慈善机构能力、缩小脆弱性驱动力来提高应对气候变化影响的恢复力。[285]在管理体系薄弱的城市地区，由于政治动荡，政治议程未涉及气候变化或者

专栏4.10 贫民区应对气候变化的脆弱性：乌干达坎帕拉的案例
Box 4.10 Vulnerability of slums to climate change: The case of Kampala, Uganda

乌干达的首都坎帕拉正经历着快速的城市化和贫民区扩张。目前，超过一半的城市人口居住在不正规的居住点，这些居住点卫生条件差，基础设施不足，垃圾清理服务缺失。

在这些地区，即便是相对少量的降雨也可能导致洪涝。由于大范围建设，复杂的道路系统，以及垃圾残渣的堆积，地块的自然排水能力受损。因而流量是在自然环境中的六倍之多，这使得这些地区在雨天时情况危险。每年洪水相关的灾害导致贫民区居住人口的死亡，其中有很多是孩童。只有一小部分人口能用到下水道，因而洪水会带来粪便并且传播霍乱等腹泻病。

降水量增加的多变性和更加强烈的暴风与坎帕拉贫民区的现存问题交织在一起。气候变化有可能会增加洪涝的发生率并加速疾病的传播，比如疟疾和水体疾病。这里的气候变化会加剧贫困，特别是贫困的妇女群体，她们相对于男性来说难以获得贷款和财产，也往往在决策制定过程中被排除在外。

资料来源：Mabasi, 2009

政府资源缺乏，很容易受到气候变化的影响。在发展中国家的很多城市，人口持续增长而缺少有效的城市规划，其结果就是带来会增加气候变化影响的居住条件和受到如海平面上升、洪涝和沿海风暴威胁的沿海地区等脆弱性地区的开发。类似的，薄弱的建筑规范和标准（或者缺乏执行力）使得单独户主和整个群体的脆弱性增加。[286]

民间团体机构-包括社会群体组织、非政府管理组织、宗教信仰组织，以及少数群体和妇女组织-帮助灾民应对和适应变化可以缓和脆弱性。对于没有被充分代表的少数群体来说，这些可能是特别强大的资源，妇女和土著人群的独特需求经常被忽视，即便当地的气候变化是政治机构关注的焦点。缺少这些资源的城市就可能在应对变化时特别脆弱。

灾害防备
Disaster preparedness

从20世纪50年代以来，全球范围内的自然和人为灾害都有所上升，与此同时是全球城市人口数量的上升（见图4.2）。[287]随着气候持续变化，滑坡、洪涝、暴风和极端温度等灾害会更加频繁和强烈。因而应对气候变化的城市脆弱性依靠灾害防备，国际减灾战略署秘书处将其定义为"为确保应对危害影响的有效反应而事先采取的行动和措施，包括及时有效的警报发布，危险区域内人员和财产的暂时

由于贫民区物质上的基础设施简陋，增加了当地居民受到气候变化影响的脆弱性

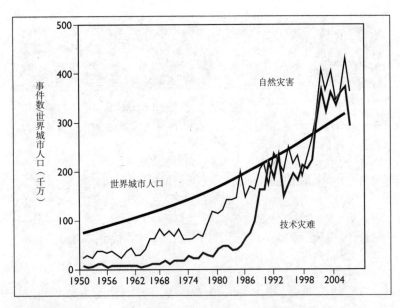

图4.2

世界人口与有记录的自然和技术灾害（如工业和交通意外）（1950-2005年）
Figure 4.2 World population and recorded natural and technological disasters (e.g.industrial and transport accidents) (1950-2005)

资料来源：UN-Habitat, 2007, p170

城市应对气候变化的脆弱性因而取决于灾害防备

性疏散"。[288]

灾害防备可能与管理、慈善机构救助能力以及居民对信息的可获取性有关；但这并不意味着较贫困的国家或城市总是准备不充分的。比如说，古巴尽管作为一个相对贫穷的国家，但却实现了高效的灾难准备机制。与之形成对比的是，美国作为一个相对富有的国家，事实证明有时候面对灾难还是准备不足；比如卡特里娜飓风袭击新奥尔良的城市之前和之后的应急工作都是不足的。

结语和政策经验
CONCLUDING REMARKS AND LESSONS FOR POLICY

气候变化影响与城市环境有关，许多影响将来会继续加重现存的脆弱性问题和社会问题。尽管城市之间气候变化的危险、脆弱性和适应性能力各不相同，本章里对全球范围的概览揭示了一些重要的普遍性主题。

第一，气候变化影响可能是城市生活的许多方面综合作用的结果。气候变化危险的特质是全球范围内的多样性；但是这些危险在几乎任何环境中都有综合作用。比如说，极端高温对人体健康有着直接的影响，使人面临热相关疾病或者死亡的危险。与此同时，在一些地区的温度升高增加了对能量的需求，通过增加温室气体排放和加剧城市热岛效应进一步加强了气候变化。城市内在的属性可以和气候变化结果相互作用——包括高速的人口增长、高人口密度、城市热岛效应和贫困现象——诸如此类如果单个看可能影响不大，但是结合当地环境综合考虑可能有严重的影响。

第二，气候变化对城市里面的不同人影响不同：性别、年龄、种族和财富水平与个人和集体的脆弱性有着内在的联系。种族和少数民族、土著人口、贫困群体和社会孤立群体容易受到气候变化的影响。由于相对来说少有财产并且居住在高危地区，贫困人群通常是最难应对和适应气候变化影响的。在决策过程中土著人口、少数民族以及妇女群体可能会明确或默认地被排除在外，并且在某些情况下很难获得保障、信息和资源。其结果就是这些群体既是对自然灾害防备最少的也是最不能适应的。与发达国家城市相比，这些结果在发展中国家城市要特别明显，但是在全球范围内皆有发生。

第三，城市内部规划——包括居住区的定位、商业和交通运输系统结构——往往在历史气候数据的基础上进行，增加了变化状况各个方面的危险。由于低廉的土地价格和较少的居民阻力，基础设施（包括海港、水利设施、发电厂、道路和机场）趋向于建设在脆弱地区。这些资产长久存在，并因此遭受诸如海平面上升、更多的多变的降雨量和愈加强烈的暴风雨等多变的气候条件。考虑到未来，不能调整区位和建筑规范和标准，可能会限制基础设施适应性，居住地区的前景并使资产面临危险。同样的，如果在城市规划时没有考虑到人口增长带来的影响就会使居民应对气候变化更加脆弱，正如在这一章的案例研究描述的。这些情况包括水资源和其他自然资源的缺失，环境恶化和城市贫困区的发展。

第四，气候变化影响可能是长期的，并有可能蔓延到全球。当气候变化相关的灾难发生时，对受灾地区灾后的一段短时间的关注是有限的。然而，经验告诉我们，这些受灾地区的社会和经济影响往往长达数月或数年。交通运输系统结构的损坏会干扰一个城市从极端气候事件中恢复的能力。缺少保险项目常使人们在处理灾后问题时显得困难重重，特别是贫困人群，这些人没有储蓄或资产来修补他们的家或购买复原必需品。不仅如此，全世界的城市，特别是大城市，与资源和劳动力市场紧密相关。极端气候事件导致城市地区的经济损失或者贸易通道的中断，造成长时期的全球性复兴影响。

第五，管理和城市规划的局限性导致城市应对气候变化的脆弱性增加，特别是发展中国家。资源缺乏导致的不合理城市规划，受限的信息以及政治腐败限制了城市防备气候变化的能力，也限制了气候相关影响发生后的恢复能力。特别是在发展中国家，不周全的计划导致贫困区和不正规居住区的发展容易受到与气候相关影响的破坏。这些居住区有时会发展到当地政府的管辖范围之外，因而贫民区的扩张难以控制。在发达国家和发展中国家，当人们没有及时地在灾难前撤离或灾后迅速的处理时，应对气候相关灾害准备不足，将会导致生命和财产的巨大损失。

如果我们把上述讨论的问题综合起来考虑就会发现，气候变化的直接或间接影响将继续威胁城市的社会和经济结构。国际、国内和当地的政府组织和机构可以在日益丰富的关于气候变化影响的研究中，通过以未来为主的思维来调整他们的政策目标而获益。

本章中回顾的气候变化影响的诸多案例突出了特定环境中自然的影响。因此，应尽可能地根据当地的自然影响和脆弱性来制定政策。然而，这并不排除国家管理和国际协作在全球气候变化挑战中的重要性。事实上，安全问题、移民和资源短缺往往会引起跨地区和国际问题。

类似的，为了减少，而不是加强不平等，在发展政策和调解时应该注意到居住人口的社会和经济特征。须认真辨别在特定地区中哪些人群受气候变化的负担最大并制定政策以实现负担最小化的目标。增加易被忽视群体的参与——不管是土著人群、低收入人群、妇女或少数种族——不仅可以减少气候变化分布的影响而且可以拓宽处理气候变化的知识基础。

也许对于政策决定者来说，最重要的教训是不应再认为气候变化仅仅是环境挑战，和其他社会及经济问题孤立开来。一系列现有的和新浮现的政策挑战，包括消除贫困、涉水卫生、食物和水资源短缺以及人口增长等，正受到城市地区气候变化的干扰。当气候变化成为这些挑战的一个组成部分，制定的策略便可以更加准确地反映和应对其对城市的各种影响。

气候变化的直接和间接影响将继续威胁城市的社会和经济结构

注释 NOTES

1 IPCC, 2007c, Annex I, p82.
2 Schneider et al, 2007, p781.
3 As illustrated in Chapter 1.
4 IPCC, 2001a.
5 IPCC, 2007b, p30.
6 Church et al, 2004.
7 IPCC, 2007b, p45.
8 Thomas et al, 2004.
9 IPCC, 2007b, p30.
10 Thomas et al, 2004.
11 IPCC, 2007b, p28.
12 Scambos et al, 2004; Overpeck et al, 2006.
13 IPCC, 2007b, p45.
14 Nicholls et al, 1999.
15 Bigio, 2009.
16 Adams, 2007.
17 Ruth and Gasper, 2008.
18 Definition from the National Weather Service Glossary of National Hurricane Center Terms, National Weather Service (undated).
19 Areas of the Earth between the tropics and polar regions: http://en.wikipedia.org/wiki/Mid-latitudes
20 In this section of the chapter, the terms 'tropical cyclone,' 'tropical storm' and 'hurricane' are used interchangeably. Definitions from the National Weather Service Glossary of National Hurricane Center Terms, National Weather Service (undated).
21 Emanuel, 2005; Elsner et al, 2008.
22 IPCC, 2007b.
23 Webster et al, 2005.
24 IPCC, 2007c.

25 Donnelly and Woodruff, 2007.
26 Vecchi and Soden, 2007.
27 IPCC, 2007b.
28 Easterling et al, 2004.
29 IPCC, 2007b, p30.
30 Easterling et al, 2004.
31 Frich et al, 2002.
32 IPCC, 2007b, p30.
33 Sterr, 2008.
34 VanKoningsveld et al, 2008.
35 Nicholls et al, 2008.
36 Nicholls et al, 2008.
37 Ruth and Rong, 2006.
38 IPCC, 2007b, p877.
39 Smyth and Royle, 2000.
40 Smyth and Royle, 2000.
41 Cross, 2001.
42 Smyth and Royle, 2000.
43 Smyth and Royle, 2000.
44 UN-Habitat, 2010.
45 UN-Habitat, 2003, 2009a.
46 Rashid, 2000.
47 Ibarrarán, 2011.
48 Smyth and Royle, 2000; Cross, 2001.
49 Robinson, 2001.
50 Kalkstein and Davies, 1989; Ruth et al, 2006.
51 Smyth and Royle, 2000.
52 IPCC, 2007b, p33.
53 Meehl and Tebaldi, 2004.
54 Stern, 2006, p63; IPCC, 2007b, p53.
55 A country is water stressed if water supply acts as a constraint on development or if withdrawals exceed 20 per cent of the renewable water supply (Wilbanks et al, 2007).
56 Bates et al, 2008, p43.

57 Oke, 1982.
58 Akbari, 2005.
59 Akbari, 2005.
60 Meehl and Tebaldi, 2004; Schwartz and Seppelt, 2009.
61 IPCC, 2007b, p53.
62 IPCC, 2007b, p53; see section on 'Poverty' later in this chapter.
63 IPCC, 2007b; Bates et al, 2008, p38.
64 Smyth and Royle, 2000.
65 Bates et al, 2008, p85.
66 Bates et al, 2008, p38.
67 Folland et al, cited in Wilbanks et al, 2007.
68 The Sunday Times, 2009.
69 Symptoms of extreme drought are widespread water shortages or restrictions. National Drought Mitigation Center, 2010.
70 Bates et al, 2008, p3.
71 Bates et al, 2008, p26.
72 Burke et al, 2006.
73 Bates et al, 2008, p3.
74 Bates et al, 2008, p38.
75 Bates et al, 2008, pp3, 43.
76 McGranahan et al, 2007.
77 Choi and Fisher, 2003; Hall et al, 2005; Kirshen et al, 2006.
78 Kirshen et al, 2006.
79 Definitions from United States Geological Survey (undated): http://ga.water.usgs.gov/edu/ 100yearflood.html.
80 IPCC, 2007c, p48.
81 This is a mid-range estimate of sea-level rise at the end of

the 21st century from IPCC, 2007c, p45.
82 Ruth and Rong, 2006.
83 Boruff et al, 2005 (see section on 'Social impacts' later in this chapter).
84 Awuor et al, 2008.
85 Klein et al, 2003.
86 Graves and Phillipson, 2000.
87 Klein et al, 2003.
88 Klein et al, 2003.
89 Klein et al, 2003.
90 Sanders and Phillipson, 2003.
91 Camilleri et al, 2001.
92 UN-Habitat, undated.
93 Transportation Research Board, 2008, p62.
94 Andrey and Mills, 2003, cited in Wilbanks et al, 2007.
95 Shukla et al, 2005.
96 Transportation Research Board, 2008, p64.
97 Shukla and Sharma, undated.
98 Darch, 2006.
99 Kirshen et al, 2006.
100 Hunt and Watkiss, 2007.
101 Sailor, 2001.
102 Scott et al, 1994.
103 Harrison and Whittington, 2002.
104 Lehner et al, 2005.
105 EEA, 2005.
106 IPCC, 2007f, p562.
107 de Bono et al, 2004.
108 IPCC, 2007f, p362.
109 Ruth and Gasper, 2008.
110 IPCC, 2007f, p445.
111 Wilbanks et al, 2007.
112 Vergara, 2005; Magrin et al, 2007; Füssel, 2009.
113 Ruth and Gasper, 2008.

114 Rhodes, 1999.
115 Boland, 1997.
116 Bates et al, 2008, p79.
117 Hunt and Watkiss, 2007, p27.
118 Wilbanks et al, 2007.
119 Bates et al, 2008, p92.
120 IPCC, 2001a, p57; de Sherbinin et al, 2007.
121 Tanner et al, 2009.
122 Environment Canada, 2001; Kumagai et al, 2003; Hall et al, 2005.
123 Rosenzweig and Solecki, 2001; Wilbanks et al, 2007, p370.
124 Wilbanks et al, 2007, p372.
125 Rosenzweig and Solecki, 2001.
126 World Bank, 2000; Wilbanks et al, 2007, p371.
127 UN-Habitat, 2009a, p230.
128 UN-Habitat, 2009a, p230. UNHabitat defines 'improved drinking water coverage' by the percentage of people having access to improved drinking water technologies such as piped water and protected wells. 'Improved sanitation facilities' are more likely to separate human excreta from human contact (UN-Habitat, 2009a, p224).
129 Fricas and Martz, 2007.
130 Kirshen et al, 2006.
131 Petterson et al, 2006; Wilbanks et al, 2007, p376.
132 Wilbanks et al, 2007, p366.
133 O'Brien et al, 2004; Adger et al, 2005; Kirshen et al, 2006; Wilbanks et al, 2007, p362.
134 Stern, 2006, p17.
135 Kirshen et al, 2006.
136 Wilbanks et al, 2007, p368.
137 Kirshen et al, 2006.
138 Wheaton et al, 2005.
139 Bates et al, 2008, p75.
140 Ruth et al, 2004; Wilbanks et al, 2007, p368.
141 Ruth et al, 2004.
142 UCS, 2008.
143 Defined as towards or in the direction of a pole of the Earth (Merriam-Webster, undated).
144 Agnew and Viner, 2001; Gomez nMartin, 2005; Perelet et al, 2007.
145 Elsasser and Bürki, 2002; Scott et al, 2007.
146 Scott et al, 2007.
147 Wilbanks et al, 2007, p368.
148 Hunt and Watkiss, 2007, p28.
149 Lewsey et al, 2004; Wilbanks et al, 2007, p368.
150 de Sherbinin et al, 2007.
151 Kont et al, 2003.
152 Adger et al, 2005.
153 Donner et al, 2005.

154 Lewsey et al, 2004.
155 O'Brien et al, 2004; Petterson et al, 2006; Stern, 2006, p10.
156 Stern, 2006, p78.
157 Dlugolecki, 2001; ABI, 2005; IPCC, 2007f, p557, p723.
158 Mills, 2005.
159 Kunreuther et al, 2001; IPCC, 2007f, p734.
160 Petterson et al, 2006; Wilbanks et al, 2007, p369.
161 Enz, 2000; Lewsey et al, 2004; Wilbanks et al, 2007, p369.
162 Defined here as countries with median per capita incomes above US$9361 (Freeman and Warner, 2001).
163 Freeman and Warner, 2001.
164 Wilbanks et al, 2007, p369.
165 Petterson et al, 2006.
166 Wilbanks et al, 2007, p369.
167 Wilbanks et al, 2007, p371.
168 Petterson et al, 2006.
169 Lewsey et al, 2004.
170 Grimm et al, 2008.
171 The Millennium Ecosystem Assessment was a global effort initiated in 2001 'to assess the consequences of ecosystem change for human well-being and the scientific basis for action needed to enhance the conservation and sustainable use of those systems and their contribution to human wellbeing' (ICSU et al, 2008).
172 Millennium Ecosystem Assessment, 2005.
173 Syvitski et al, 2009.
174 Environmental Management Department, 2003.
175 IPCC, 2007f, p362.
176 Douglas et al, 2008.
177 Sgobbi and Carraro, 2008.
178 Uyarra et al, 2005.
179 Mendelsohn et al, 2000.
180 McLeman and Smit, 2005.
181 Beniston and Diaz, 2004.
182 Beniston and Diaz, 2004.
183 Basu and Samet, 2002.
184 Beniston and Diaz, 2004.
185 Haines et al, 2006.
186 Basu and Samet, 2002.
187 Rosenzweig and Solecki, 2001.
188 Basu and Samet, 2002.
189 Lee, 1980.
190 Wolfe et al, 2001; Basu and Samet, 2002.
191 Costello et al, 2009.
192 BBC News, 2010a.
193 As of 1 August 2010; BBC News, 2010b.
194 Meusel and Kirch, 2005.
195 Ahern et al, 2005.
196 Silove and Steel, 2006.

197 Akbari, 2005.
198 Patz et al, 2005.
199 Tanser et al, 2003.
200 McMichael et al, 2003.
201 Bartlett, 2008.
202 UN-Habitat, 2006.
203 Hardoy and Pandiella, 2009.
204 Hardoy et al, 1992, 2001.
205 McGranahan et al, 2007.
206 See Awuor et al (2008) for Mombasa (Kenya); Revi (2008) for cities in India; Alam and Rabbani (2007) for Dhaka (Bangladesh); and Dossou and Glehouenou-Dossou (2007) for Cotonou (Benin); also Adelekan (2010) for Lagos.
207 See Nchito (2007) for Lusaka (Zambia); and de Sherbinin et al (2007) for Rio de Janeiro (Brazil).
208 Hardoy and Pandiella, 2009.
209 Satterthwaite et al, 2007a; UN, 2009. However, note that it is the disasters in the developed countries that generally have the highest economic costs (at least in absolute terms).
210 Bull-Kamanga et al, 2003; UNHabitat, 2007; UN, 2009.
211 Bartlett, 2008.
212 Revi, 2008, p219.
213 UN, 2007, p80.
214 Adger, 1999, 2000.
215 UNDP, 2007, p74.
216 See, for example, African Development Bank et al (2003).
217 Alber, 2010.
218 Neumayer and Plümper, 2007.
219 UNDP, 2007, p77.
220 Oxfam, 2005.
221 Toulemon and Barbieri, 2008.
222 Bartlett, 2008.
223 Neumayer and Plümper, 2007.
224 Enarson, 2000.
225 Enarson, 2000.
226 Enarson and Phillips, 2008.
227 Enarson, 2000.
228 WEDO, 2008, p55.
229 Overstreet and Burch, 2009.
230 Enarson, 2000.
231 Brookings Institution, 2009.
232 Ruth and Ibarrarán, 2009.
233 Schroeder, 1987.
234 WEDO, 2008, p55.
235 Bartlett, 2008.
236 Ruth and Ibarrarán, 2009, p61.
237 Bartlett, 2008.
238 McMichael et al, 2003.
239 Langer, 2004.
240 Ruth and Ibarrarán, 2009, p61.
241 Fothergill et al, 1999.
242 UN-Habitat, 2006.

243 Ruth and Ibarrarán, 2009.
244 Fothergill et al, 1999.
245 Brookings Institution, 2009.
246 Langer, 2004.
247 UN-Habitat and OHCHR, 2010.
248 Macchi, 2008, p19.
249 UNDP, 2009, p9.
250 UNDP, 2009, p15.
251 OCHA and IDMC, 2009.
252 Reuveny, 2007.
253 Alston et al, 2001.
254 Rain et al, 2011.
255 Raleigh et al, 2008.
256 UNDP, 2009, p45.
257 See Myers, 1997. See also Stern Review Team, 2006. This estimate is tentative, and Myers himself has acknowledged that the figure is based upon 'heroic extrapolation' (see Brown, 2007, p6).
258 Myers, 2005.
259 Tacoli, 2009.
260 Reuveny, 2007.
261 UNDP, 2007, p24.
262 Kumssa and Jones, 2010.
263 At the 5663rd Meeting of the Council in 2007, representatives from across the world echoed the belief that climate change issues could have real national and international implications, and that these issues ought to be addressed in a global forum (UN, 2007).
264 Gulden, 2009, p187.
265 UN-Habitat, 2007.
266 Cross, 2001.
267 Klein et al, 2003.
268 Cross, 2001.
269 Klein et al, 2003.
270 UNDP, 2007.
271 Nicholls and Tol, 2007.
272 Ruth and Ibarrarán, 2009.
273 WHO, 2010.
274 Benson and Clay, 2004.
275 UNDP, 2007, p93.
276 Romero Lankao, 2009.
277 Romero Lankao, 2009.
278 Ruth and Gasper, 2008.
279 UN, 2007, p80.
280 UN-Habitat, 2010, p32.
281 UN-Habitat, 2003, p13.
282 Douglas et al, 2008.
283 Cambell-Lendrum and Corvalan, 2007.
284 UN-Habitat, 2007, p170.
285 Tanner et al, 2009.
286 Smyth and Royal, 2000.
287 See UN Habitat, 2007, on the trends of natural and humanmade disasters in cities.
288 ISDR Terminology: www.unisdr.org/eng/library/lib-terminology-eng home.htm, last accessed 1 November 2010.

CHAPTER

5

第五章

在城市地区的减缓气候变化响应

CLIMATE CHANGE MITIGATION RESPONSES IN URBAN AREAS

缓解——减少温室气体（GHG）的排放和温室气体的收集与贮存——是近20年来应对气候变化的决策反应中心。在国际上，1992年联合国气候变化框架条约（UNFCCC）确立了"保持大气中的温室气体稳定并杜绝气候系统危险的人为干扰"的中心目标。[1]随后的一系列协议，包括1997年《京都议定书》和2009年哥本哈根协议，为国际共同体减少温室气体排放制定了目标和计划。[2]许多国家政府做出了高于国际认可的适中目标的承诺。然而，要达到这些国际和国家目标取决于有关陆地温室气体排放的减少和收集的政策和措施的实施。因而城市是实现缓解的决定性部分。正如第三章显示，相当一部分的温室气体排放量来自于城市地区的活动。[3]城市是人口和经济活动的集中地，对制热、制冷、照明等家庭服务能量的需求越来越高，对商业建筑、工业进程、电信系统、水资源供应、废物生产、休闲活动、旅游等需求也与日俱增。因而，城市可以被视作为气候变化问题的一部分，减少城市温室气体的排放是一项重要的政策挑战。（见表5.1）

然而，无论是从城市政府作用的角度来看，还是从私营部门与民间团体机构参与者在城市层面上应对气候变化的潜力来看，城市也可视作是处理气候变化（见表5.1）解决方案的一部分。市政机构在解决缓解的困难中扮演重要角色，理由有三。第一，市政机构对土地使用规划、交通、垃圾收集和处理、能源消耗和生产等形成温室气体排放的关键过程有司法职责。第二，城市地区人口和商业活动的集聚意味着公共交通或办公节能要求等措施是可行的。换言之，城市可以作为应对气候变化的各种措施的实验场所。第三，市政机构也为私营部门和民间团体责任人的契约提供了一个重要接口。显而易见的，非政府组织的参与者在处理城市层面的气候变化中扮演着重要角色。私营部门和民间团体组织如今实施了一系列独立于当地和国家政府机构的措施（例如在商业建筑中推进行为转变和减少能源的使用）。

在过去的20年间，城市为处理气候变化缓解的挑战提供了一个关键性平台。20世纪90年代期间，

缓解——减少温室气体（GHG）的排放和温室气体的收集与贮存——是近二十年来应对气候变化的决策反应中心

市政机构在解决缓解挑战中起着重要作用

问题部分	解决方案部分
在2010年，全球半数人口生活在城市 在2010年到2020年期间，全球95%的增长人口（766百万）是城市人口（690百万），并且其中的大部分（632百万）人口是发展中国家的新增城市人口。 在2000年到2010年期间，发展中国家贫民区居住人口数量从767百万增长到828百万。预计到2010年，这个数字将达到889百万。 城市是制造温室气体排放的经济和社会活动的中心。 城市和小城镇占据了全球人为温室气体排放的百分之四十到七十。 到2030年，超过2006年水平的百分之八十的全球年能量需求增长来自于发展中国家城市。	市政机构应为影响温室气体排放的许多当地生产活动负责。 自治市为测试创新方法充当实验室的角色。 市政机构与私营部门和民间团体互为搭档关系。 城市是在气候变化中扮演日益重要角色的私营部门的高集中区。 城市为民间团体动员处理气候变化提供了舞台。

资料来源：a UN, 2010; b UN-Habitat, 2010; c see Chapter 3; d IEA, 2008, 2009

表5.1

城市与气候变化的缓解
Table 5.1 Cities and the mitigation of climate change

这些应对措施主要集中在发达国家并且在三个国际市政网络（可持续性城市气候保护运动的本土管理、气候联盟和能源城市）中进行。[4]21世纪期间，应对气候变化的城市数量有所增加，并且包含发展中城市，一定程度上归功于新国际倡议如城市气候领导集体的促进以及更多已建网络的持续努力。[5]虽然最近人们对于气候变化的兴趣及对于应对其潜在的重要性有所增加，对于城市怎样和为什么应对气候变化的理解还有待提高，特别是发展中国家。关于城市气候变化缓解问题处理的研究严重依赖在发达国家的"先驱"城市的个案研究，[6]包括一些显著的例外。[7]这部分的研究表明城市应对缓解挑战的措施是支离破碎的，[8]处理气候变化的理论和当下的实际行动之间存在明显的分歧，[9]城市之间在减少温室气体排放方面的可能性和职责也有显著差异。[10]简言之，缓解城市气候变化的尝试绝非易事。

考虑到城市是当代新自由主义政治经济模型的核心，这一点也不奇怪。城市在自然资源的新陈代谢和温室气体排放的产物中处于关键地位，而发展模型就建立在城市的基础上。[11]

> ……城市通过引入自然资源或者如电力等资源依赖型基础设施服务扩展了自身的生态腹地……很久以来，也通过使用远超城市生态区域范围的生态系统来进行排放，现代城市化结构因而对网络功能的依赖性很强，这些网络驱使物资流入城市并在整个城市内流通。[12]

城市化的机构及其环境结果是不平衡的。尽管发达国家的城市在历史上是大量城市温室气体排放的源头，随着商品生产和服务的中心转移到发展中国家城市，环境压力也相应转移了。与此同时，由于发展中国家城市社会的各个部分对能源集中型商品和服务的消耗增加，温室气体的排放也增加了。然而，贫困人口对温室气体排放等级的影响微乎其微，这就表明，缓解气候变化的努力必须集中在责任和能力并存的城市上。不仅如此，气候变化会加深一系列现存的不平等；因而针对城市气候变化缓解的讨论应更加广泛的考虑到不同社会人群的脆弱性。特别地是在气候变化缓解的性别层面及妇女对气候变化缓解策略的潜在贡献方面，还并未充分认识。[13]

其结果是一个城市温室气体排放的复杂的地理布局，[14]在这一布局中采取措施的责任和实施能力，取决于富裕的城市社会，同时弱势城市人口

将受到气候变化未来影响的冲击。[15]这种环境下，建立发达国家城市应对气候变化缓解的挑战的理解——超越现有的少数案例——是一项重要任务。与此同时，我们也有必要了解全球巨型城市是如何处理气候变化缓解挑战的。由于其绝对尺寸这些巨型城市很有可能是现在和未来温室气体生产的关键地区。同时，小型的城市中心在未来的数十年中预计会有大量的人口和能量需求的大量增长。[16]在亚洲和拉丁美洲，新兴的工业化和富裕城市群的增长表明气候变化缓解将成为不断增长的越来越紧迫的挑战。

本章通过在比较的背景下回顾城市应对气候变化的反应来寻求解决这些知识缺口。本章集中关注所谓的"全球性"城市（那些被称为拥有独特的战略性经济和政治重要性的城市）[17]和巨型城市（人口超1千万的城市）的反应情况。这些城市由于它们对当前和潜在的温室气体排放的贡献及比较广泛的经济和政治影响，在城市气候变化缓解中非常关键。[18]首先，这章考虑了城市中出现的政策应对和方案。第二，验证了这些策略和措施是如何通过应对城市气候变化不同的模式和机制而实施的。第三，本章对城市在工业、经济、技术和政策问题上的机遇和挑战做了相应的评估。第四，对城市应对气候变化反应中出现的趋势做了一个比较分析。最后，本章为政策提供了一些总结性的评价和经验。

城镇缓解气候变化的响应
RESPONSES TO CLIMATE CHANGE MITIGATION IN URBAN AREAS

在过去的二十年中，市政机构着手发展城市气候变化策略和减少城市温室气体排放的方案措施。最近，一系列其他人员——包括非政府组织（NGOs）、捐献机构和私营企业——也成了城市气候变化缓解倡议者。这部分回顾了在考虑到被城市发展和设计、建筑环境、城市结构、交通和碳封存五大领域的公有和私营企业所运用的政策方法之前，市政机构用以处理气候变化缓解的不同的政策方法。

市政政策方法
Municipal policy approaches

市级政府所采取的缓解城市地区气候变化的政策措施根据其针对的温室气体排放来源的不同而有着很大的区别，不管这些方法是来源于行政单位自身的生产活动还是来自城市社区外，也不管这些方

在过去的二十年间，城市为处理气候变化缓解的挑战提供了一个关键性平台

行动的责任和能力取决于城市社会的富裕程度。但未来气候变化影响将冲击脆弱的城市人口

法是依据战略还是专责性质进行的（见表5.2）。每个案例中都运用到了一系列发展和实施的气候变化缓解措施的相关机制。[19]

市政机构已经采取了专项措施来减少市政运作导致的温室气体排放，这些措施一般是在一个反映的基础上，如应对特殊的筹资机会或是个体的倡议（见表5.2）。市政当局恰好也有机会在社区级别发展一次性计划和项目，并往往和其他搭档一起合作。这样的专项措施普及广泛并且"许多确定温室气体缓解目标的城市……偏向于在……一个接一个案例的基础上实施措施"。[20]这些范围广数量多的专项措施表明在适当的经济和政治条件下，市政机构能更明确地应对气候变化缓解的挑战。

与之相对的，战略方法往往在有安保基金、新制度结构——如处理气候变化的中心机构——和实施决策的强有力的政策支持的地方得到发展。这些战略方法要么包括制定一个目标和措施的计划，市政机构用来减少从中期到长期（一个管理方法）当地的温室气体排放，要么是少数几个市政当局发展的一个综合方法，包括社区级别的目标制定、规划和措施。[21]这些战略方法最初由20世纪90年代建立的ICLEI's CCP阶段计划（见专栏5.1）提出。一项类似的方法也在气候联盟的气候指向倡议（见专栏5.2）中被采用。有证据表明通过这些途径，温室气体排放得到大量减少。比如在2006年，27个国家的546个当地政府参与了CCP运动，这些政府占据了全球温室气体排放的百分之二十。据评估，这些城市每年温室气体排放量减少了6千万吨的二氧化碳气体当量，占这些城市排放减少量的百分之三，占全球的0.6%。[22]然而，那些集中在自身生产活动的市政机构做了很多与目标相悖的无用功，使得达到超越市政自身界限的目标更加难以监测和实施。

尽管市政机构运用到气候政策的制定和实施的方法各有不同，研究显示关注主要集中在能源部分的创新和提高能源利用效率上。[23]能源效率是一项特别紧要的问题，因为它能"协力发展多样的（并往往分散的）目标"，[24]将不同的利益转化为与气候变化有关的利益并高效形成新的合作关系。尽管能源效率依然是许多市政应对气候变化缓解的主要方面，但由于涉及气候变化缓解的城市日益多样化和一批私营企业、社会机构成员参与到这个政策日程中来，被应用的计划和措施也越来越多。

尽管如此，我们还是能够找出城市应对气候变化缓解比较集中的五个部分：城市形态和结构；建成环境；城市基础设施；交通；和碳封存。回顾这些部分的证据，接下来的章节会验证市政机构进行

	专项性质	策略
市政	反应性的	管理的
社区	适当的	综合的

表5.2
城市地区应对气候缓解的政策类型
Table 5.2 Typology of policy response to climate mitigation in the urban arena

---

专栏5.1　城市气候变化政策的战略方法：CCP里程碑法
Box 5.1 Strategic approaches to urban climate change policy: The CCP Milestone Methodology

- 第一阶段：在团体（市政）和社区范围建立温室气体排放的主要来源的一个清单和预测，组织恢复能力评估，依据气候可能的变化确定脆弱地区。
- 第二阶段：制定减排目标和确定相关适应策略
- 第三阶段：发展并运用一项短期到长期的本地减排行动计划并改善社区适应力；解决的策略和缓解、适应的措施。
- 第四阶段：实施当地的行动计划和其中的各项措施。
- 第五阶段：监控并报告温室气体排放量和行动措施的成果。

资料来源：www.iclei.org/index.php?id=810，最新获取是在2010年10月18日；也可见专栏2.7

专栏5.2　城市气候变化政策的战略方法：气候联盟的气候指南针
Box 5.2 Strategic approaches to urban climate change policy: The Climate Alliance's Climate Compass

第一部分——引言
- 通知相关管理部门
- 表述需求和期望
- 提高对当地气候变化策略的了解

第二部分——清单
- 分析环境
- 研究前期特权和活动
- 描述当前状况

第三部分——制度
- 建立管理结构
- 分配任务和负责人员
- 创立气候指南针工作小组

第四部分——气候措施计划
- 设定目标
- 选择优先措施
- 规划策略方案（确立准则、标准）
- 确立中期和长期气候策略

第五部分——监测和报告
- 开发指标
- 收集CO_2监测数据
- 未来报告的准备工作

资料来源：www.climate-compass.net/_modules.html，最新获取是在2010年10月18日

不同的土地使用规划策略……被运用到限制城市扩张，减少交通需求并提高城市建成形式的能源效率

在发展中国家，很少有通过城市设计和发展有效缓解气候变化的倡议

在发达国家，私营集团和社区团体推动新城市的发展、污染地区的再生产和应对气候变化的邻近地区再生计划

的活动的范围和城市减少温室气体排放的其他人员以及已采取倡议的优劣。

城市发展与设计
Urban development and design

一个城市内部对能源的使用以及其伴随的温室气体的排放，是由城市发展形态（比如其地理位置和人口密集程度）和城市设计决定的。[25]随着城市化飞速发展，一个比较重要的挑战是统筹城市发展的进程以及特别的城市扩张和非正式城市住区的生长这一孪生问题（见专栏5.3）。[26]城市扩张对发达国家和发展中国家城市的挑战日渐增加。随着家庭、工作、教育和休闲活动的距离增加，对于私人机动交通工具的依赖也增加了。在有些城市，扩张意味着城市边缘地区中产阶级的发展，这些地区的居住尺寸的增加，导致人均温室气体排放量的增加。在其他城市，扩张是受到不正规居住区生长的刺激。在2000年到2010年间，发展中国家的贫困居住人口从768百万增长到828百万，并且据估计到2020年这一数据将达到889百万。[27]贫困人群缺少获得可靠和可支付的能源供应和住所的充足渠道，就意味在这些住房为可持续和健康带来其他严峻挑战的同时，许多户主不能高效地对住处加热或制冷，饱受燃料短缺之苦。

为了应对这些挑战，土地使用规划的各种策略，包括土地使用分区、总平面设计、城市密集化、混合使用发展以及城市设计标准，已经被用来限制城市扩张，减少交通需求，提高城市建成形式

专栏5.3　减缓气候变化带给城市发展的挑战：泰国和加拿大
Box 5.3 Urban development challenges for mitigating climate change: Thailand and Canada

在清迈（泰国），研究发现城市和商业的发展加上增长的经济繁荣导致通勤交通、休闲交通和个人交通工具使用的爆发性增长。注册载客车和摩托车的数量在1970年到2000年之间增长了20倍，而这期间的人口仅翻了一番，这对温室气体排放有着重要影响。[a]

很少加拿大的城市会在土地使用规划时将气候变化相关措施放在优先位置。尽管大多数城市并未意识到增加管理和密度带来的减排优势，卡尔加里、温哥华和多伦多明确地将土地使用和排放联系起来。然而，即便在这三个城市——加拿大气候变化行动的领头城市——也没有采取特别的措施来应对这些联系。研究将其归结为两个主要原因：首先，城市依靠省级行政单位来确定土地使用规划政策，而这种关系可能会使得这个政策实施拖延甚至失效；其次，政策实施的要求可能截然不同，并且公开挑战着加拿大郊区发展的传统偏好。[b]

资料来源：a Lebel et al, 2007, p101; b Mackie, 2005; Gore et al, 2009, p11

的能源利用效率。[28]这些方法可以在城市内的一定范围内不同程度地得到实施（见表5.3）。研究显示，大体上，大尺度的计划，包括大尺度的更新项目，组织城市扩张的项目以及废弃土地的重新使用在应对气候变化缓解时，相对于小尺度的更新项目来说更加常见。大多数这些计划在发达国家得到实施。在发展中国家，很少有倡议者通过城市设计和发展缓解气候变化。

大多数情况下，市政机构通过对规划规则和指导的使用来领导这些项目。比如"紧凑型城市规划"[29]准则结合城市市政条例，这样的例子有圣保罗（巴西）和开普敦（南非），[30]尽管这些准则是否能有效地实施还不得而知。这些准则倡导规划措施的综合使用，结合高密度发展和混合土地使用来阻止城市扩张并减少对机动交通的依赖性，以及关注整合城市绿地。尽管这些准则看起来可能和更加稳定的城市形态模型有关，在发达国家城市的研究[31]表明紧凑型城市模型在降低温室体排放方面的有效性取决于城市居民的生活方式和空间需求。

在市政机构保证倡议的同时，特别是在发达国家，私人开发者和社区团体推动新城市的发展、污染地区的复兴和应对气候变化的邻近地区再生项目，比如费城（美国）的洋葱公寓，曼彻斯特（英国）的绿色建筑，莫斯科（俄国）的A101邻里和班加罗尔（印度）的T-Zed项目。[32]可持续发展和气候缓解目标与商业投资的结合带来了大尺度重要城市开发的发展，使本地和国际的合作伙伴团结起来发展经济和环境投资。在中国就有一个著名的例子。在崇明岛上的东滩，上海的"最后一块净土"，被计划发展为一个生态城市。2005年，东滩的开发商，上海工业投资公司联合国际专业服务公司Arup为东滩设计总体规划，作为展示可持续发展的能源效率和环保意识的国家示范性"实验工程"。[33]尽管如此，有些评论者对东滩规划能否实现抱怀疑态度。[34]不管其理由是缺乏领导，[35]本地开发商和国际开发商的利益冲突[36]还是当地机构的放任政策，[37]由于没有为处理气候变化提供实际的解决方案，这个项目饱受指责。[38]

此外，即便单个城市的发展可能会成功，发展城市边缘区域绿地作为应对气候变化缓解方法，无论是从它们整体的碳足迹来看，还是从特殊性质导致的加剧社会不平等的潜力来看，这个逻辑都是值得商榷的。尽管饱受苛责，发达国家和发展中国家发展新"生态城市"的趋势都没有减退的迹象。比如，克林顿气候倡议最近发起了气候积极计划，集中关注致力于碳中立的六大洲17个城市的大规模发

展。[39]发达国家的污染地区再生产和邻近地区再生计划呈现出一个对比趋势，结合社会和环境的公正目标的倡议的增长。（见专栏5.4）

尽管市政机构在这些项目的发展中至关重要，基层民间社会组织也很重要。在美国，波士顿的帐篷城市计划、圣弗兰西斯科的广场公寓、纽约的绿地平原和刘易斯九号住宅[40]都和社会团体有关，这些团体有时由非政府组织领导，推广节碳技术作为为低收入人群提供能源的合适而廉价的途径。

在倡导通过城市设计和发展缓解气候变化的一系列投资和物资现状的总和使其变得更加复杂和难以管理。市政机构在发展和实施"低碳"计划原则的时候会遇到政治对立、缺乏执行力的问题，对城市居住工作人群的个体行为影响也很有限。此外，这种原则可能是社会分裂性的，制造"可持续"生活领地，却不能满足城市大多数人群的基本需求，导致城市不平等结构更加严重。此外，在气候变化政策和规划中性别因素也没有被完整地考虑进来。[41]

说到低碳城市发展项目，引导这些项目开始的环境可能会快速变化，可行性因而也受到挑战，上海（中国）东滩项目就是例子。确保这些计划长期可行性的一种方法是将其他社会和环保公正问题考虑在内，不管是通过公众咨询，还是通过一批投资者在项目设计和管理中的参与。现状案例表明，为了同时处理环境和社会问题（比如流浪、贫困等）的小型发展计划更有可能受到民间社会团体的资助，这些资助相应地推进计划的实施。然而，这并不排斥可预见的最新项目可能为挑战当前的社会技术障碍提供最好实践案例的想法，但也同时表明需要将关注点转移到项目发展以应对气候变化缓解的全球需求和当地生活质量需求。

建成环境
Built environment

建成环境的设计和使用是气候变化缓解的重要平台，因为"在大多数国家，建筑部分消耗了大约三分之一的最终使用能源，并且在电力消耗方面占比例更多"。[42]建成环境包括公共建筑（比如政府办公、医院、学校）、私人建筑（居住）和商业/工业（比如办公、工厂）建筑，而在发展中国家城市，后者在驾驶高峰需求和温室气体排放的重要来源中越来越重要。[43]建成环境中的能源使用是建筑材料、设计、建筑供能和供水系统、建筑的每日使用方式综合作用的复杂结果。[44]性别差异在居住能源使用中扮演着重要的角色。[45]

方法种类	描述
城市扩张，非正式居住区或者城郊发展：	运用于土地使用规划和设计政策以限制现有城市扩张区域的能源使用。
新城市发展：	运用于土地使用规划和设计政策以限制现有新城市地区的能源使用。
污染地区的再使用：	城市旧工业区和废弃地区的城市发展以鼓励城市密集化、混合使用发展和减少能源使用。
邻区和小尺度城市更新：	旨在通过更新现有的住宅，重新开发城市在邻里和街道尺度的布局和设计以减少城市能源使用。

减少建成环境的温室气体排放的政策途径主要集中在能源效率问题上，这些途径可以分成"三类：经济刺激（比如税收、能源价格）；规章要求（比如原则或者标准）；或者新闻节目（比如能源意识活动、能量审计）"。[46]最近，志愿评价系统（如美国的能源之星和英国的碳信任标准）和私人机构（如C40和克林顿气候倡议）在减少能源使用计划中的参与都有所增长，这促使（商业）建成环境能源效率相关的期望增加。金融、规范、教育基础和志愿机制[47]的组合引发了应对建成环境能源使用的一系列计划的激增，这些计划同时也得到微型生产技术和新建筑材料发展的支持（见表5.4）。

尽管能实施的倡议的潜在范围较广，建成环境部分的措施趋向于集中在能源效率技术、可替代能源提供技术和减少需求实践上。当前证据显示建成

表5.3
通过城市发展和设计减缓气候变化
Table 5.3 Climate change mitigation through urban development and design

建成环境的设计和使用是气候变化缓解的重要平台

用以减少建成环境温室气体排放的政策主要集中在能源效率问题上

专栏5.4 瑞典斯德哥尔摩可持续生活与褐地开发
Box 5.4 Sustainable living and brownfield development, Stockholm, Sweden

斯德哥尔摩最大的新城市开发项目，哈姆滨湖城，是循环可持续城市发展的一个范例。他们的策略是在哈姆滨范围内勾画出一个优化资源使用和污染最小化的生态循环以达到一大批区域土地使用可持续目标，如能源、水、交通、建筑材料和社会经济指标。这块建立在斯德哥尔摩南部的工业和港口污染地区的新区域，占地200公顷，计划将容纳25,000的居住人口，使用达标的生态环保建筑材料。

这块区域有着自己的循环模型，一个地下真空基础系统，可以减少废物和相关收集费用（占整体的40%，不可回收垃圾的90%）。通过雨水收集和来自排水系统的雨水分流用来制热、制冷和发电，以抵销水电需求。哈姆滨地区通过使用垃圾火花的热还原，生活和交通使用有机废物、废渣分解的沼气，在其区域制热网络和交通使用中获得了百分百的可再生能源。屋顶太阳能板也被广泛使用。

哈姆滨湖城项目（预计于2015年完工）的成功实现的原因，包括在可持续发展规划中对斯德哥尔摩有力领导的认可；创新政策的实施，投资商的高度参与和承诺；以及市政内部与瑞典国家政府之间的通力合作。

资料来源：哈姆滨湖城，2010

方法种类	描述
高能效材料:	在建成环境建设中高能效材料的使用。
高能效设计:	高能效和水利用效率设计原则的使用,比如"被动式"制热和降温。
建筑一体化可替代能源供给:	提供单体建筑能源的可更新和低碳能源技术的使用。
建筑一体化可替代水供给:	用以减少净水生产和加热能源使用的离网水供给和加工技术的使用。
新建筑能源和水效率技术:	在新建筑建设和发展中对能源和水效率设备的使用。
更新能源和水效率技术:	在对现有建筑更新中对能源和水效率设备的使用。
能源和水效率装置:	在建成环境中高效装置的使用。
减缓需求措施:	减少建成环境中能源和水需求的措施。

表5.4

减缓建成环境的气候变化

Table 5.4 Climate change mitigation in the built environment

部分倡议主要集中在发达国家城市。[48]特别是在现有建筑更新上,可谓不遗余力,这些市政所有建筑位于居住区,运用各种能源效率技术——比如欧洲城市:维也纳(奥地利)、斯德哥尔摩(瑞典)、伦敦(英国)、慕尼黑(德国)和鹿特丹(荷兰)(也可见专栏5.5)。发达国家的国家政府也在本地层面参与到实施更新计划中。比如,美国能源部分领导了房屋耐候改造援助项目,该项目从1999年开始,试图在确保纽约和美国其他城市低收入家庭安全性的同时提高其能源利用效率。[49]

专栏5.5　英国和美国翻新住宅、公共和商业建筑
Box 5.5 Retrofitting domestic, public and commercial buildings in the UK and the US

伦敦(英国):在Sandford居住联合承诺之后的碳60项目减少了百分之六十的温室气体排放。来自私营能源公司和英国政府的联合金融支持和联合区内的租金增长共同作用,14个住宅得到更新,配备了木球锅炉和太阳能水加热系统。[a]

伯明翰(英国):在伯明翰的萨默尔菲尔德生态居住项目(由伯明翰市议会和城市生活和家庭居住联合会支持)开发了一个示范性项目——维多利亚住宅,配备有:太阳能光电板;废水循环和气流热泵;太阳能管;用回收纸、牛仔布和羊毛制造的高性能绝缘材料和用回收材料建造的厨房。[b]

曼彻斯特(英国):联合保险服务"塔"建于1962年,是英国伦敦外的最高办公建筑。2004年,由西北地区开发代理提供资金,联合金融服务开始了耗资5.5百万英镑的项目来更新光电技术。[c]

费城(美国):2006年开始的友谊中心建筑项目运用建筑可持续技术对一栋1856年建筑进行更新。该项目整合了可回收材料、回收的建筑废料、白屋顶、光谱选择性玻璃、可持续可再生技术(比如地热交换;太阳能电池阵;风力发电;暴风雨水收集和再利用)以及运用自然光的绿色建筑设计。[d]

资料来源: a Sanford Housing Co-operative, undated; b Office of the Deputy Prime Minister, 2003; c Energy PlanningKnowledge Base, undated; d www.friendscentercorp.org, last accessed 18 October 2010

研究同时发现在发达国家,许多成功的项目是由民间组织和居住联合社领导的,Tel Aviv(以色列)就是例子,在2009年当地的一批住宅买家发起了第一个Tel Aviv生态居住项目。[50]这表明社会机构的创新形式正在出现以联合和领导应对建成环境气候变化的倡议,并且在解决社会和环境公平问题中大有潜力。私人开发商在推动和实施可持续技术中也可能非常重要。然而,处理保留建筑对财产保护和拆毁材料提出了问题:在英国,为了达到温室气体排放的既定目标,当单靠可持续技术不能满足不充分隔热住宅的加热需求时,就会转向更高比例的拆毁。[51]

尽管焦点集中在处理建成环境气候变化的措施上,发达国家很少有城市开发高能效建筑材料或者处理可持续供水和用水的问题。然而,当我们想要建立最好的实践案例或者展示新科技时,新项目往往包含一系列不同措施,包括新材料、低碳能源、水系统和被动式设计。这些措施减排的能力取决于当前的建筑标准,而各个城市之间标准都有很大的差别。大学、建筑实践和工程公司是创新技术的重要来源,领导着一系列用以展示技术的先驱项目。[52]高能效材料不仅可以使用在单个的住宅项目中,作为商业项目的策略也值得提倡,或者更普遍地推动社会和环境的可持续发展(见专栏5.6)。

发展中国家城市很少强调居住建筑的翻新和减少能源及用水需求。然而,一些城市,包括墨西哥城和开普敦(南非),[53]已经采取了相关措施如在市政建筑中安置高能效装置以及减少特别是在亚洲城市的商业建筑的能源使用。[54]此外,对高能效材料的使用也是市政机关和其他组织减少温室气体排放和为低收入人群提供住宅的重要途径。布宜诺斯艾利斯(阿根廷)和里约热内卢(巴西)等南美城市领先使用高能效廉价材料以便为低收入区域提供可持续住宅。在2009年6月,阿根廷基础建设部门与居住机构、拉普拉塔大学和工业科技国家学院签署了一份合同,开始了一个在布宜诺斯艾利斯提供社会居住"生物气候住宅"的先锋项目。[55]

除了提高能源效率和降低需求的一系列措施,城市也在对可再生和低碳能源供给的可替代形式进行试验。在建成环境中,倡议主要集中在太阳能热水器的使用,利用太阳能热水的相关简易装置,[56]而在光电电池、风力发电或者生物技术等自发能源供应装置上关注较少。巴塞罗那(西班牙)、圣保罗(巴西)、布宜诺斯艾利斯(阿根廷)等城市在城市条例中加强对太阳能热水器的使用。考虑到中国在家用热水器制造业的领军位置,这项技术被广泛使

用有着很大的潜力。太阳能热水器使用的主要障碍来自早期安装的巨额费用，但是考虑到太阳能热水器有较长的寿命，其整体费用就会低很多。[57]对在鄞州（中国）的快速城市化和工业化地区安装200,000台太阳能收集器这一项目的研究表明该项目有着突出的效益（见表5.5）。除了气候变化效益，分散能源供给常被视为一种可以满足无可靠能源供给人员的能源获取途径。从性别角度来看，烹饪的低碳工具，如沼气池和太阳能灶具，能够促进妇女对能源的利用，只要这些工具能适应当地环境并与妇女的日常活动和工作量相符合。[58]

在建成环境内，降低能源需求的潜在缓解效果也是很显著的。市政府、私营企业和民间社会团体开始了旨在改变雇员和城市公民能源使用方式的一大批倡议。直到今天，这些努力还没有将性别问题考虑在内。[59]这可能是一个重要的疏忽，因为女性往往在家庭决策时有着重要的决定权。比如，在经济合作与发展组织（OECD）国家，女性在家庭中占据了超过百分之八十的消费决定，[60]而这可能最终决定了家庭内部的可持续消费决定。总的来说，女性相对更容易接受行为改变，因为男性主要依赖技术途径。比如女性相对于男性来说，更加注重生态标签食品，循环和能源利用效率。[61]这表明以妇女为中心的可持续消费政策可以在市政机构和其他城市组织减少居住建筑温室气体排放中发挥作用。

在过去二十年里减缓建成环境温室气体排放的方法中，重点都放在能效措施上，无论是技术层面还是降低需求的倡议层面，而通过可选择能源供给形式减少温室气体排放的项目少之又少，其他资源使用的倡议证明也很有限。建成环境内最初气候变化活动关注在能源和用水效率的易得性及现有技术

的运用上。[62]规范、民间社会行为和对可持续建筑原则的结合，对在新建筑中的气候变化缓解技术和原则的结合有着重大的影响。然而，更新现有建筑还有很多障碍，比如投资回报不充分，对现有业权股份处理的困难，缺乏激励性政策和管理性约束，居住循环的依赖以及对现有技术方案信息的普遍缺失。在发展中国家，能源效率所产生的社会和环境效益的结合是有着重大意义的，并且环境措施还有可能解决燃料短缺等其他社会问题。然而，在一种情况下，我们应该考虑到这些措施背后的问题，即通过提高效益增加消耗的趋势，因为这些措施的影响有可能会由于"反弹效应"而降低。[63]在这种情况下，能源效率措施应该与那些发展低碳可再生资源和减少能源需求的措施相结合。

城市也在对可再生和低碳能源供给的可替代形式进行试验

市政机构……采取了一系列通过城市基础设施系统的更新和发展的措施以减少温室气体排放

一个由吉尔吉斯斯坦居住基金开发的项目为低收入家庭提供了超过48幢可支付环境持续性住宅，这些住宅使用传统的藤条芦苇和黏土建造技术。由地板下创新线圈电路加热系统提供加热。这些住宅达到了当地的建筑标准，同时与传统的砖块住宅相比，帮助这些家庭节省了高达百分之四十的建设费用。志愿劳动进一步降低了这些住宅的费用，低价住宅贷款确保了这些住宅的可支付性。

传统建造方法和本地材料的使用依赖于19世纪期间广泛使用的传统高效益建造技术的复兴但在20世纪期间被砖混建筑所替代。吉尔吉斯斯坦居住基金将传统的藤条芦苇建造方法运用到用藤条芦苇编织木框和黏土墙部分，在不影响舒适性的前提下提高了隔热性能。

资料来源：www.worldhabitatawards.org，最后更新2010年10月18日

效益	
气候效益：	每年减少88,900吨CO_2，15年减少1.3百万吨。
其他环境效益：	减少二氧化硫，氮氧化物，其他空气污染气体和废物。
经济和社会效益：	潜在健康状况提高。低成本热水供应。
成本	
津贴：	1.28百万美元。
财务成本总额评估：	4亿人民币（48百万美元）
行政，公共机构和政治考察：	交易成本大概达到每个加热器2美元以满足宣传需要和良好的分配制度（0.4百万美元）
核证减排量成本：	大约每吨CO_2当量1.3美元。

注：津贴是补贴前五年太阳能热水器和电热水器的费用差距（包括电费减少）计算得出的总和。
这里的财务成本总额是指最初购买和安置热水器的总投资。这里使用的居住用电的价格是0.65人民币（0.08美元）每千瓦小时（kWh）。

资料来源：摘自Zhao和Michaelowa，2006年

表5.5
中国鄞州居住区安装200,000台太阳能热水器项目的成本和效益
Table 5.5 Costs and benefits of a project to install 200,000 solar water heaters in the residential sector in Yinzhou, China

城市基础设施
Urban infrastructure

在发展中国家的一些城市，清洁发展机制（CDM）是基础设施项目的重要推动力

城市基础设施——特别是能源（电力和天然气）网络、水和卫生系统——在塑造当前及未来的温室气体排放轨道中至关重要。能源供给方式、供水的碳强度、卫生系统和垃圾处理、垃圾掩埋地区沼气排放，虽然较隐秘，但都是本地层级温室气体排放的重要组成部分。基础设施系统往往会脱离市政府的直接控制，与居住在非正式居住区人民的权利斗争纠缠在一起，[64]同时需求大量资源和长期规划。更新或替换现有基础设施，或者为城市扩张区域提供这些系统的重要预支费用意味着在对基础设施的投资常常由于要先解决更紧迫的问题而产生延误。此外，尽管城市基础设施系统常常被认为是性别中立的，但男性和女性由于工作和社区角色的不同受到水、垃圾和能源政策的影响也不尽相同。例如，虽然女性往往在家庭层面负责确保能源供应，可能在被认为是男性领域的能源系统的技术工作中被排斥。[65]相应的，女性的安全和保护更加依赖于合格的基础设施系统，比如合格照明和卫生设备的供应。[66]城市基础设施系统因而对缓解气候变化提出了复杂而独特的挑战。

与此同时，城市基础设施系统的类型在发生巨大的变化。在发达国家，研究记录了国家整合的"现代"同质功能网络的转让，面临市场自由化、私有化，新自由主义政治思想，城市规划的改变，新的消费技术和实践，这导致了城市基础设施系统的"分离"。[67]在发展中国家城市，类似的现象也在发生，只是没这么明显。因而，在不同的城市中，对于社会、政治、技术的活力和不稳定性的感受指出了其基础服务的供应和基础设施发展的特征。在这个环境下，缓解气候变化成为一个重要的问题，同时也与其他能源安全和可供性、基础服务供应的压力争相被关注。虽然如此，市政机构和其他政府、私人和民间社会组织一起，通过城市基础设施的整修和开发采取了一系列方法措施以减少温室气体排

放（见表5.6）。

在这部分考虑的三个基础设施地区中，研究显示明确地处理气候变化的倡议集中在能源和垃圾转能源领域，以及能源供应新形势的提供，很少有处理供应水碳浓度，卫生和垃圾处理服务或者降低需求的倡议。在发展中国家的一些城市，清洁发展机制（CDM）[68]是基础设施项目的重要推动力，特别是掩埋地区沼气收集（见下方讨论部分）。能源安全问题也是发展中国家低碳能源供应系统发展的重要动力，在一些拉丁美洲和非洲城市也推动着减需倡议。印度金奈等城市已经成功推动了雨水收集，并作为一种水体保护方法。在拉丁美洲，对水体安全的关注也推动了有利于缓解气候变化的倡议的发展。由于这些系统的多层性质，所以城市基础设施倡议常由市政府或者城市公共机构、地区和国家政府、国际机构所领导，同时私营企业也常常参与进来。

说到能源系统，以低碳形式对城市提供能源的发展可以归类为三种不同的方法。第一种，许多市政机构寻求减少现有供应网络的碳踪迹。越来越多的城市如墨尔本（澳大利亚），北京（中国）和日惹（印度尼西亚）普遍采用高能效灯泡更新街道照明系统的倡议。一些城市，特别是在欧洲，也试图发展现有的区域供热和热电联供（CHP）厂。在德国，柏林作为通往西欧的最大的城市供热网络中心，市区内分布着超过1500千米的管道和超过280所地区级CHP工厂，将低碳能源传递到各种消费人群。[69]

第二种途径就是市政机构购买可再生能源，要么用于市政建筑的建造和使用，要么以低廉的价格为消费者提供绿色能源。这种方法往往需要市政机构和低碳或可再生能源的私人供应商签订购买合约，南非的开普敦和达令风力发电厂之间就是例子，悉尼城市也承诺通过委托私人能源公司，从系统提供的可再生能源中获得百分百的城市能源供给。[70]

第三种方法是在城市内部开发新式低碳和可再生能源系统。在这些倡议中，气候变化缓解往往成为确保能源安全外的第二目标。基多（厄瓜多尔）、波哥大（哥伦比亚）和里约热内卢（巴西）等拉美城市加大能源方面的投资，通过在家庭中推广使用天然气来降低对石油的依赖。在开普敦（南非），依赖国家政府的埃斯科目公司为了达到保障区域能源安全和减少城市碳排放的双重目标开始了核电站建设，然而这个项目受到了来自开普敦市和不同利益群体的严重反对，这也反映出全球对于核电在气候变化缓解中角色的争议。[71]在中国，北京市政府加

表5.6
减缓气候变化与城市基础设施
Table 5.6 Climate change mitigation and urban infrastrures

方法种类	描述
可替代能源供给：	城市级别可再生能源和低碳能源供给系统的开发。
废物气体收集：	废物掩埋地区生物气的能源供给的使用
可替代水供给：	城市级别减少能源使用的水供给，储存和使用的可替代形式的使用。
循环和重新使用垃圾收集：	减少垃圾掩埋地区沼气，可替代收集系统和垃圾使用方式的开发。
能源和水效率/保护：	加强现有基础设施系统利用效率或新效率系统发展
需求减少：	减少能源和用水需求的方法，以及废物收集方法

速了对清洁能源渠道的开发，包括地热资源、生物质能和风力发电。除了1998年末已经运行的118家电厂外，在1999年到2006年之间新建了174座地热井。北京现在每年消耗大约8.8百万立方米的地热水，在2001年到2006年期间减少了达850,000吨的CO_2排放。[72]北京也在逐渐地关注风力发电和生物质能的生产，并计划到2010年将这部分可再生能源的比重上升到百分之四。位于官厅水库南岸的官厅风力发电厂是北京第一个风力发电站，33台风力涡轮机每年能产生49.5MW的电量。[73]这一发电厂作为一个CDM项目完成于2008年1月。

尽管由于众多市政机构、国家和国际推动力，以及私营企业的合作，我们难以想象北京展示的投资的级别和目标，但这确实推动了对可再生能源系统和低碳能源系统的关注的增长。比如，美国能源部与25个城市确立了合作关系推行美国城市太阳能计划。这些选中的城市将在两年多的时间内获得来自能源部的五百万美元的投资及在实际动手操作的技术支持。例如波士顿的目标是到2015年累计太阳能设备获能达到25MW。[74]尽管美国的太阳能费用很高，但是在波士顿，由于较高的本地能源价格，市政机构也在移除一些市场障碍，如城市规划许可证、分区规章、建筑规范、许可和检查，再加上太阳能回扣、金融支持或税收信任等城市层面的太阳能激励措施，大大推动了太阳能的采用。在国际上，在发展中国家，CDM是垃圾产能计划项目的重要推动力，包括在圣保罗（巴西）的AterroBandeirantes和Aterro San Joao计划、基多（厄瓜多尔）的Zámbiza垃圾掩埋沼气厂、墨西哥城的BordoPoniente垃圾掩埋生物气体收集厂、南非开普敦的Bellville南方掩埋基地和在约翰内斯堡的气体转能项目。尽管这些项目往往被认为是"技术"准备，有证据显示它们也能用来处理更广泛的社会问题同时为在能源消耗链末端工作的女性提供授权的重要机会（见专栏5.7）。

废物产能的方法在私营企业为市政方案提供金融支持较多的发达国家也很流行。在达拉斯（美国），洲际"绿色"气体销售合约允许达拉斯清洁能源有限责任公司把McCommas Bluff填埋场收集的生物沼气销售给壳牌能源北美地区分公司。[75]2009年6月在曼彻斯特（英国）提出的人类垃圾转化为城市用电的倡议，是英国两年斥资4.3百万英镑的示范性工程。该工程是由英国国家电网和联合效用（United Utilities）发起，[76]旨在将人类垃圾转化为生物气体为500个家庭供电。[77]然而，尽管垃圾产能的倡议和兴趣逐渐增加，研究发现，除了小规模的示范性工

程，[78]城市低碳能源系统的发展还是维持在一个较低的优先级水平。[79]

在能源部分之外，在垃圾产能日益增长的兴趣之外，很少有证据显示市政机构将回收和减少废物的政策与气候变化直接联系起来。然而，在尼日利亚，拉各斯州废物管理机构认为，尽管非洲城市与发达国家城市相比，温室气体的排放量较少，但是这些温室气体的排放中很大一部分能归咎于废物管理问题。因而，他们期望他们正在进行的策略能改善废物转移计划和废物掩埋场的管理，以及减少私人垃圾焚烧，能够对拉各斯温室气体排放量的减少有积极影响。[80]除了更好的管理，教育和意识倡议在减少掩埋地区温室气体排放中已经起到有效作用，横滨（日本）就是例子（见专栏5.8）。然而，这些减少送往掩埋场垃圾数量的计划可能会削弱当前和未来垃圾产能工厂的生命力，这些工厂依赖可靠的废物来源作为燃料。"技术"和"操作"之间的潜在矛盾在减少掩埋地区温室气体排放的同时，使得城市缓解努力的窘境更加明显。这些政策和措施的影响是不确定的而且行动的效益和费用也被分割到许多不同的利益相关人和团体。

在城市层面上旨在减少水和卫生系统的碳强度的倡议也很罕见。墨西哥城就是其中一个案例，当地网络基础设施的提升包括2300km的受损网络的升级和成立了336家独立的水文观测部门以帮助监测和修补泄露。这些措施每年需要2970百万的比绍（240百万美元）的投资并减少45,000吨CO_2排放当量。[81]除此之外，有人提出了以网络中的水流产生能量的

在发展中国家，CDM有潜力成为垃圾产能项目的重要推动力

垃圾产能计划在发达国家很受欢迎

横滨在垃圾减少方面的成功源于城市公众意识活动和利益相关人在城市"3R"活动（即减少、再利用、循环再造）中的积极参与。在2003年，横滨市发起了一项G30行动计划，以2001年财政年度的垃圾数量为基准，期望到2010财政年度减少百分之三十的垃圾。除了为所有利益相关人分配垃圾减少责任，该计划同时包括了环境教育和倡议活动，如邻里社区协会为解释垃圾减少方法开展了11,000场研讨会，铁路车站开展了470起活动，本地垃圾处理点开展了2200场意识活动。

在2005年减少百分之三十垃圾的目标已经实现，到2007年，垃圾数量和2001年数据相比减少了百分之38.7。2001年到2007年间减少的垃圾数量相当于840,000吨二氧化碳排放量。该计划同时也获得了经济收益，包括销售循环再造产品获利23.5百万美元，垃圾焚化生电获利24.6百万美元。

资料来源：Suzuki et al, 2009

能源效率计划……可能不能实现长期的温室气体排放的减少，因为能源使用的初始减少可能会受到"反弹效应"的限制

新颖建议，与德班（南非）正在考虑的相似。[82]据估计，光是这项措施每年就能减少城市40,700吨的CO_2排放当量。[83]尽管这种创新措施的可行性取决于供水系统的特殊性质，通过使用这些在很多城市中采用的维护、现代化和高效的措施，其潜在的温室气体减排可能会得到实现。

总的来说，城市基础设施领域的倡议集中在能源效率计划，主要由对能源安全和财务储备的关注驱动。尽管这些项目在政治上和经济上很有吸引力，由于对能源的需求持续增长，初期能源使用减少可能会受到"反弹效应"的限制，这些项目可能难以实现长期的温室气体减排。虽然在可再生能源系统，或在用水、卫生和废物部分的发展方面的缓解倡议证据有限，然而却从这项分析中发现一个重点，那就是在城市层面上基础设施网络在缓解气候变化方面或许有着重大的潜力。

在发展中国家……尽管交通部分在温室气体排放中的比例较低，但其增长速度却比其他部分都要快

尽管如此，这些减缓效益的实现依然面临强大的障碍，尤其是在更新现有基础设施系统、建设新网络、满足城市社区——特别是非正规居住区人群的基本需求时的经济和政治因素。这些项目很少明确处理社会包容问题，或是表现为针对低收入人群、落后地区或贫民区。在一些案例中，社会包容很少被关注——在对这些措施产生的潜在社会冲突的预测时——约翰内斯堡（南非）的垃圾掩埋沼气生产能源项目就是例子，该项目计划在完成时开展一次公开咨询。然而，总的来说，城市基础设施项目都是建立在对现有基础设施的改善，对城市居住

私人交通的增长在性别上并不均衡

人口都是有益的基础上的，而这个假设是值得商榷的，因为气候变化会加重当前城市人口接触基本服务的不平等。

交通运输
Transport

交通运输部分是温室气体排放的重要来源，占据了2005年化石燃料燃烧的23%（全球）和30%（OECD）的二氧化碳排放量。[84]在发展中国家，特别是中国，印度和其他亚洲国家，尽管温室气体排放的交通部分比例较低，其增长速度却比其他部分都要快。[85]这个上升迹象的一个关键原因是在前文讨论到的城市蔓布的挑战，但是在交通部分温室气体排放的增长也表明了由于家庭收入和个人摩托交通工具的支付能力的提高，以及在个人和市政层面上人们对这种交通方式需求的增长，发展中国家城市正在经历运输形态转换。此外，城市扩张也都会导致公共交通不能兼顾的道路交通需求的增长。[86]比如，"在日惹（印度尼西亚），交通部分……是'碳的定时炸弹'"，因为它是"城市增长速度最快的化石燃料消耗部分"[87]，一定程度上是由于"非摩托交通形式，如人力三轮车（becaks）被禁止，而禁止的原因是市政府觉得对于城市来说，它们不够'现代'。"[88]

然而，私人交通的增长在性别上并不均衡。2007年瑞典的一项调查显示，75%车辆为男性所拥有；此外，相比于男性驾驶的汽车，女性的通常较小（因此，一般排放较少）。[89]在英国，男性持有驾照的比例比女性多出27%，女性与男性相比无法拥有车的可能性要高出38%，而在拥有一辆车的家庭里，男性是其驾驶者的比例是女性的两倍。[90]在美国，长途驾车人群中三分之二是男性，而女性往往更依赖和倾向于使用公共交通工具。[91]或许因为她们较少依赖私人交通工具，[92]女性可能会比男性更愿意接受限制汽车的政策和措施。[93]

同时，随着汽车和其他形式的私人交通工具在城市交通中比例的增长，交通拥堵和空气污染构成的挑战也越来越大。这两个问题在城市中非常明显并且得到民众的广泛关注，它们和减缓气候变化之间的协同作用意味着交通部门是减少温室气体排放量的一系列措施中的一环。（见表5.7）。

有证据表明，交通部门在气候变化上在不同地方受到的关注不同。在如欧洲和拉丁美洲等地区从交通方面应对气候变化的计划和措施扮演了重要的角色，而在如北美、澳大利亚和新西兰等地区交通方面在应对气候变化上受到的关注比其他行业和领

域（如能源基础设施和建成环境）要少。[94]发展中国家城市对如新技术引入、高效能车辆替换以及燃料更新等新的公共交通基础设施和技术创新越来越感兴趣。因为相关基础设施和技术需要大笔投资，从交通方面减少温室气体排放量的倡议通常依赖于与私营组织的合作以及国家和地区政府的参与。对于基层组织或个人在交通方面的干预措施通常限于非机动车交通的推广和需求管理措施，汽车共享计划就是其中一例。

在最近一项对世界各地30个城市的气候变化计划的调查中发现，在交通中最常见的减缓气候变化行动是公共交通的发展、更加清洁的技术的实施、非机动交通的推广、提高公共意识的活动。[95]

例如未成年人行为管制（在墨西哥城和巴西圣保罗实行）、停车限制、建立低排放区（在中国北京和几个欧洲城市实行）及限速等用来管理需求的强制性措施相对来说不太常见，其中几乎没有使用经济激励措施的例子。这里讨论的例子也表明市政当局在提供基础设施和新技术的发展中发挥关键作用，同时表明他们使用了包括设定强制性标准和目

计划类型	描述
新的低碳交通基础设施：	新的交通基础设施的发展，鼓励低碳的交通方式。
低碳基础设施更新：	交通基础设施的更新或升级，以减少温室气体的排放量。
车辆更换：	车辆更换为节能或低碳汽车。
燃料转换：	用低碳或可再生燃料替代化石燃料作为车辆能源使用。
提高能源效率：	提高现有车辆的能源效率及其使用的措施。
减少需求的措施：	减少私人机动车交通需求的措施。
增强需求的措施：	提高另一种交通形式（如公共交通、步行和骑自行车）需求的措施。

表5.7
减缓气候变化和交通
Table 5.7 Climate change mitigation and transportation

从交通方面减少温室气体排放量的倡议通常依赖于与私营组织的合作

专栏5.9　交通拥堵费：过去、现在和未来
Box 5.9 Congestion charges: Past, present and future

交通拥挤收费是指道路使用者在某段时间在某些地域中使用道路时支付费用。它已在一些欧洲的大城市，如米兰、伦敦、罗马和斯德哥尔摩采用，目的是减少市内交通流量、减少空气污染和鼓励使用更节能和环保的车辆。一般来说，交通拥堵费适用于那些进入明确划定的城市地区的车辆，而使用者以天或以里程计价并使用一系列方法支付（网上、手机短信、刷卡、刮刮卡或安装在汽车中的传感器）。有时他们会调整一天中的收费时段、交通级别或车辆类型，另外通常对当地居民、低排放车辆、公共交通和两轮摩托都有某种形式的豁免。

交通拥挤收费系统于1975年第一次出现于新加坡，它同时结合了对汽车所有权的限制。最初它不与气候变化联系在一起，但它的重点是解决交通堵塞的问题。在罗马（意大利），"受限交通地带"设立于2001年，试图提高车辆流动性和限制历史性城市中心的私人车次。约25万辆（占罗马登记车辆的12%）获准在区域内通行，整体上减少了10%，限制期间则减少了20%(从早上06:30至下午18:00)，而公共交通工具增加了6%。

在米兰（意大利），可以说是欧洲污染第三大严重的城市中心，公民中有一半以上使用私家车及摩托车，导致米兰市长在2008年推广"生态通行证"。这一污染调整拥堵费影响了8平方公里的城市中心（市总面积的5%），征收比例随引擎类型浮动（星期一至星期五的上午7:30到下午7:30）。

在英国，伦敦的拥堵收费区是世界上最大拥堵收费区之一，是2003年在伦敦市中心设立的，在2007年扩展至西伦敦的部分地区。每日支付8英镑就允许驾车者进入这21平方公里的区域（星期一至星期五的上午7:30到下午7:30）。这导致交通车流量在高峰时间减少18%（整体上减少了15%）；交通延误减少了39%；自行车使用量增加了20%；的士和巴士使用增加了20%。应该指出，这一成功不包括整个英国；在曼彻斯特也推行的一个类似计划却没有实现类似的结果。

在斯德哥尔摩（瑞典），2007年交通拥堵费被确定为永久性征收。这些费用会在每次用户跨越收费区时征收，而费用会依据当天的交通拥堵程度（在上午和下午的高峰时段收费最高，而在白天的其他时段则收费中等，在夜间和周末则零收费）。这项计划已导致整体交通量减少了25%；等待时间减少了30%；并在傍晚繁忙时间内的交通流量减少了50%。

总的来说，这些计划取得成功的证据仍具有积极意义，而在计划实施后初始的公共阻力似乎已经减弱了。当然，还有很多的实施问题，特别围绕计划的启动上。这些问题包括来自利益相关者和公民的阻力、缺乏替代性的基础设施和支付操作的问题。此外还产生了一些关于伦敦拥堵费经济效果的疑问。

资料来源：Prud'homme和Bocarejo，2005年；Leape，2006年

表5.8

不同地区规划或
运行中的快速公
交系统（BRT）
Table 5.8 Bus
rapid transit (BRT)
systems planned
or in operation in
different regions

地区	城市数量	系统实例	所在城市，国家	状态
发达国家				
欧洲	21	Ipswich Rapid	伊普斯维奇，大不列颠及北爱尔兰联合王国	从2004年开始运行
北美	52	Rapid Ride	阿尔布开克，美国	从2004年开始运行
		Super Loop	圣迭戈，美国	从2009年开始运行
其他	6	O-Bahn Busway	阿德莱德，澳大利亚	从1986年开始运行
		Northern Busway	奥克兰，新西兰	从2008年开始运行
发展中国家				
非洲	8	Lagos BRT	拉各斯，尼日利亚	从2008年开始运行
		Rea Vaya	约翰内斯堡，南非	从2010年开始运行
亚洲和太平洋地区	59	Transjakarta	雅加达，印度尼西亚	从2004年开始运行
		Transit Metrobus	伊斯坦布尔，土耳其	从1994年开始运行
拉丁美洲和加勒比地区	30	Trolmerida	梅里达，委内瑞拉	从2007年开始运行
		Rede Integrada de Transporte	库里提巴，巴西	从1980年开始运行

减缓气候变化
是新的大型交通
基础设施发展的
驱动者

标、推行规划法或规划指导、绩效评估和特定燃料禁用等在内的一系列强制性措施，以及包括补贴节能改装车辆、贷款和增加税种等在内的金融措施，交通拥堵费（见专栏5.9）就是其中之一。

首先谈谈交通基础设施的问题，减缓气候变化是新的大规模交通基础设施发展的驱动者。最常见的举措之一是快速公交系统——通过特定的公交线路来提高速度和巴士服务的质量。快速公交系统和类似的举措已经在或是即将在世界所有重要地区的城市实行，通常情况下，这些举措的成本可能仅是地铁系统成本的一小部分，当然并不是所有举措都与减缓气候变化的目标相关（见表5.8）。在波哥大（哥伦比亚），Transmilenio 快速公交系统是经常被提到的一个主要的例子，它吸取了库里蒂巴（巴西）在这方面开拓性的经验。[96]这个系统是在2000年开通的，管理者是一家名叫Transmilenio s.a的上市公司，并由私人承办商经营。该系统由84公里的市内巴士线路与515公里的外围线和114个客运站组成，它可以每天运送最多100万名乘客。此外，其9000辆巴士将要替换为节能的型号。然而，Transmilenio系统已被批评：越来越拥挤、昂贵、缓慢并且在城市的某些地区很难被利用。然而，波哥大的经验经常被其他城市作为扩展或改善现有的大众交通系统的一个案例。电车、火车等其他公共交通系统可能由于其高昂的费用，在减缓气候变化计划中已经越来越很少受到关注；但是，清洁发展机制贷款的使用可能会增加这些类型在发展中国家的项目数。例如，埃及交通部和国家隧道机关，与埃及清洁发展机制合作，计划从2010年到2031年兴建庞大的开罗地铁网络的第三条线。[97]项目耗资8亿5600万欧元，预计将由清洁发展机制提供贷款。

市政当局已采取行动的第二个方面是发展低碳车辆及燃料。在德国，汉堡和柏林已经成为清洁能源伙伴关系，可以预见这将促进燃料电池公共汽车和市区氢气加气站的发展。[98]汉堡的目标是到2010年有10辆燃料电池汽车运行，到2015年有500辆到1000辆燃料电池车，并且形成加气站的公用网络。在罗马（意大利），城市的公共机构负责当地的公共交通服务，罗马公社已正致力于推广超过80辆电动巴士和700辆甲烷巴士。斯德哥尔摩（瑞典）已是欧洲拥有绿色车辆最多的城市，到2010年公共交通工具100%使用可再生能源，电车和火车的动力越来越多地依靠风电和水电，乙醇和沼气燃料应用于大部分城市车辆以及私人车辆（共计35,000辆，约占5.3%），每年减少CO_2排放量20万吨。重要的是，城市也提供了进行试验和推广新技术的舞台，如在世界各地包括德黑兰（伊朗）、孟买（印度）、达卡（孟加拉国）和波哥大（哥伦比亚）[99]使用压缩的天然气，而在巴西，生物燃料在特大城市中受到推广。

在交通方面采取的第三类措施是由一系列参与者领导的涉及不同政策手段、交通模式的需求削减和需求优化。例如，交通领域的积极分子建立了一个非营利组织——汽车共享组织，在旧金山、奥克兰、伯克利等几个美国城市发起了城市汽车共享计划。公共自行车共享网络允许人们借入或出租自行车，以便他们可以绕城而不必拥有一辆自行车，减少个人购买和维修费用，并省出存储空间。这种方案在许多欧洲城市流行并且被使用，其中包括西班牙巴塞罗那（Bicing）、意大利米兰（Biciclette Gialle）、法国巴黎（Velib）、意大利罗马（Romainbici）和瑞典斯德哥尔摩（Stockholm City

Bikes）。在加拿大蒙特利尔（Bixi）也存在类似的方案。市政当局还可施加交通限制，例如增设交通拥堵费（见专栏5.9），虽然这可能会减少那些支付不起这种税收的社会群体进入城市的机会。

市政当局还可以与其他机构合作以减少交通需求。例如，在开普敦市（南非）就有一个项目，市政当局与这座城市内最大的用人单位合作，减少其雇员与工作相关的交通需求。然而，需求管理措施的推广并不总是那么顺利。例如，巴西的阿雷格里港宪章旨在促进和推动行人在全市范围内的流动以赋予行人和残疾人新的权利，但是在2007年为了获得当地议会的批准不得不做出重大修改，虽然保留了原始提案中将道路的使用权由机动车还给行人的条款。

交通方面的不定性和交通与其他方面的协调作用使人难以预料减缓气候变化的措施未来会有怎样的后果，尤其是当减缓气候变化的计划和行动面临着不断增加的城市人口流动性需求。控制和减少交通需求措施需要辅之以大量性交通和非机动交通工具作为替代，而这往往需要在新建基础设施上做出大笔的投资。在许多城市，减缓气候变化问题已经优先于城市拥堵和空气质量问题，这使得交通成为城市规划和管理的一个核心问题。最近的交通研究表明不同碳含量的能源价格不同，有助于更好地提高城市交通效率。[100]然而，尚不清楚这一措施在市一级执行的效果如何。另一方面，改进后的汽车技术和交通管理的结合可能会与碳定价措施相互补充以减缓气候变化，同时改善当前城市交通系统的可持续性。[101]

碳封存
Carbon sequestration

另外为了减小城市产生的温室气体排放量，城市管理者应对这一挑战的减缓措施之一是碳封存。碳封存是指从大气中吸收温室气体，或是通过提高自然"碳汇"的能力（例如养护森林和改善河流环境），创造出新的"碳汇"能力（例如重新造林），或是通过吸收和存储城市内正在产生的温室气体。将垃圾填埋场吸收的甲烷用于发电[102]也是一种形式的碳封存。传统上，这种方式一直是城市减缓气候变化的主要方法。然而，随着碳捕集与封存技术的发展，以及各国政府对碳捕集与封存日益增强的兴趣，特别是在发达国家和工业化程度较高的发展中国家，另外通过国际政策文件越来越容易获得碳融资，例如清洁发展机制，这一切都使得碳封存计划在城市一级更受欢迎（见表5.9）。在区域一级，碳

封存计划在发展中国家的城市更常见，这些城市往往获得清洁发展机制的贷款或相关的发展方案。不过，应该指出的是发达国家的城市出于环境保护或保护城市绿色空间的目的，采取的增加城市植树量和提高城市"碳汇"恢复、保存或养护能力的行动与减缓气候变化目标无具体关联。

然而城市的碳封存仍处于早期阶段。促进碳捕集与封存的技术仍在发展，而且在城市实行这个技术的建议现在才出现（见专栏5.10）。碳补偿计划基于城市一级还很少，往往超越城市的控制范围。在美国，费城动物园（与一些个人合作）发起了旨在绿化动物园的足迹计划，开展了一些地方和国际的碳补偿项目，并让费城及周边地区的社区参与进来。足迹计划包括两个重新造林的项目，一个在靠近动物园原先是灌木的地方，另一个在苏高，婆罗洲（马来西亚）。碳补偿项目往往由个人或非政府组织牵头；但有时政府当局可能在整合计划方面具有关键作用。例如，自2008年以来，里约热内卢（巴西）已创建自己的"碳市"，通过提供给私营公司一套需要种植多少树木以降低碳排放量的方法、一个热线服务电话、与具有潜力的碳补偿项目的联系方式，方便他们参与碳补偿项目。

城市一级的大多数碳封存倡议都是关于植树计划和恢复与保护"碳汇"能力。城市植树方案经常依靠市政当局和公民之间的合作。在拉丁美洲的几个城市，市政当局开展了城市植树技术转让和推广运动。然而，结果很大程度上取决于公民自愿——例如，圣保罗（巴西）树种植奖励方案，利马（秘鲁）一座房子、一棵树方案或者加拉加斯（委内瑞拉）的有机城市花园方案。在约翰内斯堡（南非），索韦托绿化方案除其在碳封存方面受益也能为2010年国际足联世界杯的筹备工作做出贡献。该方案开始于2006年，目标是在索韦托植树300,000棵。[103]

保护和恢复碳汇也依赖政府的干预，例如，在拉各斯（尼日利亚）和周边地区，民众禁止砍伐树

在许多城市，减缓气候变化问题已经优先于城市拥堵和空气质量问题，这使得交通成为城市规划和管理的一个核心问题

随着碳捕集与封存技术的发展……使得碳封存计划在城市一级更受欢迎

表5.9
减缓气候变化和碳封存
Table 5.9 Climate change mitigation and carbon sequestration

计划的类型	描述
城市碳捕集与封存：	吸收城市能源发电产生的CO_2以及设置长期存储的地方计划的发展。
城市植树方案：	设法种植树木提高城市吸收CO_2的"碳汇"能力的计划。
"碳汇"能力的恢复：	设法恢复城市中能够起到自然"碳汇"地区的计划。
"碳汇"能力的保存或养护：	旨在维护和加强城市中能够起到自然"碳汇"地区的计划。
碳补偿计划：	碳封存导致的花费可以被城市领导者从位于该市或者其他地方的计划中的获利所抵消。

鹿特丹气候倡议结合了城市管理、区域环境保护机构（DCMR）、鹿特丹港口和港口企业等多方面。它设定的目标是到2025年(与1990年相比）减少50%CO_2，其中三分之二是必须通过使用碳捕集与封存技术来实现。目前，CO_2是通过管道输送卖给园艺家们来刺激植物生长。然而，由于要吸收两个新的燃煤发电厂排放的CO_2，项目将从当前吸收量(每年共约40万吨）扩大至每年约100万吨。

一旦碳捕捉和储存技术更加发达（预计要2020年至2025年），每年约2000万吨的CO_2将存储在近海那些石油和天然气被掏空的地方。该计划通过提出一个现实的和详细的项目时间表在项目的早期阶段明确侧重于利益攸关者，并且与利益攸关者正式协商，同时也会利用现有的基础设施。

然而，碳捕集与封存技术由于其高成本和缺乏技术的发展被批评为不能提供长期解决减少温室气体（GHG）的办法。类似在鹿特丹的试验计划可能有助于阐明碳捕集与封存是否可以帮助履行低碳城市的承诺。

木。到目前为止，国内超过3000树木已被计入和标记以防止砍伐，[104]虽然并不清楚禁令如何被强制执行的。在波哥大（哥伦比亚），植物园与地方当局合作已开始一项整顿和规范城市树木管理的初步行动，树木登记处的成立可能有助于保护个人的树

自20世纪60年代以来一系列的公共和私营组织的行动者一直致力于将新加坡变成"花园城市"，力图增加城市公共开放空间、改善空气质量、保护碳汇以及减少城市热岛效应。创建花园城市的主要战略是：

- 在所有道路、空置的土地和新的发展用地上植树；
- 提供足够的、有吸引力的和可进入的公园，总面积达到3300公顷，有大的公园，如185公顷沿海地区一带的东海岸公园，也有较小的公园，如城镇公园和辖区花园；未来10到15年内，新加坡计划将添加另一个900公顷的公园空间；
- 通过引入公园连接器将公园和民众联系起来，如绿色走廊供人散步、慢跑和在公园内骑行；到目前为止，新加坡有约100公里的公园连接部分，预计到2020年，将扩大到现在的三倍，360公里；
- 保留四个自然保护区中的自然遗产，这其中涵盖超过3000公顷即4.5%的新加坡国土面积；
- 建设"空中花园"通过鼓励开发者建设绿色屋面。

木。[105]碳封存可以结合城市美化，尤其是当一系列的措施具有创建和保护绿地以及方便公众使用的作用，如新加坡的例子（见专栏5.11）。

在发展中国家，清洁发展机制可能有助于启动造林和促进碳封存的自然养护方案。例如，埃及的环境事务局，与埃及的清洁发展机制合作正在制定一个项目（从2007年至2017年）在大开罗环道近10公里的公路上植树（50万棵）。该项目耗资将近400万美元，预计将有助于减少温室气体排放量（每年10万吨CO_2当量）以及完成当地可持续发展的目标。但是，必须认识到碳封存项目可能在不同人群中产生不同影响。关于性别在城市绿化中的影响则需要进一步了解城市绿地为何类社会群体提供何种服务以及他们在保护绿地中所扮演的角色。

尽管当前处于低姿态，碳封存项目至少以三种方式获得落实。首先，碳捕集与封存的发展可能引发城市的一些项目试点，虽然这项技术是严重依赖于经济的规模和碳存储设施，其结果是几个城市都有可能提供合适的地点。鉴于化石燃料的使用，碳捕集与封存技术被批评为未能在根源上解决气候变化问题，而任何在城市环境中植入碳捕集与封存功能植物的决定都有可能引起大的反对意见。第二，清洁发展机制和日益增长的碳市可能会资助发展中国家的造林和自然养护方案。它重要的是强调了这些方案可能会提供碳封存功能，同时也保护了对城市适应气候变化的潜在影响极为重要的水土资源（见第六章）。第三，像碳市或碳补偿计划等举措的迅速激增表明这些计划在将来可能会显得更加突出，虽然通常情况下，他们可能会超越城市的空间边界。

评估减缓城市气候变化措施的影响
Assessing the impact of urban climate change mitigation initiatives

上面的讨论表明许多减缓气候变化的不同举措正在世界各地的城市实行。尽管这样，我们了解这些措施对个人和群体影响的信息仍相对有限，尤其是当他们超越市政建筑物和基础设施系统的范围或涉及行为变化的时候。城市网络，如城市气候保护运动，气候联盟和城市气候变化领导小组，都力求用指标表明他们取得的成就。[106]例如，澳大利亚的城市气候保护运动方案计算出其184个成员减排了"470万吨[CO_2当量]——相当于一年超过100万辆汽车的尾气"以及"议会和社团通过减少能源成本节省了2200万美元"。[107]但是，由于至今依然缺少衡量气候变化的国际标准测量方法，这些内部测量的

数据不具备广泛使用的可行性，因此也无法对比世界各地缓解气候变化措施的影响。Project 2° 可能有助于建立更准确地了解城市气候变化措施的影响，它将通过网络"提供第一个全球、多语种排放测量工具，其目的是旨在帮助城市衡量和减少每周七天、每天24小时的温室气体排放量"。[108]独立研究机构明确监控城市中的温室气体的库存和流动。[109]然而，这些分析将重点放在研读过去和未来的趋势，而不是对已落实到位的政策和措施的影响做任何直接评估。因此需要新的研究，将这些分析方法应用于当前的政策措施的评估。然而，应当指出的是于2010年3月由联合国环境规划署（UNEP）、联合国人居署和世界银行共同发起的里约热内卢世界城市论坛上发布的城市温室气体排放计算国际标准为城市提供了计算其边界内产生的温室气体排放量的常用方法。[110]

尽管有了这种新的方法，但由于时间跨度相对较短而造成的更多评估政策影响方面的挑战以及可得数据的零碎性（尤其当涉及城市社区温室气体级别及减少量时）仍将继续存在。在这方面，对不同措施潜力的引导可能比削减排放量的措施更有用。例如，很明显，通过系统地努力将使用化石燃料的能源和交通系统转变成使用低碳技术在减少温室气体排放量上比小规模提高能源效率的短期措施很可能会有更大的影响，后者一旦取得了初步的财政结余可能会有反弹效应。然而，为了获得"易达的成果"相关部门也给没参与碳市的国家和地区提供具有长期回报的温室气体减排成本，这类计划可能有几个额外的好处，并作为城市计划中减轻气候变化的一种手段。图 5.1 显示废物、交通和建筑方面减缓城市温室气体"易达的成果"。

简而言之，在每个城市，采取哪种减缓气候变化的措施是由城市的社会、政治和经济环境决定，并根据对气候变化问题的重视程度给予指导，而不是对其有效性进行任何确定性评价（见表 5.10）。本节中提到的一系列行动以及各种零碎的措施（而非战略性方针）指出了减缓城市气候变化的动力和阻碍。在发达国家城市，行动者可能会受到体制因素或缺乏公众支持或授权的约束，而在发展中国家城市，因为减缓气候变化而不能解决当前人口的基本需要时，常有市政当局给予他们小的奖励。面对这些挑战，以下各节阐述市政当局的管理模式和其他城市的行动者在采取减缓气候变化措施时遇到的机遇和制约因素。

基于第三章中关于生产和消费在温室气体排放量测量中差异的讨论，表5.11从各种角度概述了可

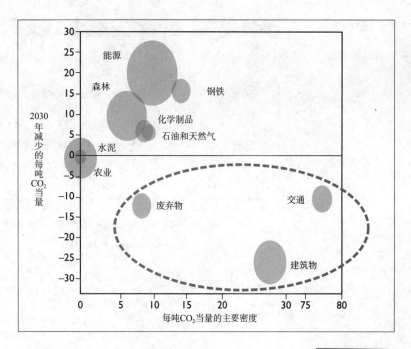

图5.1
城市温室气体减排中"易达的成果"
Figure 5.1 The 'low hanging fruits' of urban GHG mitigation

资料来源：ICLEI, 2010, p9

以停止或降低目前城市温室气体排放量增长的更为具体的减缓措施。

减缓气候变化的城市治理
URBAN GOVERNANCE FOR CLIMATE CHANGE MITIGATION

正如上面一节所表明的市政当局和其他行动者已制定一系列战略和措施，为减缓气候变化实施不同的政策。研究表明城市管理者用来制定和实施这些举措的机制可以分为不同的"治理模式"。[111]首先，本节回顾了城市治理不断变化的性质和政府当局以及私人行动者为应对气候变化而采取的"治理模式"。市政治理已确定同时采用自治、供给、调控和落实四种治理模式，而企业、捐助者和民间社会行动者的重要性日益增加表明自愿、私人供给和动员等治理的（准）私人模式也越来越重要。这节回顾治理的市政和私人模式，反过来考虑涉及的机制和政策文件，比较这些模式在上一节讨论过得五个关键政策部门的使用，以及它们总体的优点和局限。

减缓气候变化的治理模式
Modes of governing climate change mitigation

治理一词可以大致用两种不同方式理解。首先，在描述性意义层面上，它是指涉及治理社会的机构、组织、利益和规章制度。第二，在规范性意义层面上，它是指集体组织事务的一种替代模式，经常假定基于相互依赖的行动者之间的横向协调，

在不同的城市，采取哪种减缓气候变化的措施是由城市的社会、政治和经济环境决定的，并根据对气候变化问题的重视程度给予指导，而不是对其有效性进行任何确定性评价

市政治理已确定同时采用自治、供给、调控和落实四种治理模式

措施的类型	例子	减缓气候变化的好处	额外的好处	限制因素
官方领导	• 可再生能源的示范项目 • 教育运动	• 对温室气体排放量的直接影响有限 • 由他人鼓励采取行动	• 为履行减缓气候变化的承诺	• 影响评估困难 • 可能被认为是表面文章
没有或低的前期成本	• 提高能源效率和用水效率的行动 • 尽量减少废物	• 除非长期持续，否则减少温室气体排放量的影响有限	• 短期财政补助 • 环境教育	• 执行很难，而且常常涉及改变根深蒂固的组织和文化习俗
成本效益	• 提高能源效率和用水效率的技术	• 依赖于措施的规模和时间跨度	• 短期到中期财政补助 • 影响程度可以被监控 • 解决资源贫穷和安全问题	• 能源和水的财政补助可以通过反弹效应被限制
多个好处	• 行程需求减少的措施 • 重新造林和养护项目	• 依赖于措施的规模和时间跨度 • 为与范围广泛的行动者合作提供了机会同时获得了减轻气候变化的政策支持	• 可持续地和完美解决多个问题包括空气污染、交通挤塞、城市绿地、资源安全以及满足基本需求	• 评估影响是很难的 • 依赖于其他人的参与和行动 • 如果减缓气候变化与其他目标发生冲突，它的好处可能靠边站
大幅削减	• 低碳能源和可再生能源基础设施项目	• 大型项目可能产生重大的直接的能源基础结构的影响；中小型项目可以作为变革的催化剂 • 为与范围广泛的行动者合作提供了机会同时获得了减缓气候变化的政策支持	• 为更新基础设施网络提供机会，为贫穷和非正式住区获得服务提供机会	• 高昂的预付费和漫长的回本期 • 通常依赖于外部资金来源和与其他公共和私营部门的合作关系可能很脆弱

资料来源：改编自澳大利亚国际地方政府环境行动理事会，2008，p6

部门	什么可以停止或减少城市温室气体排放量的增长？	
	生产观点	消费观点
能源供应	向产生较少的温室气体的发电和配电方式转变；注册节电装置；增加来自可再生能源和其融入电网的电力比例；使用碳捕集与封存技术。	在生产方面，更加注重高消耗家庭减少消耗；向减少温室气体密集消费转变。
工业	从工业特别是重工业转向服务业；提高企业的能源效率；从废气中吸收温室气体。	在生产方面额外考虑因为由居民消费物品产生的温室气体，和顾虑到降低消费带来的对温室气体排放的影响
农业和林业	N/A（无排放到市区）。	鼓励减少大量矿物燃料的生产和食品和林业产品的供应链；处理大量来自农业（包括畜牧业）的非CO_2温室气体排从；采取能够为减少全球气候变暖做出贡献的林业和土地利用管理做法
交通	增加步行、骑自行车、乘坐公共交通工具的次数；减少使用私人机动车辆和/或减少平均燃料消耗量（包括使用替代燃料作为能源的车辆）；确保城市扩张不是依赖高程度的使用私家车。	从生产观点来看，更加注重减少空中旅行和对交通基础设施的投资以降低温室气体排放的影响。
住宅楼/商业办公楼	不使用化石燃料发电，因而切断由于加热空气和照明而产生的温室气体排放（通常这部分是温带气候条件下的化石燃料的最大用户）；这是相对比较容易，并且能较快得到回报。	从生产观点来看，更多兴趣是减少嵌入在建筑材料、固定装置和配件中CO_2的排放。
废物和废水	减少废物和废水，加强吸收温室气体的管理。	从生产观点来看，减少由于城市消费而产生的废物流动，但有助于减少城市边界以外的温室气体排放量。
公共部门和管理	N/A（无排放到市区）。	管理手段要鼓励和支持所有上述情况；此外重点放在通过更好地管理政府拥有的建筑物和公共基础设施和服务降低温室气体排放；包括减少在基础设施建设和服务中产生温室气体排放量。

注：基于表3.18中产生温室气体排放量的讨论。
N/A = 无。

资料来源：based on Satterthwaite et al, 2009b, pp548–549

而地方政府可能只是涉及的许多机构之一。[112]虽然现在有很多的呼吁，要求开展在规范性意义层面上的"善治"，但是本节着重分析在描述性意义层面上不同形式的治理。这种新形式的治理被认为是因为"深刻的国家结构调整而产生"，这表现在：

- 政府在治理社会和经济关系中的作用相对下降；
- 在国家职能范围内非政府组织不同程度的参与；
- "从层次结构形式分明的政府结构向更灵活的伙伴关系和网络形式转变"；
- "从正规政府结构的规定向国家和市民社会责任与服务共享规定的转移"；
- 将权力和政府职责下放到区域和地方政府。[113]

要了解涉及减缓城市气候变化的城市治理方式的性质、潜力和限制必须考虑城市政府运作的不同方式，还要意识到各种各样的其他公共和私人行动者所发挥的重要作用。在这方面，研究表明少数几个不同的"治理模式"正在因为应对气候变化而被认知。[114]不管市政当局如何运作治理模式，以下四种途径似乎都很重要：

1. 自治：市政当局指导自己行动、评估和运作的能力；
2. 规定：通过提供特定形式的服务和资源进行实践；
3. 调控：实施传统形式调控如任务和规划法，并监督和执行其他级别的政府所颁法规；[115]
4. 扶持：市政当局在促进、协调和鼓励通过与区域或国家政府、私营或自愿机构的合作，以及各种形式的社区参与行动中的作用。

虽然市政当局关于气候变化的治理模式在20世纪90年代占主导地位，但是最近城市气候治理新模式正在出现，私人行动者（如基金会、开发银行、非政府组织和公司）和地方当局（捐助机构、国际机构）以外的公共机构正在启动减缓气候变化活动的计划和机制。[116]有三种途径正逐步被采纳，这在某种程度上反映在市政当局做的部署上：

1. 自愿：使用"软"形式的调控，以促进开展组织内部、组织之间以及公共和私营部门间的行动，结合自治的特征和上文提过的详细的监管模式；
2. 公共与私营部门提供低碳基础设施和服务，代替或平行于政府的计划，同时包括通过清洁发展机制制定的倡议；
3. 动员，私人行动者寻求同其他组织共同采取行动，如通过教育活动。

每种治理模式依赖于不同的政策手段和机制的组合，可能或多或少能有效地减缓城市的气候变化。以下各节回顾了市政治理和公众—私人治理模式，评估他们对不同政策的使用及其在实现减少温室气体排放上的优点和局限。

市政管理
Municipal governance

自治、规章、调控和扶持四个方面的市政治理不是互斥的；相反，市政当局总是部署这些模式的组合。这是国家转型影响的表征，国家政府的任务是阐明和结合不同治理模式的"元治理"，而不是一种直接的、分级的方式。[117]然而，研究表明自治模式仍然是市政当局在应对气候变化所采取的主要办法。虽然自治模式在应对减少城市温室气体排放量的比例方面仍然有很大的局限性（见表5.12），但它提供了可见和短期的手段，通过这些手段，市政当局能够兑现其应对气候变化上的承诺。在发达国家，自治和扶持模式一直占主导地位，而在发展中国家倡议往往基于提供低碳基础设施和服务。虽然规章是执政最不经常使用的模式，但它最常见的是在交通和城市发展部门，反映了地方当局在控制空气污染和土地利用规划中的作用。在城市基础设施部分，气候变化倡议的进展主要依赖于治理模式，而扶持模式在建成环境和碳封存政策上占主导地位。

这项分析表明市政当局正在使用一系列的政策和机制试图应对气候变化。由于气候变化作为一个政策问题具有交叉性质，也许不用惊讶没有单一的成功要素，不同的政策部门的需要以及不同的国家和地方环境导致正在采取的办法是"拼凑而成"。然而，占主导地位的自我管理和促进模式和调控应对基本挑战所起的作用有限，这个挑战即市政当局面临寻求应对气候变化的方法。一方面，考虑到规章、调控和扶持措施的影响，从温室气体的储存和所带来的财政和其他好处方面来说是一项复杂的任务。在一个市政当局均要审核其成就的时代，这种措施可能在经济上和政治上不可行。与此同时，将这一复杂的政策问题移到市政当局能直接控制的领域外具体行动，涉及挑战城市使用化石燃料和经济发展与由此支撑的政治和社会利益之间根深蒂固的关系。

城市气候治理新模式正在出现，私人行动者……和地方当局以外的公共机构……正在启动减缓气候变化活动的计划和机制

自治模式仍然是市政当局在应对气候变化所采用的主要方法

■ 自治
Self-governing

从历史上看，自治一直是应对气候变化，特别是发达国家城市市政工作的关键。[118]在此模式中，市政当局有三种主要途径去减少城市的温室气体排放量（见表 5.12）。首先是通过对市政建筑、车队和服务的管理。地方当局对受其直接控制的现有建筑、车辆和基础设施系统的管理有很大差异；但除了当地政府大楼，还包括学校、社区和健康中心、图书馆和康乐中心，车队的废物收集及道路维修以及为城市建筑物或地方当局住房提供热量和电力的能源系统。行动可以包括技术措施，如改造提高建筑物能源效率的措施，例如在日惹（印度尼西亚）、约翰内斯堡（南非）和墨西哥城，以及减少雇员能源需求的方案（见专栏5.12）。例如，在布宜诺斯艾利斯（阿根廷），地方当局对因为员工不承担能源的成本，节能采取的措施不到位进行关注。因此，员工需要进行新的指导和培训，以防止他们浪费公共建筑的能源。为了鼓励员工改变行为，在墨尔本（澳大利亚），如果工作人员能达到组织改善环境的

治理模式	政策和机制	例子	优点	局限
自我管治	• 地方当局房地产管理 • 采购 • 以身作则	• 高效节能路灯照明的投资 • 为市政办公楼购买可再生能源 • 地方权力机构的工作人员行为转变方案	自治措施在市政当局的直接控制下，可以提供快速、可核查和具有成本效益的方法，减少温室气体排放。他们是市政当局表现出领导力和致力于解决气候变化问题的一种手段。	自治措施只可以解决城市的温室气体排放量的一小部分。他们可能在提供地方政府（短）的时间跨度内的财务回报上受限。
规章	• 市政基础设施系统的运作 • 绿色消费服务	• 如快速公交系统低碳交通系统的投资 • 家用能源调查和资助改造市政当局	通过改变碳排放强度的实用规章和条件的资本贷款，并改变提供给全市的家庭和企业的可选方案，低碳基础设施和服务在大幅度削减温室气体排放量上具有潜力。新的低碳基础设施网络的发展可以改善基本服务和改善生计。	市政提供低碳基础设施和服务的能力也受到资金不足的阻碍，依赖于职权范围和在有限的职权范围内提供能源、水、废物和交通。从实际可知哪里缺乏基本服务，发展低碳网络就不太可能是一个优先事项。此外，提供基础设施和服务只是塑造他们使用的因素之一，没有额外的措施不会导致温室气体排放量整体的减少。
调控	• 税收 • 土地利用规划 • 守则、标准等。	• 交通拥堵收费计划 • 可再生能源技术的新发展的需求 • 建筑物的能源效率和用水效率标准	调控措施可以为各种各样的政策部门提供减少温室气体排放量透明和有效的手段。他们为商界人士提供公平的竞争环境。他们也可能会产生额外的收入，可以投资于更多的低碳措施。	调控措施可能很难实施，因为存在对企业或社会的特定部分影响的担忧。调控很难适用（例如现有建筑物）和各国政府往往不愿来规范个人的行为，也就是说应用这种措施只能会局限城市温室气体排放总量的一小部分。在市政能力有限的情况下，调控可能很难被监督和强制执行。
扶持	• 信息和增强意识 • 奖励 • 合作	• 发起步行和骑自行车的教育行动 • 给予家庭/企业的低碳技术赠款/贷款 • 当地企业自愿开展减少温室气体排放的计划	扶持措施可以要求相对较小的财政或政治投资。他们使市政府受益于资源和一系列其他城市的行动者在减少温室气体排放量的能力。通过涉及一系列不同的伙伴，他们可能会增加对气候变化采取行动的民主任务。	扶持措施都依赖于不大可能出现的企业和社区的善意和自愿行动。评估并验证这种措施对减少温室气体排放的影响往往不可能并且很难评估其成本效益。

资料来源：Bulkeley and Kern，2006 年；Bulkeley et al，2009年；Hammer，2009 年；Martinot et al，2009 年；国际地方政府环境行动理事会，2010年

表5.12
管治气候变化的市政模式
Table 5.12
Municipal modes
of governing
climate change

指标，其薪酬增加了0.5%。

第二种是通过采购政策。包括为市政府和交通领域购买可再生能源，购买低碳替代燃料。

第三，地方当局可能要以身作则，找到最佳实践原则，或说明特定技术或社会实践的做法，以促进其他地方执政者广泛采用。通过这些手段实施的项目包括为减少温室气体排放量设定目标或使用可再生能源，最近一项对160个城市调查发现至少其中125个树立了目标，[119]同时也有示范项目以及促进性活动。

总体而言，研究表明在发达国家和发展中国家，自治模式在解决气候变化问题时普遍存在横跨不同城市政策部门的现象。"这种措施受[本地政府]欢迎的原因在于，体制的操作非常直接：它们只需要最少或不需要社区参加，很少产生政治分歧；通常产生直接的回报以节约成本；它们产生快速的、可核查的排放减少量。"[120]自治模式表现出的用相对少的经济、政治、社会成本获得减缓气候变化的领导力和额外的（金融）益处的能力导致了市政当局重点采取自治行动作为应对的方法。然而，虽然这种措施可能会迈出建立减缓气候变化机制的第一步，但是城市自治措施在减少温室气体排放上的成效受到市政财政和运作的能力范围限制。在大多数情况下，城市温室气体排放量只是构成城市总排放量的一小部分。在这方面，过分强调自治模式可能会降低大家对减少全市温室气体排放量这一更大挑战的注意（包括资源）。

■ 规章
Provision

市政当局应对气候变化的规章治理模式（见表5.12）涉及低碳基础设施系统的发展和绿色消费服务。从历史上看，市政当局建设城市基础设施时具有强有力的作用，——能源、水、废物、公路和铁路网络——直到20世纪90年代中期，市政当局仍然提供能源发电、供水设备、公共交通工具和废物处理服务。在二次世界大战以后几年，在大不列颠及北爱尔兰联合王国和北美地区的地方政府开始出售这些资产，伴随着公共事业部门新自由主义的浪潮，其他发达国家的许多这类公司在20世纪80年代和20世纪90年代期间被售出。其结果是，在发达国家大多数市政府在提供低碳能源基础设施方面只有有限的能力和直接的责任，虽然有一些知名的例外（见专栏5.13）。相反，这些网络是由日益多样的合营公司和私营公司提供。[121]在发展中国家，市政府经常在直接提供公共服务和私营公司或者公私合营公司提供的公共交通网络上保留某些作用，通过

专栏5.12 中国北京绿色照明计划
Box 5.12 The Green Lighting Programme in Beijing, China

北京在2004年发起了绿色照明方案。其任务的重点之一是到2046年将18个县和区的中学的普通灯泡更换为节能灯泡。结果是更换了1,508,889盏灯泡，节省了14.4MW的电能价值821万人民币（相当于105万美元），以及每年减少CO_2排放量14,535公吨。该项目也增近学生对节约能源的概念的认识和了解。在2008年，该项目被扩展到二环道，七十个地铁站，114公里的地铁隧道的1263间卫生间内，并在政府大楼、酒店、商业楼宇和医院建筑安装节能灯泡。北京市发展和改革委员会估计，通过安装节能灯泡每年可以节省39MW的电能。

资料来源：Zhao, 2010

这种模式在减缓气候变化发挥潜在的能力。然而，这种网络在其社会和空间上的覆盖范围是有限的，不能普遍获得基本服务。在现实情况下满足能源、环境卫生和流动性的基本需要越来越紧迫，发展中国家的市政当局在考虑减缓气候变化的能力是有限的。

尽管存在上述限制，市政当局仍试图通过提供基础设施和服务寻找减轻气候变化的政策。市政当局参与了设立低碳社区，如首尔（韩国）的新市镇发展计划，计划建设配有区域供暖的277,000栋新公寓，成本估计26亿美元。[122]在建成环境中，市政府参与了对现有建筑物能源效率的规定，例如墨西哥城打算到2012年每年进行屋顶绿化3万平方米，以及提供各家各户"绿色"服务，包括能源审计和改造如墨尔本（澳大利亚）、伦敦（英国）。或许最值得一提的措施是提供大量低碳交通的服务。在圣保罗（巴西），州政府计划在2007年到2010年更换现代化列车线路和新的巴士基础设施——巴士升级，它被认为将减少70万吨的温室气体排放量，然后可以在清洁发展机制市场出售，并由泛美开发银行提供超过70亿美元的投资。[123]

力图从基础设施和服务的供给方面治理气候变化的方针主要包括改变能源、水和废物服务的碳排放强度、减少碳足迹的建成环境、促进可持续的城市发展模式以及为家庭和企业提供低碳能源和行程的选择，这种方针具有能对城市温室气体排放影响深远的潜力。这种潜力似乎至关重要以致各国政府可能会保留基础设施网络的所有权或控制权并满足基本需求。同时，这类措施也有促进社会进步的潜力，为提升发达国家和发展中国家贫困社区的社会住房和公共交通服务提供动力（见专栏5.14）。为实

市政当局应对气候变化的规章治理模式涉及低碳基础设施系统的发展和绿色消费服务

　　洛杉矶市是由15个城市理事区组成的理事会机制进行治理的。它拥有并经营自己的电力事业部门——洛杉矶水电部门，这是美国最大的公有市政部门。该部门向洛杉矶所有市民提供水、电，是一个专有的部门，这意味着它不依赖纳税人的钱。理事会已通过政策，计划到2010年可再生能源占总能源使用的20%，到2030年占到35%。

　　这一目标很可能将逐步减少与州外燃煤电厂的合同同时扩大太阳能、风能、生物质能和地热能的产出以满足日益增加的能源需求和应对未来可能出现的能源稀缺。为实现这一目标需要进一步采取措施解决老化的基础设施问题。

　　不过，这一目标也有重要障碍。包括来自部门工会对淘汰煤炭的抵制以及由于可再生能源不能建立在现有的输电线路上而需要建设新的输电线路所导致的环境冲突。

资料来源：Schroeder, 2010

尽管……调控的治理模式是市政府采取的最不受欢迎的方法，它却可以非常有效地减少温室气体排放量

现这一潜力，资金很可能是一个主要障碍，这表明捐助机构和开发银行可能会在提供适当形式的资金以供发展低碳城市基础设施网络方面发挥中心作用。

■ 调控
Regulation

　　虽然研究表明调控的治理模式是市政府采取的最不受欢迎的方法，它却可以非常有效地减少温室气体排放量。在此模式下，可以部署三套不同的机制。第一，也是最不常见的，是税收和用户收费，主要是出现在交通部门，例如交通拥堵收费（见专栏5.9）或征收机动车污染费。

　　第二是土地利用规划，这通常是市政能力很强

　　在2003年，卢布尔雅那公共房屋基金方案开展了一个对现有房屋进行可持续翻修的项目用以节约能源和改善居民的生活质量，其中大多数居民收入非常低并且几乎不能缴纳租金。

　　迄今开展的工作包括两个成功的翻修案例Steletova（60个公寓）和Kvedrova（20个公寓）。新的进展正在计划中。他们在翻修项目中整合了一系列的节能技术，包括高热回收通风设备机组、液体地热交换器、太阳能热和太阳能光伏等。虽然资金由市政当局提供，但当地社区已从一开始就参与了并对市政府的年度住房计划做出了贡献。项目似乎在减少温室气体排放量和改善住户和公共房屋基金方案之间关系的方面做出了贡献。卢布尔雅那的经验现正扩展到条件类似的邻近国家。

资料来源：BSHF 数据库（www.worldhabitatawards.org，最后一次访问 2010年10月22日）

的领域（至少在发达国家是这样），它已被横跨不同的政策部门使用来减缓气候变化。例如，在城市发展和设计中土地利用规划可以规定城市密度并促进混合的土地使用以减少交通的必要性，同时在建成环境方面对新建建筑的能源效率颁发特定标准，以及如圣保罗（巴西）和巴塞罗那（西班牙）的例子要求一定规模的建筑物强制性使用太阳能作为能源供应。土地利用规划还被用于促进低碳基础设施的发展。在伦敦（英国），设施的发展超过一定规模被要求通过现场的低碳或可再生能源发电满足项目20%的能源需要，这项措施旨在促进吸收分散的能源技术。[124]

　　第三，守则、标准和规章的设置在建成环境部门最常见，他们经常由各国政府设置，虽然也可以在市政一级找到例子，包括：在维也纳（奥地利）和墨尔本（澳大利亚）某些建筑产品的禁令；澳大利亚大型办公室有强制性能源性能要求；[125]在德里和班加罗尔（印度）一些建筑物强制性要求使用太阳能热水系统。[126]在交通部门，欧洲的一些政府当局、巴黎（法国）、雅典（希腊）等几个城市试用了一个计划，它禁止车辆在某些日子进入城市中心区以减少拥堵和污染。通过进一步的间接措施以减少温室气体排放量包括提高能源效率标准的实施和城市——如利马（秘鲁）、新德里（印度）或波哥大（哥伦比亚）等——车辆的污染物排放标准的实施。

　　调控的治理模式向市政当局提供了一整套的久经考验的政策手段来解决气候变化问题。这些政策定向的、透明的和可强制执行的性质意味着它们可以非常有效地实现减少温室气体排放量，特别是针对特定技术的使用和鼓励改变人们行为方面。然而，条例可能很难实施。赋予它力量的针对性和可强制执行性可能引起那些因为需要遵守并承担新标准、新计划费用和税收而得到负面影响的人的反对。此外，地方政府可能缺乏执行条例，特别是在资源有限的发展中国家城市。

■ 扶持
Enabling

　　市政当局也采取了使其他行动者也能减少温室气体排放量的机制。研究表明，治理气候变化的扶持模式在发达国家尤其重要，尽管它可能正在发展中国家的市政当局那里获得落实。[127]三种主要做法都曾被市政当局采用以减少城市内温室气体排放量。第一，实施各种形式的宣传和教育运动。这种举措通常用于改变人们的行为，因此在建成环境和交通方面最常见，而行为的改变可以对温室气体排

放量产生影响。例如，在香港（中国），市政当局成立了一个项目，通过保持室内环境维持在25.5℃减少对冷却空气的需求从而提高家庭的能源效率。[128]在德班（南非），该市已与当地企业成立了两个能源效率社团。[129]这些社团向参与者介绍能源管理、审计、监测和目标的技术以及碳足迹计算和节约能源计划。实施提高效率措施的成员报告，在2009年第一季节省了R220,000[南非兰特]（相当于28,000美元）并且"社团"的概念也基本被行业接受。[130]这个例子是特别有趣的因为这些措施旨在减少大企业的温室气体排放量而这通常不是城市气候变化政策的一部分。[131]然而，"这种[新闻]运动的影响是有争议的并且难以计量的，因为它们往往是一揽子政策的一部分"。[132]

第二，市级政府可以使用包括赠款、贷款和对新技术障碍的补贴[133]在内的各种激励手段来鼓励低碳技术的使用或促进改变人们行为。这种举措可以在建成环境部门发现，例如为家庭能源效率措施的实施所提供的赠款，而在城市基础设施部门，市政府提供贷款和补贴用于购买可再生能源技术，同样在交通方面对使用公共交通工具的补贴是最常见的。

第三，市级政府与企业和民间社会组织，在减少温室气体排放方面发展了各种伙伴关系。例如，在香港（中国），市政府设立一套指导方针，报告了2008年减少温室气体排放量的建筑物，并确定了能源效率改进的领域和自愿行动的领域。自从"这套方针的出现，37家机构已签约作为碳审计绿色伙伴，包括私营公司、公立医院和大学"。[134]

由于相对较低的前期经济和政治成本，治理的扶持模式可能在对整个城市温室气体排放产生潜在影响方面具有巨大优势。对一系列社区和企业的减缓气候变化政策还可以增加城市治理的透明度和合法性。然而，也有两个关键的限制。第一，这种举措被限制在那些愿意参加的人。例如，在德班能源效率社团、"并不是所有的主要参与者充分参加了……例如，丰田在最初两个会议后退出"。[135]第二，这些举措的自愿性质意味着他们很难被监视和验证，并不能"强制"，而是取决于市政当局说服其他人采取行动的能力：

>……城市规划和治理的有效性不仅取决于预定的对总计划执行力和控制力，还取决于调动各利益攸关方和政策群体为行动做出贡献的说服力。这种驱动力，权力更均匀地分布并以透明的方式行使的社会里出现的可

能性较高……相反，在权力集中并通过腐败和胁迫手段行使的社会里，这类过程将面临巨大挑战。[136]

最近对建筑部门减缓温室气体政策手段评估的结论是：

>虽然该文件在（支持、信息和自愿行动文件）中可能会被认为相对较"软"，但他们仍可以实现显著的节约并成功补充其他文件。但是，它们通常不如监管和控制措施有效。[137]

城市气候治理中的公私合作方式
Modes of public–private collaboration in urban climate governance

如上文所述，[138]国家的结构重整已导致一些公共机构和私人行动者越来越多地参与城市气候变化治理。平行于市政当局制定的方法，全球报告承认了三种公私合作的城市治理"模式"——自愿、私人提供和动员。为了应对气候变化，这三点正在深化（见表5.13）。话虽如此，但应当指出在实践中有某种程度的重叠将补充这三种模式。重要的是，这类措施并不单单从一个组织或团体上寻求减少温室气体排放，而是明确地以一个或多个城市的名义。通过这种方式，城市已成为更广泛地治理气候景观的关键领域。

本章回顾的证据表明可以在发达国家和发展中国家找到公共与私营部门合作治理气候变化的模式，这涉及整个城市的发展、建成环境、城市基础设施、交通以及碳封存政策。尽管对这种相对较新的现象可参考的数据有限，这些方法的出现最有可能通过个别组织的伙伴关系网络，被集中使用在能源和用水效率自愿标准的采纳、低碳城市发展和基础设施网络的供应以及改变人们行为以减少能源和交通使用的动员等方面。

尽管其规模相对较小，出现的这些新形式的城市气候治理模式对实现减少温室气体排放量可能有重大的影响。私人行动者和外部公共机构的参与可以提供额外的专业知识和资源，以及影响一些市政当局无法控制的温室气体排放的来源。解决气候变化问题的一系列组织和社区的参与可以为这个问题提高知名度，宽松市政政策，也可能成为增强地方行动合法性和代表性的一种手段。

但是，合作关系不应视为万能药。协调一致的行动需要来自合作方的实质性承诺和组织有效参与的能力（见专栏5.15），当合作关系无法达到一个或一些成员的目标时，可能突然撤回支持。合作关

治理气候变化的扶持模式在发达国家尤其重要

由于相对较低的前期经济和政治成本，治理的扶持模式可能在对整个城市温室气体排放产生潜在影响方面具有巨大优势

表5.13

管治气候变化的公-私模式

Table 5.13 Public–private modes of governing climate change

治理模式	政策和机制	例子	优点	局限
自愿	• 改变做法 • 示范项目 • 目标和标准	• 自愿补偿计划 • 建筑光伏发电一体化 • 自愿能源效率标准	自愿措施是在有关组织的直接控制下，可以提供快速和具有成本效益的减少温室气体排放的手段。采用自愿性标准或务实原则，可以为未来的立法需求提供一个试验场。自愿措施往往出于企业的社会责任，它可以为私营部门行动者提供一种手段追查自己的碳足迹。	自愿采取措施可能局限于那些可以在（短）的时间跨度内提供财务回报的商业组织。在政治或经济变动的情况下这类举措很容易失控。采取自愿措施是一种可以延迟或避免监管的拖延战术。这种措施还缺乏透明度和问责制，未能履行责任也不会有任何处罚。
私人提供	• 城市基础设施系统 • 低碳技术和服务	• 废物转变为能源计划中的投资 • 能源服务公司	通过改变碳排放强度的实用规章，并改变提供给全市家庭和企业的可选方案，低碳基础设施和服务在大幅度削减温室气体排放量上具有潜力。	低碳基础设施和服务的提供可能受限于投资附加的条款和条件。提供基础设施和服务只是塑造他们使用的因素之一，没有额外的措施不会导致温室气体排放量整体的减少。
动员	• 信息和增强意识 • 能力建设 • 奖励	• 能源效率咨询计划 • 指导计划 • 获得补贴的能源效率技术	动员其他私营和公共部门行动者减少温室气体排放量，为传播最佳做法和宣示示范项目提供一种手段。通过进行一系列的伙伴组织可以限制代理的费用和减少"第一次行动"的任何缺点。形成伙伴关系和观点一致的网络，行动者可以加强他们的政治立场和对合法性的要求。	为了切实有效，动员取决于不大可能的企业和社区的善意和自愿行动。伙伴关系和网络是依赖于持续的兴趣和投资，一旦人员、政治和经济情况有变动可能很难维持。

私人公司、国际网络和外部公共机构会参与实施减缓气候变化的措施也引出了决策过程的合法性及由谁承担成本和享受好处等问题

系还可以是单方面的，为损害其他行动者集团的利益服务。[139]尤其是在发展中国家会有这样的问题，经验主义的证据表明合作关系可能导致"城市政府因为巨大利益与具有非常大的碳足迹的私营部门合作，对项目、方案给予支持（在其建设和运作时），而很少甚至没有解决低收入城市居民（包括解决基础设施不足）的关键需求"[140]。同样，私人公司、国际网络和外部公共机构会参与实施减缓气候变化的措施，也引出了决策过程的合法性及由谁承担成本和享受好处等问题。[141]

■ 自愿
Voluntary

自愿解决气候变化问题的途径包括改变组织和社区的现有做法、示范项目以及制定自愿的目标和标准。例如，第一类是自愿承诺改变建筑物能源和水的使用方法，试验使用替代燃料和自愿进行碳补偿计划。第二类包括设法证明节能建筑的潜力或低碳技术在城市基础设施部门在经济和社会层面的可行性。第三个类别包括设置实现温室气体减排的自愿基准，如所提倡的在社区一级的"碳减排行动

小组"。[142]

以社区为基础的气候变化倡议似乎混合采用了这些方法。一个这样的例子是"转型城镇"，这是在英国、北美和澳大利亚出现的基于社区的倡议，旨在设法减少温室气体排放和应对"石油峰值"[143]的挑战，并通过鼓励发展当地经济，增加当地的粮食生产，减少对能源和交通以及可再生能源的使用需求。[144]例如，悉尼（澳大利亚）的过渡倡议就如何应对气候变化和石油高峰的挑战向当地社团提供了演示文稿和视频，并提供一个网站用于共享信息，同时支持社区团体减少化石燃料的使用。在布里斯托尔（英国），过渡倡议为家庭提供能源审计培训和各种类型的信息并对降低其自身温室气体排放的成员提供支持。另一个例子是在孟买（印度），从1996年起超过200个主要组织当地的废物管理项目的"先进地区管理组"正逐步转向从事减缓气候变化的活动，如太阳能热水器的安装以及在住所附近开展提高认识的活动等。[145]

这类计划有潜力提供渐进性和包容性的方法以减缓气候变化，在解决社会和环境司法的同时减少

温室气体排放问题。然而，他们可能规模较小，并常常带有政治限制，这意味着其对减缓气候变化的广泛的影响可能有限。他们自愿行动的根本动机也可能受限，因为很少有手段评估组织行动所做出的贡献。同时，对自愿的日益重视、主要基于社区这些行动可能导致本该对（城市）的温室气体排放量负大部分责任的行动者将责任转移到那些几乎没有什么力量应对气候变化的原因或后果的人们身上。

■ 公共与私营部门提供
Public-private provision

市政当局可以为城市发展和基础设施系统的开发设置框架，他们可能只有有限的提供住房以及能源、水、废物处理和交通服务发展的司法管辖权。[146] 因此，公共部门与私人部门之间的合作已成为解决城市发展和基础设施项目实施等问题的一种常用手段。此外，清洁发展机制和其他碳市的出现导致了在如废物转化为能源计划等低碳基础设施项目方面市政部门、城市公共事业提供者、各国政府和碳经纪人一系列新的合作。[147]

第二个公共与私营部门合作供应的方式是低碳技术和服务的传递。这种做法的一个示例已在2006年伦敦能源服务公司立项，伦敦气候变化机构和能源公司EDF的合作是为了发展分散的能源系统。[148] 克林顿气候倡议试图在伙伴城市发展能源服务公司，通过开发"独特的合同条款和条件，包括简化采购、价格透明和其他降低项目成本、开发时间和业务风险的进程。"[149] 虽然人们对这类项目能否适用于大量城市以及能否得到如此优厚的政治条件表示怀疑，但它确实表明替代性的商业模式和财务安排可以为实现减少城市温室气体排放提供关键的机制。

面临城市治理的挑战和城市公用设施网络的私有化，大多数城市的市政当局除了与提供城市基础设施的其他行动者一起合作几乎没有选择。如上文所述，合作可能带来包括资源、知识和汇集不同的优势等方面的好处，但也有很大的局限性。在减缓气候变化的行动中涉及的行动者范围很广，小到地方社区组织，大到国际金融机构，还包括碳市中的各类其他组织，而组织的多样性以及它们各自的利益诉求将会增大合作可能带来的局限性。虽然说其影响可能还为时过早，但我们需要在采取应对气候变化措施的同时不会加深城市现有的不平等。

自愿的方法……有潜力提供渐进性和包容性的方法以减缓气候变化，在解决社会和环境司法的基础上解决减少温室气体排放问题

公共部门与私人部门之间的合作已成为解决城市发展和基础设施项目实施问题的一种常用手段

面临城市治理的挑战和城市公用设施网络的私有化，大多数城市的市政当局除了与提供城市基础设施的行动者一起合作，几乎别无选择

专栏5.15　曼彻斯特是我的星球：动员社区？
Box 5.15 Manchester Is My Planet: Mobilizing the community?

在2005年由大学、地方当局、公共机构和领导企业组成战略伙伴关系的曼彻斯特知识首都组织在大曼彻斯特地区（英国）发起一项计划——曼彻斯特是我的家，旨在倡议鼓励地方社区和个人减少其温室气体（GHG）排放量。该计划进行试点研究，并得到国家政府的（约为150,000英镑）资金支持，要求民众"一起参与保证大曼彻斯特在2010年前碳减排20%，帮助英国在气候变化上履行国际承诺"。这项计划很快募集了约10,000份承诺，促成正在气候变化方面努力成功动员公民的首相托尼·布莱尔和他的内阁的一次访问。该计划进一步从英国变化挑战基金获得了更多的资金（约55,000英镑），到2008年3月募集了约8000份承诺。然而，随着拨款减少，方案的工作已被限制在其网站的持续发展上，而募集的数量目前大约为21,000份，而据主办方介绍其每年可节省44,600吨的CO_2。

这一案例说明了公共和私营部门在动员社会对气候变化问题采取行动时合作的潜力。但是，这类计划也有一些局限性。第一，承诺减少温室气体排放量的要求没有相应的发动公民知识和能力采取行动的措施。第二，履行承诺时，和其他自愿行动相似，不遵守承诺没有罚款。第三，缺乏广泛监测方法，以致这类举措对减少温室气体排放量的影响很难确定。曼彻斯特是我的家所进行的研究表明超过90%的承诺人采取了某种形式的行动，而超过70%的承诺人鼓励其他人减少能源消耗。但是，它很难验证这种调查结果或确定结果是否被修改过。

不考虑曼彻斯特是我家项目对曼彻斯特温室气体排放量的潜在影响，研究表明该项目已经有了重要的政治意义。首先，它有助于将气候变化作为一个地方的政治议程，向政治家透露了一个市民担心这一问题的信号。第二，它为国家政府和其他地方当局及其合作伙伴提供了"最佳做法"的复制示例。因此，这个例子表明减缓气候变化的努力通常在政府控制之外，同时通过动员个人和社区可以对未来的城市气候变化治理产生直接影响。

资料来源：Silver, 2010

城市利益攸关者和社区通过动员的治理模式参与减缓气候变化正在成为一种重要手段

世界各地正在做很大的努力减缓城市地区的气候变化……然而，在很多城市，减缓气候变化问题仍被视为边缘性问题

城市应对减缓气候变化的挑战的关键因素似乎是城市治理能力

■ 动员
Mobilization

第三个模式是通过正在进行的公私合作治理城市气候变化，这可以称为动员，通过寻求合作和建立网络以便提供咨询和信息、建设能力和奖励（见表5.13）来减少温室气体排放量。这些方法可以通过成员合作或网络在内部使用，或通过更广泛的商业组织、社区或个人在外部使用。有几个私人组织、合作伙伴和网络曾通过提供咨询意见和信息进行动员。例如，在北京（中国），北京"自然之友"发起一场运动，保持室内温度在26℃和限制空调的使用，以减少温室气体排放量。在曼彻斯特（英国），公共部门和私营部门的一个财团寻求通过"承诺"运动鼓励个人参与减少温室气体排放量（专栏5.15）。

包括城市气候变化领导小组、国际地方政府环境行动理事会、气候组织[151]和克林顿气候倡议在内的国际网络[150]制定了多样的方案为市政当局和私营部门提供有关当前和未来温室气体排放和减缓气候变化的潜在战略信息，包括减少能源使用以及采用低碳的城市发展模式和使用替代性的交通模式。除了提供咨询意见和信息，这些国际网络也与各种各样的市政当局、公共机构和私营部门联合工作制订了能力建设和提供奖励的策略，鼓励城市行动者减缓气候变化（见专栏5.16）。

这些例子表明城市利益攸关者和社区通过动员的治理模式参与减缓气候变化正在成为一种重要手段。然而，正如曼彻斯特（英国）例子所表明的（见专栏5.15），这种倡议在减少温室气体排放量的效果可能有限。与扶持的治理模式相似，动员的努力可能参与者有限，并依赖于强有力的说服力。此外还有一些问题，如公共私营合作在呼吁其他国家对气候变化采取行动上的任务以及他们参与这类举措可以获得多大程度上的资金支持。虽然努力动员可能使具有代表性的城市利益攸关者和社区做好应对减缓气候变化，但同样他们在城市层面应对气候变化时有可能实现自身特定的诉求，没有考虑到现有的不平等或者解决问题的根源。

机遇和约束
OPPORTUNITIES AND CONSTRAINTS

本章表明世界各地正在做很大的努力减缓城市地区的气候变化。城市正在开展的行动层次和范围表明无论是发达国家还是发展中国家气候变化一定是一个城市政策议程中的问题。不过，另外还要清楚大多数城市把减缓气候变化仍然看成是边缘性的问题，而且尽管制定了减少温室气体排放量雄心勃勃的政策目标，但现实往往比预期更具挑战性。[152]减缓气候变化应是政策的一部分。可以确定局部地区的最佳做法；但全面解决气候变化问题的办法仍然是个例外，未形成一整套规章，[153]并且可以发现在城市层面减少温室气体排放量的言辞与政策和计划付诸实于践之间重大的差距。[154]塑造城市应对减缓气候变化的挑战的关键因素似乎是城市治理能力。[155]在这方面，本节回顾了相关的机会和制约的证据，塑造治理能力主要根据三大类：体制因素、技术或经济因素以及政治因素（见表5.14）。

影响城市治理能力的体制因素
Institutional factors shaping urban governance capacity

塑造城市治理能力的体制因素包括：问题的多级管理（市政的能力和与不同国际、国家、区域和地方各级机构之间的关系）；政策执行和实施；替代性体制安排，如通过培养治理能力生成国际网络和合作伙伴。虽然已在第二章中讨论了国际网络和伙伴关系问题，但以下章节讨论前两个因素。

■ 多级管理
Multilevel governance

城市应对气候变化的措施不应该在政策或政治

专栏5.16　国际城市网络开展的减缓气候变化行动
Box 5.16 Climate change mitigation initiatives developed by international city networks

- 气候组织城市合作注重世界上一些大城市在证明和传递公共私营合作的作用，这将建立低碳经济。该倡议包括美国的芝加哥前进合作计划和印度的孟买能源联盟。

- 城市气候变化领导小组的城市生活方案是城市气候变化领导小组和一家名为奥雅纳的顾问公司合作在几个城市实施奥雅纳公司的可持续发展综合办法。将在多伦多（加拿大)试点并有计划将方法推广至其他五个城市。

- 城市气候变化领导小组的碳融资是一个能力建设的方案，以协助现有和新出现的特大城市利用《京都议定书》碳融资的机会。

- 克林顿基金会大楼改造项目侧重于建筑物的能源效率，到目前为止已完成了世界各地20个特大城市的250多个项目。

- 克林顿基金会交通项目重点提高城市交通质量，如快速公交（BRT）系统和推进碳中和交通技术如混合动力车。

资料来源：www.theclimategroup.org；www.c40cities.org；www.clintonfoundation.org，最后一次访问：2010年10月18日

表5.14
在城市中管治减缓气候变化的机遇与制约
Table 5.14
Opportunities and constraints for governing climate change mitigation in the city

	机会的例子	制约的例子
体制方面	• 积极主动的国家和地区政府 • 国际网络成员 • 建立伙伴关系	• 市政当局正常的权力受限 • 缺乏政策协调
技术和经济方面	• 有关城市温室气体排放的知识 • 得到外部资金 • 灵活的内部财务机制	• 缺乏专业知识 • 缺乏财政资源 • 技术的适用性
政治方面	• 政治维护 • 共同利益的区分 • 政治意愿	• 主要人员离职 • 与其他政策议程的优先次序 • 在其他重要的经济和社会问题或部门发生冲突

真空的地方实施。虽然市政府或多或少的协调一致并且相对国际政策以及区域和国家政府有不同程度的自治权，但这些领域的权力之间的关系在塑造控制气候变化的治理能力时至关重要。"多层次"治理气候变化通过三种主要方式影响城市应对气候变化：通过采取有组织的行动；通过确认自主权和能力——职责及权力以方便市政当局采取行动应对气候变化；通过在地方当局内和之间使用扶持的混合政策。

第一，国际和国家政策为市政的应对措施提供了总体框架。国家政策也充当直接驱使市政行动的角色。例如在瑞典"随着瑞典应对气候变化战略的制定，几乎一半以上的城市已经根据国家减少气候影响的目标确立了自己减缓气候的目标"，[156]同时在中国，研究表明地方层面对气候变化这个问题本身的应对措施以"中央政府期望这些机构采取的行动"为准。[157]然而，两个重大的超出这一规则的例外情况表明国家政府并不总是有必要应对城市气候变化。在20世纪90年代末和21世纪初期间的澳大利亚和美国，应对气候变化的城市数量急剧增加，这两个国家政府退出并不再执行《京都议定书》。然而，在这两个国家，城市都是通过国际市政网络、国际政策框架、联邦政府资金获取财政支持以及区域层面的政府合作来应对气候变化的。这些例子表明一个有利的多级框架关键在于促进城市治理能力，而并非依赖国家政府的政治支持。

多级治理的第二个重要方面涉及"地方当局有否广泛的政策制定和执行的权力，或是否这些权力被狭隘地定义或限制在"[158]如交通、土地利用规划、基础设施开发、建设标准和废物利用等关键政策部门。这些地区的市政当局的权力通常由中央或区域政府下放。[159]市政当局，有直接提供废物、交通或能源服务的具体权力，如许多欧洲北方国家的例子，他们可以有巨大的权力应对气候变化，而其他国家的地方当局则缺乏。[160]但是一般情况下，市政

当局在能源政策、定价和供应、城市基础设施（如交通系统）发展、经济政策（如税收和收费）、用于建筑物的能源效率标准和实行、土地利用规划以及教育自主权等方面只有有限的权力和责任。[161]因此市政当局只能依赖于政策和国家政府的行动以实现其政策目标。例如在伦敦气候变化行动计划承认"艰难的事实是，在编写这项行动计划时……在主要的规章和政策不变的情况下，我们一直无法提出任何现实的情景从而达到2025年目标"。[162]

但是，当市政当局只有有限的直接或正规的权力时，减少温室气体排放量的行动也可能奏效。第一，不同层级的政府联合采取行动达到政策目标。赫尔辛基（芬兰）的一份气候变化分析显示建成环境中的能源如何消耗由欧洲联盟（欧盟）条例确定，如建筑能源性能、国家规章、市政管理监督以及能源公司与政府部门之间的自愿协议。在这一政策领域"不同层级的治理工作很好地配合……这座城市通过建筑规范、能源援助以及参与自愿节能协议计划正在实施能源性能政策"，[163]但是在促进可再生能源上，市一级的政策举措与欧盟和国家增加可再生能源发电的政策相抵触。

第二个手段是市政当局通过有限而确实存在的机会发展从而克服在采取应对气候变化行动时有限的直接权力。在日本：

> ……当国家政府本身没有颁布任何具体政策和措施应对气候变化并且国家政府并不禁止他们这样做时，区域和地方政府有权采取立法行动。通过这种方法，区域和地方应用地方条例规定企业和行业制订CO_2削减计划，实行排污权交易以及购买可再生能源债券。[164]

第三，有大量证据表明，市政当局在解决气候变化时有超越其管辖权直接采取行动的权力。例如，里约热内卢（巴西）创建的碳市在城市内外的

市政当局在解决气候变化时有超越其管辖权直接采取行动的权力

公共、私营部门和民间社会行动者之间建立伙伴关系的同时可能对国家和国际产生影响。由于有限的自治权和权力而出现的能力不足只是部分源于地方与国家政府的关系，但同时这也依赖于其与其他伙伴的关系以及地方政府"为民间社会行动创造有利环境"的能力。[165]然而对很多地方政府来说，权力的缺乏仍然是解决气候挑战的重要障碍，也是近来将重点放在市政自治方面的原因。[166]

对塑造市政能力极为重要的多级治理的第三方面是对地方层面权力分散化以及地方政府内在活力等问题的关注。在城市地区范围内，一个关键问题是城市治理分散在多个部门。例如，对墨西哥城应对气候措施的研究发现：

> ……城市治理的行政结构随其边界和与碳有关的社会经济和生态功能而不同。行政上，这座城市是由不同的联邦、州和地方政府管理。然而，城市作为一个复杂的系统，其核心区和边缘地区以及活动和家庭是与经济交易和交通活动、物质和能源流动相关联。[167]

研究发现，"很多城市（气候变化）的行动仍然集中在环境部门"。[168]这可能会从两方面限制市政能力。首先，环境部门常常被市政（和其他）当局边缘化并且可能与其他地方部门冲突。第二，气候变化治理的"交叉特性意味着环境部门或机构经常不能够实施…需要解决这一问题"。[169]许多国家的新自由主义改革加剧了横向协调这一挑战，这已导致对先前市政服务的私有化或协议转让，增加进行政策协调需要的行动者的数目。例如，在约翰内斯堡（南非），地方当局进行了"半私有化"的进程，"使原本不同机构、公用事业和城市行政管理之间的交流产生了粮仓效应"因而降低了城市应对气候变化的能力。[170]在这方面，"主流化、协调化和跨政府机构的合作至关重要"。[171]在一些城市，通过新的行政和体制结构，如特殊单位或机构以协调气候变化政策来达到目标。例如，在伦敦（英国）气候变化机构已成立，而在苏黎世（瑞士）一家环境保护单位设立了气候监督政策。[172]然而，"对于仍然没有能力去进行整合的地方来说很显然当地气候变化策略的潜力会受到限制"。[173]

■ 政策实施和强制执行
Policy implementation and enforcement

第二组塑造治理城市气候变化能力的体制因素是实施和强制执行政策和措施的能力。在许多政策领域市政当局不能或不愿意执行规章和标准，尤其

但不完全是发展中国家。例如，在尼日利亚提高建成环境与设备部门的能源效率常常"因缺乏可执行标准而将能源市场和消费者置于各种可能已经甚至被禁止在本国制造的不合格技术（当然包括能源效率低下的）之下"。[174]在乌克兰，研究发现了类似的情况，其特点是缺乏建筑能源效率标准再加上存在执行不力的情况。[175]能源标准的效力可能在发展中国家特别低，因为执法困难和腐败。[176]然而，即使在发达国家，美国估计节省的能源效益为15%或16%，而欧盟的一些国家则为60%，这表明设定标准的层级不同和国家实行的方式千变万化反过来影响城市温室气体排放的能力。[177]避免执法困难和腐败也是一项重大挑战。在印度尼西亚，研究发现"虽然分区许可证从理论上讲应该是控制土地使用的工具，但在现实中腐败行径已导致它无效"。[178]然而，虽然政策执行问题的一部分可能源于舞弊行为或故意回避，但也可能由于使用了不恰当的政策途径和模型。例如，在许多发展中国家"应用城市规划和政府的导入模型验证其是否适合当地情况以及实施的可能性"有助于限制贫穷社区建设土地房屋，反过来促使非正式住区和其他不符合建筑和规划条例的贫民窟的出现。[179]

同样，执行方面的挑战并不局限于市政当局。鉴于许多私人、民间社会和社区捐助者对正在制定的应对城市气候变化计划的自愿性质，法规遵从性的问题、监测和核查其成果也会影响城市治理能力。第一，在可靠地估计特定计划对温室气体排放减少量的贡献方面存在重大挑战，这是到目前为止一个限制清洁发展机制在城市地区使用的因素。[180]第二，问责制的问题也是重要的。虽然大多数计划依靠自我核查，也有日益壮大的民间社会行动者参与核查过程，如清洁发展机制设定的黄金标准和自愿碳市。[181]

影响城市治理能力的技术，材料和金融因素
Technical, material and financial factors shaping urban governance capacity

第二组为城市应对减缓气候变化提供机会和限制的因素包括专业知识、物质基础设施、确定行动可能性的文化习俗以及可用的财政资源。

■ 专业知识
Expertise

专业的科学技术和知识在塑造城市治理气候变化能力上有两种主要途径。首先，国际上有关气候变化问题特点的科学共识日益增强，需要采取紧急

交叉特性意味着环境部门经常不能够实施……需要解决这一问题

在许多政策领域，尤其在发展中国家，市政当局不能或不愿意执行规章和标准

能源标准的效力可能在发展中国家特别低，因为执法困难和腐败

行动已成为许多城市的激励因素。科学界一直主张制定日趋严格的目标减少温室气体排放，以尽量减少超过2℃的大气变暖的风险，在这种情况下城市比以往任何时候都提出了更加雄心勃勃的政策目标。例如，伦敦（英国），预计在未来20年稳步迈向一个目标即到2025年把CO_2排放量稳定在1990年水平的60%。[182]在2002年，墨尔本（澳大利亚）设定了在2020年达到"零排放"的目标，已经被一些大都市地区的其他市政当局采用。[183]同样，因为参与各种动员和倡议，围绕气候变化问题日益增强的科学共识已经成为影响私营部门和民间社会组织议程的日益重要的一个因素。

第二，科学知识在本地温室气体排放量清单和预测温室气体排放量的发展上也意义重大。[184]这种清单"自下而上"主要来自"缩小的"区域和国家级的可用数据，它提供对温室气体排放量的可能模式的一般概述和潜在领域的未来增长。一个例子就是纽卡斯尔（澳大利亚），整个城市的温室气体排放量来自消费数据，用每小时更新并呈现在互联网上、城市的广告牌和每周的电视新闻报道上的用电量计算温室气体排放当量。[185]然而，多数地方当局缺乏资源来建立这种清单，而那些试图制定全市温室气体排放量全貌的人们，即使努力却受限于缺乏数据，其中很多数据不能在常规的基础上收集或是被能源供应商视为商业敏感的信息。[186]虽然缺乏数据、专业知识、资源的评估是对市政当局通过衡量其取得政策目标进展能力的约束，但很明显对广大的城市而言要获得城市的温室气体排放量的全貌是不可能的。我们可能要更好地关注地方政策应注意的温室气体排放量的可能模式。

超越科学领域或是专业知识的其他来源也很重要。德班（南非）的示例表明该市难以参与国际行动，如清洁发展机制缺乏对工作人员的培训。[187]一旦完成这项训练，员工可选择到更有利可图的私人部门就业，开展相同的项目。此外，地方当局可能在建筑和工程制图专业有些小的发展。例如，在尼日利亚，"缺乏专业的关于建筑能源高效趋势的信息是一个可怕的障碍。这也加剧了能源建设标准和规章意识的缺失"。[188]但是，技能短板不局限于发展中国家，尽管在发展中国家可能会更严重。而这种短板并可能会影响与气候变化并无直接关系的其他方面的可持续发展。

■ 城市系统：基础设施和文化实践
Urban systems: Infrastructures and cultural practices

城市管理在气候变化方面遇到的机会和限制同样是由组成城市的社会和技术网络构成的，这是一个包含了物质基础设施和支撑它的人类活动的"无缝网络"。[189]提出减缓气候变化能力的第一个挑战就是城市形态和设计。例如，减少出行需求的机会，在一个以城市扩张或边缘地带非正式住区快速发展为特征的城市，将会与那些历史上的紧凑型城市住区非常不同，城市决策者可能会发现他们的选择在很大程度上受制于现有的基础设施网络和空间形态。[190]恰恰相反，新加坡和纽约（美国）的交通系统之间的比较表明，一系列的因素，包括燃料价格和旅游业，将能够与城市规划一起塑造城市形态。[191]同样，建筑设计的传统做法是减缓措施发展和实施的严重阻碍。在乌克兰，研究发现：

……公共服务，主要是供暖，仍然很低效。恶劣条件下的过时系统、由于维护不足的高损耗以及不可能的热调节，是糟糕表现的主要原因……在乌克兰，现有建筑利用能源资源的有效性比西方国家低4-5倍。[192]

在尼日利亚：

……大部分建筑从形状和形式上看就是欧洲国家的建筑复制品，不顾忌气候条件上的显著差别……窗口的大小和开口没有考虑生理舒适，因此被迫使用机械装置来增强空气流动。窗户的选择往往是更多地考虑审美需求，而不是生理需求。[193]这种传统的做法，不管是作为特殊政治体制的结果，还是所谓的"现代"设计的引入，都会对城市应对气候变化的能力产生不利的影响。

第二个挑战来自供应服务的基础设施系统的性质，如能源、水和废物收集，以及现有建筑。比如，在赫尔辛基（芬兰），欧盟的目标是到2020年将能源供应中可再生能源的供应量提高到20%，但这个目标在目前的区域供热系统中被认为是有限的，虽然在这个供热系统中，生物燃料被认为是唯一潜在的可再生能源，但它仍然是昂贵的，也可能是无效的选择。[194]像伦敦（大不列颠及北爱尔兰联合王国）建立"氢燃料经济"的宏伟计划，引进新的车用燃料也会受到加油站网络的限制，这些加油站网络在规划和开发的过程中可能会遇到当地居民的反对。[195]在伊朗，用压缩天然气代替现有燃料的计划已经明显受到现有加油站的限制；而180个加油站计划中，在德黑兰的试点方案只有2个。[196]

■ 财政资源
Financial resources

在培养城市对气候变化的反应时，财政资源

德班（南非）的示例表明该市难以参与国际行动，如因缺乏对工作人员的培训而无法参与清洁发展计划

减少行程需求的机会……在城市市区范围内的扩张或在外围非正式住区迅速发展的特点将会非常不同于历史上那些紧凑的城市住区

在提供基本服务和城市基础设施的发展中缺乏资金投资意味着减缓气候变化的问题远远没有优先考虑

塑造城市的能力的一个重要因素……去应对气候变化……是……建立新型机制在内部地分配资金，以促进投资能力特别是在政策措施方面

既是一个促进者也是一个阻碍者。由于城市议程的许多相互竞争的问题，市政当局缺乏资金来为他们的选民提供更基本的服务，所以不太可能投资于减缓气候变化。在发展中国家，缺乏城市基本服务供应，尤其是对那些生活在非正式住区的人来说，可以反映"地方政府缺少应对办法来面对他们的责任——他们经常用非常有限的能力去投资（几乎所有的地方收入都用作经常性支出或偿还债务）"。[197]

在提供基本服务和城市基础设施的发展中缺乏资金投资意味着减缓气候变化的问题远远没有优先考虑，甚至当需要恪守承诺时，财政紧缩可能会阻止政策目的的实现和强制执行。例如，在图兹拉（波黑），市政当局不得不扔下提议书，去向当地燃煤发电厂的空气污染物的排放收税，因为缺少管理计划的初始资源，也缺少国家层面的支持。[198]这对发展中国家的城市来说是一个严峻的挑战，

而在发达国家的城市，缺乏足够的资金也会成为减缓气候变化的一个阻碍。例如，在大不列颠及北爱尔兰联合王国，地方当局的财政受到中央政府的严格约束，而且他们为基础设施项目和服务供应提供资金的能力是有限的。同时，地方政府财政不断增加的压力意味着有限的资金可用于甚至是小规模的项目。[199]通常，寻求资金的渠道并不是唯一的问题：用高效的方式分配资源也是具有挑战性的（见专栏5.17）。

同样地，行动会受到组织机构中财务报表和分配机制的阻碍，而不是因为缺乏财政资源。例如，在圣保罗（巴西），研究发现，财政资源的问题，出人意料地，不是形成气候政策发展的早期阶段的关键因素，再投资资源在体制上的困难被认为是主要的障碍，而不是实际资源的缺乏。[200]因此，塑造城市市政当局和其他组织者能力的一个重要因素去应对气候变化是建立新型机制内部的

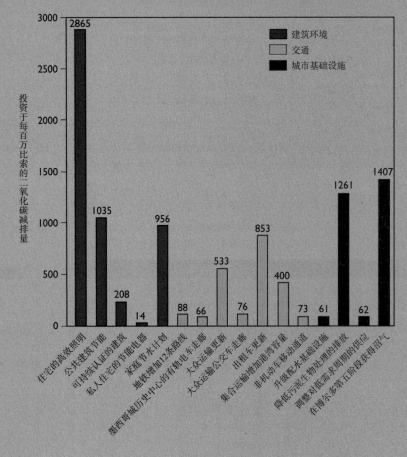

专栏5.17　墨西哥城减缓气候变化的资源分布
Box 5.17 Distribution of resources for climate change mitigation in Mexico City

投资于每百万比索的二氧化碳减排量

- 建筑环境
- 交通
- 城市基础设施

2865　1035　208　14　956　88　66　533　76　853　400　73　61　1261　62　1407

住宅的高效照明
公共建筑节能
可持续认证的建筑
私人住宅的节能电器
家庭节水计划
地铁增加12条路线
墨西哥城历史中心的有机电车主廊
大众运输更新
大众运输公交车走廊
出租车更新
集合运输增加港湾容量
非机动车移动通道
升级配水基础设施
降低污泥生物处理的排放
调整对低需求周期获得沼气
在博尔多第五阶段获得沼气

2008年墨西哥城提出了气候变化行动计划，并且在能源、交通、水、废弃物、适应气候变化和环境教育等领域引进了许多措施。将约60%的总预算（约61万亿比索）投资交通措施，另外的36%投资基础设施。只有4%的预算投资建筑环境措施。然而，交通和城市基础设施部门的措施，预计将分别减少210万吨二氧化碳当量的碳排放（预测减少47%）和190万吨二氧化碳当量的碳排放（42%），建筑环境措施预计减少城市的碳排放量为50万吨的二氧化碳当量（10%），表明在减少碳排放量上，建筑环境措施是最有效。

图中的分析引起了新的讨论——即，百万比索投资减少二氧化碳当量的不同措施的效率差异。一些问题需要考虑，如"反弹效应"可能会取消建筑环境计划的能源效率增益（例如"住宅的高效照明"）。此外，成本和每项措施的减排潜力在每个城市将会不同。总的说来，墨西哥城的做法，目标是在不同的部门有范围广泛的措施，有可能带来最好的结果。

资料来源：墨西哥城，2008；参见约翰逊等人，2009

分配资金，以促进投资能力特别是在政策措施方面。这是一个领域，政党的赢家或政策企业家（在下面的部分寻找）在克服"不灵活的预算结构"[201]中已经变得非常重要，因为市政当局通常是有声望的。

已制定的那些用来补充内部资金来源的作用机制，包括循环的能源资金（从能源效率中得到的金融存款再投资到能源保护或其他气候变化项目），能源运行管理合作计划和能源服务公司的建立（外部组织机构或公司是由市政建立的，这些市政投资于能源高效利用措施，得益于财政结余）。[202]在日本，几个地方政府正在管理当地的能源服务公司，这些公司实现了能源节约超过10%的目标。[203]

获得外部资金来源的方式也是形成当地处理气候变化能力的一个关键因素。这样的资金来源可能来自欧盟，国家政府，通过合作关系，或者捐赠组织。国际市政网络，比如国际地方政府环境行动理事会发起的城市气候保护运动和城市气候变化领导小组，为市政补充资金起着关键性的作用。最近与城市气候变化领导小组有关的一个倡议就是碳融资能力建设项目[204]，它鼓励使用碳融资来减少城市中温室气体的排放，尤其是发展中国家新出现的大量城市。[205]国家政府也是各国市政对气候变化的一个重要的直接资金来源。在荷兰，Klimaatcovenant是一个多级安排，这些城市需要完成他们的目标、政策和措施的绩效评估，按照业绩和人口或实施气候计划的区域，这些城市会得到相应资金。[206]在美国，许多气候变化减缓措施已经与慈善活动相联系。例如，公共项目开发公司（Public Initiatives Development Corporation）在旧金山开发的广场公寓得到很多支持，包括一个私营公用事业的补助金，太平洋天然气，以及31个金融和能源跨国公司之间的伙伴关系。

一个相对较新的资金的来源就是碳融资，到目前为止，对城市减缓措施的发展影响甚微。正如在第二章所写的，碳融资有两种最重要的来源：清洁发展机制，以及从中而来的排污交易。[207]在圣保罗（巴西），使用来自班代兰蒂斯垃圾堆（这个国家最大的垃圾堆之一）的沼气得到清洁发展机制的资金支持，预计这个行动本身已经使这个城市的排放减少了11%。

由于产生的碳排放额度可以被售出，这也提高了重大财政在垃圾填埋领域社会项目的投资。[208]在墨西哥、基多（厄瓜多尔）、利马（秘鲁）和约翰内斯堡（南非），相似的工程项目正在实施。这个例子表明，当他们以低收入人群的区域作为目标时，

清洁发展机制项目可能也会产生深远的社会效益，这样的例子就像在海角镇（南非）的Kuyasa发展项目，[209]清洁发展机制的"发展股息"在这个项目中是否能够实现，或者在总体上实现，这依然有重大的争议。[210]像第二章中提到的，2009年12月，在世界各地已经注册过的清洁发展机制项目中，只有很少部分位于城市地区，而超过90%的项目位于固体废弃物部门。[211]城市当局利用国际融资机制比如清洁发展机制时，其主要问题与缺乏有效的城市范围的碳融资途径有关。在安曼（约旦），安曼绿色增长计划代表这个领域的革新，作为全球第一个清洁发展机制项目，集中于废弃物、能源、城市交通和城市林业部门。[212]

城市清洁发展机制项目的缺乏反映了包含在项目设计和验证过程中的复杂性、缺乏可用的和一致的数据、确定'额外性'问题，这些问题是指一系列减少温室气体排放的因素，城市清洁发展机制项目的缺乏还涉及财务因素，有证据显示，与高能耗项目或工业项目相比，寻求减少能源需求的项目（低能耗）得到的经济回报更低。[213]例如，"对圣地亚哥，智利的交通研究……发现，与自行车系统和462辆公交车的改良技术有关的费用在清洁发展机制项目中只获得相当有限的收益"。[214]为扩大清洁发展机制在城市地区的使用，以下方面被认为是主要的障碍：

- 小型的个人项目：城市中的典型项目（除了大城市的废弃物管理项目），都是小型的而且只能起到小体积的减排。

- 地方当局在不同项目里重复申明：对于每一个项目活动，开发者需要获得批准，而这不仅耗时也烦琐。

- 缺乏好的"捆绑"代理人：由于不同的预算过程和批准的时间轴，涉及几个城市的捆绑项目是一个复杂的过程，很少的公共代理机构有这个授权或能力去整合不同的市政当局和动员项目活动，这种事实也加剧了过程的复杂性。

- 城市缺乏在战略上的计划：开发者提议的零碎的项目评估，妨碍了地方当局在他们的发展计划和机遇中采用全局的视角去减少温室气体排放。

- 地方当局缺少机会在结构上建立识别温室气体排放时机和监视排放量减少的能力：缺乏战略上的思考导致事情像往常一样继续，一般以故障定位的形式（也就是仅仅当设备损坏超过维修范围才进行更换），最小的维护（仅仅当被记

获得外部资金来源是……塑造当地处理气候变化能力的一个关键因素

一个……新的资金来源……是碳融资……：清洁发展机制，以及……排污交易

城市当局的主要问题，利用国际融资机制……是……缺乏有效的城市范围的碳融资途径

城市议程上对于减缓气候变化的开始和继续通常取决于一个或者更多的政治拥护者和政策制定者的出现

在组织层面上，领导能力也是……一个塑造城市治理能力的重要因素

录损坏时）和最少的基于成本的设备购买（因为预算的限制）。[215]

影响城市治理能力的政治因素
Political factors shaping urban governance capacity

塑造城市气候管理的机会和约束的政治因素，被认为是以各种形式体现的领导能力问题、机遇问题、应对气候变化行动的成本和利益框架，和政治经济基础的结构与进程。

■ 领导能力
Leadership

两种不同形式的领导能力提供的机会——在个人和组织水平——对塑造应对城市气候变化的治理能力有着决定作用（见专栏5.18）。几项研究证明，对于政策的发展和完善以及在城市层面上的工程，个人的政治拥护者或者政策制定者起着决定性的作用。[216]伦敦（大不列颠及北爱尔兰联合王国）就是一个例子，前任市长肯·利文斯通在宏大政策目标的制定和城市气候变化领导小组的形成中是一个关键的人物。既在公众看得到的地方又在看不到的点进行操作，这样的个体在很多方面有决定性作用，把气候变化议程置于市政和私营部门组织的议程上、打击反对派、团结各方、制定政策和倡导特定的目标和措施。有证据表明，在城市议程上对于减缓气候变化的启动和继续通常取决于一个或者更多的政治拥护者和政策制定者的出现。降低城市应对气候变化的治理能力的一个关键因素也许就是缺乏坚定的个体。然而，这样的个体在维持政策行动时是不够的，因为他们可能遭遇障碍以及他们的角色在任何一个机构内常常是临时的性质。[217]比如，在德班（南非）墨西哥和圣保罗（巴西），研究发现，个体的效力和他们联合起来的效力被他们运作的机制和联邦政府上下所约束。[218]

在组织层面上，领导能力也是一个塑造城市治理能力的重要因素。在同级团体中，机会往往属于那些最先提出倡议的——比如，成为第一个市政当局采取的一项技术，达到某个指标或达到一个特殊的程度——在城市舞台上为行动提供动力。这样的倡议被视为培养组织的声誉的一种方法，在减缓气候变化发挥越来越重要的作用，既在城市内部领域，又在跨城市领域。世界网络在寻求方法来培养城市应对气候变化的能力时，反过来，它也为认识和报答这种领导能力提供了多方面的途径，比如气候联盟气候明星奖（Climate Alliance Climate Star award）和城市气候保护运动澳大利亚英才委员会

创新奖（Australia's Outstanding Council Initiative award），这转而又提升了这种形式的领导能力。同时，成为"领导能力团体"的一员，也有助于培养在这两个公共和私营部门行为者应对气候变化的能力。城市气候变化领导小组就是一个案例，强调成为"气候领导能力团体"。[219]

在城市范围之内，公共-私有的伙伴关系或私营部门之间的自愿协议还依赖于领导力和创新的观念。这样的一个例子是最近发起的芝加哥前进倡议（Forward Chicago initiative），它由气候集团和芝加哥市市长精心策划，意在"鼓励芝加哥公共-私有的伙伴关系中的主导企业，去执行挑选出来的气候倡议"。[220]然而，这种对领导重要性的强调也会在几个重要的方面约束市政应对气候变化的能力。首先，要想让每个市政当局或私营企业的行动者成为应对气候变化的"第一人"，这无疑是不可能的，而且会产生危险，因为强调创新意味着减缓气候变化不能够成为主流城市政策的一部分。第二，领导团体，由于其本身独有的性质，可以采用双重途径在城市地区应对气候变化，而且这途径是可以被效仿的，在"最好的"那些城市吸引资源和政治支持，而让"剩下的城市"，成为减少温室气体排放落后的地方。

■ 机会之窗
Windows of opportunity

致力于气候变化的个体和制度框架的存在给城市提供了一个基础，在此基础上，城市有更多的机会施展更大的抱负以减缓气候变化政策。这些机会可以采取具体的气候变化倡议的形式，触发了这个城市为了介入而创造政治和物质空间的事件，或者获得基金的来源，或者获得可以转用于气候变化两端的政治支持。

依据气候变化倡议，频繁地参与国际和市政的网络为是其成员的市政当局打开了机会之窗。在首尔（韩国），城市气候变化领导小组的会员身份和2009年该小组首脑会议的举办，为这个城市应对气候变化的行动奠定了基础。在2009年，首脑会议邀请利马（秘鲁）市长路易斯·科斯塔涅达（Luis Castaneda Lossio）在会上做一个关于城市气候变化倡议的充分陈述，这也促进了减缓气候变化措施的采用，包括城市公交和市政车辆使用天然气，为那些将旧汽车更换为天然气燃料车的人确立个体补助金。

研究表明，主要的城市事件，比如运动比赛，可以成为应对气候变化的有效动因，因为它既提供了常规之外的基础设施的政治框架，又提供了资金

专栏5.18　美国，洛杉矶的政治领导力模型
Box 5.18 Political leadership models in Los Angeles, US

　　领导力对气候变化行动的影响是洛杉矶气候变化政策的主要特征。这在三个方面很明显。首先，市长安东尼奥·维拉戈沙和他同事的政治领导力已经全面地处理了气候变化，而且已经将它放进了城市的政治议程中。这个高层的政治支持已经导致了气候变化策略的发展和洛杉矶温室气体减排野心勃勃的目标，将气候变化的广泛认可作为城市政策问题。这样做的动机基于许多驱动器，包括个人野心，被嵌入加利福尼亚州的背景中，已经通过了气候变化的进步政策，比如全球温室效应治理法案（AB32）。

　　第二，洛杉矶已经使气候变化领域的商业和公民社会领导力进一步支持它的战略和计划。商业社区的片段已经表明在促进可持续业务会议和绿色商业解决方案方面有一些领导力。当地环保团体响应市长优化环境的最初迹象，通过组建联合政府以及在制定行动计划的过程中提供他们的专业知识。

　　第三，国家和国际领导力是洛杉矶战略的一个关键因素。行动也是出于渴望成为美国最大的绿色城市。考虑到城市的多元文化组成，它将自己定位成全世界城市的潜能模式。重要的是，洛杉矶是国际合作的城市气候变化领导小组的一部分。

资料来源：Schroeder, 2010

和动机来承担大规模的基础设施更换计划。例如，在2010年国际足联世界杯之前，海角镇（和其他南非的主要城市一样）谋求发展快速公交系统[221]，以求在2005年至2010年之间，铁路交通使用达到10%的增长，经常进入城市中心的私人车辆减少10%。2008年北京（中国）奥运会，2006年都灵（意大利）冬季奥运会以及2006年在德国国际足联世界杯都已经被认为是触发重大环境行动的事件（见专栏5.19）。

　　通过机会之窗，一个应对气候变化的进一步手段是对采取行动有一定程度的承诺，以及可以被转移用来支持政策和措施的额外的资金来源。例如，在圣保罗（巴西），"控制空气污染需要的就是一个机会，即应对气候变化相关的政策"。[222]同样地，在里约热内卢（巴西），到2010年为止，联邦政府承诺在不利地区建造一百万个低价能源储备房屋，为试验和使用节能建筑材料提供了机会。[223]

■ **框架问题和协同效应的实现**
Issue framing and the realization of co-benefits

　　将减缓气候变化和其他潜在的、城市层面上的社会或环境效益捆绑对于气候变化行动来说可能是

主要的城市事件，比如运动比赛，可以成为应对气候变化的有效动因

专栏5.19　中国，北京的触发事件
Box 5.19 Trigger events in Beijing, China

　　2008年奥运会对北京的环境和气候政策来说是一个转折点。在中国，在努力提高能源效率以及开发清洁的城市能源方面，这个城市现在通常被认为是领先者。2008年奥运会给城市施加压力来改善空气质量以及处理其他环境问题。北京为实现"绿色奥运"做出了巨大的努力。例如，它使城市的混合能源多样化，远离煤炭，走向清洁天然气和可再生能源。这导致许多奥运场馆使用了太阳能板和地热热水系统，以及投资被用在清洁公共基础设施上，比如一批使用可替代燃料的公共汽车和出租车。北京也以地热和风能的形式发展了它的清洁能源。在1999年和2006年之间一共建造了174个新的地热井，使二氧化碳排放在2001年和2006年之间减少了85万吨，而官厅水库南岸的官厅风力发电厂（北京的第一个风力发电站）有能力每年产生100百万千瓦时的电力。

　　与2008年奥运会相关的努力提高了对于气候变化问题的意识，不管是在中国政府官员还是公众之间。12.2万亿美元的投资用来促进可持续发展，这对减少温室气体（GHG）排放有巨大的影响，因为城市范围的活动如节能、燃料转换和碳封存（通过植树造林）在2001年和2006年期间依据一些概算产生8000万吨二氧化碳减排。

资料来源：Zhao, 2010

将减缓气候变化和其他潜在的、城市层面上的社会或环境效益捆绑对于气候变化行动来说可能是一个潜在的动因，同时可能是决定长期措施成功的因素

能源效率规划通常与财政储蓄有关

碳封存计划……通常与城市美化有关……

在更丰富的城市环境中，减缓气候变化的努力常常与占统治地位的城市政治经济有直接的冲突

一个潜在的动因，同时可能是决定长期措施成功的因素。而可能影响减缓气候变化行动的问题是多样的，而且主要依赖当地条件。[224]

在本章中讨论的例子说明，大范围潜在的协同效应可能与减缓气候变化有关联。总的来说，对建成环境的一些倡议通常与能源存储或社会正义的议题相关联，特别是当行动与针对发展或改善低收入人口部门有关联时。能源效率计划通常与财政结余有关。这对市政当局可能特别有意义，因为"地方政府已经开始意识到能源储蓄与气候变化之间的关联。他们可以声称在这两个问题上都采取了行动，尽管他们只是采取与能源存储有关的行动；实质上他们想一石二鸟。"[225]在提高基础设施的普及率、降低价格和改善服务方面，与城市基础设施有关的行动可能会带来直接利益。在拉各斯（尼日利亚），废弃物部门的减缓气候变化倡议与改善服务和减少废弃物燃烧带来的污染相关联。交通部门的减缓气候变化倡议与减少拥堵和减少空气污染相关联，例如，通过快速公交系统和交通拥堵费。最后，碳封存计划，尤其是那些与城市植树造林相关的，通常与城市美化的理念有关，比如约翰内斯堡的绿色索韦托提议（the Greening Soweto proposal）。社会正义和可持续发展问题的结合可能为减缓气候变化行动的改进打开了机会之窗。

这些策略在城市应对气候变化时可能特别重要，无论其应对态度是模糊的或者公然敌对的。然而，与其他共同利益者一起加入减缓气候变化倡议也可能会有负面影响。例如，将气候变化与当地可持续议程结合起来意味着气候变化行动将限于那些可以达成共识的议题，而需要更有力的承诺的议题可能会被放弃。例如，在环境和经济效益上面，能源效率措施可以在政府当局、行业和社会之间达成共识。另一方面，控制和限制能源以及交通需求的措施可能要被放弃了。类似地，阿雷格里港（巴西）的行人权利宪章仅仅当城市中一些限制个人摩托化运输的考虑被放弃时才能得到通过，尽管其成功为行人创造了一种优先权。此外，此类倡议的收益不大可能被同等地分享，而且"城市中有许多环境工程的例子仅仅狭隘地为富裕群体的利益服务，或者是一个活跃的反贫困的政治议程。"[226]以这种方式，主张应对气候变化的需求可能会进一步巩固现有城市内的不平等。

■ 城市政治经济：冲突的议程
Urban political economies: Conflicting agendas

在最基本的层面上，城市就是否应该应对气候变化出现了斗争。在很多城市，关于"不要在我的地盘上"和"不在我的任期内"的争论很流行，尤其是在发展中国家，他们的资源有限，而且其他的关注要点更加紧迫。[227]在这些案例中，"地方政府因为其他当地的需求而负担过重，气候政策可能被放在优先权清单的下面"。[228]

在更丰富的城市环境中，减缓气候变化的努力常常与占统治地位的城市政治经济有直接的冲突。包括城市边缘可得到的廉价土地，资本投资的回收期短，个人机动性的增加，日渐增长的能源消耗以及资源密集型商品和服务——被认为是驱动城市生长的关键因素——也是促成更多的温室气体排放的因素。[229]由此而论，试图改变生产模式或减少消费水平的倡议也可能遇到大的反对。这些问题对发展中国家的城市来说可能特别迫切，在那里"温室气体减排有消极的内涵，因为他们认为这将否定他们在公共事业和经济活动方面有更大的基本权利；'减少增长'或'不增长'的前景不是切实可行的"。[230]

就像上面讨论到的，减缓气候变化可以为支持可持续发展创造条件。然而，这不是一个馈赠，特别是在那些案例中，减缓气候变化（以及其他环境关注点）已经被城市精英们拿来当做吸引城市贫困者的兴趣。[231]尤其是，研究者已经认定了两个方面，减缓气候变化可能会对发展中国家的城市人口产生严重的社会后果：当它转移了对适应性的注意力[232]以及当减缓措施已经影响了城市人口，尤其是弱势群体。[233]例如，路灯照明计划，通过照明创新如发光二极管，促进标准灯泡的替换——比如由孟买（印度）[234]气候组织促进的计划——可能直接投资到富裕地区，那里照明基础设施已经到位，同时削弱了对城市的广大贫民窟地区的发展照明基础设施的投资。

然而，占主导地位的城市成长形式和减缓气候变化这两者之间的这种紧张关系，在发达国家的城市中也是存在的。例如在美国，在那些最有可能受到气候变化影响的社区，以及那些拥有一个"自由的"政治选区的地方，减缓气候变化最有可能有优先权。[235]在大不列颠及北爱尔兰联合王国，气候变化倡议并没有获得交通部门的优先考虑，因为交通部门要考虑到经济的压力和日益增长的旅游需求。[236]然而，在奥尔胡斯（丹麦），关于交通规则和城市经济的长期经验表明，聚焦个体机动交通不一定是最好或唯一的战略来提高当地经济。[237]这些替代的方法很经常被人忽略，很有可能是因城市建设范围是受到了新自由政治经济主义的限制。例如，在波

特兰，俄勒冈州（美国）的研究发现，气候行动限制在：

> ……能源消耗的因素可以被市政府以一种可以接受的方式影响。例如，波特兰国际机场来往航班使用的能源被排除在外。同样被排除在外的是数量巨大的、用于进出口商品所消耗的能源，而它实际上体现在商品中。[238]

比较分析
COMPARATIVE ANALYSIS

如上所述，世界各大城市正在进行一系列措施来减缓气候变化。从20世纪90年代少数几个先行城市，参与减缓气候变化努力的市政当局的数量在过去的20年中已经显著扩大。本章的分析提出建议，随着越来越多的发达国家城市加入，减缓气候变化在发展中国家的城市同样正在成为一个越来越重要的问题。从21世纪中期开始，在签署了京都议定书之后，大多数城市减缓气候变化的项目已经实施，尤其在发展中国家。这反映了在不断变化的国际和国家应对气候变化政策的背景下，发展中国家对减少全球排放量日益增长的贡献——包括中国、印度、巴西、墨西哥和南非。随着对国家政策进程和国际谈判结果有越来越多的不满，它也被描述为一个时代具有代表性的'治理试验'，通过分散权力给公共和私有参与者以此应对气候变化。[239]尽管不断扩大的气候变化作为一个城市的问题，世界各地城市采用的措施和策略的数据仍是有限的，尤其是发展中国家的城市。同样地，在那些记录了政策发展和措施执行的地方，关于减缓气候变化措施的影响和效益的证据不足。因此，尽管可以观察到一些主要趋势，但是详细比较分析每个城市减缓气候变化的成果是不可能的。

首先，本章的分析表明，对于世界上的大部分城市来说，气候变化依旧是一个边缘问题。只有很少的城市，特别是在发展中国家，能明确地寻求办法应对气候变化，即使如此，政策的制定在很大程度上还是限制在市政府的环境领域，更进一步说，减缓气候变化的问题首先是城市精英关心的事之一。尽管在发达国家，人们越来越希望由市政府和其他城市行动者对气候变化采取措施（举例来说，在大不列颠及北爱尔兰联合王国，地方当局被要求准备减缓（和适应）气候变化的计划；在美国，市长气候保护协议已经吸引了重要的追随者），然而仅

有有限的迹象表明这会以战略或综合的方式达成。[240]在那些正在快速工业化和城市化的地区（比如拉丁美洲和亚洲的城市），人们对减缓气候变化的兴趣日益增长。例如，这是这些城市的情况，比如巴西的圣保罗，阿雷格里港和里约热内卢，墨西哥，中国的北京和上海，以及印尼的雅加达，这些地方的气候变化倡议在过去的四到五年中数量激增，不仅以逐渐流行的方式，而且以一种清晰和协调的气候变化行动计划的形式增长。此外应注意到一些发展中国家，例如菲律宾[241]已通过国家框架；在框架内，市政当局会想方设法减缓气候变化。然而，数据有限，发展中国家的其他城市采用这种举措的程度并不清楚。

此外，本章的分析表明，尽管伙伴关系的形式和私营行动者的参与已经日益变得重要，减缓气候变化主要还是由地方政府承担。在减缓城市气候变化的治理案例中，包容性和参与性方法使用相对较少。尤其是，性别的问题得到了极少的注意。[242]对城市来说，寻求方式来扩大制定和实施气候政策的基础是一个重大的挑战。女性在地方一级对气候变化决策的参与可能发挥具体作用，支持可持续的生活方式，发展与环境共处的替代形式和挑战传统重男轻女的城市化模式。

本章第二组中的趋势分析表明，城市在所做的事情以及做法上存在地区差异。例如，应对气候变化的城市在发达国家比在发展中国家更常见。尽管国际承诺和国家政策框架已经为这些城市提供了重要的驱动力，如美国和澳大利亚的案例——尽管这两个国家已经退出《京都议定书》，但他们已经从城市水平上采取重大行动——突出显示了市级政府也在提倡气候政策。[243]

然而，在一些发展中国家，应对气候变化的国际和国家的政策承诺的发展——显而易见地，中国、印度、巴西、墨西哥和南非——也在城市层面上推动了这个问题不断增长的政策利益。国际、国家和地区的市政网络的开发和传播，还为发达国家的市政反应提供了一个关键的驱动力，以及发展中国家城市的这些网络扩张是他们不断参与减轻气候变化的一个重要原因。在发展中国家，利用两者之间潜在的协同效应，[244]减缓行动也经常与适应性反应联系在一起。

然而，当我们查看那些已经开展来减缓气候变化的方法和机制时，发展中国家和发达国家之间的差异变得更明显。在发达国家，能源部门已经成为贯穿城市设计与开发、建成环境与城市基础设施系统的重点。在发展中国家，城市主要集中在一个更

对于世界上的大部分城市来说，气候变化依旧是一个边缘问题

在那些正在快速工业化和城市化的地区……人们对减缓气候变化的兴趣日益增长

此外应注意到一些发展中国家……已通过国家框架；在框架内，市政当局会想方设法减缓气候变化

在减缓城市气候变化的治理案例中，包容性和参与性方法使用相对较少

国际、国家和地区的市政网络的开发和传播，还为发达国家的市政反应提供了一个关键的驱动力

在发展中国家，利用两者之间潜在的协同效应，减缓行动也经常与适应性反应联系在一起

加多样化的城市基础设施项目中，包括给排水系统，以及碳封存的相关问题。那些在发展中国家城市的城市发展和设计部门已经着手进行的方案，倾向于关注那些代表性项目，它们通常在社会性和经济性上是上层的，这些项目与民间社会团体的参与和发达国家对更小规模的褐地更新项目的强调形成对照。这可能反映了这些不同城市的城市形态——褐地可能是罕见的，特别是发展中国家快速工业化的城市——以及为创建"可持续"住房时资源的可用性。

发达国家建成环境中的项目已经趋向于集中到市政和居住建筑上，而发展中国家的焦点却在商业建筑上。这反映了一个事实：在发达国家，建成环境的主要挑战与改造住宅有关。新的建设逐步使用更生态有效的设计和材料，然而在发展中城市，城市居民的温室气体排放量在由住宅引起的温室气体里占最小。此外，关注商业建筑反映了日益增多的私营部门的参与者们致力于减缓发展中国家的气候变化。在本章中呈现的迹象也表明，发达国家的积极性经常通过自我管理和促进的过程得以体现，然而在发展中国家，不管是公共的还是私有的，规定的模式至关重要。尽管存在这些差异，发展中国家和发达国家仍然都只有相对较少地开发和使用替代能源技术以及在运输部门有明确的政策减缓气候变化。[245]

然而，发达国家和发展中国家的粗略划分掩盖了这些地区内部出现的差异。北美、澳大利亚、新西兰的城市规划设计方案注重于紧凑型城市的原则和混合开发，以此来处理历史条件下的郊区发展和城市扩张。然而，与运输相关的举措相对少见，尤其是在限制和控制个体机动交通的需求方面以及大众运输系统的发展方面。这与欧洲国家形成对比，欧洲国家越来越多地提倡交通的管理需求和加强，同时致力于公共交通设施的现代化提升。非洲、拉丁美洲和加勒比地区的城市在城市基础设施系统上强调行动，特别是在一些情况下，升级基础设施本身就可以获得显著的收益，比如拉各斯（尼日利亚）的废物管理系统的情况。[246]在这些地区，有证据说明，被用在建成环境、城市发展以及设计部门的措施正在试图解决社会公平问题。然而，在亚洲，新的城市发展是新兴的，在那里，高收入群体能够创建他们自己的社区——通常由具有相同自然保护和资源节约方面的绿色价值观的人构成，但是较少顾及社会不平等的改良。通过私人和公共机构的伙伴关系的推动，目前大部分的大型城市发展项目都会考虑到气候变化带来的迁移影响。然而，相关机构

使用了专业术语来描述相关方案的影响和有效性，这大概是由于应对气候变化的政策对于被排除在合作关系的社会阶层的生存环境有着公正与否的影响。

第三组的趋势是关注市级政府和其他行动者在寻求减缓气候变化的方法时，他们面临的机会因素和制约因素的差异。对许多发达国家的城市而言，缺乏资源被认为是行动的一个关键障碍，尽管这些挑战对发展中国家的城市来说相当大。本章的分析还表明，缺乏专业知识、缺乏制度能力、缺乏开发和执行政策的能力——和城市基础设施投资不足、非正式住区以及持续贫困的历史问题一样——为发展中国家的城市设法解决气候变化问题带来巨大的挑战。德班的例子（见专栏5.20）解释了在南非的一个城市减缓气候变化多重障碍的相互作用。为了解决这些问题，将气候变化行动与他们潜在的协同效应连接起来仿佛是重要的，尤其是当这些与社会和环境公平目标相连接，来改善最弱势群体的生活质量。例子如开普敦（南非）的Kuyasa住房项目，布宜诺斯艾利斯（阿根廷）和里约热内卢（巴西）的住房项目是令人鼓舞的；但是他们的声望仍然相对较低，尤其当与独有的新城市开发的发展的强调相比较时。此外，虽然国际政策工具（比如清洁发展机制）、公私伙伴关系和国际网络可能会带来一定程度的资源和对于气候变化活动的支持，但到目前为止，他们对经济剥削和社会不平等的基本问题的影响仍然没有切实的证据。在发达国家，集中于协同效应的影响并不是那么清晰明确。当使用这样的方法能够获得政治支持，它们也可以引起气候变化承诺的缩水或只专注于能在相对短期内产生经济效益的那些举措，从更基本的问题上转移注意力，关心能量是如何（被谁为谁）提供的，维持居民依靠机械动力的行动自由，以及消费、经济增长和气候变化之间的关系。

尽管减缓城市气候变化的努力面临很大限制，就如本章的说明中所记录的证据一样，城市正在采取重要措施来解决这个问题。体制结构、财政资源、城市基础设施的社会物质组成以及政治支持的联合效应，已经为减缓气候变化的重大进展创造了容量。这种容量不仅不均衡地分布在各个区域，也不均衡地分布在不同国家。研究还表明，一个日益增长的分歧可能会在城市中产生。在一些城市中，拥有初始容量的市政府和其他城市参与者能够利用经费、政治影响力、接近国际组织和国际网络，以及在他们的努力下建立伙伴关系的机会，而其他人缺乏必要的资金去接近这些资源。[247]国际网络、私

专栏5.20　在南非，德班，气候变化减缓行动的障碍
Box 5.20 Obstacles to climate change mitigation actions in Durban, South Africa

对德班的市政当局来说，应对气候变化是城市承诺可持续发展的一个主要的焦点。德班是参与地方政府可持续性（国际地方政府环境行动理事会的）城市气候保护运动（CCP）的第一批非洲城市之一。然而，协调政策的缺乏以及有竞争性的社会经济城市优先政策的存在挡住了有效提供潜在的减排的道路。

早期的减排项目是垃圾填埋气发电（每年产生362,000吨二氧化碳当量的减排，或2%的年度排放），减少城市建筑的能源需求（每年减少914吨温室气体排放），以及来自微型燃气轮机的电力，利用德班不平坦的地形集成在水管路系统中。当设置运动中的城市气候政策时，这些措施并没有引起显著的减排效果。2008年的能源战略提出了到2020年减排27.6%的目标，通过在交通运输中使用生物燃料、建立住宅绿色能源关税、补贴住宅的太阳能热水项目、鼓励产业效率以及奖励当地能源服务企业等途径来实现。要实现这些需要通过许多市政部门以及私人合作伙伴的跨领域行动。

然而，工程项目已经受到一些问题的阻碍，关于谁有财力和权力来实现它们。例如，市政环境管理部门对这个问题有最好的理解。然而，既缺乏财力又缺乏授权来对那个知识起作用（他们的职责主要是保护生物多样性）。在最佳位置行动的实体，即能源供应者，受制于根深蒂固的过程和关系（传统的中介机构从国家电网购买电力出售给当地客户，在他们的授权范围之内，他们没有看到当地的可再生能源发电）。最快行动的实体，即水和卫生部门，在它自己的系统中发生有效变化，而没有欲望或达到协调更广泛的变化。因此，当大量显著减排的机会存在时，德班的经验表明，由于缺乏整体规划和城市优先流线，关键障碍可能主要是制度，而不是技术。

资料来源：Aylett，2010

营部门参与者、国际捐助机构以全球小数目和特大城市作为依托，在那里减缓气候变化，所有这些努力可能会加剧这种分歧。因此，不同于单个区域上的不同，未来减缓气候变化会由多个发达城市组成城市群联手治理，不同的城市群使用的可持续资源由于采用的不一样的技术或许会有不同，但是相较于其他较不发达城市，这些发达城市群总体上来看首先享用了"容易得手的果实"。此外，以这种方式传递资源也可以用来支持城市精英的利益，而不是为了解决更广泛的可持续发展和幸福的问题。正如上面所讨论的，确保减缓气候变化也可以解决社会和环境公正的问题，这将使更广泛的选民参与者加入，尤其是在发展中国家，关注这样的措施能够产生的多重共同效益。

结语和政策经验
CONCLUDING REMARKS AND LESSONS FOR POLICY

减缓气候变化是一个日益紧迫的城市问题。然而，在温室气体排放方面，城市有着非常不同的起点，它们与地理问题、政治经济、基础设施供给、社会实践、政府能力、民间组织和公民社会参与者

等有关联。从历史的角度来说，发达国家城市排放了绝大多数温室气体故而要承担采取行动的主要责任。然而，随着温室气体排放量在一些发展中国家也开始增长，也需要去考虑合适的有效的城市减缓措施可能包括什么内容，以及他们是如何与更紧迫的城市适应性问题结合。

本章表明，与之前的研究结果一致，[248]减缓气候变化的努力在城市中面临一个大的矛盾。那些可以有效实施的策略可能只有最小的影响，而那些有潜力在温室气体排放达到最大减少的策略可能是最难达到的。一方面，最常见和实用的有效策略是那些集中于减少来自直辖市（自我管治）的温室气体排放的策略和那些旨在提高能源效率的策略。正如在图5.1中所示，废弃物、交通和建筑行业似乎是城市温室气体排放的"容易得手的果实"。然而，应该牢记，在这些行业内，干预措施的成本效率差异很大（见专栏5.17）。本章表明，地方政府面临复杂的挑战——他们的部分自主权在关键的政策部门，城市基础设施网络的分解，满足城市居民基本需求的困难，颇受争议的伴随偏离"一如既往"努力的政策——已经限制了范围，城市气候变化管理已经延伸到市政直接控制的地域之外。同时，在竞争目标和相互冲突的议程环境中，集中于能源效率已经成

未来减缓气候变化的努力可能具有不同精英城市群体之间的特征，提供大量资源……绝大多数应对气候变化的城市将会保持一个低优先级

从历史的角度来说，发达国家城市排放了绝大多数温室气体故而要承担采取行动的主要责任

废弃物、交通和建筑行业似乎是城市温室气体排放的"容易得手的果实"

确保以解决不公正问题为代价来减缓气候变化是不会实现的，而公正对未来的决策来说是一个关键的挑战

为一种方式，通过这种方式城市参与者已经能够处理多重会议议程，包括能源安全、财政结余、空气污染和燃油匮乏以及气候变化。

然而，迄今为止，关于这些措施的影响只有有限的评估。大部分情况下，市政温室气体排放只占据城市温室气体排放的一小部分，提高能源效率的措施有潜力做到显著的节约。在本章中记录的单体建筑、新城开发、节能技术的改造以及行为规划的例子证明了能源效率措施可以为城市减缓气候变化的努力提供一个关键的支持。此外，这样的措施常常为综合气候变化策略的发展提供了动力，在城市中获得的财政结余和政治影响力推动了更多具有雄心的政策目标和发展额外措施。尽管如此，这样的例子仍然是相对小规模的，也是孤立的。因此针对能源消耗和温室气体排放上升的趋势，未来的研究和政策发展的一个关键问题是自我管治程度，能源效率行动可能导致城市中能源使用方式广泛而持续的变化。

换句话说，迄今为止可能对城市温室气体排放产生重大影响的措施是不常见的，这些措施包括低碳条款和可再生能源基础设施系统，个人车辆出行

需求的减少，以及由社团和利益相关者启动和动员的项目。尽管有一些令人鼓舞的迹象表明这样的行动将要发生——在发展中国家的城市开发新的城市交通系统，城市更新项目，以及一系列私人公司和社区组织日益增长的参与——这些依然是额外的而不是规定的。有证据表明，以下的举措是最有可能成功的，当他们证明了一系列额外的经济、社会和环境效益，以及他们吸引到关键的城市参与者的支持。虽然这可以是一个循序渐进的过程，包括社区和利益相关者以及解决社会和环境正义的问题，它也可以为特定的城市精英的利益服务，并引起政治互斥。

重要的是，在本章中提出的证据表明，减缓城市气候变化在解决社会和经济公平问题的潜力是不能被测量或管理机制的类型所预先决定的。例如，从垃圾填埋场产生能源的工程项目主要是技术上的努力，而几乎不考虑这些举措的影响；但是它们也可以提供新的就业形式，贫困社区投资资金的来源，以及产生安全廉价能源的方法。确保以解决不公正问题为代价来减缓气候变化是不会实现的，而公正对未来的决策来说是一个关键的挑战。

注释 NOTES

1 UNFCCC, 1992, Article 2.
2 See Chapter 2 for details.
3 IEA, 2008.
4 Kern and Bulkeley, 2009.
5 See also Chapter 2.
6 Bulkeley, 2000; Betsill, 2001; Bulkeley and Betsill, 2003; Kousky and Schneider, 2003; Yarnal et al, 2003; Allman et al, 2004; Lindseth, 2004; Davies, 2005; Mackie, 2005; Bulkeley and Kern, 2006.
7 Dhakal, 2004, 2006; Bai, 2007; Holgate, 2007; Romero Lankao, 2007b.
8 Sanchez-Rodriguez et al, 2008.
9 Betsill and Bulkeley, 2007.
10 Satterthwaite, 2008a; Dodman, 2009.
11 Harvey, 1996.
12 Monstadt, 2009, p1927.
13 Alber, 2010; Hemmati, 2008.
14 See Chapter 3.
15 See Chapters 4 and 6.
16 IEA, 2009; UN, 2010.
17 Sassen, 1991.
18 Research undertaken in preparation for this chapter draws on a database of climate change mitigation initiatives taking place in 100 cities. For further

information, see www.geography.dur.ac.uk/projects/urbantransitions, last accessed 21 October 2010.
19 See section on 'Urban governance for climate change mitigation'.
20 Kern and Alber, 2008, p4; see also Jollands, 2008.
21 Kern and Alber, 2008, p3.
22 ICLEI, 2006.
23 Bulkeley and Kern, 2006; Betsill and Bulkeley, 2007; Bulkeley et al, 2009.
24 Rutland and Aylett, 2008, p636.
25 Owens, 1992; Banister et al, 1997; Capello et al, 1999; Norman et al, 2006; Lebel et al, 2007. See also discussion on urban form and density in Chapter 3.
26 UN-Habitat, 2009a.
27 UN-Habitat, 2010.
28 UN-Habitat, 2009a.
29 See UN-Habitat, 2009a.
30 City of Cape Town, 2005; City of S.o Paulo, 2009.
31 For the example of Stockholm (Sweden), see Holden and Norland, 2005.
32 Kolleeny, 2006 (Philadelphia); Energy Planning Knowledge Base,

undated (Manchester); A101, 2006 (Moscow); BCIL, 2009 (India).
33 McGray, 2007.
34 Ying, 2009.
35 Moore, 2008.
36 Schifferes, 2007.
37 For example, the backing down from implementing a planned ban on motorized private vehicles on the islands.
38 Pearce, 2009.
39 See also Box 2.7.
40 BSHF Database (available at www.worldhabitatatwards.org) (Boston and San Francisco); WHEDco, 1997 (New York).
41 Alber, 2010.
42 Bulkeley et al, 2009, p43.
43 Akinbami and Lawal, 2009; Bulkeley et al, 2009.
44 Foresight, 2008.
45 Hemmati, 2008; Alber, 2010.
46 Bulkeley et al, 2009, p44.
47 This is discussed in more detail in the section on 'Urban governance for climate change mitigation'.
48 See note 18.
49 US Department of Energy, 2008.
50 Pauzner, 2009.
51 Boardman, 2007. For

some interesting examples of how to deal with existing building stock, see also http://thezeroprize.com, last accessed 18 October 2010.
52 For example, innovation in the use of traditional building materials in conventional housing in Bangalore (India) has been led by the pioneering experience and skills development promoted by architect Chitra Viswanath (see www.inika.com/chitra, last accessed 18 October 2010).
53 City of Cape Town, 2005; Ciudad de Mexico, 2008.
54 Bulkeley et al, 2009.
55 Agencianova, 2009. This project follows previous experiences in sustainable building, such as those led by the architect Carlos Levinton from the Special Centre of Production and the University of Buenos Aires to create energy-efficient building materials from recycled products (see Sotello, 2007).
56 Barry, 1943.
57 Zhao and Michaelowa, 2006.
58 Hemmati, 2008.

59　Gender is a critical issue interms of behavioural patternsrelating to climate change. Althoughcommentators havesuggested that women mayemit less GHGs emissions thanmen, theevidence is limited bythe lack of disaggregation ofdata about consumptionpatterns within the household.A study of consumptionpatterns in single-personhouseholds in differentEuropeancountries supportedthe hypothesis that womenemit less GHG emissions thanmen (see Alber, 2010); butdoubts exist over whethersuch findings could beextended over the whole lifeofindividuals or could beapplied more generally indifferent types of householdsand differentcountries. On theother hand, women across theworld tend to have lowerincomes and greaterparticipationin the informal labourmarket. Even women who arenot living in poverty will tendto be less affluent and financiallysecure than men; hence,they will have more modestconsumption associated withlower carbon footprints (Haighand Vallely, 2010).

60　OECD, 2008.

61　Hemmati, 2008; Haigh and Vallely, 2010.

62　See also Aylett, 2010.

63　Greene et al, 1999.

64　Satterthwaite, 2008b, p11.

65　Hemmati, 2008.

66　UN-Habitat, 2008b.

67　Graham and Marvin, 2001.

68　See Chapter 2.

69　See Bundesministerium für Umwelt, Naturschutz und Reaktorsicherheit (undated).

70　Bulkeley et al. 2009.

71　City of Cape Town, 2005.

72　Greenpeace, 2008; Wu and Zhang, 2008.

73　Greenpeace, 2008.

74　Solar America Cities, 2009.

75　See www. cleanenergy fuels. com/main.html, last accessed 18 October 2010.

76　The scheme was funded by theDepartment for Environment,Food and Rural Affairs and theWaste Resources ActionProgramme.

77　Silver, 2010.

78　See also see the sub-section on 'Modes of public–private collaboration in urban climate governance' below.

79　See also Bulkeley et al, 2009; Aylett, 2010.

80　Oresanya, 2009.

81　Ciudad de Mexico, 2008.

82　Aylett, 2010.

83　Ciudad de Mexico, 2008.

84　Short et al, 2008; Bertaud et al, 2009.See also Chapter 3.

85　Karekezi et al, 2003.

86　World Bank, 2009c.

87　Sari, 2007, p129.

88　Sari, 2007, p137.

89　Johnsson-Latham, 2007.

90　Haigh and Vallely, 2010.

91　Johnsson-Latham, 2007.

92　Skutsch, 2002.

93　Alber, 2010.

94　See note 18.

95　Wagner, 2009.

96　See www.transmilenio. gov.co/ WebSite/English_ Default.aspx, last accessed 18 October 2010.

97　See www.cdm-egypt.org/, last accessed 18 October 2010.

98　The partnership is partlyfunded by the German federalgovernment's Fuel Cell Hydrogen Innovation Programme, and the partnersinclude Daimler, Shell, Total andVattenfall Europe.

99　Note that this measure isfrequently associated withimproving the air pollution ofthe city (e.g. Alam and Rabbani,2007).

100　Bertaud et al, 2009.

101　Bertaud et al, 2009.

102　See discussion in the subsection on 'Urban infrastructures' above.

103　Dlamini, 2006. The programmewas implemented with financialassistance of thegovernmentsof Norway and Denmark andthe World ConservationUnion (IUCN).

104　Lagos State Government, 2010.Updates about the tree-fellingprogramme can be found atwww.lagosstate.gov. ng, lastaccessed 18 October 2010.

105　Concejo de Bogotá, 2008.

106　See Box 2.7.

107　ICLEI Australia, 2008.

108　This project is a collaborationbetween the Clinton ClimateInitiative, MicrosoftCorporation, Autodesk andICLEI (Clinton Foundation,undated b).

109　See, for example, Bai, 2007; Dhakal, 2009.

110　UNEP et al, 2010. See also Box 2.4.

111　Bulkeley and Kern, 2006.

112　UN-Habitat, 2009a, p73.

113　UN-Habitat, 2009a, p73.

114　Bulkeley and Kern, 2006; Kern and Alber, 2008; Bulkeley et al, 2009.

115　Hammer, 2009.

116　This trend is also reflected inother arenas of climate changegovernance (see Biermann andPattberg, 2008; Bulkeley andNewell, 2010).

117　Jessop, 2002, p241; Sørensen and Torfing, 2007, 2009.

118　Bulkeley and Kern, 2006; Gore et al, 2009.

119　Martinot et al, 2009.

120　Gore et al, 2009, p10.

121　See the sub-section on 'Public–private provision' below.

122　Bulkeley et al, 2009.

123　State of São Paulo, 2008.

124　GLA, 2008.

125　Bulkeley and Schroeder, 2008; www.nabers.com.au, last accessed 22 October 2010.

126　Bulkeley et al, 2009.

127　Bulkeley and Kern, 2006; Bulkeley et al, 2009; Gore et al, 2009; Hammer, 2009.

128　Bulkeley et al, 2009.

129　Funded by the DanishInternational DevelopmentAgency.

130　Aylett, 2010.

131　See note 18.

132　UNEP, 2007, p44.

133　In the eastern US, for example,local planning regulations haveslowed the establishment ofhydrogen refuelling stations.

134　Bulkeley et al, 2009.

135　Aylett, 2010.

136　UN-Habitat, 2009a, p74.

137　UNEP, 2007, p46.

138　See the sub-section on 'Modes of governing climate change mitigation'.

139　UN-Habitat, 2007, p106.

140　Satterthwaite et al, 2009b, p24.

141　Bulkeley and Newell, 2010.

142　See www.carbon rationing. org.uk, last accessed 18 October 2010.

143　Peak oil is the point in timewhen the maximum rate ofglobal petroleum extraction isreached, after which the rate ofproduction enters terminaldecline.

144　See www.transition network. org, last accessed 18 October 2010.

145　Pers comm, 2010.

146　See the sub-section on 'Provision' above.

147　See the sub-section on 'Urban infrastructures' above.

148　The London Energy ServiceCompany is a 'private limitedcompany with shareholdingsjointly owned by the LondonClimate Change Agency Ltd (with a 19 per cent shareholding) and EDFEnergy (Projects) Ltd (with an 81 per cent shareholding)' (LCCA, 2007, pp5–6).

149　Clinton Foundation, undated b.

150　See Chapter 2.

151　The Climate Group is an internationalnon-profitorganization whose membersinclude national, regional andlocal governments, as well asprivate corporations (seewww.theclimategroup. org/about-us/, last accessed 18October 2010).

152　Bulkeley and Betsill, 2003; Romero Lankao, 2007b; Biermann and Pattberg, 2008; Rutland and Aylett, 2008.

153　Kern and Alber, 2008.

154　Betsill and Bulkeley, 2007; Bulkeley et al, 2009; Romero Lankao, 2008.

155　Deangelo and Harvey, 1998; Bulkeley et al, 2009; Hammer, 2009.

156　Granberg and Elander, 2007, p545.

157　Qi et al, 2008, pp397–398.

158　Hammer, 2009.

159　Betsill and Bulkeley, 2007; Bulkeley et al, 2009; Puppim de Oliveira, 2009.

160　Bai, 2007; see also Bulkeley and Kern, 2006; Granberg and Elander, 2007.

161　Collier, 1997; Lebel et al, 2007; Jollands, 2008; Schreurs, 2008; Sugiyama and Takeuchi, 2008; Setzer, 2009.

162　GLA, 2007, p19.

163　Monni and Raes, 2008, p753.

164　Sugiyama and Takeuchi, 2008, p429.

165　Satterthwaite, 2008b, p9.

166　See the sub-section on 'Selfgoverning' above.

167　Romero Lankao, 2007b, p529.

168　Kern and Alber, 2008.

169　Bulkeley et al, 2009, p23.

170　Holgate, 2007.

171　OECD, 2008, p24; see also Bai, 2007; Crass, 2008; Kern and Alber, 2008.

172　Kern and Alber, 2008, p4.

173　Betsill and Bulkeley, 2007, p450.

174　Akinbami and Lawal, 2009, p12.

175　Schwaiger and Kopets, 2009.

176　UNEP, 2007.

177　Bulkeley et al, 2009, p49.

178　Sari, 2007, p141.

179　Satterthwaite, 2008b, p12.

180　Sippel and Michaelowa, 2009.

181　See www.cdmgold standard. org/, last accessed 18 October 2010.

182　GLA, 2007, p19.

183 Arup, 2008.
184 See Chapter 3.
185 Newcastle City Council, 2008.
186 Allman et al, 2004; Lebel et al, 2007; Sugiyama and Takeuchi, 2008, p432.
187 Aylett, 2010.
188 Akinbami and Lawal, 2009.
189 Akin to previous definitions of large technical systems; see Hughes, 1989.
190 Bertaud et al, 2009, p23.
191 Bertaud et al, 2009.
192 Schwaiger and Kopets, 2009, p3.
193 Akinbami and Lawal, 2009, p10.
194 Monni and Raes, 2008, p749.
195 Hodson and Marvin, 2007.
196 See www.climate-change.ir/en/, last accessed 17 May 2010.
197 Satterthwaite, 2008a, p11.
198 Castán Broto et al, 2007, 2009.
199 Kern and Bulkeley, 2009.
200 Setzer, 2009, p8.
201 Jollands, 2008, p5.
202 Bulkeley and Kern, 2006.
203 Sugiyama and Takeuchi, 2008, p430.
204 The Carbon Finance Capacity Building Programme is an initiative of the World Bank, ECOS, C40, the Swiss Government (SECO) and the Canton of Basel City.
205 See www.lowcarboncities.info/home.html, last

accessed 18 October 2010.
206 Kern and Alber, 2008; Jollands, 2008.
207 To date, there is little evidence of the role of the voluntary carbon market in urban climate change governance and this analysis focuses on the CDM.208 Puppim de Oliveira, 2009, p257. See also Box 3.3.
208 Puppim de Oliveira, 2009, p257. See also Box 3.3
209 See City of Cape Town, 2005.
210 For an overview of this debate, see Bumpus and Liverman, 2008.
211 World Bank, 2010a.
212 World Bank, 2010c.
213 Sippel and Michaelowa, 2009; Roberts et al, 2009, p13; ICLEI, 2010; Clapp et al, 2010.
214 Roberts et al, 2009, p14.
215 World Bank, 2010a.
216 'Policy entrepreneurs', individuals involved in the innovation of policies or schemes, are redefined by 'their willingness to invest their resources – time, energy, reputation, and sometimes money – in the hope of a future return ... in the form of policies of which they approve, satisfaction from participation, or even personal aggrandizement in the form of job security or career promotion'

(Kingdon, 1984, p122). 'Political champions' are individuals who advocate the importance of responding to climate change and who may back particular policies, projects or schemes. See Bulkeley and Betsill, 2003; Bulkeley and Kern, 2006; Qi et al, 2008; Schreurs, 2008.217 Bulkeley and Kern, 2006, p2253.
217 Bulkeley and Kern, 2006, p2253.
218 Romero Lankao, 2007b; Setzer, 2009; Aylett, 2010.
219 See www.c40cities.org/, last accessed 18 October 2010.
220 see www.theclimategroup.org/our-news/news/2009/2/24/the-climate-group-launches-forward-chicago/, last accessed 22 October 2010.
221 City of Cape Town, 2006.
222 Puppim de Oliveira, 2009, p254.
223 Frayssinet, 2009.
224 Bai, 2007; Gore et al, 2009; Betsill and Bulkeley, 2007.
225 Qi et al, 2008, p393.
226 Bartlett et al, 2009, p22; see also McGranahan and Satterthwaite, 2000.
227 Bai, 2007.
228 Puppim de Oliveira, 2009, p25; see also Bai, 2007; Romero Lankao, 2007b; Jollands, 2008.
229 See Chapter 3.
230 Lasco et al, 2007, p84.
231 Bartlett et al, 2009.

232 See Chapter 6.
233 Bartlett et al, 2009.
234 Urvashi Devidayal, the Climate Group, pers comm, 2010.
235 Zahran et al, 2008.
236 Bulkeley and Betsill, 2003.
237 Flyvbjerg, 2002.
238 Rutland and Aylett 2008, p636.
239 Hoffman, 2011.
240 See the sub-section on 'Municipal policy approaches' above.
241 The Philippines adopted a National Framework Strategy on Climate Change in April 2010 (www.climatechangecommission.gov.ph/link/downloads/nfscc/index.php, last accessed 10 August 2010.
242 Demetriades and Esplen, 2008; Alber, 2010.
243 See the sub-section on 'Multilevel governance' above.
244 See Chapter 6.
245 See note 18.
246 Oresanya, 2009.
247 Granberg and Elander, 2007; Kern and Bulkeley, 2009.
248 For example, Bulkeley and Betsill, 2003; Bulkeley and Kern, 2006; Bai, 2007; Betsill and Bulkeley, 2007; Rutland and Aylett, 2008; Bulkeley et al, 2009; Gore et al, 2009.

CHAPTER

第六章

城市地区的气候变化适应性反应

CLIMATE CHANGE ADAPTATION RESPONSES IN URBAN AREAS

　　未来十年中，为了应对气候变化，城市将不得不进行重新规划，如此一来，成百上千的人的生活和生计将不得不为此做出改变。当前城市新规划存在首要两点，首先是评估目前面临的城市规划风险，在此基础上，构建新的城市肌理和系统适应力来抵抗未来可能发生的问题。不仅如此，由于大部分的城市建筑和基础设施都具有很长的使用寿命，对抗气候变化的规划必须具有超越当前几十年的前瞻性。因此，为防止未来出现大规模翻新城市建筑、重建基础设施和重新调整居住布局的情况，提前预估气候变化的风险是十分重要的。

　　第四章已经指出城市中心是被气候变化高度影响的区域。大部分城市中心缺少相关的基础设施，为了解决这个问题，各个机构需要相互配合并投入一定比例的财务。市中心的重新规划建设还涉及经济发展的问题。世界上各大企业巨头的办公室都坐落在城市中心。这些企业巨头不仅贡献了大部分的国内生产总值，并解决了世界上大约三分之二劳动力的生计问题。[1]在大多数的城市中心，建筑、基础设施和服务将不得不面对气候变化日益增加的规模和范围的影响。此外，在未来几十年的世界人口增长的大部分将发生在发展中国家的城市中心[2]——许多（如果不是大多数）已经无法为其将来的人口提供适当的生活条件——很可能这些新的城市居民中很大一部分将生活在对应对气候变化没有适应力的住区。

　　确实，气候变化下的城市建设并不是一个孤立的问题，这牵扯到了各个方面的利益，需要政府各部门、企业和城市居民相互妥协和奉献来解决这问题。实际上，这个问题的本质是构建可持续模式的基础设施、管理制度以及服务来满足日常需求和减

少灾难风险。本章节多次申明了解决这个问题的不易性，主要原因是相关的机构和资金的职能被限制在"应对气候变化"而不是"气候变化下的协调发展"。目前大多数的气候变化的讨论集中在气候变化带来的风险以及如何应对这些新的风险，而不考虑如何平衡气候变化的风险以及其他领域的风险。发展中国家应对气候变化的方案应更多考虑如何利用这个机会来升级基础设施，水、卫生设备、排水、电力、房屋/土地保有权、卫生保健、急救站、学校、公共交通的相关措施都可以包括在应对气候变化的方案中。

　　本章第一部分探讨何谓适应性、适应能力和类似的条款，并适用于城市中心。第二部分回顾了家庭和社区如何应对气候变化影响，强调了社区适应气候变化的主要挑战。在接下来的第三部分，通过一个相似的回顾呈现城市和市政府的回应。这些回顾为第四部分讨论了主要问题提供了基础，哪些主要问题需要被处理，并制定有效的基于城市气候变化的适应性战略。第五和第六部分分别讨论了融资和其他的城市适应气候变化的关键挑战。最后一节提供了一些结论性意见和相关政策经验。

理解适应
UNDERSTANDING ADAPTATION

　　明确何谓适应性、适应能力和适应性不足是非常重要的。依据政府间气候变化专门委员会的定义，[3]适应（包括人类，或"人为"）气候变化，被理解为包括所有行动，这些行动可以降低系统（例如一个城市）的脆弱性，减少人口群体（例如在一个城市中的弱势人群）或个人或家庭预期的气候变

因此，为防止未来出现大规模翻新城市建筑、重建基础设施和重新调整居住布局的情况，提前预估气候变化的风险是十分重要的

气候变化下的城市建设……需要政府各部门、企业和城市居民相互妥协和奉献来解决这问题

发展中国家应对气候变化的方案应更多考虑如何利用这个机会来升级基础设施……相关措施都可以包括在应对气候变化的方案

化的不利影响。针对气候的不定性，有关方面应加强采取对短期气候灾害的措施（无论这些短期气候变化是否是由全球气候变化引起的），相关方面应该始终以减少短期气候变化对城市系统的冲击为宗旨——例如，当一个城市政府确保排水系统可以应付季雨。适应气候变异的大部分措施（这将会发生在大部分治理良好的城市）也有助于气候变化适应性（作为共同效益）。

成功适应的结果是恢复力——是政府、企业、公民社会组织、具有较强适应能力的家庭和个体的一个产品。[4]对城市或特定的城市街区来说，它显示了一种能力，在面对危险威胁和影响时能够维持核心功能，尤其是对弱势群体。它通常需要一种能力去预测气候变化和计划所需适应。任何人群对气候变化的恢复力与它对其他动态压力的恢复力相互作用，包括经济变革、冲突和暴力。

成功适应的结果是适应力

适应能力是一个系统（例如一个城市政府）、人口群体（例如城市中的低收入社区）或个体/家庭采取行动避免损失，并且从任何气候变化带来的影响中快速恢复的固有能力。适应能力是脆弱性的对立面。[5]风险不得不通过适应能力来降低，它可以是直接的，如遇到更大的和/或更频繁的洪水，或更加强烈的和/或频繁的暴风雨或热浪；或不直接的，当气候变化消极地影响了生计或粮食供应（和价格），或国内消费或生计所需的水资源。在采取应对气候变化的措施时，某些组织可能会面临风险或成本的增加——包括适应措施（比如，保护城市特定区域免受洪水的措施却增加了"下游"的洪水风险）和减缓措施（比如更注重新的水电计划，让大量的人流离失所）。

应对气候变异和气候变化引起的问题时，适应能力的缺乏……适应性不足的规模密切相关……治理系统的赤字，这些必须到位以保证适应能力

适应能力的要素包括知识、机构能力以及金融和技术资源。城市中的低收入人群的适应能力比高收入人群的适应能力更低，因为他们买得起安全地区中的优质住房的能力更低。他们的适应能力也与城市和国家政府广泛相关，与他们的可用资源、指导行动的信息、到位的基础设施以及他们的机构和治理系统的质量等相关联。

最重要的和最有效的适应形式是停止那些产生越来越多级别危害和风险的进程（也就是减灾）

应对气候变异和气候变化引起的问题时，适应能力的缺乏，与可以称为适应性不足的规模密切相关：基础设施和服务的提供、制度和治理系统的赤字，这些必须到位以保证适应能力。当然，这在很大程度上取决于地方政府的权限和能力，以及地方政府和在他们管辖范围内的高危人群之间的关系的质量。在许多发展中国家的城市，主要的问题是缺乏基本城市基础设施的供应，以及缺乏解决这个问

题的能力。这是关于城市气候变化适应的核心问题之一，因为关于这个问题的大多数讨论集中在调整基础设施的需求来应对气候变化。然而，城市不能用不存在的基础设施来应对气候变化。此外，如果当地政府没有能力去设计、实施和维护所需的适应措施，或当地政府对处理最高危的人群没有兴趣（正如在第四章中提到的，在许多城市环境中，最危险的人群集中在低收入家庭中，他们住在非正式住区和贫民窟），适应气候变化的资金就几乎没有价值。

最后，最重要的和最有效的适应形式是停止那些产生越来越多级别危害和风险的进程——即，缓慢增长，停止，然后减少温室气体（GHG）排放或其他措施来减缓全球变暖（也就是减灾）。[6]不能减缓气候变化会导致适应气候变化的失败，因为气候变化风险变得越来越严重。所以适应和减缓不是替代政策，而是互补的，需要一起实施。

在20世纪90年代，世界各国政府达成协议来减少温室气体排放，使得大大提高适应能力的需求迫在眉睫。现在已经太晚了，而无法阻止与气候变化相关的危害在短期内增加。即使世界各国政府达成协议，需要快速减少全球温室气体排放，事实上执行所需的措施需要实现这个协议，温室气体排放量已经生成，而全球系统[7]的滞后对大多数城市来说，仍然意味着增加的危害和风险水平——因此，越来越需要适应。适应性可以显著地减少气候变化的负面影响，但是，一般地，它不能消除全部的不利影响——特别是如果减少全球温室气体排放所需的协议并没有实现。也会有越来越多的地方永远无法适应，因为保护他们所需的措施被认为是过于昂贵（比如特定的沿海地区被上升的海平面淹没）或在技术上不可行。这样的后果往往被称为残余损伤，而这种地区的数量（和高危人群）在没有成功减缓的情况下，有可能会上升（见图6.4）。

就像本章后面更详细的描述，适应可以由不同的参与者进行——例如，通过个人、家庭和商业企业。它可能在政府项目里或完全独立于政府（在这种情况下，它通常被称为自主适应）。各级政府（从国家通过区域和市到区或地方）和政府不同的部门对需要的适应计划或提供制度框架有责任——或奖赏或惩罚——来鼓励其他的参与者去适应。计划的预期潜在气候变化的适应性被称为计划适应。一般来说，政府机构有责任提供关于当前和未来风险的信息，提供框架来支持个人、家庭、社区和私营部门的适应性。然而，

政府经常不履行这个角色，社区和其他公民社会组织可能是计划适应的发起人和支持者。长期以来，改善非正式定居点条件的行动一直都很明显，一个有前瞻性的公民社会可能需要激励政府和演示什么是可以实现的。[8]

必须承认一个事实，特定社区有意识的努力形成许多对气候变异（和气候变化）的适应，政府间气候变化专门委员会强调了它的重要性，其被称为社区适应性。在后面的章节中将更详细地讨论，[9]社区适应性有特别重要的地方，在那里当地政府缺乏适应能力。然而，地方政府推动的高效适应性由于其可以贡献知识和能力，也有其重要性。对城市地区来说，它有这样一种危险，社区适应性的相关性在同一时间内既被夸大又被低估。一方面，它会被夸大是因为社区组织和行动不能提供全市的基础设施和服务保障以及城市地区生态系统服务的保护和管理，这些对有效的适应性非常重要。然而，另一方面，社区适应的重要性和有效性又被轻描淡写，因为政府和国际机构的政策和实践未能够承认社区组织促进适应性的能力，又或者，如果他们有，他们也缺乏制度化手段来支持他们。[10]

那些增加而不是减少气候变化影响的风险和脆弱性的行动和投资，被称为适应不良。这方面的例子包括将风险从一个社会团体或地方转移到另一个，它还包括将风险和代价转移给后代和/或自然生态系统和生态系统服务。许多在城市上的投资，事实上，是不适应而不是适应，因为他们降低适应气候变化的适应力。事实上，"无管理"的城市扩张通常带来的是风险增加，因为开发不恰当的场所并且基础设施供给无法满足。消除不适应和作为其基础的因素往往是要在开始新的适应行动之前要解决的第一任务。

家庭和社区应对气候变化的影响
HOUSEHOLD AND COMMUNITY RESPONSES TO THE IMPACTS OF CLIMATE CHANGE

国家政府必须代表本国公民在国际关于分配减缓气候变化的责任以及发展国际资金来源、制度和支持适应性的其他形式谈判中的利益。同样，地方（大都市、城市和市政）政府，在原则上，负责在地方层面实施适应气候变化的措施。

然而，减少风险和适应力也取决于家庭和社区组织采取的行动。对发展中国家的一大部分城市人口来说，对地方和国家政府的期望很小，因为他们

目前缺乏能力和意愿去提供基本的基础设施和服务，而这些对适应性来说是重要的。

当地方政府变得软弱或者无能，家庭和社区为城市地区减少气候变化的风险和影响的策略变得越来越重要。在这种情况下，城市居民长期以来不得不应对他们生活和生计中各种不同的风险。他们采取的应对风险的许多措施是对极端天气的回应，包括洪水、极端温度和山体滑坡——虽然风险的根源往往与缺乏基础设施或缺乏他们可以担负得起的安全场所更相关。在很多地方，家庭和社区的策略已经发展了几年甚至几十年，来防止寿命缩短和财产损失。然而，他们代替政府对"硬性"基础设施的投资的能力非常有限，而这对降低风险是必不可少的。因为这些反应通常是小规模的，也无法解决脆弱性的根源，[11]所以他们经常被忽略了。然而，支持这些家庭和社区应对气候变化也应该是城市地区整体适应策略的一个部分。这样的话，这些应对策略可以被增强，来确保低收入城市居民的投资有助于建立他们的适应力。

关于非正式住区的研究举例证明了个人和家庭为他们自己做了什么的重要性——其中有许多，家庭的重要性，有时又是朋友、邻居提供帮助的重要性。这些被用来应对极端事件的一系列措施可以分为两种：

- 那些预防的（移除危害或暴露在其中）；
- 那些影响最小化或影响减轻（较好的质量能够防御危害或能够帮助恢复的资产）。[12]

接下来的讨论通过回顾家庭和社区应对气候变化的例子，以评估家庭和社区适应的挑战作为结论。

家庭反应
Household responses

个人或家庭采取措施来降低极端天气事件如洪水或极端温度的风险。同样，财富可以帮助个人或家庭购买安全场所的房屋来摆脱风险——例如，在那些可以经受极端天气、很少遭遇洪水危险的地方，可以购买、建造、出租房屋。高收入群体还可以担负得起那些措施，帮助他们应付疾病或他们受灾时的损伤（医疗需要，抽出一部分工作时间）或当他们的资产受损（比如通过保险赔偿）。许多这些措施也可以减少大范围危害的风险；一个拥有良好基础设施的优质安全的家庭消除或极大地减少了大范围的风险，包括大部分与气候变化相关的风险。

当地方政府变得软弱或者无能，家庭和社区为城市地区减少气候变化的风险和影响的策略变得越来越重要

支持这些家庭和社区应对气候变化也应该是城市地区整体适应策略的一个方面

储蓄计划可以被用来帮助处理大范围的压力或冲击，包括极端天气中产生的。

那些无法获得或担负得起这些的人们可以采取其他措施来减少他们无法避免的危害的影响。这些可以被视为有助于增加适应减少灾害引起的脆弱性，[13] 许多可以被看作是战略，其中包括一个连贯范围的措施来应对危害层级的变化。在印多尔（印度）的这个研究展示了复杂多样的措施，通过这些措施，低收入家庭住在经常被淹没适应洪水的地区。[14]他们准备居住在定期被洪水淹没的房屋里，因为这些地方提供了其他的优势——即，获得经济房、靠近市中心位置的工作，获得市场上他们生产或收集的商品（许多人靠收集废物谋生），获得卫生服务、中学教育、电力和水。家庭和企业采用了临时的和永久的措施来使洪水的影响减到最少——例如，提高基座水平面、使用防洪的建筑材料、选择最不可能被洪水冲走的家具、确保货架和电力布线在墙壁的高处，并高出预期的水位。许多家庭有备好的行李箱，当洪水上涨时可以将贵重物品带到更高的地方，和撤出人员及财产的应急计划（比如首先将儿童、老人和动物移到高处，然后移动电子物品，然后升高贵重物品和炊具）：

> 当我们看到山上乌云密布，我们预期大雨到来。所以我们准备好了通过爬梯将我们的贵重物品转移到我们很高的床上。同时，睡在地板上的孩子被移动到高处的床上。[15]

更多的当地居民也学会了如何得到政府对洪水灾害的赔偿。这些措施没有一个能减少洪水泛滥；但是它们确实减少了洪水对健康、财产和生计的影响。

在拉各斯（尼日利亚），一个城市在基础设施方面有很大的不足，它的大部分人口处于洪水的危险中（见专栏6.1），对靠近海岸的四个非正式住区居民的访谈表明，他们认为洪水是他们最严重的问题，尽管洪水危险对每个定居点都是多种多样的。

在铁道公社（孟加拉国）的一项研究记录了一系列家庭措施，来减少洪水和高温中的损失并促进恢复（见专栏6.2）。同样，对阿克拉（加纳）、坎帕拉（乌干达）、拉各斯（尼日利亚）、马普托（莫桑比克）和内罗毕（肯尼亚）[16]的低收入社区居民关于洪水问题的研究显示了一个类似的能减少影响的混合措施。在内罗毕的非正式住区（这里住着大约一半的城市人口），应对洪水包括往屋外排水，将孩子放在桌上，如果有必要，将他们移动到附近未受影响的住处，在房屋周围挖壕沟，建造临时堤或壕沟引水离开房屋以及一系列阻止水进入房屋的方法。当洪水上涨时，居民也搬到更高的地方。类似的措施也被阿克拉、拉各斯和坎帕拉的家庭采用。此外，在坎帕拉，一些居民集体工作来打开排水沟。在拉各斯，一位居民说了下面的话："没有任何人的帮助。邻居不能帮忙，因为每个人都很贫

低收入家庭······准备居住在定期被洪水淹没的房屋里，因为这些地方提供了其他的优势——即，获得经济房、市中心位置

专栏6.1　在尼日利亚，拉各斯，非正式定居点的家庭和社区应对洪水
Box 6.1 Household and community responses to flooding in informal settlements in Lagos, Nigeria

拉各斯在大西洋边缘一个狭窄低洼的沿海延伸地带，这个地理位置让它处于海平面上升和暴风潮的危险之中。然而，正是由于州和地方政府对所需的风暴、地表排水和其他基础设施以及土地使用管理缺乏关注，使得它因为洪水而制造了大部分风险。城市迅速扩大，大部分增长的人口已经被安置到非正式定居点，在沼泽地区或靠近泻湖。许多新的城市发展发生在泛滥平原（红树林被清除，湿地被填充）或在高跷的泻湖上。

对靠近海岸的四个非正式定居点的居民的采访表明，洪水泛滥是他们面临的最严重的问题，尽管洪水风险通过解决或在每个解决中会不同。例如，在其中的一个社区（马科科），住在海峡旁边的居民会比其他居民受到更严重的影响。洪水几乎总是进入房屋而且洪水持续多达四天。超过80%的受访者表示，2008年他们被洪水淹没了三四次。大多数的受访者将糟糕的排水系统作为洪水的主要原因，"人口过剩"的影响也被列出，更多的生活垃圾处理在街上或排水沟里，侵蚀建筑物的排水管道。

几乎所有的受访者都强调洪水后饮用水的缺乏，其中91%的人提到洪水对他们健康的影响以及增加的医疗费用。大多数人指出洪水是怎样否定了他们的工作机会。有一些社区活动是清除堵塞的排水管道；但是大多数是家庭的回应，他们建造排水沟、壕沟或墙体来尝试保护他们的房子或者用沙子或锯末填充房间。食品和其他生活用品也被储存在货架或橱柜上，高于预期的洪水水位。四分之三的受访者在洪水之后接受来自家庭和朋友的援助；更少地接受来自政府或宗教组织的援助。

资料来源：Adelekan，2010

专栏6.2　在孟加拉国的铁道公社，减少洪水风险的家庭反应
Box 6.2 Household responses to reducing risks from flooding in Korail, Bangladesh

铁道公社是达卡最大的非正式定居点之一（孟加拉国）。它占地90英亩（36.4公顷），有超过10万的人口。当这个地点首次被定居时，它占据了高地；但是随着人口的增长，房屋被建造在靠近或者甚至超过了相邻的湖泊和水库的水。尽管有风险，这个地方被居民认为是就业的好位置，因为它靠近高端的居住和商业区。因此它吸引人们主要从事服务工作，比如清洁工、人力车夫以及现成制衣业的工人。

对居住在靠近海边和高地的家庭的访谈集中于他们对气候变异、危害的经验和应对策略。那些采访强调，任何气候危害是如何减少收入的，通过错过工作几个小时甚至几天。他们采取行动应对洪水泛滥和水堵塞，应对预期的（如定期的季风雨）和意料之外的降雨量。暴雨之前，有些人转移到安全的地方。尽管这不是大部分居民的选择，因为它意味着失去资产、扰乱生计以及失去停留和居住在那个地方的权利。大多数影响最小化的行动是常规实践的一部分——比如，在跨门之前设置障碍、增加家具高度（例如将它们放到砖上）、设置较高的底座以及安排更高的贮藏设备（例如将放置架高挂在墙上）。为了帮助应付非常高的温度，爬山虎生长在庭院里用来覆盖屋顶，其他材料也被放在屋顶，来减少热量增益；大多数家庭使用某种形式的假天花或布料雨棚（一种流行于农村地区的做法，被城市住宅采用）。

对于接近或在水边的房子，结构置于脚柱上，平台建造高出脚柱。这些也比国内的房子拥有更好的通风设备。木板地板是首选，因为一旦大雨过后洪水减退，它们能遭受更少的水堵塞。脚柱也意味着可能在湖面上扩大。在洪水和水堵塞期间，大多数居民睡在家具上，使用可移动的炊具来准备食物（可以在货架上或家具顶部使用）；一些人与未受影响的邻居共享服务。其他措施包括设置出水口来帮助洪水离开房屋。

一半受采访的家庭，与社区储蓄组或非政府组织（NGOs）一起进行定期储蓄，储蓄对于应对洪水的影响是重要的。许多家庭也会在全年购买建筑材料，所以在洪水之后他们可以使用这些材料进行重建。有一半的家庭称他们觉得能够在灾难发生后寻求亲戚或朋友的帮助。

资料来源：Jabeen et al, 2010

穷很脆弱。我打算离开这个地方，因为住在这里是很可怕的"。[17]

在达累斯萨拉姆（坦桑尼亚），当洪水发生时，Tandale（Kinondoni直辖市）的居民采取了一系列措施来保护他们自己和他们的房子。这些措施包括临时搬迁和移动容易损坏的物品（如床垫）到房屋的天花板上。一些家庭已经在他们房屋周围还建造了额外的围墙来防止洪水进入。[18]

上面的例子表明，大多数家庭的反应是减少影响，特别地，个人拯救生命的短期努力（比如睡在高处的桌上或衣柜上和将家庭成员移到安全的地方），或保护财产（比如制造障碍防止水从门口进入、挖壕沟引导水从门口排走、在房子的背面开排水口让水可以迅速流出）。

社区反应
Community responses

以社区为基础的适应是一个过程，认识到包括当地的适应能力、当地居民的参与和促进适应气候变化的气候组织的重要性。[19]基于社区适应的出发点是一个社区的居民中个体和集体的需要以及他们的知识和能力。它基于一个前提，当地社区拥有技能、经验、知识和动机，——通过社区组织或网络——他们可以在本地进行适当的降低风险的活动，这些活动增加了一系列因素的弹性，包括气候变化。[20]它也认识到（或假定）居民在任何"社区"一起工作的能力。基于社区适应的中心原则是它在社区的层面上运作：它是社区自愿作出的选择，而不是强加给社区。基于社区适应的拥护者质疑这个自上而下的适应方法的价值和有效性，因为自上而下方法并不有利于穷人，没有完全符合当地的具体情况，当地的相关方面在这个过程中也很难评估相应的责任。

我们必须承认以社区为基础的适应极端天气、水资源短缺或其他气候变化造成的风险是因为政府适应行动的局限性和不足造成的。这可能是政府的责任来提供和维护能够处理极端事件的基础设施；但是对那些人员服务不足的地区，社区的反应在减少风险或影响方面扮演了一个重要角色。因此，以社区为基础的备灾是极端天气事件下适应力的一个重要部分，因为气候变化造成的极端天气事件的时机和规模有可能变得难以预测。

到目前为止，基于社区的适应主要在农村地区被实行。然而，城市地区的社区也可以扮演重要的角色，决定最有效的反应来帮助他们应对气候变化

基于社区适应的出发点是一个社区的居民中个体和集体的需要以及他们的知识和能力

挑战。例如，在过去的几年里，越来越多的研究已经调查了非正式住区的低收入家庭和社区生活应对极端天气相关风险的反应，特别是洪水。如上面所描述的，在拉各斯（尼日利亚）的这四个非正式住区中，不得不应付定期的洪水（见专栏6.1），有一些社区主动清除堵塞的排水渠道，尽管大多数行动是由家庭执行的。同样的例子是在铁道公社（孟加拉国），虽然一些家庭已经主动参与打扫和清除排水沟（见专栏6.2）。

在实践中，即使是最好的组织和最具代表性的社区组织，发展基础设施来减少气候变化的影响常常超出能力范围。例如，开发一个排水系统实际上停止了或大大减少了洪水泛滥——尤其是在高风险地区的高密度住区，很少或根本没有排水基础设施和新的基础设施空间——通常也超出了社区组织的手段。这并不是说它不能做；以社区为导向的贫民窟和棚户区改造已经实现了；但是这是因为他们得到政府适当的支持，正如泰国Baan Mankong（安居）计划。[21]Orangi试点项目研究和培训机构（The Orangi Pilot Project Research and Training Institute）（在巴基斯坦的卡拉奇）也证明了在非正式住区的家庭可以加入基金会，管理下水道和排水沟的安装，并在一定规模上这样做。[22]然而，这得益于另一个事实，巴基斯坦城市地区的大多数非正式住区随着道路和路径（在这下面可以安装下水道和排水沟）的格网式布局和空间开发得到发展。此外，当地政府的水和环境卫生管理局也支持这个机构，通过提供污水干渠和排水渠并纳入邻里倡议。这样或那样的例子显示了高效减少风险措施是可能的，如果家庭、社区以及政府的投资和操作以协调的方式一起运作。

通过与经历过严重洪水的两个社区，以及与位于波多黎各的法哈多东北地区直辖市的Mansión del Sapo和Maternillo这两个城市社区的应急管理者进行讨论，这一点可以被举例证明。[23]这些讨论集中在洪水灾害、原因和可能的解决方案上。他们表现出关于洪水灾害（每个社区制作了一份表示洪水泛滥程度的地图）和它的产生原因的良好的社区知识。然而，居民的地图不同于应急管理者——特别强调了那些住在排水渠道附近的人的危险。它们在洪水的来源方面不同（居民包括城市径流，而应急管理者只考虑河流溢出）。[24]两个社区突出的解决方案，超出了自己的能力，与政府一起负责解决问题。然而，这里的问题是政府可能做的事情有局限性，并且提出的技术解决方案也有局限性。从一个降低洪水风险的角度来看，重要的是拥有一个更强的社区

参与，意识到防灾准备的必要性，因为政府承担或应当承担的结构性措施都有其局限性。这个社区的参与应该包括，监测那些能引起洪水或加剧它们影响的当地条件，以及排出洪水（比如维护排水渠道）和洪水防备的计划（包括需要的疏散计划）。在这里，应对气候变化不仅取决于技术措施和结构性解决方案，而且取决于家庭和社区更好地应对极端天气事件的能力，这些事件在它们的规模和时机方面是不可预测的。这是一个与大多数城市中心和处置相关的关键点。

一项关于萨尔瓦多15个多灾多难贫民窟的研究突出了在没有政府支持下的社区能力的局限性。在这里，又有一个关于家庭和社区应对气候变化相关风险的混淆。家庭意识到洪水和滑坡对他们的生活和生计来说是最严重的风险，虽然也强调了地震和暴风、缺少工作机会和水供应以及暴力青年犯罪带来的不安全感。例如，他们投资于降低风险，改善他们的家园、使他们的生计多样化或灾难发生时可以出售资产。许多家庭会收到在国外工作的家庭成员的汇款，这些为灾后复苏提供支持都是特别重要的。然而，一个复杂的系列问题限制了社区反应的有效性。居民没有得到政府部门的支持。事实上，大部分居民认为当地和国家政府是无用的或者甚至是一个他们努力的阻碍。[25]此外，尽管居民被组织在以社区为基础的组织机构中，但却没有一个是社区的代表。

哪里有以社区为基础的代表性的组织机构，那么建立抵抗气候变化的可能性会更大。在许多国家，现在有贫民窟和棚户区居民的国家联合会，将社区储蓄小组作为他们的基础。虽然极少数储蓄小组拥有适应气候变化的计划，然而他们所做的一切几乎都有助于有更大的适应力来降低风险。这通常包括许多他们早就不得不去应对极端天气事件的措施。这通常包括那些使他们的房屋更安全的措施——要么通过支持升级（比如在印度的奥里萨邦，妇女联合组织（妇女一起）团体发展家园来抵挡飓风和暴雨），要么通过获得新的、更安全的、更有保障的地基，并在上面建设。

这些联盟做的大部分事情是建立低收入家庭的适应力来应对几乎所有气候变化的风险。例如，将剩余资金存入储蓄账户有利于应付各种各样的风险。然而，我们仍然要感激这些联盟在应对气候变化时所做的贡献。从大约30个拥有贫民窟/棚户区居民的国家联合会的国家中给一个例子：在达累斯萨拉姆，坦桑尼亚联盟的城市贫困人口通过社区组织，一直活跃于建立低收入城市社区的适应力。这开始于储蓄计划和枚举练习（这提供了非正式定居点的所有家庭的地图

在实践中，即使是最好的组织和最具代表性的社区组织，发展基础设施来减少气候变化的影响常常超出能力范围

高效的减少风险措施是可能的，如果家庭、社区以及政府的投资和操作能以协调的方式一起工作

他们所做的一切几乎都有助于有更大的适应力来降低风险

专栏6.3　菲律宾的无家可归者联盟降低风险
Box 6.3 Risk reduction by the Homeless People's Federation of the Philippines

　　菲律宾的无家可归者联盟是由161个城市贫困社区协会组成的全国网络，有超过7万的个人会员。它代表的社团以及他们的储蓄群组来自18个城市和15个直辖市。联盟和它的社区协会从事于范围广泛的举措，保障土地保有权、建造或改善住房以及增加经济机会。该联盟也与居住在受灾难的高危区域的低收入社区共事，帮助降低风险，或在需要的地方帮助自愿移民；或帮助社区启动灾后重建。

　　该联盟对灾难事件的反应为社区水平上应对气候危险提供了相关见解。降低灾害风险和适应气候变化，它们背后的原则和过程具有许多相似性。这两者都在处理那些将会影响特殊地点和个人的危害，他们共同确认了关于解决脆弱性根源的重要性。

　　该联盟从事三个主要的活动，建立适应力和促进适应气候变化：

- 首先，联盟的干预是强烈关注土地和住所。不能抵御极端天气事件的不安全住房，位于一片处于一系列气候相关灾害危险中的土地上，往往是低收入城市居民最核心的弱点。当地和国家政府解决这个问题遇到的障碍是造成风险的主要因素之一。通过共同努力，取得土地、获得融资，来建造更有弹性的结构，联邦成员已经解决了这方面的弱点。
- 第二，与国家的合作，确保干预措施可以在更大的规模上发生。一个积极的、有序的公民和社区组织机构可以为地方政府提供动力，来支持基于本地的适应策略。在伊洛伊洛，一个频繁遭受极端洪水的沿海城市，联盟已经积极参与了一个防洪工程的规划过程，并且已经能够鼓励特定的干预措施来满足该集团成员的需要。
- 最后，社区层面的集体储蓄行为提供了资金的来源，用于事前准备和事后反应，也作为生计活动的长期支持。更重要的是，储蓄过程在储蓄团体成员之间建立信任，使他们能够集体应对直接的威胁，为未来加强生计和建立适应力行动发展策略。强大的地方组织可以预防灾难事件之后经常产生的依赖感觉。在比科尔省，储蓄团体帮助参与者定义和实现他们自己的优先发展，来回应2006年11月台风产生的毁灭性泥石流。根据联盟的区域协调员乔斯林·坎托里亚所说，"采用储蓄计划（社区声明）可以自我依靠，不用依

靠政府失业救济金……他们已经证明他们可以共同促成他们自己的发展，同时也促成直辖市的发展"。

　　无家可归者联盟的国家计划包含组织和动员高危地区的低收入社团。对于这些社区，联盟促进和支持那些为了识别和作用于灾害风险而按比例增加的社区主导的过程，包括房屋/土地保有权保障、适当居所、基本服务、风险管理以及，如果需要的话，重新安置。活动范围从社区访问，协商，结算文件和枚举类型的准备，实习培训，学习交流，临时/过渡的住房建设，土地征用，参与场地和房屋的设计，规划、建设和管理，在高危或受灾的社区承诺、提倡和建立学习网络。联盟的经验教训综述强调了以下几点：

- 受影响定居点的储蓄小组有助于为那些受到灾害影响的定居点提供直接帮助。
- 高危定居点现有的社区组织可以帮助提供紧急救援以及培养社会凝聚力，用工具支持他们采取行动来解决长期的问题，比如重建或重新安置。典型的社区组织需要管理困难的问题——比如谁获得了临时住处；谁有获得新住房的优先权；以及如何设计容纳每个人的安置房。在缺乏这种组织的社区，访问联盟领导人鼓励和支持它们的形成和行动能力。
- 来自联盟和社区交换的社区领导者团队对灾难地区的访问，支持幸存者学习储蓄管理、组织开发、社区调查和房屋造型——发展真人大小的房屋模型，看看哪种设计和材料生产最好的廉价住房——已被证明是发展社区组织的一个重要刺激。
- 社区分析和调查有助于动员那些受影响的人，并帮助他们组织和收集关于居民需要回应的灾难现场的数据。它还通过向当地政府展示自己的能力来支持他们。
- 强调能够在一个合适的好地方获得土地的重要性，在这种情况下搬迁是必要的。
- 当灾难影响了许多不同的定居点时，让区域组织来支持每一个定居点，这个重要性被强调了。
- 支持地方政府和国家机构是重要的，因为他们对以上部分很有帮助。这是获得土地和/或获得土地所有权的重要方面，同时以高层政治支持的形式从政府机构获得更快速的响应。

资料来源：Reyos, 2009; Dodman et al, 2010a

和详细资料），已经扩大到包括识别和购买住房土地。

定期储蓄的习惯既有个人效益（在必要的时候储蓄者存取的能力）又有组织利益（建立在小型储蓄小组上相互信任的关系，允许他们的成员合作解决较大问题）。这些储蓄团体管理的要在短时间内偿还的小额贷款，为生计活动，或应对冲击和压力提供了急需的资金。储蓄机构的建立还提供了一个基础，个人和家庭可以一起来识别并获得居住用地，并且有较少的洪水风险。当地也计划通过改善饮用水的供应而建立适应力（重新连接和管理水亭）；从事加强卫生能力建设；实施创新的小规模固体废物管理策略。

上面给出的例子中，从奥里萨邦和达累斯萨拉姆，储蓄小组和他们的联盟不仅组织和行动，而且寻求与政府机构的伙伴关系和支持。这也是菲律宾的情况，那里有一些关于社区应对极端天气事件的有趣和高度相关的例子，这些例子由储蓄小组驱动，这个小组由低收入群体和菲律宾无家可归者联盟组成，他们也是这个联盟的成员（见专栏6.3）。菲律宾经常受到地震、火山爆发、台风、风暴潮、山体滑坡、洪水和干旱的影响。许多低收入城市居民群体住在高危地区和低质量住房，他们也很少或没有防护的基础设施和较少的灾后救护资源。风险水平可能已经增加了，因为气候变化有可能会继续增长。无家可归者联盟的应对是让家庭、社区和当地政府共同努力，因为他们两

者都没有独立的资源和能力去减少风险。

尽管社区正在采取措施去应对与气候变化相关的风险，比如洪水和高温，他们在这方面还面临许多问题。正如前面提到的，以社区为基础的行动在城市环境中可以实现哪些措施是受到限制的。许多适应（和减少灾难风险）需要安装和维护（和资金）基础设施和服务，这在规模和成本上超出了个人和社区的能力范围。然而，地方政府能力的局限性——或者当地政府不愿意处理那些非正规住区的生活——意味着非正规住区的家庭和社区只能选择自救。此外，主要是低收入家庭和社区不得不依靠社区行动和社区预防，因为他们位于更脆弱的地区，房屋质量较差，从基础设施或保险得到的保护更少。在这个意义上，中高收入群体面临着更低水平的风险，并且通常很少在社区行动有需求，去弥补基础设施和服务方面的缺陷。

获得社区居民对气候变化风险的共同响应也是有困难的。这和社区组织在多大程度上能代表最危险和易受伤害的需求与优先次序有关。实际上，社区组织未必需要负责或完全代表当地居民和他们的需求[26]。在许多社会环境中，社区中的女性和一些特殊群体（比如种族、民族或其他少数族裔）会遭受其他居民和居民组织的歧视，同时

干预领域	基于资产的行动		
	家庭和社区	市政	地区或国家
保护	基于居民和社区行动来提升居住情况和基础设施 为了低收入群体的居住环境更具安全性的社区协商 建立防灾资产（如储蓄）或防护资产（如保险）的社区化措施	与低收入群体一起通过绘制危险地区示意图和弱点分析来帮助贫民窟和棚户区居民升级。支持安全地区住房供应的增加并降低价格	形成政府框架来支持家庭、社区和市政行动；减少超越城市边界风险投资行为
灾前危害控制	社区的防灾准备与应对计划，包括确保每个人都能接到预警系统、保护房屋措施、指定的安全疏散场所和帮助弱者快速转移	为最危险的群体提供预警系统，为安全地带提供准备服务，交通组织抵达安全地区，防止疏散区域发生混乱	国家气象系统能够提供早期预警；支持社区和市政行动；上游洪水管理
灾后及时应对	支持即时的家庭和社区响应来减少受灾地区的危险，支持资产恢复，开发和实施基于现金的社会保障措施、计划和执行修复	鼓励和支持幸存者积极参与决策和响应；利用当地社区的资源、技能和社会资本，快速恢复基础设施服务	为社区和市政响应提供资金和制度支持
重建	帮助居民和社区组织回到他们的家庭和社区，并作出适应力强的重建计划；帮助恢复家庭和当地经济	确保重建过程能够帮助居民和社区，包括强调妇女儿童和青少年的优先性，根据更有弹性的标准来重建基础设施和服务系统	为家庭、社区和市政行动提供资金和制度支持；提出地区基础设施的缺陷

资料来源：改编自Moser和Satterthwaite，2008

也缺少话语权。这并不奇怪，但是要让所有社区成员在社区行为上能够达成一致的协议和承诺通常非常困难。

在发展中国家的城市地区，社区应对的额外挑战是保证城市贫困人口能够享受社会资产。[27]例如，将资金投入到建设更具适应力的生活环境以使得人们能够应对更多的挑战。在这种环境中，社区适应和扶贫计划具有内在联系。扶贫计划提出了关于响应类型和目标的重要问题：谁来承担费用，与谁有关，谁受益。[28]为什么城市贫困人口对气候变化很敏感？这也需要强调一系列的原因：他们更多地接触灾害，缺乏减灾设施，也缺乏灾后的国家支援以及法律和经济保护。[29]

表6.1显示了基于资产来抵抗极端天气的框架，包括保护（大部分是减少灾害风险）、灾前危害控制、灾后即时应对和重建。[30]基于资产的方法有助于鉴别低收入社区、家庭和个人应对气候变化的资产脆弱性，并且也考虑到了资产这一角色越来越强的适应能力。有必要加强、保护和调节这些团体的资产能力来减少城市贫困，同时也能更好地应对气候变化和极端事件。然而，表中提到，许多行动不能由家庭和社区独自承担，而需要在市政/城市或国家的层面处理。这种行动是下一部分讨论的重点。

地方政府对气候变化影响的回应
LOCAL GOVERNMENT RESPONSES TO THE IMPACTS OF CLIMATE CHANGE

正如前面的部分所提到的，处理城市气候变化影响的执行政策主要由地方政府负责。然而，世界各地的许多城市政府迄今未能接受和/或履行这一责任，结果导致许多家庭和社区被迫靠他们自己来实施适应气候变化的措施。然而正如上面讨论的，至于社区化的适应能够实现的结果，具有很大的局限性。涉及家庭和社区，并且也有各级政府和其他合作伙伴的合作方式是落实气候变化适应性策略最有效的途径。

在一些地方，风暴或暴雨破坏性的影响突出了气候变化有可能加剧的危险，并得到了当地政府的注意。[31]在其他地方，对城市经济、人口、资产和基础设施的脆弱性的感知促使更多当地政府参与进来，包括一些中等收入国家的地方政府，对他们来说，一个适应气候变化议程似乎更加重要，因为它既能解决当地问题，同时也有发展的协同效益。[32]从最初考虑到可能的风险和威胁，到一些特定的基础设施投资和物理干预措施，再到计划和策略的发展，地方政府的反应多种多样。

然而，正如上面提到的，发展中国家适应气候变化的政策和规划主要责任在于各国政府。各国政府在国际气候变化谈判中、在国际资金来源和体系的发展中以及支持适应性的其他形式中也是城市（和农村）居民利益的守护者。因此，本节第一部分简要回顾城市地区支持适应气候变化的国家框架。接着讨论地方层面为适应气候变化做了什么，它描述了一个很小规模但是逐渐增多的各国城市政府是如何开始认识到气候变化所构成的威胁，首先在发达国家，然后是在发展中国家。它不但提供了在不同的气候变化影响评估阶段各个国家的城市案例，也提供开发了适应性策略的城市案例，在这之前简要地回顾了适应气候变化和防灾准备之间的联系。

支持城市地区适应性的国家框架
National frameworks that support adaptation in urban areas

图6.1概括了发展中国家适应气候变化政策所需要的步骤。尽管经济合作与发展组织（OECD）最早用这张图来说明国家政府层面需要做些什么，但其实这张图也很适合用来阐述城市政府在做什么以及他们采取了什么步骤（虽然他们并没有做到）。图中显示，适应性的计划和实行需要基于对历史和现状气候条件的评估，对气候变化的预测，以及对现在和将来的脆弱性影响的分析。这些评估是适应性政策的基础，而适应性政策一方面可以被理解为行动意图的构想，另一方面也可以被理解为适应行为。前者包含了对适应性选择的识别以及讨论如何与其他现存的政策相适应。而适应性行动则包括建立机构来指导和实施适应性行动，构想新的适应政策以及为了适应政策而对现有的政策进行修改，并且在项目层面上提出明确的适应措施。图6.1还说明了现在采取的适应措施会如何影响对未来气候变化影响的评估。

图6.1的报告将经济合作与发展组织（OECD）的成员国根据图6.1的标准分成了三类。根据这一报告（2006年发布），7个经合组织成员国处于早期的影响评估阶段，其他27个国家进行着先进的影响评估，不过在适应性回应上进展缓慢；同时只有5个经济合作与发展组织成员国有先进的影响评估的同时也在实施着适应性行动。这一报告和其他的评估[33]说明，相对较少的国家政府正在朝着

社区适应和扶贫计划具有内在联系

涉及家庭和社区，并且也有各级政府和其他合作伙伴的合作方式是落实气候变化适应性策略最有效的途径

发展中国家适应气候变化的政策和规划主要责任在于各国政府

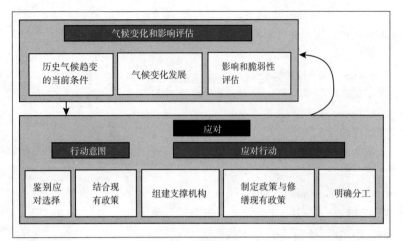

图6.1
基于城市的气候变化适应性的主要阶段
Figure 6.1 The main stages of city-based climate change adaptation

资料来源：根据 Gagnon-Lebrun 和 Agrawala，2006年，图6

相对较少的国家政府正在朝着实现适应计划的方向努力

支持气候变化适应性计划的基金资助机构可以鉴别……在应对气候变化范围之外的基础设施和服务的赤字

实现适应计划的方向努力。关于发展中国家在适应性上正在进行何种工作的一个评论显示，许多国家开始着手和发起关于气候变化可能的影响的研究，但是对城市的适应性并没有重视。[34]许多国家开发了国家适应行动计划［National Adaptation Programmes of Action（NAPAs）］[35]，同时大多数国家意识到需要强化当地计划和执行能力。然而，这些国家适应行动计划很少吸引更大、更有权力的国家机构或者市政府的合作。考虑到城市经济对大多数国家的国民经济、对大多数人口收入和生活都有重要的影响，但很多国家适应行动计划却很少关注到城市地区。[36]

确保国家适应行动计划不变成另一个得到很少或得不到执行建议的政策文件也是有困难的：

> 很多国家已经受到了国际义务的要求，这给已经超负荷的运转能力有限的机构施加了相当大的压力，同时，可能会造成重复工作和降低政策的连贯性。[37]

国家适应行动计划的有效性依赖于促进和支持当地的评估和行动。我们需要的是以城市为中心的城市适应性计划和以地方为核心的地方适应性计划。[38]正如本章所强调的，城市地区在气候变化方面的风险和漏洞很大程度上是由当地环境造成的，当地政府做与没做什么影响很大。有效的适应性需要基于对地方环境的良好理解和强大的本地适应能力。它需要城市适应行动计划，经常是包含社区适应性的较小尺度的社区适应行动计划，尤其是对于风险最大的定居点和地区。国家政策制定过程中，[39]在"主流化"适应气候变化方面还需要做很多工作，将系统和结构落实到位，鼓励和支持城市和当地的适应性计划。也许更重要的是，除非适应性计划被发展中国家和城市政府注意到是相辅相成的发展议程，不然它就不会受到重视。

发展中国家当地政府的回应
Local government responses in developing countries

像上面提到的，发展中国家制定适应性政策的例子还很少。图6.1中大量开始实施的城市例子评估了未来气候变化将会带来的风险。下面也列出了一些这样的例子，然后讨论了一些城市的经验，他们已经更进一步采取了这个评估，并通过适应策略的开发显示出其具体的行为意图。

■ 评估气候变化风险和适应性不足的范围
Assessing climate change risks and the scale of the adaptation deficit

一般来说，城市和市政对气候变化的兴趣首先表现在对可能风险的规模和性质的兴趣。然而，对于大多数发展中国家城市来说，因为缺乏环境危害和风险的基本数据（甚至没有准确详细标有定居点的地图），这种评价是不容易做到的。大多数气候变化相关的风险（至少在最近的几十年内）是已经存在的恶化的风险，这大多是因为政府能力的缺乏和不愿意治理城市所导致的。因此，不仅与极端天气和水资源紧缺风险相关的基础设施和服务是缺乏的，而且"日常"风险的基础设施和服务也是缺乏的。在城市中，大部分人口生活的地区经常遭受洪水——因为这些地区缺乏暴风雨和表面排水（且有洪水风险的地区是低收入群体唯一能够购买、建造和租赁房屋的地区），这样的城市更易遭受频繁和强烈暴风雨的危险。缺乏基本的基础设施和服务并不是气候变化导致的，支持气候变化适应性计划的基金资助机构可以鉴别（通常是巨大的）在应对气候变化范围之外的基础设施和服务的赤字。专栏6.4给出了一些这些赤字的规模和性质的例子。

下面提供了三个已经开始实行适应性（例如标注手头的工作）的城市，即乔治敦（圭亚那）、曼谷（泰国）和达卡（孟加拉国）。这三个例子显示了气候变化风险是如何被甄别和讨论的，并且强调了最初需要哪些措施来解决这些问题。尽管如此，还是需要一些整合措施来处理这些风险，纳入城市规划、土地利用管理、基础设施投资、服务供应和建筑规划规范，但这些都很少做到。准备（或佣金）这些初步评估的城市政府部门可能只有极少的政治支持，也可能不能说服更有权力的政府经济部门调整应对风险的计划和投资。[40]不可避免地，任何需要大量资金的具有前瞻性低风险的投资项目都会面临来自其他部门的竞争。

达累斯萨拉姆：坦桑尼亚最大的城市，2010年有超过330万居民，而在20世纪60年代其人口还不足20万。作为一个沿海城市，它面临着与气候相关的海平面上升和海岸侵蚀、洪灾、干旱与水荒的危险，以及对水利供电的干扰。这些问题由于城市发展（城市经济）和地方政府能力的不匹配而变得更加严重。70%的人口居住在不正规或不合法的房屋里，这些房屋缺少包括自来水供应、卫生和排水系统在内的基础设施和服务。低收入居民已经在应对许多与气候相关的挑战，特别是与季节性洪水相关的挑战。未回收的垃圾阻塞了自然和人工排水系统，并引发了暴雨后的洪灾。

达卡：孟加拉国被公认为受气候灾害影响最严重的地区。在其快速发展的首都达卡，这一问题尤其严重。从20世纪60年代的50万人口到2010年1460万人口，人口规模的增长远远超过了设施扩建的速度。根据1954年、1955年、1970年、1980年、1987年、1988年、1998年和2004年的主要洪灾情况来看，达卡的抗洪能力很差，尤其是在季风季节。1988年、1998年和2004年洪灾尤其严重，造成了巨大的经济损失。这些主要由河流外溢引起。达卡大部分人口居住在贫困地区，这些地方拥挤、房屋质量差、缺少给水与排水。

拉各斯：尼日利亚城市拉各斯位于大西洋沿岸的低洼地区，导致其深受海平面上升和暴风雨的影响。拉各斯大部分陆地只高于海平面2米，然而国家和地方政府缺少对地表排水和其他基础设施的关注，也缺少对土地利用管理（造成洪灾最为重要的因素）的关注。拉各斯发展迅速，从20世纪少于80万人口到2010年105万人，而绝大多数人口居住在沼泽地区或池塘附近的非正规房屋里。城市缺乏应对洪灾的设施，大部分居民区缺少雨水排水、自来水供应、下水道、电力、全天候道路系统和固体垃圾回收。除了缺乏对下水道系统的维护，雨水沟也被固体垃圾阻塞，被临时房屋侵害到雨水道。低收入居民在洪灾地区的增多大多是因为没有他们能够承担起的更安全的地带。

资料来源：a draws on Dodman et al, 2010b; b UN, 2010; c draws on Alam and Rabbani, 2007; Ayers and Huq, 2009; Roy, 2009; d draws on Adelekan, 2010; Iwugo et al, 2003; Adeyinka and Taiwo, 2006

在圭亚那[41]，包括乔治敦的海岸地带，拥有全国百分之九十的人口和大部分经济。这一地带的最高点只有海拔高度1.5米，大部分的居住用地，包括首都乔治敦，处于海平面之下。乔治敦的大部分人口会经历定期的洪水。[42]为乔治敦的密集居住地区制定的适应性规划已经由国际管理咨询公司组织，并打算鉴别和分析适应性的投资选择。风险是通过分析主要的气候危害来评估的，包括识别有风险的资产和评估这些资产的脆弱性。圭亚那面临的主要气候灾害（尤其是乔治敦附近人口密集地区）是由暴雨引起的洪灾。许多2030年的场景都已经被想象出来用来评估在公共、农业、工业、商业、民用领域的潜在经济损失。

在乔治敦，城市适应性第二阶段的特质——鉴别适应性选择和考虑将现有政策与适应性政策相结合（见图6.1），也出现了。主要的适应性干预被认为是经济上的需求，包括早期预警基础设施的扩建，新建筑规范的改善，排水系统的维护和升级。在每种情况下，成本效益比例小于1.0则意味着这些措施在经济条件上是可行的。一些适应性方法可以定量分析，包括：

- 基础设施措施：修理和维护海堤。
- 卫生措施：抗洪诊所，卫生设备和水，应急响应系统。
- 经济措施：现金储备，后备资金，加强基本保险市场。

这其中，修理和维护海堤，发展应急响应系统和提供后备资金被认为可以获得最为重要的利益。部分海堤年久失修，需要加强以防止沿海决堤，应急响应现在还不存在，而风险投资可以在灾难时提供资金。

另外，这些都是相对低花费的干预措施。所以一些实质性的适应性福利可以通过相对低的成本达到。这个方法在鉴别城市层面最经济有效的适应性反应中具有很大的价值，而且可以帮助地方和国家官员制定出最合适的干预措施。然而它最好的用途是用于详细分析与社会相关的因素来确保适应性活动满足人类发展的需求，同时从财政方面也是经济有效的。

泰国曼谷大都会管理局已经开始标注城市所

任何需要大量资金的具有前瞻性低风险的投资项目都会面临来自其他部门的竞争

面临的气候变化相关风险，基于此，提出了一些基于政策的基础设施和环境响应（见表6.2）。[43]因为地处低洼的平原、近海且长期受季风带来的降雨影响，所以曼谷遭受众多气候威胁的危害，而风险评估能预测气候变化可能带来的结果以及确定适当的响应。一个强调洪水、风暴潮、干旱和水资源供给安全威胁的初步风险评估已在进行，适应性的措施也会对这些风险有更加深入和广泛的分析。更首要的适应方法将包括能力建设活动，提高科学家和公务员之间的交流，鼓励地方层面的气候风险评估，提升家庭和社区关于气候变化的意识。

表6.4显示了孟加拉国达卡所面临的气候变化相关的风险。这个城市对气候和环境变化有相对久一点的认识、政策和行动。它是不发达国家中第一个完成国家适应性行动纲领（National Adaptation Programme of Action）（NAPA）的，而国家政府为整合气候变化和其他规划做出了很多努力。达卡的

城市发展规划试图满足气候适应性的需求。例如，策略性的规划能帮助加强反应能力，提高规划过程中的公众参与，能提高对气候变化危险的意识，网站实施和服务方案能够减少城市贫困地区的脆弱性并提高他们的适应力。[44]

在城市层面上，大尺度的洪水保护方法是适应性反应必不可少的组成部分。从1989年起，路堤的分支系统就开始进行，而这方面更进一步的投资目前也在计划当中。[45]给排水系统正在更新，禁止聚乙烯袋的使用也减少了城市排水系统的堵塞。[46]

■ 从风险评估到适应策略[47]
Moving from risk assessments to adaptation strategies

在非洲，南非与一些城市政府在气候变化适应方面有不同寻常的讨论，所以南非超越了风险评估而来讨论如何应对风险。许多南非城市都有成熟的应对气候变化的计划，这与一系列的利益相关者包

气候变化影响	适应方法		
	社区基础设施及操作	商业	居民健康和总人口
总体长期上温度3-5摄氏度的增长	• 城市设计 • 树木种植 • 水源保护 • 虫害控制	• 减少城市热岛效应，包括建筑设计和绿化空间	• 更好的隔离 • 有效降温设计 • 虫害控制 • 水源保护
地表和地下水的数量与质量	• 限制用水 • 优化水库使用 • 扩大储备容量 • 更规范的地表地下水回收系统	• 节水项目 • 控制水价 • 灌溉实践	• 节水项目
海平面上升（尤其是海岸保护土地利用规划和土地利用规划）	• 土地利用规划 • 修建和提升堤坝 • 修建水库	• 保护海岸线 • 逐步撤退（Phased retreat） • 改善港口使用情况	• 土地利用规划 • 保护生态系统
极端天气事件（风暴、长时间降雨、洪水、干旱）	• 应急准备 • 修建和提升堤坝 • 建筑高度 • 土地利用规划 • 提升电网适应能力 • 提升应急通信	• 应急准备 • 建筑防洪 • 建筑高度	• 应急准备 • 防洪住宅 • 公共洪灾保险 • 灾害准备行动（如救急供应）
暴雨频繁性和密集性的增加	• 提升暴雨排水系统 • 提高城市景观的吸水性	• 提高铺地吸水性	• 下水道维护 • 减少急雨冲刷的景观设计
热浪、干旱和雾霾频繁性和密集性的增加	• 空调使用 • 热量应急计划（Heat contingency planning） • 减少城市交通 • 树木种植	• 空调使用 • 必要时重定保护计划	• 空调使用 • 宣传应对行为

资料来源：基于曼谷大都会管理局，2009，Table 6.1

括院校和地方政府的强力支持有很大关系。1994年过渡到民主政治体制，产生了新的政府构架，包括对环境管理的特殊授权和关注，同时有一个大幅改进的发展议程。这一部分将回顾德班和开普敦开发气候变化适应方案的历史。

因其创新性以及各种具有提高和阻碍作用的内部文件记录，德班在发展气候变化适应方案计划上有一段很有意思的历史。[48]德班是南非最大的港口和非洲东海岸最大的城市。到2010年有290万人口。[49]负责管理城市的地方政府结构被称为eThekwini直辖市。在20世纪90年代，这个直辖市在地方层面已经成为环境管理的领先者[50]，也已经开始了一些减轻损失的工作。德班的适应性规划就是基于这些经验之上。

在2004年和2006年，eThekwini直辖市开发了基于地方的气候变化适应策略，[51]这包含在《气候变化适应策略纲要》中，该纲要强调了气候和人类健康、水和环境卫生、海岸管理、生物多样性、基础设施和供电、交通、食品安全和农业以及灾害降低之间的直接和不直接的关系。首先，根据城市运行和更大更有力部门的投资和规划方面，这种高级别策略的开发并没有引起"一切如常"之外任何额外的创新和运动。城市其他政府部门看待气候变化问题时，会认为这个问题太普通而且其风险还很遥远，也有些部门认为这些责任归属于城市环境部门。还有一些其他分散的对气候变化关注的因素，比如现有的高工作负荷和紧急发展的挑战和压力。市政的灾难管理单位是一个明显的盟友，但是它缺乏能力而且被市政当做是一个急救机构，而不是一个在城市规划和基础设施的投资上有影响的要素。

因此，为了使市政在优化气候变化适应性方面更加有效，适应性规划应当要通过更详细的市政部门的适应性计划来加深。在这个问题上，有三个高危部分需要特别注意：水、健康和灾害管理。因为这些要素构成了自然功能体，也为跨部门合作与协调提供了机会。这个部门做法在促进有意义的行动中已经被证明很成功，在适当的时候也会被广泛应用到所有相关的市政部门。该方法是通过鉴别政府内相关部门的问题而得到保证的。另外很重要的一点是，他们把气候变化适应直接与发展相联系（也同发展和投资机会相联系）。正如eThekwini直辖市环境规划与气候保护部的一个工作人员所指出的：

……更部门化的适应性规划方法现在在德班已经广为接受，也鼓励了跨部门之间的互动（《气候变化适应策略纲要》）。这与任务和目标更清晰的定义有关，这些任务和目标从对部门需求与限制的更详细的理解中显露出来。[52]

当德班气候变化已经成为一个重要的问题，人员和资金也投入到了气候变化的问题之中，但其在地方政治家和高级公务员的意识中却没有很大的进展。然而，由于市长和其他要员更积极地加入到气候变化的讨论之中，这种情况也在发生变化。为了完善和扩展城市层面的干预，社区层面的气候适应计划也得到了支持和重视。一些特别的适应干预包括：

- 提高城市景观的储水性能
- 改善城市排水系统的设计
- 提高自然海岸线的稳态
- 利用滞留池和人工湿地抵御暴雨
- 土地利用规划避免在危险地区建造施工
- 减少工业用水
- 食品安全
- 以环境管理为基础来创造"绿色工作"

德班的项目依靠政策上对适应性的支持，此外还有相关方面的积极参与。然而，从策略规划到具体项目还需要其他的计划和资金投入。[53]为此，在评估城市气候变化适应时，必须重视四个与机构相关的重点：[54]

1 气候变化问题上有普遍的政治/行政支持；
2 气候变化作为主流城市规划问题被相关方讨论；
3 为气候变化问题分配资源（包括人力和资金）；
4 将气候变化因素加入到政策和行政制定中。

然而，显而易见，将气候因素和政策决策相结合是一个艰难的过程。任何威胁到财政预算和德班现在所需要的发展途径的问题都会引发争论。[55]

在开普敦（南非），市政府提出了一个城市气候变化适应计划开发的框架（图6.2）。这个过程的各个步骤是由两个互相交织的过程组织而成的：一是相关方的参与，这在鉴别脆弱性和潜在方案上具有重要作用，也便于政客和决策者的参与；二是适应能力的评估（体系应对气候变化影响的能力）。城市适应计划应该是这些过程的最终结果，也会产生一些中间阶段的文件，包括脆弱性地区分布图、强调群居与气候相互作用的"热

城市其他政府部门看待气候变化问题时，会认为这个问题太普通而且其风险还很遥远，也有些部门认为这些责任归属于城市环境部门

从策略规划到具体项目还需要其他的计划和资金投入

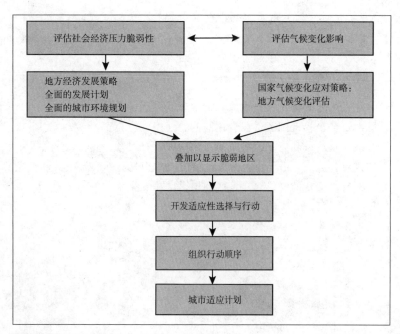

图6.2
南非开普敦，市
政适应性规划的
发展过程
Figure 6.2 Process
for developing
a municipal
adaptation plan in
Cape Town, South
Africa

资料来源：Mukeibir
and Ziervogel, 2007

点地区"的评价。

　　然而，在开普敦，和其他所有的城市一样，让高层次的政治家和公务员关注气候变化适应是很困难的。例如，在开普敦综合发展规划[56]的扼要中没有提到气候变化适应。对于开普敦和许多其他城市来说，对气候变化适应的第一次真正的参与是对灾难的应对。在2010年5月，开普敦的城市网站发布了一个长期天气预测，它指出在冬天的几个月里将会有和往常不一样的降雨，也提出了各个市政部门应对此种情况的方法。[57]

发达国家地方政府的回应
Local government responses in developed countries

　　发达国家城市的适应性回应尽管在政策支持上并不是很容易，但是总体来说更易制定、实施和获得资金。然而这些城市很少有基础设施方面的不足，大部分人口都居住在符合住宅标准、有自来水供应、有下水道和固体垃圾回收的房屋里。这些城市有一系列的规范（若实施）可以减少风险，也有快速应对灾害的制度安排和措施，确保降低灾害影响，尤其是对那些处于高危险的人们来说。

许多相对富裕的城市若对气候变化的影响加以考虑，那么他们就需要大幅度提升基础设施

　　尽管面临的危险小得多，当地政府也有更大的能力应对灾害，但这并不意味着他们的适应性很好。许多相对富裕的城市若对气候变化的影响加以考虑，那么他们就需要大幅度提升基础设施。总体来说，大多发达国家的城市需要提高他们管理、预测和应对极端天气事件的能力。也有一些城市处

于没有气候变化的安全地带，但现在也同样面临风险。例如，沿海定居点，不论是村庄、城镇还是城市，都面临海平面上升带来的危险。气候变化很可能给大城市，特别是城市的热岛效应区域带来更激烈和频繁的热浪，许多城市将会面临淡水资源减少。然而尽管针对发达国家城市中心的适应性规划会有很多相同之处，但在每个城市中心，会出现一些特定方式的组合。例如，下面要讨论的大不列颠及北爱尔兰联合王国伦敦、澳大利亚墨尔本和荷兰鹿特丹在应对海平面上升问题上采取的不同方式，以及各个城市的不同方式与城市其他政策的结合的不同之处。

　　也有许多发达国家的城市政府将气候变化危险当做一个遥远的威胁，因为他们正在努力应对经济上的滑坡。发达国家中，经济增长和新投资中心的转移使得一些历史上的工业和经济中心城市面临下滑的境遇。在这些城市里，很难关注到气候变化适应。

　　和之前谈到的发展中国家城市一样，第一步是意识到新的日益增长的气候变化风险会带来哪些影响。下面要谈到的例子——也就是伦敦、墨尔本和鹿特丹，说明了这第一步骤。[58]下一步是行动的意愿（图6.1），包括特殊部门的行动，这也能在这三个城市当中有所反映。

　　大伦敦政府开发了气候变化适应策略为适应性行动提供依据。作为世界上最为富裕的城市之一，伦敦远比其他城市有更充足的资金和技术资源。[59]然而，由于其地理位置、城市基础设施的历史和对大不列颠及北爱尔兰联合王国甚至国际密切相关的高度集中的行政、商业和金融活动，它面临着特殊的气候威胁（泰晤士河）。适应性策略有三个关键的气候风险：洪水、干旱和高温（专栏6.5）。该策略依赖于很多机构的努力，在伦敦城市地区和国家层面进行操作。

　　大伦敦政府也已经认识到了要提供生态系统服务——这可以帮助保护生物多样性，减少污染和提高环境美感，当然也可以在气候变化方面收效不少（表6.3）。适应（减少洪水风险与抵消城市热岛）、减缓（减少能源需求，支持生物多样性）和发展（减少噪音和大气污染，增加娱乐休闲的供应）具有很大的联合效益。

　　墨尔本城市适应策略列举了四个主要气候风险：降雨减少与干旱，极端热浪，强烈降雨和风暴，以及海平面上升（表6.4）。[60]并同时列举了七个需要适应性行动的城市系统：水、交通、建筑、健康和社区、工商业、能源与通信和紧急应对。墨尔本运用

专栏6.5　英国伦敦气候应对策略的关键点
Box 6.5 Key risks identified by the climate change adaptation strategy of London, UK

英国伦敦气候应对有三个关键词：洪灾、干旱和高温

洪灾，与海平面升高相关，海水涌入泰晤士河，造成潮湿的冬季和更密集的降雨（导致河流上涨20%到40%）。英国环境机构（国家机构）开发了一系列的"决策过程"。建造于1974年和1982年间的泰晤士河堤是英国伦敦这一政策的关键，它拥有298km的防洪堤岸，35个主要闸口和400个次要闸口。虽然这本并不是为了气候变化而建造，但它是伦敦抗洪的关键部分，而且从1990年就开始频繁使用。最近的评估显示泰晤士河堤将会继续保护伦敦免受洪水侵袭，但21世纪末期则需要泰晤士河附近的绿色空间来存储洪水。

一个城市水资源策略试图减少干旱的影响，由于气候变化强化了季节性降雨，这也变得更加引人关注。减少用水需求为制定干旱策略争取了时间，也能够节约资本和减少二氧化碳排放。水资源策略为平衡用水需求与供给提出了以下四个步骤：

1　更少的损失：加强泄露管理，减少水资源损失。
2　更少的使用：提高居民和商业发展的用水效率。
3　更多的回收：非饮用用途使用回收水。
4　开发新资源：使用对环境影响小的可替代能源。

第三个关键词：高温（如温度上升到影响健康与舒适的程度）。高温增加了降温所需的能源消耗（会导致能源短缺和温室气体排放），水资源消耗（增加水资源负担），也会对高温敏感的基础设施造成伤害。减小此类风险的四个行动：

1　城市绿化减少热岛效应；
2　设计新建筑和改造现存建筑与基础设施，最小化制冷需求；
3　确保制冷方式的低碳和节能；
4　帮助城市居民适应高温环境（关键是脆弱人群的社会保障和医疗保险）。

资料来源：Nickson，2010.

大伦敦政府意识到提供生态系统服务能应对气候变化

危险管理来分析这些风险，包括风险评估和决定是否采取某些措施。如果风险被认为是不可接受的，那么将会采取适应措施。这个过程自始至终被监控和审查，并有沟通与咨询。适应性措施旨在减少特定风险的后果和增强对它的控制能力，从而将它控制在容许的范围之内。他们将会被分为"控制关键"、需要"积极管理"、需要"定期检测"，或"无需担忧"等等。风险、关键主题和关键行动被总结在表6.4中。

两个"高价值"（成本有效）的适应计划方案有潜力为减少风险提供帮助：

1　雨水收集，通过储存多余水分减少暴雨影响，且可用于干旱时期
2　被动制冷，通过降低室内和街道温度减小热岛效应，从而减少热浪的总体影响。

这个"高价值"的适应概念为适应规划提供了一个有用的工具，因为它指出了这些规划会有巨大的影响。在资源稀缺的情况下，这是一个重要的考虑因素。

也许并不令人惊讶，许多荷兰城市都在考虑气候变化的应对方法。由于荷兰地处低洼海岸，有着几百年应对挑战的历史。鹿特丹，作为一个沿海城市和欧洲最大的港口之一，更加特别注意到了这些

表6.3

英国伦敦，绿色空间和行道树提供的生态系统服务
Table 6.3 Ecosystem services provided by green spaces and street trees, London, UK

	绿色屋面/墙体	行道树	湿地	河道	树林	草地
减少洪灾	√√	√	√√√	√√√	√√	√√
减缓城市热岛	√√	√√	√√	√√	√√√	√
降低能源需求	√√	√√				
减少噪声/大气污染		√√				√√
保护生物多样性	√√		√√	√√	√√√	√√
娱乐休闲	√		√	√√	√√√	√√√

资料来源：GLA，2010，表7.1

风险	关键词	具体行动范例
干旱和降雨减少	• 水资源利用效率最大化 • 水资源供给多样化 • 回收利用水资源 • 改善水质	• 通过需求管理和行为改造节水 • 通过结构上的改善使用和回收多种水源 • 增加卫生间的雨水利用系统 • 研究运动场的人造草坪使用情况
强降雨和强风	• 更好的下水系统和暴雨利用 • 公共预警系统 • 综合紧急服务 • 更好的公共宣传和安全行为 • 减少堵塞 • 提高基础设施标准	• 交通系统暴雨排水系统提升 • 逐步升级暴雨基础设施建设 • 交流以提升恶劣事件中的交通能力
高温和森林火灾	• 改善基础设施使内外环境降温 • 更好的公共宣传和安全行为 • 热浪预警系统	• 开发和实施高温应对计划 • 关注高危人群 • 调整城市形态以减少热岛效应
海平面上升	• 海平面上升的未来规划 • 保护现状低洼区 • 修改排水规划以更好控制洪水 • 提高基础设施的适应性	• 洪水和基础设施对海平面上升的影响模拟 • 反应模拟结果的合适的指导计划 • 广泛回收利用暴雨降雨 • 改变危险房屋的出入口帮助度过洪灾

资料来源：City of Melbourne,2009

挑战，目标是在2025年防止气候变化的影响。[61]鹿特丹的主要威胁（适应性应对的主要焦点）是沿海洪水。投资适应性计划对保护人口健康和安全、防止气候变化失控、增加对公共空间和基础设施投资的回收和确保创新的解决方式是必要的。鹿特丹应对气候变化强调了三个主题：

1 知识。气候适应的知识通过一些相关组织（包括水资源与水利工程机构、大学、商业、公司、水务局和开发商）的合作而形成。针对洪灾和高温组织了一些新的研究项目，在荷兰国内外的港口城市也有知识的直接交流。

2 行动。包括旨在阻止洪灾和减少其危害的项目的执行。具体又包括了高筑堤坝、增加蓄水能力以及在易受洪灾地区的防洪建筑。另外，为减少城市高温，要实施许多措施，比如增加绿荫和降温。

3 营销。鹿特丹试图成为适应气候变化的先锋，为自己打造一个积极应对气候变化适应的独特城市名片。这和城市居民、主要利益相关者（包括政府机构和大学）和世界其他城市之间都有很重要的关系。

适应性和灾害准备之间的关系[62]
The links between adaptation and disaster preparedness

20世纪90年代，人们对灾难和灾难原因的理解有了转变，更多人关注到发展和灾害之间的关系。[63]在拉丁美洲，许多城市政府开始探索这一方面，并实施降低灾难风险的方法。这是由该地区大量的灾害所驱动，由许多国家的改革与分权进程所支撑。[64]许多国家通过立法将紧急应对机构转变为国家防灾系统。[65]一些市政府将降低灾难和制定发展框架相结合，升级基础设施和不正规定居点的危险房屋，通过相关分区和建筑规范提高城市土地利用管理。

地方政府对防灾的重视是由不同原因驱使的。在有的国家，是因为强势的当地民主（竞选市长和城市议员）体制和非集权化（当市政府有强大的经济基础）。而有时候，某个特定的灾难事件则成了催生剂，比如中美洲米奇飓风（1998）之后的巨大破坏。或者是一系列的事件，比如波帕扬地震（1983）、阿麦罗泥石流（1985）和哥伦比亚的其他灾害。这些事件促使国家、城市和市政府更加关注自然灾害的危害和思索如何投资以及哪些方法能够降低灾害风险。这里的革新包含了那些由特定地方政府承担的，但同样重要地，也是由那些由地方政府团体或协会涉及的合作、协调行动所承担的。在一些国家，也有国家支持体系在减少灾害风险方面来支持当地政府和其他利益相关方。

这些气候变化适应具有相关性，因为有不少是降低风险水平或暴露于极端天气事件的危险中，气候变化正在或者很可能变得更加激烈、频繁和不可预测。然而，除此关联之外，许多减少灾害风险的措施也为一系列危害建立了弹性。另外，不管是不是气候灾害，强化迅速有效应对灾难的能力以及与受影响的人共同重建他们的家庭和生活是应对各种灾难的普适方式。

到2007年，政府间气候变化专门委员会公布了它的第四次评估报告，气候变化适应计划在一些城市已经开始实施，尽管这些主要是由气候变异所驱动的。的确，社会通过其多样化、水资源管理、风险管理与保险等一系列实践，记录了一直以来受天气和气候影响的农业和居住点。[66]然而，现在气候变化的影响与以往所经历的都不相同，适应性的任务就是同时满足发展的需要和气候变化的需要。

走向有效的城市气候变化适应策略
TOWARDS EFFECTIVE CITY-BASED CLIMATE CHANGE ADAPTATION STRATEGIES

从上面的例子可以看出一些城市适应性战略的开始。这些都可能被称为早期适应者和早期采用者。[67]要想让城市和市政府对气候变化适应有更广泛的关注，则需要清晰详细的风险评估以及对发展与减灾结合更深入的理解。这也取决于地方政府是否有行动的意识、能力和意愿。

上面的讨论表明，在对潜在的气候变化做出回应时适应性对不同方面产生影响，比如基础设施、城市经济和公共健康，尤其是弱势群体。适应性如何回应气候变化对个人和家庭的潜在社会和经济影响，包括那些被迫迁移的人（可能到安全区），这也是研究的一个兴趣点。在每一个问题中，都要注意适应性回应是为哪些人服务（而不是为另一些人服务的），尤其是与收入水平、性别和年龄有关时。所以，关于评估适应政策和实践有效性的一系列问题将会被提出，尤其包括：

- 适应性措施是集中于保护和服务较为富裕的群体和地区吗？
- 包括非正式住区吗？如果包含，是包括所有非正式住区还是那些被政府"认可"的或者那些更容易到达的？
- 因为妇女们支撑家庭、照料孩子和负责生计，或者在获得能够支持适应的服务和资金时面临歧视，那么她们面临的这些特殊风险和脆弱点有得到考虑吗？
- 适应基础设施主要的回应是去保护那些被视为城市经济最重要的资产，还是去保护城市人口，尤其注意那些处境最危险的人群？

然而，很少有城市能制定出连贯的适应策略，而在公共投资、改善建筑和基础设施标准以及土地利用管理中有影响力的策略就更少了。大多数关于气候变化适应的文件关注的是应该做什么，而不是在做什么（因为被执行的非常少）。例如，通过风险经济资产的初始数据和以往极端天气造成的损害来看，一些城市的适应策略在某种程度上是合理的。[68]在大多数发达国家和一些其他国家，为了能够应对可能的气候变化影响，都考虑到通过修改建筑和基础设施标准来提高安全系数。公共卫生设施应对高温的问题已经得到反思，尤其是2003年欧洲在高温中显露出局限性之后——长期存在高温的其他城市已经加强了他们的能力来抵达和服务那些最危险的地方。许多地方政府由于供应限制而开始采取措施更好地管理淡水资源，在许多地方，这通常是解决气候变化带来的补给水限制的第一步。

还有一些关于适应性措施的社会影响问题。许多城市主要在暴风雨和排水系统中需要投资，他们的设计与建设很可能会取代临时居民点——尤其是在那些现有下水道和河流的旁边——虽然随着排水能力的提升也有避免这种做法的不错案例。[69]更好的水资源保护措施可能包括取代非正式住区——尽管有避免的例子。[70]减少海平面上升和暴风雨风险的沿海开发新的控制措施会威胁到现有居民点，正如2004年印度洋海啸那样，虽然也有可以不强迫沿海居民搬移的更有适应力的实践方案。[71]

本节的第一部分回顾了上一部分和城市政府的通用知识。接下来是适应性回应在不同经济部门的评估。第三部分更进一步阐述了如何在地方层面建立适应体系，第四部分评述了适应性规划和地方管理之间的联系。最后一部分展示了联合国人居署的城市与气候变化倡议关于国际机构如何在地方层面支持应对气候变化适应方案的说明。

城市政府通用知识
Generic lessons for city governments

表6.5为城市政府气候变化适应提供了各种不同的准备和行动。该表关注了影响城市的三个要素：供水紧张、暴风雨洪灾管理和影响公共卫生，如高热和疾病传播。多样的措施也强调政府各个部门需要共同协作。

通过这章的例子，可以看出城市适应策略的组成关键：

到2007年……气候变化适应计划在一些城市已经开始实施，尽管这些主要是由气候变异所驱动的

气候变化带来了新的风险……适应性要确保满足发展和气候变化的双重需要

很少有城市能制定出连贯的适应策略，而在公共投资、改善建筑和基础设施标准以及土地利用管理中有影响力的策略就更少了

对每个优先计划地区，适应气候变化需要列出计划和行动方案

优先计划地区	准备计划	准备行动
重视淡水资源供应紧缺	扩大并多样化水资源供应	• 开发新的地下水资源 • 修建蓄水池 • 增强蓄水层的储水和恢复能力 • 开发废水利用能力
	减少需求/提高损失管理	• 提高水价（越高使用越贵） • 修订建筑规范使卫生间用水量减少（节水喷头） • 为有效用水提供奖励措施（减税、回款等） • 减少漏水
	增强干旱准备	• 根据变化升级干旱管理计划
	增进公众对水资源供给的意识	• 宣传气候变化对水资源的影响和居民如何节水，例如在账单、网站、地方报纸通告消费者
风暴与洪灾管理	提高风暴雨水管理能力	• 增强和维护风暴雨水收集系统（通常包括各地区固体废物收集） • 利用城市景观减少水土流失 • 保护生态缓冲区（如：湿地）
	减少洪灾带来的财产损失	• 搬移或撤销危险地带的基础设施 • 修改规划以减少洪灾影响区域的发展 • 更新建筑规范中的防洪内容
	提高风暴和洪灾的提前预警系统	• 增加天气气候在危险管理中的应用（包括确保人群得到灾难警告并能转移到安全地带） • 根据气候变化更新洪灾危险示意图
公共卫生	减少高温影响	• 确保高危人群有高温预警 • 思考能为生活在热岛和最受高温危害的人群服务的方法，包括能使人在高温时转移到的地带和法律保护 • 推进减少城市热岛的建筑环境建设 • 在城市中心采取措施降温，包括保护开放空间、绿化和行道树
	增强疾病监测与防护	• 确保对已知疾病和潜在危险的监控体系、疾病防护和卫生回应系统 • 提高对预防疾病传播媒介以及气候变化带来的一些激增疾病的公共教育

资料来源：国际地方政府环境行动理事会，2007

• 利益相关方达成共识。这是基本的第一步。在城市中对气候变化影响的官方认可也是必要的。还需要包括政府各部门建立起知识和共识，因为他们普遍将气候变化适应看做是与自己部门竞争资源和关注的因素。[72]没有个人、团体和部门的共识，就不可能强调到适应性的交叉的方面。从一些开发适应策略的城市中可以看到，有些特殊的个人对催生这种共识有重要的作用——比如，市长或高级公务员，尽管如此，当然，共识的达成需要其他方面的积极回应。

• 基于现状开发和扩大信息。这部分一个重要的事情是考虑各地过去的极端气候带来的影响。需要尽可能详细，包括小灾难（不被国际灾难数据库所包含的那些），并吸收拉丁美洲的数据

加密标准方法，这种方法加强了对各个地区灾害的关注，并且包括了那些程度较轻的灾害。[73]

• 评估城市新风险和脆弱性。这种评估是由社区和地块评估组合而成的（以及全球和国家气候变化影响项目）。该评估包括也应该包括像之前提到的菲律宾无家可归者联盟（专栏6.3）的基于社区的评估。这也许费时费力，但是有高危地区所有人参加，可以对风险和脆弱性产生更详细和微妙的理解。我们也需要一个更好的理解适应性的基础，就比如像Mansión del Sapo 和 Maternillo in Puerto Rico的城市社区参与治理资源的案例。[74]这种评估应要尽可能多的包含地理详细信息，而且与灾害示意图结合现实灾害地区的人口、危险居民点和灾害

类型（如洪灾地区的水生植物）。城市评估从全球和国家项目中收集气候变化的数据也很重要。现在，许多这种项目是不完善不精确的，有时甚至是与事实相反的。若气候变化研究项目不可信或是自相矛盾，那么地方政府就不能够基于此来做出合适的土地利用规划。[75]

- 评估特定部门的脆弱性和应对措施。气候变化带来的风险对各方面影响差别很大，所以在政府中各个部门的职责也千差万别。应对气候变化不仅只与关键部门以及职责相关部门有关，其他部门也应要采取适当的行动。然而这是很难的，负责应对气候变化适应的部门也往往只起到咨询的作用，其资金预算也很少。它需要说服公共事业、公共卫生、居住和固体垃圾管理部门参与应对气候变化。德班（南非）、伦敦（大不列颠及北爱尔兰联合王国）、墨尔本（澳大利亚）[76]的适应性策略显示出气候变化与各特殊部门职责的相关性，这也使各部门职责更清晰。灾害应对准备的机构是重中之重，尽管经常需要他们关注应对灾害更多的范围，但这意味着他们能够参与到城市和社区层面的居住和基础设施投资当中。负责应对灾害的部门

能够感受到他们参与的相关性和重要性，但他们缺乏影响力和资源，尤其是和避免降低灾害措施相关的时候。[77]公共事业企业、其他政府部门和私人机构都在重视特殊脆弱性上有关键作用。

- 开发城市整体及其周边的策略规划。[78]城市政府在城市整体的发展策略中是个重要的角色，当然也需要各利益相关方的合作。这些策略规划需得确保城市内各种行为的协调性与互补性。上面提到的一些有效的策略都包括了适应策略计划。这在开普敦和德班的系统之中是重要的部分，由于市政环境规划和气候保护局的承诺，在德班，这项规划将要实施。对许多大城市来说，策略规划需要涵盖城市依赖的更大范围的资源和生态系统。当城市政府拥有管理更大区域的权利时，这就变得更加容易，而随之而来的政治和制度上的复杂性也会减少。

- 支持地方气候变化应对。许多气候变化适应关键都需要社区个人和集体的行动来减少损害。适应性需要更多地被个人和家庭所执行是已经达成共识了的，社区和地方政府在其中也有重

城市风险/脆弱性评估……应该建立在社区和区块评估的基础上（以及全球和国家气候变化影响项目）

城市政府在城市整体的发展策略中是个重要的角色，当然也需要各利益相关方的合作

类型	适应选择/策略	基础政策框架	实施困难	实施机会
水	增强雨水收集；蓄水技术；重复利用水资源；脱盐处理；用水与灌溉效率提高	国家水资源政策和综合水资源管理；水资源相关危害管理	财力与人力支持；物理障碍	综合水资源管理；与其他因素协同
基础设施和居民点	重新定居；海堤与风暴遮挡；抵挡海平面上升和洪灾的湿地或土地；现存的自然屏障	结合了气候变化和城市设计的标准与规范；土地利用政策；建筑规范；保险	经济和技术障碍；重建土地获得	综合政策管理；与可持续发展的协同
健康卫生	热-健康行动计划；紧急医疗；气候疾病监测控制升级；水质安全和环境安全	气候危害相关的公共健康政策；强化卫生服务；区域与国际合作	人（高危人群）的容忍极限；知识限制；财政能力	升级卫生服务；提高生活质量
旅游业	景点收入多样化；滑雪坡向高处搬移；人造雪	综合规划（例如承载能力，与其他因素联系）；经济奖励（如补助和减税）	适应市场的新景点；经济和后勤挑战；对其他因素的潜在影响（如人造雪消耗资源）	新景点的收益；更多利益相关方的参与
交通	重新组织；制定与排水协同的道路标准与规划	综合国家交通政策和气候变化因素；增加对特殊情况研究（如冻土区）的投入	经济和技术障碍；脆弱地区可达性	技术升级、结合重点因素（如能源）
能源	强化高压输配电设施；公共地下电缆；能源效率；可更新资源利用；减少对某一资源的依赖；增加效率	国家能源政策，规范和利用可替代资源的奖励；气候变化和设计标准相结合	是否可以有可选择性；经济和技术障碍；接受新技术	新技术的刺激；利用当地资源

资料来源：基于Parry et al，2007b，表SPM4

表6.6
相关部门特定的适应性干预的例子
Table 6.6
Examples of specific adaptation interventions by sector

要的作用。有许多社区推动的"贫民窟"升级减少了环境卫生威胁，如果加以合适的信息和支持，当然也可以对气候变化风险（将在未来几十年里成为日益恶劣的影响因素）有所关注。上面菲律宾的例子（表6.3）显示如果有足够的政府支持，社区组织有能力应对短期和长期气候变化。像曾经提到的，政府是重要的角色，有效的气候变化策略需要家庭社区和各层次的政府机构以及一些其他的组织，包括国际组织的合作。

适应性反应对不同经济部门的潜在影响
Adaptation responses to potential impacts in different economic sectors

从上面的讨论可以很明显地看出，在各个领域都需要气候变化适应。表6.6（引自政府间气候变化专门委员会）提供了一些领域所需的特殊应对。虽然这个表并未强调，但是大多数列出的适应策略会被地方政府实施，即使实施需要更高层级的政府资源和政策规范框架。

至于基础设施，许多领域对气候变异和极端事件已经有了应对措施，包括水资源、环境卫生、交通和能源管理。此外还需要包含能够应对将来气候变化的气候防护基础设施。[79]应对气候变化需要储备和其他支持，并注意在现有基础上不用大的修改和重新设计就能够适应更极端事件的总体设计。[80]基础设施应对可以采取下面的形式之一：改装和加强；重要设施加强；危险修缮。[81]在圭亚那乔治敦，详细的成本效益分析被用来评估最重要和最划算的气候变化基础设施回应。这也通过一个非经济角度更为定性的成本收益分析进行补充。[82]

基础设施可以用许多方法改进，并非所有问题都需要完整的技术才得以解决。应对海平面上升的计划包括了退让，适应性调节或基建措施（见图6.3）。在实践中，保护城市密集居住区已开发土地有其强烈的社会政策与经济原因。

城市地区采取基础社区方式解决气候变化的例子越来越多（尽管下面提供的几个例子与自然进程而非气候变化所带来的危险相关，如威尼斯）：

- 洪灾。在威尼斯（意大利），实验机电模块包括了三个泄洪口的79个门：当水位上升到超过正常水位1.1米高时，将会给这些中空的门注入空气，让它们上升以防止洪水泛滥到城市中。在许多发展中国家，例如越南南定省，包括建造

水库防洪、堤防加固系统的抗高洪水位和建立紧急溢洪道沿堤对蓄洪区的选择填充，而实施的项目很少。[83]

- 节约用水。新加坡有个国家四项水龙头战略确保未来的水资源供应。第一个"水龙头"是基于15个蓄水池的综合系统和引水入库的排水系统从当地集水；第二个是从马来西亚柔佛引水；第三是高级再生水；第四是水脱盐处理。[84]

- 城市降温。加拿大温哥华正在使用"降温屋面"和"多孔人行道"来减弱城市热岛。这些都覆盖着着色的水密封剂，比深色表面反射和辐射更多热量，所以减少了机械降温的消耗。[85]

世界银行和亚洲开发银行一直在努力提高他们设计和实现满足气候变化需求的基础设施的能力。[86]对基础设施的投资可以支持社会-生态发展，也能实现重建与复兴。

然而对基础设施的投资充满挑战。由于消极的社会影响，包括强制迁移[87]和服务不能满足低收入群体需求，大规模的干预措施经常在特定的社会和生态环境中遭到失败。

建立恢复力
Building resilience

低收入家庭及社区应对极端天气的许多措施以及它们在减灾中的重要性已经被讨论了许多次。许多措施都符合政府间气候变化专门委员会对适应力的定义："一个社会和生态系统在保留基本结构和功能的基础上平衡干扰的能力，自我组织的能力，适应压力及挑战的能力"。[88]确实许多简单实际的应对洪灾的方法都能符合这个定义，如提高堤坝高度高于预测洪水线，和可供居民坐卧的家具（通常在突起的砖上）。

适应力有重要的组成部分超出"硬性"基础设施，一部分原因是硬性基础设施不能移动或大大地降低许多危险，特别是如果各国政府不能尽快就减排达成一致意见。[89]所以，适应力也是在灾难、变化和不确定的环境中生存的能力，[90]通过资产、社会网络和合作来获得所需的能力（用政府间气候变化专门委员会的话来说）"平衡干扰，保留相同的基本结构和功能运转方法"。[91]

或许建立适应力可以被理解为一种不仅仅为应对压力和冲击的方式，也可以是解决约束生命和生活的无数挑战的一种方式。因此，建立适应力的一个关键部分是促进减少贫困和提高生活质量。[92]

世界各地的城市已经采取了许多干预措施——

需要……可以应对未来气候变化的基础设施

应对海平面升高的措施包括迁移、提供居所和基础设施解决方式

建立适应力可以被理解为一种不仅仅为应对压力和冲击的方式，也可以是解决约束生命和生活的无数挑战的一种方式

地方、市政、国家或国际的利益相关者——通过改善住房、基础设施和服务，特别是为了城市贫民，有助于建立适应力。重视气候变化适应的挑战可能不是这些行动明确而最初的目的，但在实践中，它们为适应提供了必要的基础。的确，对于许多发展中国家的城市来说，这可能是总体适应策略中一个最重要的成分。

另外，许多城市地区已经开始经历"适应性不足"。基础设施不足以应对现在的气候条件——也就不能够应对气候变化带来的影响。现存的雨水系统、供水网和交通是几十年前为了服务更少的人口而开发的，在它们能够被用于处理气候变化危险之前，需要先被升级到能够应对现在问题的程度。在这方面，回顾斯特恩关于适应力的定义："在恶劣的环境中发展"。[93]许多发展中国家城市地区的适应需求就是基于考虑到气候变化的发展需要。

国际上的许多城市改善项目都是为了降低基础设施亏损和提高城市对气候变化的适应力。全球对于提高城市居住（如联合国人居署的世界城市运动[94]和其先辈的全球保障安居运动）和为城市发展提供合适规划（如城市联盟发起的城市发展策略[95]）的积极性构成了建立城市适应力的基础。然而，这些大规模的应对需要详细的分析来确保他们依然真诚地扶贫并且满足最为脆弱的居民的需求。[96]

许多社区参与了建立个人和家庭适应能力的活动。对于许多低收入城市居民而言，节约[97]是适应的基础。在实践项目中，节约兼有物质上（必要时获得资金的能力）和组织上（节约群体之间建立的良好关系对解决重大问题很重要）的好处。短期归还的小规模贷款为生活提供了急需的资金。可以发展小规模贷款帮助改善或扩大住房。此外，有组织的节约团体有能力通过谈判获得不易受到气候威胁（比如洪水和山体滑坡）的新土地，用以建造安全房屋并因此为对抗短期和长期的气候威胁提供了保护。

房屋、财产和商业保险政策为那些遭受损失和破坏的人提供赔偿金，也提供了应对能力。它们向降低了风险的人们提供奖励（如减少保险金），这也提高了应对能力。然而，这只能为通过正规房产市场和付得起保险金的人服务，而不能为那些做不到这些的人服务。而发展中国家的城市中心集中了大多数的人口和企业，由于位置偏僻或基础设施上的缺陷，保险公司将不会为遭受气候变化的高危地区的城市或家庭和企业提供保险。

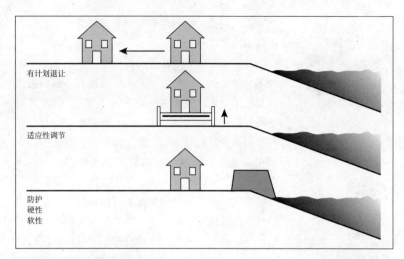

图6.3
适应海平面上升的基础设施
Figure 6.3
Adapting infrastructure to sea-level rise
资料来源：Parry et al, 2009, p63

适应计划及地方管理
Adaptation planning and local governance

借助于前面部分对家庭、社区和地方政府行为的描述，这一部分则考虑基于社区的适应和适应性规划和治理的相对作用。这趋于一个不同规模的操作（虽然常常有交叉规模的联系），在个人和集体行动、行为和结构反应之间（在住宅和基础设施方面）包含了一个独特的平衡。然而这些工作框架应被视为互补而非互斥。从广泛的研究中解决更广泛的城市环境挑战是显而易见的，所以需要将结构和行为回应联系起来。例如，城市中有限投资能力的个人和社区团体对于解决他们自身和社区的环境卫生问题是最合适的——但是如果没有来自城市规模的大量投资来确保方便获得个人卫生用水以及清理人类垃圾的合适条款，这些都是毫无用处的。[98]相反地，大规模旨在改善排水系统和减少洪灾的基础设施建设需要专家和工程师的参与；但如果不考虑到非正式住区居民的需求、社会行为规则和城市居民的期盼，这些参与也会丧失其价值。排水系统若不能被维护（需要社区支持）和免受侵蚀，那么其城市防洪能力也将大大减弱。

在发达国家的城市地区，市民理所当然地认为地方政府组织应该提供应对环境灾害和潜在危险的服务，据说也有应对气候变化的。这里的城市居民不需要被组织起来清理下水道和收集固体垃圾，这是地方政府要做的事。这些城市地区有保护他们应对环境灾害的基础设施和服务（比如提供安全用水和给排水），也提供应对疾病和伤害的帮助（如健全的卫生系统和应急系统）。[99]在发展中国家的城市地区，这些设施和服务经常是缺乏的，或者只为一定比例的人口提供服务。地方政府缺少资金和能力，也缺乏基础设施和服务，后者需要基于社区组织的支持。也有一些例外的例子，这些例子中，即使只

许多城市改善项目都是为了降低基础设施亏损和提高城市对气候变化的适应力

对于许多低收入城市居民而言，节约是适应的基础

个别的地方政府展示了政府和规划如何利用有限的资源实行城市适应

城市政府成功地避免低收入群体在面临气候灾害的地区大规模定居的例子

有有限的资源，但通过有效的管理和规划也能够促进城市的适应力。[100]

适应性规划可以在各个规模中开展。正如上面的部分提到的，一些城市地区在城市和各部门层面都开发了适应计划来为气候变化做准备。开普敦和德班的例子说明大城市也可以开发包含应对社会和环境挑战的适应计划。[101]这些都为在发展和投资规划中为适应策略做出贡献的地方政府部门、私有企业、社区团体和个人提供了工作框架。还有一些是城市政府成功地避免低收入群体在面临气候灾害的地区大规模定居的例子。在哥伦比亚的马尼萨莱斯，地方政府、大学、非政府组织和社区共同合作以降低风险，提高贫困人群生活质量和保护脆弱的生态环境。房屋从原本的高危地带附近迁移到相对安全的地区，原本的高危区域转换成了具有环境教育功能的生态公园。[102]在秘鲁伊洛，由于民主选举的市长长期参与，改善了水资源供给、环境卫生、供电、垃圾回收和公共空间。由于当地政府采取了可持续手段和项目，所以尽管城市人口在1960年到2000年增加了5倍，低收入群体住宅并未侵入到危险地区。[103]

也有一些城市居民团体通过生态可持续方式来影响城市未来发展的例子。这包括一些气候变化适应已经变得很重要的地区，例如匈牙利陶陶巴尼奥，距离首都布达佩斯50千米，它提供了一个社区成员成为气候适应的驱动和来源的例子（见专栏6.6）。[104]参与资金预算成为市民参与城市政府规划的一个广为使用的方式[105]，在一些城市中，这种参与包括了对环境问题的强烈关注。[106]

在伦敦（大不列颠及北爱尔兰联合王国，见专栏6.5）和曼谷（泰国，见表6.2），识别处于威胁中的要素和开发解决方案并向相关机构进行责任委托是气候变化适应规划的主要方式。这要求有一个总体控制的高效系统，并依靠有足够资金和技术的机构来做出合理的投资和实施。在伦敦，策略可以简化为影响城市的三个气候要素：洪灾、干旱和高温。曼谷也相似，并对社区和工商部门以及个人的行动提出了一些要求。

墨西哥沿海城市尤卡坦将许多利益相关者组织起来开展了对防灾知识的学习。[107]这包括意识、组织和实施三个阶段：

- 意识是反思和建立基准以及贯彻新观念的实践过程。
- 组织是在城市治理下各相关方实施新准则和实践的过程。

- 实施是制定新行动和实践的能力。

城市社区对防灾知识的学习是有效适应性计划必要的准备。当政府被竞争和变动的政治环境（政治家和官员经常调动且没有惯有的共识）所限制时，这一点尤其重要。

所以城市适应计划本质上和地方管理有关。一项关于10个亚洲城市的研究发现，应对气候变化的准备与城市治理的气候适应力息息相关。[108]这包括自我分区管治、问责制和透明度、灵活性和响应、参与和包容，以及经验和支持。能够做到这些的城市管理系统更容易通过有效的资金和技术管理能力建立其适应力，并能应对诸如浪费、水资源和灾害管理等与气候相关的问题。响应和灵活性可以预测气候变化，这是很重要的。同时，边缘和贫困群体在设计中参与、监督和评估是提高这些群体生活条件的关键。在墨西哥，质量管理是实施气候变化适应最为重要的组成部分。[109]适应气候变化的需求和将管理体系变得更加有效的需求是紧密相连的。

表6.7突出显示了城市和执行机构在适应气候变化过程中扮演的角色的多样性。这体现出：能适应多少取决于许多不同的行业或地区的当地政府的行动。[110]这表明适应计划不仅需要公共事务部门、发展计划以及发展控制部门的支持，也需要来自处理环境卫生、公共卫生、社会和社区服务（包括交通、公共空间管理、应急服务）的支持，同时还需来自处理金融和灾难部门的支持。[111]适应气候变化通常是要针对类似的变化形成出色的保护措施（例如更优的排水系统和海岸防御系统），但它还应包括表6.7中所指出的其他三个部分：对极端事件（有可能造成重大灾难的事件）做出的限制破坏措施；极端事件后的应急反应；以及灾后重建。地方政府可以采取许多措施支持家庭和社区标准的恢复，包括贫民窟和棚户区的升级，以及帮助收入有限的群体购买、修建和租赁更安全、条件更好的住房（尽管为了使适应更有效，这些措施要在气候变化的风险测评和适当的反应指导下执行），还包括保障和支持低收入人群的生活和食品安全。城市食品安全取决于家庭在多大程度上能够种植和获得食物这一必须购买的生活必需品。[112] 低收入家庭的食品不安全程度受到很大的忽视，[113]这同时又表明他们承受气候变化对农业的影响的脆弱程度很可能被低估了。

恢复的措施包括更加高效可靠的医疗服务以及紧急事件应急机制，他们是为了应对各种规模

城市适应计划本质上和地方管理相关

穷人和边缘化群体参与决策在提高这些群体的生活条件过程中是很关键的。地方政府可以采取很多措施支持家庭和社区标准的反弹

和性质与气候（以及其他）相关的潜在灾害风险的。还应包括一个早期预警系统，该系统拥有有效的信息并可以真正地涵盖所需的各方面，包括行动内容和未来方向，以及随时随地都能保证迁往安全区域的备案。还意味着在灾后做出回应的能力，就像表6.1中列出的灾后即时应对和重建措施中的那样。在此，显然需要所有措施在风险管理和适应上都能解决性别问题，从住房管理到赋权，以及在长期的规避风险的举措中更重视女性在决策中的参与。

联合国人居署的城市与气候变化倡议[114]
UN-Habitat's Cities and Climate Change Initiative

联合国人居署的城市与气候变化倡议说明了国际组织能够怎样地支持区域的气候应对行为，它旨在加强城市和地方政府对气候变化的应对措施。该项目目前正在四个城市指导实施：埃斯梅拉达斯（厄瓜多尔）、坎帕拉（乌干达）、马普托（莫桑比克）和索索贡市（菲律宾）。[115]这个项目集结了地方和国家政府、学术界、非政府组织、国际组织，并提醒城市能对气候变化做出的行动。人们鼓励将关键项目应用到应对气候变化的行动中，这些项目包括新的倡导、政策变化、工具包的开发和使用、知识管理和传播。该项目的一个重要组成部分是要创建一个全球的城市网络系统，这个系统共同作用于气候适应问题，在这个网络中知识可以创造和共享。

这个项目的四个试点城市面临着气候变化相关的各种挑战。索索贡市、马普托和埃斯梅拉达斯都是易受海潮影响的滨海城市，面临着海平面升高的危险。另外，索索贡有热带气旋的威胁，埃斯梅拉达斯有很多家庭住在山脚下和河岸上，马普托保护的红树林也正在消失。坎帕拉位于内陆，但也受到洪水和山体滑坡的影响。在所有情况下，这些挑战都是由不当的自然资源管理和不完善的城市基础设施引起的。

协同城市与气候变化法案，这几个城市正在起草和实施不同的适应性应对措施（参见表6.8）。其中的一些措施与更广泛的环境治理工程协同作用，这些措施会同时促进社区的恢复以及面临气候变化的城市地区的恢复：莫桑比克的国家灾难治理研究所的重建有助于减小马普托和其他地区的灾难风险；埃斯梅拉达斯的Teaone河防洪工程则能够减少洪水的发生。其他的有效行动则涉及系统网络及其承载能力的建立：在坎帕拉，人们提议建立一个由不同利益相关者共同应对气候变

化的网络系统，而在马普托，则提议支持地方政府和其他不同参与者的协同合作。加强地方当局处理气候变化问题的能力在全部四个城市中都是至关重要的：不管是对这些问题的认识还是对这些问题的潜在应对方式。

地方政府可以采取很多措施支持家庭和社区标准的恢复

资金适应性
FINANCING ADAPTATION

关于适应气候变化的融资适应，有两个主要问题不得不引起注意：

1　基金足够支付城市地区的气候适应措施吗？
2　当地能力是否能够将资金以适应性能够实施进行的方式予以使用？

国际上的争议与讨论都关注第一个问题，而非第二个。发展中国家的气候适应基金首先来自两个主要渠道：联合国气候变化框架公约可支配的气候变化捐款，以及海外的发展援助。第二章中已指出，在国际气候谈判中，资金问题已经提上日程。理想情况是，人们能够取得共识，应对气候变化的国际基金足够处理当前任务，而且能够明确地把资源公平分配给城市居住点。然而，现实是，当前能用的基金不足，并且，这些不多的基金也并不拨给

发展中国家的气候适应基金来自于……首先来自……联合国气候变化框架公约可支配的气候变化捐款，以及海外的发展援助

现实是，当前能用的基金不足，并且，这些不多的基金也并不拨给城市住区

	市/自治政府的作用	长期保护措施	灾前的伤害限	灾后的即时反	重建
建筑环境					
建筑法规	高		高*	高	
土地使用法规及所有权注册	高	一般		高	
公共建筑的施工与维护	高	一般		高	
城市规划（包括分区和发展控制）	高		高*	高	
基础设施					
自来水，包括水处理	高	一般	高	高	
卫生设备	高	一般	高	高	
排水系统	高	高**	高	高	
道路、桥梁、人行道	高		高	高	
电力系统	高	一般	高	高	
固体垃圾处置设施	高	一般		高	
废水处理	高			高	
服务					
消防	高	一般	高	一般	
社会治安/警力/预警系统	中等	高	高	一般	
固体垃圾收集	高	高**	高	高	
学校	中等	中等			
医疗服务/公共卫生/环境卫生/救护车	中等	中等	高	高	
公共交通	中等	高	高	高	
社会福利（包括儿童和老人的必需品供应）	中等	高	高	高	
灾后应对（在上述列出的之外）			高	高	

注：*重要的是这些并不抑制快速反应
**在极端大雨之前清除积淤，疏通下水管道以及确保采集固体废物具有特别重要的意义；许多城市会在已预测到的大雨后还面临严重的积水问题，这种情况的出现和加剧通常是因为没有使暴雨和地表阴沟协调工作。

资料来源：萨特思韦特等人，2009c

城市	计划行动
埃斯梅达拉斯	• 规划河岸，准备建立吸引人参与的土地使用计划 • 准备建立一个风险管理计划 • 对Teaone河实施一个环境管理计划（包括固体废物管理以及通过造林恢复河岸）
坎帕拉	• 建立国家与城市的气候变化网络 • 增强坎帕拉市议会的气候变化应对意识与能力 • 增强国家与地方间在气候变化政策和方案上的协同作用
马普托	• 加强社区对灾害风险的准备 • 使国家的气候变化适应方案地方化 • 通过促进政策对话增强政府应对洪水的能力 • 加强教育，举办公共推广活动，建立气候变化的意识 • 加强地方政府和更多参与者的能力
索索贡	• 发展知识产品的共享以及思想的交流 • 展示创新技术在人类居住地的气候恢复作用，特别是在低洼的沿海城市地区 • 加强城市政府的行政能力 • 向利益相关者和普通民众宣传气候变化问题，提高他们的意识，建立他们的伙伴关系

资料来源：联合国人居环境署 2008a

城市住区。[116]此外，国家适应行动计划（第一个一致的评定优先权的方法）基本上忽略了城市的优先性。而目前，气候适应基金拨给的款项似乎也忽视了城市的优先。[117]

在近年来国际气候变化谈判中，适应气候变化已经取得重要的优先地位。在最近一次缔约方会议（2010年，墨西哥，坎昆）上，各政党反复重申适应气候变化的重要性，也都同意以下观点：

> 适应气候变化是所有政党都面临的问题；考虑到那些对环境变化特别脆弱的发展中国家的迫切需要，在发展中国家各政党之间急需适应气候变化的合作。[118]

坎昆协议进一步重申了在缔约方会议第15次会议中发达国家做出的承诺，约定增加气候变化适应基金的数量，包括一项到2020年调动1000亿美元支持发展中国家的气候适应行动的计划。然而，这增加的基金究竟从何而来里仍然未知。此外，坎昆适应框架的建立也是为了进一步加强适应变化的行动。

在专栏2.2中已指出，通过联合国气候变化框架公约筹集的国际基金包括特殊气候变化基金、不发达国家基金和适应基金。适应基金创建的目的是为发展中国家的气候适应工程和企划提供资金，那些受气候变化不利影响特别大的国家受到特别的关注。这可能极为重要，因为部分资金来自清洁发展机制的工程税款，其来源数量可观也有保障。此外，与其他资金不同的是，它不依赖于与慈善组织谈判获得；且在这种基金的管理结构中，发展中国家更有影响力；它独立的董事会有来自每个主要地区的代表，同时也为最不发达的国家和发展中的岛国留有特殊席位。[119]

一篇关于适应基金管理的评论指出适应基金和海外发展援助可能互补。[120]例如，这篇评论指出国外的发展援助有助于关注修复因机构职能的缺失引起的漏洞，而适应基金则支持发展中国家更广义的气候危机应对策略。它也建议双边和多边的慈善机构扶持建立地方和国家的机构能力以接受和更好利用适应基金提供的支持。然而，这也预设了一个条件：即这些机构、社会及当地政府合作的能力，而这却常常缺乏。

这种基金的混合模式，还可以克服气候变化适应与发展间的界线这个广为讨论的问题。发展理所当然要包括对灾难和环境卫生风险的适应，包括气候变化并不或只是部分产生影响的适应。在大多数发展中国家气候变化适应的赤字同时也是发展的赤字。这引出了一个问题：为适应气候变化设立的基金是否应该包括弥补发展赤字的差额（它也是适应基金的一部分）。理论上，为气候变化适应提供捐款的发达国家的政府部门希望捐款与援助预算分开，专门用于气候变化的适应。此外，如果城市一半的居民都居住在缺少最基本的设施和服务的非正式住区，城市将如何适应气候的变化？如果一个资金流和机构要使需要的设施到位，而另一个要适应这个设施，那么适应基金又该如何管理呢？

同样需要注意的是相关的减缓和适应的费用。据估算，减少损失的费用（达到全球温室气体的减排量）是相当高的，而很多对气候适应的费用估计，包括由联合国气候变化框架公约产生的费用低得多。基于此，可以认为，通过给允许更慢的全球温室气体减排速度适应计划提供资金支持，降低损失的费用是可以减少的。然而，如果对适应变化的费用估计过低，并将精力放在改善地方政府适应能力缺失上，该平衡就会被打破。对发展中国家中的大部分国家，城市和地方政府实行适应措施的能力不足和消极态度现实的评估，意味着需要优先考虑减少损失。最终，讨论归结到发达国家（以及一些完成工业化的发展中国家）的政府部门是否愿意减少他们国民高碳消费的生活方式[121]，以惠及其他人——尤其是我们的后代以及对气候变化最脆弱、受害风险最大的人（这些人大部分生活在发展中国家）。而且，如果把修复这些基础设施漏洞的费用也算进气候变化适应费用，那后者就会急剧地增加。

本节的重点是基础设施适应未来潜在的气候变化影响所需的费用。本节还包括一个关于在大部分发展中国家修复城市地区基础设施漏洞所需费用的讨论。比如说，对城市里暴风雨和地表排水、马路和人行道，以及可靠自来水供应等问题的修缮。改善这些漏洞也许并不是适应气候变化的措施，但是如果不修复这些漏洞，就不可能增强对大部分气候变化影响的恢复能力。而且，如果把修复这些基础设施漏洞的费用也算进气候变化适应费用，那后者就会急剧地增加。然而，重要的是，我们要注意到，以下的讨论并没有涉及制度和社会的适应成本。该讨论也未涉及残余损伤问题：永远比适应费用高的由不断增加的地点带来的费用——因为气候适应太昂贵，技术上也不可行。一部分这样的挑战会在下一节中提到。[122]

坎昆协议重申了在缔约方会议第15次会议中发达国家做出的承诺，约定增加气候变化适应基金的数量

在大多数发展中国家气候变化适应的赤字同时也是发展的赤字

而且，如果把修复这些基础设施漏洞的费用也算进气候变化适应费用，那后者就会急剧地增加

适应的成本
The costs of adaptation

对国家的或全球的适应气候变化的费用估算没有固定依据。适应变化的费用有地域性，因地而异，也因既有的居住条件、基础设施质量以及政府行政能力而定。而且很少把全球或国家的估算建立在地方决策的适应费用之上。成本的估算在很大程度上也受到适应采取方式的影响——例如，在海岸线上建立怎样的安全区。

对适应性调节费用的全球评估大部分都是基于与气候相关的灾害，但是我们都知道这些作为评估的基础很不充分。原因之一是对于与气候相关的灾害的费用估计并不包括大部分的灾害，因为他们把一件破坏性的事件判定为灾害的标准是很高的。[123]在一些地方，国家或地方会仔细的复审灾难事件及影响，这些审查常会发现估计不足的问题，尤其是在伤亡人数的估计方面。[124]以灾害破坏的财产的价值为基础计算灾害损失费用的方法也有问题——这样一来，一个摧毁了成千上万的家庭的灾害有可能被认为不严重，因为在非正式住区，家庭的货币价值很低，也没有保险。如果几乎所有的受害影响的家庭都没有保险的话，把适应成本建立在保险公司对极端天气灾害做出的赔偿上面就不合常理。与城市地区相关的适应成本的评估是以修复基础设施费用为基础的，因而包括道路（包括各种尺度，高速路，大街和小巷道）、桥梁、铁路、机场、港口、电力系统、电信、供水系统、污水、排水和废水等组织系统。为了涵盖使经济和社会活动得以运行的服务，基础设施的定义有时会更宽泛，它也会包括公共交通、医疗服务、教育和应急服务等内容（有时全部被称为社会基础设施）。部分此类基础设施在城市边缘之外，尽管几乎所有的这些设施对城市经济的运转很重要。有些内容算作基础设施也模棱两可，包括住房（有时包括，有时不包括），还有运作和管理基础设施的内容。

联合国气候变化框架公约对修护基础设施的费用做出了估算（见表6.9）；但它还未详细说明包括哪些内容。住房和运行管理基础设施的部门到底有没有纳入这个估算尚不确定。[125]可以假设：那些接近保险公司赔偿记录的费用估算里面会包括住房，但是在发展中国家只有少数家庭拥有灾害保险（因而才有一些费用声称基于保险成本）。房屋的损毁，或破坏，是各种极端天气事件不利影响中最常见和最严重的，尤其在很多发展中国

房屋的损毁或破坏，是各种极端天气灾害不利影响中最常见和最严重的

联合国气候变化框架公约对修护基础设施的费用估计只包含了对一部分基础设施的考虑，而没有包括社会性基础设施，灾难应对基础设施，需要建立的住房和制度基础设施，维护和适应的基础设施

家。房屋的破坏，或丧失通常集中在低收入群体，且常伴随财产损失。在发展中国家只有一小部分人口拥有此类保险。通过财产损失或破坏的多寡来判定这样的事件的影响会产生误导；一个造成大量人员伤亡的事件（造成死亡、重伤和财产损失）在经济上的影响可能不大，因为损毁的破坏的房屋本身价值不高。[126]

对于基础设施来说，适应成本应该包括限制影响扩散的费用（也应算上防止影响产生的费用）。对于在基础设施上有大的漏洞、房屋质量低下的城市地区发生的极端天气事件，优秀的预警系统，极端事件发生之前采取的有效措施（例如：通过帮助民众临时的搬迁到地势较高处和更安全的地点来减小灾害的影响）以及快速有效的事后反应（提供临时住所，恢复公共服务，支持回迁到受损的居住点以及支持灾后重建）能够极大地减小灾害对于人民和他们的财产的影响。但是，这类行为被认为是不充分的、无效的，因为它们没有减少对基础设施的破坏。减少极端天气事件的影响是一项生产力，建立和维护这项生产力的花费也没有算入基础设施投资的数据里，因此这些费用也没有纳入联合国气候变化框架公约的估算中。

此外还有气候适应措施不能避免的基础设施损毁问题——所谓的"残余损伤"——既来自有意识的选择（采取完全保护会被认为太昂贵的地点、设施、结构，或者适应性措施在技术上不可行），也来自那些处于危险中有责任减小这种风险的部门（地方政府、国家政府）的无能（见图6.4）。这样，联合国气候变化框架公约对修护基础设施的费用估算只包含了对一部分基础设施的考虑，而没有包括社会性基础设施，灾难应对基础设施，需要建立的住房和制度基础设施，维护和适应的基础设施。因此：

> 考虑到有2到3个没被考虑进来的部分，联合国气候变化框架公约很可能低估了需要的投资的估算。如果其他一些部分被考虑进来的话，被低估的数目可能更多。对于基础设施来说在成本变化范围较低的一侧，它可能会高几倍。[127]

基础设施的不足
The infrastructure deficit

大多数发展中国家基础设施供应不足的事实已经详细讨论。非洲和亚洲的大部分人、拉丁美洲及加勒比海地区绝大部分人所居住的家庭和

居住点几乎没有基础设施（也即是说，没有全天候道路、良好的排水系统、自来水供应和电力供给）。发展中国家大多数城市中心没有下水道，包括很多人口达到几百万的大城市。[128] 在2000年到2010年，发展中国家的棚户区住户数量从七亿六千七百万增加到了八亿两千八百万，如果不通过强有力的措施加以控制，全球的棚户区住户总数量到2020年很可能达到八亿八千九百万。[129] 这些棚户区大部分都缺少基础设施或根本没有基础设施。防护性的基础设施的缺失或供应不足有可能是20世纪50年代以来洪水和风暴造成灾害的次数不断飙升的主要原因。

回顾灾害的数据能够预测极端天气事件对基础设施会造成哪些种类的影响——比死伤、经济萧条更大的损失——对大部分人的生计造成的影响。国际数据库1995~2005年间注册的灾害数据[130] 不仅反映出洪水和风暴使上千万人受影响，上万人丧命，也记录了上亿美元的损失。例如，在亚洲地区，1996~2005年十年间洪水和风暴造成超过70000人死亡以及大约1910万亿美元的经济损失。这些人员伤亡和经济损失大部分要归咎于基础设施的不足。联合国气候变化框架公约指出：

　　适应性不足能够在不断增长的，由洪水、干旱、热带气旋和其他风暴这些极端天气造成的不断攀升的损失里找到证据。在过去50年里，这些损失以很快的速度增长。这一增长最有可能是由于人口、社会活动、不动产、高风险区域的各类基础设施的暴增引起的。而且，这些不动产大部分的建设都达不到水准，甚至都不满足最低的建筑规范和标准。无法在现有的和不断扩大的人类居住点建立足够的气候耐受性，是气候适应漏洞形成的主要原因。不动产和社会经济活动也没有它们可以或者被证明的那样耐候。证据强有力地表明气候适应的漏洞还在增加，因为极端事件造成的损失在不断增长。也就是说，我们的社会对气候变化的适应性越来越差。[131]

然而，虽然这一点帮我们认识到气候适应有很大漏洞——这一漏洞通常是基础设施的漏洞或者制度基础设施的漏洞——但是联合国气候变化框架公约也不认为在估算基础设施的适应成本时应当把这点考虑进去。[132]

一篇对联合国气候变化框架公约估算基础设施[133]

象限区	全球成本（美元 百万）	发展中国家（美元 百万）	发展中国家（美元 百万）
农业	14	7	7
水	11	2	9
人类健康	5	无估算	5
沿海地带	11	7	4
基础设施	8-130	6-88	2-41
合计	49-171	22-105	27-66

注：所有的价值都以现时美元的价值计算，上面的各种估计中唯一包括了残余伤害的部分是由沿海地带组成的。

资料来源：联合国气候变化框架公约，2007, cited in Parry et al, 2009

表6.9
到2030年为满足适应气候变化所需要的年投资（估算值）
Table 6.9 Annual investment needs by 2030 to cover climate change adaptation costs (estimates)

适应成本所用原理的评论指出，这个原理建立在错误的前提之下：即这一成本可以用来增加流入气候敏感设施上的资金投入。因此可以得出这样的结论：为适应气候变化在基础设施方面的大部分所需投资，在发达国家是很需要的，而不是发展中国家。它最后也表明：对非洲，一些在基础设施上投入较低的地方，以及有很多对气候变化敏感的乡村的地方，需要的成本总量是很低的。

还是这篇评论，提出了三个值得怀疑的假设：[134]

1　来自国际组织的基金的有效性是气候适应的解决办法。在亚洲和非洲大部分地区，拉丁美洲和加勒比海部分地区，地方政府疲软无能，对民众不负责任，那他们设计并执行适当的气候适应策略的能力是值得怀疑的，而这些策略是要为大多数受环境变化影响最大的人服务的。在一些通常被叫做"失败的国家"中，这一现象最为明显，但在其他国家，也不例外。在处理这样的事务上国外的基金

图6.4
适应性成本，已避免损伤和残余损伤
Figure 6.4 Adaptation costs, avoided damages and residual damage2009, p63

资料来源：Parry et al, 2009, p12

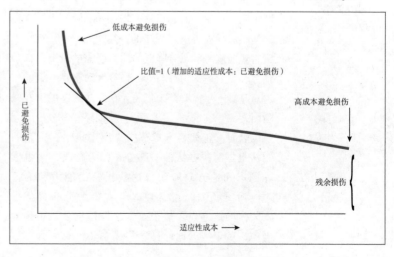

组织没表现出多么高效，甚至都不知道如何做这一工作。

2 "适应性"和"发展"可以独立开来。当下，气候变化的影响使非气候变化的影响随之恶化，制度和管理的失败也无法同时处理两个问题。就算不是不可能，找出极端天气灾害和任何地方的缺水有多少是由气候变化导致的，也是非常困难的。在居住和基础设施上的气候适应漏洞也就是发展的问题。

3 国家适应行动计划提供了计算气候适应成本的另一个观点。国家适应行动计划大部分成员的关注点只是这些国家适应气候变化的需求的极小部分。这样，国家适应行动计划并不是计算适应成本的合适的依据。

解决基础设施不足的成本
The cost of addressing the infrastructure deficit

在一些国家对为满足2005至2015年的新千年发展目标所需要的投资进行了详细的成本计算，结果是平均每人993到1047美元。[135] 这些投资的近一半花在基础设施上面（包括供水、环境卫生、能源和道路）。而且，这些估算还不包括清除基础设施（及其他的发展项目）漏洞的费用。这些千年发展目标有很多只是为了减少问题——例如，到2015年，使得不到安全饮用水和基本的环境卫生保障的人口比例减半。类似的，改善棚户区住民的生活条件的目标是，到2020年，使棚户区住户数减少到一亿，意味着是2000年这一人数的百分之十三（那么与2020年这一数字可能达到的数值相比，则比值更小）。这样一来，修复基础设施漏洞的总成本很可能要高出很多。

一项近期的估算表明，到2030年，在发展中国家修复住房和基础设施的漏洞的成本大约需要6.3万亿美元——这其中包括不断扩张的城市人口带来的不断扩张的住房和基础设施所需的7000亿美元。[136] 在2009年国际灾害应对战略的一篇报告[137]中，对减少灾害风险规避和风险降低的漏洞所需的投资进行了估算，而上述的估算与这一估算大致上是一致的。这意味着一年需要几千亿美元来应对灾害的潜在风险因素。

然而，正如在本章节的介绍中指出，资金的用法只是解决办法的一部分，因为解决办法也依靠国家和地方政府获得这些投资的能力和责任感。在发展中国家气候适应需要大量的资金投入，强调这一点当然很重要，但是也要认识到，当前，对于准确地计算这些成本还没有一套可靠的方法。更紧迫与重要的是，对于特定地区的气候变化适应计划和方案，以及这些地方当地或者由上级政府支持的计划和方案能够产生什么样的资源，我们应该给予更多的重视和考虑。此外，还需要考虑的是，这些计划与方案如何对贫穷人口有利，如何从一般发展计划中获得支持。以这些考虑为基础，国际社会就有可能更准确和详细地理解支持发展这些计划和方案的国际基金的运行机制。这样，我们就需要对在特定的地区需要什么样的适应计划，以及计划中的什么部分用于修复基础设施的不足，进行详细的案例研究。这对本章中之前介绍的研究同样适用，尽管大部分研究是来自发达国家的城市。这样的研究需要考虑到基础设施的漏洞，发现漏洞的制度上/管理上的基础，以及使新建和现有的基础设施足够耐候，还要考虑到城市发展。这样，我们可以更好地了解改建基础设施适应气候变化需要哪种基金，并进行对于适应性费用和基金的有意义的讨论。对那些受气候变化风险影响很大、基础设施严重不足的主要城市，这样的研究不用太多就可以证明联合国气候变化框架公约对非洲以及大部分亚洲城市所需基金的估算严重不足。对拉丁美洲受气候变化风险较大的主要城市的研究也很有可能表明联合国气候变化框架公约对他们的估算远低于实际。

联合国气候变化框架公约指出[138]，尽管基于各地的成本估算越来越多，但是要从这些估算中推断出整个地区的数值很有难度。因为：

- 外部环境条件（风险和弱点）的极大不同，包括基础设施漏洞的大小，地方政府管理失效的程度。在大部分基础设施漏洞最严重，政府管理最失败的地方，估算这些成本所需的数据无法获得。

- 成本的不同。在伦敦的一个适应计划估算中，夏季仅一户人家的降温成本就要15000英镑，这笔开销在很多亚洲和非洲城市中心能建起15幢房子。

- 城市化不断发展的目标。联合国的预测显示：今后几十年，几乎所有的世界人口增长都会发生在发展中国家的城市地区。[139]

- 相对于个人成本的公共成本。在采取适应计划的城市很多成本——尤其是花在更新住宅的部分——是由个人承担的，更加难以计算。因此，以修复基础设施漏洞成本为基础的估算显然不是适应计划的总成本。[140]

为适应气候变化在基础设施方面的大部分所需投资，在发达国家是很需要的，而不是发展中国家

一项近期的估算表明，到2030年，在发展中国家修复住房和基础设施的漏洞的成本大约需要6.3万亿美元

联合国气候变化框架公约对非洲和大多数亚洲城市的估算都太低了

适应计划面临的挑战
CHALLENGES TO ADAPTATION

世界上大部分城市人口及大部分大城市都在发展中国家。此外，正如本章介绍中所指出，今后几十年世界大部分的人口增长很有可能发生在发展中国家的城市中心。同时，受气候变化风险最大的城市中心都在发展中国家。也是在发展中国家的城市地区，使城市人口免受气候变化影响的基础设施和服务存在明显不足。而且，大部分政府和很多国际机构对城市地区的气候适应关注的太少，甚至没有关注。很多灾后反应机构更善于处理农村地区的灾害，而不是城市地区。[141]

也许，在发展中国家的城市地区，气候变化适应面临的最紧迫的挑战是显现问题，并把它作为发展的中心问题——而且，也因此看作是经济实力和减少贫困的中心问题，甚至可以看做千年发展目标的中心问题。如果在城市地区达到了千年发展目标，那么城市对气候变化的适应力必然会增强。然而，这又带来另外一个挑战，即在当地如何获得有效的地方发展行动，这一行动还得考虑气候适应所需关注。一个城市的经济上的成功对它的适应能力是很重要的——但是，有很多城市在经济上很成功，但是它大部分人口还住在非正式居住点，这些居住点缺乏能够降低气候相关风险的基础设施和服务。

要平衡当前的需求和未来需求也很有困难。鉴于10或20年之后，要重建或调整建筑与基础设施的标准及设计要贵很多，为应对极端天气和缺水情况极有可能出现的增长——这在未来20年或更久的时间内还不很明显——那么现在在对基础设施和建筑的标准与设计的调整则显得尤为重要。然而，由于大多数发展中国家的城市中心投资力度有限，建立对未来风险的适应力的额外成本将会受到那些声称有紧迫需要的人的质疑。从这个意义上讲，保证低收入群体降低风险的优先权将会非常困难，因为富有的、有权势的利益集团想要自己的风险、脆弱性以及适应需要被优先考虑。城市政府长期以来一直忽视居住在非正式居住点的市民的需要和权利，从而忽视计算这方面的赤字。

所以有效的气候适应行动依赖于地方政府行动的意愿。从已经发展了适应性变化的城市中能得到的普遍经验教训上已经被讨论[142]，这些经验教训包括承诺在不同利益相关集团之间平衡，建立基于当前状况的信息，建立利用社区和地区评估的城市范围内的风险和脆弱性评估。城市政府需要考虑，在他们的发展计划、对基础设施的投资以及土地使用的管理中如何降低与气候相关的风险。这通常依赖于民间社会团体，尤其是那些代表了最受风险的群体，以及那些和他们一起工作的。之前的一个章节也讨论过地方政府和民间的社会团体在建立或帮助建立气候相关的冲击之后的适应力时所能扮演的重要角色。[143]在这方面，它和发展有一些共同效益。

然而，在每一个国家和城市中心，不同的利益集团对适应这一概念可能秉持着不同的价值观。这一点，使之前在这篇全球报告[144]中强调的，为创造连贯而全面的气候性适应反应的努力受到阻碍，这些努力考虑到了各种各样的缺陷。有些人坚持认为气候并没有发生什么变化，或者气候变化并不会造成多大损失，这些人的影响力越来越大。一个基于网络的调查询问了人们对伦敦的适应计划案[145]的观点与建议，调查案中各种评论基本上可以反映出人们对于环境科学几乎没有什么了解。

需要补充的是，尽管大部分的国际组织参与讨论适应性性变化，并且制定了一些政策法规，但是他们对城市地区的适应给予的关注少之又少。[146]在拥有国际基金支持气候适应的地方，人们却很难把精力花在找出（通常是很大的）基础设施和服务的漏洞（自来水供应不足、暴雨后的地表排水不足、缺乏适应各种气候的道路、缺乏紧急事件应急服务等等）上，这些漏洞通常是由管理的失职和局限造成的，因为它们被认为与气候变化无关。因此，获得国际支持，使它能在满足地方发展的前提下支持有效的城市适应计划，又是一个挑战。由于国际组织把支持力度转移到了部门支持和篮子基金[147]上，它们无力兑现地方承诺，又面临各种各样的约束。如果受助政府有能力、代表群众利益、有责任感，那么为这些政府提供资金支持，并支持他们的优先权对发展是有帮助的，但情况往往不是这样。这引出了一个问题，即在支持需要地方行动以应对气候变化的成千上万的城市地区时，国际组织应该有怎样的结构组织和效力。

此外，官方的发展援助建立之初并不是为了支持地方政府和民间社会团体的与气候适应相关的努力。在城市中心，为气候适应（理想状态上与进经济发展同步）设立的国际基金应该如何与地方政府合作和民间社会团体合作并服务于他们至今还不很清楚。地方政府和民间团体扮演气候变化适应方案的设计者和实施者的关键角色，会更被看好；但是它们以怎样的方式影响气候变化的谈判和制度的改变，使国际气候适应基金会承

也许，在发展中国家的城市地区，气候变化适应面临的最紧迫的挑战是显现问题，并把它作为发展的中心问题

城市政府需要考虑，在他们的发展计划、对基础设施的投资以及土地使用的管理中如何降低与气候相关的风险

担责任，还不明了。

急需指出的是，不能在发展中国家使情况充分缓和将会引发更多的气候适应的失败，大部分是在发展中国家，包括曾经和现在对气候变化的影响无关紧要的一些国家。除非发达国家的政府对它们造成全球气候变化的行为承担责任（这一责任相当之大），不然发展中国家很难在减缓措施上达成共识。对于人均温室气体排放量最小的国家的政府，要向它们的人民证明减缓气候变化开支的正当性是很困难的，因为它们连为人民提供基本的基础设施和服务都很困难。

受气候变化危害最大的大部分人口和地区在历史上与今天都不是制造温室气体的最大元凶。如表1.4指出，非洲（不包括南非）的人均二氧化碳排放量是印度的54%，只有中国的16%，是主要的发达国家的4%~8%。就总数而言，如果所有的非洲国家（不包括南非）的二氧化碳排放量减半，这只意味着全球排放量减少了1.2%。相比之下，同等的全球减少量，对于美国，只要减少6%的排放量就能达到。在对发展中国家的气候变化适应越来越多的关注中，这样的环境公正问题正发挥着重要的作用。

对于城市的气候适应还有一个更大的问题，即人口转移，以及它对人口迁徙的影响，包括人口的城市流动。如果因为如气候变化导致的农业灾害这样的原因导致城市成为大量的农村人口的目的地，它会给基础设施的漏洞带来更多伤害，也很有可能造成在危险的地方定居的情况的增多。有这样一个预测，到2050年，由于气候变化导致的环境质量的下降以及缺水问题，大约有200万人要被迫离开他们的家园。[148]而且，人口迁移的研究表明，普遍上，人口的移动更加理性，个人和家庭对环境的改变做出的反应就会更加消息灵通。因此，它们事实上是个人和家庭适应的重要部分。土地退化和雨量减少并不必然导致移民。若它们真导致了移民，大部分的人口流动也是短时间的，就像在极端的天气灾害时那样，或者是小范围内的，就像对干旱和土地退化做出的迁徙反应那样。[149]

在那些受到气候变化的缓慢影响（例如气温的升高和雨量的减少）的地方，这会对农业带来负面的影响，但收益的变化和短期的人口循环流动有可能就是普遍的回应。[150]在气候变化对农村地区的生计造成压力的地方，这是造成移民的一个因素。此外，对农业的支持，包括农业的气候适应举措，并不一定会减少

农村-城市的人口流动。甚至，农村发展的成功通常在局部上支持城市的快速的发展，因为城市发展衍生农民和农村家庭的物资和服务需求[151]。然而，政府和国际组织在减少温室气体的排放量，以及在支持城市和农村人口适应上的失败，会带来被动的人口流动，而这样被动的人口流动会使被迫流动的人非常脆弱。这时，移民不再是由信息和与目的地的联系引导的、有计划的行动。如果发达国家不能同意执行大量减少排放温室气体以避免危险的气候变化，危机驱动的人口流动压力也会增加。

到目前为止，关于气候变化是否在任何地方引起了人口的被迫流动还存在争论。[152]对那些由于气候变化被迫离开家园的移民这一问题该如何发现，也越来越受到重视。"残余损伤"这一方面，那些无法在原地适应生活的人，则超出了大部分国家和国际立法的范围。在当前的国际法律之下，严格来说，那些逃离环境压力的人并不被看作难民，难民这一词专指那些被种族、宗教、民族、作为某一特殊组织、政治势力的成员等问题困扰的人。此外，"难民"这个词仅仅指代那些身处自己祖国之外的人。[153]在国际法中，在自己国家内部的逃难的人被称作"国内的流离失所人员"。因此，

> 在考虑由气候变化引起的移民问题的律师之间有一个广泛共识：国家法律中现有的保护条例，并不足以覆盖有可能被气候变化引起的流离人群的种类。[154]

人权法案中的这种保护上的不足有几个主要影响——即到底谁该负责协助这个团体？如果国际气候移民被当作是难民，这就意味着国际社会有义务为他们提供保护，正如保护政治难民那样。迄今为止，没有一个国家愿意接受这种说法。[155]同时，负责难民的国际机构连同从事关注国内无家可归者的机构——难民管理高级专员办公室已经过度扩张了，但他们还是疲于应付如今的难民潮。[156]因此，

> 考虑到大自然和气候变化位移所呈现出来的问题的严重性，基于现如今的国内政治体制制定的特别的解决措施有可能引起动荡、困惑及矛盾。[157]

因此，要求发布新的国际立法以消除对气候移民的担忧的呼吁声越来越高——可能是以为因气候变迁而流离失所的人们颁布的国际公约的形式发布出来。[158]

不能在发展中国家使情况充分缓和将会引发更多的气候适应的失败，大部分是在发展中国家，包括曾经和现在对气候变化的影响无关紧要的一些国家

如果因为如气候变化导致的农业灾害这样的原因导致城市成为大量的农村人口的目的地，它会给基础设施的漏洞带来更多伤害，也很有可能造成在危险的地方定居的情况的增多

如果发达国家不能同意执行大量减少排放温室气体以避免危险的气候变化，危机驱动的人口流动压力也会增加

因此，要求发布新的国际立法以消除对气候移民的担忧的呼吁声越来越高——可能是以为因气候变迁而流离失所的人们颁布的国际公约的形式发布出来

结语和政策经验
CONCLUDING REMARKS AND LESSONS FOR POLICY

该做些什么来促进城市地区适应气候变迁在过去的十年里已日渐清晰。在很大程度上因为民间社会团体和当地政府的革新，有些已经在本章中描述过了。现在要弄清楚的是怎样做。特别是在那些政府能力弱小或者政府不愿意与那些在他们管辖范围内低收入人群一起共事的城市，更应该思考这个问题。

很显然，一个重要的方法就是能与基层组织、当地政府、各国政府和国际机构的创新者一起共事并向他们学习。另外一个方法就是鼓励城市里的所有关键利益相关者参与进来(其实到最后就是鼓励人人都参与)。这就要求给予那些最有可能遭遇气候变化危险的人群的需求和能力更多关注。此时，土地评估（或者当场咨询）和风险评估不能着眼于"气候变化"本身，而是将焦点放在这些人群所面临的由于气候变化而恶化的风险和漏洞。这便是风险和脆弱性评估的基础，会得出一个"气候变化警示"的发展议程。我们必须建立一种弹性机制，它既可以防止气候变化带来的具体威胁，更普遍的是，降低低收入人群的生存压力，使他们的福祉和生计得到保障。另外一个重要的问题就是如何使由那些服务富裕家庭和企业的私营部门支持和资助的应对措施能得到更广泛的运用，这样他们就可以为较小的企业和较低收入人群服务了。

但是，我们必须记住仅仅关注于社区的适应性，当地评估或国际转移基金不太可能使城市有效应对气候变化。想要成功应对，还要考虑以下几点：

- 家庭、社区、当地政府、各国政府和国际机构都应协同行动。
- 为了使城市更好的支持这些措施，全球和各国对气候变化影响的预测必须得到改进。目前，这些预测还不够精确，甚至偶尔还自相矛盾，这阻碍了地方的行动。
- 这个关于社会和环境正义的问题必须得到应有的重视，不仅仅是城市与国家，还更应该得到国际性的重视。有一点得到《联合国气候变化框架公约》的认可，气候变化适应基金的大部分都要由造成气候变化的主要国家承担。而且，还要考虑的是，由气候变化引起的，不能适应所谓的"残余损伤"的家庭与财产损失，该由谁来支付。

- 新兴的国际气候变化应对基金必须足够承担手头上的任务，而且还要为城市居住点公平地分配一部分资源。目前，资源还比较欠缺，也并不指向城市居住点。

同样很重要的是，在城市地区有关气候变化的新知识要是综合的，在政府间气候变化专门委员会对2010年到2014年的第五次评估报告中，要用到这些新知识。为准备这一全球报告而做的工作，和联合国人居署的其他行动一样，已慢慢进入这一过程。政府间气候变化专门委员会于2007年出版的第四次评估报告，则专注于检验和总结人类活动导致气候变化的证据，以及列举能够证明不管是适应还是减少损失的行动都很重要的实例。在总结和综合关于如何做到气候适应（以及减少损失）的既有知识这方面，第五次评估报告有必要走得更远。政府间气候变化专门委员会第五次评估的初步工作已经反映了政府们对人类居住点需要更多关注有了认识，在为第五次评估报告的计划中，关注"影响、适应及漏洞"的第二工作组制定了三章节的工作内容：人类居住点、工业及基础设施，而这在第四次评估中只有一项。其中一章是关于城市地区的，另一章是关于农村居住点，第三章是关于服务所有人类居住点的基础设施网络（包括交通，能源和水）的。[159] 也有一些正在进行中的措施，在同时考虑适应和减缓方面，与城市和其他居住点的工作小组有更紧密的联系。这里，兴趣在于适应和减缓之间的协同效应。另外，计划中第五次评估报告应该在人居健康、安全、生计和贫困等方面有更详细的报告。因此，政府间气候变化专门委员会正进行的工作要致力于取得国家政府和国际组织的注意，关注找出在本章中讨论的气候变化适应的问题所需要的方法。

关注社区的适应性，当地评估或国际转移的基金不太可能使城市有效应对气候变化

同样很重要的是，在城市地区有关气候变化的新知识要是综合的，在政府间气候变化专门委员会对2010年到2014年的第五次评估报告中，要用到这些新知识

注释 NOTES

1　Satterthwaite, 2007.
2　UN, 2010. See also Chapter 1.
3　The definitions used in this section are based on Parry et al (2007b). See also Box 1.1.
4　See Chapter 1 and also UNHabitat (2007) for an indepth discussion of resilience with respect to natural and humanmade disasters.
5　See also discussion of vulnerability in Chapter 4.
6　See Chapter 5.
7　See Chapter 1.
8　Mitlin, 2008.
9　See section on 'Household and community responses to the impacts of climate change'.
10　Bicknell et al, 2009.
11　See Chapter 4.
12　See Wisner et al, 2004.
13　See Chapter 4 for a more indepth discussion of vulnerability.
14　Stephens et al, 1996.
15　Mrs Fatu Turay, Kroo Bay Community, Freetown, Sierra Leone. ActionAid International, 2006, p6.
16　Douglas et al, 2008.
17　ActionAid International, 2006, p4.
18　Dodman et al, 2010b.
19　Jones and Rahman, 2007.
20　Mitlin and Dodman, forthcoming.
21　Boonyabancha, 2005, 2009.
22　Hasan, 2006, 2010.
23　This example is drawn from López-Marrero and Tschakert, forthcoming.
24　Similar differences in perception of risks and impacts have been noted in Delhi, India (Diana Reckien, pers comm, 2010).
25　Wamsler, 2007.
26　Mitlin and Dodman, forthcoming; see also Banks, 2008.
27　Sabates-Wheeler et al, 2008.
28　Prowse and Scott, 2008.
29　Dodman and Satterthwaite, 2008.
30　Moser and Satterthwaite, 2008.
31　See Roberts, 2008.
32　Karol and Suarez, 2007; Roberts, 2010a; .
33　Stern, 2006; Satterthwaite et al, 2007a.
34　Satterthwaite et al, 2007a.
35　See Chapter 2.
36　Satterthwaite et al, 2009a.
37　Dalal-Clayton, 2003.
38　Satterthwaite et al, 2007a;

39　Satterthwaite et al, 2009a.
39　Huq et al, 2003.
40　The City of Durban has been a pioneer within Africa in developing a coherent inter-sectoral adaptation strategy. See Roberts (2008, 2010a) for an account of the difficulties in getting buy-in from within different sectors in government. See also the section below on 'Moving from risk assessments to adaptation strategies'.
41　This section draws on Hintz, 2009.
42　Pelling, 1997.
43　This section draws on Bangkok Metropolitan Administration, 2009.
44　Roy, 2009.
45　It should be noted that many of the actions implemented in Bangladesh, particularly during the early years, were addressing natural disaster risks, rather than climate change adaptation per se.
46　Alam and Rabbani, 2007.
47　The section on Durban draws on Roberts (2008, 2010a, 2010b); the section on Cape Town draws on Mukheibir and Ziervogel (2007).
48　Roberts, 2008, 2010a.
49　UN, 2010.
50　Roberts and Diederichs, 2002a, 2002b.
51　The discussion on Durban draws on Roberts, 2008, 2010a; and Debra Roberts, eThekwini Municipality, Durban, South Africa, pers comm, September 2009.
52　Roberts, 2010a.
53　See www.durban.gov.za/ durban/services/epcpd/ about/ branches/climate-protection -branch.
54　Roberts, 2010b.
55　Roberts, 2010b.
56　City of Cape Town, undated.
57　Departments such as roads and storm water, disaster risk management and housing (City of Cape Town, 2010).
58　In practical terms, this may be better understood as the second step, as it first needs the decision by the city government to think about climate change adaptation, and then to commission the work needed to advance such thinking.
59　Nickson, 2010.
60　This draws on City of

Melbourne, 2009.
61　This draws on City of Rotterdam, 2009 and undated.
62　This draws on IFRC, 2010, especially Chapter 7.
63　See, for instance, UN, 2009; IFRC, 2010.
64　Lungo, 2007.
65　Gavidia, 2006.
66　Adger et al, 2007.
67　Note the literature on the early adopters. See, for instance, Carmin et al (2009).
68　Satterthwaite et al, 2007a.
69　Boonyabancha, 2005; Usavagovitwong and Posriprasert, 2006; Some et al, 2009; see also Hasan, 2006.
70　van Horen, 2001; Torres et al, 2007.
71　Syukrizal et al, 2009.
72　See Roberts, 2008, 2010a.
73　UN, 2009.
74　See the above section on 'Community responses'.
75　Osbahr and Roberts, 2007; Kehew, 2009.
76　See discussion earlier in this chapter.
77　See Roberts, 2010a, for a discussion of this in relation to Durban, South Africa.
78　For a more elaborate discussion on urban planning, see UN-Habitat, 2009a.
79　See ADB, 2005.
80　Satterthwaite et al, 2007a.
81　Revi, 2008.
82　See Hintz, 2009, and the above section on 'Local government responses to the impacts of climate change'.
83　World Bank, 2008.
84　World Bank, 2008.
85　Bizikova et al, 2008.
86　World Bank, 2008.
87　See the section below on 'Challenges to adaptation'.
88　Parry et al, 2007b, p880. See also Box 1.1 and the discussion of resilience in UN-Habitat, 2007.
89　See Chapter 2.
90　See discussion in López-Marrero and Tschakert, forthcoming.
91　Parry et al, 2007b, p880.
92　Dodman et al, 2009.
93　Stern, 2009.
94　See www.unhabitat.org/ categories.asp?catid=634, last accessed 14 October 2010.

95　See www.citiesalliance. org/ ca/cds, last accessed 14 October 2010. It should be noted that the City Development Strategies approach does not yet clearly address climate change per se.
96　Pieterse, 2008.
97　See discussion in the section on 'Household and community responses to the impacts of climate change' above.
98　Hasan, 2010.
99　Satterthwaite et al, 2007a.
100　Such as Durban (South Africa) and Manizales (Colombia).
101　See section on 'Local government responses in developing countries' above.
102　Velasquez, 1998.
103　Díaz Palacios and Miranda, 2005.
104　Carmin and Zhang, 2009.
105　See Cabannes, 2004.
106　See, for instance, Menegat, 2002.
107　Pelling et al, 2008.
108　Tanner et al, 2009.
109　Manuel-Navarrete et al, 2008.
110　Satterthwaite et al, 2009a.
111　See also Roberts, 2010a.
112　Cohen and Garrett, 2010.
113　See Maxwell et al, 1998; Cohen and Garrett, 2010; Tolossa, 2010.
114　This section draws on UNHabitat, 2008a, and the Cities and Climate Change Initiative's website at www.unhabitat.org/ content. asp?typeid=19&catid= 570&cid=6003, last accessed 14 October 2010.
115　Additional cities are joining the initiative in Africa, Asia and Latin America.
116　See the section on 'The potential of the international climate change framework for local action' in Chapter 2.
117　t should be noted that the Adaptation Fund became operational in 2010; see Box 2.2.
118　UNFCCC, 2010.
119　Ayers, 2009.
120　Ayers, 2009.
121　As can be seen from Table 1.4, developed countries and the top nine GHG-emitting developing countries are responsible for 83 per cent of all GHG emissions (in

2005) and 87 per cent of all CO2 emission (in 2007).

122 See section on 'Challenges to adaptation' below.

123 See UN, 2009; IFRC, 2010.

124 UN, 2009.

125 Dodman and Satterthwaite, 2009.

126 For more details, see IFRC, 2010.

127 Parry et al, 2009.

128 Hardoy et al, 2001.

129 UN-Habitat, 2010, p42.

130 Disasters included in the Emergency Events Database, CRED, Louvain, Belgium (www.emdat.be).

131 UNFCCC, 2007, para 371, p90.

132 This having been said, however, it is easy to argue that many parts of the infrastructure deficit are only marginally related to the adaptive capacity of a community. The adaptive capacity of New Orleans during Hurricane Katrina in 2005, for example, would not have been much different if, say, 20 or 80 per cent of

the population had access to sewerage services or piped water. Yet, in terms of urban governance, it is hard for local governments, particularly in developing countries, to justify investments in 'pure' climate change adaptation measures if a large proportion of the population do not have access to basic infrastructure and/or services.

133 Dodman and Satterthwaite, 2009.

134 Parry et al, 2009.

135 UN Millennium Project, 2005.

136 Parry et al, 2009.

137 UN, 2009.

138 Dodman and Satterthwaite, 2009.

139 UN, 2010.

140 Dodman and Satterthwaite, 2009.

141 Suarez et al, 2008; IFRC, 2010.

142 See the section on 'Generic lessons for city governments' above.

143 See the section on 'Building resilience' above.

144 See Chapter 4.

145 See www.london.gov.uk/climatechange, last accessed 14 October 2010.

146 See, for instance, the lack of attention to this in the recent Human Development Report on the topic of climate change (UNDP, 2007).

147 Crespin, 2006. 'Basket funding is the joint funding by a number of donors of a set of activities through a common account, which keeps the basket resources separate from all other resources intended for the same purpose' (Ministry of Foreign Affairs of Denmark, 2006, p2).

148 See note 257 in Chapter 4.

149 See Henry et al, 2004; Massey et al, 2007; Tacoli, 2009.

150 Tacoli, 2009.

151 See Beauchemin and Bocquier, 2004; Henry

et al, 2004; Massey et al, 2007.

152 See, for example, Brown, 2007.

153 Convention relating to the Status of Refugees, Article 1, http://www2.ohchr.org/english/law/pdf/refugees.pdf, last accessed 13 October 2010.

154 Hodgkinson et al, undated.

155 Brown, 2007.

156 Brown, 2007, p8.

157 See www.ccdpconvention.com/documents/CCDPConvention FAQs.pdf, p3, last accessed 13 October 2010.

158 See www.ccdpconvention.com, last accessed 13 October 2010.

159 See www.ipcc.ch/activities/activities.htm for more details, last accessed 18 October 2010

结论与政策指导

CONCLUSION AND POLICY DIRECTIONS

如果不采取协同行动以减少温室气体（GHG），促进更加持续的和公平的城市发展模式，城市化和气候变化之间将有致命的碰撞。这种危险的碰撞过程，会对人类发展、生活质量、经济生产、政治稳定和人类赖以生存的生态系统的健康和可恢复性等，产生前所未有的负面影响。然而，即将来临的城市化和气候变化也将提供前所未有的机会。城市地区，由于人口、建筑、工业和基础设施的高密度，将面临最严重的气候变化的影响。然而，城市地区同样也可以成为创新方案的中心，可以设计和测试促进减少温室气体排放（减缓）和提高气候变化影响的耐受性（适应）的替代方案。

气候变化与发展之间存在重大联系。虽然气候变化是影响发展的目标，不可持续的发展途径也可能会极大地威胁减缓和适应气候变化的目标。除非采取更有效的行动，减少排放，应对已经在发生的气候变化，并创造条件，以提高贫困国家和人口领域的适应能力（环境正义），否则气候变化不能得到有效解决。减灾工作不仅需要着眼于降低碳排放强度，或提高基础设施、建筑物，以及经济和国内活动的能源效率，同时也要着眼于通过其他方式降低化石燃料的总消费量和温室气体排放量。适应战略不可以简化为只是重新设计建筑物和基础设施，而是也需要使用当地知识，提高关键利益相关者的参与，以及提高地方政府机构的行政能力。在许多发展中国家，城市中心缺乏适应全天候的道路、优质的住宅和其他成功的气候适应的先决条件（即他们遭受的适应性不足）。因此，有必要把发展与气候减缓适应措施联系起来，在发展的时候同时考虑减缓措施和气候适应策略。

公平是气候和发展之间一项基本的关系。由于在全球、国家和城市层面不均衡的发展模式和财富与基础设施分布不均，在不同的行业、不同个体之间，气候变化的责任和其后果之间往往是反比关系。到目前为止，最主要的温室气体的排放者，是发达国家和一些迅速工业化的发展中国家（见表1.4），而总体上说，在世界各地的国家和城市富裕阶层内，也可以看出这一趋势。然而，气候变化打击最大的却是对温室气体排放量贡献最少的：那些贫穷的国家和它们社会中的穷人和弱势群体。

目前，有许多不同层次的行动，以应对气候变化的严峻挑战。几乎所有国家的政府签署了"联合国气候变化框架公约"（UNFCC），许多国家都作出了在国家级的响应。众多的省/州和地方当局已经大力推动各种有力的反应以应对气候变化，即使没有国家政府的奖励。许多地方政府也采取了一系列减缓适应措施。尽管如此，在实践中，对大多数决策者来说，气候变化仍是一个边缘问题。全球报告探讨了这一现象的原因，以及可以利用的机会，以帮助城市人口和决策者减少他们的温室气体排放，以促进可持续的、公平的和有弹性的路径的城市发展模式适应气候变化。

本章的目的是纵观全球报告所有章节的主要发现和信息。它将简要回顾减缓适应行动受到的制约，面临的挑战和机遇，并关注推动因素和脆弱性之间的某些联系。基于前面章节的发现，这一总结性的章回顾了在减缓措施，气候适应和城市发展之间的多重联系、协同作用和利益权衡。本章结尾最后对未来的政策方向提出建议，这些建议关注在支持和加强城市应对气候变化议题，以及地方、国家和国际应有的原则和政策上。

如果不采取协调一致的行动以减少温室气体（GHG），促进更加持续的和公平的城市发展模式，城市化和气候变化之间将有致命的碰撞

气候变化的责任和其后果之间往往是反比关系

主要发现及其影响
KEY FINDINGS AND THEIR IMPLICATIONS

　　城市化和气候变化，这两个人类活动引起的力量，已经把人类放在了一个至少有两个未来方向的十字路口上，这篇全球报告已经探讨过这两个未来方向。首先，如果国家、区域和地方政府照常发展商业，一个可能的未来就会伴随着危险的冲突。可以想象，当前许多政治、经济和社会制度的功能障碍将可能不可避免地导致最糟糕的结果。例如，承担目前温室气体排放主要责任的发达的国家，很难实现有效的减排目标。尽管有几十年的发展政策，富裕和贫穷是如何影响全球气候变化的故事，即是两个发展路径解释了城市内外不同的排放水平的故事。这种差异也创造共同但有区别的减缓适应的责任（即有钱人应该是最应该负责减缓适应对策）。然而，政治的现实是，富人也对现行的政治结构有较大的影响力，这使得公平的分配责任变得困难。此外，发展不平衡、不足的基础结构和治理结构，限制了许多城市中心的人口和地方当局适应现有的和未来的气候变化、其他环境和社会压力的能力。

　　第二个可能合理的未来，也是人类可以避免第一种未来的唯一的选择，是一个城市在历史上证明了自己在创新和实验上的才华，为过渡到不同的、更可持续的（即碳密集程度较低，更弹性）发展途径。本次全球报告的调查结果，简要总结，就是为了使这第二个选择成为可能。

主要关注的问题
Main issues of concern

　　近数十年来的城市变化趋势与本报告有很强的关系。城市的人口以前所未有的速度增长，在1950年到2011年间增长了城市总人口的近五倍。在同一时期，城镇人口已由原来的不到全球人口的三分之一（28.8%，1950年），增长到全球人口的一半（50.8%，2011年）。目前，城市化进程速度最快的是发展中国家，大部分增长发生在较小的城市地区。加上恶劣天气事件的强度和频率增加，恰恰应对气候变化后果的能力弱，甚至缺乏，这将造成毁灭性的影响。小城市的中心，在发展中国家往往是体制薄弱，无法促进有效减缓适应行动。同时，小城市的中心也有优点。这些中心的迅速发展可能会被重新定向，以减少他们的排放水平到所需的最小-例如，通过使用公共交通来促进单核心的城市结构。可能也将增强其抗御和应对气候灾害和其他压

力的能力 - 例如，通过气候型城市基础设施和有效的应对系统的发展。

　　全球报告的目的是促进人们对城市地区排放温室气体的了解。建立这种认识的目的是帮助城市决策者、企业和消费者瞄准有效的选择，减少这些排放的同时，提高城市适应气候变化的影响。最后但并非最不重要的，地理与城市中心的动态密切相关，不仅仅在于它提供一个城市所需要的用以运行供暖和空调系统的能源，或是我们可获得能量的来源，还在于它在城市生物多样性、清洁水和其他生态系统服务方面所扮演的角色，而这些都会受到气候变化的影响。此外，由于城市地区发展已经超出了现有的生态系统（或"生态区"），如沿海地区、湿地、旱地等，与之密切相关的地理和生态系统服务会受到气候系统变化的威胁，所以，针对这些领域的减缓适应政策也应考虑自然生态系统的保护或增强 - 例如，通过植树和珊瑚礁的恢复。

　　气候变化也与城市化相互影响，以至于增加了发展和环境的挑战和威胁的幅度，这是目前的城市化的步伐（每年有67万人成为新的城镇居民，91%的人加入到发展中国家的城市）所导致的结果，城市政府已经正在面临。最近的经验证据明确地指出结论是，地球的气候正在变暖，而变暖是由人类排放到大气中的大量温室气体所引起的。人类引起的气候系统的变化，被进一步研究验证了，在2007年政府间气候变化专门委员会（IPCC）的第四次评估报告发布后该研究被发表。根据该评估，自1990年以来观测到的全球平均地表温度增加了0.33℃。同时，风暴、降水、干旱和其他相关城市中心的极端天气的频率和严重程度已被记录在案。

　　能源利用、土地利用的变化和工业活动的排放量等的急剧上升，是人类排放温室气体的主要源头。温室气体排放量的增加，在有限的程度内，抵消了效率的增加和/或削减碳排放强度的生产和消费。然而，人为的（或人类引起的）温室气体排放总量在全球整体趋势上仍然呈现为大量增加。

　　自工业时代开始以来，尽管我们尚未完全明白，城市中心已经在前所未有的增加的二氧化碳和甲烷排放方面，扮演了一个关键角色。而且到现在，排放量已经增加到超过了政府间气候变化专门委员会所设定的最糟糕的情况。在这种背景下，人类面临着两个主要挑战。而这两个挑战，城市中心是可以帮忙解决：一是适应，至少需要

气候变化也与城市化相互影响，以至于增加了发展和环境的挑战和威胁的幅度，这是目前的城市化的步伐（每年有67万人成为新的城镇居民，91%的人加入到发展中国家的城市）所导致的结果，城市政府已经正在面临

能源利用、土地利用的变化和工业活动的排放量等的急剧上升，是温室气体来自人类的主要源头

适应一定程度的持续升温；二是减缓（例如，实现发展的道路，到2015年，要控制在一个最高的排放量点以下，以及保持一个稳定的温室气体的浓度）。尽管工业化理应为快速的全球气候变化负责，然而城镇化与工业化密切相关，这两个最重要的问题都同样亟待解决（例如，城市地区实际上应负责温室气体排放的数量，而且城镇化、经济发展和排放是有联系的）。第三章表明，由于计算城市对温室气体排放的贡献的复杂性，以及研究员们对哪些项目应该包括在内缺乏共识，故城市对全球变暖贡献有多高，尚且没有精确的数据存在。前些章节也说明了经济发展，城镇化和温室气体排放间存在着一个动态的、复杂的和强大的联系。

然而，这种关系并不简单。温室气体排放的差异是由不同排放部门（如工业、建筑和交通）的特性和重量造成的。不同因素解释了来自国内外的温室气体排放的水平和来源的不同。

这些包括：

- 能源发电、运输和其他发射器操作的不同；
- 可用人均国内生产总值（GDP）来衡量的经济发展水平和富裕程度；
- 技术、技术创新和收购；
- 地理因素；
- 一个城市的人口结构和人口流动；
- 城市功能和城市的经济基础；
- 城市形式（空间结构），以及与之相关的，一个城市的交通系统的布局和结构；
- 城市大小（即"聚集效应"）；
- 气候条件和自然禀赋；
- 市场价格和更广泛层次的城市的机构设置和更广泛层次的国家和国际所运作的政府结构。

人类是导致气候变化的罪魁祸首，同时又遭受气候变化所带来的最深远的影响，这种对立关系，直接来源于历史的和现有的模式：发展的不平等，财富分配、生活方式和基础设施服务的可用性。这些不公平现象不仅存在于全球层面上，即发达国家和一些快速工业化的发展中国家是二氧化碳排放总量的主要贡献者。它也发生在国家和地方的水平上，由于不同地方经济和社会的差异，其在温室气体排放的贡献上也有差别区分。这些经济和社会差异体现在：城里和城外、富人和穷人之间、种族或民族的多与寡、老年人和年轻之间、男人和女人之间。这些差异，紧接

着，一般来说，便导致了在这些群体中可获得的资源、服务和政治权力的不同。因此，即使在发展中国家-它也是富人和享有政治选举权的人的飞地。那些可获得更多服务和便利的团体和社区，他们消耗更多，旅游更多，在他们的城市、地区和国家，成为最高的温室气体排放者。在围绕减缓适应气候变化的行动中，这种根深蒂固的不平等是环境正义问题的核心。

城市中心，人以及他们的家庭、基础设施、产业和垃圾集中在一个相对较小的地区，由于那些旨在避免消极的城市气候变化影响的政策，可能会受到两个影响。一方面，城市地区作为生活和工作的地方是危险的，他们的人口很容易受到极端天气事件或其他灾害攻击，有可能成为大灾难。此外，城市住区会增加"连锁危害"的风险。工业化、计划不充分和糟糕的设计可能会成为二级或技术风险的关键决定因素。另一方面，人、基础设施和经济活动集中在城市中心，也意味着规模经济或亲近用来减少来自极端天气事件的风险的许多措施。增强可持续发展和从灾难应对转变为防灾准备的政策，可以帮助城市居民增加应对气候灾害的效力。

并不是所有人口统计细分的城市人口都会受到同样危害，即气候变化将加剧的危害。不同的城市人口的应对或适应能力不仅受到年龄和性别的影响，结合上下文，还受到以下相关因素影响。如：

- 劳动力、教育、健康和个人的营养（人力资本）；
- 可供人支配的金融资源（金融资本）；
- 基础设施的程度和质量、设备和服务（自然资本）；
- 环境生产性资产的存量，如土壤、土地和大气（自然资本）；
- 治理结构和社区组织的质量和包容性，以提供或管理安全网和其他短期、长期的应对（社会资本）。

城市在面对气候变化时的脆弱性在许多方面是一个动态的过程。气候变化和其他压力——包括市场整合、政府政策和环境保护变化——不断变化，同样还有维度定义的敏感性和适应能力。适应也是一个持续调整和学习的过程，调整以应对不同的曝光事物以及学习以往的经验。在这种背景下，高适应能力和成功地适应一种压力（如干旱）可能导致

经济发展，城镇化和温室气体排放间存在着一个动态的、复杂的和强大的联系

那些可获得更多服务和便利的团体和社区，他们消耗更多，旅游更多，成为最高的温室气体排放者

国家、州和城市在多个行业和政府的反应水平，减缓和适应气候变化的挑战上接触到新的应力（如城市热岛效应或缺水），其中一些挑衅的应对反应（如使用空调或增加地下水的抽出）。因此，决策者了解此类复杂过程的交互作用和随着时间的推移的变化是很重要的，因为这种理解可以帮助更多的成功改编和避免潜在的消极反馈或意想不到的后果。

城市和气候反应的多面性
Cities and the multifaceted nature of climate responses

来自不同国家、州和城市的代表们在多个行业和政府的反应水平上来减缓气候变化带来的挑战。这些反应超越了传统的国家和国家活动，并且，经常不仅意味着多层次公共干预，也意味着公私合作和自主反应，以及个人和团体自律。他们想解决的这些反应和问题在本质上是多尺度的，因为大部分的过程运行在多个水平。情况通常都是，减缓适应气候变化的反应行为并不能满足他们想要解决气候变化问题的这一要求。例如，许多气候因果关系是长期的和潜在的不可逆。因此，需要预先规划，而这规划是超越任期，行政权力，甚至超越大多数当前的决策者和利益相关者一生的时间。这使得政策决定在这个地区尤其困难，因为在对成果的认识和气候变化的影响上存在不确定性。

集中在发展、可持续发展、气候变化和他们的一些核心问题上（减贫、灾害管理和气候变化适应）的思想和政策有同样的关键特征。例如，在气候变化领域，发展的概念使得促进生产和生活方式的深层次转换成为可能。这些变化的具体性质被定义在不同的方式。第一种主要的方法是，在一个级联或类似多米诺的作用下，使用新的市场去巧妙地处理现有市场体系的输入和输出，试图改变他们，从而影响总体经济体制下的一切（例如使用碳市创造激励机制来抑制温室气体排放）。第二种方法首先关注公平，并且试图创建基于发展的模型的转变，包括可持续的使用环境和非市场驱动的替代促进人类福祉。正是这种可持续和有弹性的发展的愿景潜力巨大，可以他们使远离当前的、不公平的和不可持续的能源使用模式和在气候系统危险的影响。这种替代的发展模式将使城市人口和决策者倾向于平等，减少人类遭受气候灾害和促进福利，同时为欠发达地区，包括贫困的城市、贫民窟居民的世界创造条件改善生活质量。在国际、国家、州（或省）和城市水平的治理和公民社会，它将为许多替代的发展政策和规划创建基础。它还将促进发

在国际、国家、州（或省）和城市水平的治理和公民社会，它将为许多替代的发展政策和规划创建基础

展，实现双重角色，在改善城市贫民的生活质量的同时，创造可持续的城市生活方式，这是这篇报告的中心信息。

第二章描述了已成为国际议程的一部分的气候变化的过程，探索《联合国气候变化框架公约》和《京都议定书》的主要机制、工具和融资策略。气候变化的信息，然而，只引起公众注意增加科学知识，和公众对全球环境问题的关注，这些都结晶在创建的《联合国气候变化框架公约》中。这个新的公众意识进一步被一系列极端事件催化了，极端事件越来越多的影响世界，以及政府间气候变化专门委员会的创立。除了气候公约和协议在国际、区域、国家和地方的水平，本章还确定了气候治理的关键因素、组成和行动。影响气候变化的国际环境对当地行动在城市层面被描述的程度，这一水平的演员都受益于综述了的目前可用的各种资金和支持机制。

第二章也概述了一些常见的功能，这些功能定义了国际气候制度，比如使用一个故意模糊的"框架"方案与一般配方，以限制所有的代表立场间的冲突。已接受《联合国气候变化框架公约》的国家，通过定期的公告协议会议，在逐步地充实已达成的基本原则。尤其是在关键的谈判会议缔约方会议（COP）《联合国气候变化框架公约》的会议期间，在大多数的谈判期，已取得小的进步。正因为减少温室气体排放的政策的有效，意味着能源体系、生活方式和经济活动需要进行深刻的转变。多少需要得到减缓，以及由谁、何时何地（负担和时间表的承诺）来减缓；谁应该采取应对措施，以及如何应对（财政援助和技术转让）；什么样的机构和执行机制必须到位，以确保参与和遵守。每一次缔约方会议在讨论这些内容时总是存在分歧，这是可以理解的。

冲突和不确定性，可以帮助我们对气候问题的复杂性和分散治理的理解，至少是部分的理解。然而，同样重要的是要意识到这个事实：决策的制定不是一个完全理性的过程，而是一个循序渐进地进行的过程。气候治理是由具有约束力的协议（如"京都议定书"），组织（如"联合国气候变化框架公约"秘书塔里亚特，政府间气候变化专门委员会和联合国）和网络拼凑而成的。它们在以下方面有很大的不同：在功能和独特的方法（例如：规则的制定和信息共享）；它们的选区（私人和公共）；它们的空间范围（本地，双边到全球）；它们的重点（如：减缓，适应，灾害管理和发展）；以及避免与气候有关的行动的能力。"气候公约"与一组平行的倡议和框架（如"兵库行动框架"）同时并存，它们在不同的部门和空间层面运作，并且在气候问题上发挥深刻

的影响。举例来说，对于适应和灾害风险管理社区们有着许多共同点，可以在对方的理念和经验中学习和受益。然而，它们之间也存在着明显的分歧，特别是在条款的术语、参与和干预的群体方面。

有较少的国家、州/省和城市，在减缓和较小程度地适应（气候变化）方面，发挥主导作用。一些国家（如伦敦，大不列颠及北爱尔兰联合王国；美国加利福尼亚州金县，俄勒冈州，美国；德班，南非）都推出了雄心勃勃的气候变化计划，它们与其他各级政府进行积极的协同合作，动员和获得公众和私营部门的支持，从而去控制温室气体排放和适应气候变化。然而，即使是应对气候变化行动的领导者和领先者（如大不列颠及北爱尔兰联合王国），他们也在实现其减排目标时面临着多重挑战和困难。这是因为许多建议的行动是自愿性的，而且许多现有的计划政策不足以解决问题。

尽管现有的知识落后于城市应对气候变化的最近研究，但一些城市的行动者已经能够利用层次治理结构所提供的机会，该结构已于第二章简要介绍。目前，比以往任何时候都要多的城市权力机关参与到跨国网络、研究-交流、自主和倡导学习的工作中来。这些城市的行动者们已经发展出了一种更积极的态度，为了寻求保护他们的城市的经济竞争力和在国际谈判（如世界市长气候变化理事会在缔约方会议上）和组织中发出当地的声音。

由于种种因素，城市的气候应对行动已经形成。这些因素来自于体制条件和激励机制，如现有的国际文书和融资机制，跨地区项目和国家调节系统。这个全球报告提供了不同的这方面的例子。城市有关地方当局在减缓（气候变化）战略和行动上的重点，可以部分地归因于这些国际机制和项目的重要性。例如，在清洁发展机制（CDM）上，进行了业务早于适应的筹资机制，如适应基金。减缓的重点在于设计的结果，在欧盟范围内，欧盟排放交易体系——全球最大的跨国温室气体排放交易体系，以及在世界范围—大不列颠及北爱尔兰联合王国、德国、挪威等国家的领导班子，是减缓气候变化的政策的主要发起人。这些国家已经组建了一系列的政策，以达到长期减少（温室气体排放）。

无论是由科学界主导或媒体斡旋，还是科学的企业家或不同级别（从国际到地方）的非政府组织主导，减缓或适应气候变化的行动-主要是函数的知识。因此，学术机构、地方当局和利益攸关者有必要产生必要的信息，并创建认同感和进行必要的改变。然而，不同群体使他们自己的观点盛行的权力

是同样重要的。

个人和组织的引领，是形成气候变化的行动和跨国网络提供机会之窗的另一个因素。然而，行政结构、政党政治、政治的时间表、惰性和许多其他机构的约束都需要被克服，这就需要有更广泛基础的机构能力来保护气候。这种机构能力的缺失，阻碍了关键的减缓适应行动。然而，矛盾的是，在某些情况下（例如美国的行动，在国家和城市层面），它已成为了国家和地方行动者填补领导空白的另一种机会来源。

城市行动者们的基本目标已是：为商业和投资的蓬勃发展提供条件。在碳相关部门（如可再生能源和生产更高效的电器），这可以吸引就业机会和税收收入。然而，它也会为社会底层创建一个环境比赛。因为保护城镇居民的健康和福祉的规章制度将被斩断，以促进良好的营商环境，这就对适应行动产生了负面影响。

建立应对气候变化的政策，不仅与商誉或机构的能力有关，还与我们了解适应和减缓行动应该解决的问题的惯性和耐力有关。发电厂、炼油厂和其他能源投资有很长的周期，供水系统、道路、房屋和建成环境的其他部分也同样如此，它们都存在着影响气候变化的风险。

个人和组织的引领也是促成气候行动的原因，它们同时也为由跨国网络提供的机会创造了平台。然而，行政结构、政党政治、政策时间表、政策惯性还有许多其他制度上的限制仍需要克服，因此，我们呼吁一个建立在更广阔基础上的容量池来包容不同基于保护环境政策。这是这个容量池的缺失使得减缓适应行动都停滞不前。然而，矛盾的是，在有些案例中（例如国家和城市层面上美国行动），这种缺失却成了国家和地区层面弥补督导不足的另一个机会之源。

为商业繁荣和投资兴旺提供条件已经成为城市管理者的最重要的目标。一方面对于碳产业相关部门而言，这可以吸引就业和增加税收（比如再生能源产业和更高效能器具的生产部门）。另一方面这却可能产生恶性的环境角逐，为了创造有利于商业发展的产业环境，旨在保护城市居民健康状态的规章制度被取消，最后，对于适应性的行动产生了消极的影响。

制定应对环境变化的政策不仅关乎美好的愿望和政策包容性，它也关乎对于惰性和耐力的理解，惰性和耐力—正是适应性和减缓性行动应该解决的许多问题的特征。火电厂，精炼厂还有其他能源投资有很长的生命周期.相似的还有供水系统、道路、房产，和建成环境的其他部分，都面临着环境变化带来影响的威胁。尽管不断增多的研究，旨在减少排放的政策和新科研成果都承诺在接下来的几年内全球平均气温的增长不会超过2摄氏度，但我们

个人和组织的引领，是形成气候变化的行动和跨国网络提供机会之窗的另一个因素

个人和组织的引领正促成气候行动，并创造机会窗口

仍要花去几十年到几百年来改变当今世界的能源格局——过分依赖化石燃料，而化石燃料正是温室气体排放的主要来源。这种转变在城市里会进行得更为缓慢，因为城市的基础设施需要很长的时间来重建，不是轻轻松松的设计就可以变更的。

在第二章里粗略概述的一个问题是抗击气候改变的各个层面，包括政府、非政府组织、民间团体，通常会犯短视和本地利益中心化的毛病。但同样也是这样一批人，我们寄希望于他们，希望他们可以在短期时间框架内行动起来以确保长久的和广泛的全球利益，而这些利益无非看上去较缥缈且无法预测。很多减缓适应行动需要来自当地政府或者代理机构，将他们的工作着眼于当地层面，因为只有在当地气候变化带来的影响最明显地被感受到。当地政府和联网合作能进一步让这些工作充满活力和加速全球层面努力的进程。这些工作必须包含教育民众和拓展至建立对于减缓适应行动主动性的广泛基础上的支持来增加最有可能受到气候变化影响的地区和人们的适应能力。这些工作还必须在范式上有一个转变，不再只关注国际社会的回应，而应该包含一系列广泛基础上的、国家和地区层面的行动。

城市温室气体排放的来源和驱动力
Sources and drivers of cities' GHG emissions

基于以下几个原因，探索城市温室气体的来源和驱动力变得很重要。首先，交通、能源生产、工业生产和其他城市源以及城市的运作息息相关。这些列举的部分各自形成了问题的各个方面，他们产生了不同的温室气体，这解释了他们排放物不同的等级和碳浓度；而且他们对应着有不同的缓和性措施，接下来我们都将简略地讨论所有这些。

提到温室气体的排放，能源无疑是最相关的方面，因为发电、供暖、制冷、烹饪、交通和工业生产都离不开化石燃料的燃烧，而这个过程会产生大量温室气体。城市严重依赖的能源系统是由能源总量、能源结构（即所用能源的类型）和能源质量（例如天然气的含碳量较之煤更低）构成的。城市的主要能源是电力，它决定了排放物的变化，不论在世界各地的城市间还是城市内，电力消耗依赖几个政策制定者可以决定的因素：电网的接入；发电的燃料类型；应用的技术；替代性的能源（可再生的、核能等等）。

特别是在发展中国家，随着经济的发展和收入的增加，交通正成为另一个重要的温室气体排放源。而且来自交通的排放物被认为会在接下来的几十年内持续增长。尤其在发达国家，较之农村，城市的地面交通产生更少的人均温室气体排放量。在这种差异中，人口密度扮演了一个关键角色，是不同地区间产生不

同能源总量和温室气体排放量的最重要的因素之一。这不会让政策决定者轻易在特殊的时刻依据城市模式的快照做出判断。这应该让他们去关注这些过程背后的动力学因素，如限制汽车使用的范围、提升公共交通的质量、土地利用规划政策，在交通方面所有这些决定了城市密度在能源使用和排放上的影响力。旨在减排的政策需要考虑同一种交通模式（如私家车）也会产生不同的排放物，这和以下几个因素有关：交通工具的大小和型号、发动机效率、维修和保养、用车频率和启动速度还有驾驶行为。

商业建筑和居住建筑主要产生了直接排放物、间接排放物和与使用能源时的内嵌能（如用来制造产品的商业能源）。这些排放和以下因素相关：现场的化石燃料燃烧，用于街道照明和街区供暖的公共电力消耗，建筑材料的使用。决策者需要注意决定建筑业排放量的因素，如供暖和制冷（由气候条件、文化偏好和经济状况决定）、建筑建造、建筑使用者的行为、使用燃料的类别、需要供暖或者制冷的空间大小还有建筑的朝向。

另外两个重要的排放物来源是工业和废弃物。因为很多工业活动是能源密集型，它们在诸如南美洲的萨尔达尼亚湾和中国的上海这样的城市经济中正拥有越来越重要的地位，因而也在温室气体排放中占据很大的比重。减缓性的政策和战略应充分重视造成工业排放物不同的种种因素：地理位置，工厂规模和使用年限还有他们使用能源的碳比重。尽管对于全球的温室气体排放而言，废弃物产生的所占比重较小，最近几年废弃物产生的速率却在加快，尤其在正在进行工业化的高速发展的发展中国家，他们正在经历越来越富足的生活。废弃物的生成与人口、富裕程度还有城市化相关。然而，以巴塞罗那、伦敦和纽约为例，废弃物产生的排放物能通过如有效的垃圾回收，甲烷生成、贮藏和转换成能源的技术等措施大为减少。

我们强调理解城市温室气体的罪魁祸首很重要的第二个原因与测度城市排放物的双重目的有关：排放物的清单提供了比较和城市间竞争与合作的基础；而且测度排放物在区分潜在解决方案中迈出了关键的第一步。然而，城市同样依赖从城市外部流入城市内的食物流、水和消费品，这些物品产生时就产生了温室气体。

尽管排放物清单的重要性不言而喻，发展一套标准化、全球通用的以一个地区为单位的测度温室气体排放的方法论却一直很困难。造成这种困难有以下几个原因：

- 在像航空和运输业这样的产业中，很难把城市废气排放归咎于具体城市，比如，许多使用地

处大城市的大型国际机场的乘客来自国家的其他地方，或者仅仅是在这些机场转机。

- 使用不同的测度温室气体排放的方法可能会导致不同的数据结果（即范围问题）。比如，范围1清单只包含在政治疆界意义上的城市内的直接排放，同时范围3的清单可能包括所有间接和包含在内的排放（比如包含在食物产生过程的温室气体排放）。

- 我们用一大串的边界定义来界定不同的城市。从第三章我们可以清楚地知道，范围越小，"边界问题"给我们带来的挑战就越大，这使得界定排放物具体应该还是不应该归属于某一个特定的地点变得日益困难。

上述的种种应该让决策者更为谨慎小心地对待关于一个城市总温室气体排放量的数据或陈述，不仅因为缺少关于市区或城市的可接受的定义，缺少全球范围内认可的记录温室气体排放的标准，还因为在生产性和消费性途径产生排放物的责任分配很不明晰。正如在第三章里讨论到的中国和非洲的制造业，其商品远销至世界的许多地方以供消费，这些城市的生产部门排放的温室气体占全球很大比重，这个事实能很好地说明上述问题。

现在清楚的是生产性国家排放温室气体的责任很大程度上应当由消费这些产品的个体承担。与对城市在气候变暖中发挥作用的最大估计相比，考察发生在既定疆域内的活动制造的排放物，第三章建议采取一种可选的方式，这种方式同样考虑到与个体消费模式相关的排放物。这个想法承认了一个事实，那就是很多满足城市居民需求的农业和制造业活动往往发生在城市边界之外，甚至是其他国家。更进一步说，最重要的是它可以得出这样的结论：消费的不可持续层面——部分是由公司的市场战略决定的，但同样引导着生产过程——对于理解城市在气候变化中发挥的作用是至关重要的。

除了消费模式，一些很重要的因素也能说明国内或国内的不同城市为什么产生不同的温室气体。首先是地理的不同维度如气候带、海拔和涉及能源资源丰缺的相对位置（例如水力电气煤）。

第二个因素是人口构成、由变化的年龄结构赋予的社会动力学，和越来越小的住宅趋势（至少在更富裕的集团内）。人口动力学以非常复杂和不断改换的方式影响着温室气体的排放。

第三个因素是城市形式和城市密度，是由一系列社会和环境演化形成的。比如，许多郊区人口密度很低（尤其在北美和澳大利亚），相伴相生的是住宅高能量消耗和高排放，由于房屋的随意延伸，

汽车的频繁使用。另一方面，很多发展中国家城市密度特别高，往往同时伴有增长的健康风险，气候变化和极端事件的高发率。很多决定气候风险的因素会由于城市密度而恶化；沿海地区，城市热岛效应，户外和室内的严重空气污染还有糟糕的卫生设施。然而这些相同的因素，通过与交通系统、城市规划、建筑规范和住宅能源供应相关的政策，可以为提升健康状况和减少温室气体排放同时创造机会。

最后，在市中心内进行的经济活动的类型是另外一个决定温室气体排放的重要因素。不仅因为工业活动的主导地位对排放物模式产生了很大的影响，还因为——被南美许多城市证明了的——萃取活动和能源密集型制造业，尤其是依赖化石燃料的，和高水平的温室气体排放有很明显的相关性。

气候影响下多样的城市面貌和脆弱性
The multiple urban faces of climate impacts and vulnerabilities

第四章强调了死亡、基础设施毁坏和其他气候相关作用的潜在的累积的影响。它同样提到了城市内及城市间的气候变化影响的分配性本质。然而，并不是所有的气候变化的结果都是消极的。用多样的城市，如德班（南美）、马尼萨莱斯（哥伦比亚）、纽约（美国）和伦敦（大不列颠及北爱尔兰联合王国），来说明应对气候变化，存在着应对自如的城市，吸取机会优势来迅速解决多样的发展问题并且在适应性行动上引领世界。

第四章同样指出目前的关于在最近和将来气候灾难中轨迹和地域差异的发现，比如：

- 尽管区域的差异很明显，世界的平均海平面过去一直而且应该还会持续升高，这给沿海的城市地区带来了许多风险，财产损失、居民流失、交通中断和湿地减少。
- 自19世纪70年代以来，热带气旋和热带风暴出现的频率呈现增长态势。
- 强降水已经越来越频繁和越来越激烈，而且被预测导致出现城市洪涝灾害的概率大大增加。
- 作为气候变化的一个结果，极端高温事件被预测会更剧烈、持续更长时间和更频繁地出现在大陆上。

城市地区将要面对许多危险，有些和气候变化有关有些无关；但是所有这些灾难加在一起可能会呈现出一个复杂的结果，它带来的坏影响要大于单个灾难带来的影响之和。热浪、城市热岛效应还有

消费的不可持续层面对于理解城市在气候变化中发挥的作用是至关重要的

空气污染加在一起时城市居民的呼吸系统更容易受到伤害。目标区域遭受森林砍伐、水土流失和强降水事件，这会导致洪水和滑坡，而受到最多侵害的往往是贫民窟里的平民。

气候事件也能对城市的经济部门、基础设施建设和人口群体产生不同的社会和环境影响。比如，极端天气事件，包括强降雨和大风，可以毁掉大部分家用和商用建筑。他们也能扰乱和持续破坏高速公路、海港、河流、桥梁和其他市中心依赖的交通系统部门。这些恶劣天气能影响如水供应、公共卫生设施和能源供给的基础设施建设。它们也通过增加承保范围的成本而影响保险业和保险业的收益人，它们能消极地影响零售业、商业服务业和工业设施，尤其当这些极端天气发生在易受灾地区或者依赖于环境敏感产业的地区。它们还能使非正式住区的居民更难从事小规模商业和工匠的工作。

考虑气候变化如何影响城市的时候，区分风险性和脆弱性这两个概念是很重要的。相同的灾害（比如飓风和洪涝）对不同的个人、不同的人群、不同的城市或是不同的国家的影响是不一样的。大部分气候变化风险因区域的不同有着很大的区别。城市受气候变化影响的危险程度取决于城市的人口和经济财产有多少位于高危区（我们称之为"暴露"）。在很多情况下，暴露程度成为一个城市选址的重要参考依据。"暴露"这个概念也可以被用于城市的土地利用规划，其中包括对已知危险区域的继续开发和对自然保护区的破坏。

相似的气候变化对发展中国家和发达国家城市的影响是不同的。城市抵抗气候危机的能力不仅仅取决于灾害的强度和类型，还取决于社会和环境因素，比如：

- 基础设施和城市规划的完善与否；
- 人力和财力的拥有程度；
- 疾病和营养不良出现的可能性；
- 掌握信息的程度以及对灾害的认识程度；
- 对自然资源的依赖程度。

无论在发达国家或是发展中国家，气候危机对男性和女性、老人和小孩或是富人和穷人的影响都是不同的。例如，男性和女性在生存方式、家庭角色、行为模式、财产的拥有权以及对待危机的态度等方面是不一样的，因而在处理灾害的整个过程中应对用不同的方法予以安置和抚慰。因为财产和在应对危机时的适应手段相对较少，危机对残疾人、少数民族以及其他弱势群体造成的影响通常更严重。而相对成年人而

言，儿童因为生理上的不成熟以及认知能力、生活经验的不足很容易在灾害中受到伤害。老年人因为贫穷（在发展中国家更为普遍）、与社会隔绝（在发达国家更为普遍）、健康状况差以及行动不便等因素同样容易受到灾害的严重影响。

多方面的脆弱性也是一个很重要的问题。它是指那些多方面弱势的人群（比如贫穷的老妇女）不仅无法应对未来的气候危机，甚至连眼下所面对的各种问题都无法解决的局面。

政府通过有目标的财政援助、更大范围的制度支持以及对造成危机中弱势群体原因的更多关注将从根本上提高城市应对气候危机的能力。倘若采取相反的措施，则会有相反的效果。不能适应现实状况的政策，例如对土地使用权缺乏控制或建筑法规缺乏效力和执行力等，将会直接削弱城市以及城市中家庭和社区对海平面上升、洪涝灾害、沿海风暴等问题的应对能力。

为了提高应对气候危机的能力，政府应当将工作目标明确在最为弱势的人群身上——即城市里的穷人和那些住在临时住所里的人们。这两类人群在传统的城市发展规划和行动中常常被忽略。政府不仅应当努力减少现有人群中应对气候危机的弱势因素，同时应当将解决某些潜在问题放在工作的首位——正是这些潜在问题导致了在城市的边缘和在应对气候危机方面极为脆弱的地区仍然有人居住。

减缓性措施
Mitigation responses

由于城市是人口和经济活动的密集带，取暖、制冷、照明、交通、工业生产、水供应、垃圾处理、通信等活动都不断需要能源，因而城市可以被认为是导致气候变化的关键因素之一。所以，对于城市来说，如何减少温室气体的排放是最大的挑战之一。然而，除了这种认为城市是全球气候变化的罪魁祸首的观点之外，同样有另一种观点认为这些城市将会是解决气候问题的关键因素之一。城市因为三个原因能够在应对气候变化的减缓性措施中发挥主要作用。首先，城市对那些有可能产生或是减少温室气体排放的活动有直接或间接的司法管辖权，这些活动包括交通、能源生产和利用、土地利用规划以及垃圾回收处理等。其次，正因为城市是人口和商业的聚集地，诸如办公楼中大量的交通和能源节约能够成为气候问题潜在的解决方法。第三，在市政府与民营企业和民间团体的沟通中，城市可以作为催化剂促成其他潜在层面的气候行动。事实上，在过去的20年里，城市是处理气候变

气候事件能对城市的经济部门、基础设施建设和人群产生不同的社会和环境影响

相似的气候变化对发展中国家和发达国家城市的影响是不同的

在过去的二十年里，城市是处理气候变化问题最重要的场所

化问题最重要的场所。

第五章中提到城市正从五个方面减缓气候变化问题。这五个方面分别是：城市形态和结构、建成环境、城市基础设施、交通以及碳封存。就第一个方面来说，城市的无计划扩张是发达国家和发展中国家都应当关注的问题。因为城市的扩张拉大了家与工作场所、教育场所、娱乐场所的距离，所以人们对机动交通的依赖就大大增大。在某些情况下，城市的扩张还会导致中产阶级城市边缘区的产生，因为有足够的土地和相对城市中心更为宽松的建筑规范，这些地区的房子尺寸更大，释放的温室气体也更多。而在其他城市中，临时住所的增长则造成了城市的无计划扩张。

为了解决这一系列的问题，很多策略被用来限制城市扩张、减少交通量以及增加城市形态的能源效率。其中的一部分是大大小小的更新项目（城市更新），这些主要发生在发达国家。在发展中国家很少有充分利用城市形态的减缓性措施，这类尝试经常因为当地政府低下的执行效率而受到制约。同时，它们也因为有可能导致社会不平等的特点而受到批评（例如中国的生态城东滩）。

建成环境的设计和使用对于城市气候减缓性措施是至关重要的，这方面的行动主要分为三个类型，主要包括经济激励、监管要求以及信息计划。最近，自发的公私合作以及一系列举措的合并导致了包括微型发电和新建筑材料等在内的措施使用范围的大大增加。然而，建成环境项目仅仅在发达国家得以实现，并且在某些情况下被用来帮助城市贫民。这些项目中的一部分是由平民组织和住房合作社领导进行的，这说明有革新精神的社会团体正逐步出现，在潜在地考虑社会和环境公平问题的同时，为气候变化问题的减缓提供建议和举措。社会和环境效益相结合也许对发展中国家以及对解决诸如燃料贫乏的问题都尤其有意义。

很多致力于能源效率的城市基础设施方面的举措是出于能源安全和财政储蓄的需要而产生的，从更小一点的层面来说，是因为诸如清洁发展机制这样的国际机制提供的机会而产生的。这两个原因都能使得这些计划在经济上和政治上可行，但同时，由于财政储蓄有时会导致使用量的增大，它们也会限制这些计划在长期控制温室气体排放上的效力。正因如此，必须采取措施防止由于效率提高而导致更大能源消耗的反弹效应。因而，能源效率计划应当和低碳可再生燃料的开发以及对能源消耗的遏制同步进行。

正如上文所述，交通业是温室气体的重要来源。温室气体排放量的增长也反映了模式的转变，在发展中国家，由于收入增加导致的对私家车购买能力和购买欲望的增强，中高收入人群开始由公共交通转向私人车辆的使用。气候变化减缓性计划在交通业的举措可以被归为七类，包括低碳交通基础设施、低碳基础设施更新、车辆替换、燃料转变、能源效率提高、需求减削措施（针对私人机动车）、需求优化措施（针对公共交通和其他低碳交通，如人力驱动等）。

碳封存是指通过推广自然碳汇（如植树或保护森林）或是通过"碳汇"及储存等技术手段将碳从空气中去除。尽管碳汇计划一直不是城市气候变化减缓行动中的重要部分，但随着碳收集储存新技术的出现以及国际碳融资的作用，碳汇计划正迈向重要地位。大部分城市层面的碳汇计划与植树计划相关，同样也包括碳池的修复和保护。碳汇计划可以与城市美化计划很好地结合，以创造和保护公众可以进入的绿色空间。

尽管至今，城市中心已有一系列应对气候变化的减缓性措施，但这些举措大多都是零碎而缺乏关键性意义的。另外，尽管存在对减缓性措施的成果进行衡量的倡议，但关于单个举措或是多个举措所产生的影响的信息非常有限，尤其当它们扩展到市政建筑和基础设施系统以外或是涉及行为的改变的时候。造成这一现象的原因包括涉及的时间周期相对较短以及所获数据的碎片化，而在涉及城市不同地区内部和不同地区之间温室气体释放和下降程度时则尤为如此。

在第五章所描述的四种市政管理类型中，市政当局最为强调的自我管治，有一个局限性。通常情况下，与市政相关的温室气体排放量在城市总排放量中所占的比重很小。这意味着对自我管治模式过多的关注会分散整个城市在应对更广泛层面上的减缓性问题时所需的资源。在那些由市政府控制基础设施网同时基本需求已经被满足的城市，通过城市基础设施和服务的供应来应对气候变化是最有潜力的。因为税收、土地利用规划和其他管理机制的目标性和强制性，所以在减少温室气体排放方面很有效。然而，政府也采用了一些不受欢迎的措施，当然，这些政策也是很难执行下去的。治理的落实模式在解决减缓性问题上有很大的优势：它使得财政赤字和行政支出相对减少，也可以增加城市治理的透明性和公正性。然而授权措施对使那些自愿参加不受限制的人来说是没有什么效果的。

建成环境的设计和使用对于城市气候减缓性措施是至关重要的

尽管至今，城市中心已有一系列应对气候变化的减缓性措施，但这些举措大多都是零碎而缺乏关键性意义的

第五章同样也讨论了三种公私合作应对气候变化的行动，包括自愿行动、私人供应以及动员行动。本章利用关于这一新现象的有限数据做出了一些初步的论断。这些举措正逐步被两方或多方合作所接受，并致力于促成自发标准的采用。它们有潜力提供双赢的可能（即通过先进的、广泛的、环保的手段解决减缓性问题）。然而，这些举措也遭遇到由于规模较小而在政治上遭遇边缘化的困境。他们也有可能成为那些应当为大量温室气体排放负责的行政者转移责任的对象。尽管合作能够共享资源、信息以及其他优势，但它们常常是脆弱的，并且由于有可能强化某一类人的观点或是以剥夺公民权利为代价获得巨额利益等原因而受到威胁。

适应性措施
Adaptation responses

因为所有层面上的减缓性措施到目前为止都不能够阻止气候变化朝危险的方向发展，所以在城市范围内采取应对现在以及将来气候灾害的适应性措施显得尤为迫切。现在各个层面的决策制定者对气候灾害的处理和适应将会对数百万的城市居民的生活和生产方式产生影响。无论是建筑、城市基础设施、能源系统还是其他对城市有重要意义的部分都是长期存在的。所以，现在设计和建造的设施将在应对未来几十年的气候变化中发挥重要作用。

城市中的人们长期与经济活动、生活生产中的各种危机做斗争。在政府不能采取有效行动的情况下，这些方式成为应对气候变化最为普遍的措施。但是，这些措施总的来说规模较小，它们没有解决导致城市在气候危机下脆弱的根本原因，因而只能被称为是一种应对策略。

财富和资产以及信息或是社会互助能够减少个人在灾害中的风险性。例如，财产使得人们可以在没有被洪水威胁的地域购买、租赁或是建造能够应对极端天气情况的房子。而像在达卡（孟加拉国）以及拉各斯（尼日利亚）这样的地方，那些没有这些手段的人们只能寻求其他措施来减少在灾害中的风险性。大部分措施并非预防性的，而是致力于减轻气候灾害的影响或是将灾害降至最小。

以社区为基础的适应性措施对于城市来说是很重要的，因为它弥补了政府干预的局限性和不足（比如在基础设施和服务的提供上）；同时也是由于它能够在增强应对极端天气能力方面发挥重要作用。以社区为基础的适应性措施有两个前提，一方面当地社区应当有相应的能力、经验和动力，另一方面通过社区组织和互助确实可以减少灾害的风险性。同时，为了保证以社区为基础的适应性措施有效，必须有一个实质性的"以社区为基础的"集体组织，通过这个组织的工作，那些最具风险性以及最脆弱的方面会呈现出来并通过高效的手段来解决。这个组织同样需要关注那些导致城市贫民对气候变化的应对能力特别差的原因，比如他们对灾害的"曝光"程度较高，缺乏减少灾害的基础设施，灾害事件发生后没有得到政府的援助以及缺乏法律和财政保护等。

同样为此做出努力的还有其他草根机构。比如，贫民窟联合会（如菲律宾和印度）通过增加城市贫民的定期储蓄量，为住宅征地和买地以及推动社区组织的其他行动等来帮助低收入家庭建立对许多潜在危机的防御力。

然而，由于大量的金钱、精力和时间被用来建立、保持和发展那些保证发展中国家城市居民危机防御能力的关键性要素，以社区为基础的适应性措施以及草根组织正面临困境。这些保证危机抵御能力的关键要素包括基础设施和服务、预警系统、应急机制、教育等等。事实上，由于当地政府能力不足或是不愿意管理城市地区，大部分与气候变化相关的危机恶化了现存的危机。所以，不仅缺少应对诸如极端天气或是水资源缺乏这样危机的基础设施和服务，甚至连应对日常危机的基础设施和服务都大量短缺。

发达国家的城市中没有基础设施的大量短缺。几乎所有居民都住在符合建筑标准的房子里，能够接受教育，有自来水供应，有下水道和固体垃圾回收。所以，他们的适应性措施通常会更容易制定、实施以及筹措资金。但这并不意味着适应性措施会轻易取得它所需的政治支持。很多城市需要对他们的基础设施进行大升级并且需要将气候变化可能导致的问题考虑在内。大部分城市需要增强处理极端天气事件的能力。部分城市位于气候变化影响的高危区（比如沿海地区）。另外，很多致力于解决经济衰退的发达国家城市的重要领导人仍认为气候变化风险是一件遥远的事情。

从第六章对不同案例的研究分析中我们可以得出一些有效的适应性措施。关键的第一步是使得当权者和利益相关人认识到气候变化影响的重要性。第二步需要发展一个针对现有状况（即针对过去发生的极端天气和其他灾害）的信息库。相关组织应当建立地区评估机制并对未来天气变化进行预测，

在城市范围内采取应对现在以及将来气候灾害的适应性措施显得尤为迫切

以社区为基础的适应性措施对于城市来说是很重要的，因为它弥补了政府干预的局限性和不足

以建立城市的风险/脆弱性评估。应当通过与其他利益相关人的合作分别发展针对整体城市和针对城市不同方面的战略计划。另外，应当采取措施来支持那些已经开展的适应性措施。

针对适应性措施进行的筹资应当围绕两个问题：是否有足够的资金支持城市地区的适应性措施，以及是否有足够的能力来使用这部分资金以保证基本的适应性措施得以执行。针对适应性措施的筹资可以促进事情的发展。适应基金（见专栏2.2）可以支持发展中国家制定更广泛的气候危机应对策略，而后者则可以致力于解决与低下的行政能力相关的脆弱性问题的原因。进一步来说，如果预先考虑到的话，两者都可以用来解决气候变化的适应与发展的边界问题。

另一个相关问题是适应性措施的资金投入问题。大部分关于城市适用性措施资金投入的估计都是针对适用性基础设施资金投入的估计，这类估计方式有诸多问题。首先，在哪一些东西可以被划入基础设施这个问题上含混不清（例如根据政府间气候变化专门委员会的规定，住宅在某些情况下被划入基础设施，但在某些情况下又被排除在外）。其次，这种估计方式认为只要在已经投入气候相关基础设施的资金基础上增加一小点就能计算出资金投入，但并未考虑到大量基础设施短缺的问题。第三个问题，是相信从国际组织获得拨款是解决适应性措施投入资金的办法，却没有意识到很多发展中国家的当地政府往往是懦弱无能、对百姓不负责任的。因而，他们制定和执行相应针对受气候变化威胁最大的人群的适应性策略的能力是值得怀疑的。最后一点也是同样重要的一点是"适应性"和"发展"独立。正如前文所述，由气候变化导致的危机加剧了其他形式的危机，而行政管理的失败使得两类问题都没有得到很好地解决。因而很有必要去仔细研究什么样的适应性措施和地方性有关以及适应性措施中的哪部分与当下的基础设施短缺有关。

同时我们应当明白对气候变化危机的适应在很多地区是不可能开展的，因为对于这些地区来说适应性措施代价太高，而技术又很难实现。这样的结果通常被称为"残余损伤"，而如果没有成功的减缓性措施，这类地区的数目（包括受到威胁的人群）将会上升。同时，也应当解决那些由于未来气候变化而被迫离开家园的移民的问题。正如第六章中所述，大部分国家和国际法规的范围已经不能解决那些不能原地在家园适应气候变化的人们的问题。因此已有一小部分人提议为解决"气候移民"的问题制定新的国际法规——也许是为由于气候变化而背井离乡的人们提供一种国际惯例。

解决城市温室气体排放和脆弱性问题中的挑战、困境以及机遇
ADDRESSING URBAN GHG EMISSIONS AND VULNERABILITIES: CHALLENGES, CONSTRAINTS AND OPPORTUNITIES

根据本报告之前各章中所述的发现，本节讨论在减少城市温室气体方面所面临的挑战、困境以及机遇以此增强社会对气候变化的应对能力。全球的减缓性计划是到2015年能够找到减少排放量的发展模式并在21世纪末将排量稳定在每一百万二氧化碳当量（CO_2eq）445到490体积单位。只有这样全球平均温度升高才能被控制在2℃以内，而根据哥本哈根协议，为了防止人类对气候系统造成破坏这是必要的举措。

到2050年全球人口将达到90亿，同时城市人口所占比例将会增加，这意味着全球个人碳足迹应当被控制在平均每年少于2.2吨。但是，美国一些城市年度人均二氧化碳释放量达到甚至超过了20吨。因此，大量减少发达国家（甚至是一些发展中国家）城市和公民的排放量是必需的。为了应对这项挑战，应当开展多层次多方面的行动，其中包括在城市层面施行的诸多举措：

- 减少化石燃料的使用；
- 减少含碳化石燃料的使用（例如用天然气代替煤）；
- 改变能源结构（例如增加可再生能源的使用），在保证能源供给质量的前提下，寻找其他能源类型。

例如，应当采取措施来保证城市生活必不可少的电力是由含碳量较少的能源所产生的。

上述这些举措都是通过减少燃料中的碳含量以及提高能源效率和增加低碳清洁能源的供应来实现全球因化石燃料排放的温室气体的减少。而从本报告中可以看出，情况并非总是如此。

到目前为止所制定的减缓性措施主要致力于提高能源效率或是减少能源碳含量，这但并不一定意味着总体排放量的减少。在城市基础设施和设备（如汽车）上强调能源使用效率往往导致一种"反弹效应"，即为了节约开支而形成的能源使用量的增加（主要由于，例如，使用了小引擎但行驶更远的距

针对适应性措施的筹资可以促进事情的发展

大量减少发达国家城市和公民的排放量是必需的

离）。另外，对能源效率的强调使得其他更有效的措施得不到重视。例如，对包括风能装置、太阳能装置、水力发电等在内的大型再生能源设备的关注就相对较少。因而，决策者应当在国际和国家层面上要求和鼓励能源多类型、多方向的发展（即不仅是化石燃料或生物燃料，而是针对不同的情况和条件对各种能源进行结合）。

城市正以以下几种方式为解决减缓性措施方面的挑战做出贡献：

- 为企业实验新技术的场所和环境（由私营商业部门主导）；
- 作为活跃的实验室在新兴和未来展望社会，关于城市如何实现可持续发展观点理论，试验分享特别的看法、观点和想法；
- 建立沟通互动的平台（如研讨会或是讲习班）来促进知识经验的交流，以及优秀实践的推广。

根据不同国家的国情和历史，市政当局对温室气体排放有不同程度的影响。他们可以在能源方面促成排放量的减少，比如改进商业建筑、住宅以及市政建筑，比如将交通信号灯置换成节能灯等等。除了对交通车辆的效率产生影响，他们还能通过实施交通政策来鼓励人们使用除私家车之外的其他交通方式，波哥大（哥伦比亚）的Transmilenio就是一个例子。他们可以通过区域规划来推广某种居住模式，可以在新建建筑中提高能源效率以及提高住宅和商业建筑的建筑标准，伦敦（大不列颠及北爱尔兰联合王国）和芝加哥（美国）是这方面典型的例子。他们可以在废物处理方面实施计划来减少温室气体的排放，比如通过沼气收集的手段。非政府组织比如民营组织现在也自发地在商业建筑中减少能源使用。而在民间社会团体中也在进行相同的行动，比如"城镇转型"运动（'transition towns' movement）。

最近出现的一系列行动说明有关的利益相关者开始认识到减缓性措施的迫切性，也证明他们已经认识到为了防止突然爆发不可挽回的危机当下必须采取行动。当然，减缓性措施已经在政府的多个层面上开展起来，但并非在所有层面也并没有以应有的效力开展。正如第二章中所述，无论是像欧盟排放交易体系这样有追求的努力和尝试还是大不列颠及北爱尔兰联合王国和德国的减缓性举措都面临很多挑战。另外，虽然无论在发达国家还是发展中国家气候变化问题都是城市政策议程上重要的问题，但从落实方面来讲它仍然

是一个被忽略的问题。

复杂的制度性因素是地方政府在减缓性问题上遇到挑战、困难以及机遇的原因。首先，由于特殊的背景造成的政府部门不同层级之间的交流方式影响了地方政府对问题的处理能力（多层级管理方式）。国际和国家政策为城市处理问题提供了有一定自由度但又有所限制的框架，同时决定了市政当局在应对气候变化方面的自主权和职能范围——即职责与权力，也认同了市政当局内部和地方政府之间的政策方面的合作。另外一系列形成地方政府减缓性措施的制度因素是对地方政府执行政策的制度保障。尤其在发展中国家也包括一部分发达国家，在执行政策这方面，市政当局不愿意或是无法执行建筑规范、用地分区、化石燃料标准等其他相关法律法规。

另外两个因素对减缓性政策的发展十分关键——即网络创建和领导的活力——后者是基于个人和组织两个层面来说。如国际地方政府环境行动理事会（ICLEI），以及像政府间气候变化专门委员会，世界城市和地方政府组织（United Cities and Local Governments）和城市领导者适应倡议（United Cities and Local Governments）这样汇集和传播专业知识的组织，同其他官方或非官方的国际组织、国家组织、城市组织一起，都在提高城市应对气候变化能力方面起了很大作用。有证据显示，这些组织机构在提高那些已经在率先应对气候变化的城市的能力中发挥了更大的作用。那些利用气候变化作为促进组织声誉机会的单个政治联盟或组织，已经在气候行动中发挥了重大作用。然后，如果当权者在完成计划时缺乏财政和技术支持，领导力和合作网络能够带来的改变就会很有限。

财政支持和技术人才是实行减缓性措施的更相关的因素，这类结构性的持久的要素对于城市中物质性的基础设施和文化层面的实践也极其重要。例如，交通方面在采取减缓性措施时所遇到的挑战将很大程度上由城市形态所决定，高密度地区更适合发展地铁、有轨电车等其他高效率的公共交通模式，而扩张式的低密度地区则更适合利用公共汽车、小型公共汽车来满足上下班的需求。由于在发电厂、工业设备等方面的投资是长期的，因而减少排放量的方式并不太多。至于财政支持，考虑到在城市范围内的各种相互竞争的需求，由于他们的选民不愿意在应对气候变化的减缓性措施上投资，地方政府甚至连最基础服务的资金都提供不了。另外，由《联合国气候变化框架公约》和《京都议定书》（见专栏2.2和2.3）

减缓性措施已经在政府的多个层面上开展起来，但并非在所有层面也并没有以应有的效力开展

财政支持和技术人才是实行减缓性措施的关键因素，城市中物质性的基础设施和文化层面的实践也极其重要

所确定的对减缓性行动（也包括适应性行动）的国际财政支持远远不够满足这些要求，尤其是发展中国家的要求。正如第六章中所讨论的，由于在城区范围内非常有限的资源目前都用于新计划，因而在城市中尤其呈现出这样的状况。

尽管为了在21世纪末稳定排放量已经采取有效措施，尽管在京都议定书中已经有所承诺，但温室气体排放量仍会持续上升直到2030年。因而，预计将在未来出现的气候变化危机是不可避免的，而城市中心将尤其受到危害。无论在未来的二十到三十年内将会开展多大规模的减缓性行动，适应性措施仍然是必需的，这也将成为对气候变化的紧急应对措施中重要并具有挑战性的一个方面。

各地区政府在建成环境、基础设施和服务等与适应性措施相关的方面应当担负以下职责：

- 通过制定城市规划以及法律法规决定土地可用性并授权和监管那些会导致灾害的危险活动；
- 提供各种公共服务、基础设施和资源并为之定价；
- 通过与民营部门、学术机构、非政府草根组织（比如家庭和社区）的合作预先采取共同的行动来处理灾害以减少风险性。

每个城市都可以利用这些职责来制定适应性措施。而这些措施中哪些最为有效将会决定于城市所处国家的不同国情。

相对于减缓性措施，适应性措施已经开始了，至少在小规模层面上，而在一些城市中心以城市为基础的适应性策略正开始被应用。然而，很少有城市提出一套连贯的适应性策略。另外，相比于农业、林木业，对城市如何适应气候变化在全市范围内清晰明确的关注相对要少很多。事实上，大部分关于城市应对气候变化的适应性措施的文献都只陈述应当做什么，而并不总结有哪些工作已经在进行。这主要是因为对此人们几乎还没做过任何工作。对于适应性措施相对地忽视，尤其在对城市如何适应气候变化方面的不重视，部分是由气候公约中激励机制的存在而引起的。例如，对于诸如垃圾填埋气的收集这样的减缓性举措、发电、交通以及为了集碳而进行的造林和护林活动等都有资金支持。而城市减缓性项目得到的资金支持却非常少（只有8.4%的清洁发展机制项目是关于城市的），至于城市层面的适应性措施则得不到任何支持。

要使得城市和市政当局对气候变化的适应性措施产生广泛关注需要清晰详尽的危机评估，这已在德班（南非）得到证明，因而人们对于城市适应性措施没有什么兴趣。要使这类措施得到关注还需要对适用性手段更进一步的了解，不仅要明白适应性措施如何在减少灾害风险性方面发挥作用，还应当了解它们如何能够在土地利用规划、水资源获取以及公共卫生和住房等涉及城市发展的方面发挥作用。同时，能否得到关注还取决于很多制度因素，还包括领导能力以及当地政府的意愿。例如，有效的适应性行动取决于当权者是否有自主权、资源以及做决定的权力来制定和执行与适应性相关的如建成环境、基础设施和服务等方面的行动；也取决于适应性措施是否与诸如保护穷人并为他们提供土地和居所这样的城市发展问题有关联（比如哥伦比亚的马尼萨莱斯以及菲律宾无家可归者联盟）。

在这样的情况下，不仅适应性行动能否在各个方面有效应对气候变化危机会成为重要挑战，由适应性行为引起的社会公平问题也会成为挑战的一部分，这主要指的是适应性措施应当为哪一部分服务，尤其与收入、性别和年龄有关。例如，适应性措施是用来保护富人和富人区还是那些住在临时住房里的人们？或者是否是用来保护女性以增强她们对风险的抵御能力？又或者用来保护城市最重要的财产，还是保护城市中最容易受灾害影响的人群？如果决策者在处理问题的过程中将这些人群——或者他们中的部分代表纳入考虑范围，那么决策本身会更公正有效。

不仅是城市的当权者正致力于解决针对气候变化的适应性问题。家庭和社区也已着手应对与气候相关的灾害，比如说抬升房屋底座高度、存钱以及参与社区应对洪涝灾害的排水渠淤塞清理行动中（见第六章）。当然，这些并不能代替政府在排水系统、公共卫生系统、自来水供应、道路以及其他必需的城市基础设施方面的投入，这些基础设施在降低灾害中的风险性、提供整个城市范围的公共服务以及预警和应急处理系统等方面有着极为重要的作用。

在很多发展中国家的城区中，家庭、社区以及政府针对适应性问题的行动是在缺乏适应性设施的前提下进行的。很多发展中国家的城市中至少百分之一的人口缺乏水源、公共卫生设施、卫生服务、住所以及合理的应急机制等可以让他们适应大范围的气候变化的要素，更不用说应对未来的气候危机了。去调整根本不存在的应对气候的基础设施、服务以及预警机制是不可能的。

> 很少有城市提出一套连贯的适应性策略

> 在很多发展中国家，针对适应性问题的行动是在缺乏适应性设施的前提下进行的

另一个关键问题涉及适应性行动的社会影响。如控制城市在易受风险影响的区域的发展以及对雨雪地面排水系统的建设投入等行动可能会降低某些人群对气候危机的抵御能力。这些设施如果不仔细设计，可能会代替非正式住区成为一部分人的新住所——尤其是那些沿着排水渠和河岸的棚屋。另外，这些举措还可能限制一部分人挣钱养家的能力，也可能将风险从一个地区转移到另外的地区或者将风险转移给后代子孙。

适应性措施和减缓性措施与城市发展和政策的关系
ADAPTATION AND MITIGATION: RELATIONSHIPS WITH URBAN DEVELOPMENT AND POLICY

应当关注减缓适应行动和其他政策行动的协同与合作

尽管在应对气候变化的政策和研究中适应性措施和减缓性措施的区别是根深蒂固的，但有些城市对于这一点却有不同的看法。在发达国家城市中关于适应性和减缓性计划的经验表明城市的决策者和利益相关人拒绝只关注两个中的一个，并且，如果不同时考虑可持续发展的目标和模式这件事情将会很困难。事实上，这些城市的目标是可持续发展，而气候变化的应对措施可能有助于这个目标实现也可能阻碍目标的实现。在这种情况下，不仅需要关注减缓适应中涉及城市发展的部分，也要关注这两类行动和其他政策行动的协同与合作。然而，发展中国家城市的经验与这一点是相矛盾的，因为他们的城市领导者以及利益相关人认为气候变化主要是由发达国家造成的，因而采取减缓性措施是发达国家的责任。持有这种观念的城市主要致力于采取适应性措施。

城市有两种方式应对气候变化危机：减缓这种变化或是适应变化带来的影响。这两个中的任何一个措施都有可能促进或是阻碍城市发展。

气候变化的减缓性措施和城市发展
Climate change mitigation and urban development

在未来的几十年内，城市当局会发现在各个领域各种情况下都需要对全球的、国家的、地区的气候变化采取措施。这个问题的紧迫性和严重性丝毫不显夸张。即便考虑到在全球范围内进行应用的一些众所周知的技术，最近关于温室气体排放可能的减少量以及减排效率提高的分析认为每百万二氧化碳当量445到490体积单位这个相对一般的目标（是为了使全球温度上升控制在2°C以内）也是很难实

现的，除非每种主要的技术手段都能实现最为乐观的结果（包括成本较低地从煤中进行碳提取和碳封存）。换句话说，全球所面临的气候变化甚至比在第四章中所描述的情况更严重。同时，在2009年的哥本哈根缔约方会议上，地势较低的岛屿国家和其他脆弱的发展中地区认为任何使得全球温度上升超过2°C的温室气体排放稳定量都是不可接受的。有两类明显的危机近在眼前：一是在抵御力较差的城市中出现了前所未有的紧迫的气候危机，二是全球范围内对减缓适应日益增长需求的反应，这有可能导致大范围的争论和强制性政策的制定。

从全球层面来说，减缓性方面所面临的挑战主要是减少建筑、工业、交通、发电、土地利用等方面释放的温室气体以及减少和阻止森林砍伐。正如之前所述，排放量的减少主要依靠建筑、工业、交通以及发电等行业能源使用效率的提高以及使用可再生能源、核能以及除碳燃料代替释放温室气体的化石燃料。

很重要的一点是减缓性政策可以为城市及其未来的发展提供机会。正如国际地方政府环境行动理事会的国际地方政府温室气体排放分析协议所证明的，在很多情况下，从城市政府所管辖和控制的各类系统中减少温室气体排放可以为城市节省开支，比如通过提高城市照明系统或是城市交通系统的使用效率来减少城市的开支。间接一点，城市可以通过和私营的工业和交通产业的合作来减少私营部门温室气体的排放，也可以辅以政策性措施（如税收）来鼓励或是阻止一些行动。说得更远一些，城市可以力争成为诸如生产去碳能源和其他可再生能源等对减少温室气体排放有帮助的新兴能源产业的落脚点，以此创造就业机会和增加税收。

全球范围内对气候变化减缓性措施的推进可能对城市发展形成挑战

但是全球范围内对气候变化减缓性措施的推进也可能对城市发展形成挑战。有两类潜在影响尤其重要。首先，如果一个地区的经济依赖于化石燃料的开采，那么对化石燃料的使用限制势必会对当地经济造成负面影响。而有很多地区的经济依赖于煤、石油或是天然气的开采，如尼日利亚、安哥拉、中国以及印度等。

第二，由于全球大部分地区能源系统从对廉价的化石燃料的使用转向对相对更昂贵的替代能源的使用，在能源使用方面的花费将会增大。而对于很多城市来说相对低廉的能源花费是城市得以发展的重要动力，所以在这个方面可持续的发展方式会遇到很大挑战——在那些能源驱动型发展模式的城市中尤其是这样。在大部分发展中地区，社会经济技术以一种不仅没有减少温室气体排放量反而增加了

排放量的模式在发展，这些温室气体的排放一方面来自城市自身，另一方面来自为满足城市需求的各种设施，比如位于其他地方的发电厂。

而地方政府往往在制定城市范围或者更大区域包括国家层面的发展决策中发挥更为广泛的作用，而这些作用对于气候变化减缓的影响要比他们在自己城市范围内所做的工作造成的影响大得多。他们是推动气候变化应对措施的关键力量，这些措施包括财政支持、信息共享交流、媒体以及技术和制度创新。而在那些通过民主方式制定公共政策的地区，地方政府可以推行"一人一票"的政治竞选策略，以此来影响国家的选举模式。

在减缓性措施和解决其他问题的政策（如工业发展问题、能源问题、公共卫生问题以及空气污染问题）之间有协同性，也有权衡和取舍。正如在丹佛州（美国）的墨西哥城以及众多中国城市中被证明过的，气候变化的减缓性措施往往并不是一个战略重点，而仅仅是因为对经济、安全以及环境等问题的关注或是为了满足通过前卫的倡议而在一大群城市领导中脱颖而出的需要所产生的。因而有必要利用这类气候保护和其他发展重点之间已有的协同关系。例如，在交通运输业，气候变化问题和能源供应及安全问题就存在很强的协同关系。通过利用国内生物燃料代替石油的措施就能减少温室气体排放以及对石油进口的依赖（比如巴西）。而采用可再生发电方式的更为分散的电力系统有助于减少对天然气进口的依赖。

一个关键性的问题是城市是否有进军如由京都议定书所开放的碳市等领域的潜力。例如，建筑材料工业能否得到来自清洁发展机制或其他类似机制的资金支持来生产有碳收集储存功能的水泥（或是其他材料）？这种碳配额的交易可以潜在地补贴发展中国家的低收入人群建造足够的住房。诸如此类的手段可以为探讨如何同时解决温室气体排放控制和减少贫穷的问题提供新的视野和方法。

尤其在发展中国家，那些用来处理如空气污染、为穷人提供住房等环境和社会问题的政策，几乎不用任何修正就可以被同时用来减少温室气体排放以及提高人民健康水平。气候变化和空气污染都与化石燃料的燃烧有关。因此，减少化石燃料的使用量可以同时减少温室气体的排放以及减弱由空气污染物排放而带来的健康和环境方面的影响。认识到这些措施可以获得多方面利益，如世界卫生组织和美国国家环境保护局这样的机构开始在城市和国家层面上对能够同时解决空气污染和其他问题（如经济成本问题和能源问题）使多方面同时受益的措

施进行环境方面的评估。这促使了同时解决地方污染问题和减少温室气体排放政策的产生。然后，我们不仅应当关注这些政策和措施的协同性，还应当关注它们之间存在的冲突和矛盾。例如，如果提高车辆能源效率使得车辆行驶距离更远或是导致人们使用有更大引擎的汽车，那么这种效率的提高将导致大气污染物的排放的增加，因而造成了对人类健康的负面影响（"反弹效应"）。

这意味着在减缓性措施和其他主要政策之间存在权衡和取舍。例如，出于安全方面的考虑国家会更多利用自身的煤炭储量而不是依靠天然气的进口。但是依靠玉米等农作物的生物燃料的使用在一定程度上导致了食物短缺，同时也因为农民将原本适合耕种食物型庄稼的土地转变成适合培养生物燃料型庄稼的土地而增加了成本。这种食物短缺也可能是由于政府将补助金用于增加生物燃料的产量，却导致了种植食物型农作物无利可图而造成的。

气候适应性措施与城市发展
Climate change adaptation and urban development

全球范围内与适应性措施相关的城市发展问题主要包括两方面：首先，气候变化造成的影响对那些需要进行适应的城市发展计划的影响；其次是减弱气候变化影响的适应性行动和城市发展的关系。

气候变化严重威胁了那些对气候变化危机缺乏抵御力的地区的城市发展。比如，很多位于沿海地区和河谷地区的城市，以及那些依赖气候相关产业如农业、林木业、旅游业发展经济的地区，还包括那些地方气候相关产业受到来自于人口增长、经济增长压力的地区。如果在现在状况下气候变化相对更严重一些，那么部分城市会发现保护现有产业和生活方式的额外适应性措施将不再足够。

当下极地地区的情况可以向人们说明未来的气候变化会对城市发展产生什么样的影响。极地地区的温度上升（包括正在出现的海平面上升）造成的永冻层融化不仅影响了城市基础设施，还不可避免地破坏了极地生态系统以及与当地人关系密切的生活方式。在与之类似的一系列情况中，"转化型"的适应措施是必要的，比如改变土地利用方式，对薄弱地区投资的转移以及在经济发展的各方面或是土地利用上改变城市的发展方向。因而，气候变化危机对于城市发展来说是至关重要的挑战，而如果气候变化变得更严重，那么处境危险的城市数目就会

在减缓性措施和解决其他问题的政策之间有协同性也有权衡和取舍

部分城市会发现保护现有产业和生活方式的额外适应性措施将不再足够

是现在的很多倍。

经验表明，由于人力资源以及对知识的掌握，城市居民在以有利于自身发展的方式进行调整和适应的方面有着出色的能力，即便是在没有什么资金支持的情况下。比如，拉各斯（尼日利亚）、达卡（孟加拉国）、达累斯萨拉姆（坦桑尼亚）等地的低收入人群已经应对了很多与气候相关的问题，尤其是季节性的洪水。而在那些草根组织极为活跃的地区这一点格外明显。这不是说官方的行动并非在每个层面都需要，而是我们必须认识到家庭和社区已经采取了很多行动——通常是在当地政府和其他利益相关人还没有行动的情况下。

在很多地区与城市发展相关的气候变化适应性措施遇到的一个最大问题是缺乏通过脆弱点确定适应模式的能力以及实施适应性措施的能力。很多中小型城市，尤其是位于撒哈拉以南的非洲地区、南亚地区、中美洲地区的，已经对当下的气候变化疲于应对，更不用说未来的气候变化危机。很多这类城市的问题是缺乏城市基础设施（包括全天候道路、自来水供应、下水道、排水渠、电力供应等等）、城市社区服务（如卫生和教育服务）以及机构行政能力。

大部分的适应性措施带来了相当多的共同利益，从目前看来有利于城市发展和减小城市环境压力

而有很多城市则在适应地方气候状况中表现出很强的能力，无论这种状况是否与气候变化相关；而在其中那些适应气候变化的措施十分必要的城市中（如泰国曼谷以及澳大利亚墨尔本），几乎在每种情况下适应性措施的成本都很低并且得到民众广泛的支持。部分发展中国家的城市已经从适应性措施的鉴定转向适应性行动的规划（如南非的德班与开普敦）。另外，大部分的适应性措施带来了相当多的共同利益，从目前看来有利于城市发展和减小城市环境压力，而从长远来看则增加了对气候变化危机的抵御力——这对在危机逐步出现时仍能保证对适应性措施持续的关注有很重要的意义。

要在无法预知的气候变化危机中免受伤害，单独依靠减缓性措施和适应性措施这两者中的某一个是不够的

如马尼萨莱斯（哥伦比亚）以及伊洛（秘鲁）等城市采取措施在城市发展的同时增强城市对气候危机的抵御能力，为其他城市提供了积极的参考。这些城市通过采取措施防止快速增长的低收入人口居住在危险性高的地方。尽管这些行动并非是针对气候变化问题而进行的，但它们证明有利于发展、有利于穷人的政策可以增强城市的适应能力。当然发展措施和适应性措施的矛盾和取舍也是存在的，例如在基础设施发展的同时，其设计和建造的方式使其有可能成为城市的临时住所。

减缓适应：寻求共赢，避免冲突
Mitigation and adaptation: Seeking synergies rather than conflicts

现在人们已经明白要在无法预知的气候变化危机中免受伤害，单独依靠减缓性措施和适应性措施中的某一个是不够的。两者必须共同应对全球气候变化问题。减缓性措施的目的是尽可能减弱气候变化的影响；但有些影响已经不可避免。这是因为国际社会采取适应性措施的速度太慢，而发展中国家控制温室气体排放的策略仍然是含糊不清的。正因为有些影响不可避免所以适应性措施是很必要的。就适应性措施的实施而言，对某些地区和人群，资金问题仍然是最大的限制，因而从短期来看，适应性措施在减少人们在突发事件中的损失这方面的能力是有限的。正如上文所述，适应性措施是无力应对某些问题的：这就是通常所说的"残余损伤"。在减缓适应要应对的问题当中，解决那些可能因为气候变化危机被迫离开原住地的人群和产业的问题是最基本的。

同时，早期关于气候变化的减缓性和适应性计划表明部分地方政府和利益相关人不愿意将减缓性手段和适应性手段分开来讨论，没有将这种讨论置于这样的背景下——即从长期来看城市及其居民想要走一条什么样的道路。城市是世界上采取整合行动增强对气候危机抵御力以及采取减缓性行动最重要的场所之一，因为他们涉及广泛的社会和经济目标，比如创造就业机会、提高生活质量、提供卫生服务以及水资源的供应等等。应对气候变化的计划经常在社区范围内激发这样的讨论，这是它最重要的附加作用之一。

一个主要的问题是减缓适应措施在很多重要的方面有区别。例如，效果何时显现（减缓性措施的成效通常需要较长时间才能显现，而适应性措施可能很快就能显现），效果在什么地方实现（减缓性措施通常是全球意义上的而适应性措施则更多是地方化的）以及工作的关注点在什么方面（减缓性措施关注温室气体释放和碳收集而适应性措施关注与气候危机有关的活动、城市基础设施以及特定人群）。另外，很重要的一点是减缓性措施更为紧迫。如果在未来几十年内不采取任何减缓措施，那么气候变化造成的影响会成倍增加。而适应性措施就不是那么紧迫，可以随时间分阶段进行并且将是一个在未来几十年内的持续过程。这些区别大大增加了城市（或者是通过政策影响城市的国家和地区）制定解决气候变化问题的综合性措施的复杂度。

减缓适应措施可能会互相排斥和竞争——比如说没有增强薄弱地区对气候变化的抵御力的对于可替代能源的投资与将发展产业从薄弱地区搬离出来的政策之间的矛盾；但它们同样也能相互补充和加强。一个典型的例子是建筑保温措施，一方面可以减少对燃烧化石燃料的需求，另一方面可以适应由于气候变化可能导致的气温上升。重要的一点是那些有协同关系并且相互补充的减缓适应措施应当予以重点关注。比如减少温室气体净排放量的减缓性措施——如植树造林以及其他生物燃料池的修复和保护还包括地区或地方可再生能源的发展——可以作为对整体减缓性计划的补充。而这种协同关系会因为适应性措施的加入而更进一步。比如植树或森林保护也可以作为城市适应性策略的重要部分来防止热岛效应，以此来防止一系列随之而来的如热相关的疾病、泥石流以及珊瑚沉淀等等。

在城市中，大部分情况下都是注重对那些将维持几十年的主要城市基础设施的投资：交通系统，商业建筑、居住、行政建筑以及工业发展。这些投资可以很大程度上促成不仅具有短期意义而且能够维持半个世纪或更长的减缓适应。

当下，除了一些特例，大部分城市在减缓性和适应性方面的举措都是琐碎的，并且在过去大部分的政策都只关注减缓性措施，而很少关注适应性措施。在很多情况下，这种关注不仅在气候方面，还在能源安全以及其他和经济增长有关的发展重点方面。即便是在那些已有针对减缓性问题的清晰明确的政策的地方，他们也常常只关注整体问题的一方面（比如能源效率，或者甚至范围更小一点，在城市公共职能方面能源效率）。

只有少数的全市范围的政策——比如在伦敦（大不列颠及北爱尔兰联合王国）、德班（南非）以及纽约（美国）——正开始关注减缓性措施、适应性措施与发展之间的一些复杂联系，并因此发起了针对减缓性措施和适应性措施的项目。例如，为了增加分散式能源技术在伦敦的使用普及率，超过一定规模的产业需要利用低碳或可再生能源就地发电方式来满足百分之二十的能源需求，以此来推动新的经济活动并创造绿色就业的机会。另外，国家和地方当局已开始将适应性措施用于解决三类气候危机——洪涝、干旱以及高温，以此来避免对基础设施的破坏、老年人死亡率的上升以及其他可能影响某些人群基本生活的危机。这意味着针对气候变化的举措中的关键部分正向综合整治的方向发展。然而，这些典型的案例也说明了在应对气候变化方面所面临的挑战。

未来的政策方向
FUTURE POLICY DIRECTIONS

考虑到近来应对气候变化政策的发展以及对更广泛更长期政策的需求，本节将探讨为实现对气候变化有抵御力的城市所需的未来的政策方向。在面对气候变化时，制定和执行政策不仅是城市的职责，也不单单是国家地区、国际组织或是政府部门等任何一个层面单独的责任。城市的发展是由各个层级的政府、民营机构、问题导向型民间组织、研究团体、地方社区代表以及民间社会组织所指定的政策所推动的。这将是一个巨大的挑战，即将各个方面的力量发挥到最大进而形成对城市需求和潜在问题的全球性应对措施——比如将大规模的可用资源与地方的经验和创造力相结合。

从这个角度出发，本节将总结一些各个层级政策制定的原则并将讨论对于非官方组织合作者来说在国际、国家以及地方层面分别应采取哪些政策来补充和巩固城市在应对全球气候变化方面的计划和决策。

政策制定的原则
Principles for policy development

对于一种综合的、多方合作的方式来说有几类原则是很重要的：

* 没有一种单一的减缓性或适应性政策是能够很好地适应所有城市的。正如一句俗语所说"一个尺度不能适应所有事物"，城市在温室气体排放的社会和环境成因、政府结构、应对气候危机的脆弱点、适应能力以及发展目标等方面是多样的，因而在制定政策时需要认识并有意识地应对世界范围内城市的多样性。

* 好的政策不是试图去精确估计未来的气候变化以及经济社会状况——这些问题背后有太多的不确定性因而根本不能指导政策制定，而是在一种可持续发展的视角下采取危机及机遇处理措施：不仅要考虑到在几种可能的气候和社会经济前景中所表现出的机会也要考虑到其中的风险。

* 政策应当强调、提倡和鼓励"协同性"和"共同利益"（即那些可以同时实现发展和气候应对的多项目标的政策）。

* 气候变化政策应当同时解决短期和长期的问题以及需要。在短期的方面主要是致力于相对简单直接"不能更改"的决策，首先用几乎没有成本的方式为城市发展提供可观的共同利益（比如提高对气候多样性的应对能力；减少慢性的环境压力，如排水不良；或者是解决那些只

那些有协同关系并且相互补充的减缓适应措施应当予以重点关注

没有一种单一的减缓性或适应性政策是能够很好地适应所有城市的

会在气候变化中变得更糟的弱势群体的基本需求）；其次，利用利益相关人的广泛支持，不仅帮助境况较好的人群，更要帮助那些受气候变化危机威胁更严重的人群（穷人、妇女、儿童、老年人、残疾人、少数民族以及其他弱势群体等）。在长期的方面需要为逐步增大的减缓性压力考虑处理危机的方式，要适应愈加严重的气候变化影响，同时致力于为一系列可能的气候与发展前景建立应急计划，监控现有的气候和政策状况以及定期地对危机进行再评估。

- 政策必须认识到机构所发挥的作用和潜力在不同规模和不同方面是有区别的。在最近，经常有在大规模上精心策划的自上而下的计划因为提出难以完成的官僚主义的要求作为获得资源的条件而阻碍了地方行动的进行。同时，在小规模上制定和执行的自下而上的计划（比如以社区为基础的适应性行动）经常在对城市基础设施和服务的投资上缺乏财政和其他方面的支持，同时也可能缺乏有价值的信息，或是可能对其他地区的行动造成阻碍作用。所以制定新的方式来支持多层次、多方面的行动将是一项挑战，这类行动产生于新出现的各种因素之间的互相影响，目的是激发大范围的合作者间相互区别并常常相互补充的潜力。

应当支持和促进国际民营组织在城市应对气候变化方面的举措，而非限制和指导他们

国际政策
International policies

应当支持和促进国际民营组织在城市应对气候变化方面的举措，而非限制和指导他们（可见专栏7.1）：

> **专栏7.1   制定应对城市气候变化政策的原则：国际组织**
> **Box 7.1 Key principles for urban climate change policy development: The international community**
>
> 在三个方面国际组织可以支持和促成更有效的城市减缓适应举措：
>
> 1 地方人员应该可以更为直接地得到财力支持 - 例如，脆弱的城市适应气候变化行动中，对可替代能源进行一系列组合投资，以及为地方政府和私营部门之间缓解气候变化的合作伙伴关系投入资源。
> 2 通过国际社会的帮助，在地方行动者和国际资助者之间建立直接的沟通和问责渠道，以减少地方获取国际援助的行政障碍。
> 3 政府间气候变化专门委员会（IPCC）、联合国以及其他国际组织，需要更为广泛地拓展传播气候变化的科学信息及应对气候变化的缓解与适应措施，其中包括已观察到的及未来的气候变化对城市中心的影响，城市减缓适应气候变化的举措及其成本、效益、潜力和限制等此类知识。

- 资源 国际组织可以得到重要的财政支持来资助很多需要额外资源来应对气候变化的脆弱城市。例如，国际政策应该为脆弱城市的气候变化适应性行动提供更多重要的财政支持，对一系列的替代性能源行动进行投资，以及对当地政府和当地民营部门在减缓性措施方面的合作进行支持。尤其重要的是，通过这些措施应该使得适应基金和清洁发展机制在城市行动中更方便地使用。

- 信息和相应措施 政府间气候变化专门委员会（IPCC）已经开始帮助城市并通过提供关于气候变化科学和应对措施的信息来影响城市的发展模式，针对出现的问题向政府（和那些接受信息的人）发出预警并且解决了一些关于科学事实的争论。国际政策应当继续发挥它们的作用，加大拓展传递城市应对气候变化的减缓适应措施等信息渠道的力度，增加关于这些措施的成本、效果、潜力和限制的信息。克林顿气候倡议以及国际地方政府环境行动理事会（见专栏2.7）也发挥了类似的作用，它们在交流想法、经验以及优秀实践方面发挥了重要作用，至少对那些走在气候行动前列的城市是这样。

- 减少行政障碍 国际政策应该在对问责制的合理关注上做得更好（比如在细节的数据分析中增加"额外量"），这样可以使获得支持更为容易、方便并且减少了昂贵分析的束缚。可以采取的措施包括更广泛地利用第三方中间组织（"边界"）来分配资源和监控计划的实施过程。同时应当制定和通过针对某几类项目的投资审批流程的精简方案（例如通过清洁发展机制），这些项目已经反复被证明能在与气候变化相关的方面带来好处。同样的，为了使发展中国家的城市可以容易地获得碳融资，清洁发展机制执行委员会应当通过城市范围内关于行动程序的方法论，并最近已交由他们审议。

国家政策
National policies

正如部分国家所证明的——如大不列颠及北爱尔兰联合王国、德国、挪威、巴西以及朝鲜——国家政府的减缓性措施可能会背离国际气候条例和协议。由于诸如能源安全或是对气候变化影响的关注等多种原因，他们可能会制定和执行国家层面的减缓性策略和适应性计划。然而，从城市角度来看，国家政府通过决定政策和制定市场条件规则形成一些分散的措施——激励、限制或是对未来的预期——以及帮助协调那些涉及很多个人合作者的应对措施来促进城市的发展。他们在某些方面也发挥了重要的作用，即在国家尤其是城市的层面，能从当下的状况和重点转而关注长期状况的改变以及那些决定发展模式和危机应对方式的规则的改变。

- 促进体系　国家（或地方）政府应当使所有利益相关人能够容易地参与到气候变化减缓适应措施中来。菲律宾的例子（见专栏6.3）说明了政府如何通过一个促进体系加强了其他利益相关人尤其是穷人参与的积极性。

- 激励措施　一些国家已经开始为气候变化减缓性措施提供激励机制，而大部分国家事实上通过为解决其他问题而制定的政策阻碍了减缓性和适应性行动——或者是在气候变化成为事实前的早期。国家可以通过废除那些达不到预期效应的"反适应性措施"以及为联邦资金支持和公众的高度认可提供诸如优惠税收待遇资格这样的激励政策来推行与减缓性或适应性措施相关的行动。

- 协调　由于各个城市、行业、地区以及其他组织都对减缓适应提供行动上的支持，为了保证在其他情况下这些分散的行动互相促进而不是互相造成问题，应当对这些行动进行协调。例如，将自然森林转化成生物能源种植园的行为在减缓性方面能发挥作用因为这减少了对化石燃料的需求，但也可能威胁到生物多样性的保护。一个城市通过围栏保护沿海区域的措施可能为对湿地生态平衡造成影响，而这种生态平衡对内地城市的经济基础很重要。国家应当制定标准来确保地方计划的信息共享以及为各地计划的矛盾提供解决机制。

- 风险分担　国家在风险分担方面可能通过两种方式为城市的减缓适应提供帮助。在适应性方面，对那些基本只可能发生在国家层面而很少会在单个城市中发生的气候危机如极端天气事件保持关注。在这方面，国家可以和民间的非官方组织（如贫民窟联合会）以及提供保险和再保险的公立医疗机构进行合作来为每个城市提供保护，而不需要每个城市都为应对一类发生概率很小的灾害而进行一笔不小的投入。在减缓性方面，有一些技

　　各国政府应当主要应用以下机制来在各地开展减缓适应性行动：

- 参与国家气候变化缓解战略以及适应规划的制定与执行。
- 为针对可替代能源、节能设备、应对气候变化的基础设施、房屋及家电等其他应对减缓适应的投资提供退税、免税等其他激励措施。
- 提倡采用适当的气候反应措施。例如，重新制定用于解决其他问题或是在气候变化之前颁布的政策，例如使用百年冲积平原这个概念的政策可能会导致不良适应。
- 加强部门和行政管理机构之间的协调与简化。例如，务必使某个城市设置围护以保护沿海地区的决策或不影响淡水供应流域，或不影响对该城市或其他内陆城市经济基础较为重要的湿地生态环境。
- 与非政府行为者建立伙伴关系并分担风险（可见专栏7.4）。例如，各国政府与私人保险机构共同提供保护，则不需要每个城市大举投资来降低特定的、低概率威胁的风险。
- 同目前仅对未来几十年内的预测相比，对更大的气候变化影响与适应需求的可能性做出更为长久的预测和规划。

术手段过于先进因而它们的经济价值还没有体现出来。在这种情况下，国家可以通过提供部分贷款保障等措施来鼓励创新，以防止这些技术没有预想中的那么好。

- 对需要转化适应性措施的地区进行援助　国家应当帮助城市预见到更重大的气候变化带来影响的可能性，以及对相应的适应性措施的需求。这样的先见之明应该着眼于更加长远的未来，而不只是针对未来的几十年。例如，一个位于海边的脆弱城市在未来的半个世纪内容易受到更严重的风暴以及海平面上升的危险，从长远来看，应当将部分人口和经济产业搬离那些最容易受灾害影响的地区。正如本章前文所述，政策应当支持应急计划并对现状以及应对措施的发展进行监控。

城市政策
City policies

　　城市是气候行动的主要集中地，这些行动是由地方发展的侧重点和需求、地方对应对气候变化的需求和措施的了解、地方对促成决策的现实的认识以及地方的创新潜力所决定的。在大部分城市中，政策制定面临的一个主要挑战是扩大政策方向，从

由于各个城市、行业、地区以及其他组织对减缓适应提供行动上的支持，因而应当对这些行动进行协调

城市决策者需要从认识地方发展的侧重点和需求、地方对应对气候变化的需求和措施的了解、地方对促成决策的现实的认识以及地方的创新潜力开始。地方政府应当：

- 在未来发展的方向以及寻找将气候应对措施和城市发展意愿结合起来的方式上形成明确的观念。
- 加强社区方面的参与和行动，让民营组织、社区组织（尤其是穷人）、草根组织以及各类意见领袖参与其中来保证各方面的意见和观点都得到倾听。
- 利用包容的参与性进程（如上面所说），城市应当进行脆弱性评估来确定对于他们的各种城市发展计划和不同的人口部门相同和不同的风险，从而决定减少这些风险的目标和方法。

尤其是基础设施设计时，应特别关注在主要基础设施中加入应对气候变化的功能的重要性，因为在设计时加入这些功能的成本总是比建成之后加入的成本要小。

为了实现更为有效的政策，地方政府需要扩大非政府组织，如社区和基层团体、学术机构，私营部门和意见领袖参与投入的范围、责任以及有效性。这能一举夺得：

- 将成为创新选择，以及科学和与地方相关的知识来源；
- 能够使参与者理解和权衡各种不同的观点和利益；
- 将为决策提供广泛的支持，且将促进对排放和脆弱性的起因，以及达成的减缓适应策略的了解。

此前提下，与私营部门和非政府组织的合作伙伴关系具有特殊的意义。例如：

- 从国际、国家和地方私营机构调动的资源可用于鼓励投资开发新技术、新住房项目和耐气候基础设施建设，并协助发展气候变化风险评估。
- 非政府组织在诸如气候认识、教育和救灾等气候变化领域的广泛参与值得肯定，而不是尽可能把它们排斥在体制和交流平台之外。这些组织在气候变化的介入和视角，可以用来帮助建立更加完整的城市发展规划。

广泛的监管组织，如代表所有行动者利益的顾问委员会应当被用来避免私人或宗教利益对地方行动的破坏——例如，只使得少数人获益的技术、基础设施、住房的投资，或是利用基层资金获利等。在那些权力集中在地方政府和国家部门的国家这一点尤其重要，但广泛的监管在每个地方都应当实行。

传统的依靠政治力量和政府行动的模式中走出来，同时将社区的力量大大加入进来（见第五章）。为了面对这项挑战，城市政策应当（可见专栏7.3）：

- 形成对未来的展望。只有城市对发展方向有明确的观念，城市才能够评估气候变化和城市发展有何关联。这不仅要求对未来经济情况、人口和土地利用状况以及对资源的需求进行预测，还要求通过对未来的一系列描述来解释为什么从城市的角度这些都是需要的。
- 加强社区方面的参与和行动。为了形成这样的观念，城市需要成为一个社区的组织——从原来的政府转向民营组织、社区组织、草根组织以及各类意见领袖来保证各方面的意见和观点都得到倾听。这对于保证城市应对气候变化所需的知识、创新能力以及广泛的支持有重要作用（见第六章）。
- 进行参与性风险评估并将评估转化为行动计划。利用包容的参与性进程，即将男性女性以及各个社会经济和年龄层面的人都包括进来，城市应当评估城市发展计划和目标的风险性，并找到通过短期行动来减少这种风险的方法，这种方法可以为发展提供共同利益，可以形成一个采取重点行动的行动计划同时能够考虑到可能需要更大规模的计划和策略发展来应对长期的风险（见第六章）。
- 关注对重要基础设施投资建设的重要性。主要基础设施对减缓适应有着长期的影响。对于小中型城市的城市基础设施投资尤其重要，这些基础设施包括大型住宅和商业发展、政府架构、工业结构、交通系统、能源设施以及其他诸如自来水供应系统、废物处理系统等。应当在这些基础设施开始设计时对在主要基础设施中加入应对气候变化的功能的重要性予以特别关注，因为此时加入这些功能的成本比当这些设施加成后再加入要小。例如，在缺乏防御力的沿海或沿河城市可以为新的城市基础设施建设出台建筑规范，要求这些新的设施能够经得住重大洪涝灾害。

全球气候应对中其他合作者的策略
Policies of other partners in a global policy response

政府并不是独自在发展中应对气候变化。民营组织和非政府组织也在其中发挥了重要的作用。而其他组织可能也在某些城市中发挥了重要作用，比如社区或是宗教组织（可见专栏7.4）：

- 私营部门　气候变化应对措施和城市发展之间的积极联系只有在它们成为地方市场和经济制度的日常决策时才会成为主流。从大型跨国企业到地方的非正式产业，民营组织必须被纳入到国际、国家或是城市层面与气候问题有关的决策制定中来。对各个地方来说，应当从以下工作开始：将民营组织纳入到关于城市需求和解决手段的讨论中来；鼓励私营部门进行关于他们自己的气候危机评估；寻找民营企业比公共部门做得更好的方面（比如物资储备和提供应急供应）；鼓励关于民营组织的企业战略如何帮助城市加强气候变化减缓适应的创新思考。
- 非政府组织　非政府组织包括提供信息、技术帮助和政策倡导的国际环保组织，以及那些当政府和民营组织不愿意迅速向前推进时引领城市气候变化应对措施的慈善机构，还包括那些在城市应急措施中起到重要作用并正逐步代表城市弱势群体利益的正式或非正式的地方社区组织。在这方面，政策主要要解决的问题是如何把这些力量整合到城市发展计划中而非让它们停留在制度和交流平台之外。

结语
CONCLUDING REMARKS

　　总的来说，把应对气候变化和发展城市联系在一起的政策方向提供了大量机会；但是他们需要关于怎样考虑将来和怎样联系政府不同层面和不同地区的城市社区不同的角色之间关系的新的哲学。在很多情况下，这暗示了在城市操作方面的改变——促进当地政府和当地经济机构之间更紧密的协调关系，建立中央权力机构和被隔离在咨询和话语圈外部分之间的新关系。涉及的困难在于深入地改变城市地区互动和决策的固有套路，这种困难的难度不应当被低估。由于它很难，成功的经验需要鉴定、描述和广泛地作为模板公开宣传。然而，当这种挑战一旦被遇到，更有可能出现的情况不仅是以极为重要的方式增加机会和减少城市发展的威胁，而且是使城市地区成为一个更高效的社会和政治实体，总的来说——在每天怎样运作方面和在无数问题出现时怎样解决他们方面，一个更好的城市——远远超出仅仅与气候变化的关系。在这种意义上，应对气候变化能成为社会包容性、经济生产力和环境友好的城市发展的催化剂，帮助开辟一个利益相关者沟通和参与的崭新图景。

应对气候变化能成为社会包容性、经济生产力和环境友好的城市发展的催化剂

注释　NOTES

1　I.e. the Annex 1 countries of the UNFCCC; see Chapter 2.
2　UN, 2010.
3　UN, 2010.
4　The Adaptation Fund only became operational in 2010. See also Boxes 2.2 and 2.3.
5　However, and as noted earlier, an International Standard for Determining Greenhouse Gas Emissions for Cities was launched by UNEP, UN-Habitat and the World Bank at the World Urban Forum in Rio de Janeiro, Brazil, in March 2010.
6　It should, however, be noted that the provision of modern sanitation facilities becomes less expensive with densification.
7　Such as housing co-operatives in Tel Aviv, Israel (see Chapter 5).
8　Such as the Project 2° (see Chapter 5).
9　See Chapter 1.

10　Such as Denver and Washington, DC (see Chapter 3).
11　See Chapter 5.
12　See Chapter 5.
13　See Box 5.4.
14　In line with the activities and recommendations of the C40 and ICLEI (see Chapters 2 and 5).
15　See Chapter 5.
16　See Chapters 2 and 5.
17　See Chapter 2.
18　Sims et al, 2007.
19　Through the CDM (see Box 2.3) and through such programmes as the United Nations Collaborative Programme on Reducing Emissions from Deforestation and Forest Degradation in Developing Countries (UNREDD) (see Table 2.2).
20　See Chapter 2.
21　See Chapter 6.
22　See Chapters 4 and 6.

23　See Chapter 6.
24　See NRC, 2010.
25　NRC, 2009, 2010; Greene et al, 2010.
26　'Decarbonized' as a result of carbon capture and storage initiatives (see Chapter 5).
27　See Chapter 3.
28　Barker et al, 2007.
29　See Chapter 5.
30　See Chapter 2.
31　Barker et al, 2007.
32　See Chapter 5.
33　Barker et al, 2007.
34　See Chapters 4 and 6.
35　ACIA, 2004.
36　See Chapter 6.
37　This having been said, it is important to note that some climate change adaptation interventions can be very costly and/or contentious.
38　See Chapter 6.
39　See Chapter 6.
40　NRC, 2010.
41　Wilbanks and Sathaye, 2007.

42　Such as in Beijing (China) (see Chapter 5).
43　See Chapter 5.
44　See Chapter 5.
45　NRC, 2010.
46　See, for example, Rosenzweig et al, 2011.
47　See Chapter 5.
48　Wilbanks, 2007.
49　The proposal was submitted by the World Bank in July 2010. Under present rules, the CDM Executive Board cannot approve programmes of activities that use multiple methodologies. By their very nature, city-wide programmes draw on a range of methodologies that support GHG mitigation technologies; but as such they cannot be considered for approval through the CDM – unless the guidelines of the CDM Executive Board are revised.
50　Wilbanks, 2003.

统计附录
STATISTICAL ANNEX

技术注释
TECHNICAL NOTES

统计附表由16个表格组成，涵盖的范畴广泛，诸如人口统计、住宅经济和社会指标。附表分为三个部分，分别从地区、国家和城市的层面展示数据。表格A1到A4展示的是地区层面的数据，根据遴选的经济与发展成果标准和地理分布来分门别类。表格B1到B8包含的是国家层面的数据，表格C1到C3则是城市的数据。数据的编纂来自多种国际信息源，从国家的统计部门到联合国的相关部门。

符号说明
EXPLANATION OF SYMBOLS

以下是统计附表中呈现数据所运用的符号：
不适用的范畴 ..
不适用的数据 …
零级 –

国家分组与统计数据
COUNTRY GROUPINGS AND STATISTICAL AGGREGATES

世界主要分组
World major groupings

较发达地区： 欧洲与北美所有国家和地区，及澳大利亚、日本和新西兰。

欠发达地区： 非洲所有国家和地区、拉丁美洲、日本以外的亚洲、澳大利亚与新西兰之外的澳洲。

最不发达国家： 阿富汗、安哥拉、孟加拉国、贝宁、不丹、布基纳法索、布隆迪、柬埔寨、中非共和国、乍得、科摩罗、刚果民主共和国、吉布提、赤道几内亚、厄立特里亚、埃塞俄比亚、冈比亚、几内亚、几内亚比绍、海地、基里巴斯、老挝人民民主共和国、莱索托、利比里亚、马达加斯加、马拉维、马尔代夫、马里、毛里塔尼亚、莫桑比克、缅甸、尼泊尔、尼日尔、卢旺达、萨摩亚、圣多美与普林西比、塞内加尔、塞拉利昂、所罗门群岛、索马里、苏丹、东帝汶、多哥、图瓦卢、乌干达、坦桑尼亚、瓦努阿图、也门、赞比亚。

小岛屿发展中国家： [1]美属萨摩亚、安圭拉岛、安提瓜和巴布达、阿鲁巴岛、巴哈马群岛、巴林、巴巴多斯、伯利兹、英属维尔京群岛、佛得角、科摩罗、库克群岛、古巴、多米尼克、多米尼加共和国、斐济、法属波利尼西亚、格林纳达、关岛、几内亚比绍、圭亚那、海地、牙买加、基里巴斯、马尔代夫、马绍尔群岛、毛里求斯、密克罗尼西亚联邦、蒙特塞拉特岛、瑙鲁、荷属安的列斯、新喀里多尼亚、纽埃岛、北马里亚纳群岛、帕劳群岛、巴布亚新几内亚、波多黎各、圣基茨和尼维斯、圣卢西亚、圣文森特和格林纳丁斯、萨摩亚、圣多美和普林西比、塞舌尔、所罗门群岛、苏里南、东帝汶、汤加、特立尼达和多巴哥、图瓦卢、美属维尔京群岛、瓦努阿图。

撒哈拉以南的非洲地区： 安哥拉、贝宁、博茨瓦纳、布基纳法索、布隆迪、喀麦隆、佛得角、中非共和国、乍得、科摩罗、刚果、科特迪瓦、刚果民主共和国、吉布提、埃及、赤道几内亚、厄立特里亚、埃塞俄比亚、加蓬、冈比亚、加纳、几内亚、几内亚比绍、肯尼亚、莱索托、利比亚、马达加斯加、马拉维、马里、毛里塔尼亚、毛里求斯、马约特岛、摩洛哥、莫桑比克、纳米比亚、尼日尔、尼日利亚、留尼旺、卢旺达、圣赫勒拿、圣多美和普林西比、塞内加尔、塞舌尔、塞拉利昂、索马里、南非、苏丹、斯威士兰、多哥、乌干达、坦桑尼亚联合共和国、赞比亚、津巴布韦。

按人类发展指数的国家分组[2]
Countries in the Human Development Index aggregates

最高人类发展指数：安道尔、澳大利亚、奥地利、巴林、巴巴多斯、芬兰、法国、德国、希腊、中国香港特别行政区、匈牙利、冰岛、爱尔兰、以色列、意大利、日本、列支敦士登、卢森堡、马耳他、荷兰、新西兰、挪威、波兰、葡萄牙、卡塔尔、大韩民国、新加坡、斯洛伐克、美国。

高度人类发展指数：阿尔巴尼亚、阿尔及利亚、阿根廷、亚美尼亚、阿塞拜疆、巴哈马群岛、白俄罗斯、伯利兹、波斯尼亚和黑塞哥维那、巴西、保加利亚、智利、哥伦比亚、哥斯达黎加、克罗地亚、厄瓜多尔、格鲁吉亚、伊朗（伊斯兰共和国）、牙买加、约旦、哈萨克斯坦、科威特、拉脱维亚、阿拉伯利比亚民众国、立陶宛、马来西亚、毛里求斯、墨西哥、黑山、巴拿马、秘鲁、罗马尼亚、俄罗斯、沙特阿拉伯、塞尔维亚、前南斯拉夫马其顿共和国、汤加、特立尼达和多巴哥、突尼斯、土耳其、乌克兰、乌拉圭、委内瑞拉（玻利瓦尔共和国）。

中度人类发展指数：玻利维亚、博茨瓦纳、柬埔寨、佛得角、中国、刚果、多米尼加共和国、埃及、萨尔瓦多、赤道几内亚、斐济、加蓬、危地马拉、圭亚那、洪都拉斯、印度、印度尼西亚、吉尔吉斯斯坦、老挝人民民主共和国、蒙古、摩洛哥、纳米比亚、尼加拉瓜、巴基斯坦、巴拉圭、菲律宾、圣多美和普林西比、所罗门群岛、南非、斯里兰卡、苏里南、斯威士兰、阿拉伯叙利亚共和国、塔吉克斯坦、泰国、东帝汶、土库曼斯坦、乌兹别克斯坦、越南。

低度人类发展指数：阿富汗、安哥拉、孟加拉国、贝宁、布基纳法索、布隆迪、喀麦隆、中非共和国、乍得、科摩罗、科特迪瓦、刚果民主共和国、吉布提、埃塞俄比亚、冈比亚、加纳、几内亚、几内亚比绍、海地、肯尼亚、莱索托、利比里亚、马达加斯加、马拉维、马里、毛里塔尼亚、莫桑比克、缅甸、尼泊尔、尼日尔、尼日利亚、巴布亚新几内亚、卢旺达、塞内加尔、塞拉利昂、苏丹、多哥、乌干达、坦桑尼亚联合共和国、也门、赞比亚、津巴布韦。

按收入的国家分组[3]
Countries in the income aggregates

世界银行对所有成员国以及所有其他人口超过3万的经济体作了分类。在2011年世界发展报告中、经济体依照的收入分类参照的是2009年人均国民生产总值、计算方法依据的是世界银行的图表集法。这些分类是：

高收入国家：安道尔、阿鲁巴岛、澳大利亚、奥地利、巴哈马、巴巴多斯、巴林、比利时、百慕大、文莱达鲁萨兰国、加拿大、开曼群岛、海峡群岛、克罗地亚、塞浦路斯、捷克共和国、丹麦、赤道几内亚、爱沙尼亚、法罗群岛、芬兰、法国、德国、法属波利尼西亚、直布罗陀、希腊、格陵兰岛、关岛、中国香港特别行政区、匈牙利、冰岛、爱尔兰、马恩岛、以色列、意大利、日本、科威特、拉脱维亚、列支敦士登、卢森堡、中国澳门特别行政区、马耳他、摩纳哥、荷属安的列斯群岛、荷兰、新喀里多尼亚、新西兰、北马里亚纳群岛、挪威、波兰、葡萄牙、阿曼、卡塔尔、波多黎各、大韩民国、圣马里诺、沙特阿拉伯、新加坡、斯洛伐克、斯洛文尼亚、西班牙、瑞典、瑞士、特立尼达和多巴哥、特克斯和凯科斯群岛、阿拉伯联合酋长国、大不列颠及北爱尔兰联合王国、美利坚合众国、美属维尔京群岛。

中高收入国家：阿尔巴尼亚、阿尔及利亚、美属萨摩亚、安提瓜和巴布达、阿根廷、阿塞拜疆、白俄罗斯、波斯尼亚和黑塞哥维那、博茨瓦纳、巴西、保加利亚、智利、哥伦比亚、哥斯达黎加、古巴、多米尼克、多米尼加共和国、斐济、加蓬、格林纳达、伊朗（伊斯兰共和国）、牙买加、哈萨克斯坦、黎巴嫩、阿拉伯利比亚民众国、立陶宛、马来西亚、毛里求斯、马约特岛、墨西哥、黑山共和国、纳米比亚、帕劳群岛、巴拿马、秘鲁、罗马尼亚、俄罗斯、塞尔维亚、塞舌尔、南非、圣基茨和尼维斯、圣卢西亚、圣文森特和格林纳丁斯、苏里南、前南斯拉夫马其顿共和国、土耳其、乌拉圭、委内瑞拉（玻利瓦尔共和国）。

中低收入国家：安哥拉、亚美尼亚、伯利兹、不丹、玻利维亚、喀麦隆、好望角、佛得角、中国、刚果、科特迪瓦、吉布提、厄瓜多尔、埃及、萨尔瓦多、格鲁吉亚、危地马拉、圭亚那、洪都拉斯、印度、印度尼西亚、伊拉克、约旦、基里巴斯、莱索托、马尔代夫、马绍尔群岛、密克罗尼西亚联邦、摩尔多瓦、蒙古、摩洛哥、尼加拉瓜、尼日利亚、巴勒斯坦被占领土、巴基斯坦、巴布亚新几内亚。

低收入国家： 阿富汗、孟加拉国、贝宁、布基纳法索、布隆迪、柬埔寨、中非共和国、乍得、科摩罗、朝鲜民主主义人民共和国、刚果民主共和国、厄立特里亚、埃塞俄比亚、冈比亚、加纳、几内亚、几内亚比绍、海地、肯尼亚、吉尔吉斯斯坦、老挝人民民主共和国、利比里亚、马达加斯加、马拉维、马里、毛里塔尼亚、莫桑比克、缅甸、尼泊尔、尼日尔、卢旺达、塞拉利昂、所罗门群岛、索马里、塔吉克斯坦、多哥、乌干达、坦桑尼亚共和国、赞比亚、津巴布韦。

次区域分组
Sub-regional aggregates

■ 非洲
Africa

非洲东部： 布隆迪、科摩罗、吉布提、厄立特里亚、埃塞俄比亚、肯尼亚、马达加斯加、马拉维、毛里求斯、马约特岛、莫桑比克、留尼旺、卢旺达、塞舌尔、索马里、乌干达、坦桑尼亚联合共和国、赞比亚、津巴布韦。

非洲中部： 安哥拉、喀麦隆、中非共和国、乍得、刚果、刚果民主共和国、赤道几内亚、加蓬、圣多美和普林西比。

非洲北部： 阿尔及利亚、埃及、阿拉伯利比亚民众国、摩洛哥、苏丹、突尼斯、西撒哈拉。

非洲南部： 博茨瓦纳、莱索托、纳米比亚、南非、斯威士兰。

非洲西部： 贝宁、布基纳法索、佛得角、科特迪瓦、冈比亚、加纳、几内亚、几内亚比绍、利比里亚、马里、毛里塔尼亚、尼日尔、尼日利亚、塞内加尔、圣赫勒拿、塞拉利昂、多哥。

■ 亚洲
Asia

东亚： 中国、中国香港特别行政区、中国澳门特别行政区、朝鲜民主主义人民共和国、日本、蒙古、大韩民国。

亚洲中南部： 阿富汗、孟加拉国、不丹、印度、伊朗（伊斯兰共和国）、哈萨克斯坦、吉尔吉斯斯坦、马尔代夫、尼泊尔、巴基斯坦、斯里兰卡、塔吉克斯坦、土库曼斯坦、乌兹别克斯坦。

东南亚： 文莱达鲁萨兰国、柬埔寨、印度尼西亚、老挝人民民主共和国、马来西亚、缅甸、菲律宾、新加坡、泰国、东帝汶、越南。

西亚： 亚美尼亚、阿塞拜疆、巴林、塞浦路斯、格鲁吉亚、伊拉克、以色列、约旦、科威特、

黎巴嫩、巴勒斯坦被占领土、阿曼、卡塔尔、沙特阿拉伯、阿拉伯叙利亚共和国、土耳其、阿拉伯联合酋长国、也门。

■ 欧洲
Europe

东欧： 白俄罗斯、保加利亚、捷克共和国、匈牙利、波兰、罗马尼亚、摩尔多瓦、俄罗斯联邦、斯洛伐克、乌克兰。

北欧： 海峡群岛、丹麦、爱沙尼亚、法罗群岛、芬兰、冰岛、爱尔兰、马恩岛、拉脱维亚、立陶宛、挪威、瑞典、英国。

南欧： 阿尔巴尼亚、安道尔、波斯尼亚和黑塞哥维那、克罗地亚、直布罗陀、希腊、罗马教廷、意大利、马耳他、黑山、葡萄牙、圣马力诺、塞尔维亚、斯洛文尼亚、西班牙、前南斯拉夫马其顿共和国。

西欧： 奥地利、比利时、法国、德国、列支敦士登、卢森堡、摩纳哥、荷兰、瑞士。

■ 拉丁美洲及加勒比地区
Latin America and the Caribbean

加勒比地区： 安圭拉岛、安提瓜和巴布达、阿鲁巴岛、巴哈马群岛、巴巴多斯、英属维尔京群岛、开曼群岛、古巴、多米尼克、多米尼加共和国、格林纳达、瓜德罗普岛、海地、牙买加、马提尼克岛、蒙特塞拉特岛、荷属安的列斯群岛、波多黎各、圣基茨和尼维斯、圣卢西亚、圣文森特和格林纳丁斯、特立尼达和多巴哥、特克斯和凯科斯群岛、美属维尔京群岛。

中美洲： 伯利兹、哥斯达黎加、萨尔瓦多、危地马拉、洪都拉斯、墨西哥、尼加拉瓜、巴拿马。

南美洲： 阿根廷、玻利维亚、巴西、智利、哥伦比亚、厄瓜多尔、福克兰群岛（马尔维纳斯）、法属圭亚那、圭亚那、巴拉圭、秘鲁、苏里南、乌拉圭、委内瑞拉（玻利瓦尔共和国）。

北美洲： 百慕大群岛、加拿大、格陵兰岛、圣皮埃尔和密克隆岛、美利坚合众国。

■ 大洋洲
Oceania

澳大利亚/新西兰： 澳大利亚、新西兰。

美拉尼西亚： 斐济、新喀里多尼亚、巴布亚新几内亚、所罗门群岛、瓦努阿图。

密克罗尼西亚： 关岛、基里巴斯、马绍尔群岛、密克罗尼西亚（联邦政府）、瑙鲁、北马里亚纳群岛、帕劳。

波利尼西亚： 美属萨摩亚、库克群岛、法属波利尼西亚、纽埃岛、皮特克恩、萨摩亚、托克劳、

汤加、图瓦卢、瓦利斯和富图纳群岛。

术语与陈述顺序
NOMENCLATURE AND ORDER OF PRESENTATION

表A1到A4包括了地区数据，依收入、人类发展水平和地理指数等分类。表B1到B4，表C1到C3分别包含的是国家和城市层面的数据。在这些表格中，国家或地区在各大洲之下依英语名称的开头字母顺序排序。国家和地区的名字依联合国秘书处统计时所用名称。由于空间有限，有些国家采用简称，——例如，大不列颠及北爱尔兰联合王国就用"联合王国"的名字。

术语界定
DEFINITION OF TERMS

电力供应：居住单元中家庭的供电百分率。

自来水供应：居住单元中家庭的饮用水供水百分率（户内、院内自来水管）。

排污管道接入：居住单元中家庭的排污管道连接百分率。

电话接入：居住单元中家庭的供电话线接入百分率。

移动电话接入：居住单元中家庭的移动电话接入百分率。

基尼系数：经济体在个人或家庭间收入（或在某些例子里是消费开支）和资产（如土地）的分配在一个完全平均分配上下波动。一个洛伦兹曲线情景：从最贫穷的个人或家庭开始，累计百分比的总收益与累积获得反对接收人的数目差不多。基尼指数计算了区域洛伦茨曲线和一个假想的线的绝对平等之前的区域，表示为一个百分比的最大区域根据线。因此，一个基尼指数为0代表绝对平等，而索引为1意味着绝对不平等。

温室气体的排放，二氧化碳：燃烧化石燃料和水泥制造产生的二氧化碳中，包括消费的固体、液体、气体燃料和天然气燃除。

温室气体的排放，甲烷：人类活动排放的甲烷：如农业和工业生产中的甲烷排放。

温室气体的排放，一氧化二氮：农业生物质燃烧，工业活动和牲畜业中排放的一氧化二氮。

其他温室气体排放：副产品氢氟碳化合物的排放（三氟甲氯二氟甲烷排放的副产品从制造和使用氢氟碳化物），全氟碳化物（排放的副产品四氟化碳，六氟乙烷从原铝生产和碳氟化合物等的使用，

特别是对半导体制造）和硫（各种来源，六氟化最大的使用和用于配电网络的绝缘开关设备所制造的气体）。

温室气体的排放，百分比变化：（由联合国人居署得出）指的是在指定的时间内每个国家主要地区和全球总数平均年增长率的百分比的碳排放量。

国民总收入：所有居民生产商加任何产品税（少补贴）增加值之和，不包含在估值的输出加上净收入的从国外的主要收入（补偿的员工和财产收入）。数据是在当前美元转换，使用世界银行阿特拉斯法。

人均国民总收入：国民收入总值（GNI）除以年中人口。人均国民收入以美元转换使用世界银行地图集法。

国民收入总值PPP：国民总收入用购买力平价（PPP）比率转化为国际美元。在美国，国际货币在美元上与国民总收入具有相同购买力。

家庭：家庭的概念基于人的安排，个人或团体，提供自己的食物或其他基本生活要素。一个家庭可能是：

1　单人家庭：不需要与他人共同组成多人家庭就能满足自己的食物与其他基本生活要素的供给。

2　多人家庭：两个或多个人为一组一起生活，互相提供食物和其他基本生活要素。组里的人会汇集他们的收入以及或多或少的共同预算。他们可能是有血缘关系或者没有血缘关系或者两者都包括。家庭的概念被理解成家庭管理。这不意味着家庭和房屋的数量是对等的。尽管一个房屋意味着会被一个家庭所占据，但它同时也可能被多个家庭，或者家庭的一部分占据（比方说两个独立家庭因为经济原因共用一处房屋或者一个家庭在一夫一妻社会同时拥有多处房产）。

家庭改善饮用水的方法：一定比例的家庭在房屋内连接了诸如这些提供的饮水：自来水，公共水龙头，钻孔或泵，被保护的井、溪或雨水。

改善的饮用水包括：一定比例的人用改进的水资源或交containers点。改善饮用水技术比未改善的技术更能提供安全饮用水。改善饮用水水源：小区或院子里的自来水；水龙头/立管；管好/钻孔；受保护的水井溪水雨水。未经改善的饮用水来源：无保护的井；无保护溪水；瓶装水；[4]地表水（河流、大坝、湖泊、池塘、河流、运河、渠道）。

改善卫生条件覆盖：用改进的卫生设施的人的百分比。改善卫生设施比未改良设施更容易避免接

触人类排泄物。

国家贫困线：由国家统计局或国际机构或政府统计机构或世界银行的国家部门获得的基于国家具有代表性的家庭的报告。人口一天1.25美元以下的人口和一天在2美元的人口比例—在2005年国际价格，生活在每天不到1.25美元，每天不到2美元的人的比例。作为以购买力平价汇率的修改结果，个别国家的贫困率不能与贫困率在以前的报道版本相比。

城市化水平：在城内居住的人的百分比。城市和农村聚落在国家范围内的定义，在不同的国家很不相同（城市的定义通常是国家的定义纳入新的人口普查）。

汽车：包括汽车、公共汽车和货车，不包括两轮车。

国家人口在国家贫困线以下：该国的人口生活在国家贫困线的百分比。国家的估计是基于人口加权的子群从家庭调查的估计。

居住单元人口：居住单元中的居民总数。

农村人口：年中估计和预测的居住在农村中的定居人口（参见"人口问题，城市"）。

总人口：对于世界、区域、国家或地区的年中人口的估计和预测。在联合国人口经济和社会事务的部门每两年通过新的数据预测，新的估计和新的分析人口、生育率、死亡率和国际移民更新新的人口。从新的人口数据人口普查和/或人口调查是用来验证和更新旧的人口估计或人口统计指标，或做出新的，预测作出的假设的有效性。

人口的变化率（由联合国人居计算）：是指在指定的时期每一个国家，主要地区和全球总计人口的平均年度变化百分比。该公式如下：

$$R=[(1/t).LN(A2/A1)].100,$$

在'A1'是任何给定的值的年份；'A2'是比'A1'大的任何给定值的年份；'t'是基于'A1'和'A2'之间的年份；'ln'是自然对数函数。

城市人口：在每一个国家的城市地区并向联合国报告的年中人口。世界城市人口的估计将发生巨大变化，如果中国、印度、和其他一些人口众多的国家改变他们对城市中心的定义。根据中国国家统计局的数据显示，1996年底城市居民约占总人口的43%，而1994年城市人口只占到总人口的20%。除了来自农村的连续迁移，在城市地区，这一转变的主要原因是近年来数以百计的城镇被重新定义为城市。由于表中的估计是基于各国家定义怎样构成城市或大都会，跨国时应谨慎。

人口密度：年中人口除以土地面积，按平方公里计算。

铁路：可供列车运行的铁路线路长度，不论其平行的轨道数。铁路乘客人数是通过的铁路长度乘以乘客数。货物用的铁路是通过铁路运输的货物量，用万吨乘以行驶公里测量。

公路：高速公路，快速公路，主要是国家的道路，和二级或区域道路。高速公路是一条专门给汽车设计和制造用以分离流量，在相反的方向流动的公路。整个道路网络：包括高速公路，快速公路和主要道路或国家，二级或区域的道路，在一个国家的所有其他道路。

公　路：路面碎石（碎石）和烃类粘合剂或bitumized剂，混凝土或鹅卵石，作为这个国家的所有道路的长度测量的百分比。货物用的道路是由公路车辆运输的货物量，测得的吨数乘以按百万公里统计的公路长度。

调查年：这一年的相关数据收集。

城市贫困率：生活在国家贫困线下的城市人口的百分比。

城市贫民窟居民：居住在一个或更多的满足下列条件的个人住房的居民：饮用水不足，卫生设施的不足；很差的房屋结构质量/耐久性差的住房；过度拥挤及房屋/土地保有权无保障。

城市群和省会城市："城市群"是指对人口中居住各级城市不考虑行政边界的相邻地区。它通常结合在一个城市或城镇并加上在郊区的相邻的城市边界的人口。只要有可能，数据会根据城市群的概念分类应用。然而，一些国家不按照城市群的概念产生数据，而是使用大都市区或市区的概念。如果可能的话，这样的数据调整为符合城市群的概念。但很多基于数据城区或都市圈概念使用的信息是不允许这样的调整。在线列出的资料显示数据是否进行调整，以符合城市群的基本概念或是否使用了一个不同的概念。表C.1包含修订的估计所有城市群包含750000或更多的居民。

数据来源
SOURCES OF DATA

统计表已经从联合国人居数据库编译：

联合国人居署（联合国人居署），全球城市指标数据库2010联合国人居署（联合国—栖息地），城市信息2010。

此外，从联合国和其他各种统计出版物国际组织也被使用。这些措施包括：

United Nations Development Programme (2010)

Human Development Report 2010，NewYork，http：//hdr.undp.org/en/reports/global/hdr2010/

联合国开发计划署（2010）2010人类发展报告，纽约，http：//hdr.undp.org/en/reports/global/hdr2010/

United Nations, Departmentof Economic and Social Affairs, Population Division (2009), World Population Prospects：The 2008 Revision, NewYork

经济和社会事务部，人口司（2009），世界人口展望：2008版，纽约

United Nations, Departmentof Economic and Social Affairs, Population Division (2010) World Urbanization Prospects：The 2009 Revision, United Nations, New York

联合国，经济和社会事务部，人口司（2010）世界城市化前景：2009版，联合国，纽约

World Bank (2005) World Development Indicators 2005

世界银行（2005）世界发展指标2005，世界银行，华盛顿

World Bank, Washington, DC(2006) World Development Report 2006, World Bank, Washington, DC

华盛顿世界银行（2006）的世界发展报告2006，世界银行，华盛顿

World Bank, Washington, DC (2010) World Development Indicators 2010, World Bank

华盛顿世界银行（2010）世界发展指标2010，世界银行

World Bank, Washington, DC (2010) World Development Indicators Online database 华盛顿世界银行（2010）世界发展指标的在线数据库 http：//data.worldbank.org/indicator WorldBank (2010) World DevelopmentReport http：//data.worldbank.org/indicator世界银行的世界发展报告（2010）

2011, World Bank, Washington, DC

2011，世界银行，华盛顿

World Health Organization (WHO) and United Nations Children's Fund (UNICEF) Joint Monitoring Programme forWater Supply and Sanitation (JMP) (2010) Progress on Sanitation and Drinking—Water 2010 Update，WHO and UNICEF, Geneva and NewYork，www.who.int/water_sanitation_health/publications/9789241563956/en/index.html

世界卫生组织（WHO）和联合国儿童基金会（UNICEF）供水和卫生联合监测方案（JMP）（2010）关于在卫生和饮用水的进展（2010更新），世界卫生组织（WHO），联合国儿童基金会，日内瓦，纽约，www.who.int/water_sanitation_health/publications/9789241563956/en/index

注释 NOTES

1 As classified by United Nations Department of Economic and Social Affairs (UNDESA); see http：//www.sidsnet.org/sids_list.html for detail.

2 As classified by the United Nations Development Programme (UNDP); see Human Development Report 2010 for detail. The following countries and territories were not classified：American Samoa, Anguilla, Antigua and Barbuda, Aruba, Bermuda, Bhutan, British Virgin Islands, Cayman Islands, Channel Islands, Cook Islands, Cuba, Democratic People's Republic of Korea, Dominica, Eritrea, Faeroe Islands, Falkland Islands (Malvinas), French Guiana, French Polynesia, Gibraltar, Greenland, Grenada, Guadeloupe, Guam, Holy See, Iraq, Isle of Man, Kiribati, Lebanon, Macao SAR of China, Marshall Islands, Martinique, Mayotte, Monaco, Montserrat, Nauru, Netherlands Antilles, New Caledonia, Niue, Northern Mariana Islands, Occupied Palestinian Territory, Oman, Palau, Pitcairn, Puerto Rico, Réunion, Saint Helena, Saint Kitts and Nevis, Saint Lucia, Saint Vincent and the Grenadines, Saint—Pierre—et—Miquelon, Samoa, San Marino, Seychelles, Somalia, Tokelau, Turks and Caicos Islands, Tuvalu, United States Virgin Islands, Vanuatu, Wallis and Futuna Islands, and Western Sahara.

3 As classified by the World Bank; see World Development Report 2011 for detail. The following countries and territories were not classified：Anguilla, British Virgin Islands, Cook Islands, Falkland Islands (Malvinas), French Guiana, Guadeloupe, Holy See, Martinique, Montserrat, Nauru, Niue, Pitcairn, Réunion, Saint Helena, Saint—Pierre—et—Miquelon, Tokelau, Wallis and Futuna Islands, and Western Sahara.

4 Bottled water is considered improved only when the household uses water from an improved source for cooking and personal hygiene.

数据表
DATA TABLES

基于地区层面的数据
REGIONAL AGGREGATES

表A.1

TABLE A.1

总人口规模，变化率及人口密度 Total Population Size, Rate of Change and Population Density

	人口估计和预测（'000）				人口增长率（%）			人口密度（人/km²）	
	2000	2010	2020	2030	2000–2010	2010–2020	2020–2030	2000	2030
世界范围	6,115,367	6,908,688	7,674,833	8,308,895	1.22	1.05	0.79	45	61
世界主要地区									
较发达地区	1,194,967	1,237,228	1,268,343	1,281,628	0.35	0.25	0.10	22	24
欠发达地区	4,920,400	5,671,460	6,406,489	7,027,267	1.42	1.22	0.92	59	85
最欠发达地区	677,368	855,209	1,060,067	1,272,279	2.33	2.15	1.82	33	61
其他欠发达地区	4,243,033	4,816,251	5,346,422	5,754,988	1.27	1.04	0.74	68	93
中国除外的欠发达地区	3,646,339	4,309,696	4,967,045	5,556,003	1.67	1.42	1.12	50	76
小岛屿发展中国家	52,809	59,642	66,205	72,097	1.22	1.04	0.85	42	58
撒哈拉以南的非洲	674,842	863,314	1,081,114	1,307,831	2.46	2.25	1.90	28	54
人类发展指数									
极高发展	993,772	1,055,971	1,101,353	1,129,453	0.61	0.42	0.25	31	35
高度发展	970,891	1,052,377	1,124,577	1,175,057	0.81	0.66	0.44	20	24
中度发展	3,190,507	3,597,308	3,967,424	4,239,713	1.20	0.98	0.66	117	155
低度发展	871,324	1,099,018	1,360,204	1,626,493	2.32	2.13	1.79	38	71
收入统表									
高收入	1,036,187	1,106,127	1,158,870	1,193,450	0.65	0.47	0.29	27	32
中收入	4,387,508	4,939,256	5,452,303	5,845,635	1.18	0.99	0.70	55	73
中高收入	931,193	1,015,174	1,085,244	1,134,305	0.86	0.67	0.44	19	23
中低收入	3,456,315	3,924,082	4,367,059	4,711,330	1.27	1.07	0.76	109	148
低收入	691,678	863,301	1,063,654	1,269,812	2.22	2.09	1.77	39	71
地理统表									
非洲	819,462	1,033,043	1,276,369	1,524,187	2.32	2.12	1.77	27	50
东非	252,710	327,186	420,200	518,064	2.58	2.50	2.09	40	81
中非	98,060	128,909	164,284	201,602	2.74	2.42	2.05	15	30
北非	179,525	212,921	247,564	277,351	1.71	1.51	1.14	21	33
南非	51,387	57,968	61,134	64,037	1.21	0.53	0.46	19	24
西非	237,781	306,058	383,187	463,133	2.52	2.25	1.89	39	75
亚洲	3,698,296	4,166,741	4,596,256	4,916,701	1.19	0.98	0.67	116	154
东亚	1,472,444	1,563,951	1,640,388	1,666,372	0.60	0.48	0.16	125	142
中亚南部	1,518,322	1,780,473	2,028,786	2,231,846	1.59	1.31	0.95	141	207
东南亚	517,193	589,615	653,541	706,492	1.31	1.03	0.78	115	157
西亚	190,336	232,702	273,541	311,991	2.01	1.62	1.32	39	65
欧洲	726,568	732,759	732,952	723,373	0.08	0.00	-0.13	32	31
东欧	304,088	291,485	281,511	268,320	-0.42	-0.35	-0.48	16	14
北欧	94,359	98,909	103,400	107,221	0.47	0.44	0.36	52	59
南欧	145,119	153,778	157,455	157,228	0.58	0.24	-0.01	110	119
西欧	183,001	188,587	190,585	190,605	0.30	0.11	0.00	165	172
拉丁美洲和加勒比地区	521,228	588,649	645,543	689,859	1.22	0.92	0.66	25	34
加勒比地区	38,650	42,312	45,470	47,922	0.91	0.72	0.53	165	205
中美	135,171	153,115	169,861	183,885	1.25	1.04	0.79	55	74
南美	347,407	393,221	430,212	458,052	1.24	0.90	0.63	19	26
北美	318,654	351,659	383,384	410,204	0.99	0.86	0.68	15	19
大洋洲	31,160	35,838	40,329	44,572	1.40	1.18	1.00	4	5
澳大利亚 / 新西兰	23,039	25,815	28,344	30,627	1.14	0.93	0.77	3	4
梅拉尼西亚	7,010	8,778	10,613	12,452	2.25	1.90	1.60	13	23
密克罗尼西亚	497	573	646	713	1.43	1.19	1.00	160	230
波利尼西亚	614	672	727	779	0.90	0.78	0.69	73	93

资料来源：联合国经济社会事务和人口区划部（2009）——《世界城市化展望》：2008修订版，联合国，纽约。

地区，收入或发展统表中的数字的计算是以表B.1中的国家/地区层次数据为基础的。

注：统表中出现的国家/地区名单在"技术标注"中可见。

表A.2

TABLE A.2

城市人口和农村人口规模与变化率 Urban and Rural Population Size and Rate of Change

	城市人口							农村人口						
	人口估计和预测（'000）				人口增长率（%）			人口估计和预测（'000）				人口增长率（%）		
	2000	2010	2020	2030	2000–2010	2010–2020	2020–2030	2000	2010	2020	2030	2000–2010	2010–2020	2020–2030
世界范围	2,837,431	3,486,326	4,176,234	4,899,858	2.06	1.81	1.60	3,277,937	3,422,362	3,498,599	3,409,038	0.43	0.22	-0.26
世界统表														
较发达地区	869,233	929,851	988,130	1,036,550	0.67	0.61	0.48	325,734	307,377	280,214	245,078	-0.58	-0.93	-1.34
欠发达地区	1,968,198	2,556,475	3,188,104	3,863,308	2.62	2.21	1.92	2,952,203	3,114,985	3,218,385	3,163,960	0.54	0.33	-0.17
最欠发达国家	167,181	249,442	366,150	519,537	4.00	3.84	3.50	510,186	605,767	693,917	752,742	1.72	1.36	0.81
其他欠发达国家	1,801,016	2,307,033	2,821,954	3,343,771	2.48	2.01	1.70	2,442,016	2,509,218	2,524,468	2,411,218	0.27	0.06	-0.46
中国除外的欠发达地区	1,508,061	1,913,018	2,393,054	2,949,063	2.38	2.24	2.09	2,138,278	2,396,678	2,573,992	2,606,941	1.14	0.71	0.13
小岛屿发展中国家	27,682	33,269	39,014	44,839	1.84	1.59	1.39	25,118	26,374	27,197	27,260	0.49	0.31	0.02
撒哈拉以南的非洲	220,606	321,400	456,580	626,683	3.76	3.51	3.17	454,236	541,914	624,534	681,148	1.76	1.42	0.87
人类发展指数统表														
极高发展	743,983	818,351	882,751	936,113	0.95	0.76	0.59	249,794	237,620	218,604	193,339	-0.50	-0.83	-1.23
高度发展	698,381	797,979	890,670	965,152	1.33	1.10	0.80	272,506	254,397	233,904	209,900	-0.69	-0.84	-1.08
中度发展	1,090,497	1,436,933	1,794,395	2,170,060	2.76	2.22	1.90	2,100,009	2,160,379	2,173,029	2,069,654	0.28	0.06	-0.49
低度发展	247,830	366,677	529,624	734,793	3.92	3.68	3.27	623,497	732,343	830,587	891,698	1.61	1.26	0.71
收入统表														
高收入	774,391	855,606	926,830	986,780	1.00	0.80	0.63	259,682	247,945	229,084	203,462	-0.46	-0.79	-1.19
中收入	1,887,460	2,378,715	2,887,033	3,403,810	2.31	1.94	1.65	2,500,044	2,560,546	2,565,274	2,441,817	0.24	0.02	-0.49
中高收入	666,588	766,942	856,953	929,145	1.40	1.11	0.81	264,603	248,234	228,293	205,152	-0.64	-0.84	-1.07
中低收入	1,220,872	1,611,773	2,030,080	2,474,665	2.78	2.31	1.98	2,235,441	2,312,312	2,336,981	2,236,665	0.34	0.11	-0.44
低收入	173,725	249,727	359,728	506,362	3.63	3.65	3.42	517,957	613,576	703,930	763,447	1.69	1.37	0.81
地理统表														
非洲	294,602	412,990	569,117	761,293	3.38	3.21	2.91	524,861	620,053	707,253	762,895	1.67	1.32	0.76
东非	52,641	77,194	116,130	172,766	3.83	4.08	3.97	200,069	249,992	304,070	345,298	2.23	1.96	1.27
中非	36,486	55,592	81,493	112,727	4.21	3.82	3.24	61,574	73,318	82,791	88,875	1.75	1.22	0.71
北非	85,656	108,912	137,341	167,876	2.40	2.32	2.01	93,868	104,009	110,224	109,475	1.03	0.58	-0.07
南非	27,657	34,021	38,809	43,741	2.07	1.32	1.20	23,730	23,947	22,325	20,295	0.09	-0.70	-0.95
西非	92,162	137,271	195,344	264,182	3.98	3.53	3.02	145,620	168,787	187,843	198,951	1.48	1.07	0.57
亚洲	1,360,900	1,757,314	2,168,798	2,598,358	2.56	2.10	1.81	2,337,395	2,409,427	2,427,458	2,318,343	0.30	0.07	-0.46
东亚	594,676	784,688	940,684	1,061,980	2.77	1.81	1.21	877,768	779,263	699,704	604,392	-1.19	-1.08	-1.46
中亚南部	447,425	571,112	733,039	936,279	2.44	2.50	2.45	1,070,897	1,209,360	1,295,746	1,295,567	1.22	0.69	0.00
东南亚	197,360	246,701	305,412	373,411	2.23	2.13	2.01	319,833	342,914	348,130	333,081	0.70	0.15	-0.44
西亚	121,438	154,813	189,664	226,688	2.43	2.03	1.78	68,897	77,889	83,877	85,303	1.23	0.74	0.17
欧洲	514,422	533,295	552,486	567,403	0.36	0.35	0.27	212,146	199,464	180,465	155,970	-0.62	-1.00	-1.46
东欧	207,409	200,938	199,963	198,744	-0.32	-0.05	-0.06	96,679	90,546	81,548	69,575	-0.66	-1.05	-1.59
北欧	73,502	78,217	83,704	89,282	0.62	0.68	0.65	20,857	20,691	19,695	17,939	-0.08	-0.49	-0.93
南欧	95,015	104,209	111,664	117,473	0.92	0.69	0.51	50,104	49,569	45,791	39,755	-0.11	-0.79	-1.41
西欧	138,495	149,931	157,155	161,904	0.79	0.47	0.30	44,506	38,656	33,430	28,701	-1.41	-1.45	-1.53
拉丁美洲和加勒比地区	393,420	468,757	533,147	585,490	1.75	1.29	0.94	127,807	119,892	112,395	104,369	-0.64	-0.65	-0.74
加勒比地区	23,708	28,278	32,510	36,143	1.76	1.39	1.06	14,941	14,034	12,960	11,779	-0.63	-0.80	-0.96
中美	92,948	110,251	127,463	143,535	1.71	1.45	1.19	42,222	42,865	42,398	40,350	0.15	-0.11	-0.50
南美	276,764	330,228	373,175	405,812	1.77	1.22	0.84	70,643	62,993	57,037	52,240	-1.15	-0.99	-0.88
北美	252,154	288,803	324,279	355,499	1.36	1.16	0.92	66,500	62,856	59,105	54,705	-0.56	-0.62	-0.77
大洋洲	21,932	25,167	28,406	31,816	1.38	1.21	1.13	9,227	10,671	11,924	12,756	1.45	1.11	0.67
澳大利亚/新西兰	20,024	22,878	25,516	27,948	1.33	1.09	0.91	3,015	2,937	2,827	2,679	-0.26	-0.38	-0.54
美拉尼西亚	1,329	1,614	2,110	2,964	1.94	2.68	3.40	5,680	7,164	8,503	9,488	2.32	1.71	1.10
密克罗尼西亚	326	390	454	523	1.80	1.52	1.40	171	183	191	191	0.69	0.45	-0.04
波利尼西亚	253	285	325	380	1.20	1.31	1.58	361	387	402	399	0.69	0.38	-0.08

资料来源：联合国经济社会事务和人口区划部（2010）——《世界城市化展望》：2009修订版，联合国，纽约。地区、收入或发展统表中的数字的计算是以表B.2中的国家/地区层面数据为基础的。

注：统表中出现的国家/地区名单在"技术说明"中可见。

表A.3

TABLE A.3

城市化 Urbanization

	城市化水平						
	城市化水平发展估计与预测（%）				城市化增长率（%）		
	2000	2010	2020	2030	2000–2010	2010–2020	2020–2030
世界范围	46.4	50.5	54.4	59.0	0.84	0.75	0.80
世界统表							
较发达国家	72.7	75.2	77.9	80.9	0.33	0.36	0.37
欠发达国家	40.0	45.1	49.8	55.0	1.19	0.99	1.00
最欠发达国家	24.7	29.2	34.5	40.8	1.67	1.69	1.67
其他欠发达国家	42.4	47.9	52.8	58.1	1.21	0.97	0.96
欠发达地区，含中国	41.4	44.4	48.2	53.1	0.71	0.82	0.97
小岛屿发展中国家	52.4	55.8	58.9	62.2	0.62	0.55	0.54
撒哈拉以南的非洲	32.7	37.2	42.2	47.9	1.30	1.26	1.26
人类发展指数统表							
极高发展	74.9	77.5	80.2	82.9	0.35	0.34	0.33
高度发展	71.9	75.8	79.2	82.1	0.53	0.44	0.36
中度发展	34.2	39.9	45.2	51.2	1.56	1.24	1.24
低度发展	28.4	33.4	38.9	45.2	1.60	1.54	1.49
收入统表							
高收入	74.9	77.5	80.2	82.9	0.35	0.34	0.33
中等收入	43.0	48.2	53.0	58.2	1.13	0.95	0.95
中高收入	71.6	75.5	79.0	81.9	0.54	0.44	0.37
中低收入	35.3	41.1	46.5	52.5	1.51	1.24	1.22
低收入	25.1	28.9	33.8	39.9	1.41	1.56	1.65
地理统表							
非洲	36.0	40.0	44.6	49.9	1.06	1.09	1.13
东非	20.8	23.6	27.6	33.3	1.25	1.58	1.88
中非	37.2	43.1	49.6	55.9	1.48	1.40	1.20
北非	47.7	51.2	55.5	60.5	0.70	0.81	0.87
南非	53.8	58.7	63.5	68.3	0.87	0.78	0.73
西非	38.8	44.9	51.0	57.0	1.46	1.28	1.12
亚洲	36.8	42.2	47.2	52.8	1.36	1.12	1.13
东亚	40.4	50.2	57.3	63.7	2.17	1.34	1.06
南亚	29.5	32.1	36.1	42.0	0.85	1.19	1.49
东南亚	38.2	41.8	46.7	52.9	0.92	1.11	1.23
西亚	63.8	66.5	69.3	72.7	0.42	0.41	0.47
欧洲	70.8	72.8	75.4	78.4	0.28	0.35	0.40
东欧	68.2	68.9	71.0	74.1	0.11	0.30	0.42
北欧	77.9	79.1	81.0	83.3	0.15	0.23	0.28
南欧	65.5	67.8	70.9	74.7	0.34	0.45	0.52
西欧	75.7	79.5	82.5	84.9	0.49	0.37	0.30
拉丁美洲及加勒比海地区	75.5	79.6	82.6	84.9	0.54	0.36	0.27
加勒比海地区	61.3	66.8	71.5	75.4	0.86	0.67	0.53
中美洲	68.8	72.0	75.0	78.1	0.46	0.41	0.39
南美洲	79.7	84.0	86.7	88.6	0.53	0.32	0.21
北美洲	79.1	82.1	84.6	86.7	0.37	0.29	0.24
大洋洲	70.4	70.2	70.4	71.4	-0.02	0.03	0.13
澳大利亚／新西兰	86.9	88.6	90.0	91.3	0.19	0.16	0.14
美拉尼西亚	19.0	18.4	19.9	23.8	-0.31	-0.78	1.80
密克罗尼西亚	65.6	68.1	70.4	73.3	0.37	0.33	0.41
波利尼西亚	41.2	42.4	44.7	48.8	0.30	0.52	0.88

资料来源：联合国经济社会事务和人口区划部（2010）——《世界城市化展望》：2009修订版，联合国，纽约。地区、收入或发展统表中的数字的计算是以表B3中的国家/地区层次数据为基础的。

注：统表中出现的国家/地区名单在"技术说明"中可见。

表A.4

TABLE A.4

城市群 Urban Agglomerations

	城市群数量估计与预测			城市群人口分布（%）			人口数量估计与预测（'000）		
	2000	2010	2020	2000	2010	2020	2000	2010	2020
世界范围									
世界									
1000 万及以上	16	21	28	8.2	9.3	10.4	231,624	324,190	436,308
500~1000 万	28	33	43	6.9	6.7	7.0	195,644	233,827	290,456
100~500 万	305	388	467	20.6	22.1	22.0	584,050	772,084	917,985
50~100 万	402	516	608	9.6	10.2	10.2	273,483	355,619	425,329
50 万以下	…	…	…	54.7	51.6	50.4	1,552,631	1,800,607	2,106,156
世界统表									
较发达地区									
1000 万及以上	5	6	6	9.8	10.9	10.5	85,279	101,228	103,834
500~1000 万	5	7	9	4.2	4.9	5.9	36,472	45,595	58,692
100~500 万	98	102	104	22.5	22.0	21.2	195,393	204,587	209,392
50~100 万	117	126	132	9.1	9.1	9.1	78,818	84,750	89,863
50 万以下	…	…	…	54.4	53.1	53.3	473,271	493,691	526,350
欠发达地区									
1000 万及以上	11	15	22	7.4	8.7	10.4	146,345	222,962	332,474
500~1000 万	23	26	34	8.1	7.4	7.3	159,172	188,232	231,764
100~500 万	207	286	363	19.7	22.2	22.2	388,657	567,497	708,593
50~100 万	285	390	476	9.9	10.6	10.5	194,664	270,868	335,466
50 万以下	…	…	…	54.8	51.1	49.6	1,079,360	1,306,916	1,579,806
最欠发达地区									
1000 万及以上	1	1	2	6.2	5.9	8.6	10,285	14,648	31,509
500~1000 万	1	2	6	3.4	5.6	100	5,611	13,926	36,755
100~500 万	20	27	38	21.9	23.2	19.7	36,567	57,905	72,152
50~100 万	19	28	34	7.7	8.1	6.4	12,915	20,269	23,438
50 万以下	…	…	…	60.9	57.2	55.2	101,803	142,693	202,296
其他欠发达国家									
1000 万及以上	10	14	20	7.6	9	10.7	136,060	208,314	300,965
500~1000 万	22	24	28	8.5	7.6	6.9	153,561	174,306	195,009
100~500 万	187	259	325	19.5	22.1	22.6	352,090	509,591	636,441
50~100 万	266	362	442	10.1	10.9	11.1	181,749	250,599	312,028
50 万以下	…	…	…	54.3	50.5	48.8	977,555	1,164,222	1,377,510
欠发达地区，不包括中国									
1000 万及以上	10	13	17	8.8	10.1	11.2	133,121	194,002	267,576
500~1000 万	16	18	25	7.3	6.7	7.1	110,003	127,795	170,661
100~500 万	156	207	250	19.3	21.3	20.7	291,625	408,322	496,275
50~100 万	189	242	293	8.7	8.8	8.6	130,840	168,013	206,053
50 万以下	…	…	…	55.9	53.1	52.3	842,473	1,014,887	1,252,489
撒哈拉以南非洲									
1000 万及以上	—	1	2	—	3.3	5.9	—	10,578	26,949
500~1000 万	2	2	5	5.8	4.3	6.6	12,844	13,926	29,931
100~500 万	28	40	55	23.4	26.1	24.8	51,706	83,765	113,394
50~100 万	32	51	58	10.3	10.9	9.1	22,795	34,940	41453
50 万以下	…	…	…	60.4	55.4	53.6	133,262	178,191	244,853
地理聚集									
非洲									
非洲东部									
1000 万及以上	—	—	—	—	—	—	—	—	—
500~1000 万	—	—	2	—	—	8.9	—	—	10,296
100~500 万	9	10	14	26.5	26.6	23.0	13,929	20,519	26,686
50~100 万	4	10	11	4.5	9.5	6.8	2,393	7,324	7,895
50 万以下	…	…	…	69	63.9	61.4	36,318	49,351	71,254
中部非洲									
1000 万及以上—	—	—	1	—	—	15.7	—	—	12,788
500~1000 万	1	1	1	15.4	15.7	8.7	5,611	8,754	7,080
100~500 万	3	7	9	14.3	25.3	20.5	5,216	14,087	16,712
50~100 万	9	9	12	17.4	11.4	10.7	6,334	6,321	8,679
50 万以下	…	…	…	53.0	47.5	44.5	19,326	26,430	36,234
非洲北部									
1000 万及以上 1	1	1	1	11.9	10.1	9.1	10170	11001	12540
500~1000 万	—	1	2	—	4.7	8.9	—	5172	12206
100~500 万	6	6	7	17.9	13.3	10.2	15,369	14,446	14,064
50~100 万	8	15	20	6.2	9.1	10.5	5,319	9,961	14,410
50 万以下	…	…	…	64	62.7	61.2	54,798	68,331	84,121
南部非洲									
1000 万及以上	—	—	—	—	—	—	—	—	—

续表

	城市群数量估计与预测			城市群人口分布（%）			人口数量估计与预测（'000）		
	2000	2010	2020	2000	2010	2020	2000	2010	2020
500~1000 万	—	—	—						
100~500 万	5	7	7	40.6	49.4	47.3	11,227	16,795	18,337
50~100 万	2	1	2	6.7	1.8	3.1	1855	615	1211
50 万以下	…	…	…	52.7	48.8	49.6	14,575	16,611	19,261
西部非洲									
1000 万及以上 1	—	1	1	—	7.7	7.2	—	10,578	14,162
500~1000 万	1	—	1	7.8	0.0	2.8	7,233	—	5,550
100~500 万	10	16	24	18.9	23.6	25.9	17,384	32,364	50,598
50~100 万	17	26	27	13.3	12.9	9.9	12,213	17,749	19,309
50 万以下	…	…	…	60	55.8	54.1	55,332	76,580	105,725
亚洲									
亚洲东部									
1000 万及以上	3	4	7	9.9	9.8	12.1	58,839	76,966	113,354
500~1000 万	8	9	10	9.9	8.9	7.5	59,086	70,210	70,870
100~500 万	64	93	129	21.3	24.3	26.2	126,523	190,704	246,437
50~100 万	112	163	198	12.5	14.5	14.9	74,165	113,597	139,749
50 万以下	…	…	…	46.4	42.5	39.4	276,063	333,211	370,274
南中亚									
1000 万及以上	5	5	5	14.6	15.0	14.2	65,180	85,523	103,854
500~1000 万	5	7	10	6.6	8.2	10.0	29,694	46,607	73,161
100~500 万	41	57	69	15.2	17.4	16.8	68,047	99,505	123,437
50~100 万	49	68	88	7.8	8.1	8.2	34,884	46,266	60,441
50 万以下	…	…	…	55.8	51.3	50.8	249,620	293,211	372,146
东南亚									
1000 万及以上	—	1	2	—	4.7	7.8	—	11,628	23,943
500~1000 万	3	3	4	12.5	9.1	8.7	24,680	22,354	26,644
100~500 万	14	17	21	14.9	13.7	12	29,437	33,688	36,772
50~100 万	15	20	28	4.9	5.6	6.0	9,727	13,785	18,235
50 万以下	…	…	…	67.7	67.0	65.4	133,516	165,246	199,818
亚洲西部的									
1000 万及以上 1	—	1	1	—	6.8	6.2	—	10,525	11,689
500~1000 万	2	1	2	11.5	3.8	6.9	13,944	5,891	13,131
100~500 万	18	24	30	26.7	31.4	31.6	32,391	48,593	59,883
50~100 万	18	24	31	10.1	10.9	11.3	12,231	16,878	21,353
50 万以下	…	…	…	51.8	47.1	44.1	62,873	72,927	83,609
欧洲									
东欧									
1000 万及以上	1	1	1	4.8	5.3	5.3	10,005	10,550	10,662
500~1000 万	—	—	—						
100~500 万	23	20	19	16.4	15.4	15.1	34,034	30,975	30,190
50~100 万	29	34	34	8.9	11.2	11.5	18,556	22,459	22,993
50 万以下	…	…	…	69.8	68.2	68.1	144,814	136,954	136,119
北欧									
1000 万及以上	—	—	—						
500~1000 万	1	1	1	11.2	11.0	10.5	8,225	8,631	8,753
100~500 万	7	8	8	14.3	15.3	15	10,501	11,958	12,520
50~100 万	9	9	11	9	8.1	9.1	6,618	6,315	7,608
50 万以下	…	…	…	65.5	65.6	65.5	48,159	51,313	54,823
南欧									
1000 万及以上	—	—	—						
500~1000 万	1	2	2	5.3	10.5	10.6	5,014	10,935	11,823
100~500 万	9	8	8	24.3	18.1	17.2	23,083	18,823	19,209
50~100 万	18	18	19	12.5	11.6	11.6	11,834	12,090	12,998
50 万以下	…	…	…	58.0	59.8	60.6	55,083	62,361	67,634
西欧									
1000 万及以上	—	1	1	—	7.0	6.9	—	10,485	10,880
500~1000 万	1	—	—	7.0	0.0	0.0	9,739	—	—
100~500 万	10	12	13	11.1	12.3	12.8	15,434	18,374	20,072
50~100 万	19	20	20	9.2	8.5	8.1	12,710	12,780	12,729
50 万以下	…	…	…	72.6	72.2	72.2	100,612	108,291	113,474
拉丁美洲和加勒比地区									
加勒比地区									
1000 万及以上	—	—	—						
500~1000 万	—	—	—						
100~500 万	4	4	4	33.5	32.5	31.6	7,930	9,196	10,278
50~100 万	1	3	3	2.4	6.3	6.0	580	1,772	1,946
50 万以下	…	…	…	64.1	61.2	62.4	15,197	17,310	20,286
中美洲									
1000 万及以上	1	1	1	19.4	17.7	16.1	18,022	19,460	20,476
500~1000 万	—	—	—						

续表

	城市群数量估计与预测			城市群人口分布（%）			人口数量估计与预测（'000）		
	2000	2010	2020	2000	2010	2020	2000	2010	2020
100~500万	11	16	19	19.9	25.1	27	18,461	27,655	34,476
50~100万	22	24	25	16.4	15.4	14.4	15,262	17,016	18,349
50万以下	…	…	…	44.3	41.8	42.5	41,204	46,120	54,162
南美洲									
1000万及以上	3	3	5	14.4	13.7	18.3	39,749	45,287	68,124
500~1000万	3	4	2	6.8	8.9	3.4	18,925	29,244	12,828
100~500万	28	35	36	20.6	22.7	23.1	57,124	74,976	86,069
50~100万	31	30	34	7.7	6.5	6.9	21,421	21,328	25,635
50万以下	…	…	…	50.4	48.3	48.4	139,545	159,394	180,519
北美洲									
1000万及以上	2	2	2	11.8	11.1	10.4	29,659	32,187	33,837
500~1000万	2	4	6	5.4	9	11.8	13,494	26,029	38,116
100~500万	37	42	44	33.8	32.9	29.8	85,310	95,001	96,533
50~100万	39	40	43	10.9	9.8	9.4	27,380	28,282	30,579
50万以下	…	…	…	38.2	37.2	38.6	96,311	107,304	125,214
大洋洲									
1000万及以上	—	—	—	—	—	—	—	—	—
500~1000万	—	—	—	—	—	—	—	—	—
100~500万	6	6	6	57.7	57.3	55.3	12652	14,423	15,711
50~100万	—	2	2	—	4.3	4.3	—	1,082	1,210
50万以下	…	…	…	42.3	38.4	40.4	9,280	9,663	11,484
澳大利亚/新西兰									
1000万及以上	—	—	—	—	—	—	—	—	—
500~1000万	—	—	—	—	—	—	—	—	—
100~500万	6	6	6	63.2	63	61.6	12,652	14,423	15,711
50~100万	—	2	2	—	4.7	4.7	—	1,082	1,210
50万以下	…	…	…	36.8	32.2	33.7	7,372	7,374	8,595
美拉尼西亚									
1000万及以上	—	—	—	—	—	—	—	—	—
500~1000万	—	—	—	—	—	—	—	—	—
100~500万	—	—	—	—	—	—	—	—	—
50~100万	—	—	—	—	—	—	—	—	—
50万以下	…	…	…	100.0	100.0	100.0	1,329	1,614	2,110
密克罗尼西亚									
1000万及以上	—	—	—	—	—	—	—	—	—
500~1000万	—	—	—	—	—	—	—	—	—
100~500万	—	—	—	—	—	—	—	—	—
50~100万	—	—	—	—	—	—	—	—	—
50万以下	…	…	…	100.0	100.0	100.0	326	390	454
波利尼西亚									
1000万及以上	—	—	—	—	—	—	—	—	—
500~1000万	—	—	—	—	—	—	—	—	—
100~500万	—	—	—	—	—	—	—	—	—
50~100万	—	—	—	—	—	—	—	—	—
50万以下	…	…	…	100.0	100.0	100.0	253	285	325

资料来源：联合国经济和社会事务部，人口划分（2010）世界城市化前景：2009版，联合国，纽约。在总计数据与城市的表C.1不一致。

注：统表中出现的国家/地区名单在"技术说明"中可见。

基于国家层面的数据
COUNTRY LEVEL DATA

表B.1
TABLE B.1

总人口规模，变化率及人口密度 Total Population Size, Rate of Change and Population Density

	总人口规模和人口密度（,000）				变化率（%）			人口密度（人/km²）	
	2000	2010	2020	2030	2000-2010	2010-2020	2020-2030	2000	2030
非洲									
阿尔及利亚	30,506	35,423	40,630	44,726	1.49	1.37	0.96	13	19
安哥拉	14,280	18,993	24,507	30,416	2.85	2.55	2.16	11	24
贝宁	6,659	9,212	12,177	15,399	3.25	2.79	2.35	59	137
博茨瓦纳	1,723	1,978	2,227	2,434	1.38	1.19	0.89	3	4
布基纳法索	11,676	16,287	21,871	27,940	3.33	2.95	2.45	43	102
布隆迪	6,473	8,519	10,318	11,936	2.75	1.92	1.46	233	429
喀麦隆	15,865	19,958	24,349	28,602	2.30	1.99	1.61	33	60
佛得角	439	513	584	645	1.56	1.30	0.99	109	160
中非共和国	3,746	4,506	5,340	6,150	1.85	1.70	1.41	6	10
乍得	8,402	11,506	14,897	19,018	3.14	2.58	2.44	7	15
科摩罗	552	691	838	975	2.25	1.93	1.51	297	524
刚果	3,036	3,759	4,699	5,479	2.14	2.23	1.54	9	16
科特迪瓦	17,281	21,571	26,954	32,551	2.22	2.23	1.89	54	101
刚果共和国	50,829	67,827	87,640	108,594	2.88	2.56	2.14	22	46
吉布提	730	879	1,027	1,192	1.86	1.56	1.49	31	51
埃及	70,174	84,474	98,638	110,907	1.85	1.55	1.17	70	111
赤道几内亚	529	693	875	1,067	2.70	2.33	1.98	19	38
厄立特里亚	3,657	5,224	6,719	8,086	3.57	2.52	1.85	31	69
埃塞俄比亚	65,515	84,976	107,964	131,561	2.60	2.39	1.98	59	119
加蓬	1,233	1,501	1,779	2,044	1.97	1.70	1.39	5	8
冈比亚	1,302	1,751	2,227	2,736	2.96	2.40	2.06	115	242
加纳	19,529	24,333	29,567	34,884	2.20	1.95	1.65	82	146
几内亚	8,384	10,324	13,467	16,897	2.08	2.66	2.27	34	69
几内亚比绍	1,304	1,647	2,065	2,536	2.34	2.26	2.05	36	70
肯尼亚	31,441	40,863	52,034	63,199	2.62	2.42	1.94	54	109
莱索托	1,889	2,084	2,244	2,359	0.98	0.74	0.50	62	78
利比里亚	2,824	4,102	5,253	6,470	3.73	2.47	2.08	25	58
阿拉伯利比亚民众国	5,346	6,546	7,699	8,519	2.03	1.62	1.01	3	5
马达加斯加	15,275	20,146	25,687	31,528	2.77	2.43	2.05	26	54
马拉维	11,831	15,692	20,537	25,897	2.82	2.69	2.32	100	219
马里	10,523	13,323	16,767	20,467	2.36	2.30	1.99	8	17
毛里塔尼亚	2,604	3,366	4,091	4,791	2.57	1.95	1.58	3	5
毛里求斯[1]	1,195	1,297	1,372	1,420	0.82	0.56	0.34	586	696
马约特岛	149	199	250	302	2.89	2.28	1.89	397	808
摩洛哥	28,827	32,381	36,200	39,259	1.16	1.11	0.81	65	88
莫桑比克	18,249	23,406	28,545	33,894	2.49	1.98	1.72	23	42
纳米比亚	1,824	2,212	2,614	2,993	1.93	1.67	1.35	2	4
尼日尔	11,031	15,891	22,947	32,563	3.65	3.67	3.50	9	26
尼日利亚	124,842	158,259	193,252	226,651	2.37	2	1.59	135	245
留尼旺	724	837	931	1,009	1.45	1.06	0.80	288	402
卢旺达	7,958	10,277	13,233	16,104	2.56	2.53	1.96	302	611
圣赫勒拿[2]	5	4	4	5	-2.23	0	2.23	42	38
圣多美岛和普林西比岛	140	165	197	234	1.64	1.77	1.72	145	242
塞内加尔	9,902	12,861	16,197	19,541	2.61	2.31	1.88	50	99
塞舌尔	81	85	89	93	0.48	0.46	0.44	178	205
塞拉利昂	4,228	5,836	7,318	8,943	3.22	2.26	2.01	59	125
索马里	7,394	9,359	12,246	15,744	2.36	2.69	2.51	12	25
南非	44,872	50,492	52,671	54,726	1.18	0.42	0.38	37	45
苏丹	34,904	43,192	52,309	60,995	2.13	1.92	1.54	14	24
斯威士兰	1,080	1,202	1,376	1,524	1.07	1.35	1.02	62	88
多哥	5,247	6,780	8,445	10,115	2.56	2.20	1.80	92	178
突尼斯	9,452	10,374	11,366	12,127	0.93	0.91	0.65	58	74
乌干达	24,433	33,796	46,319	60,819	3.24	3.15	2.72	101	252
坦桑尼亚联合共和国	34,131	45,040	59,603	75,498	2.77	2.80	2.36	36	80
西撒哈拉	315	530	723	819	5.20	3.11	1.25	1	3
赞比亚	10,467	13,257	16,916	20,889	2.36	2.44	2.11	14	28
津巴布韦	12,455	12,644	15,571	17,917	0.15	2.08	1.40	32	46
亚洲									
阿富汗	20,536	29,117	39,585	50,649	3.49	3.07	2.46	31	78
亚美尼亚	3,076	3,090	3,175	3,170	0.05	0.27	-0.02	103	106
阿塞拜疆	8,121	8,934	9,838	10,323	0.95	0.96	0.48	94	119
巴林	650	807	953	1,085	2.16	1.66	1.30	937	1564

续表

	总人口规模和人口密度（,000）				变化率（%）			人口密度（人/km²）	
	2000	2010	2020	2030	2000–2010	2010–2020	2020–2030	2000	2030
孟加拉国	140,767	164,425	185,552	203,214	1.55	1.21	0.91	978	1411
不丹	561	708	820	902	2.33	1.47	0.95	12	19
文莱达鲁萨兰国	333	407	478	547	2.01	1.61	1.35	58	95
柬埔寨	12,760	15,053	17,707	20,100	1.65	1.62	1.27	70	111
中国[3]	1,266,954	1,354,146	1,431,155	1,462,468	0.67	0.55	0.22	132	152
中国，香港特别行政区[4]	6,667	7,069	7,701	8,185	0.59	0.86	0.61	6,066	7,448
中国，澳门特别行政区[5]	441	548	588	611	2.17	0.70	0.38	16,958	23,507
塞浦路斯	787	880	970	1,053	1.12	0.97	0.82	190	210
朝鲜人民民主共和国	22,859	23,991	24,802	25,301	0.48	0.33	0.20	0.48	0.33
格鲁吉亚	4,745	4,219	3,982	3,779	68	54	-1.17	-0.58	-0.52
印度	1,042,590	1,214,464	1,367,225	1,484,598	1.53	1.18	0.82	317	452
印度尼西亚	205,280	232,517	254,218	271,485	1.25	0.89	0.66	108	143
伊朗（伊斯兰共和国）	66,903	75,078	83,740	89,936	1.15	1.09	0.71	41	55
伊拉克	24,652	31,467	40,228	48,909	2.44	2.46	1.95	56	112
以色列	6,084	7,285	8,307	9,219	1.80	1.31	1.04	275	416
日本	126,706	126,995	123,664	117,424	0.02	-0.27	-0.52	335	311
约旦	4,853	6,472	7,519	8,616	2.88	1.50	1.36	54	96
哈萨克斯坦	14,957	15,753	16,726	17,244	0.52	0.60	0.30	5	6
科威特	2,228	3,051	3,690	4,273	3.14	1.90	1.47	125	240
吉尔吉斯斯坦	4,955	5,550	6,159	6,543	1.13	1.04	0.60	25	33
老挝人民民主共和国	5,403	6,436	7,651	8,854	1.75	1.73	1.46	23	37
黎巴嫩	3,772	4,255	4,587	4,858	1.20	0.75	0.57	363	467
马来西亚	23,274	27,914	32,017	35,275	1.82	1.37	0.97	71	107
马尔代夫	272	314	362	403	1.44	1.42	1.07	914	1,352
蒙古	2,389	2,701	3,002	3,236	1.23	1.06	0.75	2	2
缅甸	46,610	50,496	55,497	59,353	0.80	0.94	0.67	69	88
尼泊尔	24,432	29,853	35,269	40,646	2	1.67	1.42	166	276
巴勒斯坦	3,149	4,409	5,806	7,320	3.37	2.75	2.32	523	1216
阿曼	2,402	2,905	3,495	4,048	1.90	1.85	1.47	8	13
巴基斯坦	148,132	184,753	226,187	265,690	2.21	2.02	1.61	186	334
菲律宾	77,689	93,617	109,683	124,384	1.86	1.58	1.26	259	415
卡塔尔	617	1,508	1,740	1,951	8.94	1.43	1.14	56	177
韩国	46,429	48,501	49,475	49,146	0.44	0.20	-0.07	466	494
沙特阿拉伯	20,808	26,246	31,608	36,545	2.32	1.86	1.45	10	17
新加坡	4,018	4,837	5,219	5,460	1.86	0.76	0.45	5,883	7,994
斯里兰卡	18,767	20,410	21,713	22,194	0.84	0.62	0.22	286	338
阿拉伯叙利亚共和国	16,511	22,505	26,475	30,560	3.10	1.62	1.43	89	165
塔吉克斯坦	6,173	7,075	8,446	9,618	1.36	1.77	1.30	43	67
泰国	62,347	68,39	71,43	73,462	0.89	0.47	0.28	122	143
东帝汶	815	1,171	1,618	2,125	3.62	3.23	2.73	55	143
土耳其	66,460	75,705	83,873	90,375	1.30	1.02	0.75	85	115
土库曼斯坦	4,502	5,177	5,816	6,276	1.40	1.16	0.76	9	13
阿拉伯联合酋长国	3,238	4,707	5,660	6,555	3.74	1.84	1.47	39	78
乌兹别克斯坦	24,776	27,794	31,185	33,933	1.15	1.15	0.84	55	76
越南	78,663	89,029	98,011	105,447	1.24	0.96	0.73	237	318
也门	18,182	24,256	31,635	39,350	2.88	2.66	2.18	34	75
欧洲									
阿尔巴尼亚	3,068	3,169	3,338	3,416	0.32	0.52	0.23	107	119
安道尔	66	87	100	113	2.76	1.39	1.22	142	242
奥地利	8,005	8,387	8,539	8,637	0.47	0.18	0.11	95	103
白俄罗斯	10,054	9,588	9,112	8,564	-0.47	-0.51	-0.62	48	41
比利时	10,193	10,698	11,048	11,303	0.48	0.32	0.23	334	370
波斯尼亚和黑塞哥维那	3,694	3,760	3,677	3,520	0.18	-0.22	-0.44	72	69
保加利亚	8,006	7,497	7,017	6,469	0.20	-0.66	-0.81	72	58
海峡群岛[6]	147	150	151	151	0.20	0.07	0	752	776
克罗地亚	4,505	4,410	4,318	4,180	-0.21	-0.21	-0.32	80	74
捷克共和国	10,224	10,411	10,568	10,520	0.18	0.15	130	133	-0.05
丹麦	5,335	5,481	5,557	5,616	0.27	0.14	0.11	124	130
爱沙尼亚	1,370	1,339	1,333	1,301	-0.23	-0.04	-0.24	30	29
法罗群岛	46	50	53	56	0.83	0.58	0.55	33	40
芬兰[7]	5,173	5,346	5,496	5,544	0.33	0.28	0.09	15	16
法国	59,128	62,637	64,931	66,474	0.58	0.36	0.23	107	121
德国	82,075	82,057	80,422	77,854	0.00	-0.20	-0.32	230	218
直布罗陀	29	31	32	31	0.67	0.32	-0.32	4,818	5,240
希腊	10,942	11,183	11,284	11,234	0.22	0.09	-0.04	83	85
梵蒂冈[8]	1	1	1	1	0	0	0	1,789	1,739
匈牙利	10,215	9,973	9,766	9,509	-0.24	-0.21	-0.27	110	102
冰岛	281	329	370	392	1.58	1.17	0.58	3	4
爱尔兰	3,804	4,589	5,145	5,573	1.88	1.14	0.80	54	79
马恩岛	77	80	81	80	0.38	0.12	-0.12	134	140

续表

	总人口规模和人口密度（,000）				变化率（%）			人口密度（人/km²）	
	2000	2010	2020	2030	2000–2010	2010–2020	2020–2030	2000	2030
意大利	57,116	60,098	60,408	59,549	0.51	0.05	-0.14	190	198
拉脱维亚	2,374	2,240	2,153	2,049	-0.58	-0.40	-0.50	37	32
列支敦士登	33	36	39	42	0.87	0.80	0.74	205	259
立陶宛	3,501	3,255	3,058	2,909	-0.73	-0.62	-0.50	54	45
卢森堡	437	492	550	615	1.19	1.11	1.12	169	238
马耳他	389	410	422	427	0.53	0.29	0.12	1,231	1,351
摩尔多瓦	4,100	3,576	3,378	3,182	-1.37	-0.57	-0.60	121	94
摩纳哥	32	33	34	35	0.31	0.30	0.29	21,478	23,738
黑山	661	626	631	634	-0.54	0.08	0.05	48	46
荷兰	15,915	16,653	17,143	17,498	0.45	0.29	0.20	383	421
挪威 [9]	4,484	4,855	5,200	5,518	0.79	0.69	0.59	12	14
波兰	38,433	38,038	37,497	36,187	-0.10	-0.14	-0.36	119	112
葡萄牙	10,226	10,732	10,767	10,620	0.48	0.03	-0.14	111	115
罗马尼亚	22,138	21,190	20,380	19,489	-0.44	-0.39	-0.45	93	82
俄罗斯联邦	146,670	140,367	135,406	128,864	-0.44	-0.36	-0.50	9	8
圣马力诺	27	32	33	33	1.70	0.31	0.00	442	548
塞尔维亚	10,134	9,856	9,783	9,644	-0.28	-0.07	-0.14	115	109
斯洛伐克	5,379	5,412	5,442	5,348	0.06	0.06	-0.17	110	109
斯洛文尼亚	1,985	2,025	2,053	2,037	0.20	0.14	-0.08	98	101
西班牙	40,264	45,317	48,564	49,772	1.18	0.69	0.25	80	98
瑞典	8,860	9,293	9,713	10,076	0.48	0.44	0.37	20	22
瑞士	7,184	7,595	7,879	8,148	0.56	0.37	0.34	174	197
马其顿 [10]	2,012	2,043	2,046	2,016	0.15	0.01	-0.15	78	78
乌克兰	48,870	45,433	42,945	40,188	-0.73	-0.56	-0.66	81	67
英国	58,907	61,899	65,090	67,956	0.50	0.50	0.43	243	280
拉丁美洲和加勒比地区									
安圭拉	11	15	18	19	3.10	1.82	0.54	123	207
安提瓜和巴布达	77	89	97	105	1.45	0.86	0.79	175	237
阿根廷	36,939	40,666	44,304	47,255	0.96	0.86	0.64	13	17
阿鲁巴岛	91	107	111	112	162	0.37	0.09	504	625
巴哈马群岛	305	346	384	418	1.26	1.04	0.85	22	30
巴巴多斯	252	257	262	260	0.20	0.19	-0.08	585	606
伯利兹	252	313	375	430	2.17	1.81	1.37	11	19
玻利维亚	8,317	10,031	11,638	13,034	1.87	1.49	1.13	8	12
巴西	174,174	195,423	209,051	217,146	1.15	0.67	0.38	20	26
英属维尔京群岛	21	23	25	27	0.91	0.83	0.77	136	178
开曼群岛	40	57	61	65	3.54	0.68	0.64	153	246
智利	15,419	17,135	18,639	19,779	1.06	0.84	0.59	20	26
哥伦比亚	39,773	46,300	52,278	57,264	1.52	1.21	0.91	35	50
哥斯达黎加	3,931	4,640	5,250	5,762	1.66	1.24	0.93	77	113
古巴	11,087	11,204	11,193	11,019	0.10	-0.01	-0.16	100	99
多米尼克	68	67	67	69	-0.15	0	0.29	91	91
多米尼加共和国	8,830	10,225	11,451	12,431	1.47	1.13	0.82	182	256
厄瓜多尔	12,310	13,775	15,376	16,679	1.12	1.10	0.81	43	59
萨尔瓦多	5,945	6,618	7,177	6,194	0.41	0.66	0.81	283	341
福克兰群岛（马尔维纳斯群岛）	3	3	3	3	0	0	0	0	0
法属圭亚那	165	231	292	354	3.36	2.34	1.93	2	4
格林纳达	101	104	108	108	0.29	0.38	0	294	315
瓜德罗普岛	429	467	484	492	0.85	0.36	0.16	252	288
危地马拉	11,231	14,377	18,091	21,692	2.47	2.30	1.82	103	199
圭亚那	756	761	745	714	0.07	-0.21	-0.43	4	3
海地	8,648	10,188	11,722	13,196	1.64	1.40	1.18	312	476
洪都拉斯	6,230	7,616	9,136	10,492	2.01	1.82	1.38	56	94
牙买加	2,568	2,730	2,834	2,873	0.61	0.37	0.14	234	261
马提尼克	385	406	415	418	0.53	0.22	0.07	349	379
墨西哥	99,531	110,645	119,682	126,457	1.06	0.79	0.55	51	65
蒙特塞拉特岛	5	6	6	7	1.82	0	1.54	49	66
荷属安的列斯群岛	181	201	210	209	1.05	0.44	-0.05	226	262
尼加拉瓜	5,101	5,822	6,682	7,387	1.32	1.38	1.00	39	57
巴拿马	2,951	3,508	4,027	4,488	1.73	1.38	1.08	39	59
巴拉圭	5,350	6,460	7,533	8,483	1.89	1.54	1.19	13	21
秘鲁	26,004	29,496	32,881	36,006	1.26	1.09	0.91	20	28
波多黎各	3,819	3,998	4,135	4,195	0.46	0.34	0.14	430	473
圣基茨和尼维斯	46	52	59	64	1.23	1.26	0.81	176	244
圣卢西亚	157	174	190	204	1.03	0.88	0.71	292	378
圣文森特和格林纳丁斯	108	109	110	113	0.09	0.09	0.28	278	290
苏里南	467	524	568	602	1.15	0.81	0.58	3	4
特立尼达和多巴哥	1,295	1,344	1,384	1,382	0.37	0.29	-0.01	252	269
特克斯和凯科斯群岛	19	33	36	39	5.52	0.87	0.80	44	90
美属维尔京群岛	109	109	106	99	0	-0.28	-0.68	313	284

续表

	总人口规模和人口密度（,000）				变化率（%）			人口密度（人/km²）	
	2000	2010	2020	2030	2000—2010	2010—2020	2020—2030	2000	2030
乌拉圭	3,321	3,372	3,493	3,588	0.15	0.35	0.27	19	21
委内瑞拉（玻利瓦尔共和国）	24,408	29,044	33,412	37,145	1.74	1.40	1.06	27	41
北美洲									
百慕大群岛	63	65	66	66	0.31	0.15	0	1186	1243
加拿大	30,687	33,890	37,101	40,096	0.99	0.91	0.78	3	4
格陵兰	56	57	57	55	0.18	0	-0.36	0	0
圣皮埃尔和密克隆	6	6	6	6	0	0	0	26	25
美利坚合众国	287,842	317,641	346,153	369,981	0.99	0.86	0.67	30	38
大洋洲									
美属萨摩亚	58	69	80	91	1.74	1.48	1.29	290	460
澳大利亚 ¹¹	19,171	21,512	23,675	25,656	1.15	0.96	0.80	2	3
库克群岛	18	20	21	22	1.05	0.49	0.47	74	93
斐济	802	854	888	918	0.63	0.39	0.33	44	50
法属波利尼西亚	236	272	304	329	1.42	1.11	0.79	59	82
关岛	155	180	201	220	1.50	1.10	0.90	283	401
基里巴斯	84	100	115	131	1.74	1.40	1.30	116	180
马绍尔群岛	52	63	75	83	1.92	1.74	1.01	288	457
密克罗尼西亚（联邦）	107	111	118	125	0.37	0.61	0.58	153	178
瑙鲁	10	10	11	11	0	0.95	0	478	527
新喀里多尼亚	215	254	288	318	1.67	1.26	0.99	12	17
新西兰	3,868	4,303	4,669	4,972	1.07	0.82	0.63	14	18
纽埃	2	1	1	1	-6.93	0	0	7	4
北马里亚纳群岛	69	88	104	119	2.43	1.67	1.35	149	256
帕劳群岛	19	21	22	25	1.00	0.47	1.28	42	53
巴布亚新几内亚	5,388	6,888	8,468	10,058	2.46	2.07	1.72	12	22
皮特凯恩	0	0	0	0	0	0	0	12	11
萨摩亚	177	179	184	191	0.11	0.28	0.37	62	68
所罗门群岛	416	536	662	788	2.53	2.11	1.74	14	27
托克劳	2	1	1	1	-6.93	0	0	128	101
汤加	99	104	108	115	0.49	0.38	0.63	152	178
图瓦卢	10	10	10	11	0.00	0.00	0.95	367	419
瓦努阿图	190	246	307	369	2.58	2.22	1.84	16	30
瓦利斯和富图纳群岛	15	15	17	17	0.00	1.25	0.00	73	85

资料来源：联合国经济和社会事务部，人口划分（2010）世界城市化前景：2009版，纽约；联合国，联合国经济和社会事务部，人口划分（2009）世界人口展望：2008版，联合国，纽约。

注：

1. 包括阿加莱加、罗德里格斯和圣布兰登。

2. 包括阿森松和特里斯坦达库尼亚。

3. 出于统计目的，中国的数据不包括香港和澳门特别行政区。

4. 1997年7月1日，香港成为中国的一个特别行政区。

5. 1999年12月20日，澳门成为中国的一个特别行政区。

6. 是指格恩西岛和泽西岛。

7. 包括奥兰群岛。

8. 指的是梵蒂冈城国。

9. 包括斯瓦尔巴群岛。

10. 前南斯拉夫的马其顿共和国。

11. 包括圣诞岛、科科斯（基林）群岛和诺福克岛。

表B.2
TABLE B.2

城市人口和农村人口规模和变化率 Urban and Rural Population Size and Rate of Change

	城市人口							农村人口						
	人口估计和预测（'000）				人口增长率变化（%）			人口估计和预测（'000）				人口增长率变化（%）		
	2000	2010	2020	2030	2000–2010	2010–2020	2020–2030	2000	2010	2020	2030	2000–2010	2010–2020	2020–2030
非洲														
阿尔及利亚	18,246	23,555	29,194	34,097	2.55	2.15	1.55	12,260	11,868	11,436	10,630	-0.32	-0.37	-0.73
安哥拉	6,995	11,112	16,184	21,784	4.63	3.76	2.97	7,284	7,881	8,323	8,631	0.79	0.55	0.36
贝宁	2,553	3,873	5,751	8,275	4.17	3.95	3.64	4,107	5,339	6,426	7,124	2.62	1.85	1.03
博茨瓦纳	917	1,209	1,506	1,769	2.76	2.20	1.61	806	769	722	665	-0.47	-0.63	-0.82
布基纳法索	2,083	4,184	7,523	11,958	6.97	5.87	4.63	9,593	12,103	14,348	15,982	2.32	1.70	1.08
布隆迪	536	937	1,524	2,362	5.59	4.86	4.38	5,937	7,582	8,794	9,574	2.45	1.48	0.85
喀麦隆	7,910	11,655	15,941	20,304	3.88	3.13	2.42	7,955	8,303	8,408	8,298	0.43	0.13	-0.13
佛得角	235	313	394	468	2.87	2.30	1.72	204	199	190	177	-0.25	-0.46	-0.71
中非共和国	1,410	1,755	2,268	2,978	2.19	2.56	2.72	2,336	2,751	3,072	3,171	1.64	1.10	0.32
乍得	1,964	3,179	5,054	7,843	4.82	4.64	4.39	6,438	8,328	9,843	11,174	2.57	1.67	1.27
科摩罗	155	195	259	356	2.30	2.84	3.18	397	496	580	619	2.23	1.56	0.65
刚果	1,770	2,335	3,118	3,883	2.77	2.89	2.19	1,265	1,424	1,582	1,596	1.18	1.05	0.09
科特迪瓦	7,524	10,906	15,574	20,873	3.71	3.56	2.93	9,757	10,664	11,380	11,678	0.89	0.65	0.26
刚果共和国	15,168	23,887	36,834	53,382	4.54	4.33	3.71	35,662	43,940	50,806	55,212	2.09	1.45	0.83
吉布提	555	670	798	956	1.88	1.75	1.81	175	209	230	237	1.78	0.96	0.30
埃及	30,032	36,664	45,301	56,477	2	2.12	2.21	40,142	47,810	53,336	54,430	1.75	1.09	0.20
赤道几内亚	205	275	379	527	2.94	3.21	3.30	324	418	496	540	2.55	1.71	0.85
厄立特里亚	650	1,127	1,845	2,780	5.50	4.93	4.10	3,007	4,097	4,874	5,305	3.09	1.74	0.85
埃塞俄比亚	9,762	14,158	20,800	31,383	3.72	3.85	4.11	55,753	70,818	87,165	100,178	2.39	2.08	1.39
加蓬	989	1,292	1,579	1,853	2.67	2.01	1.60	245	210	200	192	-1.54	-0.49	-0.41
冈比亚	639	1,018	1,449	1,943	4.66	3.53	2.93	663	733	779	793	1.00	0.61	0.18
加纳	8,584	12,524	17,274	22,565	3.78	3.22	2.67	10,945	11,808	12,293	12,319	0.76	0.40	0.02
几内亚	2,603	3,651	5,580	8,219	3.38	4.24	3.87	5,781	6,673	7,887	8,678	1.43	1.67	0.96
几内亚—比绍	387	494	678	979	2.44	3.17	3.67	917	1,153	1,387	1,557	2.29	1.85	1.16
肯尼亚	6,204	9,064	13,826	20,884	3.79	4.22	4.12	25,237	31,799	38,208	42,315	2.31	1.84	1.02
莱索托	377	560	775	999	3.96	3.25	2.54	1,511	1,524	1,469	1,360	0.09	-0.37	-0.77
利比里亚	1,252	1,961	2,739	3,725	4.49	3.34	3.07	1,572	2,141	2,514	2,745	3.09	1.61	0.88
阿拉伯利比亚民众国	4,083	5,098	6,181	7,060	2.22	1.93	1.33	1,263	1,447	1,517	1,459	1.36	0.47	-0.39
马达加斯加	4,143	6,082	8,953	13,048	3.84	3.87	3.77	11,132	14,064	16,734	18,480	2.34	1.74	0.99
马拉维	1,796	3,102	5,240	8,395	5.46	5.24	4.71	10,036	12,590	15,297	17,502	2.27	1.95	1.35
马里	2,982	4,777	7,325	10,491	4.71	4.27	3.59	7,541	8,546	9,442	9,976	1.25	1.00	0.55
毛里塔尼亚	1,041	1,395	1,859	2,478	2.93	2.87	2.87	1,563	1,971	2,232	2,313	2.32	1.24	0.36
毛里求斯 [1]	510	542	595	681	0.61	0.93	1.35	685	754	777	738	0.96	0.30	-0.51
马约特岛	71	100	129	168	3.42	2.55	2.64	78	99	121	134	2.38	2.01	1.02
摩洛哥	15,375	18,859	23,158	27,157	2.04	2.05	1.59	13,452	13,523	13,042	12,102	0.05	-0.36	-0.75
莫桑比克	5,601	8,996	13,208	18,199	4.74	3.84	3.21	12,649	14,410	15,338	15,695	1.30	0.62	0.23
纳米比亚	590	840	1,161	1,541	3.53	3.24	2.83	1,234	1,372	1,453	1,452	1.06	0.57	-0.01
尼日尔	1,785	2,719	4,417	7,641	4.21	4.85	5.48	9,246	13,173	18,529	24,922	3.54	3.41	2.96
尼日利亚	53,078	78,818	109,959	144,116	3.95	3.32	2.71	71,765	79,441	83,394	82,534	1.02	0.49	-0.10
留尼旺	650	787	891	972	1.91	1.24	0.87	73	50	40	37	-3.78	-2.23	0.78
卢旺达	1,096	1,938	2,993	4,550	5.70	4.35	4.19	6,862	8,340	10,241	11,554	1.95	2.05	1.21
圣赫勒拿 [2]	2	2	2	2	0.00	0.00	0.00	3	3	3	2	0.00	0.00	-4.05
圣多美岛和普林西比岛	75	103	136	173	3.17	2.78	2.41	65	62	61	61	-0.47	-0.16	0.00
塞内加尔	3,995	5,450	7,524	10,269	3.11	3.22	3.11	5,907	7,410	8,673	9,273	2.27	1.57	0.67
塞舌尔	41	47	54	62	1.37	1.39	1.38	40	38	35	31	-0.51	-0.82	-1.21
塞拉利昂	1,501	2,241	3,134	4,384	4.01	3.35	3.36	2,727	3,595	4,184	4,559	2.76	1.52	0.86
索马里	2,458	3,505	5,268	7,851	3.55	4.07	3.99	4,936	5,854	6,978	7,893	1.71	1.76	1.23
南非	25,528	31,155	35,060	39,032	1.99	1.18	1.07	19,344	19,338	17,611	15,694	0.00	-0.94	-1.15
苏丹	11,661	17,322	24,804	33,267	3.96	3.59	2.94	23,243	25,871	27,505	27,728	1.07	0.61	0.08
斯威士兰	244	257	307	400	0.52	1.78	2.65	835	945	1,069	1,125	1.24	1.23	0.51
多哥	1,917	2,945	4,261	5,795	4.29	3.69	3.07	3,331	3,835	4,183	4,319	1.41	0.87	0.32
突尼斯	5,996	6,980	8,096	9,115	1.52	1.48	1.19	3,456	3,394	3,270	3,012	-0.18	-0.37	-0.82
乌干达	2,952	4,493	7,381	12,503	4.20	4.96	5.27	21,481	29,303	389,39	48,315	3.11	2.84	2.16
坦桑尼亚联合共和国	7,614	11,883	18,945	29,190	4.45	4.66	4.32	26,517	33,157	40,658	46,308	2.23	2.04	1.30
西撒哈拉	264	434	606	704	4.97	3.34	1.50	51	96	116	115	6.33	1.89	-0.09
赞比亚	3,643	4,733	6,584	9,340	2.62	3.30	3.50	6,824	8,524	10,332	11,549	2.22	1.92	1.11
津巴布韦	4,205	4,837	6,839	9,086	1.40	3.46	2.84	8,251	7,807	8,732	8,832	-0.55	1.12	0.11
亚洲														
阿富汗	4,148	6,581	10,450	16,296	4.62	4.62	4.44	16,388	22,537	29,134	34,353	3.19	2.57	1.65
亚美尼亚	1,989	1,984	2,087	2,186	-0.03	0.51	0.46	1,087	1,107	1,088	983	0.18	-0.17	-1.01
阿塞拜疆	4,158	4,639	5,332	6,044	1.09	1.39	1.25	3,964	4,294	4,506	4,279	0.80	0.48	-0.52
巴林	574	715	852	984	2.20	1.75	1.44	76	92	101	102	1.91	0.93	0.10

续表

	城市人口							农村人口						
	人口估计和预测（'000）				人口增长率变化（%）			人口估计和预测（'000）				人口增长率变化（%）		
	2000	2010	2020	2030	2000–2010	2010–2020	2020–2030	2000	2010	2020	2030	2000–2010	2010–2020	2020–2030
孟加拉国	33,208	46,149	62,886	83,408	3.29	3.09	2.82	107,559	118,276	122,667	119,807	0.95	0.36	-0.24
不丹	143	246	348	451	5.42	3.47	2.59	419	463	472	451	1.00	0.19	-0.46
文莱达鲁萨兰国	237	308	379	450	2.62	2.07	1.72	96	99	99	97	0.31	0.00	-0.20
柬埔寨	2,157	3,027	4,214	5,870	3.39	3.31	3.31	10,603	12,026	13,493	14,230	1.26	1.15	0.53
中国 3	453,029	635,839	786,761	905,449	3.39	2.13	1.41	813,925	718,307	644,394	557,019	-1.25	-1.09	-1.46
中国，香港特别行政区 4	6,667	7,069	7,701	8,185	0.59	0.86	0.61	—	—	—	—	—	—	—
中国，澳门特别行政区 5	441	548	588	611	2.17	0.70	0.38	—	—	—	—	—	—	—
塞浦路斯	540	619	705	797	1.37	1.30	1.23	247	261	265	256	0.55	0.15	-0.35
朝鲜民主主义人民共和国	13,581	14,446	15,413	16,633	0.62	0.65	0.76	9,278	9,545	9,389	8,668	0.28	-0.16	-0.80
格鲁吉亚	2,498	2,225	2,177	2,218	-1.16	-0.22	0.19	2,247	1,994	1,806	1,561	-1.19	-0.99	-1.46
印度	288,430	364,459	463,328	590,091	2.34	2.40	2.42	754,160	850,005	903,896	894,507	1.20	0.61	-0.10
印度尼西亚	86,219	102,960	122,257	145,776	1.77	1.72	1.76	119,061	129,557	131,961	125,709	0.84	0.18	-0.49
伊朗（伊斯兰共和国）	42,952	53,120	63,596	71,767	2.12	1.80	1.21	23,951	21,958	20,145	18,169	-0.87	-0.86	-1.03
伊拉克	16,722	20,822	26,772	33,930	2.19	2.51	2.37	7,931	10,644	13,455	14,979	2.94	2.34	1.07
以色列	5,563	6,692	7,673	8,583	1.85	1.37	1.12	521	594	634	636	1.31	0.65	0.03
日本	82,633	84,875	85,848	85,700	0.27	0.11	-0.02	44,073	42,120	37,817	31,724	-0.45	-1.08	-1.76
约旦	3,798	5,083	5,998	7,063	2.91	1.66	1.63	1,055	1,390	1,520	1,554	2.76	0.89	0.22
哈萨克斯坦	8,417	9,217	10,417	11,525	0.91	1.22	1.01	6,539	6,537	6,309	5,718	0.00	-0.36	-0.98
科威特	2,188	3,001	3,637	4,218	3.16	1.92	1.48	40	49	53	55	2.03	0.78	0.37
吉尔吉斯斯坦	1,744	1,918	2,202	2,625	0.95	1.38	1.76	3,211	3,633	3,957	3,918	1.23	0.85	-0.10
老挝人民民主共和国	1,187	2,136	3,381	4,699	5.88	4.59	3.29	4,216	4,300	4,269	4,155	0.20	-0.07	-0.27
黎巴嫩	3,244	3,712	4,065	4,374	1.35	0.91	0.73	528	543	522	484	0.28	-0.39	-0.76
马来西亚	14,424	20,146	25,128	28,999	3.34	2.21	1.43	8,849	7,768	6,889	6,277	-1.30	-1.20	-0.93
马尔代夫	75	126	186	242	5.19	3.89	2.63	197	188	175	161	-0.47	-0.72	-0.83
蒙古	1,358	1,675	2,010	2,316	2.10	1.82	1.42	1,031	1,026	992	920	-0.05	-0.34	-0.75
缅甸	12,956	16,990	22,570	28,545	2.71	2.84	2.35	33,654	33,505	32,927	30,808	-0.04	-0.17	-0.67
尼泊尔	3,281	5,559	8,739	12,902	5.27	4.52	3.90	21,150	24,294	26,529	27,744	1.39	0.88	0.45
巴勒斯坦被占领土	2,267	3,269	4,447	5,810	3.66	3.08	2.67	883	1,140	1,359	1,510	2.55	1.76	1.05
阿曼	1,719	2,122	2,645	3,184	2.11	2.20	1.85	683	783	850	864	1.37	0.82	0.16
巴基斯坦	49,088	66,318	90,199	121,218	3.01	3.08	2.96	99,045	118,435	135,987	144,472	1.79	1.38	0.61
菲律宾	37,283	45,781	57,657	72,555	2.05	2.31	2.30	40,406	47,836	52,026	51,829	1.69	0.84	-0.04
卡塔尔	586	1,445	1,679	1,891	9.03	1.50	1.19	31	63	62	60	7.09	-0.16	-0.33
韩国	36,967	40,235	42,362	43,086	0.85	0.52	0.17	9,462	8,265	7,113	6,060	-1.35	-1.50	-1.60
沙特阿拉伯	16,615	21,541	26,617	31,516	2.60	2.12	1.69	4,193	4,705	4,991	5,030	1.15	0.59	0.08
新加坡	4,018	4,837	5,219	5,460	1.86	0.76	0.45	—	—	—	—	—	—	—
斯里兰卡	2,971	2,921	3,360	4,339	-0.17	1.40	2.56	15,796	17,489	18,353	17,855	1.02	0.48	-0.28
阿拉伯叙利亚共和国	8,577	12,545	15,948	19,976	3.80	2.40	2.25	7,934	9,961	10,527	10,584	2.28	0.55	0.05
塔吉克斯坦	1,635	1,862	2,364	3,121	1.30	2.39	2.78	4,538	5,213	6,083	6,497	1.39	1.54	0.66
泰国	19,417	23,142	27,800	33,624	1.76	1.83	1.90	42,930	44,997	43,643	39,838	0.47	-0.31	-0.91
东帝汶	198	329	538	848	5.08	4.92	4.55	617	842	1,080	1,277	3.11	2.49	1.68
土耳其	43,027	52,728	62,033	70,247	2.03	1.63	1.24	23,433	22,977	21,840	20,128	-0.20	-0.51	-0.82
土库曼斯坦	2,062	2,562	3,175	3,793	2.17	2.15	1.78	2,440	2,614	2,642	2,483	0.69	0.11	-0.62
阿拉伯联合酋长国	2,599	3,956	4,915	5,821	4.20	2.17	1.69	639	751	745	735	1.62	-0.08	-0.14
乌兹别克斯坦	9,273	10,075	11,789	14,500	0.83	1.57	2.07	15,502	17,720	19,396	19,433	1.34	0.90	0.02
越南	19,263	27,046	36,269	46,585	3.39	2.93	2.50	59,400	61,983	61,743	58,862	0.43	-0.04	-0.48
也门	4,776	7,714	12,082	17,844	4.79	4.49	3.90	13,406	16,542	19,553	21,506	2.10	1.67	0.95
欧洲														
阿尔巴尼亚	1,280	1,645	2,027	2,301	2.51	2.09	1.27	1,787	1,524	1,311	1,115	-1.59	-1.51	-1.62
安道尔	61	76	85	96	2.20	1.12	1.22	5	10	15	17	6.93	4.05	1.25
奥地利	5,267	5,666	6,003	6,372	0.73	0.58	0.60	2,738	2,722	2,537	2,265	-0.06	-0.70	-1.13
白俄罗斯	7,030	7,162	7,219	7,070	0.19	0.08	-0.21	3,023	2,426	1,894	1,494	-2.20	-2.48	-2.37
比利时	9,899	10,421	10,792	11,070	0.51	0.35	0.25	294	277	256	233	-0.60	-0.79	-0.94
波黑共和国	1,597	1,828	2,028	2,170	1.35	1.04	0.68	2,097	1,932	1,648	1,349	-0.82	-1.59	-2.00
保加利亚	5,516	5,357	5,215	5,012	-0.29	-0.27	-0.40	2,490	2,140	1,802	1,456	-1.51	-1.72	-2.13
诺曼底群岛 6	45	47	52	59	0.43	1.01	1.26	102	103	100	92	0.10	-0.30	-0.83
克罗地亚	2,504	2,546	2,657	2,781	0.17	0.43	0.46	2,001	1,864	1,661	1,399	-0.71	-1.15	-1.72
捷克共和国	7,565	7,656	7,929	8,202	0.12	0.35	0.34	2,660	2,755	2,639	2,318	0.35	-0.43	-1.30
丹麦	4,540	4,761	4,923	5,058	0.48	0.33	0.27	795	720	634	558	-0.99	-1.27	-1.28
爱沙尼亚	951	931	942	955	-0.21	0.12	0.14	419	409	390	347	-0.24	-0.48	-1.17
法罗群岛	17	20	23	26	1.63	1.40	1.23	29	30	31	30	0.34	0.33	-0.33
芬兰 7	4,252	4,549	4,805	4,947	0.68	0.55	0.29	922	797	691	597	-1.46	-1.43	-1.46
法国	45,466	53,398	58,267	61,043	1.61	0.87	0.47	13,662	9,238	6,664	5,431	-3.91	-3.27	-2.05
德国	59,970	60,598	60,827	60,993	0.10	0.04	0.03	22,105	21,458	19,595	16,862	-0.30	-0.91	-1.50
直布罗陀	29	31	32	31	0.67	0.32	-0.32	—	—	—	—	—	—	—
希腊	6,537	6,868	7,307	7,785	0.49	0.62	0.63	4,406	4,315	3,977	3,449	-0.21	-0.82	-1.42
罗马教廷 8	1	1	1	1	0.00	0.00	0.00	—	—	—	—	—	—	—
匈牙利	6,596	6,791	7,011	7,180	0.29	0.32	0.24	3,619	3,182	2,755	2,329	-1.29	-1.44	-1.68

续表

	城市人口							农村人口						
	人口估计和预测（'000）				人口增长率变化（%）			人口估计和预测（'000）				人口增长率变化（%）		
	2000	2010	2020	2030	2000–2010	2010–2020	2020–2030	2000	2010	2020	2030	2000–2010	2010–2020	2020–2030
冰岛	260	308	349	372	1.69	1.25	0.64	21	22	21	20	0.47	-0.47	-0.49
爱尔兰	2,250	2,842	3,370	3,889	2.34	1.70	1.43	1,554	1,747	1,775	1,684	1.17	0.16	-0.53
马恩岛	40	41	41	43	0.25	0.00	0.48	37	40	39	37	0.78	-0.25	-0.53
意大利	38,395	41,083	42,840	44,395	0.68	0.42	0.36	18,721	19,015	17,569	15,154	0.16	-0.79	-1.48
拉脱维亚	1,616	1,517	1,471	1,453	-0.63	-0.31	-0.12	758	723	681	596	-0.47	-0.60	-1.33
列支敦士登	5	5	6	7	0.00	1.82	1.54	28	31	33	34	1.02	0.63	0.30
立陶宛	2,345	2,181	2,096	2,080	-0.73	-0.40	-0.08	1,156	1,075	962	828	-0.73	-1.11	-1.50
卢森堡	366	419	480	547	1.35	1.36	1.31	71	73	70	67	0.28	-0.42	-0.44
马耳他	359	388	405	413	0.78	0.43	0.20	30	22	17	14	-3.10	-2.58	-1.94
摩尔多瓦	1,828	1,679	1,833	1,938	-0.85	0.88	0.56	2,272	1,897	1,546	1,244	-1.80	-2.05	-2.17
摩纳哥	32	33	34	35	0.31	0.30	0.29	—	—	—	—			
黑山共和国	387	384	394	417	-0.08	0.26	0.57	274	241	237	217	-1.28	-0.17	-0.88
荷兰	12,222	13,799	14,824	15,501	1.21	0.72	0.45	3,692	2,854	2,319	1,997	-2.57	-2.08	-1.49
挪威[9]	3,411	3,856	4,297	4,700	1.23	1.08	0.90	1,073	1,000	903	818	-0.70	-1.02	-0.99
波兰	23,719	23,187	23,135	23,481	-0.23	-0.02	0.15	14,714	14,851	14,362	12,705	0.09	-0.33	-1.23
葡萄牙	5,563	6,515	7,148	7,585	1.58	0.93	0.59	4,663	4,218	3,619	3,034	-1.00	-1.53	-1.76
罗马尼亚	11,734	12,177	12,839	13,296	0.37	0.53	0.35	10,404	9,013	7,541	6,192	-1.44	-1.78	-1.97
俄罗斯联邦	107,582	102,702	100,892	99,153	-0.46	-0.18	-0.17	39,088	37,665	34,513	29,711	-0.37	-0.87	-1.50
圣马力诺	25	30	31	32	1.82	0.33	0.32	2	2	2	2	0.00	0.00	0.00
塞尔维亚	5,369	5,525	5,871	6,252	0.29	0.61	0.63	4,765	4,331	3,911	3,392	-0.95	-1.02	-1.42
斯洛伐克	3,025	2,975	3,031	3,168	-0.17	0.19	0.44	2,354	2,437	2,411	2,179	0.35	-0.11	-1.01
斯洛文尼亚	1,008	1,002	1,035	1,110	-0.06	0.32	0.70	978	1,022	1,018	927	0.44	-0.04	-0.94
西班牙	30,707	35,073	38,542	40,774	1.33	0.94	0.56	9,558	10,243	10,021	8,998	0.69	-0.22	-1.08
瑞典	7,445	7,870	8,333	8,799	0.56	0.57	0.54	1,415	1,424	1,380	1,277	0.06	-0.31	-0.78
瑞士	5,268	5,591	5,922	6,336	0.60	0.58	0.68	1,917	2,003	1,957	1,812	0.44	-0.23	-0.77
马其顿共和国[10]	1,194	1,212	1,260	1,331	0.15	0.39	0.55	818	831	785	685	0.16	-0.57	-1.36
乌克兰	32,814	31,252	30,860	30,243	-0.49	-0.13	-0.20	16,056	14,181	12,085	9,946	-1.24	-1.60	-1.95
英国	46,331	49,295	53,001	56,901	0.62	0.72	0.71	12,576	12,604	12,089	11,055	0.02	-0.42	-0.89
拉丁美洲和加勒比地区														
安圭拉岛	11	15	18	19	3.10	1.82	0.54	—	—	—	—	—	—	—
安提瓜和巴布达	25	27	32	40	0.77	1.70	2.23	52	62	66	65	1.76	0.63	-0.15
阿根廷	33,291	37,572	41,554	44,726	1.21	1.01	0.74	3,648	3,093	2,750	2,529	-1.65	-1.18	-0.84
阿鲁巴岛	42	50	54	59	1.74	0.77	0.89	48	57	57	53	1.72	0.00	-0.73
巴哈马	250	291	331	367	1.52	1.29	1.03	55	55	54	51	0.00	-0.18	-0.57
巴巴多斯	97	114	134	151	1.61	1.62	1.19	155	142	128	110	-0.88	-1.04	-1.52
伯利兹	120	164	213	268	3.12	2.61	2.30	131	149	161	162	1.29	0.77	0.06
玻利维亚	5,143	6,675	8,265	9,799	2.61	2.14	1.70	3,174	3,356	3,373	3,235	0.56	0.05	-0.42
巴西	141,416	169,098	187,104	197,874	1.79	1.01	0.56	32,759	26,326	21,947	19,272	-2.19	-1.82	-1.30
英属维尔京群岛	8	10	11	14	2.23	0.95	2.41	12	14	14	13	1.54	0.00	-0.74
开曼群岛	40	57	61	65	3.54	0.68	0.64	—	—	—	—	—	—	—
智利	13,252	15,251	16,958	18,247	1.40	1.06	0.73	2,167	1,884	1,681	1,532	-1.40	-1.14	-0.93
哥伦比亚	28,666	34,758	40,800	46,357	1.93	1.60	1.28	11,107	11,542	11,478	10,907	0.38	-0.06	-0.51
哥斯达黎加	2,321	2,989	3,643	4,259	2.53	1.98	1.56	1,610	1,651	1,607	1,503	0.25	-0.27	-0.67
古巴	8,382	8,429	8,462	8,550	0.06	0.04	0.10	2,705	2,776	2,732	2,469	0.26	-0.16	-1.01
多米尼克	46	45	47	50	-0.22	0.43	0.62	22	22	21	18	0.00	-0.47	-1.54
多米尼加共和国	5,452	7,074	8,560	9,793	2.60	1.91	1.35	3,378	3,151	2,890	2,638	-0.70	-0.86	-0.91
厄瓜多尔	7,423	9,222	11,152	12,813	2.17	1.90	1.39	4,887	4,553	4,223	3,866	-0.71	-0.75	-0.88
萨尔瓦多	3,503	3,983	4,583	5,287	1.28	1.40	1.43	2,443	2,211	2,035	1,890	-1.00	-0.83	-0.74
福克兰群岛（马尔维纳斯）	2	2	2	3	0.00	0.00	4.05	1	1	1	1	0.00	0.00	0.00
法属圭亚那	124	177	229	288	3.56	2.58	2.29	41	55	62	66	2.94	1.20	0.63
格林纳达	37	41	48	55	1.03	1.58	1.36	65	63	60	53	-0.31	-0.49	-1.24
瓜德罗普岛	422	460	476	485	0.86	0.34	0.19	7	7	7	7	0.00	0.00	0.00
危地马拉	5,068	7,111	9,893	13,153	3.39	3.30	2.85	6,163	7,266	8,198	8,539	1.65	1.21	0.41
圭亚那	217	218	233	265	0.05	0.67	1.29	539	544	512	449	0.09	-0.61	-1.31
海地	3,079	5,307	7,546	9,450	5.44	3.52	2.25	5,569	4,881	4,177	3,746	-1.32	-1.56	-1.09
洪都拉斯	2,832	3,930	5,263	6,656	3.28	2.92	2.35	3,398	3,686	3,874	3,835	0.81	0.50	-0.10
牙买加	1,330	1,420	1,521	1,660	0.65	0.69	0.87	1,237	1,310	1,313	1,213	0.57	0.02	-0.79
马提尼克	345	362	370	376	0.48	0.22	0.16	40	44	45	42	0.95	0.22	-0.69
墨西哥	74,372	86,113	96,558	105,300	1.47	1.14	0.87	25,159	24,532	23,125	21,157	-0.25	-0.59	-0.89
蒙特塞拉特	1	1	1	1	0.00	0.00	0.00	4	5	5	5	2.23	0.00	0.00
荷属安的列斯群岛	163	187	199	200	1.37	0.62	0.05	18	14	11	9	-2.51	-2.41	-2.01
尼加拉瓜	2,792	3,337	4,077	4,860	1.78	2.00	1.76	2,309	2,485	2,605	2,527	0.73	0.47	-0.30
巴拿马	1,941	2,624	3,233	3,751	3.01	2.09	1.49	1,010	884	794	736	-1.33	-1.07	-0.76
巴拉圭	2,960	3,972	5,051	6,102	2.94	2.40	1.89	2,390	2,487	2,482	2,380	0.40	-0.02	-0.42
秘鲁	18,994	22,688	26,389	29,902	1.78	1.51	1.25	7,010	6,808	6,492	6,103	-0.29	-0.48	-0.62
波多黎各	3,614	3,949	4,112	4,178	0.89	0.40	0.16	204	49	23	18	-14.26	-7.56	-2.45
圣基茨和尼维斯	15	17	21	26	1.25	2.11	2.14	31	35	38	37	1.21	0.82	-0.27

续表

	城市人口							农村人口						
	人口估计和预测（'000）				人口增长率变化（%）			人口估计和预测（'000）				人口增长率变化（%）		
	2000	2010	2020	2030	2000–2010	2010–2020	2020–2030	2000	2010	2020	2030	2000–2010	2010–2020	2020–2030
圣卢西亚	44	49	58	74	1.08	1.69	2.44	113	125	132	130	1.01	0.54	-0.15
圣文森特和格林纳丁斯	49	54	60	68	0.97	1.05	1.25	59	55	50	44	-0.70	-0.95	-1.28
苏里南	303	364	418	466	1.83	1.38	1.09	164	161	150	137	-0.18	-0.71	-0.91
特立尼达和多巴哥	140	186	250	328	2.84	2.96	2.72	1,155	1,157	1,133	1,054	0.02	-0.21	-0.72
特克斯和凯科斯群岛	16	31	35	38	6.61	1.21	0.82	3	2	1	1	-4.05	-6.93	0.00
美国维尔京群岛	101	104	102	96	0.29	-0.19	-0.61	8	5	4	3	-4.70	-2.23	-2.88
乌拉圭	3,033	3,119	3,264	3,382	0.28	0.45	0.36	288	254	229	206	-1.26	-1.04	-1.06
委内瑞拉（玻利瓦尔共和国）	21,940	27,113	31,755	35,588	2.12	1.58	1.14	2,468	1,931	1,658	1,556	-2.45	-1.52	-0.63
北美洲														
百慕大	63	65	66	66	0.31	0.15	0.00	—	—	—	—			
加拿大	24,389	27,309	30,426	33,680	1.13	1.08	1.02	6,298	6,581	6,675	6,416	0.44	0.14	-0.40
格陵兰	46	48	49	49	0.43	0.21	0.00	10	9	8	6	-1.05	-1.18	-2.88
大西洋	6	5	6	6	-1.82	1.82	0.00	1	1	0	0	0.00	-1.00	0.00
美利坚众国	227,651	261,375	293,732	321,698	1.38	1.17	0.91	60,191	56,266	52,421	48,283	-0.67	-0.71	-0.82
大洋洲														
美属萨摩亚	51	64	76	87	2.27	1.72	1.35	6	5	4	4	-1.82	-2.23	0.00
澳大利亚[11]	16,710	19,169	21,459	23,566	1.37	1.13	0.94	2,461	2,343	2,216	2,089	-0.49	-0.56	-0.59
库克群岛	11	15	17	19	3.10	1.25	1.11	6	5	4	3	-1.82	-2.23	-2.88
斐济	384	443	501	566	1.43	1.23	1.22	418	411	387	352	-0.17	-0.60	-0.95
法属波利尼西亚	124	140	160	186	1.21	1.34	1.51	112	132	144	143	1.64	0.87	-0.07
关岛	144	168	188	208	1.54	1.12	1.01	11	12	13	13	0.87	0.80	0.00
基里巴斯	36	44	54	67	2.01	2.05	2.16	48	56	62	63	1.54	1.02	0.16
马绍尔群岛	36	45	56	65	2.23	2.19	1.49	16	18	18	18	1.18	0.00	0.00
密克罗尼西亚（联邦政府）	24	25	29	38	0.41	1.48	2.70	83	86	88	87	0.36	0.23	-0.11
瑙鲁	10	10	11	11	0.00	0.95	0.00	—	—	—	—			
新喀里多尼亚	127	146	169	200	1.39	1.46	1.68	88	108	120	119	2.05	1.05	-0.08
新西兰	3,314	3,710	4,058	4,382	1.13	0.90	0.77	554	594	611	590	0.70	0.28	-0.35
纽埃	1	1	1	1	0.00	0.00	0.00	1	1	1	1	0.00	0.00	0.00
北马里亚纳群岛	62	81	96	111	2.67	1.70	1.45	7	8	8	8	1.34	0.00	0.00
帕劳	13	17	20	23	2.68	1.63	1.40	6	3	2	2	-6.93	-4.05	0.00
巴布亚新几内亚	711	863	1,194	1,828	1.94	3.25	4.26	4,676	6,026	7,275	8,230	2.54	1.88	1.23
皮特克	—	—	—	—				—	—	—	—			
恩萨摩亚	39	36	38	46	-0.80	0.54	1.91	138	143	146	146	0.36	0.21	0.00
所罗门群岛	65	99	152	230	4.21	4.29	4.14	350	436	510	558	2.20	1.57	0.90
托克劳	—	—	—	—				2	1	1	1	-6.93	0.00	0.00
汤加	23	24	28	35	0.43	1.54	2.23	76	80	81	80	0.51	0.12	-0.12
图瓦卢	4	5	6	7	2.23	1.82	1.54	5	5	5	4	0.00	0.00	-2.23
瓦努阿图	41	63	95	140	4.30	4.11	3.88	149	183	212	229	2.06	1.47	0.77
瓦利斯和富图纳群岛	—	—	—	—				15	15	17	17	0.00	1.25	0.00

来源：联合国经济和社会事务部人口司，（2010）世界城市化前景：2009年修订，联合国，纽约。

注：

1. 包括阿加莱加、罗德里格斯和圣布兰登。

2. 包括阿森松和特里斯坦-达库尼亚群岛。

3. 出于统计目的，中国的数据不包括香港和澳门特别行政区。

4. 1997年7月1日，香港成为中国的一个特别行政区。

5. 1999年12月20日，澳门成为中国的一个特别行政区。

6. 指根西岛和泽西岛。

7. 包括奥兰群岛。

8. 指的是梵蒂冈城国。

9. 包括斯瓦尔巴群岛和扬马延群岛。

10. 前南斯拉夫马其顿共和国。

11. 包括圣诞岛、科科斯（基林）群岛和诺福克岛。

表格 B.3
TABLE B.3

城市化和城市贫民窟 Urbanization and Urban Slum Dwellers

	城市化水平							城市贫民窟							
	估计和预测（%）				增长率（%）			估计（'000）					增长率（%）		
	2000	2010	2020	2030	2000–2010	2010–2020	2020–2030	1990	1995	2000	2005	2007	1990–1995	1995–2000	2000–2005
非洲															
阿尔及利亚	59.8	66.5	71.9	76.2	1.06	0.78	0.58	...	...	...	...	...	...	...	...
安哥拉	49.0	58.5	66.0	71.6	1.77	1.21	0.81	...	...	...	86.5	...	...	...	...
贝宁	38.3	42.0	47.2	53.7	0.92	1.17	1.29	79.3	76.8	74.3	71.8	70.8	-0.64	-0.66	-0.68
博茨瓦纳	53.2	61.1	67.6	72.7	1.38	1.01	0.73	...	...	...	...	...	...	...	...
布基纳法索	17.8	25.7	34.4	42.8	3.67	2.92	2.18	78.8	72.4	65.9	59.5	59.5	-1.71	-1.87	-2.06
布隆迪	8.3	11.0	14.8	19.8	2.82	2.97	2.91	...	...	...	64.3	...	...	...	...
喀麦隆	49.9	58.4	65.5	71.0	1.57	1.15	0.81	50.8	49.6	48.4	47.4	46.6	-0.49	-0.51	-0.40
佛得角	53.4	61.1	67.4	72.5	1.35	0.98	0.73	...	...	...	...	...	...	...	...
中非共和国	37.6	38.9	42.5	48.4	0.34	0.89	1.30	87.5	89.7	91.9	94.1	95.0	0.50	0.49	0.48
乍得	23.4	27.6	33.9	41.2	1.65	2.06	1.95	98.9	96.4	93.9	91.3	90.3	-0.52	-0.53	-0.55
科摩罗	28.1	28.2	30.8	36.5	0.04	0.88	1.70	65.4	65.4	65.4	68.9	68.9	0.00	0.00	1.05
刚果	58.3	62.1	66.3	70.9	0.63	0.65	0.67	...	...	...	53.4	...	...	...	...
科特迪瓦	43.5	50.6	57.8	64.1	1.51	1.33	1.03	53.4	54.3	55.3	56.2	56.6	0.35	0.35	0.34
刚果民主共和国	29.8	35.2	42.0	49.2	1.67	1.77	1.58	...	...	...	76.4	...	...	...	...
吉布提	76.0	76.2	77.6	80.2	0.03	0.18	0.33	...	...	...	...	...	...	...	...
埃及	42.8	43.4	45.9	50.9	0.14	0.56	1.03	50.2	39.2	28.1	17.1	17.1	-4.96	-6.62	-9.95
赤道几内亚	38.8	39.7	43.3	49.4	0.23	0.87	1.32	...	...	...	66.3	...	...	...	...
厄立特里亚	17.8	21.6	27.5	34.4	1.93	2.41	2.24	...	...	...	...	...	...	...	...
埃塞俄比亚	14.9	16.7	19.3	23.9	1.14	1.45	2.14	95.5	95.5	88.6	81.8	79.1	0.00	-1.48	-1.60
加蓬	80.1	86.0	88.8	90.6	0.71	0.32	0.20	...	...	...	38.7	...	...	...	...
冈比亚	49.1	58.1	65.0	71.0	1.68	1.12	0.88	...	...	...	45.4	...	...	...	...
加纳	44.0	51.5	58.4	64.7	1.57	1.26	1.02	65.5	58.8	52.1	45.4	42.8	-2.15	-2.41	-2.74
几内亚	31.0	35.4	41.4	48.6	1.33	1.57	1.60	80.4	68.8	57.3	45.7	45.7	-3.11	-3.68	-4.51
几内亚比绍	29.7	30.0	32.8	38.6	0.10	0.89	1.63	...	...	...	83.1	...	...	...	...
肯尼亚	19.7	22.2	26.6	33.0	1.19	1.81	2.16	54.9	54.8	54.8	54.8	54.8	-0.01	-0.01	-0.01
莱索托	20.0	26.9	34.5	42.4	2.96	2.49	2.06	35.1	35.1	35.1	35.1	35.1	0.00	0.00	0.00
利比里亚	44.3	47.8	52.1	57.6	0.76	0.86	1.00	...	...	...	...	...	...	...	...
阿拉伯利比亚民众国	76.4	77.9	80.3	82.9	0.19	0.30	0.32	...	...	...	...	...	...	...	...
马达加斯加	27.1	30.2	34.9	41.4	1.08	1.45	1.71	93.0	88.6	84.1	80.6	78.0	-0.97	-1.02	-0.86
马拉维	15.2	19.8	25.5	32.4	2.64	2.53	2.39	66.4	66.4	66.4	66.4	67.7	0.00	0.00	0.00
马里	28.3	35.9	43.7	51.3	2.38	1.97	1.60	94.2	84.8	75.4	65.9	65.9	-2.11	-2.36	-2.67
毛里塔尼亚	40.0	41.4	45.4	51.7	0.34	0.92	1.30	...	...	...	...	...	...	...	...
毛里求斯 [1]	42.7	41.8	43.4	48.0	-0.21	0.38	1.01	...	...	...	...	...	...	...	...
马约特岛	47.7	50.1	51.6	55.7	0.48	0.30	0.77	...	...	...	...	...	...	...	...
摩洛哥	53.3	58.2	64.0	69.2	0.88	0.95	0.78	37.4	35.2	24.2	13.1	13.1	-1.21	-7.54	-12.23
莫桑比克	30.7	38.4	46.3	53.7	2.24	1.87	1.48	75.6	76.9	78.2	79.5	80.0	0.34	0.33	0.33
纳米比亚	32.4	38.0	44.4	51.5	1.59	1.56	1.48	34.4	34.1	33.9	33.9	33.6	-0.13	-0.14	-0.01
尼日尔	16.2	17.1	19.3	23.5	0.54	1.21	1.97	83.6	83.1	82.6	82.1	81.9	-0.12	-0.12	-0.12
尼日利亚	42.5	49.8	56.8	63.6	1.59	1.32	1.13	77.3	73.5	69.6	65.8	64.2	-1.02	-1.08	-1.14
留尼旺	89.9	94.0	95.7	96.3	0.45	0.18	0.06	...	...	...	...	...	...	...	...
卢旺达	13.8	18.9	22.6	28.3	3.14	1.79	2.25	96.0	87.9	79.7	71.6	68.3	-1.77	-1.95	-2.16
圣赫勒拿 [2]	39.7	39.7	41.7	46.4	0.00	0.49	1.07	...	...	...	...	...	...	...	...
圣多美和普林西比	53.4	62.2	69.0	74.0	1.53	1.04	0.70	...	...	...	...	...	...	...	...
塞内加尔	40.3	42.4	46.5	52.5	0.51	0.92	1.21	70.6	59.8	48.9	38.1	38.1	-3.33	-4.00	-5.01
塞舌尔	51.0	55.3	61.1	66.6	0.81	1.00	0.86	...	...	...	...	...	...	...	...
塞拉利昂	35.5	38.4	42.8	49.0	0.79	1.08	1.35	...	...	...	97.0	...	...	...	...
索马里	33.2	37.4	43.0	49.9	1.19	1.40	1.49	...	...	...	73.5	...	...	...	...
南非	56.9	61.7	66.6	71.3	0.81	0.76	0.68	46.2	39.7	33.2	28.7	28.7	-3.03	-3.58	-2.91
苏丹	33.4	40.1	47.4	54.5	1.83	1.67	1.40	...	...	...	94.2	...	...	...	...
斯威士兰	22.6	21.4	22.3	26.2	-0.55	0.41	1.61	...	...	...	...	...	...	...	...
多哥	36.5	43.4	50.5	57.3	1.73	1.52	1.26	...	...	...	62.1	...	...	...	...
突尼斯	63.4	67.3	71.2	75.2	0.60	0.56	0.55	...	...	...	...	...	...	...	...
乌干达	12.1	13.3	15.9	20.6	0.95	1.79	2.59	75.0	75.0	75.0	66.7	63.4	0.00	0.00	-2.35
坦桑尼亚联合共和国	22.3	26.4	31.8	38.7	1.69	1.86	1.96	77.4	73.7	70.1	66.4	65.0	-0.97	-1.01	-1.07
西撒哈拉	83.9	81.8	83.9	85.9	-0.25	0.25	0.24	...	...	...	...	...	...	...	...
赞比亚	34.8	35.7	38.9	44.7	0.26	0.86	1.39	57.0	57.1	57.2	57.2	57.3	0.02	0.02	0.01
津巴布韦	33.8	38.3	43.9	50.7	1.25	1.36	1.44	4.0	3.7	3.3	17.9	17.9	-1.56	-2.11	33.64
亚洲															
阿富汗	20.2	22.6	26.4	32.2	1.12	1.55	1.99	...	...	...	...	...	...	...	...
亚美尼亚	64.7	64.2	65.7	69.0	-0.08	0.23	0.49	...	...	...	...	...	...	...	...
阿塞拜疆	51.2	51.9	54.2	58.6	0.14	0.43	0.78	...	...	...	...	...	...	...	...
巴林	88.4	88.6	89.4	90.6	0.02	0.09	0.13	...	...	...	...	...	...	...	...
孟加拉国	23.6	28.1	33.9	41.0	1.75	1.88	1.90	87.3	84.7	77.8	70.8	70.8	-0.60	-1.71	-1.87
不丹	25.4	34.7	42.4	50.0	3.12	2.00	1.65	...	...	...	...	...	...	...	...

续表

	城市化水平							城市贫民窟							
	估计和预测（%）				增长率（%）			估计（'000）					增长率（%）		
	2000	2010	2020	2030	2000–2010	2010–2020	2020–2030	1990	1995	2000	2005	2007	1990–1995	1995–2000	2000–2005
文莱达鲁萨兰国	71.1	75.7	79.3	82.3	0.63	0.46	0.37	...	...	...	...	...	...	...	...
柬埔寨	16.9	20.1	23.8	29.2	1.73	1.69	2.04	...	...	...	78.9	...	...	...	...
中国 [3]	35.8	47.0	55.0	61.9	2.72	1.57	1.18	43.6	40.5	37.3	32.9	31.0	-1.49	-1.61	-2.52
中国，香港特别行政区 [4]	100.0	100.0	100.0	100.0	0.00	0.00	0.00	...	...	...	...	...	...	...	...
中国，澳门特别行政区 [5]	100.0	100.0	100.0	100.0	0.00	0.00	0.00	...	...	...	...	...	...	...	...
塞浦路斯	68.6	70.3	72.7	75.7	0.24	0.34	0.40	...	...	...	...	...	...	...	...
朝鲜民主主义人民共和国	59.4	60.2	62.1	65.7	0.13	0.31	0.56	...	...	...	...	...	...	...	...
格鲁吉亚	52.6	52.7	54.7	58.7	0.02	0.37	0.71	...	...	...	...	...	...	...	...
印度	27.7	30.0	33.9	39.7	0.80	1.22	1.58	54.9	48.2	41.5	34.8	32.1	-2.61	-3.00	-3.53
印度尼西亚	42.0	44.3	48.1	53.7	0.53	0.82	1.10	50.8	42.6	34.4	26.3	23.0	-3.51	-4.26	-5.42
伊朗（伊斯兰共和国）	64.2	70.8	75.9	79.8	0.98	0.70	0.50	16.9	16.9	16.9	52.8	52.8	0.00	0.00	22.77
伊拉克	67.8	66.2	66.6	69.4	-0.24	0.06	0.41	...	...	...	...	...	...	...	...
以色列	91.4	91.9	92.4	93.1	0.05	0.05	0.08	...	...	...	...	...	...	...	...
日本	65.2	66.8	69.4	73.0	0.24	0.38	0.51	...	...	...	...	...	...	...	...
约旦	78.3	78.5	79.8	82.0	0.03	0.16	0.27	...	...	...	15.8	...	...	...	...
哈萨克斯坦	56.3	58.5	62.3	66.8	0.38	0.63	0.70	...	...	...	...	...	...	...	...
科威特	98.2	98.4	98.6	98.7	0.02	0.02	0.01	...	...	...	...	...	...	...	...
吉尔吉斯坦	35.2	34.5	35.7	40.1	-0.20	0.34	1.16	...	...	...	...	...	...	...	...
老挝人民民主共和国	22.0	33.2	44.2	53.1	4.12	2.86	1.83	...	...	...	79.3	...	...	...	...
黎巴嫩	86.0	87.2	88.6	90.0	0.14	0.16	0.16	...	...	...	53.1	...	...	...	...
马来西亚	62.0	72.2	78.5	82.2	1.52	0.84	0.46	...	...	...	...	...	...	...	...
马尔代夫	27.7	40.1	51.5	60.1	3.70	2.50	1.54	...	...	...	...	...	...	...	...
蒙古	56.9	62.0	67.0	71.6	0.86	0.78	0.66	68.5	66.7	64.9	57.9	57.9	-0.53	-0.55	-2.28
缅甸	27.8	33.6	40.7	48.1	1.89	1.92	1.67	...	...	...	45.6	...	...	...	...
尼泊尔	13.4	18.6	24.8	31.7	3.28	2.88	2.45	70.6	67.3	64.0	60.7	59.4	-0.96	-1.00	-1.06
巴勒斯坦被占领土	72.0	74.1	76.6	79.4	0.29	0.33	0.36	...	...	...	...	...	...	...	...
阿曼	71.6	73.0	75.7	78.7	0.19	0.36	0.39	...	...	...	...	...	...	...	...
巴基斯坦	33.1	35.9	39.9	45.6	0.81	1.06	1.34	51.0	49.8	48.7	47.5	47.0	-0.46	-0.47	-0.49
菲律宾	48.0	48.9	52.6	58.3	0.19	0.73	1.03	54.3	50.8	47.2	43.7	42.3	-1.35	-1.45	-1.56
卡塔尔	94.9	95.8	96.5	96.9	0.09	0.07	0.04	...	...	...	...	...	...	...	...
韩国	79.6	83.0	85.6	87.7	0.42	0.31	0.24	...	...	...	...	...	...	...	...
沙特阿拉伯	79.8	82.1	84.2	86.2	0.28	0.25	0.23	...	...	...	18.0	...	...	...	...
新加坡	100.0	100.0	100.0	100.0	0.00	0.00	0.00	...	...	...	...	...	...	...	...
斯里兰卡	15.8	14.3	15.5	19.6	-1.00	0.81	2.35	...	...	...	...	...	...	...	...
阿拉伯叙利亚共和国	51.9	55.7	60.2	65.4	0.71	0.78	0.83	...	...	...	10.5	...	...	...	...
塔吉克斯坦	26.5	26.3	28.0	32.5	-0.08	0.63	1.49	...	...	...	...	...	...	...	...
泰国	31.1	34.0	38.9	45.8	0.89	1.35	1.63	...	...	...	26.0	...	...	...	...
东帝汶	24.3	28.1	33.2	39.9	1.45	1.67	1.84	...	...	...	...	...	...	...	...
土耳其	64.7	69.6	74.0	77.7	0.73	0.61	0.49	23.4	20.7	17.9	15.5	14.1	-2.49	-2.84	-2.91
土库曼斯坦	45.8	49.5	54.6	60.4	0.78	0.98	1.01	...	...	...	...	...	...	...	...
阿拉伯联合酋长国	80.3	84.1	86.8	88.8	0.46	0.32	0.23	...	...	...	...	...	...	...	...
乌兹别克斯坦	37.4	36.2	37.8	42.7	-0.33	0.43	1.22	...	...	...	...	...	...	...	...
越南	24.5	30.4	37.0	44.2	2.16	1.96	1.78	60.5	54.6	48.8	41.3	38.3	-2.04	-2.27	-3.33
也门	26.3	31.8	38.2	45.3	1.90	1.83	1.70	...	...	...	67.2	...	...	...	...
欧洲															
阿尔巴尼亚	41.7	51.9	60.7	67.4	2.19	1.57	1.05	...	...	...	...	...	...	...	...
安道尔	92.4	88.0	84.9	85.1	-0.49	-0.36	0.02	...	...	...	...	...	...	...	...
奥地利	65.8	67.6	70.3	73.8	0.27	0.39	0.49	...	...	...	...	...	...	...	...
白俄罗斯	69.9	74.7	79.2	82.6	0.66	0.58	0.42	...	...	...	...	...	...	...	...
比利时	97.1	97.4	97.7	97.9	0.03	0.03	0.02	...	...	...	...	...	...	...	...
波黑共和国	43.2	48.6	55.2	61.7	1.18	1.27	1.11	...	...	...	...	...	...	...	...
保加利亚	68.9	71.5	74.3	77.5	0.37	0.38	0.42	...	...	...	...	...	...	...	...
海峡群岛 [6]	30.5	31.4	34.2	39.1	0.29	0.85	1.34	...	...	...	...	...	...	...	...
克罗地亚	55.6	57.7	61.5	66.5	0.37	0.64	0.78	...	...	...	...	...	...	...	...
捷克共和国	74.0	73.5	75.0	78.0	-0.07	0.20	0.39	...	...	...	...	...	...	...	...
丹麦	85.1	86.9	88.6	90.1	0.21	0.19	0.17	...	...	...	...	...	...	...	...
爱沙尼亚	69.4	69.5	70.7	73.4	0.01	0.17	0.37	...	...	...	...	...	...	...	...
法罗群岛	36.3	40.3	42.2	46.6	1.05	0.46	0.99	...	...	...	...	...	...	...	...
芬兰 [7]	82.2	85.1	87.4	89.2	0.35	0.27	0.20	...	...	...	...	...	...	...	...
法国	76.9	85.3	89.7	91.8	1.04	0.50	0.23	...	...	...	...	...	...	...	...
德国	73.1	73.8	75.6	78.3	0.10	0.24	0.35	...	...	...	...	...	...	...	...
直布罗陀	100.0	100.0	100.0	100.0	0.00	0.00	0.00	...	...	...	...	...	...	...	...
希腊	59.7	61.4	64.8	69.3	0.28	0.54	0.67	...	...	...	...	...	...	...	...
罗马教廷 [8]	100.0	100.0	100.0	100.0	0.00	0.00	0.00	...	...	...	...	...	...	...	...
匈牙利	64.6	68.1	71.8	75.5	0.53	0.53	0.50	...	...	...	...	...	...	...	...
冰岛	92.4	93.4	94.3	95.0	0.11	0.10	0.07	...	...	...	...	...	...	...	...
爱尔兰	59.1	61.9	65.5	69.8	0.46	0.57	0.64	...	...	...	...	...	...	...	...
马恩岛	51.8	50.6	51.2	53.9	-0.23	0.12	0.51	...	...	...	...	...	...	...	...

	城市化水平							城市贫民窟							
	估计和预测（%）				增长率（%）			估计（'000）					增长率（%）		
	2000	2010	2020	2030	2000–2010	2010–2020	2020–2030	1990	1995	2000	2005	2007	1990–1995	1995–2000	2000–2005
意大利	67.2	68.4	70.9	74.6	0.18	0.36	0.51	…	…	…	…	…	…	…	…
拉脱维亚	68.1	67.7	68.4	70.9	-0.06	0.10	0.36	…	…	…	…	…	…	…	…
列支敦士登	15.1	14.3	15.0	18.0	-0.54	0.48	1.82	…	…	…	…	…	…	…	…
立陶宛	67.0	67.0	68.5	71.5	0.00	0.22	0.43	…	…	…	…	…	…	…	…
卢森堡	83.8	85.2	87.4	89.1	0.17	0.25	0.19	…	…	…	…	…	…	…	…
马耳他	92.4	94.7	96.0	96.6	0.25	0.14	0.06	…	…	…	…	…	…	…	…
摩尔多瓦	44.6	47.0	54.2	60.9	0.52	1.43	1.17	…	…	…	…	…	…	…	…
摩纳哥	100.0	100.0	100.0	100.0	0.00	0.00	0.00	…	…	…	…	…	…	…	…
黑山共和国	58.5	61.5	62.4	65.7	0.50	0.15	0.52	…	…	…	…	…	…	…	…
荷兰	76.8	82.9	86.5	88.6	0.76	0.43	0.24	…	…	…	…	…	…	…	…
挪威 [9]	76.1	79.4	82.6	85.2	0.42	0.40	0.31	…	…	…	…	…	…	…	…
波兰	61.7	61.0	61.7	64.9	-0.11	0.11	0.51	…	…	…	…	…	…	…	…
葡萄牙	54.4	60.7	66.4	71.4	1.10	0.90	0.73	…	…	…	…	…	…	…	…
罗马尼亚	53.0	57.5	63.0	68.2	0.81	0.91	0.79	…	…	…	…	…	…	…	…
俄罗斯联邦	73.4	73.2	74.5	76.9	-0.03	0.18	0.32	…	…	…	…	…	…	…	…
圣马力诺	93.4	94.1	94.4	94.9	0.07	0.03	0.05	…	…	…	…	…	…	…	…
塞尔维亚	53.0	56.1	60.0	64.8	0.57	0.67	0.77	…	…	…	…	…	…	…	…
斯洛伐克	56.2	55.0	55.7	59.2	-0.22	0.13	0.61	…	…	…	…	…	…	…	…
斯洛文尼亚	50.8	49.5	50.4	54.5	-0.26	0.18	0.78	…	…	…	…	…	…	…	…
西班牙	76.3	77.4	79.4	81.9	0.14	0.26	0.31	…	…	…	…	…	…	…	…
瑞典	84.0	84.7	85.8	87.3	0.08	0.13	0.17	…	…	…	…	…	…	…	…
瑞士	73.3	73.6	75.2	77.8	0.04	0.22	0.34	…	…	…	…	…	…	…	…
马其顿共和国 [10]	59.4	59.3	61.6	66.0	-0.02	0.38	0.69	…	…	…	…	…	…	…	…
乌克兰	67.1	68.8	71.9	75.3	0.25	0.44	0.46	…	…	…	…	…	…	…	…
英国	78.7	79.6	81.4	83.7	0.11	0.22	0.28	…	…	…	…	…	…	…	…
拉丁美洲和加勒比地区															
安圭拉岛	100.0	100.0	100.0	100.0	0.00	0.00	0.00	…	…	…	…	…	…	…	…
安提瓜和巴布达	32.1	30.3	32.5	38.4	-0.58	0.70	1.67	…	…	…	…	…	…	…	…
阿根廷	90.1	92.4	93.8	94.6	0.25	0.15	0.08	30.5	31.7	32.9	26.2	23.5	0.77	0.74	-4.55
阿鲁巴岛	46.7	46.9	48.8	52.5	0.04	0.40	0.73	…	…	…	…	…	…	…	…
巴哈马	82.0	84.1	86.1	87.9	0.25	0.24	0.21	…	…	…	…	…	…	…	…
巴巴多斯	38.3	44.5	51.1	57.9	1.50	1.38	1.25	…	…	…	…	…	…	…	…
伯利兹	47.8	52.2	56.9	62.3	0.88	0.86	0.91	…	…	…	47.3	…	…	…	…
玻利维亚	61.8	66.5	71.0	75.2	0.73	0.65	0.57	62.2	58.2	54.3	50.4	48.8	-1.30	-1.40	-1.50
巴西	81.2	86.5	89.5	91.1	0.63	0.34	0.18	36.7	34.1	31.5	29.0	28.0	-1.45	-1.56	-1.69
英属维尔京群岛	39.4	41.0	45.2	51.6	0.40	0.98	1.32	…	…	…	…	…	…	…	…
开曼群岛	100.0	100.0	100.0	100.0	0.00	0.00	0.00	…	…	…	…	…	…	…	…
智利	85.9	89.0	91.0	92.3	0.35	0.22	0.14	…	…	…	9.0	…	…	…	…
哥伦比亚	72.1	75.1	78.0	81.0	0.41	0.38	0.38	31.2	26.8	22.3	17.9	16.1	-3.07	-3.62	-4.43
哥斯达黎加	59.0	64.4	69.4	73.9	0.88	0.75	0.63	…	…	…	10.9	…	…	…	…
古巴	75.6	75.2	75.6	77.6	-0.05	0.05	0.26	…	…	…	…	…	…	…	…
多米尼克	67.2	67.2	69.4	73.1	0.00	0.32	0.52	…	…	…	…	…	…	…	…
多米尼加共和国	61.7	69.2	74.8	78.8	1.15	0.78	0.52	27.9	24.4	21.0	17.6	16.2	-2.63	-3.03	-3.57
厄瓜多尔	60.3	66.9	72.5	76.8	1.04	0.80	0.58	…	…	…	21.5	…	…	…	…
萨尔瓦多	58.9	64.3	69.3	73.7	0.88	0.75	0.62	…	…	…	28.9	…	…	…	…
福克兰群岛（马尔维纳斯）	67.6	73.6	78.2	81.6	0.85	0.61	0.43	…	…	…	…	…	…	…	…
法属圭亚那	75.1	76.4	78.6	81.4	0.17	0.28	0.35	…	…	…	10.5	…	…	…	…
格林纳达	35.9	39.3	44.5	51.2	0.90	1.24	1.40	…	…	…	6.0	…	…	…	…
瓜德罗普岛	98.4	98.4	98.5	98.6	0.00	0.01	0.01	…	…	…	5.4	…	…	…	…
危地马拉	45.1	49.5	54.7	60.6	0.93	1.00	1.02	58.6	53.3	48.1	42.9	40.8	-1.87	-2.06	-2.30
圭亚那	28.7	28.6	31.3	37.2	-0.03	0.90	1.73	…	…	…	33.7	…	…	…	…
海地	35.6	52.1	64.4	71.6	3.81	2.12	1.06	93.4	93.4	93.4	70.1	70.1	0.00	0.00	-5.74
洪都拉斯	45.5	51.6	57.6	63.4	1.26	1.10	0.96	…	…	…	34.9	…	…	…	…
牙买加	51.8	52.0	53.7	57.8	0.04	0.32	0.74	…	…	…	60.5	…	…	…	…
马提尼克	89.7	89.0	89.1	90.0	-0.08	0.01	0.10	…	…	…	…	…	…	…	…
墨西哥	74.7	77.8	80.7	83.3	0.41	0.37	0.32	23.1	21.5	19.9	14.4	14.4	-1.44	-1.55	-6.47
蒙特塞拉特	11.0	14.3	16.9	21.6	2.62	1.67	2.45	…	…	…	…	…	…	…	…
荷属安的列斯群岛	90.2	93.2	94.7	95.5	0.33	0.16	0.08	…	…	…	…	…	…	…	…
尼加拉瓜	54.7	57.3	61.0	65.8	0.46	0.63	0.76	89.1	74.5	60.0	45.5	45.5	-3.56	-4.34	-5.55
巴拿马	65.8	74.8	80.3	83.6	1.28	0.71	0.40	…	…	…	23.0	…	…	…	…
巴拉圭	55.3	61.5	67.1	71.9	1.06	0.87	0.69	…	…	…	17.6	…	…	…	…
秘鲁	73.0	76.9	80.3	83.0	0.52	0.43	0.33	66.4	56.3	46.2	36.1	36.1	-3.30	-3.96	-4.94
波多黎各	94.6	98.8	99.5	99.6	0.43	0.07	0.01	…	…	…	…	…	…	…	…
圣基茨和尼维斯	32.8	32.4	35.4	41.6	-0.12	0.89	1.61	…	…	…	…	…	…	…	…
圣卢西亚	28.0	28.0	30.6	36.1	0.00	0.89	1.65	…	…	…	11.9	…	…	…	…
圣文森特和格林纳丁斯	45.2	49.3	54.6	60.7	0.87	1.02	1.06	…	…	…	…	…	…	…	…
苏里南	64.9	69.4	73.5	77.3	0.67	0.57	0.50	…	…	…	3.9	…	…	…	…
特立尼达和多巴哥	10.8	13.9	18.1	23.7	2.52	2.64	2.70	…	…	…	24.7	…	…	…	…

续表

	城市化水平							城市贫民窟							
	估计和预测（%）				增长率（%）			估计（'000）					增长率（%）		
	2000	2010	2020	2030	2000–2010	2010–2020	2020–2030	1990	1995	2000	2005	2007	1990–1995	1995–2000	2000–2005
特克斯和凯科斯群岛	84.6	93.3	96.5	97.4	0.98	0.34	0.09	...	...	...	...	...	...	...	...
美属维尔京群岛	92.6	95.3	96.5	97.0	0.29	0.13	0.05	...	...	...	...	...	...	...	...
乌拉圭	91.3	92.5	93.4	94.3	0.13	0.10	0.10	...	...	...	...	...	...	...	...
委内瑞拉（玻利瓦尔共和国）	89.9	93.4	95.0	95.8	0.38	0.17	0.08	...	...	...	32.0	...	...	...	...
北美洲															
百慕大	100.0	100.0	100.0	100.0	0.00	0.00	0.00	...	...	...	...	...	...	...	...
加拿大	79.5	80.6	82.0	84.0	0.14	0.17	0.24	...	...	...	...	...	...	...	...
格陵兰	81.6	84.2	86.5	88.4	0.31	0.27	0.22	...	...	...	...	...	...	...	...
大西洋	89.1	90.6	91.8	92.8	0.17	0.13	0.11	...	...	...	...	...	...	...	...
美利坚众国	79.1	82.3	84.9	87.0	0.40	0.31	0.24	...	...	...	...	...	...	...	...
大洋洲															
美属萨摩亚	88.8	93.0	94.8	95.6	0.46	0.19	0.08	...	...	...	...	...	...	...	...
澳大利亚[11]	87.2	89.1	90.6	91.9	0.22	0.17	0.14	...	...	...	...	...	...	...	...
库克群岛	65.2	75.3	81.4	84.9	1.44	0.78	0.42	...	...	...	...	...	...	...	...
斐济	47.9	51.9	56.4	61.7	0.80	0.83	0.90	...	...	...	...	...	...	...	...
法属波利尼西亚	52.4	51.4	52.7	56.6	-0.19	0.25	0.71	...	...	...	...	...	...	...	...
关岛	93.1	93.2	93.5	94.2	0.01	0.03	0.07	...	...	...	...	...	...	...	...
基里巴斯	43.0	43.9	46.5	51.7	0.21	0.58	1.06	...	...	...	...	...	...	...	...
马绍尔群岛	68.4	71.8	75.3	78.8	0.49	0.48	0.45	...	...	...	...	...	...	...	...
密克罗尼西亚（联邦政府）	22.3	22.7	25.1	30.3	0.18	1.01	1.88	...	...	...	...	...	...	...	...
瑙鲁	100.0	100.0	100.0	100.0	0.00	0.00	0.00	...	...	...	...	...	...	...	...
新喀里多尼亚	59.2	57.4	58.5	62.7	-0.31	0.19	0.69	...	...	...	...	...	...	...	...
新西兰	85.7	86.2	86.9	88.1	0.06	0.08	0.14	...	...	...	...	...	...	...	...
纽埃	33.1	37.5	43.0	49.4	1.25	1.37	1.39	...	...	...	...	...	...	...	...
北马里亚纳群岛	90.2	91.3	92.4	93.3	0.12	0.12	0.10	...	...	...	...	...	...	...	...
帕劳	70.0	83.4	89.6	92.0	1.75	0.72	0.26	...	...	...	...	...	...	...	...
巴布亚新几内亚	13.2	12.5	14.1	18.2	-0.54	1.20	2.55	...	...	...	...	...	...	...	...
皮特凯恩	0.0	0.0	0.0	0.0	0.00	0.00	0.00	...	...	...	...	...	...	...	...
萨摩亚	22.0	20.2	20.5	24.0	-0.85	0.15	1.58	...	...	...	...	...	...	...	...
所罗门群岛	15.7	18.6	23.0	29.2	1.70	2.12	2.39	...	...	...	...	...	...	...	...
托克劳	0.0	0.0	0.0	0.0	0.00	0.00	0.00	...	...	...	...	...	...	...	...
汤加	23.0	23.4	25.6	30.4	0.17	0.90	1.72	...	...	...	...	...	...	...	...
图瓦卢	46.0	50.4	55.6	61.5	0.91	0.98	1.01	...	...	...	...	...	...	...	...
瓦努阿图	21.7	25.6	31.0	38.0	1.65	1.91	2.04	...	...	...	...	...	...	...	...
瓦利斯和富图纳群岛	0.0	0.0	0.0	0.0	0.00	0.00	0.00	...	...	...	...	...	...	...	...

数据来源：联合国经济和社会事务部，人口区划（2010）世界城市化前景：2009年修订，联合国，纽约联合国人类住区规划署（人居署），城市信息2010

注：

1. 包括阿加莱加、罗德里格斯和圣布兰登。

2. 包括阿森松和特里斯坦-达库尼亚群岛。

3. 出于统计目的，中国的数据不包括香港和澳门特别行政区。

4. 1997年7月1日，香港成为中国的一个特别行政区。

5. 1999年12月20日，澳门成为中国的一个特别行政区。

6. 指根西岛和泽西岛。

7. 包括奥兰群岛。

8. 指的是梵蒂冈城国。

9. 包括斯瓦尔巴群岛和扬马延群岛。

10. 前南斯拉夫马其顿共和国。

11. 包括圣诞岛、科科斯（基林）群岛和诺福克岛。

表格B.4
TABLE B.4

饮用水和卫生设施建设 Access to Drinking Water and Sanitation

	饮用水覆盖率改善						家庭饮用水接入						卫生设施覆盖率改善					
	总和(%)		城市地区(%)		农村地区(%)		总和(%)		城市地区(%)		农村地区(%)		总和(%)		城市地区(%)		农村地区(%)	
	1990	2008	1990	2008	1990	2008	1990	2008	1990	2008	1990	2008	1990	2008	1990	2008	1990	2008
非洲																		
阿尔及利亚	94	83	100	85	88	79	68	72	87	80	48	56	88	95	99	98	77	88
安哥拉	36	50	30	60	40	38	0	20	1	34	0	1	25	57	58	86	6	18
贝宁	56	75	72	84	47	69	7	12	19	26	0	2	5	12	14	24	1	4
博茨瓦纳	93	95	100	99	88	90	24	62	39	80	13	35	36	60	58	74	20	39
布基纳法索	41	76	73	95	36	72	2	4	12	21	0	0	6	11	28	33	2	6
布隆迪	70	72	97	83	68	71	3	6	32	47	1	1	44	46	41	49	44	46
喀麦隆	50	74	77	92	31	51	11	15	25	25	2	3	47	47	65	56	35	35
佛得角	...	84	...	85	...	82	...	38	...	46	...	27	...	54	...	38	65	...
中非共和国	58	67	78	92	47	51	3	2	8	6	0	0	11	34	21	43	5	28
乍得	38	50	48	67	36	44	2	5	10	17	0	1	6	9	20	23	2	4
科摩罗[1]	...	87	95	98	91	83	97	16	30	31	53	10	21	17	...	36	34	50
刚果	...	71	...	95	...	34	...	28	...	43	...	3	...	30	...	31	...	29
科特迪瓦	76	80	90	93	68	68	22	40	49	67	5	14	20	23	38	36	8	11
刚果民主共和国	45	46	90	80	27	28	14	9	51	23	0	2	9	23	23	23	4	23
吉布提	77	92	80	98	69	52	57	72	69	82	19	3	66	56	73	63	45	10
埃及	90	99	96	100	86	98	61	92	90	99	39	87	72	94	91	97	57	92
赤道几内亚	...	...	...	...	...	...	4	...	12	...	0	...	...	...	...	...	...	...
厄立特里亚	43	61	62	74	39	57	6	9	40	42	0	0	9	14	58	52	0	4
埃塞俄比亚	17	38	77	98	8	26	17	10	40	0	0	4	12	21	29	1	8	...
加蓬	...	87	...	95	...	41	...	43	...	49	...	10	...	33	...	33	...	30
冈比亚	77	92	85	96	67	86	9	33	24	55	0	5	...	67	...	68	...	65
加纳	54	82	84	90	37	74	16	17	41	30	2	3	7	13	11	18	4	7
几内亚	52	71	87	89	38	61	6	10	21	26	0	1	9	19	18	34	6	11
几内亚比绍	...	61	...	83	37	51	2	9	6	27	0	1	...	21	...	49	...	9
肯尼亚	43	59	91	83	32	52	19	19	57	44	10	12	26	31	24	27	27	32
莱索托	61	85	88	97	57	81	4	19	19	59	1	5	32	29	29	40	32	25
利比里亚	58	68	86	79	34	51	11	2	21	3	3	0	11	17	21	25	3	4
阿拉伯利比亚民众国	54	...	54	...	55	...	...	...	...	...	...	...	97	97	97	97	96	96
马达加斯加	31	41	78	71	16	29	6	7	25	14	0	4	8	11	14	15	6	10
马拉维	40	80	90	95	33	77	7	7	45	26	2	2	42	56	50	51	41	57
马里	29	56	54	81	22	44	4	12	17	34	0	1	26	36	36	45	23	32
毛里塔尼亚	30	49	36	52	26	47	6	22	15	34	0	14	16	26	29	50	8	9
毛里求斯	99	99	100	100	99	99	99	99	100	100	99	99	91	91	93	93	90	90
马约特岛[2]	...	...	...	...	...	...	...	...	...	...	...	...	...	...	...	...	...	...
摩洛哥	74	81	94	98	55	60	38	58	74	88	5	19	53	69	81	83	27	52
莫桑比克	36	47	73	77	26	29	5	8	22	20	1	1	11	17	36	38	4	4
纳米比亚	64	92	99	99	51	88	33	44	82	72	14	27	25	33	66	60	9	17
尼日尔	35	48	57	96	31	39	3	7	21	37	0	1	5	9	19	34	2	4
尼日利亚	47	58	79	75	30	42	14	6	32	11	4	2	37	32	39	36	36	28
留尼旺	...	...	...	...	...	...	...	...	...	...	...	...	...	...	...	...	...	...
卢旺达	68	65	96	77	66	62	2	4	32	15	0	1	23	54	35	50	22	55
圣赫勒拿	...	...	...	...	...	...	...	...	...	...	...	...	...	...	...	...	...	...
圣多美和普林西比	...	89	...	89	...	88	...	26	...	32	...	18	...	26	...	30	...	19
塞内加尔	61	69	88	92	43	52	19	38	45	74	3	12	38	51	62	69	22	38
塞舌尔	...	...	...	100	...	...	...	...	...	100	...	...	...	...	...	97	...	...
塞拉利昂	...	49	...	86	...	26	...	6	...	15	1	1	...	13	...	24	...	6
索马里	...	30	...	67	...	9	...	19	...	51	0	0	...	23	...	52	...	6
南非	83	91	98	99	66	78	56	67	85	89	25	32	69	77	80	84	58	65
苏丹	65	57	85	64	58	52	34	28	76	47	19	14	34	34	63	55	23	18
斯威士兰	...	69	...	92	...	61	...	32	...	67	...	21	...	55	...	61	...	53
多哥	49	60	79	87	36	41	46	14	12	0	1	13	...	12	25	24	8	3
突尼斯	81	94	95	99	62	84	61	76	89	94	22	39	74	85	95	96	44	64
乌干达	43	67	78	91	39	64	1	3	9	19	0	1	39	48	35	38	40	49
坦桑尼亚联合共和国	55	54	94	80	46	45	7	8	34	23	1	1	24	24	27	32	23	21
西撒哈拉	...	...	...	...	...	...	...	...	...	...	...	...	...	...	...	...	...	...
赞比亚	49	60	89	87	23	46	20	14	49	37	1	1	46	49	62	59	36	43
津巴布韦	78	82	99	99	70	72	32	36	94	88	7	5	43	44	58	56	37	37
亚洲																		
阿富汗	...	48	...	78	...	39	...	4	...	16	...	0	...	37	...	60	...	30
亚美尼亚	...	96	99	98	...	93	84	87	96	97	59	70	...	90	95	95	...	80
阿塞拜疆	70	80	88	88	49	71	44	50	67	78	17	20	...	45	...	51	...	39
巴林	...	...	100	100	...	...	...	...	100	100	...	...	...	...	100	100	...	...
孟加拉国	78	80	88	85	76	78	6	6	28	24	0	0	39	53	59	56	34	52

续表

	饮用水覆盖率改善						家庭饮用水接入						卫生设施覆盖率改善					
	总和(%)		城市地区(%)		农村地区(%)		总和(%)		城市地区(%)		农村地区(%)		总和(%)		城市地区(%)		农村地区(%)	
	1990	2008	1990	2008	1990	2008	1990	2008	1990	2008	1990	2008	1990	2008	1990	2008	1990	2008
不丹	…	92	…	99	…	88	…	57	…	81	…	45	…	65	…	87	…	54
文莱达鲁萨兰国	…	…	…	…	…	…	…	…	…	…	…	…	…	…	…	…	…	…
柬埔寨	35	61	52	81	33	56	2	16	17	55	0	5	9	29	38	67	5	18
中国	67	89	97	98	56	82	54	83	86	96	42	73	41	55	48	58	38	52
中国，香港特别行政区	…	…	…	…	…	…	…	…	…	…	…	…	…	…	…	…	…	…
中国，澳门特别行政区	…	…	…	…	…	…	…	…	…	…	…	…	…	…	…	…	…	…
塞浦路斯	100	100	100	100	100	100	100	100	100	100	100	100	100	100	100	100	100	100
朝鲜民主主义人民共和国	100	100	100	100	100	100	…	…	…	…	…	…	…	…	…	…	…	…
格鲁吉亚	81	98	94	100	66	96	53	73	81	92	19	51	96	95	97	96	95	93
印度	72	88	90	96	66	84	19	22	52	48	8	11	18	31	49	54	7	21
印度尼西亚	71	80	92	89	62	71	9	23	24	37	2	8	33	52	58	67	22	36
伊朗（伊斯兰共和国）	91	…	98	98	84	…	84	…	96	96	69	…	83	…	86	…	78	…
伊拉克	81	79	97	91	44	55	…	76	…	90	…	49	…	73	…	76	…	66
以色列	100	100	100	100	100	100	100	100	100	100	98	98	100	100	100	100	100	100
日本	100	100	100	100	100	100	93	98	97	99	86	95	100	100	100	100	100	100
约旦	97	96	99	98	91	91	95	91	98	94	87	79	…	98	98	98	…	97
哈萨克斯坦	96	95	99	99	92	90	63	58	91	82	28	24	96	97	96	97	97	98
科威特	99	99	99	99	99	99	…	…	…	…	…	…	100	100	100	100	100	100
吉尔吉斯斯坦	…	90	98	99	…	85	44	54	75	89	25	34	…	93	94	94	…	93
老挝人民民主共和国	…	57	…	72	…	51	…	20	…	55	…	4	…	53	…	86	…	38
黎巴嫩	100	100	100	100	100	100	…	…	100	100	…	…	…	…	100	100	…	…
马来西亚	88	100	94	100	82	99	72	97	86	99	59	91	84	96	88	96	81	95
马尔代夫	90	91	100	99	87	86	12	37	47	95	0	2	69	98	100	100	58	96
蒙古	58	76	81	97	27	49	30	19	52	32	0	2	…	50	…	64	…	32
缅甸	57	71	87	75	47	69	5	6	19	15	1	2	…	81	…	86	…	79
尼泊尔	76	88	96	93	74	87	8	17	43	52	5	10	11	31	41	51	8	27
巴勒斯坦被占领土	…	91	100	91	…	91	…	78	…	84	…	64	…	89	…	91	…	84
阿曼	80	88	84	92	72	77	21	54	29	68	6	18	85	…	97	97	61	…
巴基斯坦	86	90	96	95	81	87	24	33	57	55	9	20	28	45	73	72	8	29
菲律宾	84	91	93	93	76	87	24	48	40	60	8	25	58	76	70	80	46	69
卡塔尔	100	100	100	100	100	100	…	…	…	…	…	…	100	100	100	100	100	100
韩国	…	98	97	100	…	88	…	93	96	99	…	64	100	100	100	100	100	100
沙特阿拉伯	89	…	97	97	63	…	88	…	97	97	60	…	…	100	…	100	…	100
新加坡	100	100	100	100	..	..	100	100	100	100	..	..	99	100	99	100	..	..
斯里兰卡	67	90	91	98	62	88	11	28	37	65	6	22	70	91	85	88	67	92
阿拉伯叙利亚共和国	85	89	96	94	75	84	72	83	93	93	51	71	83	96	94	96	72	95
塔吉克斯坦	…	70	…	94	…	61	…	40	…	83	…	25	…	94	93	95	…	94
泰国	91	98	97	99	89	98	33	54	78	85	14	39	80	96	93	95	74	96
东帝汶	…	69	…	86	…	63	…	16	…	28	…	1	…	50	…	76	…	40
土耳其	85	99	94	100	73	96	76	96	91	98	54	92	84	90	96	97	66	75
土库曼斯坦	…	…	97	97	…	…	…	…	…	…	…	…	98	98	99	99	97	97
阿拉伯联合酋长国	100	100	100	100	100	100	…	78	…	80	…	70	97	97	98	98	95	95
乌兹别克斯坦	90	87	97	98	85	81	57	48	86	85	37	26	84	100	95	100	76	100
越南	58	94	88	99	51	92	9	22	45	56	0	9	35	75	61	94	29	67
也门	…	62	…	72	…	57	…	28	…	54	…	17	18	52	64	94	6	33
欧洲																		
阿尔巴尼亚	…	97	100	96	…	98	…	86	98	91	…	82	…	98	…	98	…	98
安道尔	100	100	100	100	100	100	…	…	100	100	…	…	100	100	100	100	100	100
奥地利	100	100	100	100	100	100	100	100	100	100	100	100	100	100	100	100	100	100
白俄罗斯	100	100	100	100	99	99	…	89	…	95	…	72	…	93	…	91	…	97
比利时	100	100	100	100	100	100	100	100	100	100	96	100	100	100	100	100	100	100
波斯尼亚和黑塞哥维那	…	99	…	100	…	98	…	82	…	94	…	71	…	95	…	99	…	92
保加利亚	100	100	100	100	99	100	88	…	96	96	72	…	99	100	100	100	100	100
海峡群岛	…	…	…	…	…	…	…	…	…	…	…	…	…	…	…	…	…	…
克罗地亚	…	99	…	100	…	97	…	88	…	96	…	77	…	99	…	99	…	98
捷克共和国	100	100	100	100	100	100	…	95	97	97	…	91	100	98	100	99	98	97
丹麦	100	100	100	100	100	100	100	…	100	…	100	100	100	100	100	100	100	100
爱沙尼亚	98	98	99	99	97	97	80	90	92	97	51	75	…	95	…	96	…	94
法罗群岛	…	…	…	…	…	…	…	…	…	…	…	…	…	…	…	…	…	…
芬兰	100	100	100	100	100	100	92	…	…	96	100	85	…	100	100	100	100	100
法国	100	100	100	100	100	100	99	100	100	100	95	100	100	100	100	100	100	100
德国	100	100	100	100	100	100	99	100	99	100	97	97	100	100	100	100	100	100
直布罗陀	…	…	…	…	…	…	…	…	…	…	…	…	…	…	…	…	…	…
希腊	96	100	99	100	92	99	92	100	99	100	82	99	97	98	99	99	92	97
罗马教廷	…	…	…	…	…	…	…	…	…	…	…	…	…	…	…	…	…	…
匈牙利	96	100	98	100	91	100	86	94	94	95	72	93	100	100	100	100	100	100
冰岛	100	100	100	100	100	100	100	100	100	100	100	100	100	100	100	100	100	100
爱尔兰	100	100	100	100	100	100	100	100	100	100	99	99	99	99	100	100	98	98

	饮用水覆盖率改善						家庭饮用水接入						卫生设施覆盖率改善					
	总和 (%)		城市地区 (%)		农村地区 (%)		总和 (%)		城市地区 (%)		农村地区 (%)		总和 (%)		城市地区 (%)		农村地区 (%)	
	1990	2008	1990	2008	1990	2008	1990	2008	1990	2008	1990	2008	1990	2008	1990	2008	1990	2008
马恩岛	…	…	…	…	…	…	…	…	…	…	…	…	…	…	…	…	…	…
意大利	100	100	100	100	100	100	99	100	100	100	96	100	…	…	…	…	…	…
拉脱维亚	99	99	100	100	96	96	…	82	…	93	…	59	…	78	…	82	…	71
列支敦士登	…	…	…	…	…	…	…	…	…	…	…	…	…	…	…	…	…	…
立陶宛	…	…	…	…	…	…	76	…	89	…	49	…	…	…	…	…	…	…
卢森堡	100	100	100	100	100	100	100	100	100	100	98	98	100	100	100	100	100	100
马耳他	100	100	100	100	98	100	100	100	100	100	98	100	100	100	100	100	100	100
摩尔多瓦	…	90	…	96	…	85	…	40	…	79	…	13	…	79	…	85	…	74
摩纳哥	100	100	100	100	..	..	100	100	100	100	..	..	100	100	100	100	..	..
黑山共和国	…	98	…	100	…	96	…	85	…	98	…	66	…	92	…	96	…	86
荷兰	100	100	100	100	100	100	98	100	100	100	95	100	100	100	100	100	100	100
挪威	100	100	100	100	100	100	100	100	100	100	100	100	100	100	100	100	100	100
波兰	100	100	100	100	100	100	88	98	97	99	73	96	…	90	96	96	…	80
葡萄牙	96	99	98	99	94	100	87	99	95	99	80	100	92	100	97	100	87	100
罗马尼亚	…	…	…	…	…	…	47	61	85	91	3	26	71	72	88	88	52	54
俄罗斯联邦	93	96	98	98	81	89	76	78	87	92	45	40	87	87	93	93	70	70
圣马力诺	…	…	…	…	…	…	…	…	…	…	…	…	…	…	…	…	…	…
塞尔维亚	…	99	…	99	…	98	…	81	…	97	…	63	…	92	…	96	…	88
斯洛伐克	…	100	…	100	…	100	95	94	100	94	89	94	100	100	100	100	100	99
斯洛文尼亚	100	99	100	100	99	99	100	99	100	100	99	99	100	100	100	100	100	100
西班牙	100	100	100	100	100	100	99	99	99	99	100	100	100	100	100	100	100	100
瑞典	100	100	100	100	100	100	100	100	100	100	100	100	100	100	100	100	100	100
瑞士	100	100	100	100	100	100	100	100	100	100	99	99	100	100	100	100	100	100
马其顿共和国[3]	…	100	…	100	…	99	…	92	…	96	…	84	…	89	…	92	…	82
乌克兰	…	98	99	98	…	97	…	67	93	87	…	25	95	95	97	97	91	90
英国	100	100	100	100	100	100	100	100	100	100	98	98	100	100	100	100	100	100
拉丁美洲和加勒比地区																		
安圭拉岛	…	…	…	…	…	…	…	…	…	…	…	…	99	99	99	99	…	..
安提瓜和巴布达	…	…	95	95	…	…	…	…	…	…	…	…	…	…	98	98	…	…
阿根廷	94	97	97	98	72	80	69	80	76	83	22	45	90	90	93	91	73	77
阿鲁巴岛	100	100	100	100	100	100	100	100	100	100	100	100	…	…	…	…	…	…
巴哈马	…	…	98	98	…	…	…	…	…	…	…	…	100	100	100	100	100	100
巴巴多斯	100	100	100	100	100	100	…	…	98	100	…	…	100	100	100	100	100	100
伯利兹	75	99	85	99	63	100	47	74	77	87	20	61	74	90	73	93	75	86
玻利维亚	70	86	92	96	42	67	50	77	78	93	14	47	19	25	29	34	6	9
巴西	88	97	96	99	65	84	78	91	92	96	35	62	69	80	81	87	35	37
英属维尔京群岛	98	98	98	98	98	98	97	97	97	97	97	97	100	100	100	100	100	100
开曼群岛	…	95	…	95	..	..	37	92	37	92	..	..	96	96	96	96	..	..
智利	90	96	99	99	48	75	84	93	97	99	22	47	84	96	91	98	48	83
哥伦比亚	88	92	98	99	68	73	86	84	98	94	59	56	68	74	80	81	43	55
哥斯达黎加	93	97	99	100	86	91	82	96	92	100	71	89	93	95	94	95	91	96
古巴	82	94	93	96	53	89	64	75	77	82	30	54	80	91	86	94	64	81
多米尼克	…	…	…	…	…	…	…	…	…	…	…	…	…	…	…	…	…	…
多米尼加共和国	88	86	98	87	76	84	73	72	94	80	46	54	73	83	83	87	61	74
厄瓜多尔	72	94	81	97	62	88	47	88	66	96	24	74	69	92	86	96	48	84
萨尔瓦多	74	87	90	94	58	76	43	65	72	80	14	42	75	87	88	89	62	83
福克兰群岛(马尔维纳斯)	…	…	…	…	…	…	…	…	…	…	…	…	…	…	…	…	…	…
法属圭亚那	…	…	…	…	…	…	…	…	…	…	…	…	…	…	…	…	…	…
格林纳达	…	…	97	97	…	…	…	…	…	…	…	…	97	97	96	96	97	97
瓜德罗普岛	…	…	98	98	…	…	…	…	98	98	…	…	…	…	…	95	…	…
危地马拉	82	94	91	98	75	90	49	81	68	95	35	68	65	81	84	89	51	73
圭亚那	…	94	…	98	…	93	…	67	…	76	…	63	…	81	…	85	…	80
海地	47	63	62	71	41	55	9	12	27	21	2	4	26	17	44	24	19	10
洪都拉斯	72	86	91	95	59	77	58	83	82	94	42	72	44	71	68	80	28	62
牙买加	93	94	98	98	88	89	61	70	89	91	33	47	83	83	82	82	83	84
马提尼克	…	…	100	100	…	…	…	…	99	99	…	…	…	…	…	95	…	…
墨西哥	85	94	94	96	64	87	77	87	88	92	50	72	66	85	80	90	30	68
蒙特塞拉特	100	100	100	100	100	100	12	15	98	98	0	0	96	96	96	96	96	96
荷属安的列斯群岛	…	…	…	…	…	…	…	…	…	…	…	…	…	…	…	…	…	…
尼加拉瓜	74	85	92	98	54	68	52	62	83	88	18	27	43	52	59	63	26	37
巴拿马	84	93	99	97	66	83	80	89	97	93	60	79	58	69	73	75	40	51
巴拉圭	52	86	81	99	25	66	29	65	59	85	0	35	37	70	61	90	15	40
秘鲁	75	82	88	90	45	61	55	70	73	84	15	35	54	68	71	81	16	36
波多黎各	…	…	…	…	…	…	…	…	…	…	…	…	…	…	…	…	…	…
圣基茨和尼维斯	99	99	99	99	99	99	…	…	…	…	…	…	96	96	96	96	96	96
圣卢西亚	98	98	98	98	98	98	…	…	…	…	…	…	…	…	…	…	…	…
圣文森特和格林纳丁斯	…	…	…	…	…	…	…	…	…	…	…	…	…	…	…	…	…	…
苏里南	…	93	99	97	…	81	…	70	94	78	…	45	…	84	90	90	…	66

续表

	饮用水覆盖率改善						家庭饮用水接入						卫生设施覆盖率改善					
	总和(%)		城市地区(%)		农村地区(%)		总和(%)		城市地区(%)		农村地区(%)		总和(%)		城市地区(%)		农村地区(%)	
	1990	2008	1990	2008	1990	2008	1990	2008	1990	2008	1990	2008	1990	2008	1990	2008	1990	2008
特立尼达和多巴哥	88	94	92	98	88	93	69	76	81	88	68	74	93	92	93	92	93	92
特克斯和凯科斯群岛	100	100	100	100	100	100	…	…	…	…	…	…	…	…	98	98	…	…
美属维尔京群岛	…	…	…	…	…	…	…	…	…	…	…	…	…	…	…	…	…	…
乌拉圭	96	100	98	100	79	100	89	98	94	98	50	92	94	100	95	100	83	99
委内瑞拉（玻利瓦尔共和国）	90	…	93	…	71	…	80	…	87	…	44	…	82	…	89	…	45	…
北美洲																		
百慕大	…	…	…	…	…	…	…	…	…	…	…	…	…	…	…	…	…	…
加拿大	100	100	100	100	99	99	…	…	100	100	…	…	100	100	100	100	99	99
格陵兰	…	…	…	…	…	…	…	…	…	…	…	…	…	…	…	…	…	…
大西洋	…	…	…	…	…	…	…	…	…	…	…	…	…	…	…	…	96	96
美利坚合众国	99	99	100	100	94	94	84	88	97	97	46	46	100	100	100	100	99	99
大洋洲																		
美属萨摩亚	…	…	…	…	…	…	…	…	…	…	…	…	…	…	…	…	…	…
澳大利亚	100	100	100	100	100	100	…	…	…	…	…	…	100	100	100	100	100	100
库克群岛	94	…	99	98	87	…	…	…	…	…	…	…	96	100	100	100	91	100
斐济	…	…	92	…	…	…	…	…	…	…	…	…	92	…	…	…	…	…
法属波利尼西亚	100	100	100	100	100	100	98	98	99	99	96	96	98	98	99	99	97	97
关岛	100	100	100	100	100	100	…	…	…	…	…	…	99	99	99	99	98	98
基里巴斯	48	…	76	…	33	…	25	…	46	…	13	…	26	…	36	…	21	…
马绍尔群岛	95	94	94	92	97	99	…	1	…	1	…	0	64	73	77	83	41	53
密克罗尼西亚（联邦政府）	89	…	93	95	87	…	…	…	…	…	…	…	29	…	55	…	20	…
瑙鲁	…	90	…	90	..	..	…	…	…	…	…	…	…	50	…	50	..	..
新喀里多尼亚	…	…	…	…	…	…	…	…	…	…	…	…	…	…	…	…	…	…
新西兰	100	100	100	100	100	100	100	100	100	100	100	100	…	…	…	…	88	…
纽埃	100	100	100	100	100	100	…	…	…	…	…	…	100	100	100	100	100	100
北马里亚纳群岛	98	98	98	98	100	97	…	…	…	…	…	…	84	…	85	…	78	96
帕劳	81	…	73	…	98	…	…	…	…	…	…	…	69	…	76	96	54	…
巴布亚新几内亚	41	40	89	87	32	33	13	10	61	57	4	3	47	45	78	71	42	41
皮特克恩	…	…	…	…	…	…	…	…	…	…	…	…	…	…	…	…	…	…
萨摩亚	91	…	99	…	89	…	…	…	…	…	…	…	98	100	100	100	98	100
所罗门群岛	…	…	…	…	…	…	…	…	76	…	…	…	…	…	98	…	98	…
托克劳	90	97	..	..	90	97	…	…	..	..	…	…	41	93	..	..	41	93
汤加	…	100	…	100	…	100	…	…	…	…	…	…	96	96	98	98	96	96
图瓦卢	90	97	92	98	89	97	…	97	…	97	…	97	80	84	86	88	76	81
瓦努阿图	57	83	91	96	49	79	37	44	79	79	27	33	…	52	…	66	…	48
瓦利斯和富图纳群岛	100	100	..	..	100	100	80	81	..	..	80	81	96	96	..	..	96	96

数据来源：世界卫生组织（WHO）和联合国儿童基金会（UNICEF）J供水和卫生联合监测方案（JMP）(2010)环境卫生和饮水2010年进展更新，WHO 和 UNICEF，日内瓦

注：

1. 包括马约特岛。

2. 马约特岛的数据包括在科摩罗的数据内。

3. 前南斯拉夫马其顿共和国。

表格 B.5
TABLE B.5

贫穷与不平等 Poverty and Inequality

	国民收入 PPP 人均美元		不平等				国家贫困线				国际贫困线		
			收入/消费		土地			人口				人口	
	2000	2008[1]	调查年份[2]	基尼系数	调查年份	基尼系数	调查年份	农村%	城市%	国家%	调查年份[3]	低于日均1.25美元	低于日均2美元
非洲													
阿尔及利亚	5,120	7,890	1995	0.35		…	1995	30.3	14.7	22.6	1995	6.8	23.6
安哥拉	1,850	4,830	2000	0.59		…	2000	…	…	…	2000	54.3	70.2
贝宁	1,120	1,470	2003	0.37		…	2003	46.0	29.0	39.0	2003	47.3	75.3
博茨瓦纳	8,340	13,310	1993-94	0.61		…		…	…	…	1993-94	31.2	49.4
布基纳法索	810	1,160	2003	0.40	1993	0.42	2003	52.4	19.2	46.4	2003	56.5	81.2
布隆迪	310	380	2006	0.33		…		…	…	…	2006	81.3	93.4
喀麦隆	1,520	2,170	2001	0.45		…	2007[11]	55.0	12.2	39.9	2001	32.8	57.7
佛得角	1,970	3,090	2001	0.50		…	2001	…	…	…	2001	20.6	40.2
中非共和国	660	730	2003	0.44		…	2003	…	…	…	2003	62.4	81.9
乍得	640	1,070	2002-03	0.40		…	2002-03	…	…	…	2002-03	61.9	83.3
科摩罗	970	1,170	2004	0.64		…	2004	…	…	…	2004	46.1	65.0
刚果	2,020	2,810	2005	0.47		…	2005	…	…	…	2005	54.1	74.4
科特迪瓦	1,430	1,580	2002	0.48		…	2002	…	…	…	2002	23.3	46.8
刚果民主共和国	200	280		…		…		…	…	…	2005-06	59.2	79.5
吉布提	1,600	2,320	2002	0.40		…	2002	…	…	…	2002	18.8	41.2
埃及	3,570	5,470	2004-05	0.32	1990	0.65	1999-2000	…	…	16.7	2004-05	<2	18.4
赤道几内亚	5,330	21,720		…		…		…	…	…		…	…
厄立特里亚	610	640[5]		…		…		…	…	…		…	…
埃塞俄比亚	460	870	2005	0.30	2001	0.47	1999-2000	45.0	37.0	44.2	2005	39.0	77.5
加蓬	9,940	12,400	2005	0.42		…	2005	…	…	…	2005	4.8	19.6
冈比亚	920	1,280	2003	0.47		…	2003	63.0	57.0	61.3	2003	34.3	56.7
加纳	900	1,320	2006	0.43		…	2005-06	39.2	10.8	28.5	2006	30.0	53.6
几内亚	760	970	2003	0.43		…	1994	…	…	40.0	2003	70.1	87.2
几内亚比绍	480	520	2002	0.36	1988	0.62		…	…	…	2002	48.8	77.9
肯尼亚	1,120	1,560	2005-06	0.48		…	2005/06	49.7	34.4	46.6	2005-06	19.7	39.9
莱索托	1,320	1,970	2002-03	0.53	1989-90	0.49	2002/03[11]	60.5	41.5	56.3	2002-03	43.4	62.2
利比里亚	290	310	2007	0.53		…	2007	…	…	…	2007	83.7	94.8
阿拉伯利比亚民众国	…	16,270		…		…		…	…	…		…	…
马达加斯加	790	1,050	2005	0.47		…	2005[11]	53.5	52.0	68.7	2005	67.8	89.6
马拉维	600	810	2004-05	0.39	1993	0.52	2004-05	55.9	25.4	52.4	2004-05[14]	73.9	90.4
马里	710	1,100	2006	0.39		…	2006	…	…	…	2006	51.4	77.1
毛里塔尼亚	1,410	…	2000	0.39		…	2000	61.2	25.4	46.3	2000	21.2	44.1
毛里求斯	8,040	12,580		…		…		…	…	…		…	…
马约特岛	…	…		…		…		…	…	…		…	…
摩洛哥	2,510	4,190	2007	0.41	1996	0.62	1998-99	27.2	12.0	19.0	2007	2.5	14.0
莫桑比克	420	770	2002-03	0.47		…	2002-03	54.1	51.6	55.2	2002-03	74.7	90.0
纳米比亚	4,160	6,250	1993[9]	0.74	1997	0.36		…	…	…	1993[15]	49.1	62.2
尼日尔	500	680	2005	0.44		…	1989-93	66.0	52.0	63.0	2005	65.9	85.6
尼日利亚	1,130	1,980	2003-04	0.43		…	1992-93	36.4	30.4	34.1	2003-04	64.4	83.9
留尼旺	…	…		…		…		…	…	…		…	…
卢旺达	580	1,110	2000	0.47		…	2005-06[11]	62.5	…	56.9	2000	76.6	90.3
圣赫勒拿	…	…		…		…		…	…	…		…	…
圣多美和普林西比	…	1,790	2000-01	0.51		…		…	…	…	2000-01	28.4	56.6
塞内加尔	1,270	1,780	2005	0.39	1998	0.50	1992	40.4	23.7	33.4	2005	33.5	60.3
塞舌尔	15,310	19,650	2006-07	0.02		…		…	…	…	2006-07	<2	<2
塞拉利昂	360	770	2003	0.43		…	2003-04	79.0	56.4	70.2	2003	53.4	76.1
索马里	…	…		…		…		…	…	…		…	…
南非	6,470	9,790	2000	0.58		…	2008[11]	…	…	22.0	2000	26.2	42.9
苏丹	1,070	1,920		…		…		…	…	…		…	…
斯威士兰	3,650	5,000	2000-01	0.51		…		…	…	…	2000-01	62.9	81.0
多哥	690	830	2006	0.34		…	2006	…	…	…	2006	38.7	69.3
突尼斯	4,590	7,460	2000	0.41	1993	0.70	1995	13.9	3.6	7.6	2000	2.6	12.8
乌干达	680	1,140	2005	0.43	1991	0.59	2005-06[11]	34.2	13.7	31.1	2005	51.5	75.6
坦桑尼亚联合共和国	770	1,260[6]	2000-01	0.35		…	2000-01	38.7	29.5	35.7	2000-01	88.5	96.6
西撒哈拉	…	…[7]		…		…		…	…	…		…	…
赞比亚	840	1,230	2004-05	0.51		…	2004	78.0	53.0	68.0	2004-05	64.3	81.5
津巴布韦	210	…	1995	0.50		…	1995-96	48.0	7.9	34.9		…	…
亚洲													
阿富汗	…	1,100[5]		…		…	2007	45.0	27.0	42.0		…	…
亚美尼亚	2,090	6,310	2007	0.30		…	2001	48.7	51.9	50.9	2007	3.7	21.0
阿塞拜疆	2,060	7,770	2005	0.17		…	2001	42.0	55.0	49.6	2005	<2	<2
巴林	20,030	33,430		…		…		…	…	…		…	…
孟加拉国	820	1,450	2005	0.31	1996	0.62	2005	43.8	28.4	40.0	2005	49.6	81.3[17]
不丹	2,330	4,820	2003	0.47		…		…	…	…	2003	26.2	49.5

续表

	国民收入 PPP 人均美元		不平等				国家贫困线				国际贫困线		
			收入/消费		土地			人口				人口	
	2000	2008[1]	调查年份[2]	基尼系数	调查年份	基尼系数	调查年份	农村%	城市%	国家%	调查年份[3]	低于日均1.25美元	低于日均2美元
文莱达鲁萨兰国	42,050	…		…		…		…	…	…		…	…
柬埔寨	860	1,870	2007	0.44		…	2007	34.7	..	30.1	2007	25.8	57.8
中国	2,330	6,010	2005[9]	0.42		…	2006[11]	2.5	…	…	2005	15.9	36.3[18]
中国，香港特别行政区	26,520	44,000	1996[9]	0.43		…		…	…	…		…	…
中国，澳门特别行政区	20,250	…		…		…		…	…	…		…	…
塞浦路斯	18,710	24,980		…		…		…	…	…		…	…
朝鲜	…	…		…		…		…	…	…		…	…
格鲁吉亚	2,140	4,920	2005	0.41		…	2003	52.7	56.2	54.5	2005	13.4	30.4
印度	1,500	2,930	2004-05	0.37		…	1999-2000	30.2	24.7	28.6	2004-05	41.6	75.6[18]
印度尼西亚	2,200	3,600	2007	0.38	1993	0.46	2004	20.1	12.1	16.7	2007	29.4	60.0
伊朗（伊斯兰共和国）	6,790	…	2005	0.38		…		…	…	…	2005	<2	8.0
伊拉克	…	…		…		…		…	…	…		…	…
以色列	21,480	27,450	2001[9]	0.39		…		…	…	…		…	…
日本	25,950	35,190	1993[9]	0.25	1995	0.59		…	…	…		…	…
约旦	3,240	5,720	2006	0.38	1997	0.78	2002	18.7	12.9	14.2	2006	<2	3.5
哈萨克斯坦	4,450	9,720	2007	0.31		…	2002	…	…	15.4	2007	<2	<2
科威特	35,410	…		…		…		…	…	…		…	…
吉尔吉斯斯坦	1,250	2,150	2007	0.34		…	2005	50.8	29.8	43.1	2007	3.4	27.5
老挝人民民主共和国	1,130	2,050	2002-03	0.33	1999	0.39	2002-03	…	…	33.5	2002-03	44.0	76.8[17]
黎巴嫩	7,710	11,750		…		…		…	…	…		…	…
马来西亚	8,350	13,740	2004[9]	0.38	…	1989	…	…	15.5	2004	15	<2	7.8
马尔代夫	2,920	5,290	2004	0.37		…		…	…	…		…	…
蒙古	1,790	3,470	2007-08	0.37		…	2002	43.4	30.3	36.1	2007-08	2.2	13.6
缅甸	…	…		…		…		…	…	…		…	…
尼泊尔	800	1,120	2003-04	0.47	1992	0.45	2003-04	34.6	9.6	30.9	2003-04	55.1	77.6
巴勒斯坦	…	…		…		…		…	…	…		…	…
阿曼	15,100	…		…		…		…	…	…		…	…
巴基斯坦	1,690	2,590	2004-05	0.31	1990	0.57	1998-99	35.9	24.2	32.6	2004-05	22.6	60.3
菲律宾	2,430	3,900	2006	0.44	1991	0.55	1997	36.9	11.9	25.1	2006	22.6	45.0
卡塔尔	…	…	2006-07	0.41		…		…	…	…		…	…
韩国	17,130	27,840	1998[9]	0.32	1990	0.34		…	…	…		…	…
沙特阿拉伯	17,500	24,500		…		…		…	…	…		…	…
新加坡	32,870	47,970	1998[9]	0.43		…		…	…	…		…	…
斯里兰卡	2,660	4,460	2002	0.41		…	2002	7.9	24.7	22.7	2002	14.0	39.7
阿拉伯叙利亚共和国	3,150	4,490		…		…		…	…	…		…	…
塔吉克斯坦	800	1,870	2004	0.34		…	2007	55.0	49.4	53.5	2004	21.5	50.8
泰国	4,850	7,770	2004	0.43	1993	0.47	1998	…	…	13.6	2004	<2	11.5
东帝汶	790	4,690[5]	2007	0.32		…		…	…	…	2007	37.2	72.8
土耳其	8,730	13,420	2006	0.41	1991	0.61	2002	34.5	22.0	27.0	2006	2.6	8.2
土库曼斯坦	1,930	6,130	1998	0.41		…		…	…	…	1998	24.8	49.6
阿联酋	41,610	…		…		…		…	…	…		…	…
乌兹别克斯坦	1,420	2,660[5]	2003	0.37		…	2003	29.8	22.6	27.2		…	…
越南	1,390	2,700	2006	0.38	1994	0.53	2002	35.6	6.6	28.9	2006	21.5	48.4
也门	1,710	2,220	2005	0.38		…	1998	45.0	30.8	41.8	2005	17.5	46.6
欧洲													
阿尔巴尼亚	4,100	7,520	2005	0.33	1998	0.84	2005	24.2	11.2	18.5	2005	<2	7.8
安道尔	…	…		…		…		…	…	…		…	…
奥地利	28,290	37,360	2000[9]	0.29	1999-2000	0.59		…	…	…		…	…
白俄罗斯	5,120	12,120	2007	0.29		…	2004	…	…	17.4	2007	<2	<2
比利时	28,180	35,380	2000[9]	0.33	1999-2000	0.56		…	…	…		…	…
波斯尼亚和黑塞哥维那	4,620	8,360	2007	0.36		…		…	…	…	2007	<2	<2
保加利亚	6,180	11,370	2003	0.29		…	2001	…	…	12.8	2003	<2	<2
海峡群岛	…	…		…		…		…	…	…		…	…
克罗地亚	10,910	17,050	2005	0.29		…	2004	…	…	11.1	2005	<2	<2
捷克共和国	14,650	22,890	1996[9]	0.26	2000	0.92		…	…	…	1996[15]	<2	<2
丹麦	28,220	37,530	1997[9]	0.25	1999-2000	0.51		…	…	…		…	…
爱沙尼亚	9,530	19,320	2004	0.36	2001	0.79		…	…	…	2004	<2	<2
法罗群岛	…	…		…		…		…	…	…		…	…
芬兰	25,490	35,940	2000[9]	0.27	1999-2000	0.27		…	…	…		…	…
法国	25,680	33,280	1995[9]	0.33	1999-2000	0.58		…	…	…		…	…
德国	25,700	35,950	2000[9]	0.28	1999-2000	0.63		…	…	…		…	…
直布罗陀	…	…		…		…		…	…	…		…	…
希腊	18,460	28,300	2000[9]	0.34	1999-2000	0.58		…	…	…		…	…
罗马教廷													
匈牙利	11,740	18,210	2004	0.30		…	1997	…	…	17.3	2004	<2	<2
冰岛	28,060	25,300		…		…		…	…	…		…	…
爱尔兰	24,690	35,710	2000[9]	0.34		…		…	…	…		…	…
马恩岛	…	…		…		…		…	…	…		…	…
意大利	25,400	30,800	2000[9]	0.36	1999-2000	0.73		…	…	…		…	…

续表

	国民收入 PPP 人均美元		不平等				国家贫困线				国际贫困线		
			收入/消费		土地			人口				人口	
	2000	2008[1]	调查年份[2]	基尼系数	调查年份	基尼系数	调查年份	农村%	城市%	国家%	调查年份[3]	低于日均1.25美元	低于日均2美元
拉脱维亚	8,260	16,010	2007	0.36	2001	0.58	2004	12.7	…	5.9	2007	<2	<2
列支敦士登	…	…		…		…		…	…	…		…	…
立陶宛	8,720	17,170	2004	0.36		…		…	…	…	2004	<2	<2
卢森堡	46,750	52,770		…	1999-2000	0.48		…	…	…		…	…
马耳他	18,380	…		…		…		…	…	…		…	…
摩尔多瓦	1,490	3,270[8]	2007	0.37			2002	67.2	42.6	48.5	2007	2.4	11.5
摩纳哥	…	…	2007-08	0.37				…	…	…		…	…
黑山共和国	5,940	13,420	2007	0.37		…		…	…	…	2007	<2	<2
荷兰	30,040	40,620	1999[9]	0.31	1999-2000	0.57		…	…	…		…	…
挪威	35,640	59,250	2000[9]	0.26	1999	0.18		…	…	…		…	…
波兰	10,470	16,710	2005	0.35	2002	0.69	2001	…	…	14.8	2005	<2	<2
葡萄牙	16,670	22,330	1997[9]	0.39	1999-2000	0.74		…	…	…		…	…
罗马尼亚	5,780	13,380	2007	0.32		…	2002	…	…	28.9	2007	<2	4.1
俄罗斯联邦	7,420	15,460	2007	0.44			2002	…	…	19.6	2007	<2	<2
圣马力诺	…	…		…		…		…	…	…		…	…
塞尔维亚	5,630	10,380	2008	0.28		…		…	…	…	2008	<2	<2
斯洛伐克	10,810	21,460	1996[9]	0.26		…		…	…	…	1996[15]	<2	<2
斯洛文尼亚	17,490	27,160	2004	0.31	1991	0.62		…	…	…	2004	<2	<2
西班牙	21,140	30,830	2000[9]	0.35	1999-2000	0.77		…	…	…		…	…
瑞典	27,530	37,780	2000[9]	0.25	1999-2000	0.32		…	…	…		…	…
瑞士	34,060	39,210	2000[9]	0.34	1999	0.50		…	…	…		…	…
马其顿共和国[4]	6,030	9,250	2006	0.43		…	2003	22.3	…	21.7	2006	<2	5.3
乌克兰	3,170	7,210	2008	0.28		…	2003	28.4	…	19.5	2008	<2	<2
英国	26,020	36,240	1999[9]	0.36	1999-2000	0.66		…	…	…		…	…
拉丁美洲和加勒比地区													
安圭拉	…	…		…		…		…	…	…		…	…
安提瓜和巴布达	11,420	19,660						…	…	…		…	…
阿根廷	8,850	14,000	2006[9,10]	0.49	1988	0.83	2001[11]	…	35.9	…	2004[10,15]	4.5	11.3
阿鲁巴岛	…	…		…		…		…	…	…		…	…
巴哈马群岛	…	…		…		…		…	…	…		…	…
巴巴多斯	…	…		…		…		…	…	…		…	…
伯利兹	4,630	5,940[5]	1995	0.60				…	…	…		…	…
玻利维亚	2,930	4,140	2007	0.57		…	2007	63.9	23.7	37.7	2007[16]	11.9	21.9
巴西	6,810	10,080	2007[9]	0.55	1996	0.85	2002-03	41.0	17.5	21.5	2007[15]	5.2	12.7
英属维尔京群岛	…	…		…		…		…	…	…		…	…
开曼群岛	…	…		…		…		…	…	…		…	…
智利	8,910	13,250	2006[9]	0.52		…	2006[11]	…	…	13.7	2006[15]	<2	2.4
哥伦比亚	5,550	8,430	2006[9]	0.59	2001	0.80	2006	62.1	39.1	45.1	2006[15]	16.0	27.9
哥斯达黎加	6,610	10,960	2007[9]	0.49		…	2004	28.3	20.8	23.9	2007[15]	<2	4.3
古巴	…	…		…		…		…	…	…		…	…
多米尼克	5,300	8,300		…		…		…	…	…		…	…
多米尼加共和国	4,760	7,800[5]	2007[9]	0.48		…	2007[11]	54.1	45.4	48.5	2007[15]	4.4	12.3
厄瓜多尔	4,430	7,780	2007[9]	0.54		…	2006[11]	61.5	24.9	38.3	2007[15]	4.7	12.8
萨尔瓦多	4,500	6,630[5]	2007[9]	0.47		…	2006[12]	36.0	27.8	30.7	2007[15]	6.4	13.2
福克兰群岛（马尔维纳斯群岛）	…	…		…		…		…	…	…		…	…
法属圭亚那	…	…		…		…		…	…	…		…	…
格林纳达	5,910	8,430[5]		…		…		…	…	…		…	…
瓜德罗普岛	…	…		…		…		…	…	…		…	…
危地马拉	3,460	4,690[5]	2006[9]	0.54		…	2006	72.0	28.0	51.0	2006[15]	11.7	24.3
圭亚那	1,980	3,030	1998[9]	0.43				…	…	…	1998[15]	7.7	16.8
海地	…	…	2001[9]	0.60		…	1995	66.0	…	…	2001[15]	54.9	72.1
洪都拉斯	2,490	3,830[5]	2006[9]	0.55	1993	0.66	2004	70.4	29.5	50.7	2006[15]	18.2	29.7
牙买加	5,560	7,370	2004	0.46			2000	25.1	12.8	18.7	2004	<2	5.8
马提尼克	…	…		…		…		…	…	…		…	…
墨西哥	8,960	14,340	2008[9]	0.52		…	2004	56.9	41.0	47.0	2008[15]	4.0	8.2
蒙特塞拉特岛	…	…		…		…		…	…	…		…	…
荷属安地列斯群岛	…	…		…		…		…	…	…		…	…
尼加拉瓜	1,780	2,620[5]	2005[9]	0.52	2001	0.72	2001	64.3	28.7	45.8	2005[15]	15.8	31.8
巴拿马	6,830	12,630	2006[9]	0.55	2001	0.52	2003	…	…	36.8	2006[15]	9.5	17.8
巴拉圭	3,360	4,660	2007[9]	0.53	1991	0.93	1990[13]	28.5	19.7	20.5	2007[15]	6.5	14.2
秘鲁	4,750	7,950	2007[9]	0.51	1994	0.86	2004	72.5	40.3	51.6	2007[15]	7.7	17.8
波多黎各	…	…		…		…		…	…	…		…	…
圣基茨和尼维斯	9,720	15,490						…	…	…		…	…
圣卢西亚岛	6,860	9,020[5]	1995[9]	0.43		…		…	…	…	1995[15]	20.9	40.6
圣文森特和格林纳丁斯	5,010	8,570		…		…		…	…	…		…	…
苏里南	4,400	6,680[5]	1999[9]	0.53		…		…	…	…	1999[15]	15.5	27.2
特立尼达和多巴哥	10,790	24,240	1992[9]	0.40		…	1992	20.0	24.0	21.0	1992[15]	4.2	13.5
特克斯和凯科斯群岛	…	…		…		…		…	…	…		…	…

续表

	国民收入 PPP 人均美元		不平等				国家贫困线				国际贫困线		
			收入/消费		土地		调查年份	人口			调查年份[3]	人口		
	2000	2008[1]	调查年份[2]	基尼系数	调查年份	基尼系数		农村%	城市%	国家%		低于日均1.25美元	低于日均2美元
美属维尔京群岛	...	...		...		...	...	...	...	...		...	...
乌拉圭	8,170	12,550	2007[9]	0.47	2000	0.79	1998	...	24.7	...	2007[15]	<2	4.3
委内瑞拉（玻利瓦尔共和国）	8,360	12,850	2006[9]	0.43	1996-97	0.88	1997-99	...	...	52.0	2006[15]	3.5	10.2
北美洲													
百慕大群岛	...	...		...		...	...	...	...	...		...	...
加拿大	27,670	38,710	2000[9]	0.33	1991	0.64	...	...	...	...		...	...
格陵兰	...	...		...		...	...	...	...	...		...	...
圣皮埃尔和密克隆	...	...		...		...	...	...	...	...		...	...
美利坚合众国	35,190	46,790	2000[9]	0.41	1997	0.76	...	...	...	...		...	...
大洋洲													
美属萨摩亚	...	...		...		...	...	...	...	...		...	...
澳大利亚	26,690	37,250	1994[9]	0.35		...	...	...	...	...		...	...
库克群岛	...	...		...		...	...	...	...	...		...	...
斐济	3,500	4,320				...	...	...	...	...		...	...
法属波利尼西亚	...	...		...		...	...	...	...	...		...	...
关岛	...	...		...		...	...	...	...	...		...	...
基里巴斯	3,100	3,620				...	...	...	...	...		...	...
马绍尔群岛	...	...		...		...	...	...	...	...		...	...
密克罗尼西亚联邦	2,830	3,270[5]	2000	0.01		...	...	...	...	...		...	...
瑙鲁	...	...		...		...	...	...	...	...		...	...
新喀里多尼亚	...	...		...		...	...	...	...	...		...	...
新西兰	19,450	25,200	1997[9]	0.36		...	...	...	...	...		...	...
纽埃	...	...		...		...	...	...	...	...		...	...
北马里亚纳群岛	...	...		...		...	...	...	...	...		...	...
帕劳群岛	...	...		...		...	...	...	...	...		...	...
巴布亚新几内亚	1,620	2,030[5]	1996	0.51		...	1996	41.3	16.1	37.5	1996	35.8	57.4
皮特凯恩	...	...		...		...	...	...	...	...		...	...
萨摩亚	2,810	4,410[5]		...		...	...	...	...	...		...	...
所罗门群岛	1,970	2,230		...		...	...	...	...	...		...	...
托克劳	...	...		...		...	...	...	...	...		...	...
汤加	2,960	3,980[5]		...		...	...	...	...	...		...	...
图瓦卢	...	...		...		...	...	...	...	...		...	...
瓦努阿图	2,930	...		...		...	...	...	...	...		...	...
瓦利斯和富图纳群岛	...	...		...		...	...	...	...	...		...	...

资料来源：世界银行（2010）2010年世界发展指标，世界银行，华盛顿特区；世界银行（2006）2006年世界发展报告，世界银行，华盛顿特区。

注：

1. 数据从2005年的国际比较项目的基准估计中推测，除非另有规定。

2. 数据参考了按人口百分比分配的支出，按人均支出排列，除非另有规定。

3. 数据以支出为基础，除非另有规定。

4. 前南斯拉夫的马其顿共和国。

5. 根据回归分析进行估计。

6. 数据只涵盖坦桑尼亚大陆。

7. 西撒哈拉的数据包含在摩洛哥的数据中。

8. 数据不包括德涅斯特河沿岸共和国。

9. 数据参考了按人口百分比分配的收入，按人均收入排列。

10. 数据只包括城市地区。

11. 数据来源于国家的原始资料

12. 数据指的是家庭份额，而不是总体份额。

13. 数据只涵盖亚松森大都会区。

14. 由于调查设计的更改，最近一次的调查并不能与先前的调查完全相提并论。

15. 数据基于收入水平。

16. 在购买力平价学说中，美元用回归分析来估算。

17. 指的是数据根据空间消费者价格指数的信息进行调整。

18. 数据涵盖了城市和农村估算的加权平均值。

表B.6
TABLE B.6

基础交通设施 Transport Infrastructure

	道路				机动车辆		铁路		
	总计（km）	铺面道路（%）	乘客（m–p–km）	货物运输（m–t–km）	每1000人所拥有机动车数量		线路（km）	乘客（m–p–km）	货物运输（m–t–km）
	2000–2007[1]	2000–2007[1]	2000–2007[1]	2000–2007[1]	1990	2007	2000–2008[1]	2000–2008[1]	2000–2008[1]
非洲									
阿尔及利亚	108,302	70.2	…	…	55	91	3,572	937	1,562
安哥拉	51,429	10.4	166,045	4,709	19	40	…	…	…
贝宁	19,000	9.5	…	…	3	21	758	…	36
博茨瓦纳	25,798	33.2	…	…	18	113	888	94	674
布基纳法索	92,495	4.2	…	…	4	11	622	…	…
布隆迪	12,322	10.4	…	…	…	6	…	…	…
喀麦隆	51,346	8.4	…	…	10	…	977	379	978
佛得角	…	…	…	…	…	…	…	…	…
中非共和国	24,307	…	…	…	1	0	…	…	…
乍得	40,000	0.8	…	…	2	6	…	…	…
科摩罗	…	…	…	…	…	…	…	…	…
刚果	17,289	5.0	…	…	18	26	795	211	234
科特迪瓦	80,000	8.1	…	…	24	…	639	…	675
刚果共和国	153,497	1.8	…	…	…	5	4,007	95	352
吉布提	…	…	…	…	…	…	…	…	…
埃及	92,370	81.0	…	…	29	…	5,063	40,830	4,188
赤道几内亚	…	…	…	…	…	…	…	…	…
厄立特里亚	4,010	21.8	…	…	1	11	…	…	…
埃塞俄比亚	42,429	12.8	219,113	2,456	1	3	…	…	…
加蓬	9,170	10.2	…	…	32	…	810	99	2,502
冈比亚	3,742	19.3	16	…	13	7	…	…	…
加纳	57,614	14.9	…	…	8	33	953	85	181
几内亚	44,348	9.8	…	…	4	…	…	…	…
几内亚比绍	3,455	27.9	…	…	7	33	…	…	…
肯尼亚	63,265	14.1	…	22	12	21	1,917	250	1,399
莱索托	5,940	18.3	…	…	11	…	…	…	…
利比里亚	10,600	6.2	…	…	14	3	…	…	…
阿拉伯利比亚民众国	83,200	57.2	…	…	…	291	…	…	…
马达加斯加	49,827	11.6	…	…	6	…	854	10	1
马拉维	15,451	45.0	…	…	4	9	797	44	33
马里	18,709	18.0	…	…	3	9	…	…	…
毛里塔尼亚	11,066	26.8	…	…	10	…	728	47	7,622
毛里求斯	2,028	98.0	…	…	59	150	…	…	…
马约特岛	…	…	…	…	…	…	…	…	…
摩洛哥	57,799	62.0	…	1,212	37	71	1,989	3,836	4,959
莫桑比克	30,400	18.7	…	…	4	10	3,116	114	695
纳米比亚	42,237	12.8	47	591	71	109	…	…	…
尼日尔	18,951	20.7	…	…	6	5	…	…	…
尼日利亚	193,200	15.0	…	…	30	31	3,528	174	77
留尼旺	…	…	…	…	…	…	…	…	…
卢旺达	14,008	14,008	…	…	2	4	…	…	…
圣赫勒拿	…	…	…	…	…	…	…	…	…
圣多美岛和普林西比	…	…	…	…	…	…	…	…	…
塞内加尔	13,576	29.3	…	…	11	20	…	129	384
塞舌尔	…	…	…	…	…	…	…	…	…
塞拉利昂	11,300	8.0	…	…	10	5	…	…	…
索马里	22,100	11.8	…	…	2	…	…	…	…
南非	362,099	17.3	…	434	139	159	24,487	13,865	106,014
苏丹	11,900	36.3	…	…	9	28	4,578	34	766
斯威士兰	3,594	30.0	…	…	66	89	300	0	2
多哥	7,520	31.6	…	…	24	2	…	…	…
突尼斯	19,232	65.8	…	16,611	48	103	2,218	1,487	2,197
乌干达	70,746	23.0	…	…	2	7	…	…	…
坦桑尼亚联合共和国	78,891	8.6	…	…	5	12	2,600[2]	475[2]	728[2]
西撒哈拉	…	…	…	…	…	…	…	…	…
赞比亚	66,781	22.0	…	…	14	18	…	…	…
津巴布韦	97,267	19.0	…	…	32	106	2,583	…	1,580
亚洲									
阿富汗	42,150	29.3	…	…	…	23	…	…	…
亚美尼亚	7,515	89.8	2,693	434	5	105	845	27	354
阿塞拜疆	59,141	49.4	11,786	8,222	52	61	2,099	1,047	10,021
巴林岛	…	…	…	…	…	…	…	…	…
孟加拉国	239,226	9.5	…	…	1	2	2,835	5,609	870

续表

	道路				机动车辆		铁路		
	总计 （km）	铺面道路 （%）	乘客 （m–p–km）	货物运输 （m–t–km）	每1000人所拥有机动车数量		线路 （km）	乘客 （m–p–km）	货物运输 （m–t–km）
	2000–2007[1]	2000–2007[1]	2000–2007[1]	2000–2007[1]	1990	2007	2000–2008[1]	2000–2008[1]	2000–2008[1]
不丹	…	…	…	…	…	…	…	…	…
文莱达鲁萨兰国	…	…	…	…	…	…	…	…	…
柬埔寨	38,257	6.3	201	3	1	…	60,809	772,834	2,511,804
中国	3,583,715	70.7	1,150,677	975,420	5	32	60,809	772,834	2,511,804
中国，香港特别行政区	2,009	100.0	…	…	66	72	…	…	…
中国，澳门特别行政区	…	…	…	…	…	…	…	…	…
塞浦路斯	…	…	…	…	…	…	…	…	…
朝鲜	25,554	2.8	…	…	…	…	…	…	…
格鲁吉亚	20,329	38.6	5,269	586	107	116	1,513	774	6,928
印度	3,316,452	47.4	…	…	4	12	63,327	769,956	521,371
印度尼西亚	391,009	55.4	…	…	16	76	3,370	14,344	4,390
伊朗伊斯兰共和国	172,927	72.8	…	…	34	16	7,335	13,900	21,829
伊拉克	45,550	84.3	…	…	14	…	2,032	61	640
以色列	17,870	100.0	…	…	210	305	1,005	1,968	1,055
日本	1,196,999	79.3	947,562	327,63	469	595	20,048	255,865	23,032
约旦	7,768	100.0	…	…	60	137	251	…	789
哈萨克斯坦	93,123	90.3	103,381	53,816	76	170	14,205	14,450	214,907
科威特	5,749	85.0	…	…	…	502	…	…	…
吉尔吉斯斯坦	34,000	91.1	6,468	819	44	59	417	60	849
老挝人民民主共和国	29,811	13.4	…	…	9	21	…	…	…
黎巴嫩	6,970	…	…	…	321	…	…	…	…
马来西亚	93,109	79.8	…	…	124	272	1,665	2,268	1,350
马尔代夫	…	…	…	…	…	…	…	…	…
蒙古	49,250	3.5	557	242	21	61	1,810	1,400	8,261
缅甸	27,000	11.9	…	…	2	7	…	4,163	885
尼泊尔	17,280	56.9	…	…	…	5	…	…	…
巴勒斯坦	5,147	100	…	…	…	16	…	…	…
阿曼	48,874	41.3	…	…	130	225	…	…	…
巴基斯坦	260,420	65.4	263,788	129,249	6	11	7,791	24,731	6,187
菲律宾	200,037	9.9	…	…	10	32	479	83	…
卡塔尔	7,790	90.0	…	…	…	724	…	…	…
韩国	102,061	77.6	97,854	12,545	79	338	3,381	32,025	11,566
沙特阿拉伯	221,372	21.5	…	…	165	…	2,758	337	1,748
新加坡	3,297	100.0	…	…	130	149	…	…	…
斯里兰卡	97,286	81.0	21,067	…	21	58	1,463	4,767	135
阿拉伯叙利亚共和国	40,032	100.0	589	…	26	52	2,139	1,120	2,370
塔吉克斯坦	27,767	…	150	14,572	3	38	616	53	1,274
泰国	180,053	98.5	…	…	46	…	4,429	8,037	3,161
东帝汶	…	…	…	…	…	…	…	…	…
土耳其	426,951	…	209,115	177,399	50	131	8,699	5,097	10,104
土库曼斯坦	24,000	81.2	…	…	…	106	3,181	1,570	10,973
阿联酋	4,030	100.0	…	…	121	313	…	…	…
乌兹别克斯坦	81,600	87.3	…	1,200	…	…	4,230	2,264	21,594
越南	160,089	47.6	49,372	20,537	…	13	3,147	4,659	3,910
也门	71,300	8.7	…	…	34	35	…	…	…
欧洲									
阿尔巴尼亚	18,000	39.0	197	2,200	11	102	423	51	53
安道尔	…	…	…	…	…	…	…	…	…
奥地利	107,206	100.0	69,000	26,411	421	556	5,755	10,275	18,710
白俄罗斯	94,797	88.6	9,353	15,779	61	282	5,491	8,188	47,933
比利时	153,070	78.2	130,868	51,572	423	539	3,513	10,403	7,882
波斯尼亚和黑塞哥维那	21,846	52.3	…	300	114	170	1,016	78	1,237
保加利亚	40,231	98.4	13,688	11,843	163	295	4,159	2,335	4,673
海峡群岛	…	…	…	…	…	…	…	…	…
克罗地亚	29,038	89.1	3,277	10,175	…	377	2,722	1,810	3,312
捷克共和国	128,511	100.0	90,055	46,600	246	470	9,487	6,759	15,961
丹麦	72,412	100.0	70,635	11,495	368	466	2,133	5,843	…
爱沙尼亚	58,034	28.8	3,190	7,641	211	444	816	274	5,683
法罗群岛	…	…	…	…	…	…	…	…	…
芬兰	78,889	65.4	71,300	26,400	441	559	5,919	4,052	10,777
法国	951,125	100.0	775,000	313,000	494	600	29,901	88,283	41,530
德国	644,471	100.0	966,692	461,900	405	623	33,862	76,997	91,178
直布罗陀	…	…	…	…	…	…	…	…	…
希腊	117,533	91.8	…	18,360	248	…[4]	2,552	2,003	786
罗马教廷	…	…	…	…	…	…	…	…	…
匈牙利	195,719	37.7	11,784	30,495	212	384	7,942	5,927	7,786
冰岛	…	…	…	…	…	…	…	…	…
爱尔兰	96,602	100.0	…	15,900	270	537	1,919	1,976	103

续表

	道路				机动车辆		铁路		
	总计 （km） 2000–2007[1]	铺面道路 （%） 2000–2007[1]	乘客 （m–p–km） 2000–2007[1]	货物运输 （m–t–km） 2000–2007[1]	每1000人所拥有机动车数量		线路 （km） 2000–2008[1]	乘客 （m–p–km） 2000–2008[1]	货物运输 （m–t–km） 2000–2008[1]
					1990	2007			
马恩岛	…	…	…	…	…	…	…	…	…
意大利	487,700	100.0	97,560	192,700	529	677	16,862	46,998	19,918
拉脱维亚	69,687	100.0	2,664	2,729	135	459	2,263	951	17,704
列支敦士登	…	…	…	…	…	…	…	…	…
立陶宛	80,715	28.6	42,739	18,134	160	479	1,765	398	14,748
卢森堡	…	…	…	…	…	…	…	…	…
马耳他	…	…	…	…	…	…	…	…	…
摩尔多瓦	12,755	85.7	1,640	1,577	53	120	1,156	485	3,092
摩纳哥	…	…	…	…	…	…	…	…	…
黑山共和国	…	…	…	…	…	…	…	…	…
荷兰	126,100	90.0	…	77,100	405	503	2,896	15,313	…
挪威	92,920	79.6	60,597	14,966	458	572	4,114	2,705	…
波兰	258,910	90.3	27,359	136,490	168	451	19,627	17,958	39,200
葡萄牙	82,900	86.0	…	45,032	222	507	2,842	3,814	2,550
罗马尼亚	198,817	30.2	7,985	51,531	72	180	10,784	6,880	12,861
俄罗斯联邦	933,000	80.9	78,000	199,000	87	245	84,158	175,800	2,400,000
圣马力诺	…	…	…	…	…	…	…	…	…
塞尔维亚	39,184	62.7	3,865	452	137	244	4,058	749	4,214
斯洛伐克	43,761	87.0	7,816	22,114	194	282	3,592	2,279	9,004
斯洛文尼亚	38,708	100.0	817	12,112	306	547	1,228	834	3,520
西班牙	666,292	99.0	397,117	132,868	360	601	15,046	23,344	10,224
瑞典	427,045	31.7	109,300	40,123	464	523	9,830	7,156	11,500
瑞士	71,354	100.0	94,250	16,337	491	569	3,499	18,367	16,227
马其顿共和国[3]	13,840	…	1,027	8,299	132	136	699	148	743
乌克兰	169,422	97.8	55,446	26,625	63	140	21,676	53,056	257,006
英国	420,009	100.0	736,000	166,728	400	527	16,321	51,759	12,512
拉丁美洲和加勒比地区									
安圭拉	…	…	…	…	…	…	…	…	…
安提瓜和巴布达	…	…	…	…	…	…	…	…	…
阿根廷	231,374	30.0	…	…	181	314	35,753	…	12,871
阿鲁巴岛	…	…	…	…	…	…	…	…	…
巴哈马群岛	…	…	…	…	…	…	…	…	…
巴巴多斯	…	…	…	…	…	…	…	…	…
伯利兹	…	…	…	…	…	…	…	…	…
玻利维亚	62,479	7.0	…	…	41	68	2,866	313	1,060
巴西	1,751,868	5.5	…	…	88	198	29,817	…	267,700
英属维尔京群岛	…	…	…	…	…	…	…	…	…
开曼群岛	…	…	…	…	…	…	…	…	…
智利	79,814	20.2	…	…	81	164	5,898	759	4,296
哥伦比亚	164,278	…	157	39,726	39	66	1,663	…	9,049
哥斯达黎加	36,654	25.5	27	…	87	152	…	…	…
古巴	60,856	49.0	5,266	2,133	37	38	5,076	1,285	1,351
多米尼克	…	…	…	…	…	…	…	…	…
多米尼加共和国	12,600	49.4	…	…	75	123	…	…	…
厄瓜多尔	43,670	14.8	11,819	5,453	35	63	…	…	…
萨尔瓦多	10,029	19.8	…	…	33	84	…	…	…
福克兰群岛（马尔维纳斯群岛）	…	…	…	…	…	…	…	…	…
法属圭亚那	…	…	…	…	…	…	…	…	…
格林纳达	…	…	…	…	…	…	…	…	…
瓜德罗普岛	…	…	…	…	…	…	…	…	…
危地马拉	14,095	34.5	…	…	21	117	…	…	…
圭亚那	…	…	…	…	…	…	…	…	…
海地	4,160	24.3	…	…	8	…	…	…	…
洪都拉斯	13,600	20.4	…	…	22	97	…	…	…
牙买加	22,121	73.3	…	…	52	188	…	…	…
马提尼克	…	…	…	…	…	…	…	…	…
墨西哥	360,075	38.2	449,917	209,392	119	244	26,677	84	71,136
蒙特塞拉特	…	…	…	…	…	…	…	…	…
荷属安的列斯群岛	…	…	…	…	…	…	…	…	…
尼加拉瓜	18,669	11.4	…	…	19	48	…	…	…
巴拿马	11,643	34.6	…	…	75	188	…	…	…
巴拉圭	29,500	50.8	…	…	27	82	…	…	…
秘鲁	78,986	13.9	…	…	…	52	2,020	55	627
波多黎各	25,645	95.0	…	10	295	642	…	…	…
圣基茨和尼维斯	…	…	…	…	…	…	…	…	…
圣卢西亚岛	…	…	…	…	…	…	…	…	…
圣文森特和格林纳丁斯	…	…	…	…	…	…	…	…	…
苏里南	…	…	…	…	…	…	…	…	…

续表

	道路				机动车辆		铁路		
	总计 （km）	铺面道路 （%）	乘客 （m-p-km）	货物运输 （m-t-km）	每1000人所拥有机动车数量		线路 （km）	乘客 （m-p-km）	货物运输 （m-t-km）
	2000-2007[1]	2000-2007[1]	2000-2007[1]	2000-2007[1]	1990	2007	2000-2008[1]	2000-2008[1]	2000-2008[1]
特立尼达和多巴哥	8,320	51.1	…	…	117	351	…	…	…
特克斯和凯科斯群岛	…	…	…	…	…	…	…	…	…
美属维尔京群岛	…	…	…	…	…	…	…	…	…
乌拉圭	77,732	10.0	2,032	…	138	176	2,993	15	284
委内瑞拉（玻利瓦尔共和国）	96,155	33.6	…	…	93	147	336		81
北美洲									
百慕大群岛	…	…	…	…	…	…	…	…	…
加拿大	1,409,000	39.9	493,814	184,774	605	597	57,216	3,056	358,154
格陵兰	…	…	…	…	…	…	…	…	…
圣皮埃尔和密克隆	…	…	…	…	…	…	…	…	…
美利坚合众国	6,544,257	65.3	7,940,003	1,889,923	758	814[5]	227,058	9,935	2,788,230[6]
大洋洲									
美属萨摩亚	…	…	…	…	…	…	…	…	…
澳大利亚	815,074	…	301,550	173,000	530	653	9,661	1,526	61,019
库克群岛	…	…	…	…	…	…	…	…	…
斐济	…	…	…	…	…	…	…	…	…
法属波利尼西亚	…	…	…	…	…	…	…	…	…
关岛	…	…	…	…	…	…	…	…	…
基里巴斯	…	…	…	…	…	…	…	…	…
马绍尔群岛	…	…	…	…	…	…	…	…	…
密克罗尼西亚联邦	…	…	…	…	…	…	…	…	…
瑙鲁	…	…	…	…	…	…	…	…	…
新喀里多尼亚	…	…	…	…	…	…	…	…	…
新西兰	93,748	65.4	…	…	524	729	…	…	…
纽埃	…	…	…	…	…	…	…	…	…
北马里亚纳群岛	…	…	…	…	…	…	…	…	…
帕劳群岛	…	…	…	…	…	…	…	…	…
巴布亚新几内亚	19,600	3.5	…	…	27	9	…	…	…
皮特凯恩	…	…	…	…	…	…	…	…	…
萨摩亚	…	…	…	…	…	…	…	…	…
所罗门群岛	…	…	…	…	…	…	…	…	…
托克劳	…	…	…	…	…	…	…	…	…
汤加	…	…	…	…	…	…	…	…	…
图瓦卢	…	…	…	…	…	…	…	…	…
瓦努阿图	…	…	…	…	…	…	…	…	…
瓦利斯群岛和富图纳群岛	…	…	…	…	…	…	…	…	…

资料来源：世界银行（2005）2005年世界发展指标，世界银行，华盛顿特区；世界银行（2010）2010年世界发展报告，世界银行，华盛顿特区。

注：

1. 最近年份数据见上表。

2. 包括坦赞铁路。

3. 前南斯拉夫马其顿共和国。

4. 载人客车的数量是429辆每千人。载人客车是机动车辆的一部分，是指道路机动车辆而非自行车，目的是载客以及设计载客量不超过9人（含司机）的车辆。

5. 数据来自美国联邦公路管理局。

6. 仅仅指1级铁路。

表B.7
TABLE B.7

温室气体排放和变动率 Greenhouse Gas Emissions and Rate of Change

	二氧化碳排放		甲烷排放			一氧化二氮排放			其他温室气体排放		总温室气体排放	
	'000 吨	% 变化率	相当于'000 吨二氧化碳	非农业来源百分比 %	% 变化率	相当于'000 吨二氧化碳	非农业来源百分比 %	% 变化率	相当于'000 吨二氧化碳	% 变化率	相当于'000 吨二氧化碳	% 变化率
	2005	1990–2005	2005	2005	1990–2005	2005	2005	1990–2005	2005	1990–2005	2005	1990–2005
非洲												
阿尔及利亚	138,078	5.0	24,310	84.7	2.1	10,330	10.9	1.2	110	-3.5	172,828	4.2
安哥拉	9,849	8.2	37,020	60.9	11.4	28,350	64.1	30.3	0	…	75,219	…
贝宁	2,565	17.3	4,840	52.5	5.2	4,660	32.0	8.0	0	…	12,065	…
博茨瓦纳	4,521	7.2	4,480	28.1	223.1	2,460	3.7	…	0	…	11,461	…
布基纳法索	788	2.3	…	…	…	…	…	…	…	…	…	…
布隆迪	169	-3.0	…	…	…	…	…	…	…	…	…	…
喀麦隆	3,715	7.6	15,110	44.0	2.9	14,540	15.0	5.0	890	0.7	34,255	4.0
佛得角	297	15.8	…	…	…	…	…	…	…	…	…	…
中非共和国	234	1.2	…	…	…	…	…	…	…	…	…	…
乍得	392	11.2	…	…	…	…	…	…	…	…	…	…
科摩罗	88	1.0	…	…	…	…	…	…	…	…	…	…
刚果	1,605	2.3	50,320	73.7	5.4	38,680	76.8	6.6	0	…	90,605	…
科特迪瓦	8,160	2.7	15,320	79.4	12.2	12,350	75.0	26.8	0	…	35,830	…
刚果共和国	2,143	-3.2	5,750	88.2	7.7	2,250	84.4	11.6	0	…	10,143	…
吉布提	473	1.2	…	…	…	…	…	…	…	…	…	…
埃及	173,355	8.6	32,960	55.8	2.8	27,810	14.4	4.3	1,820	-1.3	235,945	6.6
赤道几内亚	4,338	232.5	…	…	…	…	…	…	…	…	…	…
厄立特里亚	751	…	2,410	22.4	1.0	2,350	0.9	5.0	0	…	5,511	…
埃塞俄比亚	5,485	5.5	47,740	22.8	1.5	63,130	1.4	1.6	0	…	116,355	…
加蓬	1,869	-4.6	2,040	95.6	-2.3	420	42.9	-5.2	0	…	4,329	…
冈比亚	319	4.5	…	…	…	…	…	…	…	…	…	…
加纳	7,467	6.0	8,630	50.4	4.2	10,520	11.4	8.8	170	-0.7	26,787	6.1
几内亚	1,359	1.9	…	…	…	…	…	…	…	…	…	…
几内亚比绍	271	0.5	…	…	…	…	…	…	…	…	…	…
肯尼亚	10,944	5.9	20,310	35.0	0.3	19,060	3.6	-0.8	0	…	50,314	…
莱索托	…	…	…	…	…	…	…	…	…	…	…	…
利比里亚	736	3.5	…	…	…	…	…	…	…	…	…	…
阿拉伯利比亚民众国	54,854	2.4	8,540	91.1	-0.2	2,050	8.3	-1.9	290	12.7	65,734	1.8
马达加斯加	2,796	12.2	…	…	…	…	…	…	…	…	…	…
马拉维	1,048	4.8	…	…	…	…	…	…	…	…	…	…
马里	568	2.3	…	…	…	…	…	…	…	…	…	…
毛里塔尼亚	1,649	-2.5	…	…	…	…	…	…	…	…	…	…
毛里求斯	3,408	8.9	…	…	…	…	…	…	…	…	…	…
马约特岛	…	…	…	…	…	…	…	…	…	…	…	…
摩洛哥	47,496	6.8	13,240	58.4	3.1	15,510	24.8	0.5	0	…	76,246	…
莫桑比克	1,854	5.7	11,680	35.7	1.6	9,930	0.3	15.8	0	…	23,464	…
纳米比亚	2,722	2470.0	4,260	10.1	-0.1	4,620	0.9	0.6	0	…	11,602	…
尼日尔	927	-0.8	…	…	…	…	…	…	…	…	…	…
尼日利亚	113,786	10.1	78,290	66.3	2.1	39,030	12.9	2.6	80	-2.2	231,186	4.9
留尼旺	…	…	…	…	…	…	…	…	…	…	…	…
卢旺达	766	0.8	…	…	…	…	…	…	…	…	…	…
圣赫勒拿	…	…	…	…	…	…	…	…	…	…	…	…
圣多美和普林西比	103	3.7	…	…	…	…	…	…	…	…	…	…
塞内加尔	5,573	5.0	6,340	24.1	0.9	10,250	1.0	4.3	10	…	22,173	…
塞舌尔	696	34.2	…	…	…	…	…	…	…	…	…	…
塞拉利昂	1,004	10.6	…	…	…	…	…	…	…	…	…	…
索马里	253	85.3	…	…	…	…	…	…	…	…	…	…
南非	408,792	1.5	59,200	76.2	0.9	29,250	17.3	0.7	2,600	5.3	499,842	1.4
苏丹	10,992	6.5	67,310	26.7	4.6	59,750	3.8	3.4	0	…	138,052	…
斯威士兰	1,019	9.3	…	…	…	…	…	…	…	…	…	…
多哥	1,337	4.9	2,840	51.4	3.9	5,470	11.2	11.7	0	…	9,647	…
突尼斯	22,783	4.8	4,390	65.8	1.2	7,230	5.8	4.6	30	…	34,433	…
乌干达	2,338	12.4	…	…	…	…	…	…	…	…	…	…
坦桑尼亚联合共和国	5,082	7.6	39,460	36.5	3.1	31,690	15.7	2.4	0	…	76,232	…
西撒哈拉	…	…	…	…	…	…	…	…	…	…	…	…
赞比亚	2,363	-0.2	16,770	31.4	4.7	11,410	34.9	9.2	0	…	30,543	…
津巴布韦	11,542	-2.0	10,400	39.6	-0.3	10,160	2.9	0.9	20	…	32,122	…
亚洲												
阿富汗	700	-4.9	…	…	…	…	…	…	…	…	…	…
亚美尼亚	4,346	…	2,300	49.1	-1.7	450	6.7	-3.4	10	…	7,106	…
阿塞拜疆	35,259	…	11,550	54.6	-1.4	4,040	6.4	0.0	50	-4.8	50,899	…
巴林	19,668	4.4	1,970	99.5	1.6	60	66.7	1.3	190	-6.0	21,888	2.8
孟加拉国	40,080	10.6	92,530	30.8	0.9	37,100	8.1	4.4	0	…	169,710	…
不丹	392	13.7	…	…	…	…	…	…	…	…	…	…
文莱达鲁萨兰国	5,903	-0.5	2,060	99.0	1.7	370	97.3	28.6	0	…	8,333	…
柬埔寨	3,719	48.3	14,890	28.5	…	3,820	25.9	0.0	0	…	22,429	…
中国	5,621,470	8.9	995,760	50.0	0.7	566,680	7.3	1.6	119,720	85.7	7,303,630	6.2
中国，香港特别行政区	41,062	3.2	1,090	99.1	-0.5	200	95.0	-0.3	330	…	42,682	…
中国，澳门特别行政区	2,308	8.2	…	…	…	…	…	…	…	…	…	…
塞浦路斯	7,497	4.1	330	48.5	1.5	640	9.4	1.2	0	…	8,467	…

续表

	二氧化碳排放		甲烷排放			一氧化二氮排放			其他温室气体排放		总温室气体排放	
	'000 吨	% 变化率	相当于'000 吨二氧化碳	非农业来源百分比 %	% 变化率	相当于'000 吨二氧化碳	非农业来源百分比 %	% 变化率	相当于'000 吨二氧化碳	% 变化率	相当于'000 吨二氧化碳	% 变化率
	2005	1990–2005	2005	2005	1990–2005	2005	2005	1990–2005	2005	1990–2005	2005	1990–2005
朝鲜民主主义人民共和国	83,411	-4.4	10,650	63.6	0.6	23,160	2.5	10.1	860	12.4	118,081	-3.7
格鲁吉亚	4,796	…	4,330	48.3	-1.7	3,390	50.7	0.0	10	…	12,526	…
印度	1,422,808	7.1	712,330	35.2	0.9	300,680	7.0	2.2	9,510	1.2	2,445,328	3.9
印度尼西亚	330,537	8.0	224,330	58.8	1.6	69,910	27.4	1.1	900	-2.3	625,677	4.0
伊朗（伊斯兰共和国）	435,719	6.1	95,060	78.2	4.9	66,140	2.4	2.4	1,560	-1.8	598,479	5.3
伊拉克	88,566	4.6	10,980	85.3	-0.1	3,990	7.0	-2.6	470	1.4	104,006	3.2
以色列	63,618	6.0	1,170	63.2	1.1	1,820	16.5	-0.3	1,140	2.4	67,748	5.5
日本	1,299,243	0.7	53,480	86.6	-0.5	23,590	50.7	-1.7	70,570	11.0	1,446,883	0.8
约旦	21,317	7.0	1,610	75.8	3.3	1,240	6.5	0.5	10	…	24,177	…
哈萨克斯坦	177,110	…	28,270	62.1	-3.3	5,530	9.8	-5.1	0	…	210,910	…
科威特	89,805	8.0	11,200	98.5	4.3	540	18.5	7.7	390	3.7	101,935	7.5
吉尔吉斯斯坦	5,566	…	3,520	27.8	-1.7	3,260	1.2	-1.5	60	…	12,406	…
老挝人民民主共和国	1,407	33.3	…	…	…	…	…	…	…	…	…	…
黎巴嫩	17,481	6.2	980	81.6	2.3	1,020	6.9	2.5	0	…	19,481	…
马来西亚	183,171	14.9	25,510	77.7	1.3	9,920	35.7	-1.0	530	-3.0	219,131	9.5
马尔代夫	678	22.7	…	…	…	…	…	…	…	…	…	…
蒙古	8,805	-0.8	4,840	16.1	-2.3	22,850	0.4	8.6	0	…	36,495	…
缅甸	10,464	9.7	60,840	30.0	3.4	25,900	33.2	5.3	10	…	97,214	…
尼泊尔	3,166	26.6	36,040	19.5	0.4	7,100	11.5	1.6	0	…	46,306	…
巴勒斯坦	2,752	…	…	…	…	…	…	…	…	…	…	…
阿曼	31,444	13.6	4,260	87.1	7.4	1,140	3.5	2.1	0	…	36,844	…
巴基斯坦	133,960	6.4	110,300	33.7	2.2	80,040	3.6	3.0	620	-0.8	324,920	3.8
菲律宾	76,369	4.8	44,860	33.3	1.0	18,940	4.4	0.4	350	16.7	140,519	2.6
卡塔尔	46,676	19.8	5,190	98.5	8.8	280	14.3	3.7	0	…	52,146	…
韩国	473,836	6.4	31,280	68.9	0.9	22,020	63.9	8.8	8,700	4.1	535,836	5.9
沙特阿拉伯	366,766	4.7	63,500	98.1	4.0	7,720	7.9	-0.4	1,530	-2.2	439,516	4.4
新加坡	59,514	1.8	1,260	95.2	4.7	7,970	99.2	288.5	1,300	15.0	70,044	3.0
斯里兰卡	11,582	13.8	10,280	38.2	0.0	3,130	10.9	2.0	0	…	24,992	…
阿拉伯叙利亚共和国	66,549	5.2	7,960	65.3	2.5	9,430	5.1	1.3	0	…	83,939	…
塔吉克斯坦	5,800	…	3,270	31.5	-0.8	1,590	0.6	-3.3	120	3.3	10,780	…
泰国	270,894	12.2	78,840	23.9	1.0	27,990	12.1	2.1	940	-2.7	378,664	6.8
东帝汶	176	…	…	…	…	…	…	…	…	…	…	…
土耳其	248,295	4.6	23,140	40.5	-1.0	47,950	12.0	0.6	1,480	-3.2	320,865	3.0
土库曼斯坦	41,726	…	23,060	84.8	-2.0	3,200	21.3	-1.5	250	…	68,236	…
阿联酋	135,594	9.8	34,250	98.3	5.3	2,730	9.5	12.9	480	7.9	173,054	8.7
乌兹别克斯坦	112,481	…	51,480	76.8	1.6	14,660	1.7	0.2	760	…	179,381	…
越南	101,764	25.0	75,080	33.2	2.8	37,470	5.1	11.3	10	…	214,324	…
也门	20,159	…	9,040	72.3	6.4	7,080	1.1	2.6	10	…	36,289	…
欧洲												
阿尔巴尼亚	4,532	-2.6	2,170	30.0	-0.2	1,390	2.9	-2.7	50	…	8,142	…
安道尔	…	…	…	…	…	…	…	…	…	…	…	…
奥地利	72,767	1.3	7,210	49.9	-0.8	4,620	14.7	-1.3	3,310	11.6	87,907	1.1
白俄罗斯	64,289	…	16,620	61.2	-0.9	10,360	34.4	-2.1	440	…	91,709	…
比利时	109,312	0.1	7,610	40.3	-1.7	9,650	34.6	-0.9	9,380	474.4	135,952	0.4
波斯尼亚和黑塞哥维那	25,593	…	2,850	67.4	2.8	1,020	17.6	-0.7	850	5.7	30,313	…
保加利亚	46,958	-2.6	6,140	67.3	-2.4	5,880	35.5	-3.7	650	…	59,628	…
海峡群岛	…	…	…	…	…	…	…	…	…	…	…	…
克罗地亚	23,600	…	3,690	70.2	-0.4	3,590	36.2	0.4	720	0.5	31,600	…
捷克共和国	114,636	…	14,930	82.8	-2.2	6,570	25.0	-2.6	3,530	1170.0	139,666	…
丹麦	46,793	-0.5	4,920	32.3	-0.9	7,380	21.4	-1.7	1,460	30.8	60,553	-0.6
爱沙尼亚	18,203	…	1,230	65.0	-3.5	610	16.4	-4.2	60	…	20,103	…
法罗群岛	678	0.6	…	…	…	…	…	…	…	…	…	…
芬兰	54,755	0.5	5,470	69.7	-1.7	5,330	40.5	-0.8	1,030	24.5	66,585	0.2
法国	394,360	-0.1	43,520	28.9	-1.6	78,090	22.7	-0.8	27,010	10.1	542,980	-0.1
德国	803,065	…	58,100	60.8	-3.1	69,470	25.8	-0.7	41,980	18.3	972,615	…
直布罗陀	…	…	…	…	…	…	…	…	…	…	…	…
希腊	98,847	2.4	7,410	60.9	1.1	13,090	8.7	0.0	1,620	7.0	120,967	2.0
罗马教廷												
匈牙利	58,778	-0.3	11,050	81.7	-1.5	8,760	24.0	-1.8	1,540	6.8	80,128	-0.7
冰岛	2,184	0.4	330	45.5	-0.4	650	40.0	3.7	80	-6.0	3,244	-0.7
爱尔兰	44,001	2.8	3,660	68.0	-4.6	12,320	7.4	-0.3	2,050	117.6	62,031	0.8
马恩岛	…	…	…	…	…	…	…	…	…	…	…	…
意大利	469,798	0.7	36,670	62.3	-0.9	37,200	29.5	0.3	27,710	32.1	571,378	0.8
拉脱维亚	7,057	…	2,290	70.7	-3.1	1,390	11.5	-3.2	110	…	10,847	…
列支敦士登	…	…	…	…	…	…	…	…	…	…	…	…
立陶宛	13,989	…	3,650	61.9	-3.5	2,860	9.8	-2.1	150	…	20,649	…
卢森堡	11,318	1.0	180	100.0	-1.7	80	100.0	4.0	50	…	11,628	…
马耳他	2,587	1.0	100	60.0	0.7	50	20.0	0.0	0	…	2,737	…
摩尔多瓦	8,138	…	2,590	69.1	-3.1	970	5.2	-4.7	360	…	12,058	…
摩纳哥												
黑山共和国												
荷兰	174,890	0.3	15,180	50.8	-1.4	16,800	48.5	-0.9	5,300	-0.7	212,170	0.0
挪威	60,811	6.3	12,080	85.7	3.9	4,680	47.0	-0.8	1,770	-4.3	79,341	4.1
波兰	303,346	-0.8	60,060	81.6	-2.2	26,110	27.5	-1.2	1,270	11.7	390,786	-1.1
葡萄牙	65,413	3.2	7,140	47.1	-0.3	7,000	19.3	0.1	1,050	47.2	80,603	2.5
罗马尼亚	91,791	-2.8	23,260	69.9	-3.0	11,790	30.4	-3.5	2,220	3.2	129,061	-2.9

续表

	二氧化碳排放		甲烷排放			一氧化二氮排放			其他温室气体排放		总温室气体排放	
	'000 吨	% 变化率	相当于'000 吨二氧化碳	非农业来源百分比 %	% 变化率	相当于'000 吨二氧化碳	非农业来源百分比 %	% 变化率	相当于'000 吨二氧化碳	% 变化率	相当于'000 吨二氧化碳	% 变化率
	2005	1990–2005	2005	2005	1990–2005	2005	2005	1990–2005	2005	1990–2005	2005	1990–2005
俄罗斯联邦	1,514,412	⋯	501,380	92.1	-1.4	42,650	23.8	-4.5	56,600	12.8	2,115,042	⋯
圣马力诺	⋯	⋯	⋯	⋯	⋯	⋯	⋯	⋯	⋯	⋯	⋯	⋯
塞尔维亚	⋯	⋯	⋯	⋯	⋯	⋯	⋯	⋯	⋯	⋯	⋯	⋯
斯洛伐克	37,666	‰	5,290	80.5	-1.9	2,760	42.0	-2.7	710	466.7	46,426	⋯
斯洛文尼亚	14,916	⋯	1,630	52.1	-0.4	1,100	11.8	0.2	210	-4.3	17,856	⋯
西班牙	356,196	3.7	38,010	55.9	1.3	48,520	14.3	2.5	15,050	15.9	457,776	3.5
瑞典	51,454	0.0	6,460	58.5	-1.1	6,070	23.2	-0.3	1,620	4.2	65,604	-0.1
瑞士	41,323	-0.3	4,150	32.0	-0.9	2,840	21.8	-0.7	3,310	22.4	51,623	0.0
马其顿共和国 [1]	11,230	⋯	⋯	⋯	⋯	⋯	⋯	⋯	⋯	⋯	⋯	⋯
乌克兰	326,997	⋯	75,640	84.3	-3.2	23,270	45.8	-4.4	1,390	147.8	427,297	⋯
英国	553,238	-0.2	39,400	49.3	-2.8	65,480	47.8	-0.3	14,030	9.2	672,148	-0.4
拉丁美洲和加勒比地区												
安圭拉	⋯	⋯	⋯	⋯	⋯	⋯	⋯	⋯	⋯	⋯	⋯	⋯
安提瓜和巴布达	410	2.4	⋯	⋯	⋯	⋯	⋯	⋯	⋯	⋯	⋯	⋯
阿根廷	158,823	2.7	94,340	36.1	1.0	83,410	2.3	1.9	930	-3.4	337,503	1.9
阿鲁巴岛	2,308	1.7	⋯	⋯	⋯	⋯	⋯	⋯	⋯	⋯	⋯	⋯
巴哈马群岛	2,107	0.5	⋯	⋯	⋯	⋯	⋯	⋯	⋯	⋯	⋯	⋯
巴巴多斯	1,315	1.5	⋯	⋯	⋯	⋯	⋯	⋯	⋯	⋯	⋯	⋯
伯利兹	817	10.8	⋯	⋯	⋯	⋯	⋯	⋯	⋯	⋯	⋯	⋯
玻利维亚	9,559	4.9	27,120	65.5	5.0	28,300	56.7	6.5	0	⋯	64,979	⋯
巴西	349,696	4.5	421,820	32.9	3.2	300,300	25.6	2.1	7,760	3.1	1,079,576	3.2
英属维尔京群岛	⋯	⋯	⋯	⋯	⋯	⋯	⋯	⋯	⋯	⋯	⋯	⋯
开曼群岛	502	6.6	⋯	⋯	⋯	⋯	⋯	⋯	⋯	⋯	⋯	⋯
智利	59,397	4.5	19,560	70.1	2.5	12,590	11.3	3.6	10	⋯	91,557	⋯
哥伦比亚	59,130	0.2	61,690	44.9	1.7	24,530	22.0	1.1	330	4.9	145,680	0.9
哥斯达黎加	7,273	9.8	2,450	42.0	-2.3	2,850	1.1	-1.1	0	⋯	12,573	⋯
古巴	24,853	-1.7	9,490	37.6	-0.3	8,330	12.6	-2.6	110	⋯	42,783	⋯
多米尼克	114	6.3	⋯	⋯	⋯	⋯	⋯	⋯	⋯	⋯	⋯	⋯
多米尼加共和国	19,877	7.2	5,960	37.9	0.9	2,850	3.9	-2.1	0	⋯	28,687	⋯
厄瓜多尔	30,646	5.5	12,890	42.6	0.4	8,500	2.4	-0.3	0	⋯	52,036	⋯
萨尔瓦多	6,287	9.4	3,200	51.9	1.1	2,250	4.9	0.7	0	⋯	11,737	⋯
福克兰群岛（马尔维纳斯群岛）	⋯	⋯	⋯	⋯	⋯	⋯	⋯	⋯	⋯	⋯	⋯	⋯
法属圭亚那	⋯	⋯	⋯	⋯	⋯	⋯	⋯	⋯	⋯	⋯	⋯	⋯
格林纳达	234	6.3	⋯	⋯	⋯	⋯	⋯	⋯	⋯	⋯	⋯	⋯
瓜德罗普岛	⋯	⋯	⋯	⋯	⋯	⋯	⋯	⋯	⋯	⋯	⋯	⋯
危地马拉	11,860	8.9	8,990	57.3	3.5	7,980	29.2	4.5	0	⋯	28,830	⋯
圭亚那	1,491	2.1	⋯	⋯	⋯	⋯	⋯	⋯	⋯	⋯	⋯	⋯
海地	1,766	5.2	3,740	38.8	2.0	4,290	1.6	4.9	0	⋯	9,796	⋯
洪都拉斯	7,779	13.4	5,380	28.1	0.5	3,860	2.1	0.6	0	⋯	17,019	⋯
牙买加	10,157	1.8	1,160	52.6	-0.3	1,020	3.9	-1.1	0	⋯	12,337	⋯
马提尼克	⋯	⋯	⋯	⋯	⋯	⋯	⋯	⋯	⋯	⋯	⋯	⋯
墨西哥	429,065	0.8	120,100	60.4	1.7	75,500	9.9	0.5	3,160	4.2	627,825	0.9
蒙特塞拉特岛	⋯	⋯	⋯	⋯	⋯	⋯	⋯	⋯	⋯	⋯	⋯	⋯
荷属安的列斯群岛	3,752	-2.6	110	90.9	1.5	60	66.7	6.7	0	⋯	3,922	⋯
尼加拉瓜	4,151	3.8	6,350	19.8	2.4	3,210	3.1	-1.0	0	⋯	13,711	⋯
巴拿马	5,976	6.1	3,040	27.6	0.2	2,070	4.3	-1.2	0	⋯	11,086	⋯
巴拉圭	3,829	4.6	17,750	29.1	3.5	12,870	18.2	1.9	0	⋯	34,449	⋯
秘鲁	37,135	5.0	21,510	51.9	1.6	18,720	10.6	2.1	80	⋯	77,445	⋯
波多黎各	⋯	⋯	⋯	⋯	⋯	⋯	⋯	⋯	⋯	⋯	⋯	⋯
圣基茨和尼维斯	136	7.0	⋯	⋯	⋯	⋯	⋯	⋯	⋯	⋯	⋯	⋯
圣卢西亚岛	374	8.4	⋯	⋯	⋯	⋯	⋯	⋯	⋯	⋯	⋯	⋯
圣文森特和格林纳丁斯	194	9.4	⋯	⋯	⋯	⋯	⋯	⋯	⋯	⋯	⋯	⋯
苏里南	2,378	2.1	⋯	⋯	⋯	⋯	⋯	⋯	⋯	⋯	⋯	⋯
特立尼达和多巴哥	30,931	5.5	3,820	99.0	3.5	360	8.3	0.4	0	⋯	35,111	⋯
特克斯和凯科斯群岛	⋯	⋯	⋯	⋯	⋯	⋯	⋯	⋯	⋯	⋯	⋯	⋯
美属维尔京群岛	⋯	⋯	⋯	⋯	⋯	⋯	⋯	⋯	⋯	⋯	⋯	⋯
乌拉圭	5,987	3.3	17,700	9.7	1.7	15,630	0.4	0.2	20	⋯	39,337	⋯
委内瑞拉（玻利瓦尔共和国）	152,419	1.7	65,730	66.4	3.9	26,460	22.2	1.5	2,300	4.9	246,909	2.2
北美洲												
百慕大群岛	564	-0.4	⋯	⋯	⋯	⋯	⋯	⋯	⋯	⋯	⋯	⋯
加拿大	559,376	1.6	103,830	77.8	1.7	51,390	13.3	0.1	11,010	-0.9	725,606	1.4
格陵兰	557	0.0	⋯	⋯	⋯	⋯	⋯	⋯	⋯	⋯	⋯	⋯
圣皮埃尔和密克隆	⋯	⋯	⋯	⋯	⋯	⋯	⋯	⋯	⋯	⋯	⋯	⋯
美利坚合众国	5,837,067	1.3	810,280	81.6	-0.4	456,210	25.3	0.7	108,420	1.3	7,211,977	1.1
大洋洲												
美属萨摩亚	⋯	⋯	⋯	⋯	⋯	⋯	⋯	⋯	⋯	⋯	⋯	⋯
澳大利亚	365,524	1.7	116,840	38.5	0.8	114,500	5.1	0.5	4,580	5.0	601,444	1.3
库克群岛	⋯	⋯	⋯	⋯	⋯	⋯	⋯	⋯	⋯	⋯	⋯	⋯
斐济	1,663	6.9	⋯	⋯	⋯	⋯	⋯	⋯	⋯	⋯	⋯	⋯
法属波利尼西亚	854	2.4	⋯	⋯	⋯	⋯	⋯	⋯	⋯	⋯	⋯	⋯
关岛	⋯	⋯	⋯	⋯	⋯	⋯	⋯	⋯	⋯	⋯	⋯	⋯
基里巴斯	26	1.1	⋯	⋯	⋯	⋯	⋯	⋯	⋯	⋯	⋯	⋯
马绍尔群岛	84	5.1	⋯	⋯	⋯	⋯	⋯	⋯	⋯	⋯	⋯	⋯
密克罗尼西亚联邦	⋯	⋯	⋯	⋯	⋯	⋯	⋯	⋯	⋯	⋯	⋯	⋯
瑙鲁	⋯	⋯	⋯	⋯	⋯	⋯	⋯	⋯	⋯	⋯	⋯	⋯
新喀里多尼亚	2,799	4.8	⋯	⋯	⋯	⋯	⋯	⋯	⋯	⋯	⋯	⋯

续表

	二氧化碳排放		甲烷排放			一氧化二氮排放			其他温室气体排放		总温室气体排放	
	'000 吨	% 变化率	相当于'000 吨二氧化碳	非农业来源百分比 %	% 变化率	相当于'000 吨二氧化碳	非农业来源百分比 %	% 变化率	相当于'000 吨二氧化碳	% 变化率	相当于'000 吨二氧化碳	% 变化率
	2005	1990–2005	2005	2005	1990–2005	2005	2005	1990–2005	2005	1990–2005	2005	1990–2005
新西兰	30,081	2.2	27,490	17.7	0.0	27,960	0.6	-1.2	820	7.0	86,351	0.2
纽埃	...	...	...	...	...	...	...	...	...	...	...	...
北马里亚纳群岛	...	...	...	...	...	...	...	...	...	...	...	...
帕劳群岛	117	...	...	...	...	...	...	...	...	...	...	...
巴布亚新几内亚	4,609	7.7	...	...	...	...	...	...	...	...	...	...
皮特凯恩	...	...	...	...	...	...	...	...	...	...	...	...
萨摩亚	158	1.8	...	...	...	...	...	...	...	...	...	...
所罗门群岛	180	0.8	...	...	...	...	...	...	...	...	...	...
托克劳	...	...	...	...	...	...	...	...	...	...	...	...
汤加	132	4.8	...	...	...	...	...	...	...	...	...	...
图瓦卢	...	...	...	...	...	...	...	...	...	...	...	...
瓦努阿图	88	1.8	...	...	...	...	...	...	...	...	...	...
瓦利斯和富图纳群岛	...	...	...	...	...	...	...	...	...	...	...	...

数据来源：世界银行（2010）。数据于2010年6月17日从世界发展指标在线（WDI）数据库里检索得到。

注：1. 前南斯拉夫马其顿共和国。

表B.8

TABLE B.8

温室气体人均排放量以及占世界总量的比例 Greenhouse Gas Emissions per Capita and as a Proportion of World Total

	温室气体人均排放量 相当于公吨二氧化碳排放量					温室气体排放量占世界总量的比例				
	二氧化碳 2005	甲烷 2005	一氧化二氮 2005	其他气体 2005	总量 2005	二氧化碳[1] 2005	甲烷[2] 2005	一氧化二氮[3] 2005	其他气体[4] 2005	总量[5] 2005
非洲										
阿尔及利亚	4.20	0.74	0.31	0.00	5.25	0.50	0.37	0.27	0.02	0.45
安哥拉	0.59	2.23	1.71	0.00	4.53	0.04	0.56	0.75	0.00	0.19
贝宁	0.33	0.62	0.59	0.00	1.54	0.01	0.07	0.12	0.00	0.03
博茨瓦纳	2.46	2.44	1.34	0.00	6.24	0.02	0.07	0.06	0.00	0.03
布基纳法索	0.06	…	…	…	…	0.00	…	…	…	…
布隆迪	0.02	…	…	…	…	0.00	…	…	…	…
喀麦隆	0.21	0.85	0.82	0.05	1.93	0.01	0.23	0.38	0.15	0.09
佛得角	0.62	…	…	…	…	0.00	…	…	…	…
中非共和国	0.06	…	…	…	…	0.00	…	…	…	…
乍得	0.04	…	…	…	…	0.00	…	…	…	…
科摩罗	0.15	…	…	…	…	0.00	…	…	…	…
刚果	0.04	0.10	0.04	0.00	0.18	0.01	0.09	0.06	0.00	0.03
科特迪瓦	0.42	0.80	0.64	0.00	1.86	0.03	0.23	0.33	0.00	0.09
刚果共和国	0.47	14.73	11.32	0.00	26.52	0.01	0.76	1.02	0.00	0.23
吉布提	0.59	…	…	…	…	0.00	…	…	…	…
埃及	2.25	0.43	0.36	0.02	3.06	0.63	0.50	0.73	0.30	0.61
赤道几内亚	7.13	…	…	…	…	0.02	…	…	…	…
厄立特里亚	0.17	0.54	0.53	0.00	1.24	0.00	0.04	0.06	0.00	0.01
埃塞俄比亚	0.07	0.64	0.85	0.00	1.56	0.02	0.72	1.67	0.00	0.30
加蓬	1.37	1.49	0.31	0.00	3.17	0.01	0.03	0.01	0.00	0.01
冈比亚	0.21	…	…	…	…	0.00	…	…	…	…
加纳	0.34	0.39	0.48	0.01	1.22	0.03	0.13	0.28	0.03	0.07
几内亚	0.15	…	…	…	…	0.00	…	…	…	…
几内亚比绍	0.18	…	…	…	…	0.00	…	…	…	…
肯尼亚	0.31	0.57	0.53	0.00	1.41	0.04	0.31	0.50	0.00	0.13
莱索托	…	…	…	…	…	…	…	…	…	…
利比里亚	0.22	…	…	…	…	0.00	…	…	…	…
阿拉伯利比亚民众国	9.26	1.44	0.35	0.05	11.10	0.20	0.13	0.05	0.05	0.17
马达加斯加	0.16	…	…	…	…	0.01	…	…	…	…
马拉维	0.08	…	…	…	…	0.00	…	…	…	…
马里	0.05	…	…	…	…	0.00	…	…	…	…
毛里塔尼亚	0.55	…	…	…	…	0.01	…	…	…	…
毛里求斯	2.74	…	…	…	…	0.01	…	…	…	…
马约特岛	…	…	…	…	…	…	…	…	…	…
摩洛哥	1.56	0.43	0.51	0.00	2.50	0.17	0.20	0.41	0.00	0.20
莫桑比克	0.09	0.56	0.48	0.00	1.13	0.01	0.18	0.26	0.00	0.06
纳米比亚	1.35	2.12	2.30	0.00	5.77	0.01	0.06	0.12	0.00	0.03
尼日尔	0.07	…	…	…	…	0.00	…	…	…	…
尼日利亚	0.81	0.56	0.28	0.00	1.65	0.41	1.19	1.03	0.01	0.60
留尼旺	…	…	…	…	…	…	…	…	…	…
卢旺达	0.09	…	…	…	…	0.00	…	…	…	…
圣赫勒拿	…	…	…	…	…	…	…	…	…	…
圣多美和普林西比	0.67	…	…	…	…	0.00	…	…	…	…
塞内加尔	0.49	0.56	0.91	0.00	1.96	0.02	0.10	0.27	0.00	0.06
塞舌尔	8.40	…	…	…	…	0.00	…	…	…	…
塞拉利昂	0.20	…	…	…	…	0.00	…	…	…	…
索马里	0.03	…	…	…	…	0.00	…	…	…	…
南非	8.72	1.26	0.62	0.06	10.66	1.48	0.90	0.77	0.44	1.29
苏丹	0.28	1.74	1.54	0.00	3.56	0.04	1.02	1.58	0.00	0.36
斯威士兰	0.91	…	…	…	…	0.00	…	…	…	…
多哥	0.22	0.47	0.91	0.00	1.60	0.00	0.04	0.14	0.00	0.02
突尼斯	2.27	0.44	0.72	0.00	3.43	0.08	0.07	0.19	0.01	0.09
乌干达	0.08	…	…	…	…	0.01	…	…	…	…
坦桑尼亚联合共和国	0.13	1.01	0.81	0.00	1.95	0.02	0.60	0.84	0.00	0.20
西撒哈拉	…	…	…	…	…	…	…	…	…	…
赞比亚	0.20	1.43	0.97	0.00	2.60	0.01	0.25	0.30	0.00	0.08
津巴布韦	0.93	0.83	0.81	0.00	2.57	0.04	0.16	0.27	0.00	0.08
亚洲										
阿富汗	0.03	…	…	…	…	0.00	…	…	…	…
亚美尼亚	1.42	0.75	0.15	0.00	2.32	0.02	0.03	0.01	0.00	0.02
阿塞拜疆	4.20	1.38	0.48	0.01	6.07	0.13	0.17	0.11	0.01	0.13
巴林岛	27.03	2.71	0.08	0.26	30.08	0.07	0.03	0.00	0.03	0.06
孟加拉国	0.26	0.60	0.24	0.00	1.10	0.14	1.40	0.98	0.00	0.44

续表

	温室气体人均排放量 相当于公吨二氧化碳排放量					温室气体排放量占世界总量的比例				
	二氧化碳 2005	甲烷 2005	一氧化二氮 2005	其他气体 2005	总量 2005	二氧化碳[1] 2005	甲烷[2] 2005	一氧化二氮[3] 2005	其他气体[4] 2005	总量[5] 2005
不丹	0.60	…	…	…	…	0.00	…	…	…	…
文莱达鲁萨兰国	15.95	5.57	1.00	0.00	22.52	0.02	0.03	0.01	0.00	0.02
柬埔寨	0.27	1.07	0.28	0.00	1.62	0.01	0.23	0.10	0.00	0.06
中国	4.31	0.76	0.43	0.09	5.59	20.32	15.08	14.97	20.05	18.89
中国，香港特别行政区	6.03	0.16	0.03	0.05	6.27	0.15	0.02	0.01	0.06	0.11
中国，澳门特别行政区	4.73	…	…	…	…	0.01	…	…	…	…
塞浦路斯	8.97	0.39	0.77	0.00	10.13	0.03	0.00	0.02	0.00	0.02
朝鲜人民民主共和国	3.55	0.45	0.98	0.04	5.02	0.30	0.16	0.61	0.14	0.31
格鲁吉亚	1.07	0.97	0.76	0.00	2.80	0.02	0.07	0.09	0.00	0.03
印度	1.30	0.65	0.27	0.01	2.23	5.14	10.79	7.94	1.59	6.33
印度尼西亚	1.51	1.02	0.32	0.00	2.85	1.19	3.40	1.85	0.15	1.62
伊朗伊斯兰共和国	6.31	1.38	0.96	0.02	8.67	1.57	1.44	1.75	0.26	1.55
伊拉克	3.11	0.39	0.14	0.02	3.66	0.32	0.17	0.11	0.08	0.27
以色列	9.18	0.17	0.26	0.16	9.77	0.23	0.02	0.05	0.19	0.18
日本	10.17	0.42	0.18	0.55	11.32	4.70	0.81	0.62	11.82	3.74
约旦	3.94	0.30	0.23	0.00	4.47	0.08	0.02	0.03	0.00	0.06
哈萨克斯坦	11.69	1.87	0.37	0.00	13.93	0.64	0.43	0.15	0.00	0.55
科威特	35.42	4.42	0.21	0.15	40.20	0.32	0.17	0.01	0.07	0.26
吉尔吉斯斯坦	1.08	0.68	0.63	0.01	2.40	0.02	0.05	0.09	0.01	0.03
老挝人民民主共和国	0.24	…	…	…	…	0.01	…	…	…	…
黎巴嫩	4.28	0.24	0.25	0.00	4.77	0.06	0.01	0.03	0.00	0.05
马来西亚	7.15	1.00	0.39	0.02	8.56	0.66	0.39	0.26	0.09	0.57
马尔代夫	2.32	…	…	…	…	0.00	…	…	…	…
蒙古	3.45	1.90	8.96	0.00	14.31	0.03	0.07	0.60	0.00	0.09
缅甸	0.22	1.26	0.54	0.00	2.02	0.04	0.92	0.68	0.00	0.25
尼泊尔	0.12	1.32	0.26	0.00	1.70	0.01	0.55	0.19	0.00	0.12
巴勒斯坦	0.77	…	…	…	…	0.01	…	…	…	…
阿曼	12.01	1.63	0.44	0.00	14.08	0.11	0.06	0.03	0.00	0.10
巴基斯坦	0.86	0.71	0.51	0.00	2.08	0.48	1.67	2.11	0.10	0.84
菲律宾	0.89	0.52	0.22	0.00	1.63	0.28	0.68	0.50	0.06	0.36
卡塔尔	52.72	5.86	0.32	0.00	58.90	0.17	0.08	0.01	0.00	0.13
韩国	9.84	0.65	0.46	0.18	11.13	1.71	0.47	0.58	1.46	1.39
沙特阿拉伯	15.86	2.75	0.33	0.07	19.01	1.33	0.96	0.20	0.26	1.14
新加坡	13.95	0.30	1.87	0.30	16.42	0.22	0.02	0.21	0.22	0.18
斯里兰卡	0.59	0.52	0.16	0.00	1.27	0.04	0.16	0.08	0.00	0.06
阿拉伯叙利亚共和国	3.48	0.42	0.49	0.00	4.39	0.24	0.12	0.25	0.00	0.22
塔吉克斯坦	0.89	0.50	0.24	0.02	1.65	0.02	0.05	0.04	0.02	0.03
泰国	4.11	1.20	0.42	0.01	5.74	0.98	1.19	0.74	0.16	0.98
东帝汶	0.18	…	…	…	…	0.00	…	…	…	…
土耳其	3.49	0.33	0.67	0.02	4.51	0.90	0.35	1.27	0.25	0.83
土库曼斯坦	8.62	4.76	0.66	0.05	14.09	0.15	0.35	0.08	0.04	0.18
阿联酋	33.16	8.38	0.67	0.12	42.33	0.49	0.52	0.07	0.08	0.45
乌兹别克斯坦	4.30	1.97	0.56	0.03	6.86	0.41	0.78	0.39	0.13	0.46
越南	1.22	0.90	0.45	0.00	2.57	0.37	1.14	0.99	0.00	0.55
也门	0.96	0.43	0.34	0.00	1.73	0.07	0.14	0.19	0.00	0.09
欧洲										
阿尔巴尼亚	1.46	0.70	0.45	0.02	2.63	0.02	0.03	0.04	0.01	0.02
安道尔	…	…	…	…	…	…	…	…	…	…
奥地利	8.84	0.88	0.56	0.40	10.68	0.26	0.11	0.12	0.55	0.23
白俄罗斯	6.58	1.70	1.06	0.05	9.39	0.23	0.25	0.27	0.07	0.24
比利时	10.43	0.73	0.92	0.90	12.98	0.40	0.12	0.25	1.57	0.35
波斯尼亚和黑塞哥维那	6.77	0.75	0.27	0.22	8.01	0.09	0.04	0.03	0.14	0.08
保加利亚	6.07	0.79	0.76	0.08	7.70	0.17	0.09	0.16	0.11	0.15
海峡群岛	…	…	…	…	…	…	…	…	…	…
克罗地亚	5.31	0.83	0.81	0.16	7.11	0.09	0.06	0.09	0.12	0.08
捷克共和国	11.20	1.46	0.64	0.34	13.64	0.41	0.23	0.17	0.59	0.36
丹麦	8.64	0.91	1.36	0.27	11.18	0.17	0.07	0.19	0.24	0.16
爱沙尼亚	13.52	0.91	0.45	0.04	14.92	0.07	0.02	0.02	0.01	0.05
法罗群岛	14.05					0.00	…	…	…	…
芬兰	10.44	1.04	1.02	0.20	12.70	0.20	0.08	0.14	0.17	0.17
法国	6.48	0.71	1.28	0.44	8.91	1.43	0.66	2.06	4.52	1.40
德国	9.74	0.70	0.84	0.51	11.79	2.90	0.88	1.83	7.03	2.52
直布罗陀	…	…	…	…	…	…	…	…	…	…
希腊	8.90	0.67	1.18	0.15	10.90	0.36	0.11	0.35	0.27	0.31
罗马教廷	…	…	…	…	…	…	…	…	…	…
匈牙利	5.83	1.10	0.87	0.15	7.95	0.21	0.17	0.23	0.26	0.21
冰岛	7.36	1.11	2.19	0.27	10.93	0.01	0.00	0.02	0.01	0.01
爱尔兰	10.58	0.88	2.96	0.49	14.91	0.16	0.06	0.33	0.34	0.16

续表

	温室气体人均排放量 相当于公吨二氧化碳排放量				温室气体排放量占世界总量的比例				
	二氧化碳 2005	甲烷 2005	一氧化二氮 2005	其他气体 2005	总量 2005	二氧化碳[1] 2005	甲烷[2] 2005	一氧化二氮[3] 2005	其他气体[4] 2005	总量[5] 2005
马恩岛	...	...	...	...	...	...	...	...	...	...
意大利	8.02	0.63	0.63	0.47	9.75	1.70	0.56	0.98	4.64	1.48
拉脱维亚	3.07	1.00	0.60	0.05	4.72	0.03	0.03	0.04	0.02	0.03
列支敦士登	...	...	...	...	...	...	...	...	...	...
立陶宛	4.10	1.07	0.84	0.04	6.05	0.05	0.06	0.08	0.03	0.05
卢森堡	24.33	0.39	0.17	0.11	25.00	0.04	0.00	0.00	0.01	0.03
马耳他	6.41	0.25	0.12	0.00	6.78	0.01	0.00	0.00	0.00	0.01
摩尔多瓦	2.16	0.69	0.26	0.10	3.21	0.03	0.04	0.03	0.06	0.03
摩纳哥	...	...	...	...	...	...	...	...	...	...
黑山共和国	...	...	...	...	...	...	...	...	...	...
荷兰	10.72	0.93	1.03	0.32	13.00	0.63	0.23	0.44	0.89	0.55
挪威	13.15	2.61	1.01	0.38	17.15	0.22	0.18	0.12	0.30	0.21
波兰	7.95	1.57	0.68	0.03	10.23	1.10	0.91	0.69	0.21	1.01
葡萄牙	6.20	0.68	0.66	0.10	7.64	0.24	0.11	0.18	0.18	0.21
罗马尼亚	4.24	1.08	0.54	0.10	5.96	0.33	0.35	0.31	0.37	0.33
俄罗斯联邦	10.58	3.50	0.30	0.40	14.78	5.47	7.59	1.13	9.48	5.47
圣马力诺	...	...	...	...	...	...	...	...	...	...
塞尔维亚	...	...	...	...	...	...	...	...	...	...
斯洛伐克	6.99	0.98	0.51	0.13	8.61	0.14	0.08	0.07	0.12	0.12
斯洛文尼亚	7.46	0.81	0.55	0.10	8.92	0.05	0.02	0.03	0.04	0.05
西班牙	8.21	0.88	1.12	0.35	10.56	1.29	0.58	1.28	2.52	1.18
瑞典	5.70	0.72	0.67	0.18	7.27	0.19	0.10	0.16	0.27	0.17
瑞士	5.56	0.56	0.38	0.45	6.95	0.15	0.06	0.08	0.55	0.13
马其顿共和国[6]	5.52	...	...	...	...	0.04	...	...	...	...
乌克兰	6.94	1.61	0.49	0.03	9.07	1.18	1.15	0.61	0.23	1.11
英国	9.19	0.65	1.09	0.23	11.16	2.00	0.60	1.73	2.35	1.74
拉丁美洲和加勒比地区										
安圭拉	...	...	...	...	...	...	...	...	...	...
安提瓜和巴布达	4.91	...	...	...	...	0.00	...	...	...	...
阿根廷	4.10	2.44	2.15	0.02	8.71	0.57	1.43	2.20	0.16	0.87
阿鲁巴岛	22.84	...	...	...	...	0.01	...	...	...	...
巴哈马群岛	6.47	...	...	...	...	0.01	...	...	...	...
巴巴多斯	5.19	...	...	...	...	0.00	...	...	...	...
伯利兹	2.80	...	...	...	...	0.00	...	...	...	...
玻利维亚	1.04	2.95	3.08	0.00	7.07	0.03	0.41	0.75	0.00	0.17
巴西	1.88	2.27	1.61	0.04	5.80	1.26	6.39	7.93	1.30	2.79
英属维尔京群岛	...	...	...	...	...	...	...	...	...	...
开曼群岛	11.31	...	...	...	...	0.00	...	...	...	...
智利	3.64	1.20	0.77	0.00	5.61	0.21	0.30	0.33	0.00	0.24
哥伦比亚	1.37	1.43	0.57	0.01	3.38	0.21	0.93	0.65	0.06	0.38
哥斯达黎加	1.68	0.57	0.66	0.00	2.91	0.03	0.04	0.08	0.00	0.03
古巴	2.22	0.85	0.74	0.01	3.82	0.09	0.14	0.22	0.02	0.11
多米尼克	1.58	...	...	...	...	0.00	...	...	...	...
多米尼加共和国	2.08	0.63	0.30	0.00	3.01	0.07	0.09	0.08	0.00	0.07
厄瓜多尔	2.35	0.99	0.65	0.00	3.99	0.11	0.20	0.22	0.00	0.13
萨尔瓦多	1.04	0.53	0.37	...	1.94	0.02	0.05	0.06	0.00	0.03
福克兰群岛（马尔维纳斯群岛）	...	...	...	...	...	...	...	...	...	...
法属圭亚那	...	...	...	...	...	...	...	...	...	...
格林纳达	2.28	...	...	...	...	0.00	...	...	...	...
瓜德罗普岛	...	...	...	...	...	...	...	...	...	...
危地马拉	0.93	0.71	0.63	0.00	2.27	0.04	0.14	0.21	0.00	0.07
圭亚那	1.95	...	...	...	...	0.01	...	...	...	...
海地	0.19	0.40	0.46	0.00	1.05	0.01	0.06	0.11	0.00	0.03
洪都拉斯	1.13	0.78	0.56	0.00	2.47	0.03	0.08	0.10	0.00	0.04
牙买加	3.83	0.44	0.38	0.00	4.65	0.04	0.02	0.03	0.00	0.03
马提尼克岛	...	...	...	...	...	...	...	...	...	...
墨西哥	4.16	1.17	0.73	0.03	6.09	1.55	1.82	1.99	0.53	1.62
蒙特塞拉特岛	...	...	...	...	...	...	...	...	...	...
荷属安的列斯群岛	20.12	0.59	0.32	0.00	21.03	0.01	0.00	0.00	0.00	0.01
尼加拉瓜	0.76	1.16	0.59	0.00	2.51	0.02	0.10	0.08	0.00	0.04
巴拿马	1.85	0.94	0.64	0.00	3.43	0.02	0.05	0.05	0.00	0.03
巴拉圭	0.65	3.01	2.18	0.00	5.84	0.02	0.27	0.34	0.01	0.09
秘鲁	1.33	0.77	0.67	0.00	2.77	0.13	0.33	0.49	0.01	0.20
波多黎各	...	...	...	...	...	...	...	...	...	...
圣基茨和尼维斯	2.83	...	...	...	...	0.00	...	...	...	...
圣卢西亚岛	2.27	...	...	...	...	0.00	...	...	...	...
圣文森特和格林纳丁斯	1.78	...	...	...	...	0.00	...	...	...	...
苏里南	4.76	...	...	...	...	0.01	...	...	...	...

续表

| | 温室气体人均排放量 相当于公吨二氧化碳排放量 | | | | | 温室气体排放量占世界总量的比例 | | | | |
	二氧化碳 2005	甲烷 2005	一氧化二氮 2005	其他气体 2005	总量 2005	二氧化碳[1] 2005	甲烷[2] 2005	一氧化二氮[3] 2005	其他气体[4] 2005	总量[5] 2005
特立尼达和多巴哥	23.46	2.90	0.27	0.00	26.63	0.11	0.06	0.01	0.00	0.09
特克斯和凯科斯群岛	…	…	…	…	…	…	…	…	…	…
美属维尔京群岛	…	…	…	…	…	…	…	…	…	…
乌拉圭	1.81	5.35	4.73	0.01	11.90	0.02	0.27	0.41	0.00	0.10
委内瑞拉（玻利瓦尔共和国）	5.73	2.47	1.00	0.09	9.29	0.55	1.00	0.70	0.39	0.64
北美洲										
百慕大群岛	8.87	…	…	…	…	0.00	…	…	…	…
加拿大	17.31	3.21	1.59	0.34	22.45	2.02	1.57	1.36	1.84	1.88
格陵兰	9.78	…	…	…	…	0.00	…	…	…	…
圣皮埃尔和密克隆	…	…	…	…	…	…	…	…	…	…
美利坚合众国	19.75	2.74	1.54	0.37	24.40	21.10	12.27	12.05	18.16	18.66
大洋洲										
美属萨摩亚	…	…	…	…	…	…	…	…	…	…
澳大利亚	17.92	5.73	5.61	0.22	29.48	1.32	1.77	3.02	0.77	1.56
库克群岛	…	…	…	…	…	…	…	…	…	…
斐济	2.01	…	…	…	…	0.01	…	…	…	…
法属波利尼西亚	3.34	…	…	…	…	0.00	…	…	…	…
关岛	…	…	…	…	…	…	…	…	…	…
基里巴斯	0.28	…	…	…	…	0.00	…	…	…	…
马绍尔群岛	1.51	…	…	…	…	0.00	…	…	…	…
密克罗尼西亚联邦	…	…	…	…	…	…	…	…	…	…
瑙鲁	…	…	…	…	…	…	…	…	…	…
新喀里多尼亚	11.94	…	…	…	…	0.01	…	…	…	…
新西兰	7.28	6.65	6.76	0.20	20.89	0.11	0.42	0.74	0.14	0.22
纽埃	…	…	…	…	…	…	…	…	…	…
北马里亚纳群岛	…	…	…	…	…	…	…	…	…	…
帕劳群岛	5.87	…	…	…	…	0.00	…	…	…	…
巴布亚新几内亚	0.75	…	…	…	…	0.02	…	…	…	…
皮特凯恩	…	…	…	…	…	…	…	…	…	…
萨摩亚	0.88	…	…	…	…	0.00	…	…	…	…
所罗门群岛	0.38	…	…	…	…	0.00	…	…	…	…
托克劳	…	…	…	…	…	…	…	…	…	…
汤加	1.30	…	…	…	…	0.00	…	…	…	…
图瓦卢	…	…	…	…	…	…	…	…	…	…
瓦努阿图	0.41	…	…	…	…	0.00	…	…	…	…
瓦利斯和富图纳群岛	…	…	…	…	…	…	…	…	…	…

数据来源：世界银行（2010）。数据于2010年6月17日从世界发展指标在线（WDI）数据库里检索得到。

注：

1. 百分比是基于国家分配的总共27,668,659吨，除去1,537,085吨全球排放的不占在国家指标里。

2. 百分比是基于国家分配的总共6,603,040吨，除去4,450吨全球排放的不占在国家指标里。

3. 百分比是基于国家分配的总共3,786,400吨，除去1,400吨全球排放的不占在国家指标里。

4. 百分比是基于国家分配的总共597,090吨，除去4,800吨全球排放的不占在国家指标里。

5. 百分比是基于国家分配的总共38,655,189吨，除去1,547,735吨全球排放的不占在国家指标里。

6. 前南斯拉夫马其顿共和国。

基于城市层面的数据
CITY LEVEL DATA

表C.1
TABLE C.1

居民数量大于等于 750000 的城市群：人口规模和变化率 Urban Agglomerations with 750,000 Inhabitants or More: Population Size and Rate of Change

		估计和预测（'000)			年度增长率 (%)		国家城市人口份额 (%)		
		2000	2010	2020	2000–2010	2010–2020	2000	2010	2020
非洲									
阿尔及利亚	阿尔及尔	2,254	2,800	3,371	2.17	1.86	12.4	11.9	11.5
阿尔及利亚	奥兰	705	770	902	0.88	1.58	3.9	3.3	3.1
安哥拉	万博	578	1,034	1,551	5.82	4.05	8.3	9.3	9.6
安哥拉	罗安达	2,591	4,772	7,080	6.11	3.95	37.0	42.9	43.7
贝宁	科托努	642	844	1,217	2.74	3.66	25.1	21.8	21.2
布基纳法索	瓦加杜古	921	1,908	3,457	7.28	5.94	44.2	45.6	46.0
喀麦隆	杜阿拉	1,432	2,125	2,815	3.95	2.81	18.1	18.2	17.7
喀麦隆	雅温得	1,192	1,801	2,392	4.13	2.84	15.1	15.5	15.0
乍得	恩贾梅纳	647	829	1,170	2.48	3.45	32.9	26.1	23.1
刚果	布拉柴维尔	986	1,323	1,703	2.94	2.52	55.7	56.7	54.6
科特迪瓦	阿比让	3,032	4,125	5,550	3.08	2.97	40.3	37.8	35.6
科特迪瓦	亚穆苏克罗	348	885	1,559	9.34	5.66	4.6	8.1	10.0
刚果民主共和国	卡南加	552	878	1,324	4.64	4.11	3.6	3.7	3.6
刚果民主共和国	金沙萨	5,611	8,754	12,788	4.45	3.79	37.0	36.6	34.7
刚果民主共和国	基桑加尼	535	812	1,221	4.17	4.07	3.5	3.4	3.3
刚果民主共和国	卢本巴希	995	1,543	2,304	4.39	4.01	6.6	6.5	6.3
刚果民主共和国	姆布吉马伊	924	1,488	2,232	4.76	4.05	6.1	6.2	6.1
埃及	亚历山大	3,592	4,387	5,201	2.00	1.70	12.0	12.0	11.5
埃及	开罗	10,170	11,001	12,540	0.79	1.31	33.9	30.0	27.7
埃塞俄比亚	亚的斯亚贝巴	2,376	2,930	3,981	2.10	3.07	24.3	20.7	19.1
加纳	阿克拉	1,674	2,342	3,110	3.36	2.84	19.5	18.7	18.0
加纳	库玛西	1,187	1,834	2,448	4.35	2.89	13.8	14.6	14.2
几内亚	科纳克里	1,219	1,653	2,427	3.05	3.84	46.8	45.3	43.5
肯尼亚	蒙巴萨岛	687	1,003	1,479	3.78	3.88	11.1	11.1	10.7
肯尼亚	内罗毕	2,230	3,523	5,192	4.57	3.88	35.9	38.9	37.6
利比里亚	蒙罗维亚	836	827	807	-0.11	-0.24	66.8	42.2	29.5
阿拉伯利比亚民众国	的黎波里	1,022	1,108	1,286	0.81	1.49	25.0	21.7	20.8
马达加斯加	塔那那利佛	1,361	1,879	2,658	3.23	3.47	32.9	30.9	29.7
马里	巴马科	1,110	1,699	2,514	4.26	3.92	37.2	35.6	34.3
摩洛哥	阿加迪尔	609	783	948	2.51	1.91	4.0	4.2	4.1
摩洛哥	卡萨布兰卡	3,043	3,284	3,816	0.76	1.50	19.8	17.4	16.5
摩洛哥	费斯	870	1,065	1,277	2.02	1.82	5.7	5.6	5.5
摩洛哥	马拉喀什	755	928	1,114	2.06	1.83	4.9	4.9	4.8
摩洛哥	拉巴特	1,507	1,802	2,139	1.79	1.71	9.8	9.6	9.2
摩洛哥	坦吉尔	591	788	958	2.86	1.96	3.8	4.2	4.1
莫桑比克	马普托	1,096	1,655	2,350	4.12	3.51	19.6	18.4	17.8
莫桑比克	马托拉	504	793	1,139	4.54	3.62	9.0	8.8	8.6
尼日尔	尼亚美	680	1,048	1,643	4.33	4.50	38.1	38.5	37.2
尼日利亚	阿巴	614	785	1,058	2.46	2.98	1.2	1.0	1.0
尼日利亚	阿布贾	832	1,995	2,977	8.75	4.00	1.6	2.5	2.7
尼日利亚	贝宁城	975	1,302	1,758	2.89	3.00	1.8	1.7	1.6
尼日利亚	伊巴丹	2,236	2,837	3,760	2.38	2.82	4.2	3.6	3.4
尼日利亚	伊洛林	653	835	1,125	2.46	2.98	1.2	1.1	1.0
尼日利亚	乔斯	627	802	1,081	2.47	2.98	1.2	1.0	1.0
尼日利亚	卡杜纳	1,220	1,561	2,087	2.46	2.90	2.3	2.0	1.9
尼日利亚	卡诺	2,658	3,395	4,495	2.45	2.81	5.0	4.3	4.1
尼日利亚	拉各斯	7,233	10,578	14,162	3.80	2.92	13.6	13.4	12.9
尼日利亚	迈杜古里	758	970	1,303	2.47	2.95	1.4	1.2	1.2
尼日利亚	奥博莫绍	798	1,032	1,389	2.57	2.97	1.5	1.3	1.3
尼日利亚	哈科特港	863	1,104	1,482	2.46	2.94	1.6	1.4	1.3
尼日利亚	扎利亚	752	963	1,295	2.47	2.96	1.4	1.2	1.2
卢旺达	基加利	497	939	1,392	6.36	3.94	45.3	48.5	46.5
塞内加尔	达喀尔	2,029	2,863	3,796	3.44	2.82	50.8	52.5	50.5
塞拉利昂	弗里敦	688	901	1,219	2.70	3.02	45.8	40.2	38.9
索马里	摩加迪休	1,201	1,500	2,156	2.22	3.63	48.9	42.8	40.9
南非	开普敦	2,715	3,405	3,701	2.26	0.83	10.6	10.9	10.6
南非	德班	2,370	2,879	3,133	1.95	0.85	9.3	9.2	8.9
南非	兰特	2,326	3,202	3,497	3.20	0.88	9.1	10.3	10.0
南非	约翰内斯堡	2,732	3,670	3,996	2.95	0.85	10.7	11.8	11.4
南非	伊丽莎白港	958	1,068	1,173	1.09	0.94	3.8	3.4	3.3
南非	比勒陀利亚	1,084	1,429	1,575	2.76	0.97	4.2	4.6	4.5
南非	弗里尼欣	897	1,143	1,262	2.42	0.99	3.5	3.7	3.6
苏丹	喀土穆	3,949	5,172	7,005	2.70	3.03	33.9	29.9	28.2
多哥	洛美	1,020	1,667	2,398	4.91	3.64	53.2	56.6	56.3
乌干达	坎帕拉	1,097	1,598	2,504	3.76	4.49	37.2	35.6	33.9
坦桑尼亚	达累斯萨拉姆	2,116	3,349	5,103	4.59	4.21	27.8	28.2	26.9
赞比亚	卢萨卡	1,073	1,451	1,941	3.02	2.91	29.5	30.7	29.5

续表

		估计和预测（'000）			年度增长率 (%)		国家城市人口份额 (%)		
		2000	2010	2020	2000–2010	2010–2020	2000	2010	2020
津巴布韦	哈拉雷	1,379	1,632	2,170	1.68	2.85	32.8	33.7	31.7
亚洲									
阿富汗	喀布尔	1,963	3,731	5,665	6.42	4.18	47.3	56.7	54.2
亚美尼亚	埃里温	1,111	1,112	1,132	0.01	0.18	55.9	56.0	54.2
阿塞拜疆	巴库	1,806	1,972	2,190	0.88	1.05	43.4	42.5	41.1
孟加拉国	吉大港	3,308	4,962	6,447	4.05	2.62	10.0	10.8	10.3
孟加拉国	达卡	10,285	14,648	18,721	3.54	2.45	31.0	31.7	29.8
孟加拉国	库尔纳	1,285	1,682	2,211	2.69	2.73	3.9	3.6	3.5
孟加拉国	拉杰沙希	678	878	1,164	2.58	2.82	2.0	1.9	1.9
柬埔寨	金边	1,160	1,562	2,093	2.98	2.93	53.8	51.6	49.7
中国	鞍山，辽宁	1,384	1,663	1,990	1.84	1.80	0.3	0.3	0.3
中国	安阳	753	1,130	1,326	4.06	1.60	0.2	0.2	0.2
中国	保定	884	1,213	1,524	3.16	2.28	0.2	0.2	0.2
中国	包头	1,406	1,932	2,243	3.18	1.49	0.3	0.3	0.3
中国	北京	9,757	12,385	14,296	2.39	1.43	2.2	1.9	1.8
中国	蚌埠	687	914	1,142	2.85	2.23	0.2	0.1	0.1
中国	本溪	857	969	1,136	1.23	1.59	0.2	0.2	0.1
中国	长春	2,730	3,597	4,409	2.76	2.04	0.6	0.6	0.6
中国	常德	735	849	994	1.44	1.58	0.2	0.1	0.1
中国	长沙，湖南	2,077	2,415	2,885	1.51	1.78	0.5	0.4	0.4
中国	常州，江苏	1,068	2,062	2,466	6.58	1.79	0.2	0.3	0.3
中国	成都	3,919	4,961	5,886	2.36	1.71	0.9	0.8	0.7
中国	赤峰	677	842	1,020	2.18	1.92	0.1	0.1	0.1
中国	重庆	6,039	9,401	10,514	4.43	1.12	1.3	1.5	1.3
中国	慈溪	650	781	928	1.83	1.72	0.1	0.1	0.1
中国	大连	2,833	3,306	3,896	1.54	1.64	0.6	0.5	0.5
中国	丹东	679	795	947	1.58	1.75	0.1	0.1	0.1
中国	大庆	1,082	1,546	1,981	3.57	2.48	0.2	0.2	0.3
中国	大同，山西	1,049	1,251	1,500	1.76	1.82	0.2	0.2	0.2
中国	东莞，广东	3,631	5,347	6,483	3.87	1.93	0.8	0.8	0.8
中国	佛山	754	4,969	5,903	18.86	1.72	0.2	0.8	0.8
中国	抚顺，辽宁	1,358	1,378	1,544	0.15	1.14	0.3	0.2	0.2
中国	阜新	667	821	999	2.08	1.96	0.1	0.1	0.1
中国	富阳	695	874	1,045	2.29	1.79	0.2	0.1	0.1
中国	福州，福建	1,978	2,787	3,509	3.43	2.30	0.4	0.4	0.4
中国	广州，广东	7,330	8,884	10,409	1.92	1.58	1.6	1.4	1.3
中国	桂林	757	991	1,231	2.69	2.17	0.2	0.2	0.2
中国	贵阳	1,860	2,154	2,519	1.47	1.57	0.4	0.3	0.3
中国	哈尔滨	3,419	4,251	4,800	2.18	1.21	0.8	0.7	0.6
中国	邯郸	811	1,249	1,652	4.32	2.80	0.2	0.2	0.2
中国	杭州	2,411	3,860	4,470	4.71	1.47	0.5	0.6	0.6
中国	合肥	1,532	2,404	2,850	4.51	1.70	0.3	0.4	0.4
中国	衡阳	793	1,099	1,393	3.26	2.37	0.2	0.2	0.2
中国	惠州	551	1,384	1,713	9.22	2.13	0.1	0.2	0.2
中国	淮安	818	998	1,195	1.99	1.80	0.2	0.2	0.2
中国	淮北	617	962	1,275	4.44	2.82	0.1	0.2	0.2
中国	淮南	1,049	1,396	1,738	2.86	2.19	0.2	0.2	0.2
中国	呼和浩特	1,005	1,589	2,118	4.58	2.87	0.2	0.2	0.3
中国	葫芦岛	529	795	1,045	4.08	2.74	0.1	0.1	0.1
中国	佳木斯	619	817	1,020	2.78	2.22	0.1	0.1	0.1
中国	江门	519	1,103	1,355	7.55	2.06	0.1	0.2	0.2
中国	焦作	631	900	1,155	3.55	2.49	0.1	0.1	0.1
中国	揭阳	608	855	1,081	3.41	2.35	0.1	0.1	0.1
中国	吉林	1,435	1,888	2,338	2.74	2.14	0.3	0.3	0.3
中国	济南，山东	2,592	3,237	3,813	2.22	1.64	0.6	0.5	0.5
中国	荆州	761	1,039	1,302	3.12	2.25	0.2	0.2	0.2
中国	济宁，山东	856	1,077	1,304	2.30	1.91	0.2	0.2	0.2
中国	晋江	456	858	1,216	6.31	3.49	0.1	0.1	0.2
中国	锦州	770	857	998	1.07	1.52	0.2	0.1	0.1
中国	鸡西，黑龙江	823	1,042	1,278	2.36	2.04	0.2	0.2	0.2
中国	高雄	1,488	1,611	1,850	0.79	1.38	0.3	0.2	0.2
中国	昆明	2,561	3,116	3,691	1.96	1.69	0.6	0.5	0.5
中国	兰州	1,890	2,285	2,724	1.90	1.76	0.4	0.4	0.3
中国	连云港	567	878	1,105	4.37	2.30	0.1	0.1	0.1
中国	临沂，山东	1,932	2,177	2,594	1.19	1.75	0.4	0.3	0.3
中国	柳州	1,027	1,352	1,675	2.75	2.14	0.2	0.2	0.2
中国	陆丰	556	889	1,192	4.69	2.94	0.1	0.1	0.2
中国	洛阳	1,213	1,539	1,875	2.38	1.97	0.3	0.2	0.2
中国	泸州	649	850	1,049	2.69	2.10	0.1	0.1	0.1
中国	茂名	617	803	983	2.63	2.03	0.1	0.1	0.1
中国	绵阳，四川	758	1,006	1,244	2.83	2.12	0.1	0.1	0.1
中国	牡丹江	665	783	933	1.63	1.75	0.1	0.1	0.1
中国	南昌	1,648	2,701	3,236	4.94	1.81	0.4	0.4	0.4
中国	南充	606	808	1,006	2.88	2.19	0.1	0.1	0.1
中国	南京，江苏	3,472	4,519	5,524	2.64	2.01	0.8	0.7	0.7
中国	南宁	1,445	2,096	2,508	3.72	1.79	0.3	0.3	0.3
中国	南通	607	1,423	1,734	8.52	1.98	0.1	0.2	0.2

		估计和预测（'000)			年度增长率 (%)		国家城市人口份额 (%)		
		2000	2010	2020	2000–2010	2010–2020	2000	2010	2020
中国	南阳，河南	672	867	1,060	2.55	2.01	0.1	0.1	0.1
中国	内江	685	883	1,088	2.54	2.09	0.2	0.1	0.1
中国	宁波	1,303	2,217	2,782	5.31	2.27	0.3	0.3	0.4
中国	盘锦	593	813	1,028	3.16	2.35	0.1	0.1	0.1
中国	平顶山，河南	852	1,024	1,222	1.84	1.77	0.2	0.2	0.2
中国	普宁	603	911	1,172	4.13	2.52	0.1	0.1	0.1
中国	莆田	439	1,085	1,241	9.05	1.34	0.1	0.2	0.2
中国	青岛	2,659	3,323	3,923	2.23	1.66	0.6	0.5	0.5
中国	秦皇岛	702	893	1,088	2.41	1.98	0.2	0.1	0.1
中国	齐齐哈尔	1,331	1,588	1,894	1.77	1.76	0.3	0.2	0.2
中国	泉州	728	1,068	1,367	3.83	2.47	0.2	0.2	0.2
中国	日照	613	816	1,014	2.87	2.17	0.1	0.1	0.1
中国	上海	13,224	16,575	19,094	2.26	1.41	2.9	2.6	2.4
中国	汕头	1,247	3,502	3,983	10.33	1.29	0.3	0.6	0.5
中国	韶关	517	845	995	4.91	1.63	0.1	0.1	0.1
中国	绍兴	608	853	1,077	3.39	2.33	0.1	0.1	0.1
中国	沈阳	4,562	5,166	6,108	1.24	1.68	1.0	0.8	0.8
中国	深圳	6,069	9,005	10,585	3.95	1.62	1.3	1.4	1.3
中国	石家庄	1,914	2,487	3,044	2.62	2.02	0.4	0.4	0.4
中国	苏州，江苏	1,316	2,398	2,842	6.00	1.70	0.3	0.4	0.4
中国	泰安，山东	910	1,239	1,548	3.09	2.23	0.2	0.2	0.2
中国	台中	978	1,251	1,538	2.46	2.07	0.2	0.2	0.2
中国	台南	723	777	895	0.72	1.41	0.2	0.1	0.1
中国	台北	2,630	2,633	2,921	0.01	1.04	0.6	0.4	0.4
中国	太原，山西	2,503	3,154	3,812	2.31	1.89	0.6	0.5	0.5
中国	泰州，江苏	535	795	1,028	3.95	2.57	0.1	0.1	0.1
中国	台州，浙江	1,190	1,338	1,566	1.17	1.57	0.3	0.2	0.2
中国	唐山，河北	1,390	1,870	2,335	2.97	2.22	0.3	0.3	0.3
中国	天津	6,670	7,884	9,216	1.67	1.56	1.5	1.2	1.2
中国	乌鲁木齐	1,705	2,398	3,040	3.41	2.37	0.4	0.4	0.4
中国	潍坊	1,235	1,698	2,131	3.18	2.27	0.3	0.3	0.3
中国	温州	1,565	2,659	3,436	5.30	2.56	0.3	0.4	0.4
中国	武汉	6,638	7,681	8,868	1.46	1.44	1.5	1.2	1.1
中国	芜湖，安徽	634	908	1,169	3.59	2.53	0.1	0.1	0.1
中国	无锡，江苏	1,409	2,682	3,206	6.44	1.78	0.3	0.4	0.4
中国	厦门	1,416	2,207	2,926	4.44	2.82	0.3	0.3	0.4
中国	西安，陕西	3,690	4,747	5,414	2.52	1.31	0.8	0.7	0.7
中国	襄樊，湖北	847	1,399	1,674	5.02	1.79	0.2	0.2	0.2
中国	湘潭，湖南	698	926	1,155	2.83	2.21	0.2	0.1	0.1
中国	咸阳，陕西	790	1,019	1,247	2.55	2.02	0.2	0.2	0.2
中国	西宁	844	1,261	1,649	4.02	2.68	0.2	0.2	0.2
中国	新乡	762	1,016	1,267	2.88	2.21	0.2	0.2	0.2
中国	徐州	1,367	2,142	2,833	4.49	2.80	0.3	0.3	0.4
中国	盐城，江苏	671	1,289	1,622	6.53	2.30	0.1	0.2	0.2
中国	扬州	702	1,080	1,430	4.32	2.80	0.2	0.2	0.2
中国	烟台	1,218	1,526	1,836	2.25	1.85	0.3	0.2	0.2
中国	宜昌	692	959	1,132	3.26	1.66	0.2	0.2	0.1
中国	伊春，黑龙江	815	779	856	-0.45	0.94	0.2	0.1	0.1
中国	银川	571	911	1,225	4.67	2.96	0.1	0.1	0.2
中国	营口	624	848	1,072	3.07	2.34	0.1	0.1	0.1
中国	益阳，湖南	678	820	974	1.90	1.72	0.1	0.1	0.1
中国	岳阳	881	1,096	1,317	2.18	1.84	0.2	0.2	0.2
中国	枣庄	853	1,175	1,473	3.20	2.26	0.2	0.2	0.2
中国	张家口	797	1,043	1,294	2.69	2.16	0.2	0.2	0.2
中国	湛江	818	996	1,198	1.97	1.85	0.2	0.2	0.2
中国	郑州	2,438	2,966	3,519	1.96	1.71	0.5	0.5	0.4
中国	镇江，江苏	679	1,007	1,308	3.94	2.62	0.1	0.2	0.2
中国	中山	1,376	2,211	2,927	4.75	2.81	0.3	0.3	0.4
中国	珠海	799	1,252	1,420	4.49	1.26	0.2	0.2	0.2
中国	株洲	819	1,025	1,244	2.24	1.94	0.2	0.2	0.2
中国	淄博	1,874	2,456	3,004	2.70	2.01	0.4	0.4	0.4
中国	自贡	592	918	1,067	4.39	1.50	0.1	0.1	0.1
中国	遵义	541	843	1,118	4.44	2.82	0.1	0.1	0.1
中国	香港	6,667	7,069	7,701	0.59	0.86	100.0	100.0	100.0
朝鲜	平壤	2,777	2,833	2,894	0.20	0.21	20.4	19.6	18.8
格鲁吉亚	第比利斯	1,100	1,120	1,138	0.18	0.16	44.0	50.3	52.3
印度	阿格拉	1,293	1,703	2,089	2.75	2.04	0.4	0.5	0.5
印度	阿默达巴德	4,427	5,717	6,892	2.56	1.87	1.5	1.6	1.5
印度	阿里格尔	653	863	1,068	2.79	2.13	0.2	0.2	0.2
印度	阿拉哈巴德	1,035	1,277	1,570	2.10	2.07	0.4	0.4	0.3
印度	阿姆利则	990	1,297	1,597	2.70	2.08	0.3	0.4	0.3
印度	阿散索尔	1,065	1,423	1,751	2.90	2.07	0.4	0.4	0.4
印度	奥兰加巴德	868	1,198	1,478	3.22	2.10	0.3	0.3	0.3
印度	班加罗尔	5,567	7,218	8,674	2.60	1.84	1.9	2.0	1.9
印度	巴雷利	722	868	1,072	1.84	2.11	0.3	0.2	0.2
印度	皮瓦恩地	603	859	1,066	3.54	2.16	0.2	0.2	0.2
印度	博帕尔	1,426	1,843	2,257	2.57	2.03	0.5	0.5	0.5

续表

		估计和预测（'000)			年度增长率 (%)		国家城市人口份额 (%)		
		2000	2010	2020	2000–2010	2010–2020	2000	2010	2020
印度	布巴内斯瓦尔	637	912	1,131	3.59	2.15	0.2	0.3	0.2
印度	加尔各答	13,058	15,552	18,449	1.75	1.71	4.5	4.3	4.0
印度	昌迪加尔	791	1,049	1,296	2.82	2.11	0.3	0.3	0.3
印度	查漠	588	857	1,064	3.77	2.16	0.2	0.2	0.2
印度	金奈（马德拉斯）	6,353	7,547	9,043	1.72	1.81	2.2	2.1	2.0
印度	哥印拜陀	1,420	1,807	2,212	2.41	2.02	0.5	0.5	0.5
印度	德里	15,730	22,157	26,272	3.43	1.70	5.5	6.1	5.7
印度	丹巴德	1,046	1,328	1,633	2.39	2.07	0.4	0.4	0.4
印度	杜尔格	905	1,172	1,445	2.59	2.09	0.3	0.3	0.3
印度	古瓦哈蒂	797	1,053	1,300	2.79	2.11	0.3	0.3	0.3
印度	瓜廖尔	855	1,039	1,280	1.95	2.09	0.3	0.3	0.3
印度	塔尔瓦德	776	946	1,168	1.98	2.11	0.3	0.3	0.3
印度	海德拉巴	5,445	6,751	8,110	2.15	1.83	1.9	1.9	1.8
印度	印多尔	1,597	2,173	2,659	3.08	2.02	0.6	0.6	0.6
印度	贾巴尔普尔	1,100	1,367	1,679	2.17	2.06	0.4	0.4	0.4
印度	斋普尔	2,259	3,131	3,813	3.26	1.97	0.8	0.9	0.8
印度	贾朗达尔	694	917	1,134	2.79	2.12	0.2	0.3	0.2
印度	贾姆谢德布尔	1,081	1,387	1,705	2.49	2.06	0.4	0.4	0.4
印度	焦特布尔	842	1,061	1,308	2.31	2.10	0.3	0.3	0.3
印度	坎普尔	2,641	3,364	4,084	2.42	1.94	0.9	0.9	0.9
印度	科钦	1,340	1,610	1,971	1.83	2.03	0.5	0.4	0.4
印度	哥打	692	884	1,093	2.45	2.12	0.2	0.2	0.2
印度	科泽科德（卡利卡特）	875	1,007	1,240	1.41	2.08	0.3	0.3	0.3
印度	勒克瑙	2,221	2,873	3,497	2.57	1.97	0.8	0.8	0.8
印度	卢迪亚纳	1,368	1,760	2,156	2.52	2.03	0.5	0.5	0.5
印度	马杜赖	1,187	1,365	1,674	1.40	2.04	0.4	0.4	0.4
印度	密鲁特	1,143	1,494	1,836	2.68	2.06	0.4	0.4	0.4
印度	莫拉达巴德	626	845	1,048	3.00	2.15	0.2	0.2	0.2
印度	孟买	16,086	20,041	23,719	2.20	1.68	5.6	5.5	5.1
印度	迈索尔	776	942	1,163	1.94	2.11	0.3	0.3	0.3
印度	那格浦尔	2,089	2,607	3,175	2.22	1.97	0.7	0.7	0.7
印度	纳西克	1,117	1,588	1,954	3.52	2.07	0.4	0.4	0.4
印度	巴特那	1,658	2,321	2,839	3.36	2.01	0.6	0.6	0.6
印度	普纳（浦那）	3,655	5,002	6,050	3.14	1.90	1.3	1.4	1.3
印度	赖布尔	680	943	1,167	3.27	2.13	0.2	0.3	0.3
印度	拉杰果德	974	1,357	1,672	3.32	2.09	0.3	0.4	0.4
印度	兰契	844	1,119	1,380	2.82	2.10	0.3	0.3	0.3
印度	塞勒姆	736	932	1,152	2.36	2.12	0.3	0.3	0.2
印度	绍拉布尔	853	1,133	1,398	2.84	2.10	0.3	0.3	0.3
印度	斯利那加	954	1,216	1,497	2.43	2.08	0.3	0.3	0.3
印度	苏拉特	2,699	4,168	5,071	4.35	1.96	0.9	1.1	1.1
印度	蒂鲁文南特布鲁姆	885	1,006	1,239	1.28	2.08	0.3	0.3	0.3
印度	蒂鲁吉拉伯利	837	1,010	1,245	1.88	2.09	0.3	0.3	0.3
印度	瓦尔道拉	1,465	1,872	2,292	2.45	2.02	0.5	0.5	0.5
印度	瓦拉纳西（贝拿勒斯）	1,199	1,432	1,756	1.78	2.04	0.4	0.4	0.4
印度	维杰亚瓦达	999	1,207	1,484	1.89	2.07	0.3	0.3	0.3
印度	维萨卡帕特南	1,309	1,625	1,992	2.16	2.04	0.5	0.4	0.4
印度尼西亚	班达楠榜	743	799	903	0.73	1.22	0.9	0.8	0.7
印度尼西亚	万隆	2,138	2,412	2,739	1.21	1.27	2.5	2.3	2.2
印度尼西亚	茂物	751	1,044	1,251	3.29	1.81	0.9	1.0	1.0
印度尼西亚	雅加达	8,390	9,210	10,256	0.93	1.08	9.7	8.9	8.4
印度尼西亚	玛琅	757	786	891	0.38	1.25	0.9	0.8	0.7
印度尼西亚	棉兰	1,912	2,131	2,419	1.08	1.27	2.2	2.1	2.0
印度尼西亚	巴邻旁	1,459	1,244	1,356	-1.59	0.86	1.7	1.2	1.1
印度尼西亚	三宝垄港	1,427	1,296	1,424	-0.96	0.94	1.7	1.3	1.2
印度尼西亚	泗水	2,611	2,509	2,738	-0.40	0.87	3.0	2.4	2.2
印度尼西亚	新镇	588	891	1,128	4.16	2.36	0.7	0.9	0.9
印度尼西亚	望加锡	1,031	1,294	1,512	2.27	1.56	1.2	1.3	1.2
伊朗（伊斯兰共和国）	阿瓦士	868	1,060	1,249	2.00	1.64	2.0	2.0	2.0
伊朗（伊斯兰共和国）	伊斯法罕	1,382	1,742	2,056	2.32	1.66	3.2	3.3	3.2
伊朗（伊斯兰共和国）	卡拉杰	1,087	1,584	1,937	3.77	2.01	2.5	3.0	3.0
伊朗（伊斯兰共和国）	科曼莎	729	837	974	1.38	1.52	1.7	1.6	1.5
伊朗（伊斯兰共和国）	马什哈德	2,073	2,652	3,128	2.46	1.65	4.8	5.0	4.9
伊朗（伊斯兰共和国）	库姆	843	1,042	1,232	2.12	1.67	2.0	2.0	1.9
伊朗（伊斯兰共和国）	设拉子	1,115	1,299	1,510	1.53	1.51	2.6	2.4	2.4
伊朗（伊斯兰共和国）	大不里士	1,264	1,483	1,724	1.60	1.51	2.9	2.8	2.7
伊朗（伊斯兰共和国）	德黑兰	6,880	7,241	8,059	0.51	1.07	16.0	13.6	12.7
伊拉克	巴士拉	759	923	1,139	1.96	2.10	4.5	4.4	4.3
伊拉克	摩苏尔	1,056	1,447	1,885	3.15	2.64	6.3	6.9	7.0
伊拉克	巴格达	5,200	5,891	7,321	1.25	2.17	31.1	28.3	27.3
伊拉克	埃尔比勒	757	1,009	1,301	2.87	2.54	4.5	4.8	4.9
伊拉克	苏莱曼尼亚	580	836	1,121	3.66	2.93	3.5	4.0	4.2
以色列	海法	888	1,036	1,144	1.54	0.99	16.0	15.5	14.9
以色列	耶路撒冷	651	782	901	1.83	1.42	11.7	11.7	11.7
以色列	特拉维夫	2,752	3,272	3,689	1.73	1.20	49.5	48.9	48.1
日本	福冈 - 北九州	2,716	2,816	2,834	0.36	0.06	3.3	3.3	3.3
日本	广岛	2,044	2,081	2,088	0.18	0.03	2.5	2.5	2.4
日本	京都	1,806	1,804	1,804	-0.01	0.00	2.2	2.1	2.1

续表

		估计和预测（'000)			年度增长率 (%)		国家城市人口份额 (%)		
		2000	2010	2020	2000–2010	2010–2020	2000	2010	2020
日本	名古屋	3,122	3,267	3,295	0.45	0.09	3.8	3.8	3.8
日本	大阪-神户	11,165	11,337	11,368	0.15	0.03	13.5	13.4	13.2
日本	札幌	2,508	2,687	2,721	0.69	0.13	3.0	3.2	3.2
日本	仙台	2,184	2,376	2,413	0.84	0.15	2.6	2.8	2.8
日本	东京	34,450	36,669	37,088	0.62	0.11	41.7	43.2	43.2
约旦	安曼	1,007	1,105	1,272	0.93	1.41	26.5	21.7	21.2
哈萨克斯坦	阿拉木图	1,159	1,383	1,554	1.77	1.17	13.8	15.0	14.9
科威特	科威特城	1,499	2,305	2,790	4.30	1.91	68.5	76.8	76.7
吉尔吉斯斯坦	比什凯克	770	864	967	1.15	1.13	44.2	45.0	43.9
黎巴嫩	贝鲁特	1,487	1,937	2,090	2.64	0.76	45.8	52.2	51.4
马来西亚	柔佛州巴鲁	630	999	1,295	4.61	2.60	4.4	5.0	5.2
马来西亚	巴生	631	1,128	1,503	5.81	2.87	4.4	5.6	6.0
马来西亚	吉隆坡	1,306	1,519	1,820	1.51	1.81	9.1	7.5	7.2
蒙古	乌兰巴托	764	966	1,129	2.35	1.56	56.3	57.7	56.2
缅甸	曼德勒	810	1,034	1,331	2.44	2.52	6.3	6.1	5.9
缅甸	奈比多	—	1,024	1,344	..	2.72	—	6.0	6.0
缅甸	仰光	3,553	4,350	5,456	2.02	2.27	27.4	25.6	24.2
尼泊尔	加德满都	644	1,037	1,589	4.76	4.27	19.6	18.7	18.2
巴基斯坦	费萨尔巴德	2,140	2,849	3,704	2.86	2.62	4.4	4.3	4.1
巴基斯坦	古吉兰瓦拉	1,224	1,652	2,165	3.00	2.70	2.5	2.5	2.4
巴基斯坦	海德拉巴	1,222	1,590	2,084	2.63	2.71	2.5	2.4	2.3
巴基斯坦	伊斯兰堡	595	856	1,132	3.64	2.79	1.2	1.3	1.3
巴基斯坦	卡拉奇	10,021	13,125	16,693	2.70	2.40	20.4	19.8	18.5
巴基斯坦	拉合尔	5,449	7,132	9,150	2.69	2.49	11.1	10.8	10.1
巴基斯坦	木尔坦	1,263	1,659	2,174	2.73	2.70	2.6	2.5	2.4
巴基斯坦	白沙瓦	1,066	1,422	1,868	2.88	2.73	2.2	2.1	2.1
巴基斯坦	奎塔	614	841	1,113	3.15	2.80	1.3	1.3	1.2
巴基斯坦	拉瓦尔品第	1,520	2,026	2,646	2.87	2.67	3.1	3.1	2.9
菲律宾	宿务岛	721	860	1,046	1.76	1.96	1.9	1.9	1.8
菲律宾	达沃	1,152	1,519	1,881	2.77	2.14	3.1	3.3	3.3
菲律宾	马尼拉	9,958	11,628	13,687	1.55	1.63	26.7	25.4	23.7
菲律宾	三宝颜	605	854	1,082	3.45	2.37	1.6	1.9	1.9
韩国	高阳	744	961	1,025	2.56	0.64	2.0	2.4	2.4
韩国	富川	763	909	960	1.75	0.55	2.1	2.3	2.3
韩国	仁川	2,464	2,583	2,630	0.47	0.18	6.7	6.4	6.2
韩国	光州	1,346	1,476	1,524	0.92	0.32	3.6	3.7	3.6
韩国	釜山	3,673	3,425	3,409	-0.70	-0.05	9.9	8.5	8.0
韩国	城南	911	955	983	0.47	0.29	2.5	2.4	2.3
韩国	首尔	9,917	9,773	9,767	-0.15	-0.01	26.8	24.3	23.1
韩国	水原	932	1,132	1,193	1.94	0.52	2.5	2.8	2.8
韩国	大邱	2,478	2,458	2,481	-0.08	0.09	6.7	6.1	5.9
韩国	大田	1,362	1,509	1,562	1.02	0.35	3.7	3.8	3.7
韩国	蔚山	1,011	1,081	1,116	0.67	0.32	2.7	2.7	2.6
沙特阿拉伯	铝麦地那（麦地那）	795	1,104	1,351	3.28	2.02	4.8	5.1	5.1
沙特阿拉伯	利雅得	3,567	4,848	5,809	3.07	1.81	21.5	22.5	21.8
沙特阿拉伯	达曼	639	902	1,109	3.45	2.07	3.8	4.2	4.2
沙特阿拉伯	吉达	2,509	3,234	3,868	2.54	1.79	15.1	15.0	14.5
沙特阿拉伯	麦加	1,168	1,484	1,789	2.39	1.87	7.0	6.9	6.7
新加坡	新加坡	4,018	4,837	5,219	1.86	0.76	100.0	100.0	100.0
阿拉伯叙利亚共和国	大马士革	2,063	2,597	3,213	2.30	2.13	24.1	20.7	20.1
阿拉伯叙利亚共和国	阿勒颇	2,204	3,087	3,864	3.37	2.25	25.7	24.6	24.2
阿拉伯叙利亚共和国	哈马	495	897	1,180	5.96	2.74	5.8	7.2	7.4
阿拉伯叙利亚共和国	霍姆斯	856	1,328	1,702	4.39	2.48	10.0	10.6	10.7
泰国	曼谷	6,332	6,976	7,902	0.97	1.25	32.6	30.1	28.4
土耳其	亚达那	1,123	1,361	1,556	1.92	1.34	2.6	2.6	2.5
土耳其	安卡达	3,179	3,906	4,401	2.06	1.19	7.4	7.4	7.1
土耳其	安塔利亚	595	838	969	3.42	1.45	1.4	1.6	1.6
土耳其	布尔萨	1,180	1,588	1,816	2.97	1.34	2.7	3.0	2.9
土耳其	加齐安泰普	844	1,109	1,274	2.73	1.39	2.0	2.1	2.1
土耳其	伊斯坦布尔	8,744	10,525	11,689	1.85	1.05	20.3	20.0	18.8
土耳其	伊兹密尔	2,216	2,723	3,083	2.06	1.24	5.2	5.2	5.0
土耳其	科尼亚	734	978	1,125	2.87	1.40	1.7	1.9	1.8
阿拉伯联合酋长国	迪拜	906	1,567	1,934	5.48	2.10	34.9	39.6	39.3
乌兹别克斯坦	塔什干	2,135	2,210	2,420	0.35	0.91	23.0	21.9	20.5
越南	岘港	570	838	1,146	3.85	3.13	3.0	3.1	3.2
越南	海防	1,704	1,970	2,432	1.45	2.11	8.8	7.3	6.7
越南	河内	1,631	2,814	4,056	5.45	3.66	8.5	10.4	11.2
越南	胡志明市	4,336	6,167	8,067	3.52	2.69	22.5	22.8	22.2
也门	萨那	1,365	2,342	3,585	5.40	4.26	28.6	30.4	29.7
欧洲									
奥地利	维也纳	1,549	1,706	1,779	0.97	0.42	29.4	30.1	29.6
白俄罗斯	明斯克	1,700	1,852	1,917	0.86	0.34	24.2	25.9	26.6
比利时	安特卫普	925	965	984	0.42	0.19	9.3	9.3	9.1
比利时	布鲁塞尔	1,776	1,904	1,948	0.70	0.23	17.9	18.3	18.1
保加利亚	索菲亚	1,128	1,196	1,215	0.59	0.16	20.4	22.3	23.3
捷克共和国	布拉格	1,172	1,162	1,168	-0.09	0.05	15.5	15.2	14.7
丹麦	哥本哈根	1,077	1,186	1,238	0.96	0.43	23.7	24.9	25.1
芬兰	赫尔辛基	1,019	1,117	1,170	0.92	0.46	24.0	24.6	24.3

续表

		估计和预测（'000)			年度增长率 (%)		国家城市人口份额 (%)		
		2000	2010	2020	2000–2010	2010–2020	2000	2010	2020
法国	波尔多	763	838	899	0.94	0.70	1.7	1.6	1.5
法国	里尔	1,004	1,033	1,092	0.28	0.56	2.2	1.9	1.9
法国	里昂	1,362	1,468	1,559	0.75	0.60	3.0	2.7	2.7
法国	普罗旺斯地区艾克斯	1,363	1,469	1,560	0.75	0.60	3.0	2.8	2.7
法国	尼斯 - 戛纳	899	977	1,045	0.83	0.67	2.0	1.8	1.8
法国	巴黎	9,739	10,485	10,880	0.74	0.37	21.4	19.6	18.7
法国	图卢兹	778	912	989	1.59	0.81	1.7	1.7	1.7
德国	柏林	3,384	3,450	3,498	0.19	0.14	5.6	5.7	5.8
德国	汉堡	1,710	1,786	1,825	0.43	0.22	2.9	2.9	3.0
德国	科隆	963	1,001	1,018	0.39	0.17	1.6	1.7	1.7
德国	慕尼黑	1,202	1,349	1,412	1.15	0.46	2.0	2.2	2.3
希腊	雅典	3,179	3,257	3,312	0.24	0.17	48.6	47.4	45.3
希腊	塞萨洛尼基	797	837	868	0.49	0.36	12.2	12.2	11.9
匈牙利	布达佩斯	1,787	1,706	1,711	-0.46	0.03	27.1	25.1	24.4
爱尔兰	都柏林	989	1,099	1,261	1.05	1.38	44.0	38.7	37.4
意大利	米兰	2,985	2,967	2,981	-0.06	0.05	7.8	7.2	7.0
意大利	那不勒斯	2,232	2,276	2,293	0.20	0.07	5.8	5.5	5.4
意大利	巴勒莫	855	875	891	0.23	0.18	2.2	2.1	2.1
意大利	罗马	3,385	3,362	3,376	-0.07	0.04	8.8	8.2	7.9
意大利	都灵	1,694	1,665	1,679	-0.17	0.08	4.4	4.1	3.9
荷兰	阿姆斯特丹	1,005	1,049	1,097	0.43	0.45	8.2	7.6	7.4
荷兰	鹿特丹	991	1,010	1,044	0.19	0.33	8.1	7.3	7.0
挪威	奥斯陆	774	888	985	1.37	1.04	22.7	23.0	22.9
波兰	克拉科夫	756	756	756	0.00	0.00	3.2	3.3	3.3
波兰	华沙	1,666	1,712	1,722	0.27	0.06	7.0	7.4	7.4
葡萄牙	里斯本	2,672	2,824	2,973	0.55	0.51	48.0	43.3	41.6
葡萄牙	波尔图	1,254	1,355	1,448	0.77	0.66	22.5	20.8	20.3
罗马尼亚	布加勒斯特	1,949	1,934	1,959	-0.08	0.13	16.6	15.9	15.3
俄罗斯联邦	车里雅宾斯克	1,082	1,094	1,095	0.11	0.01	1.0	1.1	1.1
俄罗斯联邦	叶卡捷琳堡	1,303	1,344	1,376	0.31	0.24	1.2	1.3	1.4
俄罗斯联邦	喀山	1,096	1,140	1,164	0.39	0.21	1.0	1.1	1.2
俄罗斯联邦	克拉斯诺雅茨克	911	961	998	0.53	0.38	0.8	0.9	1.0
俄罗斯联邦	莫斯科	10,005	10,550	10,662	0.53	0.11	9.3	10.3	10.6
俄罗斯联邦	下诺夫哥罗德	1,331	1,267	1,253	-0.49	-0.11	1.2	1.2	1.2
俄罗斯联邦	新西伯利亚	1,426	1,397	1,398	-0.21	0.01	1.3	1.4	1.4
俄罗斯联邦	鄂木斯克	1,136	1,124	1,112	-0.11	-0.11	1.1	1.1	1.1
俄罗斯联邦	彼尔姆	1,014	982	972	-0.32	-0.10	0.9	1.0	1.0
俄罗斯联邦	罗斯托夫	1,061	1,046	1,038	-0.14	-0.08	1.0	1.0	1.0
俄罗斯联邦	萨马拉	1,173	1,131	1,119	-0.36	-0.11	1.1	1.1	1.1
俄罗斯联邦	圣彼得堡	4,719	4,575	4,557	-0.31	-0.04	4.4	4.5	4.5
俄罗斯联邦	萨拉托夫	878	822	798	-0.66	-0.30	0.8	0.8	0.8
俄罗斯联邦	乌法	1,049	1,023	1,016	-0.25	-0.07	1.0	1.0	1.0
俄罗斯联邦	伏尔加格勒	1,010	977	965	-0.33	-0.12	0.9	1.0	1.0
俄罗斯联邦	沃罗涅什	854	842	838	-0.14	-0.05	0.8	0.8	0.8
塞尔维亚	贝尔格莱德	1,122	1,117	1,149	-0.04	0.28	20.9	20.2	19.6
西班牙	巴塞罗那	4,560	5,083	5,443	1.09	0.68	14.9	14.5	14.1
西班牙	马德里	5,014	5,851	6,379	1.54	0.86	16.3	16.7	16.6
西班牙	瓦伦西亚	795	814	857	0.24	0.51	2.6	2.3	2.2
瑞典	斯德哥尔摩	1,206	1,285	1,327	0.63	0.32	16.2	16.3	15.9
瑞士	苏黎世	1,078	1,150	1,196	0.65	0.39	20.5	20.6	20.2
乌克兰	第聂伯罗彼得罗夫斯克	1,077	1,004	967	-0.70	-0.38	3.3	3.2	3.1
乌克兰	顿涅茨	1,026	966	941	-0.60	-0.26	3.1	3.1	3.0
乌克兰	哈尔科夫	1,484	1,453	1,444	-0.21	-0.06	4.5	4.6	4.7
乌克兰	基辅	2,606	2,805	2,914	0.74	0.38	7.9	9.0	9.4
乌克兰	敖德萨	1,037	1,009	1,011	-0.27	0.02	3.2	3.2	3.3
乌克兰	扎波罗热	822	775	758	-0.59	-0.22	2.5	2.5	2.5
英国	伯明翰	2,285	2,302	2,375	0.07	0.31	4.9	4.7	4.5
英国	格拉斯哥	1,171	1,170	1,218	-0.01	0.40	2.5	2.4	2.3
英国	利物浦	818	819	857	0.01	0.45	1.8	1.7	1.6
英国	伦敦	8,225	8,631	8,753	0.48	0.14	17.8	17.5	16.5
英国	曼彻斯特	2,248	2,253	2,325	0.02	0.31	4.9	4.6	4.4
英国	纽卡斯尔	880	891	932	0.12	0.45	1.9	1.8	1.8
英国	西约克郡	1,495	1,547	1,606	0.34	0.37	3.2	3.1	3.0
拉丁美洲和加勒比地区									
阿根廷	布宜诺斯艾利斯	11,847	13,074	13,606	0.99	0.40	35.6	34.8	32.7
阿根廷	科尔多瓦	1,348	1,493	1,601	1.02	0.70	4.0	4.0	3.9
阿根廷	门多萨	838	917	990	0.90	0.77	2.5	2.4	2.4
阿根廷	罗萨里奥	1,152	1,231	1,322	0.66	0.71	3.5	3.3	3.2
阿根廷	圣米格尔	722	831	899	1.41	0.79	2.2	2.2	2.2
玻利维亚	拉巴斯	1,390	1,673	2,005	1.85	1.81	27.0	25.1	24.3
玻利维亚	圣克鲁斯	1,054	1,649	2,103	4.48	2.43	20.5	24.7	25.4
巴西	阿拉卡茹	606	782	883	2.55	1.21	0.4	0.5	0.5
巴西	桑托斯[1]	1,468	1,819	2,014	2.14	1.02	1.0	1.1	1.1
巴西	贝伦	1,748	2,191	2,427	2.26	1.02	1.2	1.3	1.3
巴西	贝洛奥里藏特	4,659	5,852	6,420	2.28	0.93	3.3	3.5	3.4
巴西	巴西利亚	2,746	3,905	4,433	3.52	1.27	1.9	2.3	2.4
巴西	坎皮纳斯	2,264	2,818	3,109	2.19	0.98	1.6	1.7	1.7

		估计和预测（'000)			年度增长率 (%)		国家城市人口份额 (%)		
		2000	2010	2020	2000–2010	2010–2020	2000	2010	2020
巴西	库亚巴	686	772	843	1.18	0.88	0.5	0.5	0.5
巴西	库里蒂巴	2,494	3,462	3,913	3.28	1.22	1.8	2.0	2.1
巴西	佛罗里亚诺波利斯	734	1,049	1,210	3.57	1.43	0.5	0.6	0.6
巴西	福塔雷萨	2,875	3,719	4,130	2.57	1.05	2.0	2.2	2.2
巴西	哥亚尼亚	1,635	2,146	2,405	2.72	1.14	1.2	1.3	1.3
巴西	圣路易斯	1,066	1,283	1,415	1.85	0.98	0.8	0.8	0.8
巴西	维多利亚	1,398	1,848	2,078	2.79	1.17	1.0	1.1	1.1
巴西	乔佩索阿	827	1,015	1,129	2.05	1.06	0.6	0.6	0.6
巴西	隆德里纳	613	814	925	2.84	1.28	0.4	0.5	0.5
巴西	马塞纳	952	1,192	1,329	2.25	1.09	0.7	0.7	0.7
巴西	玛瑙斯	1,392	1,775	1,979	2.43	1.09	1.0	1.0	1.1
巴西	纳塔尔	910	1,316	1,519	3.69	1.43	0.6	0.8	0.8
巴西	诺尔特[2]	815	1,069	1,207	2.71	1.21	0.6	0.6	0.6
巴西	阿雷格里港	3,505	4,092	4,428	1.55	0.79	2.5	2.4	2.4
巴西	累西腓	3,230	3,871	4,219	1.81	0.86	2.3	2.3	2.3
巴西	里约热内卢	10,803	11,950	12,617	1.01	0.54	7.6	7.1	6.7
巴西	萨尔瓦多	2,968	3,918	4,370	2.78	1.09	2.1	2.3	2.3
巴西	圣保罗	17,099	20,262	21,628	1.70	0.65	12.1	12.0	11.6
巴西	特雷西纳	789	900	984	1.32	0.89	0.6	0.5	0.5
智利	圣地亚哥	5,275	5,952	6,408	1.21	0.74	39.8	39.0	37.8
智利	瓦尔帕莱索	803	873	946	0.84	0.80	6.1	5.7	5.6
哥伦比亚	巴兰基亚	1,531	1,867	2,145	1.98	1.39	5.3	5.4	5.3
哥伦比亚	布卡拉曼加	855	1,092	1,303	2.45	1.77	3.0	3.1	3.2
哥伦比亚	卡利	1,950	2,401	2,800	2.08	1.54	6.8	6.9	6.9
哥伦比亚	卡塔赫纳	737	962	1,158	2.66	1.85	2.6	2.8	2.8
哥伦比亚	麦德林	632	774	910	2.03	1.62	2.2	2.2	2.2
哥伦比亚	波哥大	6,356	8,500	10,129	2.91	1.75	22.2	24.5	24.8
哥斯达黎加	圣何塞	1,032	1,461	1,799	3.48	2.08	44.5	48.9	49.4
古巴	哈瓦那	2,187	2,130	2,095	-0.26	-0.17	26.1	25.3	24.8
多米尼加共和国	圣多明哥	1,813	2,180	2,552	1.84	1.58	33.3	30.8	29.8
厄瓜多尔	瓜亚赛尔	2,077	2,690	3,153	2.59	1.59	28.0	29.2	28.3
厄瓜多尔	基多	1,357	1,846	2,188	3.08	1.70	18.3	20.0	19.6
萨尔瓦多	圣塞尔瓦多	1,248	1,565	1,789	2.26	1.34	35.6	39.3	39.0
危地马拉	危地马拉城	908	1,104	1,481	1.95	2.94	17.9	15.5	15.0
海地	太子港	1,693	2,143	2,868	2.36	2.91	55.0	40.4	38.0
洪都拉斯	特古西加尔巴	793	1,028	1,339	2.60	2.64	28.0	26.2	25.4
墨西哥	阿瓜斯卡连特斯	734	926	1,039	2.32	1.15	1.0	1.1	1.1
墨西哥	奇瓦瓦	683	840	939	2.07	1.11	0.9	1.0	1.0
墨西哥	墨西哥城	18,022	19,460	20,476	0.77	0.51	24.2	22.6	21.2
墨西哥	华雷斯城	1,225	1,394	1,528	1.29	0.92	1.6	1.6	1.6
墨西哥	库利亚坎	749	836	918	1.10	0.94	1.0	1.0	1.0
墨西哥	瓜达拉哈拉	3,703	4,402	4,796	1.73	0.86	5.0	5.1	5.0
墨西哥	埃莫西约	616	781	878	2.38	1.18	0.8	0.9	0.9
墨西哥	莱昂	1,290	1,571	1,739	1.97	1.02	1.7	1.8	1.8
墨西哥	梅里达	848	1,015	1,127	1.80	1.05	1.1	1.2	1.2
墨西哥	墨西卡利	770	934	1,040	1.93	1.07	1.0	1.1	1.1
墨西哥	蒙特雷	3,266	3,896	4,253	1.76	0.88	4.4	4.5	4.4
墨西哥	普埃布拉	1,907	2,315	2,551	1.94	0.97	2.6	2.7	2.6
墨西哥	克雷塔罗	795	1,031	1,160	2.60	1.18	1.1	1.2	1.2
墨西哥	萨尔提略	643	801	897	2.20	1.13	0.9	0.9	0.9
墨西哥	圣路易斯波托西	858	1,049	1,168	2.01	1.07	1.2	1.2	1.2
墨西哥	坦皮科	659	761	842	1.43	1.01	0.9	0.9	0.9
墨西哥	提华纳	1,287	1,664	1,861	2.57	1.12	1.7	1.9	1.9
墨西哥	托卢卡	1,417	1,582	1,725	1.10	0.87	1.9	1.8	1.8
墨西哥	托雷翁	1,014	1,199	1,325	1.68	1.00	1.4	1.4	1.4
尼加拉瓜	马那瓜	887	944	1,103	0.62	1.56	31.8	28.3	27.1
巴拿马	巴拿马城	1,072	1,378	1,652	2.51	1.81	55.2	52.5	51.1
巴拉圭	亚松森	1,507	2,030	2,505	2.98	2.10	50.9	51.1	49.6
秘鲁	阿雷基帕	678	789	903	1.52	1.35	3.6	3.5	3.4
秘鲁	利马	7,294	8,941	10,145	2.04	1.26	38.4	39.4	38.4
波多黎各	圣胡安	2,237	2,743	2,763	2.04	0.07	61.9	69.5	67.2
乌拉圭	蒙得维的亚	1,605	1,635	1,653	0.19	0.11	52.9	52.4	50.6
委内瑞拉	巴基西梅托	946	1,180	1,350	2.21	1.35	4.3	4.4	4.3
委内瑞拉	加拉加斯	2,864	3,090	3,467	0.76	1.15	13.1	11.4	10.9
委内瑞拉	马拉开波	1,724	2,192	2,488	2.40	1.27	7.9	8.1	7.8
委内瑞拉	马拉凯	898	1,057	1,208	1.63	1.34	4.1	3.9	3.8
委内瑞拉	巴伦西亚	1,392	1,770	2,014	2.40	1.29	6.3	6.5	6.3
北美									
加拿大	卡尔加里	953	1,182	1,315	2.15	1.07	3.9	4.3	4.3
加拿大	埃德蒙顿	924	1,113	1,227	1.86	0.98	3.8	4.1	4.0
加拿大	蒙特利尔	3,471	3,783	4,048	0.86	0.68	14.2	13.9	13.3
加拿大	渥太华	1,079	1,182	1,285	0.91	0.84	4.4	4.3	4.2
加拿大	多伦多	4,607	5,449	5,875	1.68	0.75	18.9	20.0	19.3
加拿大	温哥华	1,959	2,220	2,400	1.25	0.78	8.0	8.1	7.9
美利坚合众国	亚特兰大	3,542	4,691	5,036	2.81	0.71	1.6	1.8	1.7
美利坚合众国	奥斯丁	913	1,215	1,329	2.86	0.90	0.4	0.5	0.5

续表

		估计和预测（'000)			年度增长率 (%)		国家城市人口份额 (%)		
		2000	2010	2020	2000–2010	2010–2020	2000	2010	2020
美利坚合众国	巴尔的摩	2,083	2,320	2,508	1.08	0.78	0.9	0.9	0.9
美利坚合众国	波士顿	4,049	4,593	4,920	1.26	0.69	1.8	1.8	1.7
美利坚合众国	布里奇波特斯特坦福	894	1,055	1,154	1.66	0.90	0.4	0.4	0.4
美利坚合众国	布法罗	977	1,045	1,142	0.67	0.89	0.4	0.4	0.4
美利坚合众国	夏洛特	769	1,043	1,144	3.05	0.92	0.3	0.4	0.4
美利坚合众国	芝加哥	8,333	9,204	9,758	0.99	0.58	3.7	3.5	3.3
美利坚合众国	辛辛那提	1,508	1,686	1,831	1.12	0.83	0.7	0.6	0.6
美利坚合众国	克利夫兰	1,789	1,942	2,104	0.82	0.80	0.8	0.7	0.7
美利坚合众国	哥伦比亚，俄亥俄州	1,138	1,313	1,432	1.43	0.87	0.5	0.5	0.5
美利坚合众国	达拉斯沃斯堡	4,172	4,951	5,301	1.71	0.68	1.8	1.9	1.8
美利坚合众国	代顿	706	800	878	1.25	0.93	0.3	0.3	0.3
美利坚合众国	丹佛奥罗拉	1,998	2,394	2,590	1.81	0.79	0.9	0.9	0.9
美利坚合众国	底特律	3,909	4,200	4,500	0.72	0.69	1.7	1.6	1.5
美利坚合众国	厄尔巴索	678	779	856	1.39	0.94	0.3	0.3	0.3
美利坚合众国	哈特福特	853	942	1,031	0.99	0.90	0.4	0.4	0.4
美利坚合众国	檀香山	720	812	891	1.20	0.93	0.3	0.3	0.3
美利坚合众国	休斯敦	3,849	4,605	4,937	1.79	0.70	1.7	1.8	1.7
美利坚合众国	印第安纳波利斯	1,228	1,490	1,623	1.93	0.86	0.5	0.6	0.6
美利坚合众国	杰克逊维尔，佛罗里达	886	1,022	1,119	1.43	0.91	0.4	0.4	0.4
美利坚合众国	堪萨斯城	1,365	1,513	1,645	1.03	0.84	0.6	0.6	0.6
美利坚合众国	拉斯维加斯	1,335	1,916	2,086	3.61	0.85	0.6	0.7	0.7
美利坚合众国	洛杉矶 - 长滩 - 圣安娜	11,814	12,762	13,463	0.77	0.53	5.2	4.9	4.6
美利坚合众国	路易斯维尔	866	979	1,071	1.23	0.90	0.4	0.4	0.4
美利坚合众国	麦卡伦	532	789	870	3.94	0.98	0.2	0.3	0.3
美利坚合众国	孟菲斯	976	1,117	1,221	1.35	0.89	0.4	0.4	0.4
美利坚合众国	迈阿密	4,946	5,750	6,142	1.51	0.66	2.2	2.2	2.1
美利坚合众国	密尔沃基	1,311	1,428	1,554	0.85	0.85	0.6	0.5	0.5
美利坚合众国	明尼阿波利斯 - 圣保罗	2,397	2,693	2,905	1.16	0.76	1.1	1.0	1.0
美利坚合众国	纳什维尔 - 戴维森	755	911	999	1.88	0.92	0.3	0.3	0.3
美利坚合众国	新奥尔良	1,009	858	984	-1.62	1.37	0.4	0.3	0.3
美利坚合众国	纽约 - 纽约州	17,846	19,425	20,374	0.85	0.48	7.8	7.4	6.9
美利坚合众国	俄克拉荷马市	748	812	891	0.82	0.93	0.3	0.3	0.3
美利坚合众国	奥兰多	1,165	1,400	1,526	1.84	0.86	0.5	0.5	0.5
美利坚合众国	费城	5,160	5,626	6,004	0.86	0.65	2.3	2.2	2.0
美利坚合众国	菲尼克斯	2,934	3,684	3,965	2.28	0.74	1.3	1.4	1.3
美利坚合众国	匹兹堡	1,755	1,887	2,045	0.73	0.80	0.8	0.7	0.7
美利坚合众国	波特兰	1,595	1,944	2,110	1.98	0.82	0.7	0.7	0.7
美利坚合众国	普罗维登斯	1,178	1,317	1,435	1.12	0.86	0.5	0.5	0.5
美利坚合众国	罗利	549	769	848	3.37	0.97	0.2	0.3	0.3
美利坚合众国	里士满	822	944	1,034	1.38	0.91	0.4	0.4	0.4
美利坚合众国	圣贝纳迪诺	1,516	1,807	1,962	1.76	0.82	0.7	0.7	0.7
美利坚合众国	罗切斯特	696	780	857	1.14	0.94	0.3	0.3	0.3
美利坚合众国	萨克拉门托	1,402	1,660	1,805	1.69	0.84	0.6	0.6	0.6
美利坚合众国	盐湖城	890	997	1,091	1.14	0.90	0.4	0.4	0.4
美利坚合众国	圣安东尼奥	1,333	1,521	1,655	1.32	0.84	0.6	0.6	0.6
美利坚合众国	圣地亚哥	2,683	2,999	3,231	1.11	0.75	1.2	1.1	1.1
美利坚合众国	旧金山	3,236	3,541	3,804	0.90	0.72	1.4	1.4	1.3
美利坚合众国	圣何塞	1,543	1,718	1,865	1.07	0.82	0.7	0.7	0.6
美利坚合众国	西雅图	2,727	3,171	3,415	1.51	0.74	1.2	1.2	1.2
美利坚合众国	圣路易斯	2,081	2,259	2,442	0.82	0.78	0.9	0.9	0.8
美利坚合众国	坦帕 - 圣彼得斯堡	2,072	2,387	2,581	1.42	0.78	0.9	0.9	0.9
美利坚合众国	图森	724	853	936	1.64	0.93	0.3	0.3	0.3
美利坚合众国	维珍尼亚滩	1,397	1,534	1,668	0.94	0.84	0.6	0.6	0.6
美利坚合众国	华盛顿	3,949	4,460	4,779	1.22	0.69	1.7	1.7	1.6
大洋洲									
澳大利亚	阿德莱德	1,102	1,168	1,263	0.58	0.78	6.6	6.1	5.9
澳大利亚	布里斯班	1,603	1,970	2,178	2.06	1.00	9.6	10.3	10.1
澳大利亚	墨尔本	3,433	3,853	4,152	1.15	0.75	20.5	20.1	19.3
澳大利亚	珀斯	1,373	1,599	1,753	1.52	0.92	8.2	8.3	8.2
澳大利亚	悉尼	4,078	4,429	4,733	0.83	0.66	24.4	23.1	22.1
新西兰	奥克兰	1,063	1,404	1,631	2.79	1.50	32.1	37.9	40.2

数据来源：联合国经济与社会事务部，人口司（2010）世界城市化前景：2009年修订版，联合国，纽约
注：
1. 包括桑托斯
2. 包括若因维利

表C.2

TABLE C.2

各国首都人口 (2009) Population of Capital Cities (2009)

		首都人口	首都人口所占百分比	
			城市人口	总人口
		(.000)	(%)	(%)
非洲				
阿尔及利亚	阿尔及尔	2,740	11.9	7.9
安哥拉	罗安达	4,511	42.3	24.4
贝宁 [1]	科托努	815	21.9	9.1
博茨瓦纳	哈博罗内	196	16.6	10.0
布基纳法索	瓦加杜古	1,777	45.4	11.3
布隆迪	布琼布拉	455	51.3	5.5
喀麦隆	雅温得	1,739	15.5	8.9
佛得角	普拉亚	125	41.0	24.8
中非共和国	班基	702	41.0	15.9
乍得	恩贾梅纳	808	26.6	7.2
科摩罗	莫洛尼	49	25.6	7.2
刚果	布拉柴维尔	1,292	56.9	35.1
科特迪瓦 [2]	阿比让	4,009	38.2	19.0
科特迪瓦 [2]	亚穆苏克罗	808	7.7	3.8
刚果民主共和国	金沙萨	8,401	36.8	12.7
吉布提	吉布提	567	86.1	65.6
埃及	开罗	10,903	30.3	13.1
赤道几内亚	马拉博	128	47.8	18.9
厄立特里亚国	阿斯玛拉	649	60.6	12.8
埃塞俄比亚	亚的斯亚贝巴	2,863	21.0	3.5
加蓬	利伯维尔	619	49.0	42.0
冈比亚	班珠尔	436	44.6	25.6
加纳	阿克拉	2,269	18.8	9.5
几内亚	科纳克里	1,597	45.5	15.9
几内亚比绍	比绍	302	62.7	18.7
肯尼亚	内罗毕	3,375	38.8	8.5
莱索托	马塞卢	220	40.7	10.6
利比里亚	蒙罗维亚	882	47.0	22.3
阿拉伯利比亚民众国	黎波里	1,095	22.0	17.1
马达加斯加	塔那那利佛	1,816	31.0	9.3
马拉维	利隆圭	821	27.9	5.4
马里	巴马科	1,628	35.7	12.5
马里塔尼亚	努瓦克肖特	709	52.3	21.5
毛里求斯	路易港	149	27.7	11.6
马约特岛	马穆楚	6	6.2	3.1
摩洛哥	拉巴特	1,770	9.6	5.5
莫桑比克	马普托	1,589	18.4	6.9
纳米比亚	温特和克	342	42.1	15.7
尼日尔	尼亚美	1,004	38.7	6.6
尼日利亚	阿布贾	1,857	2.4	1.2
留尼旺	圣但尼	141	18.2	17.0
卢旺达	基加利	909	49.0	9.1
圣赫勒拿	詹姆斯敦	1	39.5	15.7
圣多美和普林西比	圣多美	60	59.9	36.8
塞内加尔	达喀尔	2,777	52.6	22.2
塞舌尔	维多利亚	26	56.3	30.9
萨拉里昂	弗里敦	875	40.4	15.4
索马里	摩加迪休	1,353	40.1	14.8
南非 [3]	布隆方丹	436	1.4	0.9
南非 [3]	开普敦	3,353	10.9	6.7
南非 [3]	比勒陀利亚	1,404	4.6	2.8
苏丹	喀土穆	5,021	30.2	11.9
斯威士兰 [4]	斯威士兰	…	…	…
斯威士兰 [4]	姆巴巴纳	74	29.1	6.2
多哥	洛美	1,593	56.3	24.1
突尼斯	突尼斯	759	11.0	7.4
乌干达	坎帕拉	1,535	35.8	4.7
坦桑尼亚联合共和国	多多马	200	1.8	0.5
西撒哈拉	阿尤恩	213	50.9	41.5
赞比亚	卢萨卡	1,413	30.7	10.9
津巴布韦	哈拉雷	1,606	34.0	12.8
亚洲				
阿富汗	喀布尔	3,573	56.9	12.7
亚美尼亚	埃里温	1,110	56.1	36.0
阿塞拜疆	巴库	1,950	42.6	22.1
巴林岛	麦纳林	163	23.3	20.6
孟加拉国	达卡	14,251	31.9	8.8
不丹	廷布	89	37.8	12.8
文莱达鲁萨兰国	斯里巴加湾市	22	7.4	5.6
柬埔寨	金边	1,519	51.8	10.3
中国	北京	12,214	2.0	0.9
中国，香港特别行政区 [5]	香港	7,022	100.0	100.0
中国，澳门特别行政区 [6]	澳门	538	100.0	100.0

续表

		首都人口	首都人口所占百分比	
			城市人口	总人口
		(.000)	(%)	(%)
塞浦路斯	尼科西亚	240	39.3	27.5
朝鲜	平壤	2,828	19.7	11.8
格鲁吉亚	第比利斯	1,115	49.7	26.2
印度 [7]	德里	21,720	6.1	1.8
印度尼西亚	雅加达	9,121	9.0	4.0
伊朗（伊斯兰共和国）	德黑兰	7,190	13.8	9.7
伊拉克	巴格达	5,751	28.2	18.7
以色列	耶路撒冷	768	11.7	10.7
日本	东京	36,507	43.1	28.7
约旦	安曼	1,088	22.0	17.2
哈萨克斯坦	阿斯塔纳	650	7.1	4.2
科威特	科威特城	2,230	75.9	74.7
吉尔吉斯斯坦	比什凯克	854	45.0	15.6
老挝人民民主共和国	万象	799	39.5	12.6
黎巴嫩	贝鲁特	1,909	51.9	45.2
马来西亚 [8]	吉隆坡	1,494	7.6	5.4
马尔代夫	马累	120	100.0	38.9
蒙古	乌兰巴托	949	57.7	35.5
缅甸	内比都	992	6.0	2.0
尼泊尔	加德满都	990	18.7	3.4
巴勒斯坦地区	拉姆安拉	69	2.2	1.6
阿曼	马斯喀特	634	30.6	22.3
巴基斯坦	伊斯兰堡	832	1.3	0.5
菲律宾	马尼拉	11,449	25.6	12.4
卡塔尔	多哈	427	31.6	30.3
韩国	首尔	9,778	24.5	20.2
沙特阿拉伯	利雅得	4,725	22.4	18.4
新加坡	新加坡	4,737	100.0	100.0
斯里兰卡 [9]	科伦坡	681	23.5	3.4
斯里兰卡 [9]	斯里贾亚瓦德纳普拉科特	123	4.2	0.6
阿拉伯叙利亚共和国	大马士革	2,527	20.8	11.5
塔吉克斯坦	杜尚别	704	38.5	10.1
泰国	曼谷	6,902	30.3	10.2
帝汶岛	帝力	166	53.0	14.7
土耳其	安卡拉	3,846	7.4	5.1
土库曼斯坦	阿什哈巴德	637	25.4	12.5
阿拉伯联合酋长国	阿布扎比	666	17.3	14.5
乌兹别克斯坦	塔什干	2,201	22.1	8.0
越南	河内	2,668	10.2	3.0
也门	萨那	2,229	30.3	9.5
欧洲				
阿尔巴尼亚	地拉那	433	26.9	13.7
安道尔	安道尔城	25	32.9	29.1
奥地利	维也纳	1,693	30.1	20.2
白俄罗斯	明斯克	1,837	25.7	19.1
比利时	布鲁塞尔	1,892	18.2	17.8
波斯尼亚和黑塞哥维那	萨拉热窝	392	21.7	10.4
保加利亚	索菲亚	1,192	22.2	15.8
海峡群岛 [10]	圣爱里也和圣彼得港	30	63.4	19.8
克罗地亚	萨格勒布	685	27.0	15.5
捷克共和国	布拉格	1,162	15.2	11.2
丹麦	哥本哈根	1,174	24.8	21.5
爱沙尼亚	塔林	399	42.9	29.8
法罗群岛	托尔斯港	20	100.0	40.3
芬兰	赫尔辛基	1,107	24.5	20.8
法国	巴黎	10,410	19.7	16.7
德国	柏林	3,438	5.7	4.2
直布罗陀	直布罗陀	31	100.0	100.0
希腊	雅典	3,252	47.6	29.1
梵蒂冈	梵蒂冈城	1	100.0	100.0
匈牙利	布达佩斯	1,705	25.2	17.1
冰岛	雷克雅未克	198	65.8	61.4
爱尔兰	都柏林	1,084	39.0	24.0
马恩岛	道格拉斯	26	63.9	32.4
意大利	罗马	3,357	8.2	5.6
拉脱维亚	里加	711	46.6	31.6
列支敦士登	瓦杜兹	5	100.0	14.3
立陶宛	维尔纽斯	546	24.8	16.6
卢森堡	卢森堡市	90	21.7	18.5
马耳他	瓦莱塔	199	51.6	48.8
摩纳哥	摩纳哥	33	100.0	100.0
黑山共和国	波德戈里察	144	37.5	23.0
荷兰 [11]	阿姆斯特丹	1,044	7.6	6.3
挪威	奥斯陆	875	23.0	18.2
波兰	华沙	1,710	7.4	4.5
葡萄牙	里斯本	2,808	43.6	26.2
摩尔多瓦共和国	基希讷乌	650	39.0	18.0
罗马尼亚	布加勒斯特	1,933	16.0	9.1
俄罗斯联邦	莫斯科	10,523	10.2	7.5

续表

		首都人口	首都人口所占百分比	
			城市人口	总人口
		(.000)	(%)	(%)
圣马力诺	圣马力诺	4	14.9	14.0
塞尔维亚	贝尔格莱德	1,115	20.3	11.3
斯洛伐克	波拉迪斯拉瓦	428	14.4	7.9
斯洛文尼亚	卢布尔雅那	260	26.0	12.9
西班牙	马德里	5,762	16.6	12.8
瑞典	斯德哥尔摩	1,279	16.3	13.8
瑞士	伯尔尼	346	6.2	4.6
马其顿共和国 [12]	斯科普里	480	39.7	23.5
乌克兰	基辅	2,779	8.9	6.1
英国	伦敦	8,615	17.6	14.0
拉丁美洲和加勒比地区				
安圭拉岛	瓦力	2	10.8	10.8
安提瓜和巴布达	圣约翰	27	100.0	30.3
阿根廷	布宜诺斯艾利斯	12,988	35.0	32.2
阿鲁巴岛	奥拉涅斯塔德	33	66.4	31.1
巴哈马群岛	拿索	248	86.4	72.5
巴巴多斯	布里奇顿	112	100.0	43.8
伯利兹	贝尔莫潘	20	12.4	6.4
玻利维亚 [13]	拉巴斯	1,642	25.2	16.6
玻利维亚 [13]	苏克雷	281	4.3	2.8
巴西	巴西利亚	3,789	2.3	2.0
英属维尔京群岛	罗德城	9	100.0	40.7
开曼群岛	乔治敦	32	56.5	56.5
智利	圣地亚哥	5,883	39.1	34.7
哥伦比亚	波哥大	8,262	24.2	18.1
哥斯达黎加	圣何塞	1,416	48.4	30.9
古巴	哈瓦那	2,140	25.4	19.1
多米尼克	罗索	14	31.9	21.4
多米尼加共和国	圣多明哥	2,138	30.9	21.2
厄瓜多尔	基多	1,801	19.9	13.2
萨尔瓦多共和国	圣萨尔瓦多	1,534	39.0	24.9
福克兰群岛（马尔维纳斯群岛）	斯坦利港	2	100.0	73.1
法属圭亚那	卡宴	62	36.3	27.7
格林纳达	圣乔治	40	100.0	38.9
瓜德罗普岛	巴斯特尔	13	2.9	2.8
危地马拉	危地马拉城	1,075	15.6	7.7
圭亚那	乔治城	132	60.6	17.3
海地	太子港	2,643	52.1	26.3
洪都拉斯	特古西加尔巴	1,000	26.3	13.4
牙买加	金斯顿	580	41.0	21.3
马提尼克	法兰西堡	89	24.6	21.9
墨西哥	墨西哥城	19,319	22.7	17.6
蒙特塞拉特岛 [14]	布莱德斯	1	98.7	13.9
蒙特塞拉特岛 [14]	普利茅斯	0	0.1	0.0
荷属安的列斯群岛	威廉斯塔德	123	67.0	62.2
尼加拉瓜	马拉瓜	934	28.5	16.3
巴拿马	巴拿马城	1,346	52.6	39.0
巴拉圭	亚松森	1,977	51.1	31.1
秘鲁	利马	8,769	39.3	30.1
波多黎各	圣胡安	2,730	69.5	68.6
圣基茨和尼维斯	巴斯特尔	13	76.9	24.8
圣卢西亚岛	卡斯特里	15	32.1	8.9
圣文森特和格林纳丁斯	金斯顿	28	52.8	25.8
苏里南	帕拉马里博	259	72.4	49.9
特立尼达和多巴哥	西班牙港	57	31.7	4.3
特克斯和凯科斯群岛	大特克	6	20.4	18.9
美属维尔京群岛	夏洛特阿马利亚	54	51.4	48.9
乌拉圭	蒙得维的亚	1,633	52.6	48.6
委内瑞拉	加拉加斯	3,051	11.5	10.7
北美洲				
百慕大群岛	哈密尔顿	12	17.8	17.8
加拿大 [15]	渥太华	1,170	4.3	3.5
格陵兰	努克	15	31.6	26.5
圣皮埃尔和密克隆	圣皮埃尔	5	100.0	90.4
美利坚合众国	华盛顿	4,421	1.7	1.4
大洋洲				
美属萨摩亚	帕果帕果	60	96.0	88.9
澳大利亚	堪培拉	384	2.0	1.8
库克群岛 [16]	拉罗汤加	15	100.0	74.5
斐济	苏瓦	174	39.8	20.5
法属波利尼西亚	帕皮提	133	96.0	49.4
关岛	阿加尼亚	153	92.4	86.0
基里巴斯 [17]	塔拉瓦	43	100.0	43.8
马绍尔群岛	马朱罗	30	66.8	47.7
密克罗尼西亚	帕利基尔	7	27.8	6.3
瑙鲁	瑙鲁	10	100.0	100.0
新喀里多尼亚	努美阿	144	100.0	57.4
新西兰	惠灵顿	391	10.6	9.2
纽埃	阿洛菲	1	100.0	37.0

续表

		首都人口	首都人口所占百分比	
			城市人口	总人口
		(.000)	(%)	(%)
北马里亚纳群岛 [18]	塞班岛	79	100.0	91.2
帕劳群岛	梅莱凯奥克	1	5.9	4.9
巴布新几内亚	莫尔兹比港	314	37.3	4.7
皮特凯恩	亚当斯顿	0	—	100.0
萨摩亚	阿皮亚	36	100.0	20.4
所罗门群岛	霍尼亚拉	72	75.5	13.7
托克劳群岛 [19]		..	..	..
汤加	努库阿洛法	24	100.0	23.3
图瓦卢	富纳富提	5	100.0	49.9
瓦努阿图	维拉港	44	72.5	18.2
瓦利斯群岛和富图纳群岛	马都	1	—	6.5

数据来源: 联合国经济和社会事务部, 人口司 (2010) 世界城市化前景:2009年修订版, 联合国, 纽约.

注:

1. 波多诺伏作为宪法上的首都, 科托努是政府所在地.

2. 亚穆苏克罗作为首都, 阿比让是政府所在地.

3. 比勒陀利亚是行政首都, 开普敦是立法首都, 布隆方丹是司法首都.

4. 姆巴巴纳是行政首都, 斯威士兰是司法首都.

5. 1997年7月1日, 香港成为中国特别行政区.

6. 1999年12月20日, 澳门成为中国特别行政区.

7. 印度首都是新德里, 包括德里的城市群. 新德里的人口在2001年估计达到294,783.

8. 吉隆坡是经济首都, 布城是行政首都.

9. 科伦布是商业首都, 斯里贾亚瓦德纳普拉科特是行政和立法首都.

10. 指根西岛和泽西岛. 圣赫利尔是泽西行政区的首都, 而圣彼得港是根西行政区的首都.

11. 首都是阿姆斯特丹, 海牙是政府所在地.

12. 前南斯拉夫的马其顿共和国.

13. 拉巴斯是首都和政府所在地, 苏克雷是立法首都和司法所在地.

14. 由于火山活动, 普利茅斯于1997年被抛弃, 政府暂驻在布莱兹.

15. 首都是渥太华.

16. 首都阿瓦鲁阿, 位于拉罗汤加岛上: 估计人口数据来自于拉罗汤加岛, 而阿瓦鲁阿的人口数据并未提供.

17. 首都是拜里基, 位于塔拉瓦环礁: 估计人口数据来自于南塔拉瓦岛, 而拜里基的人口数据并未提供.

18. 首都是加拉潘, 位于塞班岛: 估计人口数据来自于塞班岛, 而加拉潘的人口在2000年估计为3,588.

19. 托克劳没有首都, 每个环礁 (阿塔富环礁, 法克奥佛环礁和努库诺努环礁) 都有各自的行政中心.

表C.3
TABLE C.3

部分城市的服务设施 Access to Services in Selected Cities

		通过家庭访问而获得的														
		1990–1999[1]								2000–2009[1]							
		调查年份	水质提升	管道供水	卫生设施	排水系统	座机	移动电话	电力接通	调查年份	水质提升	管道供水	卫生设施	排水系统	座机	移动电话	电力接通
非洲																	
安哥拉	罗安达	…	…	…	…	…	…	…	…	2006	51.4	36.6	92.4	53.2	88.2	40.1	75.5
贝宁	科托努	1996	99.0	98.1	71.2	…	…	…	56.6	…	…	…	…	…	…	…	…
贝宁	朱古	1996	84.3	65.4	45.1	…	…	…	23.5	2006	90.6	62.6	51.9	…	3.9	31.0	44.9
贝宁	波多诺伏	1996	57.7	40.3	50.8	…	…	…	29.4	2006	77.0	64.1	68.4	…	8.1	57.3	66.9
布基纳法索	瓦加杜古	1999	88.5	27.1	51.5	6.4	13.7	…	41.3	2006	83.3	39.4	56.5	4.6	17.3	62.8	61.6
喀麦隆	杜阿拉	1998	77.2	32.2	80.8	26.0	7.6	…	93.8	2006	99.2	51.0	79.9	25.3	5.3	76.2	98.9
喀麦隆	雅温得	1998	93.7	59.9	81.9	22.0	11.5	…	96.3	2006	99.5	53.8	79.9	28.2	7.3	82.8	98.9
中非共和国	班基	1994	74.9	9.9	49.5	5.5	5.8	…	15.3	2006	97.3	7.4	81.5	6.2	6.1	40.4	43.3
中非共和国	贝贝拉蒂		…	…	…	…	…	…	…	2006	94.7	3.5	79.7	0.7	2.7	13.1	4.1
中非共和国	博阿利		…	…	…	…	…	…	…	2006	79.1	5.7	71.7	1.1	1.7	23.1	16.5
乍得	恩贾梅纳	1997	30.6	21.0	69.9	2.1	2.8	…	17.2	2004	87.8	27.6	65.4	10.3	6.5	…	29.2
科摩罗	丰博尼		…	…	…	…	…	…	…	2000	73.5	31.3	62.7	1.2	7.2	…	31.3
科摩罗	莫洛尼	1996	95.7	22.2	67.6	11.4	13.0	…	55.1	2000	93.3	25.8	56.0	4.8	27.2	…	67.2
科摩罗	穆察穆社		…	…	…	…	…	…	…	2000	96.9	73.6	51.8	8.0	10.1	…	53.1
刚果	布拉柴维尔		…	…	…	…	…	…	…	2005	96.8	89.1	70.3	9.8	2.6	57.0	59.2
科特迪瓦	阿比让	1998	56.8	45.0	66.3	13.0	6.5	…	80.2	2005	98.6	83.3	79.3	42.7	49.5	0.0	95.0
刚果民主共和国	金沙萨		…	…	…	…	…	…	…	2007	92.3	45.8	80.8	29.6	0.6	74.8	92.0
刚果民主共和国	卢本巴希		…	…	…	…	…	…	…	2007	79.4	29.6	77.2	15.2	3.3	53.4	44.0
刚果民主共和国	姆布吉马伊		…	…	…	…	…	…	…	2007	95.8	10.2	84.6	10.4	1.1	34.0	3.7
埃及	亚历山大港	1995	99.7	94.2	79.4	61.0	…	…	99.8	2008	100.0	99.4	99.9	99.9	61.4	61.9	99.8
埃及	开罗	1995	98.6	94.8	76.2	56.0	…	…	99.0	2008	100.0	99.5	99.9	99.9	61.7	52.8	99.9
埃及	阿西乌特	1995	94.7	91.7	61.8	27.1	…	…	96.1	2008	100.0	98.0	99.4	99.1	58.2	46.3	100.0
埃及	阿斯旺	1995	95.5	88.6	56.8	25.0	…	…	98.2	2008	100.0	98.8	99.6	99.6	61.7	46.9	99.6
埃及	贝尼苏韦夫	1995	88.9	83.8	57.6	28.3	…	…	96.0	2008	100.0	86.6	97.8	97.3	50.0	48.4	100.0
埃及	达曼胡尔	1995	99.3	98.7	77.6	65.8	…	…	100.0	2008	100.0	100.0	100.0	100.0	58.5	48.1	100.0
埃及	杜姆亚特	1995	96.7	94.0	73.6	48.9	…	…	97.8	2008	100.0	100.0	100.0	100.0	61.0	35.0	100.0
埃及	法尤姆	1995	92.7	88.3	50.4	12.4	…	…	97.8	2008	100.0	98.7	99.4	99.4	46.5	35.0	99.4
埃及	吉萨	1995	89.1	86.0	72.8	48.2	…	…	98.4	2008	100.0	99.1	99.8	99.8	69.6	61.3	99.8
埃及	伊斯梅利亚	1995	94.2	91.8	85.1	67.5	…	…	99.1	2008	100.0	98.9	100.0	100.0	61.5	58.9	100.0
埃及	卡夫拉谢赫	1995	100.0	94.2	70.2	37.5	…	…	99.0	2008	100.0	100.0	100.0	100.0	68.7	35.5	100.0
埃及	哈里哲	1995	93.5	92.7	69.9	34.1	…	…	99.2	2008	100.0	100.0	100.0	98.7	67.5	37.7	100.0
埃及	曼苏拉	1995	96.5	95.7	82.5	63.4	…	…	99.6	2008	100.0	97.2	100.0	100.0	63.8	51.1	100.0
埃及	塞得港	1995	98.7	96.5	90.1	82.4	…	…	99.3	2008	98.4	98.2	100.0	100.0	69.3	49.7	100.0
埃及	塞纳	1995	89.9	81.4	68.2	37.2	…	…	96.1	2008	100.0	96.8	100.0	99.5	59.9	47.1	100.0
埃及	索哈杰	1995	89.8	87.0	65.4	33.4	…	…	96.0	2008	99.6	98.7	100.0	100.0	62.3	50.8	99.2
埃及	苏伊士	1995	99.1	94.6	82.2	64.7	…	…	99.3	2008	99.8	99.8	100.0	100.0	64.4	42.5	100.0
埃及	坦塔	1995	99.2	90.8	75.6	48.3	…	…	98.3	2008	99.7	88.7	100.0	100.0	59.9	49.8	100.0
埃塞俄比亚	亚的斯亚贝巴		…	…	…	…	…	…	…	2005	99.9	68.8	71.8	8.9	46.1	30.8	96.9
埃塞俄比亚	纳兹雷特		…	…	…	…	…	…	…	2005	99.1	43.0	51.1	11.0	33.8	8.8	95.5
加蓬	利伯维尔		…	…	…	…	…	…	…	2000	99.7	58.2	83.4	35.0	20.4	…	95.5
加纳	阿克拉	1998	97.7	64.4	69.5	33.9	12.3	…	92.0	2008	60.1	37.3	93.8	37.1	11.1	89.5	90.8
几内亚	科纳克里	1999	82.7	39.2	84.8	11.2	7.2	…	71.4	2005	96.4	45.2	80.3	11.1	28.9	…	94.5
肯尼亚	蒙巴萨岛	1998	73.9	30.0	61.3	29.2	7.4	…	47.5	2008	74.0	36.4	78.8	28.5	6.9	80.6	57.9
肯尼亚	内罗毕	1998	92.1	77.6	84.3	56.0	11.2	…	60.1	2008	98.3	78.2	93.6	71.3	9.4	92.5	88.6
莱索托	马塞鲁		…	…	…	…	…	…	…	2004	98.3	75.2	74.7	9.7	50.2	…	33.1
利比里亚	蒙罗维亚		…	…	…	…	…	…	…	2007	81.6	8.4	51.9	34.4	…	70.8	8.1
马达加斯加	塔那那利佛	1997	80.1	24.8	52.9	14.4	3.6	…	55.7	2003	85.7	22.0	56.4	11.0	21.4	…	67.8
马拉维	布兰太尔		…	…	…	…	…	…	…	2006	97.0	30.6	42.6	10.9	6.7	35.1	32.7
马拉维	利隆圭	1992	86.3	38.4	54.5	14.3	…	…	18.5	2006	92.2	20.2	42.1	6.0	2.0	26.5	18.0
马拉维	扎扎		…	…	…	…	…	…	…	2006	96.7	41.9	42.1	17.0	5.5	32.5	35.6
马里	巴马科	1996	70.5	17.3	51.6	4.3	3.7	…	33.7	2006	95.6	41.2	81.1	12.2	19.6	61.6	72.1
毛里塔尼亚	努瓦克肖特		…	…	…	…	…	…	…	2001	94.4	27.8	58.2	4.8	7.2	…	47.2
摩洛哥	卡萨布兰卡	1992	99.1	74.1	92.9	87.9	…	…	78.7	2004	100.0	83.4	98.9	98.9	77.0	…	99.2
摩洛哥	非斯	1992	100.0	97.4	100.0	100.0	…	…	100.0	2004	99.6	93.8	99.6	99.4	57.9	…	97.7
摩洛哥	马拉喀什	1992	100.0	84.0	94.7	87.8	…	…	90.4	2004	99.7	88.8	99.7	99.7	17.7	…	98.3
摩洛哥	梅克内斯	1992	99.2	89.4	99.2	99.2	…	…	84.1	2004	99.2	85.6	97.0	97.0	68.4	…	97.3
摩洛哥	拉巴特	1992	96.5	86.0	92.5	91.7	…	…	83.9	2004	99.9	89.7	99.7	99.7	69.7	…	99.0
莫桑比克	马普托	1997	87.4	83.6	49.9	22.4	6.9	…	39.2	2003	82.8	66.4	48.8	8.0	5.2	…	28.8
纳米比亚	温特和克	1992	98.0	93.9	92.7	90.2	…	…	70.0	2007	98.6	82.8	87.1	86.0	37.1	…	83.4
尼日尔	尼亚美	1998	63.5	33.2	47.7	5.0	4.1	…	51.0	2006	94.7	42.3	65.7	10.8	6.5	47.7	61.1
尼日利亚	阿库雷	1999	94.1	…	58.8	…	…	…	76.5	2008	93.1	1.8	74.0	28.5	0.5	97.7	97.7
尼日利亚	达马图鲁	1999	61.5	23.1	71.8	15.4	2.6	…	64.1	2008	83.3	3.1	86.3	0.4	1.3	60.8	60.8
尼日利亚	埃丰阿莱耶	1999	32.8	4.4	48.9	…	2.2	…	93.3	2008	80.0	7.3	61.1	26.2	1.7	93.2	93.2
尼日利亚	伊巴丹	1999	93.3	…	13.3	6.7	…	…	33.3	2008	88.4	10.5	72.9	29.0	1.4	94.8	94.8
尼日利亚	卡诺	1999	54.8	27.3	58.8	10.7	4.5	…	82.2	2008	73.9	6.7	90.5	13.8	4.0	84.7	84.7
尼日利亚	拉各斯	1999	88.6	25.6	84.7	54.3	8.2	…	98.9	2008	94.0	5.4	91.6	56.3	7.4	98.0	98.0
尼日利亚	奥博莫绍	1999	62.3	16.6	46.1	33.7	12.6	…	95.9	…	…	…	…	…	…	…	…
尼日利亚	奥沃	1999	34.4	7.4	68.8	24.4	9.9	…	95.3	…	…	…	…	…	…	…	…

续表

		通过家庭访问而获得的														
		1990-1999[1]								2000-2009[1]							
		调查年份	水质提升	管道供水	卫生设施	排水系统	座机	移动电话	电力接通	调查年份	水质提升	管道供水	卫生设施	排水系统	座机	移动电话	电力接通
尼日利亚	奥约	1999	35.0	11.0	65.8	39.6	3.6	…	92.1	…	…	…	…	…	…	…	…
尼日利亚	扎里亚	1999	74.4	54.6	55.8	15.1	4.6	…	94.2	2008	73.0	28.9	66.3	14.3	3.2	81.3	81.3
卢旺达	基加利	1992	52.0	6.5	50.2	9.0	…	…	36.0	2005	68.9	20.5	80.6	8.4	8.3	39.4	40.8
塞内加尔	达喀尔	1997	95.5	77.8	70.8	42.4	20.4	…	80.2	2005	98.3	87.8	91.1	76.3	30.0	54.2	89.5
南非	开普敦	1998	95.8	79.7	83.4	73.8	49.6	…	88.0	…	…	…	…	…	…	…	…
南非	德班	1998	98.4	87.7	90.1	86.9	46.3	…	84.3								
南非	伊丽莎白港	1998	97.2	66.8	68.5	55.7	27.0	…	63.3								
南非	比勒陀利亚	1998	100.0	62.5	62.5	62.5	18.8	…	56.3								
南非	西兰德	1998	99.4	84.2	84.8	84.8	47.6	…	75.0								
斯威士兰	曼齐尼		…	…	…	…	…	…	…	2006	92.8	68.6	79.9	39.8	17.7	76.6	60.5
斯威士兰	姆巴巴纳		…	…	…	…	…	…	…	2006	88.6	65.3	76.9	41.7	29.1	78.3	59.9
多哥	洛美	1998	88.6	67.4	81.7	33.9	…	…	51.2	2006	92.9	14.3	82.5	27.9	10.9	56.1	71.6
坦桑尼亚联合共和国	阿鲁沙	1999	97.8	23.7	39.6	…	…	…	5.9	2004	94.6	59.3	62.5	11.0	35.0	…	35.0
坦桑尼亚联合共和国	达累斯萨拉姆	1999	90.1	78.8	51.9	3.2	…	…	46.9	2004	81.1	62.1	55.6	10.0	43.4	…	59.8
乌干达	坎帕拉	1995	60.4	13.2	58.9	9.5	3.0	…	49.4	2006	92.6	26.0	100.0	10.7	5.4	67.6	59.0
赞比亚	钦戈拉县	1996	76.6	76.6	85.9	76.6	…	…	78.1	2007	90.4	80.1	86.7	82.5	9.6	71.7	76.5
赞比亚	卢萨卡	1996	93.9	49.8	70.3	40.5	…	…	50.7	2007	92.4	31.6	83.5	27.4	4.9	68.4	57.0
赞比亚	恩多拉市	1996	92.3	59.4	85.1	69.3	…	…	52.0	2007	74.1	39.5	64.5	34.0	8.1	57.8	38.9
津巴布韦	哈拉雷	1999	99.6	93.5	97.2	92.6	19.9	…	84.7	2005	99.2	92.7	98.4	87.1	17.5	37.6	86.3
亚洲																	
亚美尼亚	阿尔马维尔		…	…	…	…	…	…	…	2005	98.7	96.2	98.0	83.8	80.2	35.2	100.0
亚美尼亚	阿塔沙特		…	…	…	…	…	…	…	2005	100.0	83.8	94.6	87.4	77.9	23.5	99.8
亚美尼亚	嘉瓦		…	…	…	…	…	…	…	2005	99.3	88.7	99.6	77.3	82.9	21.7	99.8
亚美尼亚	久姆里		…	…	…	…	…	…	…	2005	100.0	93.6	91.7	85.1	34.9	14.9	100.0
亚美尼亚	赫拉兹丹		…	…	…	…	…	…	…	2005	100.0	99.0	99.4	96.5	83.3	32.2	100.0
亚美尼亚	伊杰万		…	…	…	…	…	…	…	2005	99.1	91.5	98.7	73.2	86.3	13.4	100.0
亚美尼亚	卡潘		…	…	…	…	…	…	…	2005	100.0	100.0	99.8	97.9	88.9	16.2	100.0
亚美尼亚	瓦纳佐尔		…	…	…	…	…	…	…	2005	99.4	96.8	98.5	84.5	76.5	18.7	99.7
亚美尼亚	耶烈万		…	…	…	…	…	…	…	2005	99.2	99.1	99.5	98.9	91.3	51.9	99.9
阿塞拜疆	巴库		…	…	…	…	…	…	…	2006	92.7	89.6	98.8	90.0	85.8	75.4	99.6
阿塞拜疆	希尔万		…	…	…	…	…	…	…	2006	79.4	68.6	86.4	51.8	58.4	46.3	100.0
孟加拉国	达卡	1999	99.8	83.9	69.5	54.1	14.3	…	99.1	2007	100.0	63.2	55.1	42.5	9.7	64.0	96.9
孟加拉国	拉杰沙希	1999	100.0	1.5	50.8	7.7	3.1	…	50.8	2007	100.0	0.8	53.4	18.0	1.1	31.9	60.1
柬埔寨	金边		…	…	…	…	…	…	…	2005	96.7	86.0	92.4	91.7	…	86.1	96.1
柬埔寨	暹粒		…	…	…	…	…	…	…	2005	94.3	5.4	64.7	64.7	…	60.5	70.5
印度	阿尔加塔拉	1998	88.8	25.1	76.1	54.5	25.9	…	90.4	2006	95.1	35.1	86.3	50.0	25.5	18.0	91.8
印度	阿科拉	1998	92.3	73.2	64.7	53.9	19.6	…	95.5	2006	99.2	69.8	61.4	60.0	21.3	24.6	93.1
印度	阿姆利则	1998	100.0	85.1	92.9	88.7	39.0	…	100.0	2006	100.0	79.0	98.7	95.4	26.6	40.3	97.0
印度	哥印拜陀	1998	94.1	36.0	90.0	89.1	19.1	…	89.6	2006	95.2	48.7	54.5	54.4	36.2	52.1	96.6
印度	希萨尔	1998	99.7	71.6	77.2	75.2	35.7	…	97.7	2006	99.2	65.3	77.4	70.3	25.5	38.1	97.9
印度	海德拉巴	1998	98.4	87.5	70.3	51.5	29.7	…	96.1	2006	99.6	65.0	76.6	73.0	23.2	34.6	90.1
印度	斋普尔	1998	98.5	83.7	91.5	91.0	28.5	…	98.0	2006	99.3	88.8	98.2	96.4	49.6	54.7	100.0
印度	焦特布尔	1998	98.4	81.9	89.1	85.2	19.6	…	97.3	2006	97.9	84.7	66.1	34.7	38.4	94.7
印度	坎普尔	1998	100.0	48.2	64.7	32.8	18.9	…	93.9	2006	98.6	37.4	81.3	68.2	19.1	39.1	92.6
印度	卡拉普	1998	90.9	40.4	87.1	81.0	15.0	…	82.6	2006	96.0	33.3	88.3	73.7	23.2	32.0	90.5
印度	科钦	1998	52.0	27.5	64.7	27.5	35.3	…	87.3	…	…	…	…	…	…	…	…
印度	加尔各答	1998	98.5	35.1	94.3	89.5	25.6	…	93.8	2006	99.0	45.0	98.2	88.4	34.5	42.6	96.8
印度	克里希纳纳迩尔	1998	89.7	32.7	78.6	73.9	18.9	…	81.5	2006	99.7	15.7	84.3	59.9	21.6	23.8	82.1
印度	孟买	1998	99.4	76.7	98.0	97.8	31.6	…	99.0	2006	99.0	87.4	95.3	38.2	50.7	98.8
印度	新德里	1998	99.2	80.8	94.0	90.2	45.4	…	97.6	2006	92.6	74.9	84.8	84.5	38.8	59.3	99.4
印度	本地治里	1998	93.7	35.9	52.5	45.1	13.0	…	87.0	2006	99.3	40.6	69.1	60.8	21.0	24.9	96.5
印度	普纳	1998	98.2	55.2	76.2	74.2	9.0	…	92.3	2006	99.1	74.0	78.7	75.9	23.3	35.5	97.0
印度	斯利那加	1998	97.6	87.9	78.5	71.0	20.3	…	99.3	2006	98.8	83.5	64.1	60.0	41.6	55.2	99.4
印度	维杰亚瓦达	1998	96.9	39.2	68.1	60.3	13.2	…	96.8	2006	100.0	98.4	100.0	98.4	18.0	32.8	100.0
印度	亚穆纳讷格尔	1998	99.7	93.5	77.7	70.0	27.0	…	98.3	2006	100.0	63.0	95.5	86.3	34.9	44.5	96.9
印度尼西亚	万隆	1997	91.1	46.9	73.2	73.2	…	…	100.0	2007	80.2	14.3	93.4	93.0	58.4	…	98.6
印度尼西亚	毕栋	1997	84.4	52.4	80.6	80.6	…	…	96.3								
印度尼西亚	茂物	1997	95.1	42.0	89.6	89.6	…	…	99.3								
印度尼西亚	登巴萨	1997	98.6	53.6	92.1	92.1	…	…	100.0								
印度尼西亚	迈市	1997	88.4	17.2	69.4	69.4	…	…	85.8		…	…	…	…	…	…	…
印度尼西亚	雅加达	1997	99.2	35.6	70.7	70.7	…	…	99.9	2007	94.0	29.7	96.3	96.2	74.7	…	99.8
印度尼西亚	占碑	1997	93.1	53.0	95.3	95.3	…	…	98.7								
印度尼西亚	雅布拉	1997	88.3	61.1	76.0	75.5	…	…	88.0								
印度尼西亚	谏义里市	1997	94.1	17.9	48.0	47.7	…	…	98.6								
印度尼西亚	棉兰	1997	99.1	68.0	90.0	90.0	…	…	92.5	2007	83.5	48.6	93.2	91.0	67.0	…	99.6
印度尼西亚	巴邻旁	1997	98.0	81.2	90.8	90.8	…	…	100.0	2007	79.2	16.8	87.6	85.7	57.8	…	95.6
印度尼西亚	巴鲁	1997	99.4	39.7	68.7	68.7	…	…	92.1								
印度尼西亚	北干巴鲁	1997	97.0	51.8	76.5	76.5	…	…	97.9								
印度尼西亚	普禾加多	1997	100.0	48.6	72.1	72.1	…	…	98.7								
印度尼西亚	泗水	1997	100.0	71.0	70.5	70.5	…	…	100.0	2007	86.9	16.2	82.3	80.3	56.8	…	99.3
印度尼西亚	苏拉卡尔塔	1997	100.0	0.0	46.0	46.0	…	…	100.0	2007	78.2	22.4	78.2	77.0	50.2	…	96.8
印度尼西亚	乌戎潘当	1997	99.4	36.3	83.8	83.8	…	…	98.4	2007	81.8	44.6	92.4	90.7	64.5	…	99.0
约旦	阿杰朗	1997	99.1	99.1	91.7	86.2	33.0	…	100.0	2007	97.5	69.5	99.8	39.6	30.3	89.5	99.3

续表

| | | 通过家庭访问而获得的 | | | | | | | | | | | | | | | |
| | | 1990–1999[1] | | | | | | | | 2000–2009[1] | | | | | | | |
		调查年份	水质提升	管道供水	卫生设施	排水系统	座机	移动电话	电力接通	调查年份	水质提升	管道供水	卫生设施	排水系统	座机	移动电话	电力接通
约旦	拜勒加	1997	98.6	98.1	97.7	95.3	35.8	…	99.1	2007	98.3	76.5	99.7	75.8	36.2	87.7	98.9
约旦	卡拉克	1997	97.1	96.6	92.6	81.7	33.7	…	98.9	2007	99.7	85.6	99.1	26.7	29.5	86.9	99.5
约旦	马弗拉克	1997	97.7	96.9	99.2	96.1	44.5	…	98.4	2007	95.8	86.5	99.8	38.0	28.9	88.6	99.6
约旦	安曼	1997	98.9	98.5	98.5	96.5	52.1	…	100.0	2007	98.8	67.0	99.9	81.2	45.3	91.4	98.6
约旦	亚喀巴	1997	100.0	100.0	98.9	98.3	45.5	…	100.0	2007	99.0	96.3	97.8	77.1	29.3	92.5	98.2
约旦	塔菲拉	1997	98.8	98.8	97.6	92.3	51.5	…	96.4	2007	99.6	97.3	99.9	29.9	31.5	90.8	99.0
约旦	扎尔卡	1997	99.2	99.1	99.6	99.1	29.5	…	100.0	2007	99.2	71.0	100.0	70.7	29.1	90.7	99.8
约旦	伊尔比德	1997	92.1	90.6	95.2	91.8	28.2	…	99.6	2007	96.4	61.5	99.3	38.7	32.2	91.2	99.1
约旦	加拉什	1997	91.8	87.8	94.9	89.8	27.6	…	100.0	2007	98.5	80.6	99.7	38.1	22.9	86.2	99.1
约旦	迈因	1997	99.0	99.0	99.0	96.0	29.7	…	100.0	2007	97.6	76.4	99.8	32.5	25.0	93.2	99.1
约旦	米底巴	1997	100.0	100.0	100.0	100.0	42.9	…	100.0	2007	97.8	82.7	100.0	66.3	28.5	89.6	98.6
哈萨克斯坦	阿拉木图	1999	97.0	94.3	87.6	77.9	78.1	…	99.7	2006	100.0	98.7	98.7	82.9	89.7	62.2	100.0
哈萨克斯坦	厄斯克门	…	…	…	…	…	…	…	…	2006	99.4	81.2	100.0	54.0	62.3	33.4	99.8
哈萨克斯坦	杰兹卡兹甘	1999	100.0	100.0	100.0	100.0	75.5	…	100.0		…	…	…	…	…	…	…
哈萨克斯坦	卡拉干达	…	…	…	…	…	…	…	…	2006	98.2	88.1	99.5	82.6	70.7	41.0	99.6
哈萨克斯坦	奇姆肯特	1999	100.0	100.0	100.0	100.0	73.7	…	100.0	2006	92.6	83.0	100.0	39.4	54.9	37.5	100.0
吉尔吉斯斯坦	比什凯克	1997	99.2	95.3	84.0	68.5	63.7	…	100.0	2006	100.0	90.0	99.8	68.4	72.1	54.8	99.8
巴基斯坦	费萨尔巴德	1990	98.1	78.1	87.6	87.2	…	…	98.7	2006	95.4	59.4	80.0	79.7	67.4	…	98.7
巴基斯坦	伊斯兰堡	1990	94.1	80.3	71.0	70.3	…	…	97.8	2006	96.5	57.7	83.2	82.9	61.5	…	99.5
巴基斯坦	卡拉奇	1990	96.6	77.4	92.1	90.0	…	…	96.8	2006	92.4	66.7	85.3	82.2	64.5	…	97.5
巴基斯坦	奎塔	…	…	…	…	…	…	…	…	2006	97.6	79.3	76.5	72.0	62.7	…	98.8
菲律宾	巴科洛德	1998	92.7	31.1	75.0	71.3	12.8	…	78.7	2008	97.8	43.3	78.1	77.3	15.2	77.5	86.6
菲律宾	卡加延德奥罗	1998	86.8	28.9	97.4	97.4	7.9	…	86.8	2008	100.0	16.1	98.9	78.7	14.9	78.5	93.3
菲律宾	宿务	1998	88.0	42.1	88.4	76.4	21.6	…	85.6	2008	99.0	21.9	84.4	80.3	22.4	80.6	93.4
菲律宾	马尼拉	1998	91.0	65.9	96.9	92.3	45.7	…	98.7	2008	99.4	45.3	96.9	96.7	32.2	87.1	98.0
土耳其	亚达那	1998	100.0	99.5	99.0	90.2	71.6	7.4	…	2004	99.5	92.2	99.6	90.4	76.8	39.0	…
土耳其	阿克萨雷	1998	47.6	42.9	64.3	21.4	69.0	7.1	…	2004	97.5	57.5	97.5	75.0	70.0	42.5	…
土耳其	安卡拉	1998	97.4	86.6	99.5	99.0	90.3	23.6	…	2004	99.5	80.2	99.3	98.5	87.2	36.1	…
土耳其	安塔利亚	1998	91.7	89.1	90.1	19.8	83.3	20.3	…	2004	99.5	74.3	89.6	60.7	86.9	31.1	…
土耳其	布尔萨	1998	92.0	87.7	98.8	89.5	82.7	14.8	…	2004	99.8	71.3	100.0	100.0	82.8	40.8	…
土耳其	加齐安泰普	1998	96.2	94.9	90.4	89.7	73.1	7.7	…	2004	99.8	97.7	99.6	99.6	73.0	43.3	…
土耳其	伊斯坦布尔	1998	89.7	19.6	99.4	98.7	79.9	29.1	…	2004	99.3	39.7	99.1	95.9	83.3	35.6	…
土耳其	伊兹密尔	1998	99.4	86.9	100.0	99.4	84.0	16.0	…	2004	98.3	56.1	100.0	99.7	84.5	39.5	…
土耳其	卡拉曼	1998	100.0	100.0	82.6	17.4	87.0	8.7	…								
土耳其	克勒克卡莱	1998	94.7	63.2	100.0	100.0	94.7	15.8	…	2004	100.0	23.9	100.0	100.0	87.0	50.0	…
土耳其	马拉蒂亚	1998	98.3	98.3	100.0	100.0	75.9	8.6	…	2004	100.0	100.0	99.2	99.2	86.5	37.6	…
土耳其	凡城	1998	95.8	95.8	93.8	62.5	62.5	4.2	…	2004	98.9	93.6	77.7	42.6	78.7	33.0	…
乌兹别克斯坦	塔什干	1996	99.4	98.7	89.4	81.0	64.5	…	100.0		…	…	…	…	…	…	…
越南	岘港	…	…	…	…	…	…	…	…	2002	88.8	88.8	100.0	100.0	80.0	…	100.0
越南	河内	1997	77.1	50.6	90.8	60.1	41.8	…	100.0	2002	77.2	74.1	97.3	95.8	72.9	…	100.0
越南	海防	1997	97.9	75.1	72.1	61.2	6.4	…	100.0	2002	88.2	95.5	96.0	90.0	39.0	…	100.0
越南	胡志明市	1997	90.6	89.4	95.8	92.7	40.0	…	99.7	2002	89.3	88.8	98.4	96.6	74.5	…	99.8
也门	亚丁	1991	97.0	97.0	91.4	88.2	28.7	…	95.6								
也门	萨那阿	1991	93.9	93.5	60.9	58.5	38.6	…	98.8	2006	56.8	22.5	88.7	48.8	…		
也门	塔伊兹	1991	85.6	85.6	55.9	48.9	26.1	…	95.2		…	…	…	…	…	…	…
欧洲																	
摩尔多瓦	基希纳乌	…	…	…	…	…	…	…	…	2005	99.5	89.1	97.8	91.9	93.6	60.6	99.7
乌克兰	切尔卡瑟	…	…	…	…	…	…	…	…	2007	99.4	81.5	99.7	56.6	64.4	79.8	99.7
乌克兰	切尔尼戈夫	…	…	…	…	…	…	…	…	2007	100.0	73.9	76.0	46.5	81.7	60.9	100.0
乌克兰	查尼夫兹	…	…	…	…	…	…	…	…	2007	100.0	94.9	97.0	86.9	87.2	61.8	100.0
乌克兰	赫尔松	…	…	…	…	…	…	…	…	2007	99.7	78.0	100.0	62.1	54.4	71.3	100.0
乌克兰	赫梅利尼茨基	…	…	…	…	…	…	…	…	2007	98.1	81.5	98.4	81.7	84.5	64.2	99.4
乌克兰	第聂伯罗彼德洛夫斯克	…	…	…	…	…	…	…	…	2007	100.0	91.5	100.0	77.4	71.1	69.9	100.0
乌克兰	顿涅茨	…	…	…	…	…	…	…	…	2007	100.0	76.4	99.8	65.6	50.3	79.3	99.9
乌克兰	伊凡诺	…	…	…	…	…	…	…	…	2007	100.0	72.6	100.0	72.7	85.6	77.5	100.0
乌克兰	哈尔科夫	…	…	…	…	…	…	…	…	2007	100.0	79.0	99.7	69.9	68.8	70.9	100.0
乌克兰	基洛夫格勒	…	…	…	…	…	…	…	…	2007	99.7	65.0	99.6	46.6	53.5	76.4	100.0
乌克兰	克里米亚	…	…	…	…	…	…	…	…	2007	99.6	91.3	99.3	68.5	58.2	68.9	99.8
乌克兰	基辅	…	…	…	…	…	…	…	…	2007	99.8	94.9	99.8	99.8	94.4	85.6	99.8
乌克兰	卢甘斯克	…	…	…	…	…	…	…	…	2007	99.1	39.6	98.9	69.4	61.0	72.8	100.0
乌克兰	利沃夫	…	…	…	…	…	…	…	…	2007	100.0	89.7	99.8	90.4	73.6	78.1	100.0
乌克兰	克莱夫	…	…	…	…	…	…	…	…	2007	93.2	91.0	100.0	80.5	47.2	56.2	99.6
乌克兰	敖德萨	…	…	…	…	…	…	…	…	2007	99.8	85.8	99.3	63.1	72.5	61.7	99.9
乌克兰	波尔塔瓦	…	…	…	…	…	…	…	…	2007	98.3	71.7	100.0	74.8	70.9	71.1	100.0
乌克兰	罗夫捏…	…	…	…	…	…	…	…	…	2007	100.0	95.0	98.0	76.6	72.6	72.4	99.3
乌克兰	萨瓦斯托波尔	…	…	…	…	…	…	…	…	2007	100.0	95.4	99.0	92.5	85.9	65.5	99.9
乌克兰	苏梅	…	…	…	…	…	…	…	…	2007	99.6	78.9	100.0	63.9	70.6	70.2	100.0
乌克兰	捷尔诺波尔	…	…	…	…	…	…	…	…	2007	97.7	84.2	100.0	67.3	82.5	73.5	100.0
乌克兰	乌日哥罗德	…	…	…	…	…	…	…	…	2007	95.2	80.8	95.3	67.5	58.3	80.1	100.0
乌克兰	温尼查	…	…	…	…	…	…	…	…	2007	94.7	66.8	99.7	63.2	65.6	74.8	100.0
乌克兰	沃伦	…	…	…	…	…	…	…	…	2007	100.0	84.3	100.0	69.3	85.3	71.0	100.0
乌克兰	扎波罗热	…	…	…	…	…	…	…	…	2007	100.0	99.2	100.0	77.7	70.4	76.4	100.0
乌克兰	日托米尔	…	…	…	…	…	…	…	…	2007	100.0	48.0	98.9	53.9	66.9	69.0	99.6

续表

		通过家庭访问而获得的														
		1990–1999[1]								2000–2009[1]						
		调查年份	水质提升	管道供水	卫生设施	排水系统	座机	移动电话	电力接通	调查年份	水质提升	管道供水	卫生设施	排水系统	座机	移动电话	电力接通
拉丁美洲和加勒比地区																	
伯利兹	伯利兹城	…	…	…	…	…	…	…	…	2006	99.6	24.1	96.1	95.0	49.3	70.5	98.3
玻利维亚	科维哈	1998	88.5	8.5	78.7	52.5	45.9	…	88.5	2008	86.7	85.2	79.7	64.5	23.4	85.0	96.2
玻利维亚	科恰班巴	1998	83.5	83.5	65.0	44.3	47.5	7.6	98.2	2008	84.4	83.0	83.7	75.1	42.6	74.0	98.2
玻利维亚	拉巴斯	1998	95.3	95.3	55.1	39.3	33.5	8.1	97.2	2008	97.5	93.0	83.6	78.1	29.7	77.0	98.3
玻利维亚	欧鲁罗	1998	93.9	93.9	42.3	32.2	29.5	4.8	95.8	2008	97.2	92.4	70.2	69.0	43.1	70.6	96.4
玻利维亚	波托西	1998	96.7	96.7	48.9	23.9	25.7	3.2	95.6	2008	98.1	95.1	82.8	81.5	23.7	74.9	97.8
玻利维亚	圣克鲁兹	1998	96.7	96.7	75.0	56.0	36.9	10.7	95.9	2008	98.9	98.1	78.3	59.9	25.8	84.5	97.7
玻利维亚	苏克雷	1998	96.5	96.5	71.9	61.4	36.1	8.4	95.7	2008	94.4	88.6	77.2	76.9	31.5	66.5	97.2
玻利维亚	塔里哈	1998	99.3	99.3	79.7	68.3	41.2	6.6	94.5	2008	99.3	94.5	86.4	79.8	31.7	81.8	94.9
玻利维亚	特立尼达岛	1998	69.8	69.8	59.0	25.8	22.8	2.6	84.0	2008	65.0	60.7	65.4	42.4	14.9	65.8	91.5
巴西	贝洛哈里桑塔	1996	90.9	84.4	91.3	87.6	…	…	100.0		…	…	…	…	…	…	…
巴西	巴西利亚	1996	90.2	89.8	81.7	71.2	…	…	99.6		…	…	…	…	…	…	…
巴西	库里提巴	1996	90.0	84.2	88.7	78.7	…	…	100.0		…	…	…	…	…	…	…
巴西	福塔莱萨	1996	82.4	76.8	59.8	35.9	…	…	97.2		…	…	…	…	…	…	…
巴西	哥亚尼亚	1996	95.7	93.4	84.8	75.7	…	…	98.3		…	…	…	…	…	…	…
巴西	里约热内卢	1996	89.4	88.5	83.1	79.4	…	…	99.6		…	…	…	…	…	…	…
巴西	圣保罗	1996	98.2	93.8	90.3	87.6	…	…	99.6		…	…	…	…	…	…	…
巴西	维多利亚	1996	94.6	90.4	90.8	87.5	…	…	99.2		…	…	…	…	…	…	…
哥伦比亚	亚美尼亚城	1995	100.0	100.0	99.3	98.9	55.4	…	99.3	2005	99.7	96.8	99.0	99.8	69.7	…	98.1
哥伦比亚	巴兰基亚	1995	95.1	93.9	94.6	80.4	23.5	…	99.8	2005	95.9	86.8	96.0	94.8	45.4	…	99.6
哥伦比亚	博格达	1995	100.0	100.0	99.8	99.7	80.6	…	99.9	2005	99.6	96.4	99.9	99.9	81.7	…	99.6
哥伦比亚	布卡拉曼加	1995	100.0	100.0	97.3	96.7	42.4	…	100.0	2005	98.6	95.3	97.3	97.3	76.3	…	99.8
哥伦比亚	卡利	1995	99.9	99.7	97.3	96.7	43.1	…	99.9	2005	96.9	97.7	99.0	99.0	71.4	…	99.7
哥伦比亚	卡塔赫那	1995	98.4	93.6	88.0	74.2	27.1	…	99.6	2005	94.9	83.0	92.8	91.4	49.2	…	99.7
哥伦比亚	库库塔	1995	98.3	98.3	97.7	96.4	27.2	…	100.0	2005	99.5	95.8	97.4	97.1	57.0	…	99.6
哥伦比亚	伊瓦格	1995	99.1	99.1	97.0	93.0	32.5	…	97.7	2005	99.3	98.0	99.7	99.7	62.8	…	99.1
哥伦比亚	马尼萨莱斯	1995	99.6	99.6	99.6	99.6	52.3	…	98.8	2005	99.6	99.6	99.8	99.8	72.4	…	99.5
哥伦比亚	麦德林	1995	99.4	99.4	96.9	96.3	52.3	…	99.8	2005	99.1	91.2	99.3	94.9	81.8	…	99.1
哥伦比亚	蒙特利亚	1995	86.9	79.3	71.2	47.9	21.7	…	93.1	2005	74.2	59.9	93.9	92.7	53.1	…	98.4
哥伦比亚	内瓦	1995	99.6	99.6	97.2	96.6	43.9	…	97.4	2005	99.1	98.7	98.6	98.3	64.4	…	98.1
哥伦比亚	佩雷拉	1995	100.0	100.0	100.0	100.0	57.0	…	98.9	2005	100.0	98.1	99.6	99.6	72.9	…	99.4
哥伦比亚	波帕阳	1995	100.0	100.0	98.6	98.6	54.9	…	100.0	2005	98.9	83.1	97.0	96.7	63.3	…	97.2
哥伦比亚	基布多	1995	94.3	64.0	8.2	1.7	35.1	…	79.6	2005	96.4	53.2	85.9	85.7	55.9	…	98.2
哥伦比亚	里奥阿查	1995	100.0	100.0	92.9	89.3	16.8	…	94.6	2005	95.8	63.9	96.7	96.3	50.5	…	98.9
哥伦比亚	圣玛尔塔	1995	80.0	74.2	79.6	67.2	18.4	…	100.0	2005	96.4	78.5	94.0	93.0	49.3	…	98.7
哥伦比亚	辛塞莱霍	1995	100.0	100.0	86.6	73.5	19.5	…	98.5	2005	97.5	86.0	94.1	93.6	53.1	…	98.7
哥伦比亚	通哈	1995	100.0	100.0	99.3	98.7	22.1	…	98.7	2005	99.2	90.8	99.1	99.1	60.8	…	99.5
哥伦比亚	巴耶杜帕尔	1995	100.0	100.0	99.2	97.4	14.8	…	99.4	2005	95.3	90.6	90.3	90.2	43.3	…	97.4
哥伦比亚	维拉文森西奥	1995	96.4	96.4	100.0	100.0	34.0	…	99.2	2005	98.6	69.1	99.2	99.0	64.9	…	98.9
多米尼加共和国	阿苏亚	1996	97.8	75.1	89.0	46.4	22.7	…	…	2007	92.1	49.1	92.5	43.2	15.3	46.5	99.1
多米尼加共和国	巴尼	1996	100.0	87.7	97.8	70.7	34.8	…	…	2007	78.4	22.6	93.6	60.0	29.4	64.6	98.7
多米尼加共和国	巴拉宏那	1996	92.2	89.3	79.7	33.1	14.8	…	…	2007	85.9	57.3	86.9	47.1	18.7	52.4	98.7
多米尼加共和国	博纳奥	1996	97.7	90.7	93.0	62.8	46.5	…	…	2007	94.6	34.3	98.3	82.2	31.4	75.2	99.2
多米尼加共和国	科图伊	1996	99.1	80.0	85.2	36.5	7.8	…	…	2007	93.7	6.5	93.5	74.4	29.4	69.7	100.0
多米尼加共和国	达哈翁	1996	100.0	96.7	93.3	23.3	17.8	…	…	2007	82.2	38.3	94.7	49.9	18.5	62.5	96.9
多米尼加共和国	哈托梅奥		…	…	…	…	…	…	…	2007	88.0	3.0	95.1	59.1	18.7	73.9	98.0
多米尼加共和国	伊尼	1996	100.0	12.1	97.0	59.1	34.8	…	…	2007	94.3	0.1	97.8	74.4	21.7	79.2	98.0
多米尼加共和国	拉罗马纳	1996	100.0	29.3	92.9	52.2	34.2	…	…	2007	88.7	6.9	92.6	66.9	17.0	74.5	98.6
多米尼加共和国	拉维嘉	1996	98.8	54.7	98.8	94.2	59.3	…	…	2007	91.5	27.6	96.7	78.9	26.0	73.1	98.6
多米尼加共和国	马奥	1996	98.9	80.7	94.8	33.0	23.6	…	…	2007	96.4	36.6	95.1	46.9	24.0	72.9	96.1
多米尼加共和国	莫卡	1996	97.5	65.8	97.5	74.7	59.5	…	…	2007	97.9	37.9	97.1	74.0	23.6	73.6	98.2
多米尼加共和国	蒙特克里斯汀	1996	54.5	22.4	92.5	15.7	27.6	…	…	2007	93.8	20.2	94.3	43.5	28.2	67.6	95.3
多米尼加共和国	蒙特普拉塔	1996	98.4	63.2	89.3	40.3	14.2	…	…	2007	79.7	3.3	92.7	44.9	15.5	63.4	96.6
多米尼加共和国	纳瓜	1996	100.0	43.1	100.0	41.4	27.6	…	…	2007	89.2	4.6	93.5	62.6	21.3	76.9	98.9
多米尼加共和国	内瓦	1996	96.6	92.7	82.0	12.4	12.4	…	…	2007	81.8	45.1	81.3	41.5	19.7	57.2	96.8
多米尼加共和国	普拉塔港	1996	97.4	46.2	98.7	66.7	32.1	…	…	2007	95.3	10.2	97.0	87.6	30.7	78.2	97.9
多米尼加共和国	萨瓦内塔	1996	100.0	79.1	96.5	51.2	27.9	…	…	2007	89.6	21.2	93.3	56.1	27.3	73.7	98.7
多米尼加共和国	山美纳	1996	96.6	82.8	51.7	24.1	3.4	…	…	2007	92.4	9.7	89.6	68.9	17.6	76.2	97.0
多米尼加共和国	圣克里斯多堡	1996	88.2	56.6	91.5	59.0	36.8	…	…	2007	72.9	11.4	96.2	80.0	33.7	77.0	99.4
多米尼加共和国	圣弗朗西斯科 - 德马科里斯	1996	99.4	43.0	95.0	55.9	30.7	…	…	2007	90.2	10.7	95.0	73.2	31.5	73.5	98.7
多米尼加共和国	圣胡安	1996	97.8	87.8	92.8	34.8	21.0	…	…	2007	95.6	53.3	89.7	55.8	20.4	62.4	99.3
多米尼加共和国	圣佩德罗 - 德马科里斯	1996	99.4	17.3	92.9	56.5	36.3	…	…	2007	76.8	4.4	92.7	65.4	19.5	70.3	98.3
多米尼加共和国	圣地亚哥	1996	99.7	77.8	96.3	74.4	46.0	…	…	2007	98.4	31.2	98.9	89.5	41.7	81.6	99.2
多米尼加共和国	圣多明哥	1999	97.7	31.1	87.2	74.6	54.3	…	…	2007	80.9	9.0	96.0	85.2	39.0	79.3	98.6
危地马拉	危地马拉城	1998	91.1	53.2	83.6	71.6	31.9	…	91.7		…	…	…	…	…	…	…
危地马拉	埃斯昆特拉	1998	94.0	56.8	96.7	90.2	29.5	…	97.8		…	…	…	…	…	…	…
危地马拉	克萨尔特南	1998	93.7	71.2	82.5	70.0	31.3	…	91.2		…	…	…	…	…	…	…
海地	太子港	1994	48.5	31.9	93.4	16.9	…	…	92.3	2006	78.6	25.4	57.6	17.3	11.2	48.6	88.0
洪都拉斯	乔卢特卡		…	…	…	…	…	…	…	2005	99.1	34.6	78.6	53.3	51.8	41.5	
洪都拉斯	科马亚瓜		…	…	…	…	…	…	…	2005	94.6	30.3	87.6	75.0	38.1	47.5	
洪都拉斯	胡蒂尔卡帕		…	…	…	…	…	…	…	2005	96.9	35.2	78.2	52.9	46.2	43.3	

续表

		通过家庭访问而获得的														
		1990–1999[1]								2000–2009[1]						
		调查年份	水质提升	管道供水	卫生设施	排水系统	座机	移动电话	电力接通	调查年份	水质提升	管道供水	卫生设施	排水系统	座机	移动电话	电力接通
洪都拉斯	拉塞瓦	…	…	…	…	…	…	…	…	2005	94.1	35.9	91.3	73.5	29.9	64.3	…
洪都拉斯	圣佩德罗苏拉	…	…	…	…	…	…	…	…	2005	98.9	30.2	93.3	84.0	40.1	57.6	…
洪都拉斯	圣巴巴拉	…	…	…	…	…	…	…	…	2005	91.6	48.3	78.7	61.8	16.4	34.2	…
洪都拉斯	圣罗莎	…	…	…	…	…	…	…	…	2005	88.9	17.1	87.0	74.1	33.1	45.8	…
洪都拉斯	特古西加尔巴	…	…	…	…	…	…	…	…	2005	89.4	32.7	86.0	72.4	54.9	53.0	…
洪都拉斯	特鲁希略	…	…	…	…	…	…	…	…	2005	91.8	24.8	92.7	71.6	45.7	51.8	…
洪都拉斯	约罗	…	…	…	…	…	…	…	…	2005	97.4	30.1	91.7	72.8	44.2	54.6	…
洪都拉斯	Yuscarán	…	…	…	…	…	…	…	…	2005	92.6	42.4	83.4	58.8	35.1	37.2	…
尼加拉瓜	奇南德加	1998	82.1	78.6	62.2	25.9	8.2	…	84.0	2001	100.0	85.5	65.7	22.3	9.3	8.9	89.5
尼加拉瓜	埃斯特利	1998	95.3	94.5	66.7	36.5	12.5	…	84.9	2001	99.1	93.4	69.1	30.7	14.0	0.9	91.7
尼加拉瓜	格拉纳达	1998	97.2	97.0	67.0	37.4	16.9	…	93.6	2001	99.8	97.4	71.6	35.8	23.9	12.3	95.0
尼加拉瓜	莱昂	1998	92.4	92.0	68.8	40.5	12.6	…	92.5	2001	99.8	97.0	73.9	46.2	11.8	11.1	98.4
尼加拉瓜	马那瓜	1998	97.5	97.5	78.2	58.4	21.9	…	96.9	2001	99.8	97.1	81.7	61.1	29.1	21.9	99.6
尼加拉瓜	马沙雅	1998	96.2	95.8	65.0	30.3	14.8	…	94.9	2001	100.0	98.9	69.4	31.6	18.4	10.4	97.9
尼加拉瓜	马塔加尔帕	1998	95.9	95.3	68.1	37.2	13.2	…	90.9	2001	98.1	87.5	72.0	30.2	16.5	1.2	92.2
秘鲁	阿雷基帕	1996	88.5	74.3	80.7	67.7	25.1	…	94.8	2004	93.6	93.2	89.5	84.6	36.1	…	98.1
秘鲁	齐克拉约	1996	89.1	74.8	72.1	55.0	20.6	…	88.7	2004	91.8	91.2	86.5	79.6	32.0	…	92.3
秘鲁	钦博特	1996	76.4	72.0	79.6	68.4	24.0	…	91.4	2004	87.8	87.8	76.8	73.9	31.6	…	85.2
秘鲁	利马	1996	83.1	73.7	85.1	77.1	35.7	…	97.4	2004	96.6	96.6	96.5	94.3	61.9	…	99.1
秘鲁	皮乌拉	1996	88.9	84.8	78.9	67.4	18.9	…	83.4	2004	94.0	64.9	60.5	37.7	24.0	…	91.1
秘鲁	塔克纳	1996	96.1	81.4	83.3	80.9	33.0	…	92.4	2004	100.0	100.0	98.6	97.7	27.9	…	99.0
秘鲁	特鲁希略（秘鲁港市）	1996	84.9	72.6	72.8	61.5	19.8	…	84.9	2004	93.5	93.5	98.3	96.0	50.7	…	98.1

资料来源：联合国人居署（联合国人类居住规划署），全球城市指标数据库 2010。

注：

1. 数据来源于最新一年的周期。

参考文献
REFERENCES

A101 (2006) 'Moscow will have a new suburb', MASSHTAB, www.a101.ru/en/news.xml?&news_id=77&year_id=57&month_id=76, last accessed 18 October 2010

ABI (Association of British Insurers) (2005) *Financial Risks of Climate Change*, Association of British Insurers, London, UK

ACIA (Arctic Climate Impact Assessment) (2004) *Arctic Climate Impact Assessment*, Cambridge University Press, Cambridge, UK

ActionAid International (2006) *Unjust Waters, Climate Change, Flooding and the Protection of Poor African Communities: Experiences from Six African Cities*, Actionaid International, www.reliefweb.int/rw/lib.nsf/db900sid/TBRL-76GR49/$file/Actionaid-UnjustWaters-Aug2007.pdf?openelement, last accessed 7 December 2010

Adams, J. (2007) 'Rising sea levels threaten small Pacific island nations', *New York Times*, 3 May, www.nytimes.com/2007/05/03/world/asia/03iht-pacific.2.5548184.html? r=1, last accessed 20 January 2011

ADB (Asian Development Bank) (2005) *Climate Proofing: A Risk-Based Approach to Adaptation*, Pacific Studies Series, Manila

ADB (undated) 'Clean energy financing partnership facility', www.adb.org/Clean-Energy/cefpf.asp, last accessed 6 October 2010

Adelekan, I. O. (2010) 'Vulnerability of poor urban coastal communities to flooding in Lagos, Nigeria', *Environment and Urbanization* **22**(2): 433–450

Adeyinka S. O. and O. J. Taiwo (2006) 'Lagos shoreline change pattern: 1986–2002', *American-Eurasian Journal of Scientific Research* **1**(1): 25–30

Adger, W. N. (1999) 'Social vulnerability to climate change and extremes in coastal Vietnam', *World Development* **27**(2): 249–269

Adger, W. N. (2000) 'Social and ecological resilience: Are they related?' *Progress in Human Geography* **24**(3): 347–364

Adger, W. N. (2001) 'Scales of governance and environmental justice for adaptation and mitigation of climate change', *Journal of International Development* **13**(7): 921–931

Adger, W. N., T. Hughes, C. Folke, S. Carpenter and J. Rockström (2005) 'Social-ecological resilience to coastal disasters', *Science* **309**(5737): 1036–1039

Adger, W. N., S. Agrawala, M. M. Q. Mirza, C. Conde, K. O'Brien, J. Pulhin, R. Pulwarty, B. Smit and K. Takahashi (2007) 'Assessment of adaptation practices, options, constraints and capacity', in M. L. Parry, O. F. Canziani, J. P. Palutikof, P. J. van der Linden and C. E. Hanson (eds) *Climate Change 2007: Impacts, Adaptation and Vulnerability. Contribution of Working Group II to the Fourth Assessment Report of the Intergovernmental Panel on Climate Change*, Cambridge University Press, Cambridge, UK, pp717–743

African Development Bank, Asian Development Bank, Department for International Development, European Commission, Federal Ministry for Economic Cooperation and Development-Germany, Development Cooperation-The Netherlands, Organisation for Economic Co-operation and Development, United Nations Development Programme, United Nations Environment Programme and the World Bank (2003) *Poverty and Climate Change: Reducing the Vulnerability of the Poor through Adaptation*, Washington, DC

Agencianova (2009) 'El gobierno bonaerense inicia la construcción de viviendas bioclimáticas', www.novacolombia.info/nota.asp?n=2009_6_9&id=9226&id_tiponota=10, last accessed 14 October 2010

Agnew, M. and D. Viner (2001) 'Potential impacts of climate change on international tourism', *Tourism and Hospitality Research* **3**(1): 37–60

Ahern, M., R. S. Kovats, P. Wilkinson, R. Few and F. Matthies (2005) 'Global health impacts of floods: Epidemiologic evidence', *Epidemiology Review* **27**(1): 36–46

Akbari, H. (2005) *Energy Saving Potentials and Air Quality Benefits of Urban Heat Island Mitigation*, Lawrence Berkeley National Laboratory, Berkeley, CA

Akinbami, J. F. and A. Lawal (2009) 'Opportunities and challenges to electrical energy conservation and CO_2 emissions reduction in Nigeria's building sector', Paper prepared for the Fifth Urban Research Symposium, Cities and Climate Change: Responding to an Urgent Agenda, 28–30 June, Marseille, France

Alam, M. and M. Rabbani (2007) 'Vulnerabilities and responses to climate change for Dhaka', *Environment and Urbanization* **19**(1): 81–97

Alber, G. (2010) *Gender, Cities and Climate Change*, Unpublished thematic report prepared for the *Global Report on Human Settlements 2011*, www.unhabitat.org/grhs/2011

Alber G. and K. Kern (2008) 'Governing climate change in cities: Modes of urban climate governance in multi-level systems', OECD International Conference, Competitive Cities and Climate Change, 2nd Annual Meeting of the OECD Roundtable Strategy for Urban Development, 9–10 October, Milan, Italy, www.oecd.org/dataoecd/22/7/41449602.pdf, last accessed 28 October 2010

Alberti, M. and L. R. Hutyra (2009) 'Detecting carbon signatures of development patterns across a gradient of urbanization: Linking observations, models, and scenarios', Paper prepared for the Fifth Urban Research Symposium, Cities and Climate Change:

Responding to an Urgent Agenda, 28–30 June, Marseille, France

Aldy, J. E., S. Barrett and R. N. Stavins (2003) 'Thirteen plus one: a comparison of global climate policy architectures', *Climate Policy* **3**(4): 373–397

AlertNet (2010a) 'UN Adaptation Fund gives green light to first four projects', www.alertnet.org/db/an_art/60167/2010/05/17-221110-1.htm

AlertNet (2010b) 'Climate change: Adaptation Fund swings into action', www.alertnet.org/thenews/newsdesk/IRIN/690db58da46ba960d48e0c009e677716.htm

Allman, L., P. Fleming and A. Wallace (2004) 'The progress of English and Welsh local authorities in addressing climate change', *Local Environment* **9**(3): 271–283

Alston, L. J., G. D. Libecap and B. Mueller (2001) 'Land reform policies, sources of conflict and implications for de-forestation in the Brazilian Amazon', *Nota Di Lavoro*, 70.2001, Fonazione Eni Enrico Mattei, Milan, Italy

Ammann C. M., F. Joos, D. Schimel, B. L. Otto-Bliesner and R. Tomas (2007) 'Solar influence on climate during the past millennium: Results from transient simulations with the NCAR Climate System Model', *Proceedings of the National Academy of Sciences* **104**(10): 3713–3718

Ananthapadmanabhan, G., K. Srinivas and V. Gopal (2007) *Hiding Behind the Poor: A Report by Greenpeace on Climate Injustice*, New Delhi, India

Andrews, C. (2008) 'Greenhouse gas emissions along the rural–urban gradient', *Journal of Environmental Planning and Management* **51**(6): 847–870

Angel, S., S. Sheppard and D. Civco (2005) *The Dynamics of Global Urban Expansion, Transport and Urban Development Department*, World Bank, Washington, DC

Arup (2008) *Zero Net Emissions by 2020 Update*, City of Melbourne, Australia

Asia-Pacific Partnership on Clean Development and Climate (undated) 'Frequently asked questions', www.asiapacificpartnership.org/english/faq.aspx#FAQ1, last accessed 6 October 2010

Atteridge, A., C. K. Siebert, R. J. Klein, C. Butler and P. Tella (2009) 'Bilateral finance institutions and climate change: A mapping of climate portfolios', Stockholm Environment Institute for the Climate Change Working Group for Bilateral Finance Institutions Working Paper, Stockholm Environment Institute, Stockholm, Sweden, www.sei-international.org/mediamanager/documents/Publications/Climate-mitigation-adaptation/bilateral-finance-institutions-climate-change.pdf, last accessed 6 October 2010

Awuor, C. B., V. A. Orindi and A. O. Adwera (2008) 'Climate change and coastal cities: The case of Mombasa, Kenya', *Environment and Urbanization* **20**(1): 231–242

Ayers, J. (2009) 'International funding to support urban adaptation to climate change', *Environment and Urbanization* **21**(1): 225–240

Ayers, J. and S. Huq (2009) 'The value of linking mitigation and adaptation: A case study of Bangladesh', *Environmental Management* **43**(5): 753–764

Aylett, A. (2010) 'Changing perceptions of climate mitigation among competing priorities: The case of Durban, South Africa', Unpublished case study prepared for the *Global Report on Human Settlements 2011*, www.unhabitat.org/grhs/2011

Bai, X. (2007) 'Industrial ecology and the global impacts of cities', *Journal of Industrial Ecology* **11**(2): 1–6

Baldasano, J., C. Soriano and L. Boada (1999) 'Emission inventory for greenhouse gases in the City of Barcelona, 1987–1996', *Atmospheric Environment* **33**(23): 3765–3775

Balk, D., M. R. Montgomery, G. McGranahan, D. Kim, V. Mara, M. Todd, T. Buettner and A. Dorelién (2009) 'Mapping urban settlements and the risks of climate change in Africa, Asia and South America', in J. M. Guzman, G. Martine, G. McGranahan, D. Schensul and C. Tacoli (eds) *Population Dynamics and Climate Change*, United Nations Population Fund (UNFPA) and International Institute for Environment and Development (IIED), London, pp80–103

Bangkok Metropolitan Administration (2009) *Bangkok: Assessment Report on Climate Change 2009*, Green Leaf Foundation, Bangkok Metropolitan Administration and United Nations Environment Programme Regional Office for Asia and the Pacific, Bangkok, Thailand

Banister, D., S. Watson and C. Wood (1997) 'Sustainable cities: Transport, energy, and urban form', *Environment and Planning B: Planning and Design* **24**(1): 125–143

Banks, N. (2008) 'A tale of two wards: Political participation and the urban poor in Dhaka city', *Environment and Urbanization* **20**(2): 361–376

Barker T., I. Bashmakov, L. Bernstein, J. E. Bogner, P. R. Bosch, R. Dave, O. R. Davidson, B. S. Fisher, S. Gupta, K. Halsnæs, G. J. Heij, S. Kahn Ribeiro, S. Kobayashi, M. D. Levine, D. L. Martino, O. Masera, B. Metz, L. A. Meyer, G.-J. Nabuurs, A. Najam, N. Nakicenovic, H.-H. Rogner, J. Roy, J. Sathaye, R. Schock, P. Shukla, R. E. H. Sims, P. Smith, D. A. Tirpak, D. Urge-Vorsatz and D. Zhou (2007) 'Technical summary', in B. Metz, O. R. Davidson, P. R. Bosch, R. Dave and L. A. Meyer (eds) *Climate Change 2007: Mitigation, Contribution of Working Group III to the Fourth Assessment Report of the Intergovernmental Panel on Climate Change*, Cambridge University Press, Cambridge and New York, pp25–93, www.ipcc.ch/pdf/assessment-report/ar4/wg3/ar4-wg3-ts.pdf, last accessed 11 October 2010

Barry, E. J. (1943) *Solar Water Heater*, USP Office, US

Bartlett, S. (2008) 'Climate change and children: Impacts and implications for adaptation in low- to middle-income countries', *Environment and Urbanization* **20**(2): 501–519

Bartlett, S., D. Dodman, J. Hardoy, D. Satterthwaite and C. Tacoli (2009) 'Social aspects of climate change in urban areas in low- and middle-income nations', Paper prepared for the Fifth Urban Research Symposium, Cities and Climate Change: Responding to an Urgent Agenda, 28–30 June, Marseille, France

Bastianoni, S., F. Pulselli and E. Tiezzi (2004) 'The problem of assigning responsibility for greenhouse gas emissions', *Ecological Economics* **49**(3): 253–257

Basu, R. and J. Samet (2002) 'Relation between elevated ambient temperature and mortality: A review of the epidemiologic evidence', *Epidemiologic Reviews* **24**(2): 190–202

Bates, B. C., Z. W. Kundzewicz, S. Wu and J. P. Palutikof (eds) (2008) 'Climate change and water', Technical Paper of the Intergovernmental Panel on Climate Change, IPCC Secretariat, Geneva, Switzerland

Baumert, K., T. Herzog and J. Pershing (2005) *Navigating the Numbers: Greenhouse Gas Data and International Climate Policy*, World Resources Institute, Washington, DC

BBC News (2010a) 'Floods in north-east Brazil kill dozens of people', 23 June 2010, www.bbc.co.uk/news/10372362, last accessed 29 October 2010

BBC News (2010b) 'Pakistan flood death toll "passes 1,100"', BBC News South Asia, www.bbc.co.uk/news/world-south-asia-10832166, last accessed 29 October 2010

BCIL (Biodiversity Conservation India Limited) (2009) *T-Zed Case-Study*, Unpublished report presented to UNEP, Bangalore

Beauchemin, C. and P. Bocquier (2004) 'Migration and urbanization in Francophone West Africa: An overview of the recent empirical evidence', *Urban Studies* **41**(11): 2245–2272

Beccherle, J. and J. Tirole (2010) 'Regional initiatives and the cost of delaying binding climate change agreements', www.idei.fr/doc/by/tirole/regionalinitiativesmay17.pdf, last accessed 7 October 2010

Beniston, M. and H. Diaz (2004) 'The 2003 heat wave as an example of summers in a greenhouse climate? Observations and climate model simulations for Basel, Switzerland', *Global and Planetary Change* **44**(1–4): 73–81

Benson, C. and E. Clay (2004) 'Beyond the damage: Probing the economic and financial consequences of natural disasters', Presentation at Overseas Development Institute (ODI), London, 11 May 2004

Berger, L. R. and D. Mohan (1996) *Injury Control: A Global View*, Oxford University Press, New Delhi, India

Bertaud, A., B. Lefevre and B. Yuen (2009) 'GHG emissions, urban mobility and efficiency of urban morphology: A hypothesis', Paper prepared for the Fifth Urban Research Symposium, Cities and Climate Change: Responding to an Urgent Agenda, 28–30 June, Marseille, France

Betsill, M. M. (2001) 'Mitigating climate change in US Cities: Opportunities and obstacles', *Local Environment* **6**(4): 393–406

Betsill, M. M. and H. Bulkeley (2007) 'Looking back and thinking ahead: A decade of cities and climate change research', *Local Environment* **12**(5): 447–456

Bicknell, J., D. Dodman and D. Satterthwaite (eds) (2009) *Adapting Cities to Climate Change: Understanding and Addressing the Development Challenges*, Earthscan, London

Biermann, F. and P. Pattberg (2008) 'Global environmental governance: Taking stock, moving forward', *Annual Review of Environment and Resources* **33**(1): 277–294

Biermann, F., P. Pattberg, H. van Asselt and F. Zelli (2008) 'Fragmentation of global governance architectures: Case of climate policy', Paper presented at the 49th International Studies Association's (ISA's) Annual Convention, Bridging Multiple Divides, San Francisco, California, March 2008

Biermann, F., M. M. Betsill, J. Gupta, N. Kanie, L. Lebel, D. Liverman, H. Schroeder and B. Siebenhuner (2009) *Earth System Governance – People, Places, and the Planet, Science and Implementation of the Earth System Governance Project, Earth System Governance Report 1*, International Human Dimensions Programme, The Earth System Governance Project, Bonn, Germany

Bigio, A. (2009) 'Adapting to climate change and preparing for natural disasters in the coastal cities of North Africa', Paper presented at the Urban Research Symposium, Cities and Climate Change: Responding to an Urgent Agenda, June 28–30, Marseilles, France

Bin, S. and R. Harris (2006) 'The role of CO_2 embodiment in U.S.–China trade', *Energy Policy* **34**(18): 4063–4068

Bird, N. and L. Peskett (2008) 'Recent bilateral initiatives for climate financing: Are they moving in the right direction?', Opinion Paper No 112, Overseas Development Institute (ODI), London, www.odi.org.uk/resources/download/2402.pdf, last accessed 6 October 2010

Bizikova L., T. Neale and I. Burton (2008) *Canadian Communities' Guidebook for Adaptation to Climate Change*, Environment Canada and University of British Columbia, Vancouver, Canada

Bloomberg, M. and R. Aggarwala (2008) 'Think locally, act globally: How curbing global warming emissions can improve local public health', *American Journal of Preventative Medicine* **35**(5): 414–423

Boardman, B. (2007) 'Examining the carbon agenda via the 40% house scenario', *Building Research & Information* **35**(4): 363–378

Bodansky, D. (2001) 'The history of the global climate change regime', in U. Luterbacher and D. F. Sprinz (eds) *International Relations and Global Climate Change*, MIT Press Cambridge, MA, pp23–40

Boland, J. (1997) 'Assessing urban water use and the role of water conservation measures under climate uncertainty', *Climatic Change* **37**(1): 157–176

Boonyabancha, S. (2005) 'Baan Mankong: Going to scale with "slum" and squatter upgrading in Thailand', *Environment and Urbanization* **17**(1): 21–46

Boonyabancha, S. (2009) 'Land for housing the poor by the poor: Experiences from the Baan Mankong nationwide slum upgrading programme in Thailand', *Environment and Urbanization* **21**(2): 309–330

Boruff, B. J., C. Emrich and S. L. Cutter (2005) 'Erosion hazard vulnerability of US coastal counties', *Journal of Coastal Research* **21**(5): 932–942

Brasseur, G., K. Jacobs, E. Barron, R. Benedick, W. Chameides, T. Dietz, P. Romero Lankao, M. McFarland, H. Mooney, D. Nathan, E. Parson and R. Richels (2007) *Analysis of Global Change Assessments: Lessons Learned*, National Academies Press, Washington, DC

Breman, J., M. S. Alilio and A. Mills (2004) 'Conquering the intolerable burden of malaria: What's new, what's needed: A summary', *American Journal of Tropical Medicine and Hygiene* **71**(2), Supplement: 1–15

Brookings Institution (2009) *Protecting and Promoting Rights in Natural Disasters in South Asia: Prevention and Response*, Report on the Project on Internal Displacement, Chennai, India

Brown, M. and F. Southworth (2008) 'Mitigating climate change through green buildings and smart growth', *Environment and Planning A* **40**(3): 653–675

Brown, M. A., F. Southworth and A. Sarzynksi (2008) *Shrinking the Carbon Footprint of Metropolitan America*, Brookings Institute, Washington, DC

Brown, O. (2007) 'Climate change and forced migration: Observations, projections and implications', Human Development Report Office Occasional Paper, 2007/17, UNDP, http://hdr.undp.org/en/reports/global/hdr2007-2008/papers/brown_oli.pdf, last accessed 14 October 2010

Bulkeley, H. (2000) 'Down to Earth: Local government and greenhouse policy in Australia', *Australian Geographer* **31**: 289–308

Bulkeley, H. and M. Betsill (2003) *Cities and Climate Change: Urban Sustainability and Global Environmental Governance*, Routledge, London

Bulkeley, H. and K. Kern (2006) 'Local government and the governing of climate change in Germany and the UK', *Urban Studies* **43**(12): 2237–2259

Bulkeley, H. and P. Newell (2010) *Governing Climate Change*, Routledge, London, NY

Bulkeley, H. and H. Schroeder (2008) 'Governing climate change post-2012: The role of global cities – London', Working Paper No 123, Tyndall Centre for Climate Change Research, www.tyndall.ac.uk/sites/default/files/wp123.pdf, last accessed 7 October 2010

Bulkeley, H., H. Schroeder, K. Janda, J. Zhao, A. Armstrong, S. Y. Chu and S. Ghosh (2009) 'Cities and climate change: The role of institutions, governance and urban planning', Paper prepared for the Fifth Urban Research Symposium, Cities and Climate Change: Responding to an Urgent Agenda, 28–30 June, Marseille, France

Bull-Kamanga, L., K. Diagne, A. Lavell, F. Lerise, H. MacGregor, A. Maskrey, M. Meshack, M. Pelling, H. Reid, D. Satterthwaite, J. Songsore, K. Westgate and A. Yitambe (2003) 'From everyday hazards to disasters: The accumulation of disaster risk in urban areas', *Environment and Urbanization* **15**(1): 193–204

Bumpus A. and D. Liverman (2008) 'Accumulation by decarbonisation and the governance of carbon offsets', *Economic Geography* **84**(2): 127–155

Bundesministerium für Umwelt, Naturschutz und Reaktorsicherheit (undated) *KWK: Modellstadt Berlin*, www.kwk-modellstadt-berlin.de/, last accessed 14 October 2010

Burdett, R., T. Travers, D. Czischke, P. Rode and B. Moser (2005) *Density and Urban Neighbourhoods in London*, Enterprise LSE Cities, London

Burke, L., S. J. Brown and N. Christidis (2006) 'Modelling the recent evolution of global drought and projections for the 21st century with the Hadley Center climate model', *Journal of Hydrometeorology* **7**(5): 1113–1125

C40 Cities (undated) 'Participating cities', www.c40cities.org/cities, last accessed 6 October 2010

Cabannes, Y. (2004) 'Participatory budgeting: A significant contribution to participatory democracy', *Environment and Urbanization* **16**(1): 27–46

California Solutions for Global Warming (undated) 'California global warming solutions act', www.solutionsforglobalwarming.org/1calpolicyAB32.html, last accessed 6 October 2010

Camilleri, M., R. Jaques and N. Isaacs (2001) 'Impacts of climate change on building performance in New Zealand', *Building Research and Information* **29**(6): 440–450

Campbell-Lendrum, D. and C. Corvalan (2007) 'Climate change and developing country cities: Implications for environmental health and equity', *Journal of Urban Health* **84**(1): 109–117

CAN (Climate Action Network International) (undated) 'Climate action network', www.climatenetwork.org/, last accessed 7 October 2010

Capello, R., P. Nijkamp and G. Pepping (1999) *Sustainable Cities and Energy Policies*, Springer-Verlag, Berlin

Carmin, J. and Y. Zhang (2009) *Achieving Urban Climate Adaptation in Europe and Central Asia*, World Bank Policy Research Working Paper 5088, World Bank, Washington, DC

Carmin, J., D. Roberts and I. Anguelovski (2009) 'Planning climate resilient cities: Early lessons from early adapters', Paper prepared for the Fifth Urban Research Symposium, Cities and Climate Change: Responding to an Urgent Agenda, 28–30 June, Marseille, France

Casaubon, M. E., M. D. Peralta and A. M. Ponce de León (2008) *Mexico City Climate Action Program 2008–2012: Summary*, Secretaría del Medio Ambiente del Distrito Federal Plaza de la Constitución, Colonia Centro, www.sma.df.gob.mx/sma/links/download/archivos/paccm_summary.pdf, last accessed 12 October 2010

Castán Broto, V., P. Tabbush, K. Burningham, L. Elghali and D. Edwards (2007) 'Coal ash and risk: Four social interpretations of a pollution landscape', *Landscape Research* **32**: 481–497

Castán Broto, V., C. Carter and L. Elghali (2009) 'The governance of coal ash pollution in post-socialist times: power and expectations', *Environmental Politics* **18**(2): 279–286

CD4CDM (Capacity Development for CDM) (undated) 'CDM/JI Pipeline overview page', http://cdmpipeline.org/overview.htm, last accessed 6 October 2010

Centre for Clean Air Policy (undated) 'Urban leaders adaptation initiative', www.ccap.org/index.php?component=programs&id=6, last accessed 6 October 2010

CFCB (Carbon Finance Capacity Building Programme) (undated) 'Carbon finance capacity building programme', www.lowcarboncities.info/home.html, last accessed 6 October 2010

Choi, O. and A. Fisher (2003) 'The impacts of socio-economic development and climate change on severe weather catastrophe losses: Mid-Atlantic Region (MAR) and the U.S.', *Climate Change* **58**(1–2): 149–170

Church, J., N. White, R. Coleman, K. Lambeck and J. Mitrovica (2004) 'Estimates of the regional distribution of sea level rise over the 1950–2000 period', *American Meteorological Society* **17**(13): 2609–2625

CISDL (Centre for International Sustainable Development Law) (2002) 'The principle of common but differentiated responsibilities: Origins and scope', www.cisdl.org/pdf/brief_common.pdf, last accessed 12 October 2010

City of Cape Town (2005) *City of Cape Town Climate Change Strategy*, City of Cape Town

City of Cape Town (2006) *Cape Town Energy and Climate Change Strategy*, Environmental Planning Department, City of Cape Town; www.capetown.gov.za/en/EnvironmentalResourceManagement/publications/Documents/Energy_+_Climate_Change_Strategy_2_-_10_2007_301020079335_465.pdf, last accessed 12 October 2010

City of Cape Town (2007) *State of Energy Report for the City of Cape Town 2007*, Palmer Development Group, Cape Town, www.capetown.gov.za/en/EnvironmentalResourceManagement/publications/Documents/StateOfEnergy_Report_2007_v2.pdf, last accessed 12 October 2010

City of Cape Town (2010) 'Cape Town prepares for winter storms', www.capetown.gov.za/en/Pages/CapeTownpreparesforwinterstorms.aspx, last accessed 14 October 2010

City of Cape Town (undated) *Cape Town 2007–2012, Five Year Plan, Summary of the Integrated Development Plan (2007–2012)*, www.capetown.gov.za/en/IDP/Documents/idp/IDP_English.pdf, last accessed 14 October 2010

City of Melbourne (2009) *City of Melbourne Climate Change Adaptation Strategy*, www.melbourne.vic.gov.au/AboutCouncil/PlansandPublications/strategies/Documents/climate_change_adaptation_strategy.PDF, last accessed 14 October 2010

City of New York (2007) *Inventory of New York City Greenhouse Gas Emissions*, www.nyc.gov/html/planyc2030/downloads/pdf/emissions_inventory.pdf, last accessed 12 October 2010

City of New York (2009) *Inventory of New York City Greenhouse Gas Emissions*, Updated 24 February 2009, www.nyc.gov/html/planyc2030/html/downloads/download.shtml, last accessed 12 October 2010

City of Rotterdam (2009) *Rotterdam Climate Proof: 2009 Adaptation Programme*, www.rotterdamclimate initiative.nl/documents/Documenten/RCP_adaptatie_eng.pdf, last accessed 14 October 2010

City of Rotterdam (undated) *Rotterdam Climate Proof: The Rotterdam Challenge on Water and Climate Adaptation*, www.climateinitiative.eu/documents/Documenten/RCP_folder_eng.pdf, last accessed 14 October 2010

City of São Paulo (2009) *Instrui a Política de Mudança do Clima no Município de São Paulo*, Lei no 14933 sancionada em 05/06/2009 e publicada no Diário Oficial do Município em 06/06/2009, A. C. M. d. S. Paulo, City of São Paulo, Brazil

Ciudad de Mexico (2008) *Programa de Acción Climática*, Gobierno del Distrito Federal, Ciudad de Mexico

Clapp, C., A. Leseur, O. Sartor, G. Briner and J. Corfee-Morlot (2010) *Cities and Carbon Market Finance: Taking Stock of Cities Experience with Clean Development Mechanism (CDM) and Joint Implementation (JI)*, OECD Environmental Working Paper No 29, OECD Publishing, Paris, www.oecd.org/dataoecd/18/43/46501427.pdf, last accessed 10 December 2010

Climate Alliance (undated) 'Climate Alliance', www.klimabuendnis.org/, last accessed 28 October 2010

Climate Fund Update (undated a) 'Special Climate Change Fund', www.climatefundsupdate.org/listing/special-climate-change-fund, last accessed 6 October 2010

Climate Fund Update (undated b) 'Least Developed Countries Fund (LDCF)', www.climatefundsupdate.org/listing/least-developed-countries-fund, last accessed 28 October 2010

Climate Fund Update (undated c) 'Adaptation Fund', www.climatefundsupdate.org/listing/adaptation-fund, last accessed 6 October 2010

Climate Investment Funds (undated) 'The Climate Investment Funds', www.climateinvestmentfunds.org/cif/, last accessed 6 October 2010

Clinton Foundation (undated a) 'Combating climate change: Clinton Climate Initiative', www.clinton foundation.org/what-we-do/clinton-climate-initiative, last accessed 6 October 2010

Clinton Foundation (undated b) 'What we do', www.clintonfoundation.org/what-we-do, last accessed 14 October 2010

Cohen, M. and J. Garrett (2010) 'The food price crisis and urban food (in)security', *Environment and Urbanization* **22**(2): 467–482

Collier, U. (1997) 'Local authorities and climate protection in the European union: Putting subsidiarity into practice?', *Local Environment: The International Journal of Justice and Sustainability* **2**(1): 39–57

Colombo, A., D. Etkin and B. Karney (1999) 'Climate variability and the frequency of extreme temperature events for nine sites across Canada: Implications for power usage', *Journal of Climate* **12**: 2490–2502

Concejo de Bogotá (2008) *Proyecto de Acuerdo No 641 de 2008 'Por medio cual se dictan normas para el Manejo del Arbolado del Distrito Capital y se dictan otras disposiciones'*, City of Bogotá, Colombia

Costello, A., M. Abbas, A. Allen, S. Ball, S. Bell, R. Bellamy, S. Friel, N. Groce, A. Johnson, M. Kett, M. Lee, C. Levy, M. Maslin, D. McCoy, B. McGuire, H. Montgomery, D. Napier, C. Pagel, J. Patel, J. A. de Oliveira, N. Redclift, H. Rees, D. Rogger, J. Scott, J. Stephenson, J. Twigg, J. Wolff and C. Patterson (2009) 'Managing the health effects of climate change', *Lancet* **373**(9676): 1693–1733

Coutts, A. M., J. Beringer and N. J. Tapper (2008) 'Impact of increasing urban density on local climate: Spatial and temporal variations in the surface energy balance in Melbourne, Australia', *Journal of Applied Meteorology and Climatology* **46**(4): 477–493

Crass, M. (2008) 'Reducing CO_2 emissions from urban travel: Local policies and national plans', OECD International Conference, Competitive Cities and Climate Change, 2nd Annual Meeting of the OECD Roundtable Strategy for Urban Development, 9–10 October 2008, Milan, Italy

Crespin, J. (2006) 'Aiding local action: The constraints faced by donor agencies in supporting effective, pro-poor initiatives on the ground', *Environment and Urbanization* **18**(2): 433–450

Cross, J. (2001) 'Megacities and small towns: Different perspectives on hazard vulnerability', *Environmental Hazard* **3**(2): 63–80

Dalal-Clayton, B. (2003) 'The MDGs and sustainable development: The need for a strategic approach', in D. Satterthwaite (ed) *The Millennium Development Goals and Local Processes: Hitting the Target or Missing the Point*, IIED, London, pp73–91

Dalton, M., B. O'Neill, A. Prskawetz, L. Jiang and J. Pitkin (2008) 'Population aging and future carbon emissions in the United States', *Energy Economics* **30**(2): 642–675

Darch, G. (2006) 'The impacts of climate change on London's transport systems', CIWEM Metropolitan Branch Climate Change Conference, 22 February 2006

Darido, G., M. Torres-Montoya and S. Mehndiratta (2009) 'Urban transport and CO_2 emissions: Some evidence from Chinese cities', World Bank Working Paper, www-wds.worldbank.org/external/default/WDSContentServer/WDSP/IB/2010/07/21/000334955_20100721033904/Rendered/PDF/557730WP0P11791June020091EN105jan10.pdf, last accessed 12 October 2010

Davies, A. R. (2005) 'Local action for climate change: Transnational networks and the Irish experience', *Local Environment* **10**(1): 21–40

de Bono, A., G. Giuliani, S. Kluser and P. Peduzzi (2004) 'Impacts of summer 2003 heat wave in Europe', *Early Warning on Emerging Environmental Threats 2*, United Nations Environment Programme, Nairobi, Kenya

De Lucia, V. and R. Reibstein (2007) 'Common but differentiated responsibility', in C. J. Cleveland (ed) *Encyclopedia of Earth*, Environmental Information Coalition, National Council for Science and the Environment, Washington, DC, www.eoearth.org/article/Common_but_differentiated_responsibility, last accessed 6 October 2010

de Sherbinin, A., A. Schiller and A. Pulsipher (2007) 'The vulnerability of global cities to climate hazards', *Environment and Urbanization* **19**(1): 39–64

Deangelo, B. J. and L. D. D. Harvey (1998) 'The jurisdictional framework for municipal action to reduce greenhouse gas emissions: Case studies from Canada, the USA and Germany', *Local Environment* **3**(2): 111–136

Delgado, P. M. (2008) 'Mega cities and climate change: Mexico City Climate Action Program 2008–2012, A presentation', www.lead.colmex.mx/docs/MARTHA%20DELGADO_megacities%20and%20climate%20change.ppt, last accessed 12 October 2010

Demetriades, J. and E. Esplen (2008) *Gender and Climate Change: Mapping the Linkages – Scoping Study on Knowledge and Gaps*, Institute of Development Studies, London

Department of Ecology, State of Washington (undated) *2008 Comprehensive Plan*, www.ecy.wa.gov/climatechange/2008CompPlan.htm, last accessed 6 October 2010

Department of Energy and Climate Change (undated) 'UK Climate Change Programme', www.decc.gov.uk/en/content/cms/what_we_do/change_energy/tackling_clima/programme/programme.aspx, last accessed 6 October 2010

Dhakal, S. (2004) *Urban Energy Use and Greenhouse Gas Emissions in Asian Mega-Cities: Policies for Sustainable Future*, Institute for Global Environmental Strategies, Hayama, Japan

Dhakal, S. (2006) 'Urban transportation and the environment in Kathmandu Valley, Nepal: Integrating global carbon concerns into local air pollution management', Institute for Global Environmental Strategies, Hayama, Japan

Dhakal, S. (2008) 'Climate change and cities: The making of a climate friendly future', in P. Droege (ed) *Urban Energy Transition: From Fossil Fuels to Renewable Power*, Elsevier Science, Oxford, pp173–192

Dhakal, S. (2009) 'Urban energy use and carbon dioxide emissions from cities in China and policy implications', *Energy Policy* **37**(11): 4208–4219

Díaz Palacios, J. and L. Miranda (2005) 'Concertación (reaching agreement) and planning for sustainable development in Ilo, Peru', in S. Bass, H. Reid, D. Satterthwaite and P. Steele (eds) *Reducing Poverty and Sustaining the Environment*, Earthscan, London, pp254–278

Disch, D. (2010) 'A comparative analysis of the "development dividend" of Clean Development Mechanism projects in six host countries', *Climate and Development* **2**(1): 50–64

Dlamini, D. (2006) 'Greening Soweto gets R2.2m cash injection', *Joburgnews*, http://joburgnews.co.za/2006/dec/dec7_soweto.stm, last accessed 14 October 2010

Dlugolecki, A. (ed) (2001) *Climate Change and Insurance*, Chartered Insurance Institute, London

Dodman, D. (2009) 'Blaming cities for climate change? An analysis of urban greenhouse gas emissions inventories', *Environment and Urbanization* **21**(1): 185–201

Dodman D. and D. Satterthwaite (2008) 'Institutional capacity, climate change adaptation and the urban poor', *IDS Bulletin* **39**(4): 67–74

Dodman, D. and D. Satterthwaite (2009) 'The costs of adapting infrastructure to climate change', in M. Parry, N. Arnell, P. Berry, D. Dodman, S. Fankhauser, C. Hope, S. Kovats, R. Nicholls, D. Satterthwaite, R. Tiffin and T. Wheeler (eds) *Assessing the Costs of Adaptation to Climate Change: A Review of the UNFCCC and Other Recent Estimates*, IIED and Grantham Institute, London, http://pubs.iied.org/pdfs/11501IIED.pdf, last accessed 7 December 2010, pp73–89

Dodman D., J. Ayers and S. Huq (2009) 'Building resilience', in Worldwatch Institute (ed) *State of the World 2009: Into a Warming World*, Washington, DC

Dodman D., D. Mitlin, and J. C. Rayos Co (2010a) 'Victims to victors, disasters to opportunities: Community-driven responses to climate change in the Philippines' *International Development Planning Review* **32**(1): 1–26

Dodman, D., E. Kibona and L. Kiluma (2010b) 'Tomorrow is too late: Responding to social and climate vulnerability in Dar es Salaam, Tanzania', Unpublished case study prepared for the *Global Report on Human Settlements 2011*, www.unhabitat.org/grhs/2011

Donnelly, J. and J. Woodruff (2007) 'Intense hurricane activity over the past 5,000 years controlled by El Niño and the West African monsoon', *Nature* **447**(7143): 465–468

Donner, S., W. Skirving, C. Little, M. Oppenheimer and O. Hoegh-Guldberg (2005) 'Global assessment of coral bleaching and required rates of adaptation under climate change', *Global Change Biology* **11**(12): 2251–2265

Dossou, K. and B. Glehouenou-Dossou (2007) 'The vulnerability to climate change of Cotonou (Benin): The rise in sea level', *Environment and Urbanization* **19**(1): 65–79

Douglas, I., K. Alam, M. Maghenda, Y. McDonnell, L. McLean and J. Campbell (2008) 'Unjust waters: Climate change, flooding and the urban poor in Africa', *Environment and Urbanization* **20**(1): 187–206

Dubeux, C. and E. La Rovere (2010) 'The contribution of urban areas to climate change: The case study of São Paulo, Brazil', Unpublished case study prepared for the *Global Report on Human Settlements 2011*, www.unhabitat.org/grhs/2011

Easterling, W. E., B. H. Hurd and J. B. Smith (2004) 'Coping with global climate change: The role of adaptation in the United States', Pew Center on Global Climate Change, Arlington, VA

EEA (European Environment Agency) (2005) *Vulnerability and Adaptation to Climate Change in Europe*, EEA Technical Report No 7/2005, European Environment Agency Copenhagen, Denmark or Office for Official Publications of the EC, Luxembourg

Elsasser, H. and R. Bürki (2002) 'Climate change as a threat to tourism in the Alps', *Climate Research* **20**(3): 253–257

Elsner, J., J. Kossin and T. Jagger (2008) 'The increasing intensity of the strongest tropical cyclones', *Nature* **455**(7209): 92–95

Emanuel, K. (2005) 'Increasing destructiveness of tropical cyclones over the past 30 years', *Nature* **436**(7051): 686–688

Enarson, E. (2000) *Gender and Natural Disasters*, ILO, In Focus Programme on Crisis Response and Reconstruction, Working Paper 1, pp4–29

Enarson, E. and B. Phillips (2008) 'Invitation to a new feminist disaster sociology: Integrating feminist theory and methods', in B. Phillips and B. H. Morrow (eds) *Women and Disasters: From Theory to Practice*, International Research Committee on Disaster, Xlibris, pp41–74

Energy Cities (undated) 'Association', www.energy-cities.eu/-Association,8-, last accessed 6 October 2010

Energy Information Administration (undated) 'Official energy statistics from the US Government: Country analysis briefs', www.eia.doe.gov/emeu/cabs/index.html, last accessed 12 October 2010

Energy Planning Knowledge Base (undated) *CIS Tower Manchester*, www.pepesecenergyplanning.eu/archives/67, last accessed 14 October 2010

Environment Canada (2001) *Threats to Sources of Drinking Water and Aquatic Ecosystems Health in Canada*, National Water Research Institute Scientific Assessment Report Series No 1, National Water Resources Research Institute, Burlington, Ontario

Environmental Management Department (2003) *eThekwini Environmental Services Management Plan*, Unpublished report, eThekwini Metropolitan Municipality, South Africa

Enz, R. (2000) 'The S-Curve relation between per-capita income and insurance penetration', *Geneva Papers on Risk and Insurance: Issues and Practice* **25**(3): 396–406

EU (European Union) (undated) 'Covenant of mayors committed to local sustainable energy', www.eumayors.eu/about_the_covenant/index_en.htm, last accessed 6 October 2010

European Commission (2007) 'Carbon footprint: What it is and how to measure it', http://lca.jrc.ec.europa.eu/Carbon_footprint.pdf, last accessed 11 October 2010

European Commission (2009) *EU Action against Climate Change: Leading Global Action to 2020 and Beyond*, European Commission, Luxembourg, http://ec.europa.eu/environment/climat/pdf/brochures/post_2012_en.pdf, last accessed 6 October 2010

European Investment Bank (2010) 'The EIB and climate change', www.eib.org/attachments/strategies/clima_en.pdf, last accessed 6 October 2010

Ewing, R., K. Bartholomew, S. Winkelman, J. Walters and D. Chen (2008) *Growing Cooler: the Evidence on Urban Development and Climate Change*, Urban Land Institute, Washington, DC

Federation of Canadian Municipalities (2009) *Municipal Resources for Adapting to Climate Change*, Federation of Canadian Municipalities, Ottawa, Canada

Figueres, C. (2010) 'Address to the Swiss Re high-level adaptation event on risk and resiliency, New York, 20 September 2010', http://unfccc.int/files/press/statements/application/pdf/100920_speech_cf_adaptation_new_york.pdf

Flyvbjerg, B. (2002) 'Bringing power to planning research: One researcher's praxis story', *Journal of Planning Education and Research* **21**(4): 353–366

Foresight (2008) *Powering Our Lives: Sustainable Energy Management and the Built Environment*, Final project report, Government Office for Science, London

Forstall, R. L., R. P. Greene and J. B. Pick (2009) 'Which are the largest? Why lists of major urban areas vary so greatly', *Tijdschrift voor economische en sociale geografie* **100**(3): 277–297

Forster, P., V. Ramaswamy, P. Artaxo, T. Berntsen, R. Betts, D. W. Fahey, J. Haywood, J. Lean, D.C. Lowe, G. Myhre, J. Nganga, R. Prinn, G. Raga, M. Schulz and R. Van Dorland (2007) 'Changes in atmospheric constituents and in radiative forcing', in S. Solomon, D. Qin, M. Manning, Z. Chen, M. Marquis, K. B. Averyt, M. Tignor and H. L. Miller (eds) *Climate Change 2007: The Physical Science Basis*, Contribution of Working Group I to the Fourth Assessment Report of the Intergovernmental Panel on Climate Change, Cambridge University Press, Cambridge and New York

Fothergill, A., E. G. M. Maestas, and J. D. Darlington (1999) 'Race, ethnicity and disasters in the United States: A review of the literature', *Disasters* **23**(2): 156–174

Frayssinet, F. (2009) 'Casas ecológicamente correctas ... y blindadas', Inter-Press Service, http://ipsnoticias.net/nota.asp?idnews=92018, last accessed 14 October 2010

Freeman P. K. and K. Warner (2001) *Vulnerability of Infrastructure to Climate Variability: How Does this Affect Infrastructure Lending Policies?*, Report commissioned by the Disaster Management Facility of the World Bank and the ProVention Consortium, Washington, DC

Fricas, J. and Martz, T. (2007) 'The impact of climate change on water, sanitation, and diarrheal diseases in Latin America and the Caribbean', Population Reference Bureau, www.prb.org/Articles/2007/ClimateChangeinLatinAmerica.aspx, last accessed 29 October 2010

Frich, P., L. V. Alexander, P. Della-Marta, B. Gleason, M. Haylock, A. M. G. K. Tank and T. Peterson (2002) 'Observed coherent changes in climatic extremes during the second half of the twentieth century', *Climate Research* **19**(3): 193–212

Füssel, H.-M. (2009) 'Review and quantitative analysis of indices of climate change exposure, adaptive capacity, sensitivity, and impacts', Background Note developed for *World Development Report 2010: Development and Climate Change*, Potsdam Institute for Climate Impact Research, Potsdam, Germany

Gagnon-Lebrun, F. and S. Agrawala (2006) 'Progress on adaptation to climate change in developed countries: An analysis of broad trends', ENV/EPOC/GSP(2006)1/FINAL, OECD, Paris www.oecd.org/dataoecd/49/18/37178873.pdf, last accessed 14 October 2010

Garside, B., J. MacGregor and B. Vorley (2007) 'Miles better? How "fair miles" stack up in the sustainable supermarket', *IIED Sustainable Development Opinion*, December

Gavidia, J. (2006) 'Priority goals in Central America: The development of sustainable mechanisms for participation in local risk management', in *Milenio Ambiental, Journal of the Urban Environment Programme of the International Development Research Centre, Montevideo* **4**: 56–59

GCCA (Global Climate Change Alliance) (undated a) 'Background and objectives', www.gcca.eu/pages/14_2-Background-and-Objectives.html, last accessed 6 October 2010

GCCA (undated b) 'Beneficiary countries', www.gcca.eu/pages/41_2-GCCA-Beneficiaries.html, last accessed 6 October 2010

GCCA (undated c) 'Priority areas', www.gcca.eu/pages/30_2-Priority-areas.html, last accessed 6 October 2010

GEF (Global Environmental Facility) (undated) 'GEF-administered trust funds', www.thegef.org/gef/node/2042, last accessed 6 October 2010

Giannakopoulos, C. and B. E. Psiloglou (2006) 'Trends in energy load demand for Athens, Greece: Weather and non-weather related factors', *Climate Research* **31**: 97–108

Gibbs, D. (2000) 'Ecological modernization, regional economic development and regional development agencies', *Geoforum* **31**(1): 9–19

Gilbertson, T. and O. Reyes (2009) 'Carbon trading – how it works and why it fails', in L. Lohmann (ed) *Critical Currents*, Dag Hammarskjöld Foundation Publishers, Uppsala, www.tni.org/carbon-trade-fails, last accessed 6 October 2010

Girardet, H. (1998) 'Sustainable cities: A contradiction in terms?', in E. Fernandes (ed) *Environmental Strategies for Sustainable Development in Urban Areas: Lessons from Africa and Latin America*, Ashgate, Aldershot, pp193–209

GLA (Greater London Authority) (2007) *Action Today to Protect Tomorrow: The Mayor's Climate Change Action Plan*, Greater London Authority, London

GLA (2008) *The London Plan: Spatial Development Strategy for Greater London*, (Consolidated with alterations since 2004), Greater London Authority, London

GLA (2010) *The Draft Climate Change Adaptation Strategy for London – Public Consultation Draft*, Greater London Authority, City Hall, London, http://static.london.gov.uk/mayor/priorities/docs/Climate_change_adaptation_080210.pdf, last accessed 25 October 2010

Glaeser, E. and M. Kahn (2008) *The Greenness of Cities: Carbon Dioxide Emissions and Urban Development*, Harvard Kennedy School, Taubman Center for State and Local Government – Working Paper

Gomes, J., J. Nascimento and H. Rodrigues H (2008) 'Estimating local greenhouse gas emissions: A case study on a Portuguese municipality', *International Journal of Greenhouse Gas Control* **2**(1): 130–135

Gomez Martin, M. B. (2005) 'Weather, climate, and tourism: A geographical perspective', *Annals of Tourism Research* **32**(3): 571–591

Gore, C., P. Robinson and R. Stren (2009) 'Governance and climate change: Assessing and learning from Canadian cities', Paper prepared for the Fifth Urban Research Symposium, Cities and Climate Change: Responding to an Urgent Agenda, 28–30 June, Marseille, France

Gottdiener, M. and L. Budd (2005) *Key Concepts in Urban Studies*, Sage, London

Gouveia, N., S. Hajat and B. Armstrong (2003) 'Socioeconomic differentials in the temperature–mortality relationship in São Paulo, Brazil', *International Journal of Epidemiology* **32**(3): 390–397

Graham, S. and S. Marvin (2001) *Splintering Urbanism*, Routledge, London

Granberg, M. and I. Elander (2007) 'Local governance and climate change: Reflections on the Swedish experience', *Local Environment* **12**(5): 537–548

Graves, H. M. and M. C. Phillipson (2000) *Potential Implications of Climate Change in the Built Environment*, BRE Center for Environmental Engineering/BRE East Kilbride, FBE Report 2 December 2000, Construction Research Communications Ltd, UK

Greene, D. L., J. R. Kahn and R. C. Gibson (1999) 'Fuel economy rebound effect of U.S. household vehicles', *Energy Journal* **20**(3): 1–31

Greene, D. L., P. R. Boudreaux, D. J. Dean, W. Fulkerson, A. L. Gaddis, R. L. Graham, R. L. Graves, J. L. Hopson, P. Hughes, M.V. Lapsa, T. E. Mason, R. F. Standaert, T. J. Wilbanks and A. Zucker (2010) 'The importance of advancing technology to America's energy goals', *Energy Policy* **38**(8): 3886–3890

Greenpeace (2008) *China after the Olympics: Lessons from Beijing*, Greenpeace, Beijing

Grimm, N. B, S. H. Faeth, N. E. Golubiewski, C. L. Redman, J. Wu, X. Bai and J. M. Briggs (2008) 'Global change and the ecology of cities', *Science* **319**(5864): 756–760

Gulden, T. (2009) 'The security challenges of climate change: Who is at risk and why?', in M. Ruth and M. Ibarrarán (eds) *Distributional Impacts of Climate Change*, Edward Elgar Publishing, Cheltenham, Glos, UK

Gupta, J. and H. van Asselt (2006) 'Helping operationalise article 2: A trans disciplinary methodological tool for evaluating when climate change is dangerous', *Global Environmental Change* **16**(1): 83–94

Gupta, R. and S. Chandiwala (2009) 'A critical and comparative evaluation of approaches and policies to measure, benchmark, reduce and manage CO_2 emissions from energy use in the existing building stock of developed and rapidly-developing countries – case studies of UK, USA, and India', Paper prepared for the Fifth Urban Research Symposium, Cities and Climate Change: Responding to an Urgent Agenda, 28–30 June, Marseille, France, http://siteresources.worldbank.org/INTURBANDEVELOPMENT/Resources/336387-1256566800920/gupta.pdf, last accessed 12 October 2010

Haigh, C. and B. Vallely (2010) *Gender and the Climate Change Agenda: The Impacts of Climate Change on Women and Public Policy*, Women's Environmental Network, London

Haines, A., R. S. Kovats, D. Campbell-Lendrum and C. Corvalan (2006) 'Climate change and human health: Impacts, vulnerability, and mitigation', *Lancet* **367**(9528): 2101–2109

Hall, J. W., P. B. Sayers and R. J. Dawson (2005) 'National-scale assessment of current and future flood risk in England and Wales', *Natural Hazards* **36**(1–2): 147–164

Halweil, B. (2002) *Home Grown: The Case for Local Food in a Global Market*, Worldwatch Paper 163, www.worldwatch.org/system/files/EWP163.pdf, last accessed 12 October 2010

Hamilton, J., D. Maddison and R. Tol (2005) 'Climate change and international tourism: A simulation study', *Global Environmental Change* **15**: 253–266

Hammarby Sjöstad (2010) *The Hammarby Model*, Hammarby Sjöstad, Stockholm, Sweden

Hammer, S. (2009) 'Capacity to act: The critical determinant of local energy planning and program implementation', Paper prepared for the Fifth Urban Research Symposium, Cities and Climate Change: Responding to an Urgent Agenda, 28–30 June, Marseille, France

Handy, S., C. Xinyu and P. Mokhtarian (2005) 'Correlation or causality between the built environment and travel behaviour? Evidence from northern California', *Transportation Research Part D* **10**(6): 427–444

Hardoy, J. and G. Pandiella (2009) 'Urban poverty and vulnerability to climate change in Latin America', *Environment and Urbanization* **21**(1): 203–224

Hardoy, J. E., D. Mitlin and D. Satterthwaite (1992) *Environmental Problems in Third World Cities*, Earthscan, London

Hardoy, J. E., D. Mitlin and D. Satterthwaite (2001) *Environmental Problems in an Urbanizing World: Finding Solutions for Cities in Africa, Asia and Latin America*, Earthscan, London

Harlan, S. L., A. Brazel, L. Prashad, W. Stefanov and L. Larsen (2006) 'Neighbourhood microclimates and vulnerability to heat stress', *Social Science and Medicine* **63**(11): 2847–2863

Harrison, G. P. and H. W. Whittington (2002) 'Susceptibility of the Batoka Gorge hydroelectric scheme to climate change', *Journal of Hydrology* **264**(1–4): 230–241

Harvey, D. (1996) *Justice, Nature and the Geography of Difference*, Blackwell Publishers, Cambridge, MA

Harvey, L. (1993) 'Tackling urban CO_2 emissions in Toronto', *Environment* **35**(7): 16–44

Hasan, A. (2006) 'Orangi Pilot Project: The expansion of work beyond Orangi and the mapping of informal settlements and infrastructure', *Environment and Urbanization* **18**(2): 451–480

Hasan, A. (2010) *Participatory Development: The Story of the Orangi Pilot Project-Research and Training Institute and the Urban Resource Centre, Karachi, Pakistan*, Oxford University Press, Oxford, UK

Heede, R. (2006) *Aspen Greenhouse Gas Emissions 2004*, Climate Mitigation Services, City of Aspen, Aspen, CO

Held, D. and A. F. Hervey (2009) 'Democracy, climate change and global governance: Democratic agency and the policy menu ahead', Policy Network Paper, Policy Network, London, www.policy-network.net/uploadedFiles/Publications/Publications/Democracy%20climate%20change%20and%20global%20governance.pdf, last accessed 6 October 2010

Hemmati, M. (2008) 'Gender perspectives on climate change', Background paper to the Interactive Expert Panel, United Nations Commission on the Status of Women, 52nd session, 25 February–7 March 2008, New York, NY

Hendrickson, J. (undated) 'Energy use in the U.S. food system: A summary of existing research and analysis', Center for Integrated Agricultural Systems, UW-Madison, www.cias.wisc.edu/wp-content/uploads/2008/07/energyuse.pdf, last accessed 12 October 2010

Henry, S., B. Schoumaker and C. Beauchemin (2004) 'The impact of rainfall on the first out-migration: A multi-level event-history analysis in Burkina Faso', Population and Environment 25(5): 423–460

Hertwich, E. and G. Peters (2009) 'Carbon footprint of nations: A global, trade-linked analysis', Environmental Science and Technology 43(16): 6414–6420

Hintz, G. (2009) 'Maximizing the returns on adaptation investments: Flood prevention in Guyana', Unpublished draft case study prepared for the Global Report on Human Settlements 2011, www.unhabitat.org/grhs/2011

Hodgkinson, D., T. Burton, H. Anderson and L. Young (undated) 'The hour when the ship comes in: A convention for persons displaced by climate change', www.ccdpconvention.com/documents/Hour_When_Ship_Comes_In.pdf, last accessed 14 October 2010

Hodson, M. and S. Marvin (2007) 'Understanding the role of the national exemplar in constructing "strategic glurbanization"', International Journal of Urban and Regional Research 31(2): 303–325

Hoffmann, M. J. (2011) Climate Governance at the Crossroads: Experimenting with a Global Response after Kyoto, Oxford University Press, London

Holden, E. and I. T. Norland (2005) 'Three challenges for the compact city as a sustainable urban form: Household consumption of energy and transport in eight residential areas in the greater Oslo region', Urban Studies 42(12): 2145–2166

Holgate, C. (2007) 'Factors and actors in climate change mitigation: A tale of two South African cities', Local Environment 12(5): 471–484

Hughes, T. P. (1989) 'The evolution of large technological systems', in W. E. Bijker, T. P. Hughes and T. Pinch (eds) The Social Construction of Technological Systems, MIT Press, Boston, MA

Hunt, A. and P. Watkiss (2007) 'Literature review on climate change impacts on urban city centres: Initial findings', Organisation for Economic Co-operation and Development (OECD), Paris

Huq, S., A. Rahman, M. Konate, Y. Sokona and H. Reid (2003) Mainstreaming Adaptation to Climate Change in Least Developed Countries (LDCs), IIED, London

Ibarrarán, M. (2011) 'Climate's long-term impacts on Mexico's city urban infrastructure', Unpublished case study prepared for the Global Report on Human Settlements 2011, www.unhabitat.org/grhs/2011

ICLEI (Local Governments for Sustainability) (2006) ICLEI International Progress Report – Cities for Climate Protection, ICLEI, Oakland

ICLEI (2007) Preparing for Climate Change: A Guidebook for Local, Regional, and State Governments, Center

for Science in the Earth System, University of Washington and King County, in association with ICLEI, Washington

ICLEI (2008) Draft International Local Government GHG Emissions Analysis Protocol, Release version 1.0, www.iclei.org/fileadmin/user_upload/documents/Global/Progams/GHG/LGGHGEmissionsProtocol.pdf, last accessed 12 October 2010

ICLEI (2010) Cities in a Post-2012 Climate Policy Framework: Climate Financing for City Development? Views from Local Governments, Experts and Businesses, ICLEI, Bonn, Germany, www.iclei.org/fileadmin/user_upload/documents/Global/Services/Cities_in_a_Post-2012_Policy_Framework-Climate_Financing_for_City_Development_ICLEI_2010.pdf, last accessed 14 October 2010

ICLEI (undated) 'Home', www.iclei.org/index.php?id=iclei-home, last accessed 28 October 2010

ICLEI Australia (2008) Local Government Action on Climate Change: Measures Evaluation Report 2008, Australian Government Department of Environment, Water, Heritage and the Arts and ICLEI, Melbourne, Australia, www.iclei.org/fileadmin/user_upload/documents/ANZ/Publications-Oceania/Reports/0812-CCPMeasuresReport08.pdf, last accessed 15 October 2010

ICLEI, UN-Habitat and UNEP (2009) Sustainable Urban Energy Planning: A Handbook for Cities and Towns in Developing Countries, UN-Habitat, Nairobi, www.unhabitat.org/pmss/listItemDetails.aspx?publicationID=2839, last accessed 6 October 2010

ICSU, UNESCO and UNU (International Council for Science, United Nations Educational, Scientific and Cultural Organization, and United Nations University) (2008) Ecosystem Change and Human Well-Being Research and Monitoring Priorities Based on the Findings of the Millennium Ecosystem Assessment, International Council for Science, Paris

IEA (International Energy Agency) (2008) World Energy Outlook 2008, International Energy Agency, Paris

IEA (2009) Cities, Towns and Renewable Energy: Yes in My Front Yard, International Energy Agency, Paris

IEA (2010) Key World Energy Statistics, OECD/IEA, Paris

IFRC (International Federation of Red Cross and Red Crescent Societies) (2010) World Disasters Report 2010: Focus on Urban Risk, IFRC, Geneva

IHDP (International Human Dimensions Programme on Global Environmental Change) (undated) 'Urbanization and global environmental change', www.ihdp.unu.edu/article/read/ugec, last accessed 8 December 2010

IIED (International Institute for Environment and Development) (2009) The Adaptation Fund: A Model for the Future?, Briefing paper, IIED London, www.iied.org/pubs/pdfs/17068IIED.pdf, last accessed 28 October 2010

Inter-American Development Bank (2007) 'IDB approves US$20 million for sustainable energy and climate change fund', www.iadb.org/news-releases/2007-08/english/idb-approves-us20-million-for-sustainable-energy-and-climate-change-fund-3987.html, last accessed 6 October 2010

IPCC (Intergovernmental Panel on Climate Change) (2001a) 'Climate change 2001: Synthesis report', in R. T. Watson, D. L. Albritton, T. Barker, I. A. Bashmakov, O. Canziani, R. Christ, U. Cubasch, O. Davidson, H. Gitay, D. Griggs, K. Halsnaes, J. Houghton, J. House, Z. Kundzewicz, M. Lal, N. Leary, C. Magadza, J. J. McCarthy, J. F. B. Mitchell, J. R. Moreira, M. Munasinghe, I. Noble, R. Pachauri, B. Pittock, M. Prather, R. G. Richels, J. B. Robinson, J.

Sathaye, S. Schneider, R. Scholes, T. Stocker, N. Sundararaman, R. Swart, T. Taniguchi, and D. Zhou (eds) *A Contribution of Working Groups I, II, and III to the Third Assessment Report of the Intergovernmental Panel on Climate Change*, Cambridge University Press, Cambridge

IPCC (2001b) *Climate Change 2001: Impacts, Adaptations and Vulnerability, Contribution of Working Group II to the Third Assessment Report of the Intergovernmental Panel on Climate Change*, Cambridge University Press, New York, NY

IPCC (2006) *2006 IPCC Guidelines for National Greenhouse Gas Inventories*, S. Eggleston, L. Buendia, K. Miwa, T. Ngara and K. Tanabe (eds), Institute for Global Environmental Strategies (IGES) Publishers, Kanagawa Japan, www.ipcc-nggip.iges.or.jp/public/2006gl/index.html, last accessed 12 October 2010

IPCC (2007a) 'Climate change 2007: Mitigation of climate change', in B. Metz, O. Davidson, P. Bosch, R. Dave and L. Meyer (eds) *Contribution of Working Group III to the Fourth Assessment Report of the Intergovernmental Panel on Climate Change*, Cambridge University Press, Cambridge and New York

IPCC (2007b) 'Climate change 2007: Synthesis report', in R. K. Pachauri and A. Reisinger (eds) *Contribution of Working Groups I, II, and III to the Fourth Assessment Report of the Intergovernmental Panel on Climate Change*, Cambridge University Press, Cambridge; www.ipcc.ch/publications_and_data/publications_ipcc_fourth_assessment_report_synthesis_report.htm, last accessed 13 October 2010

IPCC (2007c) 'Climate change 2007: The scientific basis' in S. Solomon, D. Qin, M. Manning, Z. Chen, M. Marquis, K. B. Averyt, M. Tignor and H. L. Miller (eds) *Contributions of Working Group I to the Fourth Assessment Report of the Intergovernmental Panel on Climate Change*, Cambridge University Press, Cambridge, www.ipcc.ch/publications_and_data/publications_ipcc_fourth_assessment_report_wg1_report_the_physical_science_basis.htm, last accessed 13 October 2010

IPCC (2007d) 'Summary for policymakers', in S. Solomon, D. Qin, M. Manning, Z. Chen, M. Marquis, K. B. Averyt, M. Tignor and H. L. Miller (eds) *Climate Change 2007: The Physical Science Basis, Contribution of Working Group I to the Fourth Assessment Report of the Intergovernmental Panel on Climate Change*, Cambridge University Press, Cambridge and New York, pp1–18

IPCC (2007e) 'Summary for policymakers', in B. Metz, O. R. Davidson, P. R. Bosch, R. Dave and L. A. Meyer (eds) *Climate Change 2007: Mitigation. Contribution of Working Group III to the Fourth Assessment Report of the Intergovernmental Panel on Climate Change*, Cambridge University Press, Cambridge and New York, pp1–23

IPCC (2007f) 'Climate change 2007: Impacts, adaptation and vulnerability', in M. L. Parry, O. F. Canziani, J. P. Palutikof, P. J. van der Linden and C. E. Hanson (eds) *Contributions of Working Group II to the Fourth Assessment Report of the Intergovernmental Panel on Climate Change*, Cambridge University Press, Cambridge, www.ipcc.ch/publications_and_data/publications_ipcc_fourth_assessment_report_wg2_report_impacts_adaptation_and_vulnerability.htm, last accessed 13 October 2010

IPCC (undated a) 'History', www.ipcc.ch/organization/organization_history.htm, last accessed 6 October 2010

IPCC (undated b) 'Structure', www.ipcc.ch/organization/organization_structure.htm, last accessed 6 October 2010

Iwugo, K. O., B. D'Arcy and R. Andoh (2003) 'Aspects of land-based pollution of an African coastal megacity of Lagos', Paper presented at Diffuse Pollution Conference, Dublin: 14/122–124, www.ucd.ie/dipcon/docs/theme14/theme14_32.PDF, last accessed 14 October 2010

Jabareen, Y. (2006) 'Sustainable urban forms: Their typologies, models, and concepts', *Journal of Planning Education and Research* 26(1): 38–52

Jabeen, H., A. Allen and C. Johnson (2010) 'Built-in resilience: Learning from grassroots coping strategies to climate variability', *Environment and Urbanization* 22(2): 415–432

Jacob, K., N. Edelblum and J. Arnold (2000) 'Risk increase to infrastructure due to sea level rise, Sector report: Infrastructure, the MEC regional assessment', in C. Rosenzweig and W. D. Solecki (eds) *Climate Change and a Global City: An Assessment of the Metropolitan East Coast (MEC) Region*, http://metroeast_climate.ciesin.columbia.edu/reports/infrastructure.pdf, last accessed 9 December 2010

Jessop, B. (2002) *The Future of the Capitalist State*, Polity, London

Jiang, L. and K. Hardee (2009) 'How do recent population trends matter to climate change', Population Action International Working Paper

Johnson, T., C. Alatorre, Z. Romo, F. Liu (2009) *Low-Carbon Development for Mexico*, World Bank, Washington, DC

Johnsson-Latham, G. (2007) *A Study on Gender Equality as Prerequisite for Sustainable Development: What We Know about the Extent to which Women Globally Live in a More Sustainable Way than Men, Leave a Smaller Ecological Footprint and Cause Less Climate Change*, Report to the Environment Advisory Council, Sweden, www.gendercc.net/fileadmin/inhalte/Dokumente/Actions/ecological_footprint_johnsson-latham.pdf, last accessed 12 October 2010

Jollands, N. (2008) *Cities and Energy: A Discussion Paper*, OECD International Conference Competitive Cities and Climate Change, OECD, Milan

Jones, R. and A. Rahman (2007) 'Community-based adaptation', *Tiempo* 64: 17–19

Kahn Ribeiro, S., S. Kobayashi, M. Beuthe, J. Gasca, D. Greene, D. S. Lee, Y. Muromachi, P. J. Newton, S. Plotkin, D. Sperling, R. Wit, and P. J. Zhou (2007) 'Transport and its infrastructure', in B. Metz, O. R. Davidson, P. R. Bosch, R. Dave and L. A. Meyer (eds) *Climate Change 2007: Mitigation, Contribution of Working Group III to the Fourth Assessment Report of the Intergovernmental Panel on Climate Change*, Cambridge University Press, Cambridge and New York, pp323–385

Kalkstein, L. S. and R. E. Davies (1989) 'Weather and human mortality: An evaluation of demographic and interregional responses in the United States', *Annals of the Association of American Geographers* 79(1): 44–64

Karekezi, S., L. Majoro and T. Johnson (2003) *Climate Change and Urban Transport: Priorities for the World Bank*, Working paper, World Bank, Washington, DC

Karol, J. and P. Suarez (2007) 'Adaptación al cambio climático, estructuras fractales y trampas discursivas: De la construcción del objeto a la construcción de la acción', *Medio Ambiente y Urbanizacion* 67: 25–44

Kates, R., M. Mayfield, R. Torrie and B. Witcher (1998) 'Methods for estimating greenhouse gases from local places', *Local Environment* 3(3): 279–298

Kehew, R. (2009) 'Projecting globally, planning locally: A progress report from four cities in developing countries', in World Meteorological Organization (ed) *Climate Sense*, Publication for the World Climate Conference-3, Climate Predictions and Information for Decision Making, Geneva, Switzerland, 31 August–4 September, Tudor Rose, Leicester, UK, pp181–184

Kennedy, C., A. Ramaswami, S. Carney and S. Dhakal (2009a) 'Greenhouse gas emission baselines for global cities and metropolitan regions', Paper prepared for the Fifth Urban Research Symposium, Cities and Climate Change: Responding to an Urgent Agenda, 28–30 June, Marseille, France

Kennedy, C., J. Steinberger, B. Gasson, Y. Hansen, T. Hillman, M. Havránek, D. Pataki, A. Phdungsilp, A. Ramaswami and G. Villalba Mendez (2009b) 'Greenhouse gas emissions from global cities', *Environmental Science and Technology* **43**(19): 7297–7302

Kern, K. and G. Alber (2008) 'Governing climate change in cities: Modes of urban climate governance in multi-level systems', in *Proceedings of the OECD Conference on Competitive Cities and Climate Change*, OECD, Paris

Kern, K. and H. Bulkeley (2009) 'Cities, Europeanization and multi-level governance: Governing climate change through transnational municipal networks', *JCMS: Journal of Common Market Studies* **47**(2): 309–332

Kingdon, J. (1984) *Agendas, Alternatives and Public Policies*, Little Brown and Company, Boston and Toronto

Kirshen, P., M. Ruth and W. Anderson (2006) 'Climate's long-term impacts on urban infrastructures and services: The case of Metro Boston', in M. Ruth, K. Donaghy and P. Kirshen (eds) *Regional Climate Change and Variability: Impacts and Responses*, Edward Elgar Publishers, Cheltenham, pp190–252

Klein, R., R. J. Nicholls and R. Thomalla (2003) 'Resilience to natural hazards: How useful is this concept?', *Global Environmental Change Part B: Environmental Hazards* **5**(1–2): 35–45

Kolleeny, J. (2006) 'With geometry and color, Onion Flats concocts a surprise mix of residences behind the brick shell of a former rag factory', *Architectural Record*, February issue

Kont, A., J. Jaagus and R. Aunap (2003) 'Climate change scenarios and the effect of sea-level rise for Estonia', *Global and Planetary Change* **36**(1–2): 1–15

Kousky, C. and S. H. Schneider (2003) 'Global climate policy: Will cities lead the way?', *Climate Policy* **3**(4): 359–372

Kovats, R. S. and R. Akhtar (2008) 'Climate, climate change and human health in Asian cities', *Environment and Urbanization* **20**(1): 165–176

Kumagai, M., K. Ishikawa and J. Chunmeng (2003) 'Dynamics and biogeochemical significance of the physical environment in Lake Biwa', *Lakes and Reservoirs: Research and Management* **7**(4): 345–348

Kumssa, A. and J. F. Jones (2010) 'Climate change and human security in Africa', *International Journal of Sustainable Development and World Ecology* **17**: 453–461

Kunreuther, H., N. Novemsky and D. Kahneman (2001) 'Making low probabilities useful', *Journal of Risk Uncertainty* **23**(2): 103–120

Kutzbach, M. (2009) 'Motorization in developing countries: Causes, consequences, and effectiveness of policy options', *Journal of Urban Economics* **65**(2): 154–166

La Rovere, E. L, C. B. Dubeux, A. Oliveira da Costa, C. A. Pimenteira, F. Frangetto, F. E. Mendes, J. M. G. Monteiro, L. B. Oliveira, N. Baptista and S. K. Ribero (2005) *Inventário de Emissões de Gases de Efeito Estufa do Município de São Paulo* [*Inventory of Greenhouse Gases Emissions from São Paulo City*], http://ww2.prefeitura.sp.gov.br/arquivos/secretarias/meio_ambiente/Sintesedoinventario.pdf, last accessed 12 October 2010

Lagos State Government (2010) *Lagos State Urban and Regional Planning and Development Bill 2010* (Law to provide for the administration of physical planning, urban development, urban regeneration and building control in Lagos State and for connected purposes), Gaz. Law 2010 Fashola, 6th Assembly, House of Assembly, Lagos State, www.lagosstate.gov.ng/uploads/gallery_m2whf09cuhmm71uru4qq.pdf, last accessed 15 October 2010

Langer, N. (2004) 'Natural disasters that reveal cracks in our social foundation', *Educational Gerontology* **30**(4): 275–285

Lasco, R., L. Lebel, A. Sari, A. P. Mitra, N. H. Tri, O. G. Ling and A. Contreras (2007) *Integrating Carbon Management into Development Strategies of Cities – Establishing a Network of Case Studies of Urbanisation in Asia Pacific*, Final Report for the APN Project 2004-07-CMY-Lasco

LCCA (London Climate Change Agency) (2007) *Moving London towards a Sustainable Low-Carbon City: An Implementation Strategy*, London Climate Change Agency, London

Le Treut, H., R. Somerville, U. Cubasch, Y. Ding, C. Mauritzen, A. Mokssit, T. Peterson and M. Prather (2007) 'Historical overview of climate change', in S. Solomon, D. Qin, M. Manning, Z. Chen, M. Marquis, K. B. Averyt, M. Tignor and H. L. Miller (eds) *Climate Change 2007: The Physical Science Basis Contribution of Working Group I to the Fourth Assessment Report of the Intergovernmental Panel on Climate Change*, Cambridge University Press, Cambridge and New York

Leape, J. (2006) 'The London congestion charge', *Journal of Economic Perspectives* **20**(4): 157–176

Lebel, L., P. Garden, M. R. N. Banaticla, R. D. Lasco, A. Contreras, A. P. Mitra, C. Sharma, H. T. Nguyen, G. L. Ooi and A. Sari (2007) 'Integrating carbon management into the development strategies of urbanizing regions in Asia: Implications of urban function, form, and role', *Journal of Industrial Ecology* **11**(2): 61–81

Lee, D. H. (1980) 'Seventy-five years of searching for a heat index', *Environmental Research* **22**(2): 331–356

Legros, G, I. Havet, N. Bruce and S. Bonjour (2009) *The Energy Access Situation in Developing Countries: A Review Focusing on the Least Developed Countries and Sub-Saharan Africa*, WHO and UNDP, New York, NY

Lehner, B., G. Czisch and S. Vassolo (2005) 'The impact of global change on the hydropower potential of Europe: A model-based analysis', *Energy Policy* **33**(7): 839–855

Lewsey, C., G. Cid and E. Kruse (2004) 'Assessing climate change impacts on coastal infrastructure in the Eastern Caribbean', *Marine Policy* **28**(5): 393–409

Linder, K. P. (1990) 'National impacts of climate change on electric utilities', in J. B. Smith and D. A. Tirpak (eds) *The Potential Effects of Global Warming on the United States*, Environmental Protection Agency, Washington, DC

Lindseth, G. (2004) 'The Cities for Climate Protection Campaign (CCPC) and the framing of local climate policy', *Local Environment* **9**(4): 325–336

López-Marrero, T. and P. Tschakert (forthcoming) 'From theory to practice: Building more resilient communities in flood-prone areas', *Environment and Urbanization* **23**(1)

Lungo, M. (2007) 'Gestión de Riesgos nacional y local', in C. Clarke and C. Pineda (eds) *Riesgo y Desastres. Su Gestión Municipal en Centroamérica*, Publicaciones especiales sobre el Desarrollo no 3, Inter-American Development Bank, Washington, DC, pp19–27

Mabasi, T. (2009) 'Assessing the vulnerability, mitigation and adaptation to climate change in Kampala City', Paper presented at the Fifth Urban Research Symposium, Cities and Climate Change: Responding to an Urgent Agenda, 28–30 June, Marseille, France

Macchi, M. (2008) *Indigenous and Traditional Peoples and Climate Change*, IUCN Issues Paper, http://cmsdata.iucn.org/downloads/indigenous_ peoples_climate_change.pdf, last accessed 13 October 2010

Mackie, P. (2005) 'The London congestion charge: A tentative economic appraisal. A comment on the paper by Prud'homme and Bocajero', *Transport Policy* **12**(3): 288–290

Magrin, G., C. Gay García, D. Cruz Choque, J.C. Giménez, A. R. Moreno, G. J. Nagy, C. Nobre and A. Villamizar (2007) 'Latin America', in M. L. Parry, O. F. Canziani, J. P. Palutikof, P. J. van der Linden and C. E. Hanson (eds) *Climate Change 2007: Impacts, Adaptation and Vulnerability. Contribution of Working Group II to the Fourth Assessment Report of the Intergovernmental Panel on Climate Change*, Cambridge University Press, Cambridge, UK, pp581–615

Manuel-Navarrete, D., M. Pelling and M. Redclift (2008) 'Governance as process: Powerspheres and responses to climate change in the Mexican Caribbean', Unpublished paper, King's College London, London

Markham, V. (2009) *U.S. Population, Energy and Climate Change*, Center for Environment and Population, New Canaan, Connecticut, www.cepnet.org/ documents/USPopulationEnergyandClimateChange ReportCEP.pdf, last accessed 12 October 2010

Marshall, J., T. McKone, E. Deakin and W. Nazaroff (2005) 'Inhalation of motor vehicle emissions: Effects of urban population and land area', *Atmospheric Environment* **39**(2): 283–295

Martine, G. (2009) 'Population dynamics and policies in the context of global climate change', in J. Guzmán, G. Martine, G. McGranahan, D. Schensul and C. Tacoli (eds) *Population Dynamics and Climate Change*, UNFPA/IIED, pp9–30

Martinot, E., M. Zimmerman, M. van Staden and N. Yamashita (2009) *Global Status Report on Local Renewable Energy Policies*, 12 June working draft, Collaborative report by REN21 Renewable Energy Policy Network, Institute for Sustainable Energy Policies (ISEP) and ICLEI Local Governments for Sustainability, http://www.ren21.net/pdf/ REN21_LRE2009_Jun12.pdf, last accessed 15 October 2010

Massey, D., W. Axinn and D. Ghimire (2007) *Environmental Change and Out-Migration: Evidence from Nepal*, Population Studies Center Research Report 07-615, Institute for Social Research, University of Michigan, Ann Arbor, MI

Maxwell, D., C. Levin, M. Armar-Klemesu, M. Ruel, S. Morris and C. Ahiadeke (1998) *Urban Livelihoods and Food and Nutrition Security in Greater Accra, Ghana*, IFPRI, Washington, DC

Mayor of London (2007) *Action Today to Protect Tomorrow: The Mayor's Climate Change Action Plan*, Greater London Authority, London

McGranahan, G. and D. Satterthwaite (2000) 'Environmental health or ecological sustainability? Reconciling the brown and green agendas in urban development', in C. Pugh (ed) *Sustainable Cities in Developing Countries*, Earthscan, London, pp73–90

McGranahan, G., P. Jacobi, J. Songsore, C. Surjadi and M. Kjellen (2001) *The Citizens at Risk: From Urban Sanitation to Sustainable Cities*, Earthscan, London

McGranahan, G., P. Marcotullio, D. Balk, I. Douglas, T. Elmqvist, W. Rees, D. Satterthwaite, D. Songsore, H. Zlotnick, J. Eades, E. Ezcurra, A. Whyte, X. Bai, H. Imura and H. Shirakawa (2005) 'Urban systems', in *Millennium Ecosystem Assessment: Ecosystems and Human Well-Being, Current State and Trends: Findings of the Condition and Trends Working Group*, Island Press, Washington, DC, pp795–825

McGranahan, G., D. Balk and B. Anderson (2007) 'The rising tide: Assessing the risks of climate change and human settlements in low-elevation coastal zones', *Environment and Urbanization* **19**(1): 17–37

McGray, D. (2007) 'Pop-up cities: China builds a bright green metropolis', *Wired Magazine*, issue 15.05

McGregor, D., D. Simon and D. Thompson (eds) (2006) *The Peri-Urban Interface: Approaches to Sustainable Natural and Human Resource Use*, Earthscan, London

McLeman, R. and B. Smit (2005) 'Assessing the security implications of climate change-related migration', Paper prepared for International Workshop on Human Security and Climate Change, Oslo, Norway, 21–23 June

McMichael, A., R. Woodruff, P. Whetton, K. Hennessy, N. Nicholls, S. Hales, A. Woodward and T. Kjellstrom (2003) *Human Health and Climate Change in Oceania: A Risk Assessment 2002*, Commonwealth Department of Health and Ageing, Canberra, Australia

Meehl, G. and C. Tebaldi (2004) 'More intense, more frequent, and longer lasting heat waves in the 21st century', *Science* **305**(5686): 994–997

Mendelsohn, R., W. Morrison, M. E. Schlesinger and N. G. Andronova (2000) 'Country-specific market impacts from climate change', *Climatic Change* **45**(3–4): 553–569

Menegat, R. (2002) 'Participatory democracy and sustainable development: Integrated urban environmental management in Porto Alegre, Brazil', *Environment and Urbanization* **14**(2): 181–206

Merriam-Webster Dictionary (undated) 'Poleward', www.merriam-webster.com/dictionary/poleward, last accessed 29 October 2010

Meusel, D. and W. Kirch (2005) 'Lessons to be learned from the 2002 floods in Dresden, German', in B. Menne, R. Bertollini and W. Kirch (eds) *Extreme Weather Events and Public Health Response*, Springer-Verlag, Berlin, pp175–184

Mhapsekar, J. (2010) 'Parisar Vikas (Presentation)', Stree Mukti Sanghatana, Mumbai

Millennium Ecosystem Assessment (2005) *Ecosystems and Human Well Being*, Millennium Ecosystem Assessment, World Resources Institute, Island Press, Washington, DC

Mills, E. (2005) 'Insurance in a climate of change', *Science* **309**(5737): 1040–1044

Ministério da Ciência e Tecnologia (2004) *Comunicação Nacional Inicial do Brasil à Convenção do Clima*, Ministério da Ciência e Tecnologia, Brazil

Ministry of Foreign Affairs of Denmark (2006) *Aid Management Guidelines Glossary*, 2nd edition, http://amg.um.dk/NR/rdonlyres/ 3845FDB0-028B-4866-AB9B-1DCB7E83A905/0/ AMGGlossaryFeburary2006finaldoc.pdf, last accessed 14 October 2010

Mitlin, D. (2008) 'With and beyond the state: Co-production as a route to political influence, power and transformation for grassroots organizations', *Environment and Urbanization* **20**(2): 339–360

Mitlin, D. and D. Dodman (forthcoming) 'Questioning community-based adaptation', Paper in preparation

Monni, S. and F. Raes (2008) 'Multilevel climate policy: The case of the European Union, Finland and Helsinki', *Environmental Science & Policy* **11**(8): 743–755

Monstadt, J. (2009) 'Conceptualizing the political ecology of urban infrastructures: Insights from technology and urban studies', *Environment and Planning A* **41**(8): 1924–1942

Moore, M. (2008) 'China's pioneering eco-city of Dongtan stalls', *The Daily Telegraph*, 18 October 2008

Moravcsik, A. and B. Botos (2007) 'Tatabanya: Local participation and physical regeneration of derelict areas', Presentation given in Krakow, Poland

Moser, C. (2008) 'Assets and livelihoods: A framework for asset-based social policy', in C. Moser and A. A. Dani (eds) *Assets, Livelihoods and Social Policy*, International Bank for Reconstruction and Development/World Bank, Washington, DC, pp43–81

Moser, C. and D. Satterthwaite (2008) *Towards Pro-Poor Adaptation to Climate Change in the Urban Centres of Low- and Middle-Income Countries*, IIED Human Settlements Discussion Paper Series, Climate Change and Cities 3, London

Moser, C. and D. Satterthwaite (2010) 'Toward pro-poor adaptation to climate change in the urban centers of low- and middle-income countries', in R. Mearns and A. Norton (eds) *Social Dimensions of Climate Change: Equity and Vulnerability in a Warming World*, World Bank, Washington, DC, pp231–258

Moser, S. C. (2010) 'Now more than ever: The need for more societally relevant research on vulnerability and adaptation to climate change', *Applied Geography* **30**(4): 464–474

Mukheibir, P. and G. Ziervogel (2007) 'Developing a municipal adaptation plan (MAP) for climate change: The City of Cape Town', *Environment and Urbanization* **19**(1): 143–158

Murphy, J. (2000) 'Ecological modernization', *Geoforum* **31**(1): 1–8

Murray, C. J. and A. D. Lopez (1996) *The Global Burden of Disease: A Comprehensive Assessment of Mortality and Disability from Diseases, Injuries and Risk Factors in 1990 and Projected to 2020*, Harvard University Press, Boston, MA

Murray, D. (2005) *Oil and Food: A Rising Security Challenge*, Earth Policy Institute, Archived, www.energybulletin.net/node/6052, last accessed 13 October 2010

Myers, N. (1997) 'Environmental refugees', *Population and Environment* **19**(2): 167–182

Myers, N. (2005) 'Environmental refugees: An emergent security issue', Paper presented at the 13th Economic Forum, Prague, Czech Republic, 23–27 May 2005

National Drought Mitigation Center (2010) *Drought Monitor: State-of-the-Art Blend of Science and Subjectivity*, http://drought.unl.edu/dm/index.html, last accessed 13 October 2010

National Weather Service (undated) *Glossary of National Hurricane Center Terms*, www.nhc.noaa.gov/ aboutgloss.shtml#e, last accessed 29 October 2010

Nchito, W. S. (2007) 'Flood risk in unplanned settlements in Lusaka', *Environment and Urbanization* **19**(2): 539–551

Neuman, M. (2005) 'The compact city fallacy', *Journal of Planning Education and Research* **25**(1): 11–26

Neumayer, E. and T. Plümper (2007) 'The gendered nature of natural disasters: The impact of catastrophic events on the gender gap in life expectancy, 1981–2002', *Annals of the American Association of Geographers* **97**(3): 551–566

New Scientist (2009) 'Timeline: Climate change', *New Scientist*, www.newscientist.com/article/ dn9912-timeline-climate-change.html, last accessed 28 October 2010

Newcastle City Council (2008) *City Consumption*, www.newcastle.nsw.gov.au/environment/climate_ cam/climatecam, last accessed 15 October 2010

Newman, P. (2006) 'The environmental impact of cities', *Environment and Urbanization* **18**(2): 275–295

Newman, P. and J. Kenworthy (1989) 'Gasoline consumption and cities: A comparison of US cities with a global survey', *Journal of the American Planning Association* **55**(1): 24–37

Newman, P. and J. Kenworthy (1999) *Sustainability and Cities: Overcoming Automobile Dependence*, Island Press, Washington, DC

Nicholls, R. J. and R. Tol (2007) 'Impacts and responses to sea-level rise: A global analysis of the SRES scenarios over the twenty-first century', *Philosophical Transactions of the Royal Society A* **364**: 1073–1095

Nicholls, R. J., F. M. J. Hoozemans and M. Marchand (1999) 'Increasing flood risk and wetland losses due to global sea-level rise: Regional and global analyses', *Global Environmental Change* **9**(1001): S69–S87

Nicholls, R. J., S. Hanson, C. Herweijer, N. Patmore, S. Hallegatte, J. Corfee-Morlot, J. Chateau and R. Muir-Wood (2008) *Ranking Port Cities with High Exposure and Vulnerability to Climate Extremes: Exposure Estimates*, OECD Environment Working Papers, No 1, OECD Publishing, Paris, France

Nickson, A. (2010) 'Cities and climate change: Adaptation in London, UK', Unpublished case study prepared for the *Global Report on Human Settlements 2011*, www.unhabitat.org/grhs/2011

Nodvin, S. C. and K. Vranes (2010), 'Global warming', in C. J. Cleveland (ed) *Encyclopedia of Earth*, Environmental Information Coalition, National Council for Science and the Environment, Washington, DC, www.eoearth.org/article/ global_warming, last accessed 21 October 2010

Nordhaus, W. D. (2006) 'The economics of hurricanes in the United States', National Bureau of Economic Research (NBER) Working paper, http://papers. nber.org/papers/w12813, last accessed 9 December 2010

Norman, J., H. L. MacLean and C. A. Kennedy (2006) 'Comparing high and low residential density: Life-cycle analysis of energy use and greenhouse gas emissions', *Journal of Urban Planning and Development* **132**(1): 10–21

NRC (National Research Council) (2009) *America's Energy Future: Technologies and Transformation*, US National Academies of Science/National Research Council, National Academies Press, Washington, DC

NRC (2010) *Adapting to the Impacts of Climate Change*, US National Academies of Science/National Research Council, National Academies Press, Washington, DC

O'Brien, K., L. Sygna and J. E. Haugen (2004) 'Vulnerable or resilient? A multi-scale assessment of climate impacts and vulnerability in Norway', *Climatic Change* **64**(1–2): 193–225

OCHA and IDMC (United Nations Office for the Coordination of Humanitarian Affairs and the Internal Displacement Monitoring Centre) (2009) 'Monitoring disaster displacement in the context of climate change', www.internal-displacement.org/8025708F004BE3B1/(httpInfoFiles)/12E8C7224C2A6A9EC125763900315AD4/$file/monitoring-disaster-displacement.pdf, last accessed 9 December 2010

OECD (Organisation for Economic Co-operation and Development) (1995) *Urban Energy Handbook: Good Local Practice*, OECD Publication Services, Paris

OECD (2008) 'Competitive cities in a changing climate: Introductory issue paper', OECD International Conference, Competitive Cities and Climate Change, 2nd Annual Meeting of the OECD Roundtable Strategy for Urban Development, OECD Directorate for Public Governance and Territorial Development, Milan, Italy

OECD (2009) *OECD's Recent Work on Climate Change*, OECD Publications, Paris, France, www.oecd.org/dataoecd/60/40/41810213.pdf, last accessed 6 October 2010

OECD (2010) *Cities and Climate Change*, OECD Publishing, http://dx.doi.org/10.1787/9789264091375-en, last accessed 10 December 2010

Office of the Deputy Prime Minister (2003) 'Sustainable communities: Building for the future', Office of the Deputy Prime Minister, London, www.communities.gov.uk/publications/communities/sustainablecommunitiesbuilding, last accessed 15 October 2010

Office of the Governor, California, US (undated) 'Gov. Schwarzenegger announces first-of-its-kind climate action coalition at the governors' Global Climate Summit 3', http://gov.ca.gov/press-release/16497/, last accessed 9 December 2010

Oke, T. R. (1982) 'The energetic basis of the urban heat island', *Quarterly Journal of the Royal Meteorological Society* **108**(455): 1–24

Oresanya, O. (2009) 'Climate change and waste management', Presentation, Lagos Waste Management Authority, Lagos

Osbahr, H. and T. Roberts (2007) *Climate Change and Development in Africa: Policy Frameworks and Development Interventions for Effective Adaptation to Climate Change*, Report of workshop 12 March, University of Oxford, http://african-environments.ouce.ox.ac.uk/events/2007/070312workshopreport.pdf, last accessed 14 October 2010

Overpeck, J., B. Otto-Bliesner, G. Miller, D. Muhs, R. Alley and J. Kiehl (2006) 'Paleoclimatic evidence for future ice-sheet instability and rapid sea-level rise', *Science* **311**(5768): 1747–1750

Overstreet, S. and B. Burch (2009) 'Mental health status of women and children following Hurricane Katrina', in B. Willinger (ed) *Hurricane Katrina and the Women of New Orleans*, Newcomb College Center for Research on Women, New Orleans

Owens, S. (1992) 'Energy, environmental sustainability and land-use planning', in M. Breheny (ed) *Sustainable Development and Urban Form*, Pion, London, pp79–105

Oxfam (2005) *The Tsunami's Impact on Women*, Oxfam, Oxford, UK

PADECO (2009a) *Cities and Climate Change: Draft Comprehensive Report*, Report prepared for the World Bank, 30 April

PADECO (2009b) *Cities and Climate Change: Literature Review*, Report prepared for the World Bank, 30 April

Parker, L., (2006) *Climate Change: The European Union's Emissions Trading System (EU ETS)*, CRS Report for Congress, www.usembassy.it/pdf/other/RL33581.pdf, last accessed 6 October 2010

Parry, M., O. Canziani, J. Palutikof, N. Adger, P. Aggarwal, S. Agrawala, J. Alcamo, A. Allali, O. Anisimov, N. Arnell, M. Boko, T. Carter, G. Casassa, U. Confalonieri, R. Cruz, E. de Alba Alcaraz, W. Easterling, C. Field, A. Fischlin, B. Fitzharris, C. García, H. Harasawa, K. Hennessy, S. Huq, R. Jones, L. Bogataj, D. Karoly, R. Klein, Z. Kundzewicz, M. Lal, R. Lasco, G. Love, X. Lu, G. Magrín, L. Mata, B. Menne, G. Midgley, N. Mimura, M. Mirza, J. Moreno, L. Mortsch, I. Niang-Diop, R. Nicholls, B. Nováky, L. Nurse, A. Nyong, M. Oppenheimer, A. Patwardhan, P. Lankao, C. Rosenzweig, S. Schneider, S. Semenov, J. Smith, J. Stone, J. van Ypersele, D. Vaughan, C. Vogel, T. Wilbanks, P. Wong, S. Wu and G. Yohe (2007a) 'Technical summary', in M. Parry, O. Canziani, J. Palutikof, P. van der Linden and C. Hanson (eds) *Climate Change 2007: Impacts, Adaptation and Vulnerability; Contribution of Working Group II to the Fourth Assessment Report of the Intergovernmental Panel on Climate Change*, Cambridge University Press, New York, NY, pp23–78

Parry, M. L., O. F. Canziani, J. P. Palutikof, P. J. van der Linden and C. E. Hanson (eds) (2007b) *Climate Change 2007: Impacts, Adaptation and Vulnerability. Contribution of Working Group II to the Fourth Assessment Report of the Intergovernmental Panel on Climate Change*, Cambridge University Press, Cambridge, www.ipcc.ch/publications_and_data/ar4/wg2/en/contents.html, last accessed 14 October 2010

Parry, M., N. Arnell, P. Berry, D. Dodman, S. Fankhauser, C. Hope, S. Kovats, R. Nicholls, D. Satterthwaite, R. Tiffin and T. Wheeler (2009) *Assessing the Costs of Adaptation to Climate Change: A Review of the UNFCCC and Other Recent Estimates*, International Institute for Environment and Development/Grantham Institute for Climate Change, London

Parshall, L., S. Hammer and K. Gurney (2009) 'Energy consumption and CO_2 emissions in urban counties in the United States with a case study of the New York Metropolitan Area', Paper prepared for the Fifth Urban Research Symposium, Cities and Climate Change: Responding to an Urgent Agenda, 28–30 June, Marseille, France

Parshall, L., M. Haraguchi, C. Rosenzweig and S. A. Hammer (2010) 'The contribution of urban areas to climate change: New York City case study', Unpublished case study prepared for the *Global Report on Human Settlements 2011*, www.unhabitat.org/grhs/2011

Patt, A., A. Dazé and P. Suarez (2009) 'Gender and climate change vulnerability: What's the problem, what's the solution?', in M. Ruth and M. E. Ibarrarán (eds) *Distributional Impacts of Climate Change and Disasters: Concepts and Cases*, Edward Elgar Publishers, Cheltenham, UK

Patz, J. A., D. Campbell-Lendrum, T. Holloway and J. A. Foley (2005) 'Impact of regional climate change on human health', *Nature* **438**(7066): 310–317

Paul, B. (2009) 'Why relatively fewer people died? The case of Bangladesh's Cyclone Sidr', *Natural Hazards* **50**(2): 289–304

Pauzner, S. (2009) 'Tel Aviv to get 1st ecological housing project', *Ynetnews*, 3 September

Pearce, F. (2009) 'Greenwash: The dream of the first eco-city was built on a fiction', *The Guardian*, 23 April

Pelling, M. (1997) 'What determines vulnerability to floods: A case study in Georgetown, Guyana', *Environment and Urbanization* **9**(1): 203–226

Pelling, M. (1998) 'Participation, social capital and vulnerability to urban flooding in Guyana', *Journal of International Development* 10(4): 469–486

Pelling, M. (2005) 'Enhancing safety and security', Unpublished issues paper prepared for the *Global Report on Human Settlements 2007*, www.unhabitat.org/grhs/2007

Pelling, M., D. Manuel-Navarrete and M. Redclift (2008) 'Urban transformation and social learning for climate proofing on Mexico's Caribbean coast', Unpublished paper, King's College London, London

People's Republic of China (2007) *China's National Climate Change Programme*, National Development and Reform Commission, People's Republic of China, www.ccchina.gov.cn/WebSite/CCChina/UpFile/File188.pdf, last accessed 28 October 2010

Perelet, R., S. Pegov and M. Yulkin (2007) 'Climate change, Russia country paper', Background paper for the *UN 2007/2008 Human Development Report*, http://hdr.undp.org/en/reports/global/hdr2007-8/papers/Perelet_Renat_Pegov_Yulkin.pdf, last accessed 7 December 2010

Peters, G. (2008) 'From production-based to consumption-based national emission inventories', *Ecological Economics* 65(1): 13–23

Petterson, J., L. Stanley, E. Glazier and J. Philipp (2006) 'A preliminary assessment of social and economic impacts associated with Hurricane Katrina', *American Anthropologist* 108(4): 643–670

Pew Center on Global Climate Change (2008) 'Summary: India's national action plan on climate change', www.pewclimate.org/international/country-policies/india-climate-plan-summary/06-2008, last accessed 27 October 2010

Pew Center on Global Climate Change (undated) 'Climate action plans', www.pewclimate.org/what_s_being_done/in_the_states/action_plan_map.cfm, last accessed 28 October 2010

Pieterse, E. (2008) *City Futures: Confronting the Crisis of Urban Development*, Zed Books, London and New York, and UCT Press, Cape Town

Pradhan, E. K., K. P. West, J. Katz, S. C. LeClerq, S. K. Khatry and S. R. Shrestha (2007) 'Risk of flood-related mortality in Nepal', *Disasters* 31(1): 57–70

Prasad, N., F. Ranghieri, F. Shah, Z. Trohanis, E. Kessler and R. Sinha (2009) *Climate Resilient Cities: A Primer on Reducing Vulnerabilities to Disaster*, World Bank, Washington, DC

Preston, B. L. and R. N. Jones (2006) *Climate Change Impacts on Australia and the Benefits of Early Action to Reduce Global Greenhouse Emissions*, Consultancy report for the Australian Business Roundtable on Climate Change, CSIRO Marine and Atmospheric Research, Melbourne

PricewaterhouseCoopers (2010) *Carbon Disclosure Project 2010: Global 500 Report*, www.cdproject.net/CDPResults/CDP-2010-G500.pdf, last accessed 6 December 2010

Prowse, M. and L. Scott (2008) 'Assets and adaptation: An emerging debate' *IDS Bulletin* 39(4): 42–52

Prud'homme, R. and J. P. Bocarejo (2005) 'The London congestion charge: A tentative economic appraisal', *Transport Policy* 12(3): 279–287

Puppim de Oliveira, J. A. (2009) 'The implementation of climate change related policies at the subnational level: An analysis of three countries', *Habitat International* 33(3): 253–259

Qi, Y., L. Ma, H. Zhang and H. Li (2008) 'Translating a global issue into local priority: China's local government response to climate change', *Journal of Environment Development* 17(4): 379–400

Rabe, B. (2007) 'Beyond Kyoto: Climate change policy in multilevel governance systems', *Governance* 20(3): 423–444

Rabinovitch, J. (1992) 'Curitiba: Towards sustainable urban development', *Environment and Urbanization* 4(2): 62–73

Rain, D. R., R. Engstrom, C. Ludlow and S. Antos (2011) 'Accra: A vulnerable coastal West African city', Unpublished case study prepared for the *Global Report on Human Settlements 2011*, www.unhabitat.org/grhs/2011

Raleigh, C., L. Jordan and I. Salehyan (2008) 'Assessing the impact of climate change on migration and conflict', Paper commissioned by the World Bank Group for the Social Dimensions of Climate Change workshop, Washington, DC, 5–6 March 2008

Rashid, S. (2000) 'The urban poor in Dhaka City: Their struggles and coping strategies during the floods of 1998', *Disasters* 24(3): 240–253

Räty, R. and A. Carlsson-Kanyama (2010) 'Energy consumption by gender in some European countries', *Energy Policy* 38(1): 646–649

Raupach, M., G. Marland, P. Ciais, C. Le Quéré, J. Canadell, G. Klepper and C. Fields (2007) 'Global and regional drivers of accelerating CO_2 emissions', *PNAS* 104(24): 10288–10293

Rees, W. (1992) 'Ecological footprints and appropriated carrying capacity: What urban economics leaves out', *Environment and Urbanization* 4(2): 121–130

Rees, W. and M. Wackernagel (1998) *Our Ecological Footprint: Reducing Human Impact on the Earth*, New Society Publishers, Gabriola Island, British Columbia, Canada

Regional Greenhouse Gas Initiative (undated) 'Home', www.rggi.org/home, last accessed 6 October 2010

REN21 (Renewable Energy Policy Network for the 21st Century) (2009) *Renewables Global Status Report: 2009 Update*, REN21 Secretariat, Paris

Reuveny, R. (2007) 'Climate change-induced migration and violent conflict', Political Geography 26(6): 656–673

Revi, A. (2008) 'Climate change risk: A mitigation and adaptation agenda for Indian cities', *Environment and Urbanization* 20(1): 207–230

Reyos, J. (2009) *Community-Driven Disaster Intervention: Experiences of the Homeless People's Federation in the Philippines*, HPFP, PACSII and IIED, Manila and London

Rhodes, T. E. (1999) 'Integrating urban and agriculture water management in southern Morocco', *Arid Lands Newsletter* 45 (spring/summer), http://ag.Arizona.edu/OALS/ALN/aln45/rhodes.html, last accessed 13 October 2010

Richman, E. (2003) 'Emission trading and the development critique: Exposing the threat to developing countries', *Journal of International Law and Politics* 36: 133–176

Roberts, B., M. Lindfield and X. Bai (2009) 'Bridging the gap between the supply-side and demand-side CDM projects in Asian Cities', Paper prepared for the Fifth Urban Research Symposium, Cities and Climate Change: Responding to an Urgent Agenda, 28–30 June, Marseille, France

Roberts, D. (2008) 'Thinking globally, acting locally: Institutionalizing climate change at the local government level in Durban, South Africa', *Environment and Urbanization* 20(2): 521–537

Roberts, D. (2010a) 'Prioritising climate change adaptation and local level resiliency in Durban, South Africa', *Environment and Urbanization* 22(2): 397–414

Roberts, D. (2010b) 'Thinking globally, acting locally: Institutionalizing climate change within Durban's local government', Briefing paper for the Cities Alliance, Cities Alliance, Washington, DC

Roberts, D. and N. Diederichs (2002a) 'Durban's Local Agenda 21 programme: Tackling sustainable development in a post-apartheid city', *Environment and Urbanization* **14**(1): 189–202

Roberts, D. and N. Diederichs (2002b) *Durban's Local Agenda 21 Programme 1994–2001: Tackling Sustainable Development*, Natal Printers, Pinetown

Roberts, J. and P. Grimes (1997) 'Carbon intensity and economic development 1962–1991: A brief exploration of the Environmental Kuznets Curve', *World Development* **25**(2): 191–198

Robinson, P. J. (2001) 'On the definition of a heat wave', *Journal of Applied Meteorology* **40**: 762–775

Rockefeller Foundation (2010) 'Asian Cities Climate Change Resilience Network (ACCCRN)', www.rockefellerfoundation.org/what-we-do/current-work/developing-climate-change-resilience/asian-cities-climate-change-resilience/, last accessed 28 October 2010

Rogner, H.-H., D. Zhou, R. Bradley, O. Crabbé, O. Edenhofer, B. Hare, L. Kuijpers and M. Yamaguchi (2007) 'Introduction', in B. Metz, O. R. Davidson, P. R. Bosch, R. Dave and L. A. Meyer (eds) *Climate Change 2007: Mitigation, Contribution of Working Group III to the Fourth Assessment Report of the Intergovernmental Panel on Climate*, Cambridge University Press, Cambridge and New York, pp95–116

Romero Lankao, P. (2007a) 'Are we missing the point? Particularities of urbanization, sustainability and carbon emissions in Latin American cities', *Environment and Urbanization* **19**(1): 159–175

Romero Lankao, P. (2007b) 'How do local governments in Mexico City manage global warming?', *Local Environment: The International Journal of Justice and Sustainability* **12**(5): 519–535

Romero Lankao, P. (2008) 'Urban areas and climate change: Review of current issues and trends', Unpublished issues paper prepared for the *Global Report on Human Settlements 2011*, www.unhabitat.org/grhs/2011

Romero Lankao, P. (2009) 'Issues paper', Unpublished background material prepared for the *Global Report on Human Settlements 2011*, www.unhabitat.org/grhs/2011

Romero Lankao, P. (2010) 'Water in Mexico City: What will climate change bring to its history of water-related hazards and vulnerabilities?', *Environment and Urbanization* **22**(1): 157–178

Romero Lankao, P. and J. Tribbia (2009) 'Assessing patterns of vulnerability, adaptive capacity and resilience across urban centers', Paper presented at the Fifth Urban Research Symposium, 28–30 June, Marseille, France

Romero Lankao, P., H. López Villafranco, A. Rosas Huerta, G. Gunther and Z. Correa Armenta (eds) (2005) *Can Cities Reduce Global Warming? Urban Development and Carbon Cycle in Latin America*, IAI, UAM-Xochimilco, IHDP, GCP, México, www.globalcarbonproject.org/global/pdf/Romero2005_IAIUurbanCarbonReport.pdf, last accessed 11 October 2010

Romero Lankao, P., D. Nychka and J. Tribbia (2008) 'Development and greenhouse gas emissions deviate from "modernization" and "convergence"', *Climate Research* **38**(1): 17–29

Romero Lankao, P., J. L.Tribbia and D. Nychka (2009a) 'Testing theories to explore the drivers of cities' atmospheric emissions', *Ambio* **38**: 236–244

Romero Lankao, P., O. Wilhelmi, M. Cordova Borbor, D. Parra, E. Behrenz and L. Dawidowski (2009b) 'Health impacts of weather and air pollution – what current challenges hold for the future in Latin American cities', in K. O'Brien, L. Sygna and J. Wolf (eds) *The Changing Environment for Human Security: New Agendas for Research, Policy, and Action*, GECHS, Oslo, Norway

Rosenzweig, C. and W. D. Solecki (2001) *Climate Change and a Global City: The Potential Consequences of Climate Variability and Change – Metro East Coast, Report for the US Global Change Research Program*, National Assessment of the Potential Consequences of Climate Variability and Change for the United States, Columbia Earth Institute, New York, NY

Rosenzweig, C., W. Solecki, S.A. Hammer and S. Mehrotra (2010) 'Cities lead the way in climate-change action', *Nature* **467**: 909–911

Rosenzweig, C., W. Solecki, S. A. Hammer and S. Mehrotra (2011) *Climate Change and Cities: First Assessment Report of the Urban Climate Change Research Network*, Cambridge University Press, Cambridge, UK

Roy, M. (2009) 'Planning for sustainable urbanisation in fast growing cities: Mitigation and adaptation issues addressed in Dhaka, Bangladesh', *Habitat International* **33**(3): 276–286

Ru, G., C. Xiaojing, Y. Xinyu, L. Lankuan, J. Dahe, and L. Fengting (2009) 'The strategy of energy-related carbon emission reduction in Shanghai', *Energy Policy* **38**(1): 633–638

Ruth, M. and R. Gasper (2008) 'Water in the urban environment: Meeting the challenges of a changing climate', OECD International Conference: Competitive Cities in Climate Change, Milan, Italy

Ruth, M. and M. Ibarrarán (2009) 'Introduction: Distributional effects of climate change – Social and economic implications', in M. Ruth and M. Ibarrarán (eds) *Distributional Impacts of Climate Change*, Edward Elgar Publishers, Cheltenham, Glos, UK

Ruth, M. and F. Rong (2006) 'Research themes and challenges', in M. Ruth (ed) *Smart Growth and Climate Change*, Edward Elgar Publishers, Cheltenham, UK

Ruth, M., B. Davidsdottir and A. Amato (2004) 'Climate change policies and capital vintage effects: The cases of US pulp and paper, iron and steel, and ethylene', *Journal of Environmental Management* **70**(3): 235–252

Ruth, M., A. Amato and P. Kirshen (2006) 'Impacts of changing temperatures on heat-related mortality in urban areas: The issues and a case study from Metropolitan Boston', in M. Ruth (ed) *Smart Growth and Climate Change*, Edward Elgar Publishers, Cheltenham, UK, pp364–392

Rutland, T. and A. Aylett (2008) 'The work of policy: Actor networks, governmentality, and local action on climate change in Portland, Oregon', *Environment and Planning D: Society and Space* **26**(4): 627–646

Sabates-Wheeler, R., T. Mitchell and F. Ellis (2008) 'Avoiding repetition: Time for CBA to engage with the livelihoods literature?', *IDS Bulletin* **39**(4): 53–59

Sabine, C. L., M. Heiman, P. Artaxo, D. Bakker, C.-T. A. Chen, C. B. Field, N. Gruber, C. Le Quéré, R. G. Prinn, J. E. Richey, P. Romero Lankao, J. Sathaye, and R. Valentini (2004) 'Current status and past trends of the global carbon cycle', in C. B. Field and M. R. Raupach (eds) *Toward CO$_2$ Stabilization: Issues, Strategies and Consequences*, Island Press, Washington, DC

Sailor, D. J (2001) 'Relating residential and commercial sector electricity loads to climate – evaluating state level sensitivities and vulnerabilities', *Energy* **26**(7): 645–657

Sanchez-Rodriguez, R., M. Fragkias and W. Solecki (2008) *Urban Responses to Climate Change: A Focus on the Americas – A Workshop Report*, International Workshop Urban Responses to Climate Change, New York, NY

Sanders, C. H. and M. C. Phillipson (2003) 'UK adaptation strategy and technical measures: The impacts of climate change on buildings', *Building Research and Information* **31**(3–4): 210–221

Sandoval, M. J. (2009) 'Mexico's national climate change strategies and international financing mechanisms', Presentation for the International Financing for Climate Action, 9 July 2009, Brussels, http://europa.eu/epc/pdf/mexico_en.pdf, last accessed 27 October 2010

Sanford Housing Co-operative (undated) *Carbon 60 Project*, www.sanford.coop/C60.shtml, last accessed 15 October 2010

Sari, A. (2007) 'Carbon and the city: Carbon pathways and decarbonization opportunities in Greater Jakarta, Indonesia', in R. Lasco, L. Lebel, A. Sari, A. P. Mitra, N. H. Tri, O. G. Ling and A. Contreras (eds) *Integrating Carbon Management into Development Strategies of Cities – Establishing a Network of Case Studies of Urbanisation in Asia Pacific*, Final Report for the APN project 2004-07-CMY-Lasco, pp125–151

Sassen, S. (1991) *The Global City: New York, London, Tokyo*, Princeton University Press, Princeton, NJ

Satterthwaite, D. (1997a) 'Environmental transformations in cities as they get larger, wealthier, and better managed', *The Geographic Journal* **163**(2): 216–224

Satterthwaite, D. (1997b) 'Sustainable cities or cities that contribute to sustainable development?', *Urban Studies* **34**(10): 1667–1691

Satterthwaite, D. (1999) 'The key issues and the works included', in D. Satterthwaite (ed) *The Earthscan Reader in Sustainable Cities*, Earthscan, London, pp3–21

Satterthwaite, D. (2007) *The Transition to a Predominantly Urban World and Its Underpinnings*, Human Settlements Discussion Paper, IIED, London

Satterthwaite, D. (2008a) '"Cities" contribution to global warming: Notes on the allocation of greenhouse gas emissions', *Environment and Urbanization* **20**(2): 539–549

Satterthwaite, D. (2008b) 'Climate change and urbanization: Effects and implications for urban governance', United Nations Expert Group Meeting on Population Distribution, Urbanization, Internal Migration and Development, UN/POP/EGM-URB/2008/16, New York, 21–23 January

Satterthwaite, D. (2009) 'The implications of population growth and urbanization for climate change', *Environment and Urbanization* **21**(2): 545–567

Satterthwaite, D. and A. Sverdlik (2009) 'On energy access and use among the urban poor in low- and middle-income nations', Background paper for the Global Energy Assessment Report, IIASA

Satterthwaite, D., S. Huq, H. Reid, M. Pelling and P. Romero Lankao (2007a) *Adapting to Climate Change in Urban Areas: The Possibilities and Constraints in Low- and Middle-Income Nations*, IIED Human Settlements Discussion Paper Series, Climate Change and Cities 1, London

Satterthwaite, D., S. Huq, M. Pelling, A. Reid and P. Romero Lankao (2007b) *Building Climate Change Resilience in Urban Areas and among Urban Populations in Low- and Middle-income Countries*, Research Report Commissioned by the Rockefeller Foundation, International Institute for Environment and Development (IIED), London

Satterthwaite, D., D. Dodman and J. Bicknell (2009a) 'Conclusions: Local development and adaptation', in J. Bicknell, D. Dodman and D. Satterthwaite (eds) *Adapting Cities to Climate Change: Understanding and Addressing the Development Challenges*, Earthscan, London, pp359–383

Satterthwaite, D., S. Bartlett, D. Dodman, D. Hardoy and C. Tacoli (2009b) 'Social aspects of climate change in urban areas in low- and middle-income areas', Paper prepared for the Fifth Urban Research Symposium, Cities and Climate Change: Responding to an Urgent Agenda, 28–30 June, Marseille, France

Satterthwaite, D., S. Huq, H. Reid, M. Pelling and P. Romero Lankao (2009c) 'Adapting to climate change in urban areas: The possibilities and constraints in low- and middle-income nations', in J. Bicknell, D. Dodman and D. Satterthwaite (eds) *Adapting Cities to Climate Change*, Earthscan, London, pp3–34

Scambos, T. A., J. A. Bohlander, C. A. Shuman and P. Skvarca (2004) 'Glacier acceleration and thinning after ice shelf collapse in the Larsen B embayment, Antarctica', *Geophysical Research Letters* **31**(18), doi:10.1029/2004GL020670

Schifferes, S. (2007) 'China's eco-city faces growth challenge', BBC News, http://news.bbc.co.uk/1/hi/business/6756289.stm, last accessed 15 October 2010

Schneider, S. H., S. Semenov, A. Patwardhan, I. Burton, C. H. Magadza, M. Oppenheimer, A. B. Pittock, A. Rahman, J. B. Smith, A. Suarez and F. Yamin (2007) 'Assessing key vulnerabilities and the risk from climate change', in M. L. Parry, O. F. Canziani, J. P. Palutikof, P. J. van der Linden and C. E. Hanson (eds) *Climate Change 2007: Impacts, Adaptation and Vulnerability, Contribution of Working Group II to the Fourth Assessment Report of the Intergovernmental Panel on Climate Change*, Cambridge University Press, Cambridge, UK, pp779–810

Schreurs, M. A. (2008) 'From the bottom up: Local and subnational climate change politics', *Journal of Environment Development* **17**(4): 343–355

Schroeder, H. (2010) 'Climate change mitigation in Los Angeles, US', Unpublished case study prepared for the *Global Report on Human Settlements 2011*, www.unhabitat.org/grhs/2011

Schroeder, R. A. (1987) 'Gender vulnerability to drought: A case study of the Hausa social environment', Natural Hazard Research Working Paper 58, Institute of Behavioural Science, University of Colorado, pp35–41

Schwaiger, B. and A. Kopets (2009) 'First steps towards energy-efficient cities in Ukraine', Paper prepared for the Fifth Urban Research Symposium, Cities and Climate Change: Responding to an Urgent Agenda, 28–30 June, Marseille, France

Schwartz, N. and R. Seppelt (2009) 'Analyzing the vulnerability of European cities resulting from urban heat island', World Bank Fifth Urban Research Symposium, Marseille, France, 28–30 June

Scott, D., J. Dawson and B. Jones (2007) 'Climate change vulnerability of the US northeast winter recreation-tourism sector', *Mitigation and Adaptation Strategies for Global Change* **13**(5–6): 577–596

Scott, M. J., L. E. Wrench and D. L. Hadley (1994) 'Effects of climate change on commercial building energy demand', *Energy Sources* **16**(3): 317–332

Secretaría del Medio Ambiente del Distrito Federal (2008) *Mexico City Climate Action Plan Program 2008–2012: Summary*, www.mexicocityexperience.com/documents/climate_change.pdf, last accessed 27 October 2010

Setzer, J. (2009) 'Subnational and transnational climate change governance: Evidence from the state and city of São Paulo, Brazil', Paper prepared for the Fifth Urban Research Symposium, Cities and Climate Change: Responding to an Urgent Agenda, 28–30 June, Marseille, France

Sgobbi, A. and C. Carraro (2008) *Climate Change Impacts and Adaptation Strategies in Italy; An Economic Assessment*, Fondazione Eni Enrico Mattei Working Paper 170, Berkeley Electronic Press, www.bepress.com/feem/paper170, last accessed 13 October 2010

Short, J., K. V. Dender and P. Crist (2008) 'Transport policy and climate change', in D. Sperling and J. S. Cannon (eds) *Reducing Climate Impacts in the Transportation Sector*, Springer-Verlag, New York, NY, pp35–48

Shukla, P. R. and S. K. Sharma (undated) *Climate Change Impacts on Industry in India*, Keysheet 8, Department of Energy and Climate Change, www.decc.gov.uk/assets/decc/what%20we%20do/global%20climate%20change%20and%20energy/tackling%20climate%20change/intl_strategy/dev_countries/india/india-climate-8-industry.pdf, last accessed 13 October 2010

Shukla, P. R., M. Kapshe and A. Garg (2005) *Development and Climate: Impacts and Adaptation for Infrastructure Assets in India*, OECD, Paris

Silove, D. and Z. Steel (2006) 'Understanding community psychosocial needs after disasters: Implications for mental health services', *Journal of Postgraduate Medicine* 52(2): 121–125

Silver, J. (2010) *Urban Transitions and Climate Change Pilot Study – From the Spiritual Home of Smoke to a Certain (Green) Future: Manchester*, Climate Change and Mitigation Pathways, Unpublished working paper, Department of Geography, Durham University, Durham, UK

Sims, R. E. H., R. N. Schock, A. Adegbululgbe, J. Fenhann, I. Konstantinaviciute, W. Moomaw, H. B. Nimir, B. Schlamadinger, J. Torres-Martínez, C. Turner, Y. Uchiyama, S. J. V. Vuori, N. Wamukonya and X. Zhang (2007) 'Energy supply', in B. Metz, O. R. Davidson, P. R. Bosch, R. Dave, L. A. Meyer (eds) *Climate Change 2007: Mitigation, Contribution of Working Group III to the Fourth Assessment Report of the Intergovernmental Panel on Climate Change*, Cambridge University Press, Cambridge and New York, pp251–322

Singapore Urban Development Authority (2009) 'Singapore: City in a garden', Unpublished report presented to UN-Habitat for the *Global Report on Human Settlements 2011*

Sippel, M. and A. Michaelowa (2009) 'Does global climate policy promote low-carbon cities? Lessons learnt from the CDM', CIS Working Paper No 49, Centre for Comparative and International Studies, ETH Zurich and University of Zurich, Zurich

Skutsch, M. (2002) 'Protocols, treaties and action: The "climate change process" viewed through gender spectacles', *Gender & Development* 10(2): 30–39

Smyth, C. and S. Royle (2000) 'Urban landslide hazards: Incidence and causative factors in Niterói, Rio de Janeiro State, Brazil', *Applied Geography* 20(2): 95–117

Sohn, J., S. Nakhooda and K. Baumert (2005) 'Mainstreaming climate concerns at the multilateral development banks', WRI Issue Brief, World Resources Institute, Washington, DC, http://pdf.wri.org/mainstreaming_climate_change.pdf, last accessed 6 October 2010

Solar America Cities (2009) *Boston Receives Recovery Act Funding for Solar America Cities Special Project*, www.solaramericacities.energy.gov/Cities.aspx?City=Boston, last accessed 15 October 2010

Some, W., W. Hafidz and G. Sauter (2009) 'Renovation not relocation: The work of Paguyuban Warga Strenkali (PWS) in Indonesia', *Environment and Urbanization* 21(2): 463–476

Sørensen, E. and J. Torfing (2007) *Theories of Democratic Network Governance*, MacMillan, London

Sørensen, E. and J. Torfing (2009) 'Making governance networks effective and democratic through meta-governance', *Public Administration* 87(2): 234–258

Sotello, S. (2007) 'Las eco-casas, una solución habitacional en las zonas más marginales de Buenos Aires', *El Mundo*, 25 July 2007

State of São Paulo (2008) *São Paulo State*, www.theclimategroup.org/programs/policy/states-and-regions/sao-paulo-state/, last accessed 15 October 2010

Stephens, C., R. Patnaik and S. Lewin (1996) 'This is my beautiful home: Risk perceptions towards flooding and environment in low income urban communities – A case study in Indore, India', London School of Hygiene and Tropical Medicine, London

Stern, N. (2006) *Stern Review on the Economics of Climate Change*, Cambridge University Press, Cambridge, UK

Stern, N. (2009) *Blueprint for a Safer Planet: How to Manage Climate Change and Create a New Era of Progress and Prosperity*, The Bodley Head, Oxford, UK

Stern Review Team (2006) *What Is the Economics of Climate Change?*, HM Treasury, London

Sterr, H. (2008) 'Assessment of vulnerability and adaptation to sea-level rise for the coastal zone of Germany', *Journal of Coastal Research* 24(2): 380–393

Suarez, P., G. Saunders, S. Mendler, I. Lemaire, J. Karol and L. Curtis (2008) 'Climate related disasters: Humanitarian challenges and design opportunities', *Places* 20(2): 62–67

Sugiyama, N. and T. Takeuchi (2008) 'Local policies for climate change in Japan', *Journal of Environment Development* 17(4): 424–441

The Sunday Times (2009) 'Yemen could become first nation to run out of water', *The Sunday Times*, www.timesonline.co.uk/tol/news/environment/article6883051.ece

Sustainable Energy Africa (2006) *State of Energy in South African Cities 2006: Setting a Baseline*, Sustainable Energy Africa, Westlake

Suzuki, H., A. Dastur, S. Moffat and N. Yabuki (2009) *ECO$_2$ Cities: Ecological Cities as Economic Cities*, World Bank, Washington, DC

Sykes, J. (2009) 'Energy efficiency in the low income homes of South Africa', Climate Strategies Ltd, Cambridge, UK, www.eprg.group.cam.ac.uk/wp-content/uploads/2009/09/isda_south-africa-low-income-housing-study_september-2009-report.pdf, last accessed 13 October 2010

Syukrizal, A., W. Hafidz and G. Sauter (2009) *Reconstructing Life: After the Tsunami – The Work of Uplink Banda Aceh in Indonesia*, Gatekeeper Series 137i, IIED, London

Syvitski, J. P. M., A. J. Kettner, I. Overeem, E. W. H. Hutton, M. T. Hannon, G. R. Brakenridge, J. Day, C. Vorosmarty, Y. Saito, L. Giosan, and R. J. Nicholls (2009) 'Sinking deltas due to human activities', *Nature Geoscience* **2**(10): 681–686

Tacoli, C. (2009) 'Crisis or adaptation? Migration and climate change in a context of high mobility', *Environment and Urbanization* **21**(2): 513–525

Takeuchi, A., M. Cropper and A. Bento (2007) 'The impact of policies to control motor vehicle emissions in Mumbai, India', *Journal of Regional Science* **47**(1): 27–46

Tanner, T., T. Mitchell, E. Polack and B. Buenther (2009) *Urban Governance for Adaptation: Addressing Climate Change Resilience in Ten Asian Cities*, IDS Working Paper 315, Institute of Development Studies, University of Sussex, UK

Tanser, F. C., B. Sharp and D. le Sueur (2003) 'Potential effect of climate change on malaria transmission in Africa', *Lancet* **362**(9398): 1792–1798

Terry, G. (2009) 'No climate justice without gender justice: An overview of the issues', *Gender and Development* **17**(1): 5–18

Thomas, R., E. Rignot, G. Casassa, P. Kanagaratnam, C. Acuña, T. Akins, H. Brecher, E. Frederick, P. Gogineni, W. Krabill, S. Manizade, H. Ramamoorthy, A. Rivera, R. Russell, J. Sonntag, R. Swift, J. Yungel and J. Zwally (2004) 'Accelerated sea-level rise from West Antarctica', *Science* **306**(5694): 255–258

Tolossa, D. (2010) 'Some realities of urban poor and their food security situations: A case study at Berta Gibi and Gemachi Safar in the city of Addis Ababa, Ethiopia', *Environment and Urbanization* **22**(1): 179–198

Torres, H. H., H. Alves and M. Aparecida de Oliveira (2007) 'São Paulo peri-urban dynamics: Some social causes and environmental consequences', *Environment and Urbanization* **19**(1): 207–233

Toulemon, L. and M. Barbieri (2008) 'The mortality impact of the August 2003 heat wave in France: Investigating the "harvesting" effect and other long-term consequences', *Population Studies* **62**(1): 39–53

Transportation Research Board (2008) *Potential Impacts of Climate Change on US Transportation*, National Research Council of National Academies, Washington, DC

Turner II, B. L., R. E. Kasperson, P. A. Matson, J. J. McCarthy, R. W. Corell, L. Christensen, N. Eckley, J. X. Kasperson, A. Luers, M. L. Martello, C. Polsky, A. Pulsipher and A. Schiller (2003) 'A framework for vulnerability analysis in sustainability science', *Proceedings of the National Academy of Science* **100**(14): 8074–8079

UCS (Union of Concerned Scientists) (2006) *Climate Change in the US Northeast*, UCS Publications, Cambridge, MA

UCS (2008) *Climate Change in Pennsylvania: Impacts and Solutions for the Keystone State*, UCS Publications, Cambridge, MA

UN (United Nations) (1988) *Protection of Global Climate for Present and Future Generations of Mankind*, UN General Assembly Resolution, A/RES/43/53, 70th plenary meeting, 6 December 1988, www.un.org/documents/ga/res/43/a43r053.htm, last accessed 6 October 2010

UN (1992) *United Nations Framework Convention on Climate Change*, www.unfccc.int/resource/docs/convkp/conveng.pdf, last accessed 6 October 2010

UN (1998) *Kyoto Protocol to the United Nations Framework Convention on Climate Change*, http://unfccc.int/resource/docs/convkp/kpeng.pdf, last accessed 6 October 2010

UN (2007) *Impacts of Climate Change on Peace, Security Hearing over 50 Speakers*, United Nations Security Council, SC-9000, 17 April, News and Media Division, New York, NY

UN (2008) *Acting on Climate Change: The UN System Delivering as One*, www.un.org/climatechange/pdfs/Acting%20on%20Climate%20Change.pdf, last accessed 6 October 2010

UN (2009) *Global Assessment Report on Disaster Risk Reduction: Risk and Poverty in a Changing Climate*, ISDR, United Nations, Geneva, Switzerland

UN (2010) *World Urbanization Prospects: The 2009 Revision*, CD-ROM edition, data in digital form (POP/DB/WUP/Rev.2009), United Nations, Department of Economic and Social Affairs, Population Division, New York, NY

UN (undated) *Environmental Indicators*, United Nations Statistics Division, http://unstats.un.org/unsd/environment/air_greenhouse_emissions.htm, last accessed 13 October 2010

UN Millennium Project (2005) *Investing in Development: A Practical Plan to Achieve the Millennium Development Goals*, New York, www.unmillenniumproject.org/reports/index.htm, last accessed 14 October 2010

UNCTAD (United Nations Conference on Trade and Development) (2009) *Financing the Climate Mitigation and Adaptation Measures in Developing Countries*, Discussion Paper No 57, Intergovernmental Group of Twenty-Four on International Monetary Affairs and Development, New York, www.unctad.org/en/docs/gdsmdpg2420094_en.pdf, last accessed 6 October 2010

UNDP (United Nations Development Programme) (2007) *Human Development Report 2007/2008*, Palgrave Macmillan, New York, NY

UNDP (2009) *Human Development Report 2009*, Palgrave Macmillan, New York, NY

UNEP (United Nations Environment Programme) (2007) *Assessment of Policy Instruments for Reducing Greenhouse Gas Emissions from Buildings*, Report for the UNEP-Sustainable Buildings and Construction Initiative, www.unep.org/themes/consumption/pdf/SBCI_CEU_Policy_Tool_Report.pdf, last accessed 15 October 2010

UNEP (undated a) *UNEP Climate Change Strategy for the Programme of Work 2010–2011*, www.unep.org/pdf/UNEP_CC_STRATEGY_web.pdf, last accessed 6 October 2010

UNEP (undated b) *Cities and Climate Change*, www.unep.org/urban_environment/issues/climate_change.asp, last accessed 6 October 2010

UNEP, UN-Habitat and World Bank (2010) *Draft International Standard for Determining Greenhouse Gas Emissions for Cities*, Presented at 5th World Urban Forum, Rio de Janeiro, Brazil, March 2010, www.unep.org/urban_environment/PDFs/InternationalStd-GHG.pdf, last accessed 6 October 2010

UNFCCC (United Nations Framework Convention on Climate Change) (1992) *United Nations Framework Convention on Climate Change*, United Nations, New York, NY

UNFCCC (1995) *Report of the Ad Hoc Group on the Berlin Mandate on the Work of Its First Session Held at Geneva from 21 to 25 August 1995*, http://unfccc.int/cop5/resource/docs/1995/agbm/02.pdf, last accessed 28 October 2010

UNFCCC (1996) *Report of the Conference of the Parties on Its Second Session, Held at Geneva from 8 to 19 July 1996*, http://unfccc.int/cop4/resource/docs/cop2/15.pdf, last accessed 6 October 2010

UNFCCC (2004) *Guidelines for the Preparation of National Communications by Parties Included in Annex I to the Convention, Part I: UNFCCC Reporting Guidelines on Annual Inventories*, Twenty-first session on Subsidiary Body for Scientific and Technological Advice, 6–14 December, Buenos Aires, http://unfccc.int/resource/docs/2004/sbsta/08.pdf, last accessed 13 October 2010

UNFCCC (2007) *Investment and Financial Flows to Address Climate Change*, UNFCCC, Bonn, Germany

UNFCCC (2010) 'UN Climate Change Conference in Cancún delivers balanced package of decisions, restores faith in multilateral process', http://unfccc.int/files/press/news_room/press_releases_and_advisories/application/pdf/pr_20101211_cop16_closing.pdf, last accessed 17 December 2010

UNFCCC (undated a) *Status of Ratification of the Convention*, http://unfccc.int/essential_background/convention/status_of_ratification/items/2631.php, last accessed 6 October 2010

UNFCCC (undated b) *Fact Sheet: An Introduction to the UNFCCC and its Kyoto Protocol*, http://unfccc.int/press/fact_sheets/items/4978.php, last accessed 6 October 2010

UNFCCC (undated c) *Essential Background: Feeling the Heat*, http://unfccc.int/essential_background/feeling_the_heat/items/2914.php, last accessed 6 October 2010

UNFCCC (undated d) *Fact Sheet: UNFCCC Emissions Reporting*, http://unfccc.int/press/fact_sheets/items/4984.php, last accessed 6 October 2010

UNFCCC (undated e) *Fact Sheet: What Is the United Nations Climate Change Conference (COP/CMP)?*, http://unfccc.int/press/fact_sheets/items/4980.php, last accessed 6 October 2010

UNFCCC (undated f) *The Special Climate Change Fund*, http://unfccc.int/cooperation_and_support/financial_mechanism/special_climate_change_fund/items/3657.php, last accessed 6 October 2010

UNFCCC (undated g) *Least Developed Countries Fund*, http://unfccc.int/cooperation_support/least_developed_countries_portal/ldc_fund/items/4723.php, last accessed 6 October 2010

UNFCCC (undated h) *Chronological Evolution of LDC Work Programme and Concept of NAPAs*, http://unfccc.int/cooperation_support/least_developed_countries_portal/ldc_work_programme_and_napa/items/4722.php, last accessed 6 October 2010

UNFCCC (undated i) *NAPAs Received by the Secretariat*, http://unfccc.int/cooperation_support/least_developed_countries_portal/submitted_napas/items/4585.php, last accessed 6 October 2010

UNFCCC (undated j) *Adaptation Fund*, http://unfccc.int/cooperation_and_support/financial_mechanism/adaptation_fund/items/3659.php, last accessed 6 October 2010

UNFCCC (undated k) *Fact Sheet: The Kyoto Protocol*, http://unfccc.int/press/fact_sheets/items/4977.php, last accessed 28 October 2010

UNFCCC (undated l) *Kyoto Protocol*, http://unfccc.int/kyoto_protocol/items/2830.php, last accessed 6 October 2010

UNFCCC (undated m) *About CDM*, http://cdm.unfccc.int/about/index.html, last accessed 6 October 2010

UNFCCC (undated n) *Kyoto Protocol Joint Implementation*, http://unfccc.int/kyoto_protocol/mechanisms/joint_implementation/items/1674.php, last accessed 6 October 2010

UNFCCC (undated o) *Constituency Focal Point/Contact Details*, http://unfccc.int/files/parties_and_observers/ngo/application/pdf/const_continfo.pdf, last accessed 6 October 2010

UNFCCC (undated p) *Non-Governmental Organization Constituencies*, http://unfccc.int/files/parties_and_observers/ngo/application/pdf/ngo_constituencies_2010_english.pdf, last accessed 6 October 2010

UNFCCC (undated q) *Emissions Trading*, http://unfccc.int/kyoto_protocol/mechanisms/emissions_trading/items/2731.php, last accessed 28 October 2010

UNFCCC (undated r) *Status of Ratification of the Kyoto Protocol*, http://unfccc.int/essential_background/kyoto_protocol/status_of_ratification/items/5524.php, last accessed 14 December 2010

UNFPA (United Nations Population Fund) (2007) *State of the World Population 2007: Unleashing the Potential of Urban Growth*, UNFPA, New York, NY

UN-Habitat (United Nations Human Settlements Programme) (2003) *The Challenge of Slums: Global Report on Human Settlements 2003*, Earthscan, London

UN-Habitat (2006) *The State of the World's Cities 2006/2007: The Millennium Development Goals and Urban Sustainability*, Earthscan, London

UN-Habitat (2007) *Enhancing Urban Safety and Security: Global Report on Human Settlements 2007*, Earthscan, London

UN-Habitat (2008a) *Cities in Climate Change Initiative, Nairobi*, www.unhabitat.org/pmss/listItemDetails.aspx?publicationID=2565, last accessed 14 October 2010

UN-Habitat (2008b) *Gender in Local Government: A Sourcebook for Trainers*, UN-Habitat, Nairobi, www.unhabitat.org/pmss/pmss/electronic_books/2495_alt.pdf, last accessed 15 October 2010

UN-Habitat (2008c) *Harmonious Cities: State of the World's Cities 2008/2009*, Earthscan, London

UN-Habitat (2009a) *Planning Sustainable Cities: Global Report on Human Settlements 2009*, Earthscan, London

UN-Habitat (2009b) 'Cities and climate change – initial lessons from UN-Habitat', www.unhabitat.org/pmss/pmss/electronic_promos/2862_alt.pdf, last accessed 6 October 2010

UN-Habitat (2010) *State of the World's Cities 2010/2011: Bridging the Urban Divide*, Earthscan, London

UN-Habitat (undated) *Enhancing the Adaptive Capacity of Arctic Cities Facing the Impacts of Climate Change: Draft Concept Note*, UN-Habitat, Nairobi, Kenya

UN-Habitat and OHCHR (2010) *Urban Indigenous Peoples and Migration: A Review of Policies, Programmes and Practices*, United Nations Housing Rights Programme, Report No 8, UN-Habitat, Nairobi, Kenya

UNISDR (International Strategy for Disaster Reduction) (undated a) *Secretariat Missions, Functions and Responsibilities*, www.unisdr.org/eng/un-isdr/secre-functions-responsibilities-eng.htm, last accessed 6 October 2010

UNISDR (undated b) *Making Cities Resilient: 'My City Is Getting Ready'*, www.unisdr.org/english/campaigns/campaign2010-2011/

United Cities and Local Governments (undated) 'United cities and local governments', www.cities-localgovernments.org/, last accessed 28 October 2010

United Nations Statistics Division (undated) *Millennium Development Goals Indicators*, http://mdgs.un.org/unsd/mdg/, last accessed 11 October 2010

United States Conference of Mayors (2008) *US Conference of Mayors Climate Protection Agreement*, www.usmayors.org/climateprotection/agreement.htm, last accessed 6 October 2010

United States Department of Energy (2008) *Emissions of Greenhouse Gases Report*, Energy Information Administration, www.eia.doe.gov/oiaf/1605/ggrpt/carbon.html, last accessed 13 October 2010

United States Geological Survey (undated) 'Floods: Recurrence intervals and 100-year floods', http://ga.water.usgs.gov/edu/100yearflood.html

UN-REDD (United Nations Collaborative Programme on Reducing Emissions from Deforestation and Forest Degradation in Developing Countries) (undated) 'About the UN-REDD programme', www.un-redd.org/AboutUNREDDProgramme/tabid/583/language/en-US/Default.aspx, last accessed 28 October 2010

US Department of Energy (2008) *Program Year 2009 Weatherization Grant Guidance*, Weatherization Program Notice 09-1, Department of Energy, Washington, DC, www.waptac.org/si.asp?id=1228, last accessed 17 May 2010

Usavagovitwong, N. and P. Posriprasert (2006) 'Urban poor housing development on Bangkok's waterfront: Securing tenure, supporting community processes', *Environment and Urbanization* 18(2): 523–536

Uyarra, M. C., I. M. Cote, J. A. Gill, R. T. Tinch, D. Viner and A. R. Watkinson (2005) 'Island-specific preferences of tourists for environmental features: Implications of climate change for tourism-dependent states', *Environmental Conservation* 32(1): 11–19

Vaiyda, P. (2010) *Climate Impacts in Dhaka, Bangladesh*, CIER Document 021710, Division of Research, University of Maryland, College Park, US

Vale, L. and T. Campanella (eds) (2005) *The Resilient City: How Modern Cities Recover from Disaster*, Oxford University Press, New York, NY

Valor, E., V. Meneu and V. Caselles (2001) 'Daily air temperature and electricity load in Spain', *Journal of Applied Meteorology* 40(8): 1413–1421

van Horen, B. (2001) 'Developing community-based watershed management in Greater São Paulo: The case of Santo André', *Environment and Urbanization* 13(1): 209–222

Van Noorden, R. (2008) *Dutch Power Ahead with Carbon Capture*, Royal Society of Chemistry, London

VandeWeghe, J. R. and C. Kennedy (2007) 'A spatial analysis of residential greenhouse gas emissions in the Toronto Census Metropolitan Area', *Journal of Industrial Ecology* 11(2): 133–144

VanKoningsveld, M., J. P. M. Mulder, M. J. F. Stive, L. VanDerValk and A. W. VanDerWeck (2008) 'Living with sea-level rise and climate change: A case study of the Netherlands', *Journal of Coastal Research* 24(2): 367–379

Vecchi, G. A. and B. J. Soden (2007) 'Effect of remote sea surface temperature change on tropical cyclone potential intensity', *Nature* 450(7172): 1066–1070

Velasquez, L. S. (1998) 'Agenda 21: A form of joint environmental management in Manizales, Colombia', *Environment and Urbanization* 10(2): 9–36

Vergara, W. (2005) *Adapting to Climate Change: Lessons Learnt, Work in Progress and Proposed Next Steps for the World Bank in Latin America*, World Bank Latin America Region, Sustainable Development Series No 25, World Bank, Washington, DC

Wackernagel, M., J. Kitzes, D. Moran, S. Goldfinger and M. Thomas (2006) 'The ecological footprint of cities and regions: Comparing resource availability with resource demand', *Environment and Urbanization* 18(1): 103–112

Wagner, A. (2009) *Urban Transport and Climate Change Action Plans: An Overview on Climate Change Action Plans and Strategies from all Continents*, Sustainable Urban Transport Project (SUTP), GTZ, Germany

Walker, B. and D. Salt (2006) *Resilience Thinking: Sustaining Ecosystems and People in a Changing World*, Island Press, Washington, DC

Walker, G. and D. King (2008) *The Hot Topic: How to Tackle Global Warming and Still Keep the Lights On*, Bloomsbury Publishers, London

Walraven, A. (2009) *The Impact of Cities in Terms of Climate Change*, Report for United Nations Environment Programme, Department of Technology, Industry and Economics, Paris, France

Wamsler, C. (2007) 'Bridging the gaps: Stakeholder-based strategies for risk reduction and financing for the urban poor', *Environment and Urbanization* 19(1): 115–142

Wang, M. and H.-S. Huang (1999) *A Full Fuel-Cycle Analysis of Energy and Emissions Impacts of Transportation Fuels Produced from Natural Gas*, United States Department of Energy and Argonne National Laboratory Center for Transportation Research, Illinois

Warden, T. (2009) 'Viral governance and mixed motivations: How and why US cities engaged on the climate change issue, 2005–2007', Paper prepared for the Fifth Urban Research Symposium, Cities and Climate Change: Responding to an Urgent Agenda, 28–30 June, Marseille, France

Weber, C., G. Peters, D. Guan and K. Hubacek (2008) 'The contribution of Chinese exports to climate change', *Energy Policy* 36(9): 3572–3577

Webster, P., G. Holland, J. Curry and H. Chang (2005) 'Changes in tropical cyclone number, duration, and intensity in a warming environment', *Science* 309(5742): 1844–1846

WEDO (Women's Environment and Development Organization) (2008) 'Gender, climate change and human security, lessons from Bangladesh, Ghana and Senegal', Paper prepared for Hellenic Foundation for European and Foreign Policy (ELIAMEP), WEDO, New York, NY

Wheaton, E., V. Wittrock, S. Kulshreshtha, G. Koshida, C. Grant, A. Chapanshi, B. Bonsal, P. Adkins, G. Bell, G. Brown, A. Howard and R. MacGregor (2005) *Lessons Learned from the Canadian Drought Years 2001 and 2002*, Synthesis report prepared for Agriculture and Agri-Food Canada, Saskatchewan Research Council (SRC), Canada

WHEDco (1997) *History, Women's Housing Development and Economic Corporation*, New York, NY

Wheeler, S. M. (2008) 'State and municipal climate change plans: The first generation', *Journal of the American Planning Association* 74(4): 481–496

WHO (World Health Organization) (2004) *World Report on Road Traffic Injury Prevention*, WHO, Geneva, Switzerland

WHO (2010) *Overview of Health Considerations within National Adaptation Programmes of Action for Climate Change in Least Developed Countries and Small Island States*, www.who.int/phe/Health_in_NAPAs_final.pdf

WIEGO and Realizing Rights: The Ethical Globalization Initiative (2009) *Women and Men in Informal Employment: Key Facts and new MDG3 Indicator*, WIEGO, Cambridge, MA

Wilbanks, T. (2003) 'Integrating climate change and sustainable development in a place-based context', *Climate Policy* 3(S1): S147–S154

Wilbanks, T. (2007) 'Scale and sustainability', *Climate Policy* **7**(4): 278–287

Wilbanks, T. and J. Sathaye (2007) 'Toward an integrated analysis of mitigation and adaptation: Some preliminary findings', in T. Wilbanks, R. Klein and J. Sathaye (eds) *Mitigation and Adaptation Strategies for Global Change* **12**(5): 713–725

Wilbanks, T. J., P. Romero Lankao, M. Bao, F. Berkhout, S. Cairncross, J. P. Ceron, M. Kapshe, R. Muir-Wood and R. Zapata-Marti (2007) 'Industry, settlement and society', in M. L. Parry, O. F. Canziani, J. P. Palutikof, P. J. van der Linden and C. E. Hanson (eds) *Climate Change 2007: Impacts, Adaptation and Vulnerability. Contribution of Working Group II to the Fourth Assessment Report of the Intergovernmental Panel on Climate Change*, Cambridge University Press, Cambridge, UK, pp357–390

Wisner, B., P. Blaikie, T. Cannon and I. Davis (2004) *At Risk: Natural Hazards, People's Vulnerability and Disasters*, second edition, Routledge, London

WMO (World Meteorological Organization) (2007) 'WMO's role in global climate change issues with a focus on development and science based decision making', Position Paper CC2, WMO, Geneva, Switzerland, www.wmo.int/pages/themes/documents/FINALPositionpaperrevised19-09-07.pdf, last accessed 28 October 2010

Wolf, J., N. Adger, I. Lorenzoni, V. Abrahamson and R. Raine (2010) 'Social capital, individual responses to heat waves and climate change adaptation: An empirical study of two UK cities', *Global Environmental Change* **20**(1): 44–52

Wolfe, M. I., R. Kaiser and M. P. Naughton (2001) 'Heat-related mortality in selected United States cities, summer 1999', *American Journal of Forensic Medicine and Pathology* **22**(4): 352–357

Women's Environment Network (2010) *Gender and the Climate Change Agenda: The Impacts of Climate Change on Women and Public Policy*, Progressio/Actionaid/World Development Movement, Women's Environment Network, London

Woodcock, J., D. Banister, P. Edwards, A. Prentice and I. Roberts (2007) 'Energy and transport', *Lancet* **370**(9592): 1078–1088

World Bank (2000) *Republic of Mozambique: A Preliminary Assessment of Damage from the Flood and Cyclone Emergency of February–March 2000*, World Bank, http://siteresources.worldbank.org/INTDISMGMT/Resources/WB_flood_damages_Moz.pdf, last accessed 13 October 2010

World Bank (2006) *World Development Report 2006: Equity and Development*, World Bank and Oxford University Press, New York, NY

World Bank (2008) *Climate Resilient Cities: 2008 Primer*, World Bank, Global Facility for Disaster Reduction and Recovery, and International Strategy for Disaster Reduction, www.worldbank.org/eap/climatecities, last accessed 14 October 2010

World Bank (2009a) *Carbon Finance for Sustainable Development: Annual Report 2009*, World Bank, Washington, DC, http://siteresources.worldbank.org/INTCARBONFINANCE/Resources/11804Final_LR.pdf, last accessed 28 October 2010

World Bank (2009b) *Status on the Special Climate Change Fund and the Least Developed Countries Fund*, World Bank, Washington, DC

World Bank (2009c) *World Development Report 2010: Development and Climate Change*, World Bank, Washington, DC

World Bank (2010a) *A City-Wide Approach to Carbon Finance*, World Bank, Washington, DC

World Bank (2010b) *State and Trends of the Carbon Market: 2010*, http://siteresources.worldbank.org/INTCARBONFINANCE/Resources/State_and_Trends_of_the_Carbon_Market_2010_low_res.pdf

World Bank (2010c) 'Global carbon market grows, boosting climate action', http://web.worldbank.org/WBSITE/EXTERNAL/TOPICS/EXTSDNET/0,,contentMDK:22591167~menuPK:64885113~pagePK:64885161~piPK:64884432~theSitePK:5929282,00.html, last accessed 15 October 2010

World Bank (2010d) *Cities and Climate Change: An Urgent Agenda*, World Bank, Washington, DC

World Bank (undated a) 'Cities and climate change', http://siteresources.worldbank.org/WBI/Resources/213798-1259011531325/6598384-1268250262287/WBI_Cities_and_Climate_Change_Brochure.pdf, last accessed 28 October 2010

World Bank (undated b) 'Climate change and the World Bank', http://beta.worldbank.org/climatechange/overview, last accessed 28 October 2010

World Bank (undated c) 'Representative GHG baselines for cities and their respective countries', www.unep.org/urban_environment/PDFs/Representative-GHGBaselines.pdf, last accessed 13 October 2010

World Mayors Council on Climate Change (undated) 'About us', http://www.iclei.org/index.php?id=10384, last accessed 28 October 2010

World Nuclear Association (2010) *World Nuclear Power Reactors and Uranium Requirements – 1 October 2010*, www.world-nuclear.org/info/reactors.html, last accessed 25 October 2010

WRI/WBCSD (World Resources Institute/World Business Council for Sustainable Development) (undated) *The Greenhouse Gas Protocol: A Corporate Accounting and Reporting Standard*, revised edition, World Resources Institute, Washington, DC, www.ghgprotocol.org/files/ghg-protocol-revised.pdf, last accessed 13 October 2010

Wright, L. and L. Fulton (2005) 'Climate change mitigation and transport in developing nations', *Transport Reviews* **25**(6): 691–717

Wu, J. and Y. Zhang (2008) 'Olympic Games promote the reduction in emissions of greenhouse gases in Beijing', *Energy Policy* **36**(9): 3422–3426

Yarnal, B., R. E. O'Connor and R. Shudak (2003) 'The impact of local versus national framing on willingness to reduce greenhouse gas emissions: A case study from central Pennsylvania', *Local Environment* **8**(4): 457–469

Ying, S. (2009) 'A tale of two low carbon cities', Paper prepared for the 45th ISOCARP International Congress, Low Carbon Cities, 18–22 October, Porto, Portugal

Yuping, W. (2009) 'Challenge and opportunity on energy-efficiency in building and construction in China', Paper presented at the Fourth World Urban Forum, Nanjing, November 2008

Zahran, S., S. D. Brody, A. Vedlitz, H. Grover and C. Miller (2008) 'Vulnerability and capacity: Explaining local commitment to climate change policy', *Environment and Planning C: Government and Policy* **26**(3): 544–562

Zhang, Z. (2010) 'Better cities: Better economies', *Urban World* **2**(4): 56–58

Zhao, J. (2010) 'Climate change mitigation in Beijing, China', Unpublished case study prepared for the *Global Report on Human Settlements 2011*, www.unhabitat.org/grhs/2011

Zhao, X. and A. Michaelowa (2006) 'CDM potential for rural transition in China case study: Options in Yinzhou district, Zhejiang province', *Energy Policy* **34**(14): 1867–1882